W0253525

Die Bergwerksmaschinen.

Eine Sammlung von Handbüchern
für Betriebsbeamte.

Unter Mitwirkung zahlreicher Fachgenossen

herausgegeben von

Hans Bansen,
Diplom-Bergingenieur, ord. Lehrer an der Oberschlesischen Bergschule
zu Tarnowitz.

Erster Band.

Das Tiefbohrwesen.

Berlin.
Verlag von Julius Springer.
1912.

Das Tiefbohrwesen.

Unter Mitwirkung von

Arthur Gerke und Dr.-Ing. **Leo Herwegen**
Diplom-Bergingenieur Diplom-Bergingenieur

bearbeitet von

Hans Bansen,
Diplom-Bergingenieur, ord. Lehrer an der Oberschlesischen Bergschule
zu Tarnowitz.

Mit 688 Textfiguren.

Berlin.
Verlag von Julius Springer.
1912.

ISBN-13:978-3-642-88979-0 e-ISBN-13:978-3-642-90834-7
DOI: 10.1007/ 978-3-642-90834-7

Softcover reprint of the hardcover 1st edition 1912

Vorwort.

Das vorliegende Buch soll in erster Reihe eine Tiefbohrkunde für Bergleute, nicht aber eine solche für Tiefbohrtechniker sein; denn wenn auch die Tiefbohrtechnik heutzutage eine Wissenschaft für sich ist, so hat der Bergbau doch immer noch so viel mit ihr zu tun, sei es als Auftraggeber von Schürf- und Mutungsbohrungen, sei es für die Zwecke des Grubenbetriebes im engeren Sinne, daß das Buch hoffentlich auch in dieser Form den Ansprüchen der Praxis genügt. Eine große Genugtuung würde es mir sein, wenn es auch den Anforderungen der zünftigen Tiefbohringenieure entsprechen würde.

Der Umfang des Buches ist wesentlich größer ausgefallen als wie anfänglich geplant war. Noch während der Bearbeitung kam eine solche Fülle von Stoff hinzu, daß es oft schwer wurde, in der Auswahl der zu beschreibenden Maschinen und Apparate sich Beschränkung aufzuerlegen. Jede unserer großen Tiefbohrunternehmungen hat ihre eigenartigen Konstruktionen, die entschieden berücksichtigt werden mußten. Hierzu kamen noch die nicht als Bohrunternehmer tätigen großen Maschinenfabriken für Tiefbohrwerkzeuge. Aber auch unter den Erzeugnissen der kleineren Fabriken fanden sich äußerst interessante und wohldurchdachte Bohrapparate, deren Übergehung ein Unrecht gegenüber den Erzeugern, aber auch gegenüber den Lesern des Buches gewesen wäre

Meine Mitarbeiter und ich sind seitens der um ihre Beihilfe angegangenen Unternehmerfirmen und Fabriken in entgegenkommendster Weise mit Rat und Tat unterstützt worden, wofür denselben auch an dieser Stelle aufrichtigster Dank gesagt sei. Leider mußten aber die Erzeugnisse der Internationalen Bohrgesellschaft in Erkelenz recht stiefmütterlich behandelt werden; alle Anschreiben der Autoren blieben unbeantwortet und nur in einem Falle kam der Bescheid, daß die Kataloge zurzeit im Drucke wären.

Außer den deutschen und österreichischen Bohrverfahren sind, um allen Wünschen und Anforderungen gerecht zu werden, auch die englischen und amerikanischen Tiefbohrmaschinen in eingehender Weise berücksichtigt worden, damit das Buch auch dem im Auslande tätigen Bergmanne, der unter anderen Verhältnissen als in der Heimat arbeiten muß, ein Berater sein könne. Besonderer Wert wurde auf die Bohrapparate gelegt, die für die Arbeit in entlegenen Gegenden, z. B. in den deutschen Kolonien, von Interesse sind oder sein können.

Tarnowitz O.-S., im November 1911.

Hans Bansen.

Inhaltsangabe.

Bei der Bearbeitung benutzte Literatur.

Beer, Erdbohrkunde. Prag 1858.
Franzius und Lincke, Handbuch der Ingenieurwissenschaften, IV. Bd. Leipzig 1903.
Höfer, Taschenbuch für Bergmänner. Leoben 1904.
Rost, Tiefbohrtechnik. Hannover 1908.
Sorge, Tiefbohrtechnische Studien. Berlin 1908.
Stein, Verfahren und Einrichtungen zum Tiefbohren. Berlin 1905.
Tecklenburg, Handbuch der Tiefbohrkunde. Berlin.
Ursinus, Kalender für Tiefbohringenieure. Frankfurt a. M. 1910.
Kataloge von Deseniß & Jacobi, Hamburg.
Kataloge der Deutschen Tiefbohr-Aktiengesellschaft, Nordhausen.
Kataloge von Albert Fauck & Co., Wien III.
Kataloge von L. Kleiner & Sohn, Kassel.
Kataloge der Kontinentalen Tiefbohrgesellschaft vormals H. Thumann, G. m. b. H., Halle a. S.
Kataloge von H. Mayer & Co., Nürnberg-Doos.
Kataloge der Kommanditgesellschaft für Tiefbohrtechnik und Motorenbau Trauzl & Co., vormals Fauck & Co., Wien IV.
Katalog von C. Jul. Winter, Camen.

Abkürzungen.

IBG = Internationale Bohrgesellschaft.
DTA = Deutsche Tiefbohr-Aktien-Gesellschaft.
KTG = Kontinentale Bohrgesellschaft vorm. H. Thumann m. b. H.

Änderung während der Drucklegung.

Die „Allgemeine Schürfgesellschaft“ heißt jetzt „Allgemeine Tiefbohr- und Schachtbau-Aktiengesellschaft“

Erster Teil.

Einleitung.

Von Diplom-Bergingenieur **Hans Bansen.**

A. Allgemeines.

Man kann nach allen Richtungen bohren. Am häufigsten wird senkrecht nach unten, außerdem aber auch noch senkrecht nach oben, wagerecht und in schräger Richtung gebohrt.

Die Tiefe der Bohrlöcher ist verschieden. Die nach unten gehenden sind am tiefsten; dann kommen die wagerechten; am wenigsten tief sind die nach oben gerichteten Bohrlöcher.

Man unterscheidet ferner Flachbohrungen und Tiefbohrungen. Flachbohrungen erreichen Tiefen bis zu 200—250, höchstens 300 m. Im deutschen Kalibergbau versteht man darunter solche, die durch das Diluvium und durch das Tertiär bis auf das salzführende Gebirge niedergebracht werden.

Die Bohrlöcher können hergestellt werden mittels Stoßbohrens, drehenden Bohrens, Rammens, Spritzbohrens und Spülbohrens.

Die Tiefbohrungen können mit den heutigen Mitteln bereits bis auf 5000 m hergestellt werden; indessen haben derartige Teufen für den Bergbau keine praktische Bedeutung; denn unsere tiefsten Schächte haben bis jetzt eine Seigerteufe von 1830 m eingebracht. Doch ist zu erwarten, daß man schon in absehbarer Zeit mit Erdölbohrungen diese Schachttiefen bedeutend übertreffen wird. Das tiefste Bohrloch der Erde befindet sich in Oberschlesien bei Czuchow II; es hat eine Tiefe von 2239,72 m; bis vor kurzem waren die tiefsten Bohrlöcher das von Paruschowitz Feldmark V mit einer Tiefe von 2003,34 m und das 2149,45 m tiefe Bohrloch von Schubin (Posen).

B. Der Zweck der Bohrlöcher.

Der Zweck der Bohrlöcher ist ein sehr mannigfaltiger; er ist aus der nachfolgenden Zusammenstellung zu ersehen.

I. Aufsuchung (Schürfbohrung),
   a) von nutzbaren Mineralien,
   b) von verworfenen Lagerstättenteilen,
   c) von Trinkwasser,

d) von Solen und Heilquellen,
e) von Gas (Kohlensäure, Erdgas usw.).

II. Untersuchung von
a) Lagerstätten
1. im Anschluß an Schürfbohrungen (mit Stratameterapparaten),
2. durch planmäßige Abbohrung, z. B. von Braunkohlenfeldern,
b) Deckgebirge, z. B. zwecks Wahl des Schachtansatzpunktes,
c) Baugrund für Tagesanlagen.

III. Hilfsbetrieb für den Bergbau:
a) Aufsuchung verworfener Lagerstättenteile (s. I b),
b) bei Gefrierschächten,
c) beim Zementierverfahren,
d) bei der Wetterwirtschaft:
1. Herstellung von Bohrlöchern als Ersatz für Durchhiebe;
2. Vorbohren beim Auffahren von Schwebenden (auf Schlagwetterbergwerken);
3. Bewetterung von Abbaufeldern, z. B. Ableitung von Brandwettern aus einem Brandfelde unmittelbar zu Tage;
4. Wetterbohrlöcher beim Schachtabteufen und -hochbrechen;
5. Vorbohren beim Streckenvortriebe, um plötzliche Durchbrüche von Grubengas oder Kohlensäure zu vermeiden,
e) bei der Wasserhaltung:
1. um beim Schachtabteufen die Wasser nach einer bereits vorhandenen tieferen Sohle abzuleiten;
2. um das Deckgebirge zu entwässern;
3. Vorbohren beim Streckenvortriebe als Schutz gegen plötzliche Wasserdurchbrüche;
4. um Standwasser aus alten Bauen abzuzapfen;
5. um Grundwasser durch eine wassertragende Schicht nach einer tieferen wasserführenden Schicht abzuleiten,
6. als Ersatz für eine Steigeleitung bei der Wasserhaltung.
f) bei der Förderung
1. als Ersatz für Rollöcher;
2. zum Einleiten von Spülversatzgut in die Grube,
g) bei der Fahrung: als Ersatz für einen zweiten Schacht.

C. Die verschiedenen Bohrverfahren.

Bei sämtlichen Bohrverfahren kann man im allgemeinen unterscheiden

1. stoßendes Bohren und
2. drehendes Bohren.

Beim stoßenden Bohren wird fast durchweg ein Meißel benutzt. Dieser wird von der Bohrlochssohle abgehoben und dann fallen gelassen.

Genügt sein Gewicht nicht, um die nötige Bohrleistung zu erzielen, so muß man den Meißel nach unten stoßen; das ist namentlich bei Beginn einer Bohrung der Fall, wenn man gleich von Tage aus mit dem Stoßbohren anfängt.

Auf den Meißel wird ein Gestänge aufgesetzt, das bis zu Tage reicht. Mit seiner Hilfe wird der Meißel bewegt; ferner dient es dazu, den Meißel nach jedem Schlage umzusetzen. Diese Umsetzung ist nötig, damit das Bohrloch rund bleibt. Bei größeren Bohrlochstiefen erleidet das Gestänge bei jedem Meißelschlage eine mehr oder weniger starke Stauchung. Die Stärke dieser Stauchung ist abhängig von der Tiefe des Bohrloches, d. h. also von der Länge des Gestänges, von dem Gewichte des Gestänges, von der Hubhöhe usw. Die Gestängestauchungen können Veranlassung zu Gestängebrüchen geben. Im allgemeinen machen sie sich erst häufiger bemerkbar, wenn das Bohrloch eine Tiefe von mehr als 100 m erreicht hat. Um sie zu vermeiden, schaltet man zwischen dem Meißel und dem Gestänge die sogenannten Zwischenstücke ein; es sind dies die Rutschscheren und die Freifallapparate. Durch diese Zwischenstücke wird erreicht, daß das über ihnen stehende Gestänge immer auf Zug beansprucht bleibt.

Anstatt des Gestänges kann auch ein Seil benutzt werden.

Beim drehenden Bohren bleibt der Bohrer ständig mit dem Gebirge in Berührung; es erweckt also den Anschein, als ob hier die Bohrleistung eine höhere sein müßte, weil alle angewendete Kraft sofort auf das Gebirge übertragen wird, während beim stoßenden Bohren sehr viel Kraft dazu verwendet wird, den Meißel und das schwere Gestänge anzuheben.

Die beim drehenden Bohren benutzten Bohrwerkzeuge wirken entweder schneidend oder schleifend. Bei dem ersteren Verfahren ist der Druck, den sie auf das Gebirge ausüben, ein größerer, die Umdrehungsgeschwindigkeit dagegen eine geringere. Bei den schleifenden Bohrern (Diamantkronen) wird mit Rücksicht auf die Schonung der Diamanten ein nur geringer Druck auf die Bohrlochssohle ausgeübt; dagegen ist die Umdrehungsgeschwindigkeit eine wesentlich größere. Diese letzteren Bohrwerkzeuge verwendet man fast allgemein im härteren Gebirge, die ersteren dagegen im milden.

Kurz zusammengefaßt sind folgende Bohrverfahren zu unterscheiden:

I. Stoßendes Bohren.
   A. Gestängebohren.
      1. Bohren mit steifem Gestänge (= englisches Bohrverfahren).
      2. Bohren mit Zwischenstücken (= deutsches Bohrverfahren).
   B. Seilbohren.

II. Drehendes Bohren.
   A. Bohren im milden Gebirge.
   B. Bohren im festen Gestein.

Bei all diesen Bohrverfahren ist es auch möglich, teilweise sogar unbedingt nötig, mit Wasserspülung zu arbeiten. Das Spülbohren wurde zum erstenmal im Jahre 1845 von dem Franzosen Fauvelle angewendet; nach ihm wird es auch das Fauvellesche Bohrverfahren genannt. Man braucht dabei immer ein hohles Gestänge, durch welches der Spülwasserstrom bis auf die Bohrlochssohle geleitet wird; das mit dem Bohrschmant beladene Wasser tritt dann im Bohrloche selbst wieder nach oben (direkte oder normale Spülung). Manchmal wird aber das Spülwasser auch im Bohrloche nach unten geleitet, um dann wieder im Gestänge nach oben zu gehen. Dieses Bohrverfahren nennt man die Verkehrtspülung oder indirekte Spülung.

Man hat die Spülung auch beim Seilbohren verwenden wollen; doch ist man noch nicht imstande gewesen, gut brauchbare Hohlseile für diesen Zweck herzustellen; insbesondere ist dies aus dem Grunde bis jetzt nicht möglich gewesen, weil die Seile nicht nur zum Leiten des Spülwassers benutzt werden, sondern auch die schwere Last des Meißels und der auf diesen aufgesetzten Schwerstangen zu tragen haben.

Bei den Stoßbohrverfahren hat sich als Unterart in den letzten Jahren das Schnellschlagbohren große Verbreitung errungen. Die Eigentümlichkeiten des Schnellschlagverfahrens sind, daß selbst bis auf Tiefen von 800 m, möglicherweise auch noch mehr, mit steifem Gestänge gebohrt wird, ohne daß man Gestängebrüche zu befürchten braucht; während nämlich beim gewöhnlichen Stoßbohren der Meißel noch einige Zeit nach dem Schlage auf der Bohrlochssohle stehen bleibt, „damit der Schlag besser sitzt", wird beim Schnellschlagbohren der Meißel sofort wieder abgehoben. Es können also keine Gestängebrüche vorkommen; das Gestänge bleibt im Gegenteil ständig auf Zug beansprucht. Ferner schlägt der Meißel auch nicht mit voller Wucht auf das Gebirge auf, sondern tippt nur dagegen; trotz der geringen Hubhöhe von wenigen Zentimetern erreicht man bei den Schnellschlagbohrungen infolge der größeren Schlagzahl eine wesentlich höhere Leistung als beim gewöhnlichen Stoßbohren.

Ein anderes Bohrverfahren wäre das Spritzbohren, bei dem man aus einem einfachen Hohlgestänge einen Wasserstrahl gegen die Bohrlochssohle spritzen läßt.

Zweiter Teil.

Das Stoßbohren.

Von Diplom-Bergingenieur **Hans Bansen.**

Das Stoßbohren kann mit Spülung (Spülbohren) oder ohne Spülung (Trockenbohrung) erfolgen.

Unter Trockenbohrung ist allerdings zweierlei zu verstehen:

1. Ein Bohren ohne Spülung; es kann dabei aber Wasser im Bohrloche sein, welches aus dem Gebirge kommt. Dieses Wasser ist sogar erwünscht, um den Bohrschmant in der Schwebe zu erhalten.

2. Ein Bohren, ohne daß auch nur ein Tropfen Wasser im Bohrloche vorhanden ist. Dieses ist zum Beispiel bei Petroleumbohrungen der Fall, wenn auch die Meinungen noch nicht geklärt sind, ob tatsächlich beim Ölbohren das Wasser von Nutzen oder von Schaden ist. Hier soll unter Trockenbohrung immer das erstere, also das Bohren ohne Spülung, verstanden werden.

Man hat beim Stoßbohren zu unterscheiden zwischen

1. Gestängebohren und
2. Seilbohren.

Beim Gestängebohren ist wieder zu unterscheiden

1. das englische Bohrverfahren, d. h. das Bohren mit steifem Gestänge, und
2. das deutsche Verfahren, d. h. das Bohren mit Zwischenstücken.

Beim erstgenannten, dem englischen Bohrverfahren, reicht das Gestänge ununterbrochen vom Meißel bis zu Tage.

Beim deutschenBohrverfahren sind zwischen dem Meißel und dem Gestänge die Zwischenstücke, entweder Rutschscheren oder Freifallapparate, eingeschaltet. Durch diese Zwischenstücke sollen Gestängestauchungen vermieden werden. Mit dem deutschen Bohrverfahren wurde erst die Möglichkeit gegeben, auf größere Tiefen (bis zu 1300—1400 m) zu bohren.

A. Die Meißel.

I. Die Trockenbohrmeißel.

Man hat an jedem Meißel folgende Teile zu unterscheiden:

das Blatt a mit der Schneide,
den Schaft c und
den Hals d mit dem Bunde e (Fig. 1).

Der Schaft kann auch fehlen, so daß der Hals unmittelbar auf dem Blatte sitzt (Fig. 2).

Nach der Gestalt des Blattes ist zu unterscheiden zwischen Spatenmeißel (Fig. 2 und 3) und geradem Meißel (Fig. 1 und 4). Bei dem spatenförmigen Meißel wird das Blatt von unten nach oben schmaler. Man kann infolgedessen den Meißel, wenn er abgenutzt ist, in Bohrlöchern von geringerem Durchmesser weiter gebrauchen. Ein Nachteil ist aber, daß sich die Schneide schon während des Bohrens abnutzt und der Bohrlochsdurchmesser sich infolgedessen verringert. Wenn man nun mit einem frischen Meißel zu bohren anfängt, kann er sich in dem enger gewordenen Bohrloche leicht verklemmen.

Der gerade Meißel unterscheidet sich von dem Spatenmeißel dadurch, daß das Blatt von unten bis oben die gleiche Breite hat. Er ist allgemein anwendbar; namentlich ist er dem Spatenmeißel vorzuziehen, wenn der Bohrlochsdurchmesser immer derselbe bleiben soll.

Nach der Gestalt der Schneide können sowohl der Spatenmeißel als auch der gerade Meißel sein:

1. Flachmeißel (Fig. 3); die Schneide bildet eine gerade Linie, ähnlich der eines Stemmeisens.

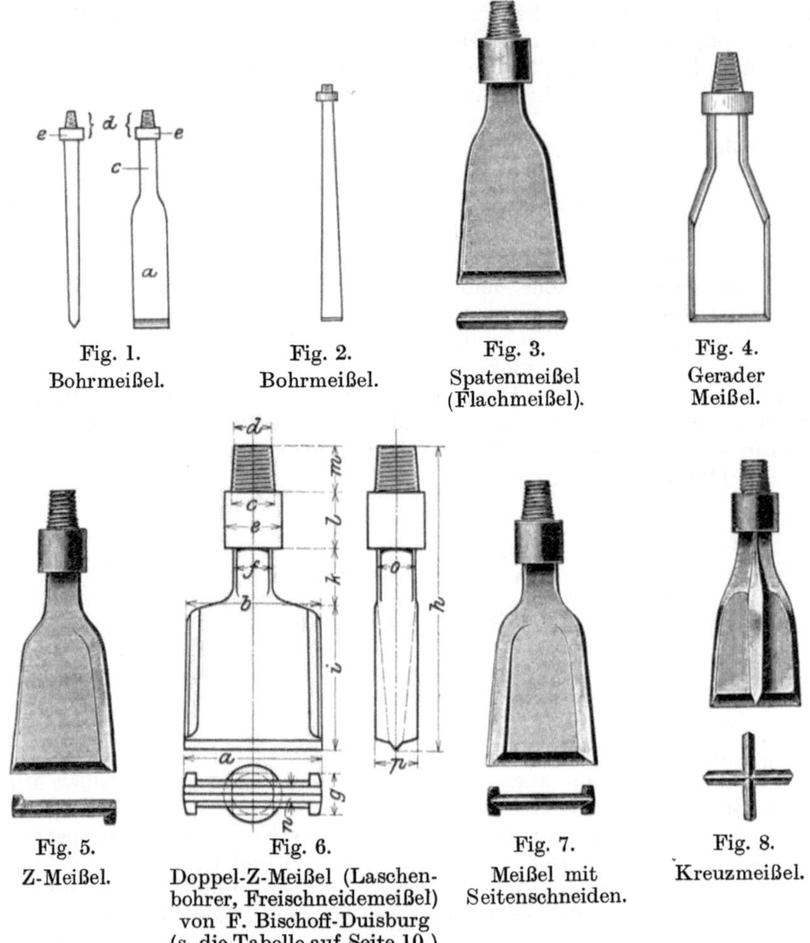

Fig. 1. Bohrmeißel. Fig. 2. Bohrmeißel. Fig. 3. Spatenmeißel (Flachmeißel). Fig. 4. Gerader Meißel.

Fig. 5. Z-Meißel. Fig. 6. Doppel-Z-Meißel (Laschenbohrer, Freischneidemeißel) von F. Bischoff-Duisburg (s. die Tabelle auf Seite 10.) Fig. 7. Meißel mit Seitenschneiden. Fig. 8. Kreuzmeißel.

2. Meißel mit Seitenschneiden; hierher gehören
   a) der Z-Meißel (Fig. 5) und
   b) der Doppel-Z-Meißel oder Laschenbohrer (Fig. 6).

Die Seitenschneide kann in gleicher Höhe mit der Hauptschneide des Meißels liegen (Fig. 5 und 7), oder die Hauptschneide des Meißels liegt tiefer als die Seitenschneide. Ist dies letztere der Fall, so nennt man den Meißel einen Freischneidemeißel (Fig. 6).

Der Kreuzmeißel (Fig. 8) kann gedacht werden als aus zwei einfachen Meißeln entstanden, die sich im rechten Winkel durchdringen. Je nachdem ob sie gerade Meißel oder Spatenmeißel sind, kann auch der Kreuzmeißel ein gerader oder ein spatenförmiger Kreuzmeißel sein. Jeder von diesen Kreuzmeißeln kann nun noch Seitenschneiden besitzen (Fig. 9).

Die Vorteile des Kreuzmeißels sind, daß er sich nicht so leicht verschlägt; wenn nämlich ein einfacher Meißel auf eine Kluft trifft, dringt er in diese ein und verklemmt sich; wenn dies dagegen bei einem Kreuzmeißel geschieht, so steht eine von den Schneiden immer quer gegen die Kluft und verhindert ein Verklemmen. Dagegen hat der Kreuzmeißel den Nachteil, daß das Bohrloch recht oft gesäubert werden muß; andernfalls verfängt er sich leicht im Bohrschmante.

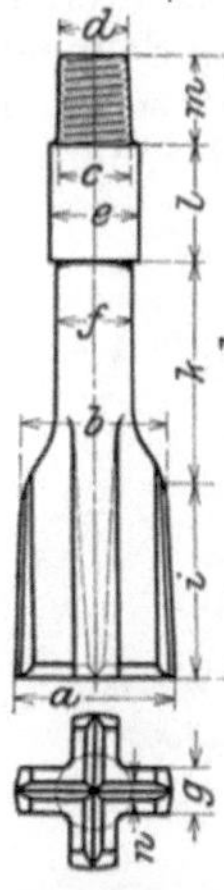

Fig. 9. Kreuzmeißel mit Seitenschneiden von F. Bischoff-Duisburg (s. die Tab. auf Seite 10).

Fig. 10. Meißel mit Ohrenschneiden.

Fig. 11. Schwertmeißel.

Fig. 12. Kolbenmeißel.

Außer den Seitenschneiden können die Meißel auch noch Ohrenschneiden (Fig. 10) bekommen. Der Zweck der Ohrenschneiden ist derselbe, wie der der Seitenschneiden, nämlich das Nachbüchsen der Bohrlochswände. Die Seitenschneiden werden oben am Schafte angebracht; ihre Schneide läuft parallel der Meißelschneide, während die der Seitenschneide quer dazu steht.

Ab und zu verwendet man besonders gestaltete Meißel, bei denen die Schneide eine besondere Form bekommt. Hierzu gehört

1. Der Schwertmeißel (Fig. 11); er wird hauptsächlich in festen Gesteinsarten verwendet. Die Schneide ist in eine Spitze ausgezogen. Damit hängt zusammen, daß die Sohle Trichterform erhält; in diesem Trichter bleibt aber beim Löffeln immer etwas Schmant zurück.

2. Der Kolbenmeißel (Fig. 12); er ist mit einem spitzen Kolben versehen und wird in weichen Gebirgsarten zum Herstellen von Trinkwasser-Bohrlöchern (Abbessinierbrunnen) sowie beim Stoßbohren benutzt,

um einzelne Steine und sonstige Hindernisse aus dem Bohrloche in das Gebirge hinein zu verdrängen.

3. Der Exzentermeißel (Fig. 13) läuft ebenso wie der Schwertmeißel in eine Spitze aus, die mit der Bohrlochsachse zusammenfallen muß. Die eine Seite a dient als sogenannte Abweisfläche; sie ist kürzer als die Schneidenfläche c, aber dementsprechend breiter gehalten und hat den Zweck, die Schneide c nach außen zu drücken. An der Schneide c können noch zwei Backen (Seitenschneiden) b angebracht sein. Die Breite des ganzen Meißels ist geringer als der Bohrlochsdurchmesser;

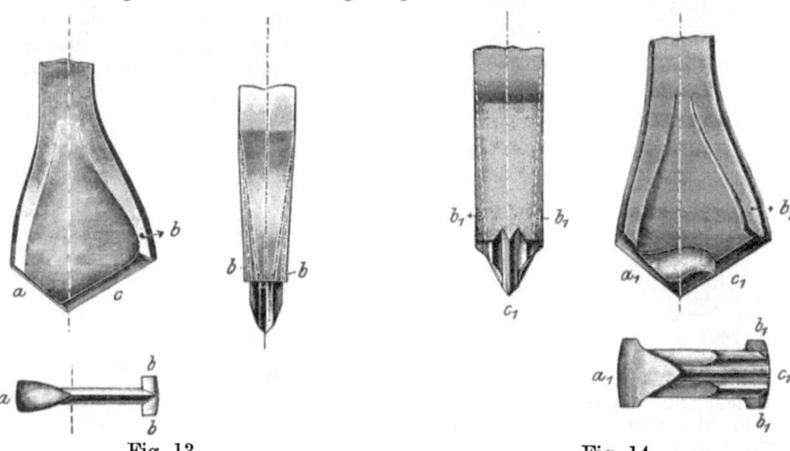

Fig. 13.
Exzenter-Meißel von H. Mayer & Co.

Fig. 14.
Exzenter-Parallelschneidemeißel von H. Mayer & Co.

infolgedessen ist man imstande, die Verrohrung immer mit dem Tieferwerden des Bohrloches nachzusenken. Es bleibt nur der unterste Teil des Bohrloches unverrohrt, dessen Höhe etwas größer sein muß als die Hubhöhe des Meißels. Will man den Meißel auswechseln, so läßt er sich, weil er schmaler ist als die lichte Weite der Verrohrung, bequem durch diese zu Tage fördern.

Eine Abart hiervon ist der Exzentermeißel mit drei parallel laufenden Schneiden (Fig. 14), ein sogenannter Parallelschneidemeißel. Die Abweisfläche ist bei ihm wesentlich kräftiger gehalten. Infolge seiner drei Schneiden ist der Meißel besonders für sehr hartes Gebirge geeignet.

Die Exzentermeißel müssen aus allerbestem Material bestehen; denn infolge des einseitigen Schlages können nur zu leicht Meißel- oder Gestängebrüche eintreten. Zum Teil läßt sich dem auch dadurch vorbeugen, daß die schmalere Meißelhälfte wesentlich kräftiger gehalten wird, so daß sie ebenso schwer wird wie die breitere, mit der Schneide versehene Meißelhälfte; alsdann fällt die Schwerlinie des Meißels mit der Bohrlochsachse zusammen.

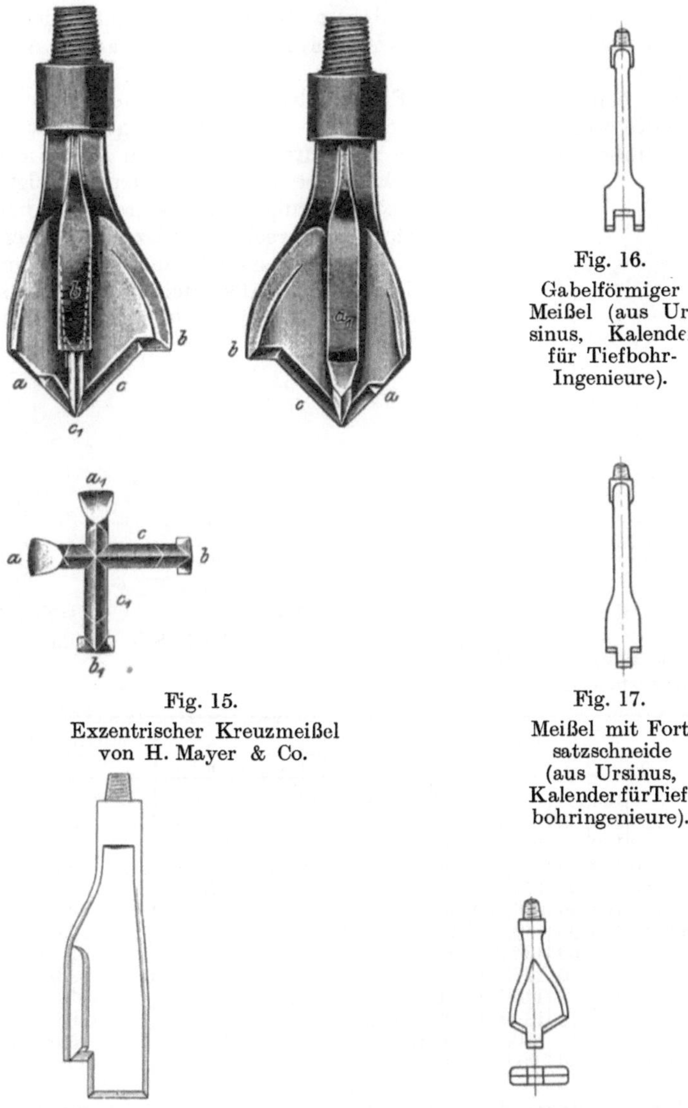

Fig. 16. Gabelförmiger Meißel (aus Ursinus, Kalender für Tiefbohr-Ingenieure).

Fig. 15. Exzentrischer Kreuzmeißel von H. Mayer & Co.

Fig. 17. Meißel mit Fortsatzschneide (aus Ursinus, Kalender für Tiefbohringenieure).

Fig. 18. Meißel mit Fortsatzschneide. (Meißel von Mac Garvey.)

Fig. 19. Exzentermeißel mit Fortsatzschneide (aus Ursinus, Kalender für Tiefbohr-Ingenieure).

Als Neuheit auf dem Gebiete der Exzentermeißel bringen H. Mayer & Co. in Nürnberg-Doos einen exzentrischen Kreuzmeißel (Fig. 15), dessen breitere Flügel mit Nachschneiden b und b_1 versehen sind.

Die kurzen Flügel a und a_1 sind nur teilweise mit Schneiden versehen und dienen im übrigen als Abweisflächen für die langen Arbeitsschneiden c und c_1.

Der gabelförmige Meißel (Fig. 16) hat drei Schneiden, von denen die mittlere weiter oben in einer Lücke des Blattes liegt. Mit seiner Hilfe ist man imstande, Kerne zu bohren; aber diese Kerne dürfen nicht allzu lang sein; denn infolge der Erschütterung beim Bohren würden sie schnell abbrechen und zerbohrt werden.

Das Gegenstück zum gabelförmigen Meißel bildet der Meißel mit Fortsatzschneiden (Fig. 17). Er hat meistens drei

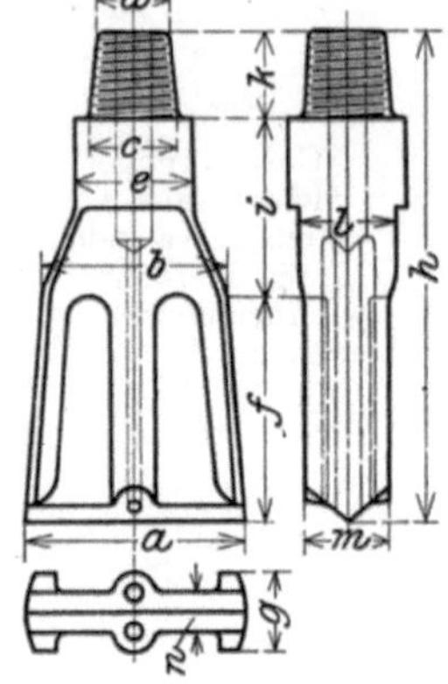

Fig. 20.
Kreuzmeißel mit Sohlenspülung von F. Bischoff-Duisburg (s. untenstehende Tabelle).

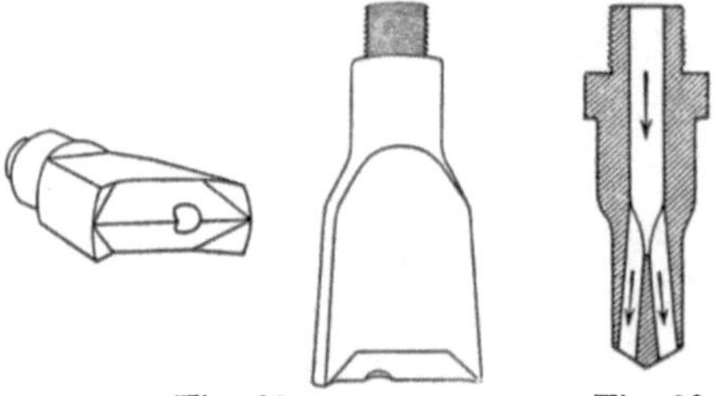

Fig. 21. Fig. 22.
Meißel mit Sohlenspülung.

	Gebräuchliche Abmessungen.														Annäherndes Gewicht, fertig bearbeitet
	a	b	c	d	e	f	g	h	i	k	l	m	n	o	
zu Fig. 6	360	340	118	100	150	100	110	800	380	150	150	120	40	100	133,00 kg
	250	230	118	100	150	100	110	800	380	150	150	120	40	100	100,00 „
	150	130	100	90	108	80	100	800	380	150	150	120	30	80	60,00 „
zu Fig. 9	206	190	100	90	120	100	60	820	250	300	150	120	20		85,00 „
	181	165	100	90	120	95	55	820	250	300	150	120	20		72,00 „
	155	140	100	90	120	90	50	820	250	300	150	120	20		60,00 „
zu Fig. 20	250	210	100	95	130	260	90	550	190	100	105	90	35	120	72,00 „
	200	160	95	90	130	240	80	530	190	100	95	80	30	120	52,00 „
	150	110	95	90	120	210	75	500	190	100	76	75	30		33,00 „
zu Fig. 23	400	390	100	78	140	120	120	1000	350	375	275	110	50	120	157,00 „
	300	290	100	78	130	120	120	1000	350	375	275	110	45	120	139,00 „
	200	190	90	70	120	102	102	1000	350	375	275	100	35	102	95,00 „
	100	90	70	50	90	80	70	775	300	275	200	70	25	70	35,00 „

Schneiden, von denen die mittlere gegen die beiden seitlichen Schneiden vorsteht. Dadurch wird in der Bohrlochsmitte ein engeres Loch vorgebohrt, welches dem Meißel eine gewisse Führung gibt. Es gibt auch Meißel mit nur zwei solchen Schneiden (Fig. 18).

Ebenso hat man Meißel hergestellt, die eine Vereinigung von Exzentermeißeln und von solchen mit Fortsatzschneiden bilden (Fig. 19).

II. Die Spülbohrmeißel.

Für die Zwecke der Spülbohrung erhalten die Meißel eine achsiale Durchbohrung. Infolgedessen müssen bei ihnen die Gewindezapfen stärker sein als bei den Trockenbohrmeißeln. Man unterscheidet

1. Meißel mit Sohlenspülung und
2. Meißel mit Seitenspülung.

Bei den Meißeln mit Sohlenspülung (Fig. 20—22) mündet der Spülkanal in der Meißelschneide; damit aber kein Kern erbohrt

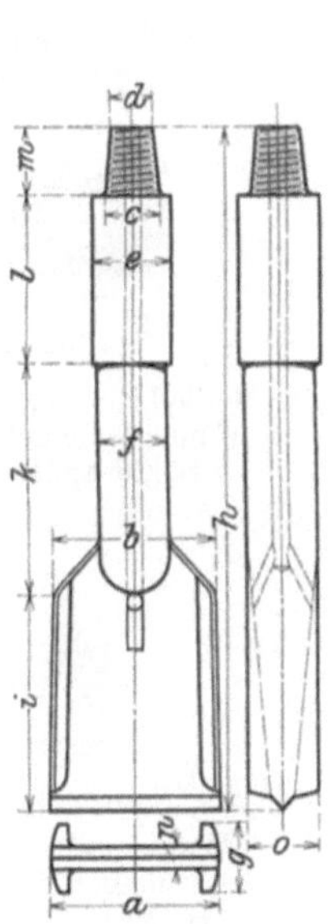

Fig. 23.
Meißel mit Seitenspülung von F. Bischoff-Duisburg (s. die Tabelle auf Seite 10).

Fig. 24.
Spül-Kreuzmeißel von Deseniss & Jacobi.

wird, darf diese Spülung nie in der Schneidenmitte liegen, sondern muß etwas außerhalb derselben angebracht sein (Fig. 21.) Ein Nachteil der Meißel für Sohlenspülung ist, daß sie schwierig zu bearbeiten sind, also geschickte Schmiede erfordern.

Bei den Meißeln mit Seitenspülung (Fig. 23) gabelt sich der Spülkanal unterhalb des Meißelhalses; die beiden Mündungen liegen oben in den beiden Blattflächen. Die Ausflußöffnungen sind nach unten zu schräg ausgezogen, damit die beiden Spülströme möglichst senkrecht nach unten bis auf die Sohle spritzen.

Bei den Kreuzmeißeln münden die Spülkanäle in den vier Ecken (Fig. 24). Es kann jede Meißelart für Wasserspülung eingerichtet werden, wie die Figuren 25 und 26 zeigen. Von besonderen Spülbohrmeißeln seien hier noch besonders erwähnt der Parallelschneidemeißel von Trauzl mit Sohlenspülung (Fig. 27), der namentlich bei den Rapidbohrungen benutzt wird, und die für die gleichen Zwecke verwendeten

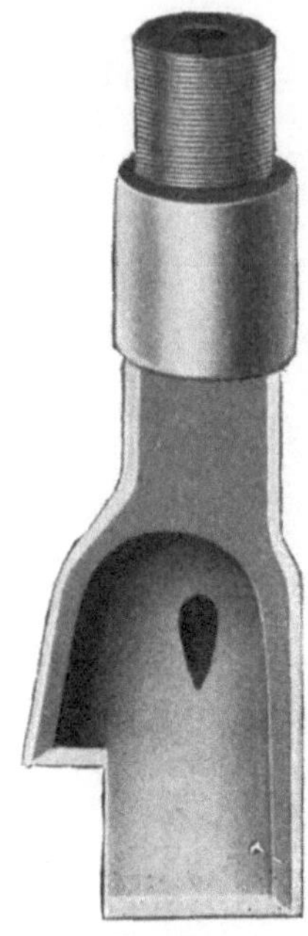

Fig. 25.
Spülmeißel mit Fortsatzschneide von Deseniss & Jacobi A.-G.

Fig. 26.
Exzenter-Meißel für Seitenspülung.

Fig. 28.
Meißelkrone (Parallelschneidemeißel) mit Sohlenspülung.

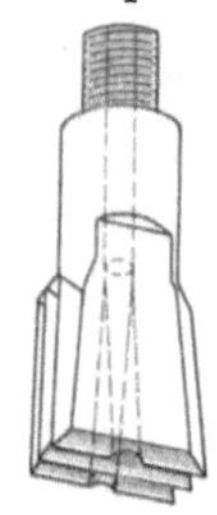

Fig. 27.
Parallelschneidemeißel mit Sohlenspülung.

Fig. 29.
Wasserspülmuffenmeißel von H. Mayer & Co.

Meißelkronen von Trauzl (Fig. 28). Bei diesen letzteren wird mit indirekter Spülung gearbeitet; die Kerne werden durch die beim Bohren auftretenden Erschütterungen abgebrochen und durch den im Hohlgestänge nach oben gehenden Spülstrom zu Tage geschafft.

Ferner sei noch erwähnt der Wasserspülmuffenmeißel (Fig. 29) von Heinrich Mayer & Co. in Nürnberg-Doos. Dieser Meißel besteht aus zwei Teilen und eignet sich lediglich für mildes Gebirge. Die Muffe hat zwei Schlitze, in welche der Spatenmeißel eingenietet ist. Das Spülwasser strömt aus der Muffe, welche die Fortsetzung des Hohlgestänges bildet, senkrecht nach unten auf die Bohrlochssohle und bewirkt eine kräftige Spülung derselben. Mit Rücksicht auf die Verwendung im milden Gebirge ist dieser Spülmeißel wesentlich leichter gehalten als die anderen Stoßbohrmeißel.

III. Die Bearbeitung des Meißels in der Schmiede.

Die Meißel werden beim Stoßbohren und Freifallbohren sehr stark beansprucht, weil sie die ganze Wucht des Schlages auszuhalten haben; darum müssen sie aus bestem Material, und zwar aus Tiegelgußstahl bzw. aus Spezialmeißelstahl hergestellt sein; doch hängt die Leistungsfähigkeit der Bohrmeißel nicht nur von der Güte des verwendeten Materials, sondern auch von dem guten Zustande ab, in dem die Meißel erhalten werden. Die äußersten Ecken der Schneiden werden am meisten abgenutzt und sind dem Abbrechen leicht ausgesetzt; ferner bricht auch die Schneide selbst leicht ab, wenn der Stahl in der Schmiede „verbrannt", d. h. zu sehr erhitzt worden ist. Je besser der Stahl ist, desto geringere Hitze verträgt er; darum dürfen die Bohrmeißel nicht über hellrot oder kirschrot erwärmt werden; in den meisten Fällen genügt es schon, wenn die Meißel auf Handbreite dunkelrot glühen. Die Temperatur muß gleichmäßig über die Meißelbreite verteilt sein, und namentlich dürfen die Ecken nicht zu scharfes Feuer bekommen. Zum Zwecke des Abkühlens hängt man den Meißel in Regenwasser, welches aber nicht eiskalt sein darf, sondern am besten etwas abgestanden ist; die Schneide muß

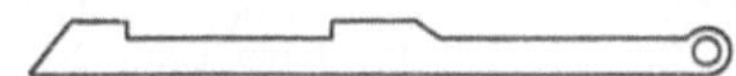

Fig. 30.
Lehre für Flachmeißel.

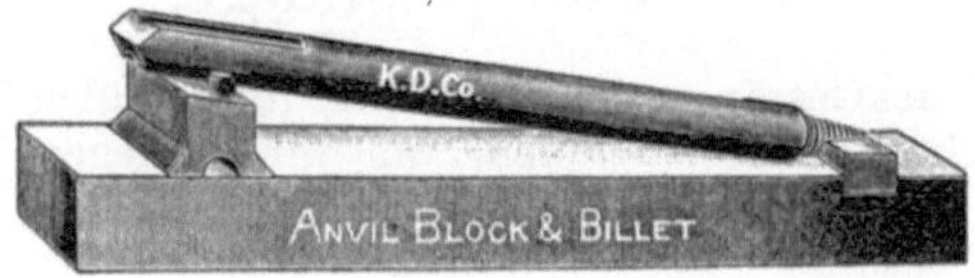

Fig. 31.
Meißellehre.

Fig. 32.
Lehre für Laschenbohrer.

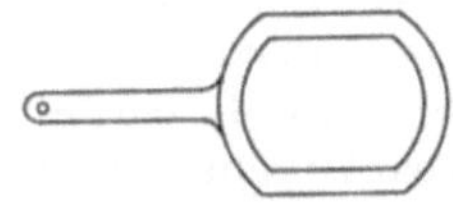

Fig. 33.
Lehre für Laschenbohrer.

etwa vier Finger tief in das Wasser eintauchen; erst nach dem gänzlichen Erkalten ist der Meißel aus dem Wasser zu nehmen. Der Härtegrad des Stahles ist immer dem Gestein anzupassen. Man erkennt ihn an den Anlauffarben; für hartes Gestein bekommt der Meißel hafergelbe, für mildes blaue Anlauffarbe.

Der Schneidenwinkel ist der Winkel, den die beiden Schneidenflächen miteinander einschließen. Er schwankt zwischen 70 und 120 Grad; der normale

Schneidenwinkel beträgt 90 Grad; bei milderem Gestein kann der Winkel bis auf 70 Grad sinken, in hartem Gestein ausnahmsweise bis 120 Grad steigen.

Es ist sehr wichtig, daß die Meißelschneiden die richtige Breite besitzen; ist der Meißel zu schmal, dann verengt sich das Bohrloch; ist dagegen der Meißel zu breit, dann klemmt er sich leicht im Bohrloche fest. Namentlich müssen frisch geschärfte Meißel auf ihre richtige Breite hin geprüft werden. Diese Prüfung erfolgt mit den Lehren (Fig. 30—33); solche Lehren müssen in der Schmiede vorhanden sein, und ebenso ist es gut, wenn der Bohrmeister welche besitzt, um den Schmied kontrollieren zu können. Namentlich bei spatenförmigen Meißeln ist das Innehalten der richtigen Meißelbreite sehr wichtig; denn bei ihnen nutzen sich die Ecken leichter ab als bei den geraden Meißeln.

Wesentlich ist auch die richtige Länge des Meißels; je länger er ist, um so schwerer ist er und kann schließlich nicht mehr in der Schmiede gut bearbeitet werden; andererseits aber ist ein hohes Gewicht von Vorteil für den Schlageffekt. Ein zu kurzer Meißel ist wieder zu leicht und hält nicht das Gewicht der auf ihm lastenden Bohrstangen aus; ferner kann sich ein zu kurzer Meißel, wenn er abbricht, im Bohrloche allzu schräg umlegen und dann nicht mehr mit den Fangwerkzeugen gefaßt werden.

Die Meißel müssen symmetrisch gearbeitet sein; d. h. die rechte Hälfte muß ebenso schwer sein wie die linke; denn sonst hängt der Meißel schief am Gestänge und bricht leicht ab; auch wird dann der Bohrlochsdurchmesser zu groß. Namentlich ist bei den Exzentermeißeln, deren beide Körperhälften verschieden breit sind, darauf zu achten, daß beide Hälften gleich schwer sind.

B. Das Gestänge.

Der Zweck des Gestänges ist, den Bohrer mit der über Tage stehenden Antriebsvorrichtung zu verbinden, um ihn bewegen und umsetzen zu können.

I. Die Bohrstangen.

Das Material, aus dem die Bohrstangen bestehen, ist Holz oder Eisen. Das Holz muß astfrei und gerade gewachsen sein; denn wo Äste und Knorren sind, ist das Holz spröde und bricht leicht. Krumm gewachsenes Holz gibt kein gutes Bohrgestänge ab, weil es leicht durchbiegt und sich dann im Bohrloche verklemmt oder auch bricht. Von Laubhölzern verwendet man Eiche, von Nadelhölzern Lärche und Fichte. Hölzernes Gestänge eignet sich nur für Bohrlöcher von großem Durchmesser; denn um haltbar zu sein, muß es ziemlich stark genommen werden. Der Querschnitt ist am besten rund oder achteckig. Die Länge der hölzernen Bohrstangen beträgt im allgemeinen 10—14 m, der Durchmesser nicht unter 0,15 m. Hölzernes Gestänge hat in nassen Bohrlöchern den Vorteil, daß es sich leicht anheben läßt, weil ja das Holz im Wasser Auftrieb hat. Aus demselben Grunde aber wird die Wucht des Meißelschlages geschwächt. Um diesem Nachteil vorzubeugen, gibt man den Bohrstangen an beiden Enden eiserne Beschläge, die so schwer sind, daß das Holz im Wasser gewichtslos wird, also keinen Auftrieb hat. Ein anderer Nachteil des hölzernen Gestänges ist, daß es leicht platzt, wenn es aus nassen Bohrlöchern kommt, und daß sich die Beschläge lockern. Es wird deshalb nur noch selten benutzt.

Das Material zu eisernem Gestänge soll sehnig sein und der Verdrehung möglichst großen Widerstand leisten. Eiserne Stangen haben im Gegensatz zu den hölzernen nur 8—10 m Länge, weil sie sonst zu schwer werden. Ihr Querschnitt kann rund oder viereckig sein, und zwar nimmt man meistens Quadratgestänge zum Drehbohren, rundes Gestänge beim Freifallbohren. Wenn beim Quadratgestänge die Kanten verbrochen werden, dann sollen sie doch an beiden Enden bleiben, um das Gestänge mit dem Schlüssel drehen zu können, mit Rücksicht auf die Fangarbeit usw. Der Durchmesser des Gestänges beträgt nicht unter 20 mm. Die untersten Stangen werden gern stärker genommen; denn dadurch rückt der Schwerpunkt des Gestänges tiefer nach unten, und beim englischen Bohren wird es nicht so leicht gestaucht.

Das eiserne Gestänge ist jetzt fast überwiegend im Gebrauch, weil es fester ist als das hölzerne und sich weder wirft noch verzieht.

Außer den Hauptbohrstangen, die beim hölzernen Gestänge bis 14 m, beim eisernen bis zu 10 m lang sind, benutzt man auch Ergänzungsstücke; ihre Länge beträgt ½, ¼ und ⅛ der Hauptstangenlänge. Sie werden über Tage auf das Hauptgestänge aufgesetzt. Ist z. B. das Bohrloch so tief geworden, daß man eine neue Stange aufsetzen muß, so müßte man beim eisernen Gestänge eine solche von 10 m Länge nehmen. Es ist klar, daß das Arbeiten mit einer Stange, die 10 m über die Tagesfläche hinausragt, nicht angenehm sein kann. Darum nimmt man zunächst eine ⅛-Stange; dann wechselt man diese ⅛-Stange aus gegen eine ¼-Stange, setzt bei weiterem Vertiefen des Bohrloches auf diese ¼-Stange wieder die ⅛-Stange auf, um dann beide Stangen durch eine ½-Stange zu ersetzen. Dann kommt wieder auf diese ½-Stange eine ⅛-Stange, welche letztere dann wieder durch eine ¼-Stange ersetzt wird. Auf die ¼-Stange setzt man dann wieder die ⅛-Stange auf. Schließlich werden die übereinandersitzenden ½-Stange, ¼-Stange und ⅛-Stange abgeschraubt und durch eine Hauptstange ersetzt.

Wenn es sich um Spülbohrung handelt, muß man Hohlgestänge benutzen. Doch wird es auch häufig bei Trockenbohrungen verwendet, weil man sonst zwei Sorten von Gestänge vorrätig haben müßte. Hohlgestänge hat den Vorteil, daß es leichter und widerstandsfähiger als massives Gestänge ist.

Die Länge dieser Stangen beträgt bis zu 5 m.

Jedes Gestänge, also massives Gestänge und Hohlgestänge, muß mit Bunden versehen sein, um es bei der Förderung mit der Gabel und dem Förderstuhl abfangen zu können. Am oberen Ende bekommt es am besten zwei Bunde dicht übereinander (Fig. 34). Unter den unteren Bund wird die Abfangegabel geschoben; mit dem oberen Bunde wird es in den Förderstuhl eingehängt. Die Bunde werden angeschweißt; doch muß man darauf achten, daß Stange und Bund gleich heiß sind, weil sich sonst letzterer zu sehr in die Stange einschnüren und sie schwächen würde.

Hohlgestänge erhält oft gar keinen Bund, sondern wird nur an den Enden verdickt (Fig. 35 und 36).

Nach dem DRP. 206 517 von Emil Dinse in Berlin-Schöneberg kann massives und Hohlgestänge durch Verwendung von Längs- und Querrippen, schraubenförmigen

Rippen, äußeren und inneren Rippen (Fig. 37—41) besondere Querschnittsformen bekommen. Die Stange kann zwei, drei oder noch mehr Rippen erhalten.

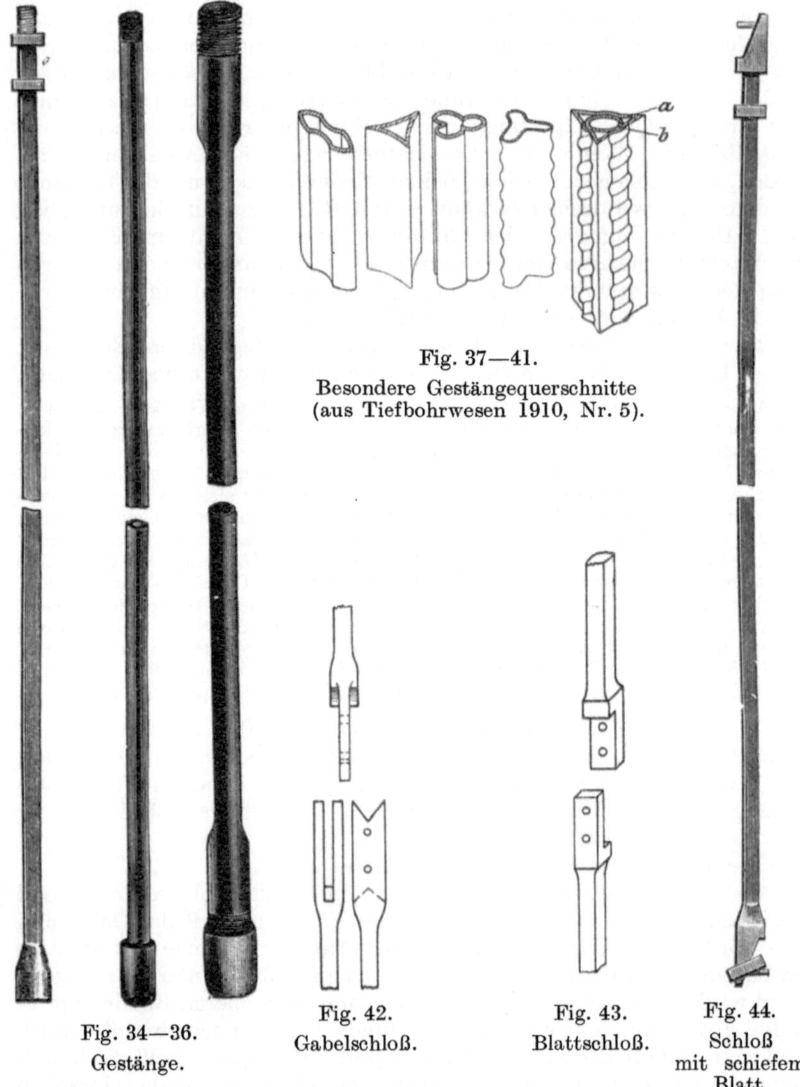

Fig. 37—41. Besondere Gestängequerschnitte (aus Tiefbohrwesen 1910, Nr. 5).

Fig. 34—36. Gestänge.

Fig. 42. Gabelschloß.

Fig. 43. Blattschloß.

Fig. 44. Schloß mit schiefem Blatt.

Mit Rücksicht auf die Verbindung werden die Stangen an beiden Enden zylindrisch oder schwach kegelförmig gemacht. Die Vorteile dieser Stangen sind nach Angaben des Erfinders, daß sie 50—70 % leichter als andere Stangen, sicher gegen Verdrehung und Verbiegung sind, und daß man mit ihnen auf größere Teufen bohren kann.

II. Die Gestängeschlösser.

Der Zweck der Gestängeschlösser ist, die einzelnen Bohrstangen miteinander zu verbinden. Sie sollen einfach und kräftig sein und dürfen keine kleinen Teile besitzen, die verloren gehen können, z. B. Bolzen, Splinte, Schrauben usw. Außerdem müssen sie Universalschlösser sein, damit die Stangen beliebig untereinander vertauscht werden können. Man unterscheidet bei Schlössern für massives Gestänge hauptsächlich

1. das Gabelschloß,
2. das Blattschloß,
3. das Schraubenschloß,
4. das Zapfenschloß.

Bei dem Gabelschloß (Fig. 42) ist das Gestänge an dem einen Ende gegabelt; das andere Gestängestück wird da hineingeschoben. Beide Teile werden durch Schraubenbolzen miteinander verbunden.

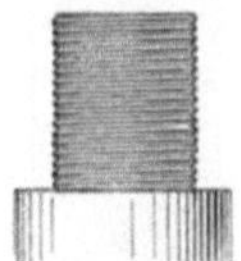

Fig. 45.
Zylindrischer Schranbenbolzen mit feinem Gewinde.

Fig. 46.
Zylindrischer Schraubenbolzen mit grobem Gewinde.

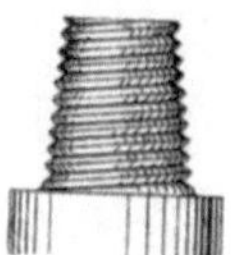

Fig. 47.
Konischer Schraubenbolzen mit grobem Gewinde.

Bei dem Blattschloß (Fig. 43) haben die Gestänge an beiden Enden Blattung und werden ebenfalls durch Schraubenbolzen zusammengehalten.

Beide Schlösser, das Gabelschloß und das Blattschloß, sind veraltet und werden heute kaum mehr benutzt.

H. Mayer & Co. in Nürnberg-Doos liefern ein einfaches Schloß mit schiefem Blatt (Fig. 44). Die beiden Enden greifen mit Stiften ineinander und werden außerdem noch durch einen übergeschobenen Ring verbunden.

Beim Schraubenschloß (Fig. 45—47) hat jede Stange an dem einen Ende einen Schraubenbolzen, am andern eine Schraubenmutter. Der Bolzen kann zylindrisch (Fig. 45, 46) oder konisch (Fig. 47) sein. Der konische Bolzen gestattet ein beschleunigtes Lösen und Verbinden der einzelnen Bohrstangen; außerdem läßt er sich immer fest anziehen. Ein Nachteil der Verschraubung ist, daß sich die Stangen beim Stoßbohren leicht lösen, beim Drehbohren aber sich so fest schrauben, daß sie sich kaum mehr lösen lassen.

Der Schraubenbolzen muß an jeder Bohrstange oben, die Mutter unten sitzen. Ist dies nicht der Fall, die Mutter also am oberen Ende, dann dringt leicht Schmutz in diese ein, und das Gewinde leiert sich aus.

Der Zapfendurchmesser ist am besten gleich der Stärke der Bohrstangen, die Länge des Zapfens gleich $^{5}/_{4}$ seiner Stärke. Bei konischem Gewinde wird der Durchmesser in $^{1}/_{4}$ der Höhe über dem Fuße des Zapfens gemessen. Die Mutter greift bei konischem Gewinde auf $^{3}/_{4}$ seiner Länge.

Bei Trockenbohrung kann, bei Freifallbohrung muß das Gewinde grob (Fig. 46, 47) sein; bei Spülbohrung braucht man feines Gewinde

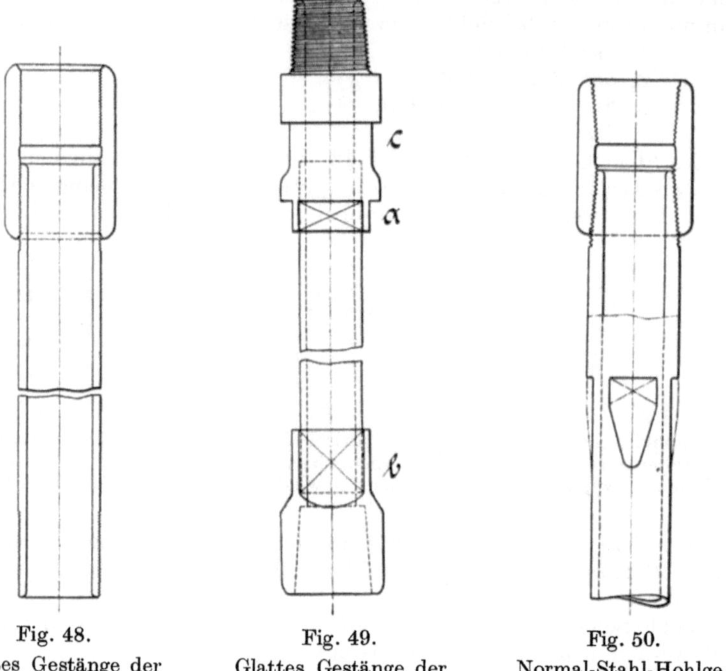

Fig. 48. Glattes Gestänge der DTA mit Außenmuffen.

Fig. 49. Glattes Gestänge der DTA mit Bohrmuffen.

Fig. 50. Normal-Stahl-Hohlgestänge der DTA.

(Fig. 45), damit an dieser Stelle kein Wasser verloren geht. Es muß Rechtsgewinde sein, also ein Rechtsdrehen des Gestänges gestatten. Um bei Linksdrehen oder bei zufälligen Ursachen das Lösen des Gestänges zu verhüten, sichert man das Gewinde mit einem durchgesteckten Splint, oder die Mutter und der nächstgelegene Bund werden kantig geschmiedet, und dann wird über beide eine passende Muffe übergeschoben.

Für Hand-Spülbohrung in mildem Gebirge liefert die Deutsche Tiefbohr-Aktien-Gesellschaft in Nordhausen glatte Gestängerohre (Fig. 48), auf die an einem Ende Außenmuffen aufgeschraubt werden. Bei Gestängebrüchen können diese Rohre durch Anschneiden von Gewinde sofort wieder verwendbar gemacht werden.

Anstatt dieser gewöhnlichen Muffen können auch „Bohrmuffen“ aufgeschraubt werden (Fig. 49); diese besitzen grobgängiges, stark konisches Gewinde, einen Vierkant a zum Abfangen mit der Gabel bzw. einen Vierkan b für das Arbeiten mit dem Gestängeschlüssel; mit dem Förderhalse c können sie in den Förderstuhl eingesetzt werden.

Das Normal-Stahl-Hohlgestänge derselben Firma besteht aus nahtlosen Stahlröhren, die an beiden Enden verdickt sind; diese Verdickungen sind mit Flächen zum Ansetzen von Schlüssel und Abfangegabel versehen (Fig. 50).

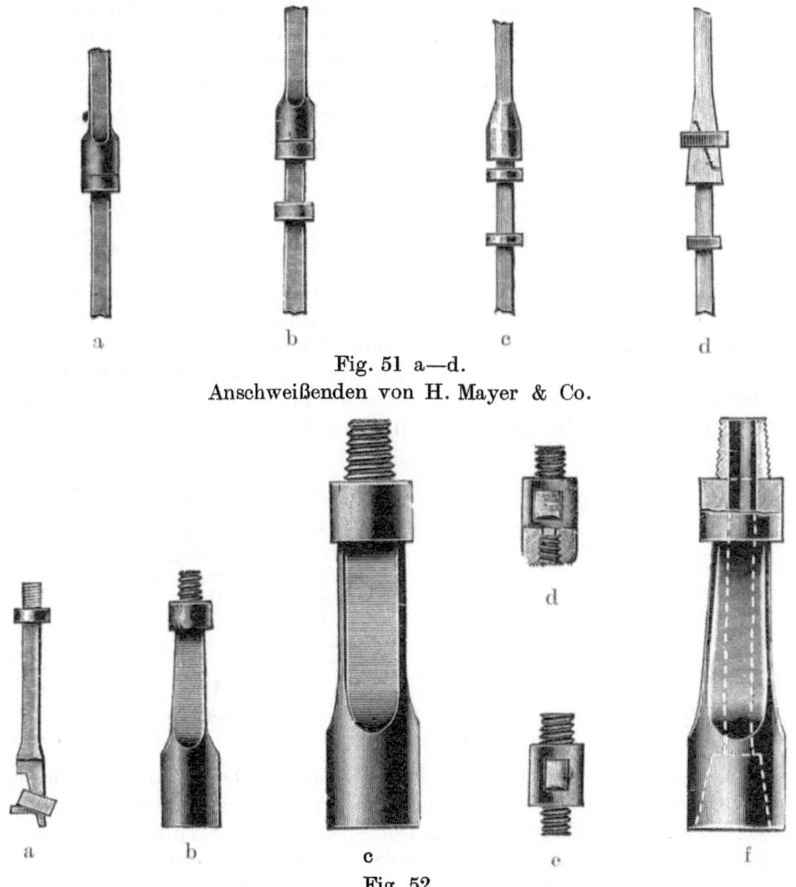

Fig. 51 a—d.
Anschweißenden von H. Mayer & Co.

Fig. 52.
Wechselstücke von H. Mayer & Co.
a—c Wechselstücke für Trockenbohrung. e—f Wechselstücke für Spülbohrung.

Ferner empfiehlt die DTA., vor dem Verschrauben auf die erwärmten Gewinde ihr Friktionsfett in heißem Zustande aufzutragen. Es hält diese Stellen blank und rostfrei, verhindert ein selbsttätiges Lösen und schließt wasserdicht. Vor dem Auseinanderschrauben sind die Gewinde zu erwärmen.

Die Maschinenfabrik H. Mayer & Co. in Nürnberg-Doos liefert Anschweißenden (Fig. 51 a—d), die man in der Bohrschmiede an vorrätige Stangen anschweißen kann. Man erreicht dadurch eine billige Überseeverfrachtung und kann sich das Gestänge in der eigenen Schmiede herstellen.

Dieselbe Firma liefert auch Wechselstücke (Fig. 52 a—d), die beim Übergang vom Bohrer zum Gestänge und von verschiedenartigem Gestänge unter sich verwendet werden können. Sie sind sowohl für Trocken- als auch für Spülbohrung passend gearbeitet.

Das Zapfenschloß (Fig. 53) wird meistens verwendet zur Verbindung des Meißels mit der Schwerstange und dieser letzteren mit dem Freifallapparate. Das Gestänge hat an dem einen Ende einen konischen Zapfen, an dem andern eine Muffe; durch beide wird ein Keil durchgeschoben, der mittels eines Splintes festgehalten wird. Das Keilschloß ermöglicht ein rasches Verbinden und Lösen bei der Gestängeförderung; aber beim Bohren löst es sich leicht von selbst.

III. Die Aufbewahrung des Gestänges.

Das Gestänge soll immer im Bohrturme hängend aufbewahrt werden. Zu diesem Zwecke wird an der obersten Bühne des Turmes der sogenannte Gestängerechen (Fig. 54) angebracht. Er besteht aus Holz oder Eisen und hat eine größere Anzahl von Aussparungen; in ihnen hängen die einzelnen Stangen an den Bunden. Der Vorteil der hängenden Aufbewahrung ist, daß die Stangen ständig auf Zug beansprucht bleiben,

Fig. 53.
Zapfenschloß.

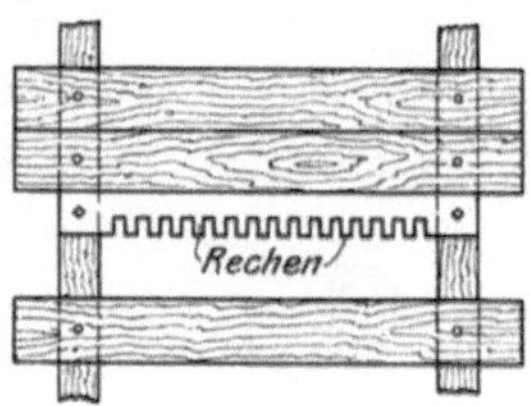

Fig. 54.
Gestängerechen.

und daß sie infolgedessen ihre Geradheit bewahren. Dagegen ist es falsch, sie im Bohrturme aufzustellen und schräg in eine Ecke zu lehnen; denn sie biegen sich dann leicht durch. Dies ist namentlich bei hölzernen Bohrstangen der Fall. Kommen dann solche Stangen in das Bohrloch, so reiben sie an seinen Wandungen und verursachen Nachfall, verklemmen sich oder brechen bei starken Schlägen.

Ebenso ist es verkehrt, die Bohrstangen im Freien aufzubewahren, indem man sie auf den Erdboden legt. Dieser ist immer feucht und uneben. Die Stangen verbiegen sich also auch leicht. Hölzerne Stangen können bei langem Liegen faulen oder unter dem Wechsel von Regen und Sonnenschein sich werfen und rissig werden. Außerdem ist es umständlich, die Bohrstangen zu jedesmaligem Gebrauch in den Bohrturm zu schaffen und sie dann wieder aus ihm herauszuholen.

IV. Die Prüfung des Gestänges.

Sowie die Bohrstangen aus dem Bohrloche herauskommen, müssen sie auf etwaige Beschädigungen hin uutersucht werden, damit man diese sofort beseitigen kann; ebenso soll man die Bohrstangen auf ihre Geradheit hin untersuchen. Dies erfolgt, indem man sie im Gestängerechen hängend ablotet. Die Ablotung hat an zwei Stellen zu erfolgen, die zueinander unter einem Winkel von 90 Grad liegen. Von Zeit zu Zeit soll man die Bohrstangen im Freien auf der Richtbank untersuchen. Es ist dies eine schmale Bühne, deren Länge gleich der der größten Bohrstange ist. Mit Hilfe einer ausgespannten Schnur wird auf ihr eine gerade Liniegezogen und jede Bohrstange an diese Linie angelegt. Auch bei dieser Untersuchung müssen die Bohrstangen gedreht werden. Verbogene Bohrstangen werden in der Schmiede handwarm gemacht und mit leichten Hammerschlägen gerade gerichtet.

C. Die Seile.

Bei der Bearbeitung benutzte Literatur.

J. Hrabrak, Die Drahtseile, Berlin 1900.

E. G. Drahtbohrseile. Allgemeine österreichische Chemiker- und Technikerzeitung XXII (1904), Nr. 10.

R. von Nowosielecki, Über die Drahtseile bei den Bohrungen. Allgemeine österreichische Chemiker- und Technikerzeitung XXII (1904), Nr. 20, 21, 22, 23.

Die beim Bohrbetriebe verwendeten Seile können sein

1. Bohrseile,
2. Förderseile (Wirbelseile),
3. Löffelseile,
4. Flaschenzugseile.

Nach der Machart sind zu unterscheiden

1. Bandseile (= Flachseile),
2. Rundseile,
    a) Spiralseile,
    b) Litzenseile,
    c) Kabelseile,
3. Quadratseile.

Das verwendete Material ist Hanf oder Stahldraht.

I. Die Hanfseile.

Die Hanfseile werden hergestellt aus russischem Reinhanf oder badischem Schleißhanf. Dieses Material hat den Nachteil, daß es leicht fault, wenn es naß wird. Zum Schutze davor kann man die Seile teeren; dieses Mittel genügt vollständig für die im Bohrbetriebe verwendeten

Seile; jedoch werden sie dadurch wesentlich schwerer, ohne aber an Tragfähigkeit zu gewinnen.

Will man fäulnissichere, ungeteerte Seile haben, so muß man Manilahanf oder Aloehanf benutzen; doch ist die Tragfähigkeit dieses Materials eine geringere als die des gewöhnlichen Hanfes. Andererseits aber wird die Festigkeit daraus hergestellter Seile durch Nässe gesteigert. Auch haben sie den Vorzug, daß sie sehr elastisch sind.

Bei der Anfertigung der Hanfseile dreht man den Hanf zu Fäden; dann wird eine größere Zahl von Fäden zu Litzen zusammengedreht. Aus drei oder vier Litzen schlägt man das Seil zusammen. Die dreilitzigen Seile sind biegsamer als die vierlitzigen und brauchen keine besondere Seele (Einlage). Will man den vierlitzigen Seilen die gleiche Biegsamkeit geben wie den dreilitzigen, so kann man sie lose schlagen; jedoch längen sie sich dann mehr als die festgeschlagenen Seile.

II. Die Drahtseile.

Zu den Drahtseilen benutzt man im Bohrbetriebe nur Stahldraht. Bei diesem kommt es hauptsächlich auf die Bruchfestigkeit an, die von dem Kohlenstoffgehalte des Stahles abhängig ist; je höher dieser letztere ist, um so größer ist die Bruchfestigkeit; aber mit dem Kohlenstoffgehalte nimmt auch die Sprödigkeit des Materials zu.

Man unterscheidet folgende Bruchfestigkeitsstufen:

60, 90, 120, 150, 180, 200 kg/qmm.

In diesen Sorten führen die Fabriken ein größeres Lager und können daher die Seile gleich liefern. Werden andere Bruchfestigkeiten gewünscht, so muß der Draht besonders angefertigt werden. Darum sind solche Seile teurer und erfordern eine längere Lieferungszeit.

Die Stärke der Drähte wird durch Nummern bezeichnet; jeder Nummer entspricht $^1/_{10}$ mm. Es ist also beispielsweise

Draht Nr. 10 solcher von 1,0 mm Dicke,
Draht Nr. 19 solcher von 1,9 mm Dicke,
Draht Nr. 32 solcher von 3,2 mm Dicke.

a) Die Flechtarten (Macharten) der Drahtseile.

Nach der Querschnittsform können die Drahtseile Rundseile oder Flachseile sein. Die Rundseile werden wieder eingeteilt in

1. Spiralseile oder einmal geflochtene Seile,
2. Litzenseile oder zweimal geflochtene Seile,
3. Kabelseile oder dreimal geflochtene Seile.

1. Die Spiralseile.

Die Spiralseile können hergestellt werden aus rundem Draht (Fig. 55) oder aus Formdraht (Fig. 56); die letzteren nennt man auch verschlossene Seile, weil sich bei ihnen ein gebrochener Draht nicht aus dem Seile herauswickeln kann, wie dies bei den Runddrahtseilen der Fall ist; denn infolge der eigenartigen Form werden die gebrochenen Drähte von ihren Nachbardrähten gehalten.

Die Spiralseile, die im Bohrbetriebe aber nur sehr wenig Verwendung finden, bestehen aus der Einlage und den eigentlichen Seildrähten. Die Einlage kann aus Hanf oder weichem Eisendraht bestehen;

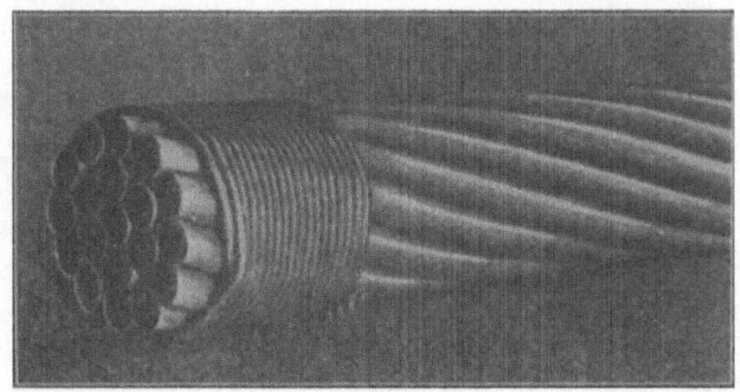

Fig. 55.
Spiralseil aus Runddraht.

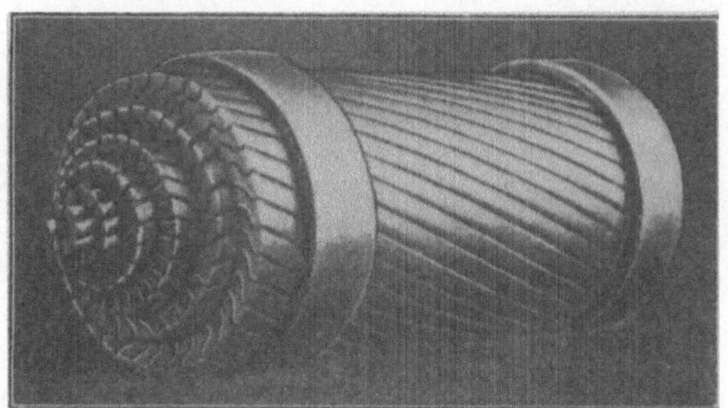

Fig. 56.
Spiralseil aus Formdraht (verschlossenes Seil).

im letzteren Falle nimmt man 1, 3 oder 4 Drähte, weil sich diese Zahl bequem zusammenschlagen läßt, ohne eine besondere Einlage zu beanspruchen.

Um diese Seele werden nun die Stahldrähte in mehreren konzentrischen Lagen herumgewunden. Wenn die Drähte aller Lagen dieselbe Windungsrichtung haben, also beispielsweise links herum gewunden sind, so ist das Seil im Gleichschlage hergestellt; wechselt die Windungsrichtung innerhalb der verschiedenen Drahtlagen, laufen also die Drähte in der einen Lage links herum, in der nächsten Lage rechts herum, in der dritten wieder links herum und so fort, so ist das Seil im Kreuzschlage gewunden.

Ein Nachteil der Spiralseile ist, daß man nur die Drähte der äußersten Lage sieht, also Drahtbrüche, die im Seilinnern vorkommen, nicht wahrnehmen kann. Um sich davor zu schützen, werden die Drähte der Decklage schon bei der Fabrikation etwas mehr auf Zug beansprucht als als die der inneren Lagen; infolgedessen stellen sich Drahtbrüche zuerst in der äußersten Lage ein.

Außerdem sind die Spiralseile, namentlich aber die verschlossenen Seile, sehr empfindlich gegen Stauchung.

Fig. 57.
Gleichschlaglitzenseil.

Fig. 58.
Kreuzschlaglitzenseil.

2. Die Litzenseile.

Die Litzenseile oder zweimal geflochtenen Seile bestehen aus Drähten, die man zu Litzen zusammenschlägt, aus welch letzteren wieder das Seil hergestellt wird. Man unserscheidet bei den Litzenseilen zwei Flechtarten, den Gleichschlag und den Kreuzschlag.

Beim Gleichschlage (Albertschlag) (Fig. 57) haben die Drähte in den Litzen und die Litzen im Seile dieselbe Drehrichtung.

Beim Kreuzschlage (Fig. 58) sind die Drähte in den Litzen in entgegengesetzter Richtung gewunden wie die Litzen im Seile.

Sowohl die Litzen als auch das Seil erhalten Einlagen. In den Litzen bestehen die Einlagen meistens aus weichem Eisendraht; die Seilseele besteht fast immer aus Hanf. Die Hanfseele im Seile ist besser, weil in ihr die Litzen weicher eingebettet liegen

In den meisten Fällen wird ein Seil aus sechs Litzen hergestellt; jede Litze besteht wieder, je nach der Tragfähigkeit, die das Seil haben soll, aus einer mehr oder weniger großen Zahl von Drähten. Die Drähte werden dann auf mehreren

Kreisen angeordnet, und zwar bekommt jeder Kreis sechs Drähte mehr als der vorhergehende

Um das Seil genau beschreiben zu können, hat man eine Seilformel aufgestellt, z. B. (6 + h) (6 + h). Die erste Klammer enthält die Beschreibung des Seiles, die zweite Klammer die der einzelnen Litzen. Der Buchstabe h bedeutet Hanf, e Eiseneinlage. Das in der Formel beschriebene Seil würde also bestehen aus sechs sechsdrähtigen Litzen. Das Seil und die Litzen haben Hanfeinlagen.

(6 + h) (6 + e) bedeutet, daß das Seil ebenfalls wieder aus sechs sechsdrähtigen Litzen besteht, daß das Seil eine Hanfeinlage hat, und daß die Litzen Eisendrahtseelen besitzen.

(6 + h) (18 + 12 + 6 + e) heißt: das Seil hat sechs Litzen und eine Hanfseele; jede Litze hat wieder drei Reihen von Drähten; in der äußersten Reihe sind 18, in der nächsten 12, in der innersten 6 Drähte; die Litzen haben Eiseneinlagen.

Unter dem Flechtwinkel versteht man den Winkel, den die Drähte mit der Litzenachse bzw. die Litzen mit der Seilachse bilden. Am häufigsten findet sich der Flechtwinkel von 17 Grad; er kann aber zwischen 5 und 24 Grad schwanken.

Das Seil darf nur hergestellt werden aus Litzen, die alle den gleichen Flechtwinkel haben. Wäre das Gegenteil der Fall, so würden die Drähte mit dem kleinsten Flechtwinkel stärker belastet als die anderen und würden eher reißen. Wohl aber können die Litzen im Seile einen andern Flechtwinkel haben, wie die Drähte in den Litzen.

Am besten ist es, wenn sich die Windungslänge der Drähte in den Litzen zu der der Litzen im Seile wie 1 : 2 oder 1 : 3 verhält. Haben also z. B. die Litzen im Seile eine Windungslänge von 24 cm, so sollen die Drähte in den Litzen eine solche von 8—12 cm erhalten. Bei dem Verhältnis von 1 : 3 schließt sich die Windung der Litze genau der Windung der Drähte in den Litzen an; ein solches Seil ist sehr biegsam und gleichzeitig drallfrei.

Die Biegsamkeit eines Seiles wird hauptsächlich von folgenden Ursachen beeinflußt:

1. der Drahtstärke. Je dünner die verwendeten Drähte sind, um so leichter biegsam ist das Seil.

2. dem Drahtmaterial. Die Stahldrähte werden mit zunehmendem Kohlenstoffgehalte zwar widerstandsfähiger gegen Zug, aber auch spröder. Mit wachsender Sprödigkeit nimmt aber die Biegsamkeit ab. Eine merkbare Sprödigkeit zeigt sich allerdings erst bei einer Bruchfestigkeit von 180 kg/qmm.

3. dem Flechtwinkel. Mit zunehmendem Flechtwinkel wächst auch die Biegsamkeit des Seiles.

4. den Einlagen. Hanfeinlagen machen das Seil biegsamer, namentlich wenn solche auch in die Litzen eingelegt werden; indessen wird das Seil dadurch sehr weich.

5. der Flechtart. Bei gleicher Drahtstärke, Drahtzahl, gleichem Flechtwinkel usw. ist ein im Gleichschlage hergestelltes Litzenseil (Albertseil) biegsamer als ein Kreuzschlagseil. Dies hängt damit zusammen, daß sich jeder Draht eines solchen Seiles während der Biegung noch in die Lage drehen kann, die für ihn die günstigste ist.

Schließlich ist noch darauf zu achten, daß die Seilscheiben und Seiltrommeln den für das Seil günstigsten Durchmesser bekommen. Dieser muß nämlich mindestens gleich der tausendfachen Drahtstärke sein.

In der Praxis wird der Scheibendurchmesser häufig gleich dem hundertfachen Seildurchmesser gewählt; dieses Verfahren ist aber nicht nachahmenswert, weil ja zwei Seile von gleichem Durchmesser immerhin aus Drähten von ganz verschiedener Stärke bestehen können.

Unter dem Drall ist die Erscheinung zu verstehen, daß ein belastetes Seil sich aufzudrehen sucht, während es sich im entlasteten Zustande wieder zudreht. Der Drall ist zum Teil schon von der Fabrikation her

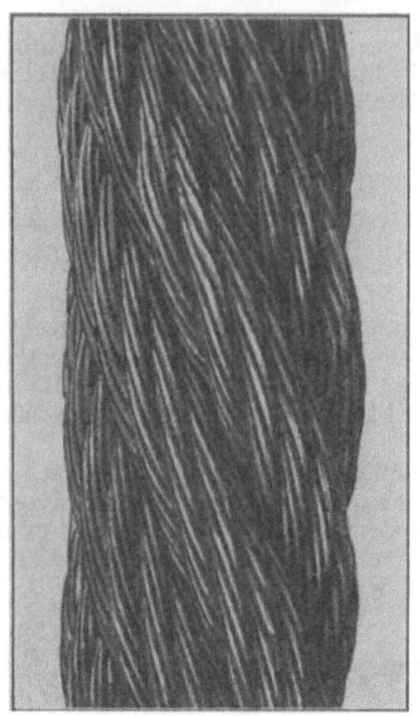

Fig. 59. Kabelseil.

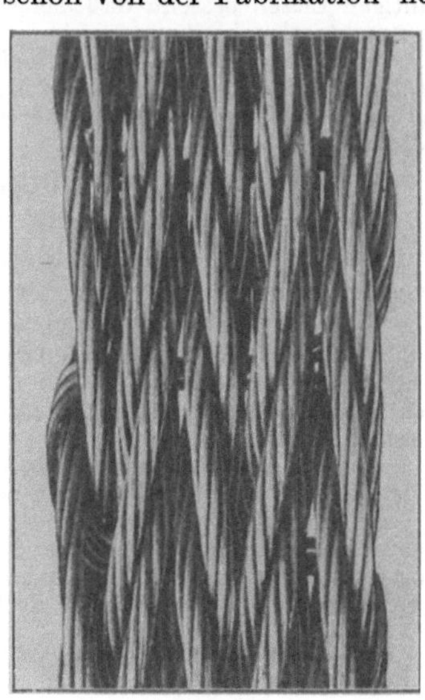

Fig. 60. Bandseil.

in den Drähten vorhanden. Um ihn zu entfernen, muß man die Drähte vor dem Zusammenschlagen der ganzen Länge nach ausziehen und sich frei drehen lassen. Ferner kann man bei Litzenseilen den Halbschlag verwenden, indem man ein solches Seil aus drei links gewundenen und aus drei rechts gewundenen Litzen herstellt; ferner muß man darauf achten, daß die Windungen der Litzen sich zu der Windungslänge des Seiles wie 1 : 3 verhalten.

Spiralseile macht man drallfrei, indem man sie im Kreuzschlage anfertigt.

3. Die Kabelseile (Fig. 59).

Die Kabelseile werden gebraucht, um ganz besonders schwere Lasten zu heben. Man verlangt von ihnen eine hohe Biegsamkeit, weil sie um Trommeln und Seilscheiben von nur geringem Durchmesser geschlungen werden. Deshalb bekommen sie viele Hanfeinlagen. Sechs Litzen werden mit einer Hanfseele zu einem „Seilchen“ zusammengeschlagen; sechs Seilchen bilden das Kabelseil, das ebenfalls eine Hanfseele erhält.

4. Die Bandseile (Fig. 60).

Die Bandseile sind früher auch aus Hanf hergestellt worden, werden aber jetzt fast nur noch aus Stahldraht angefertigt. Man braucht Litzenseile oder Schenkel, die aus vier Litzen bestehen. Diese Schenkel werden nebeneinander gelegt und mit einem Nähdrahte oder einer Nählitze, die man in Schlangenlinien durch sie durchzieht, miteinander vernäht. Statt dessen können auch Stifte durch das Seil gesteckt werden. Damit das Bandseil drallfrei ist, stellt man es aus Schenkeln her, die abwechselnd rechts und links herum gewunden sind. Damit die Bandseile recht biegsam sind, erhalten sie in den Litzen Hanfeinlagen. Die Drähte sollen 2 mm stark sein, Dickere Drähte sind nicht biegsam genug; dünnere Drähte reiben sich gegenseitig ab, weil die einzelnen Seilwicklungen nicht nebeneinander, sondern übereinander liegen.

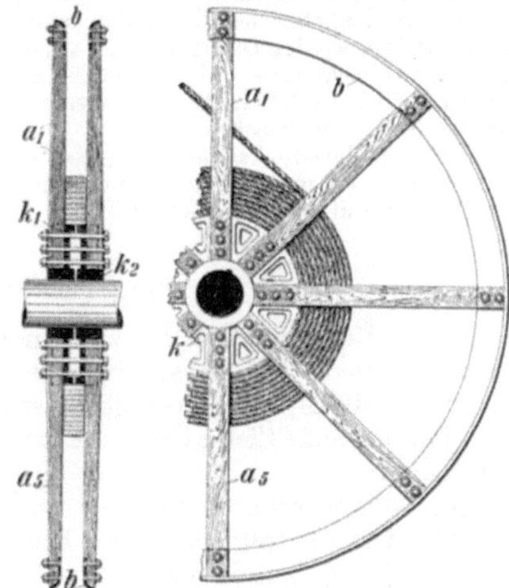

Fig. 61.
Bobine (aus Heise-Herbst, Bergbaukunde II).

Die Trommeln, auf denen die Bandseile aufgewickelt werden, heißen Bobinen. Sie sind nur etwas breiter als das Seil, müssen aber an beiden Seiten radiale Arme haben, um ein Herunterfallen des Seiles zu verhüten (Fig. 61).

b) Die Schonung der Seile.

Es wird im Bohrbetriebe manchmal sehr unachtsam mit den Seilen umgegangen. Seile, die nicht gebraucht werden, läßt man im Freien auf dem Erdboden liegen, so daß sie rosten und sich voll Sand setzen. Unbenutzte Seile soll man einfetten und in einem Schuppen aufheben.

Im Bohrbetriebe leiden die Seile sehr durch Rost und saures Wasser. Die Seildrähte werden von beiden zerfressen, und das Seil erleidet dann Einbuße an seiner Tragfähigkeit. Innere Verrostungen erkennt man daran, daß die Litzen an solchen Stellen etwas gelockert sind und die Drähte voneinander abstehen. Zur genaueren Untersuchung dreht man das Seil mit einem Spleißmesser etwas auf und schließt es dann wieder gut.

Vorbeugungsmittel gegen Rost und saures Wasser sind:

1. Man benutzt Seile, deren Drähte auf galvanischem Wege mit einem dünnen Schutzüberzuge von Blei, Zink oder Kupfer versehen wurden. Durch diesen Überzug wird zwar das Seilgewicht erhöht, aber ein Schmieren des Seiles überflüssig gemacht.

2. Man wählt eine möglichst hohe Drahtnummer; denn stärkere Drähte werden nicht so schnell durchgefressen wie dünnere.

3. Das Seil wird geschmiert. Die Schmiere soll harz- und säurefrei sein. Die Säure zerfrißt das Seil. Ist die Schmiere harzig, so bildet sie bald harte Krusten; diese brechen auf; auf den Rissen dringt Wasser in das Seil und bringt die Drähte zum Rosten, ohne daß man etwas davon merkt. Gute Schmiermittel sind Graphit oder Mischungen von Graphit mit Vaseline, Leinöl, Palmöl oder einem anderen Pflanzenöl.

Die Schmiere wird am besten heiß aufgetragen, und zwar meistens alle Wochen. Vor jeder Schmierung muß die alte erhärtete Schmiere entfernt werden. Dies geschieht mit Bürsten aus Stahldraht oder mit besonderen Seilreinigungsapparaten.

Wenn Drahtbrüche vorhanden sind, müssen die vorstehenden Drahtenden an den Stellen, wo der Draht im Seile verschwindet, abgekniffen werden. Anderenfalls würden sich diese Spitzen beim Laufen über die Seilscheiben in das Seil eindrücken und es beschädigen; dasselbe kann auf den Seiltrommeln mit den Nachbarwindungen geschehen.

Das Seil darf nicht unnötig gebogen werden, namentlich nicht bald hintereinander nach entgegengesetzten Richtungen. Der Seiltrommel- und Seilscheibendurchmesser soll mindestens das Tausendfache des Drahtdurchmessers betragen.

c) Die Prüfung der Seile.

Das Seil darf niemals bis zu seiner Bruchbelastung in Anspruch genommen werden. Die tatsächliche Belastung soll immer nur einen Bruchteil der Zerreißfestigkeit betragen. Ist dieser Bruchteil z. B. $^1/_6$, so besitzt das Seil sechsfache Sicherheit; diese wird auch meistens im Bohrbetriebe angewendet.

Die Seile werden namentlich am untersten Ende schnell spröde und brüchig. Darum soll man diese Enden möglichst alle Vierteljahre abhauen. Die Lebensdauer des Seiles wird dadurch um 10—30 % verlängert. Natürlich muß ein Seil mit Rücksicht auf das Abhauen schon von Anfang an hinreichend lang sein.

Mit jedem Seile, das man neu aus der Fabrik bezieht, sowie auch mit älteren Seilen, denen man nicht mehr traut, soll man Zerreiß-, Biege- und Verdrehungsversuche vornehmen. Zu diesem Zweck wird von dem Seil ein Stück von 1 m Länge abgehauen und in die einzelnen Drähte aufgelöst, die jeder für sich untersucht werden.

Zerreißversuche vorzunehmen, wird daran scheitern, daß es meist an einer Zerreißmaschine fehlt, mit deren Hilfe man die Zerreißfestigkeit des Drahtes ermitteln kann. Man wird sich darum auf die Angaben der Fabrik verlassen müssen. die ja bei jedem neu gelieferten Seile mitteilt, wie hoch seine Bruchbelastung auf den qmm Querschnittsfläche ist. Bei älteren Seilen wird man natürlich eine geringere Bruchbelastung annehmen, weil sich diese im Laufe der Zeit verringert. Man mißt den Durchmesser der einzelnen Drähte, berechnet danach den Drahtquerschnitt und erhält aus der Summe aller Drahtquerschnitte den Metallquerschnitt des Seiles. Die Seelendrähte dürfen dabei nicht mitgerechnet werden. Der Metallquerschnitt des Seiles multipliziert mit der bekannten oder angenommenen Bruchfestigkeit je 1 qmm ergibt die Bruchfestigkeit des Seiles.

Bei der Biegeprobe spannt man mit Hilfe des Exzenters D ((Fig. 62) jeden einzelnen Draht e zwischen zwei halbrunden Backen ein, deren Krümmungsradius je 5 mm beträgt. Der Draht wird nun mit dem Handhebel C, in dessen Bolzen A er gesteckt ist, aus der senkrechten Stellung abwechselnd nach rechts und nach links hin um 90 Grad in die wagerechte Lage und wieder zurück in die senkrechte Lage gebogen. Als Biegung um 180 Grad rechnet man jede Bewegung aus der senkrechten in die wagerechte und wieder zurück in die senkrechte Lage. Die Drahtnummern 0—20 müssen mindestens 8 Biegungen, die Nummern über 28 mindestens 4 Biegungen aushalten.

Bei der Torsionsprobe legt man den Draht mit dem einen Ende fest. Das andere Ende wird in ein Lager eingespannt, das man mit einer kleinen Handkurbel drehen kann. Bei der Drehung zählt man die einzelnen Windungen um 360 Grad, bis der Draht bricht. Bei dieser Torsionsprobe zeigen sich auf der Drahtoberfläche Spirallinien, die für die Beurteilung des Materials wichtig sind. Verlaufen sie gleichmäßig über den ganzen Draht, so ist das Material homogen; wechseln aber

Fig. 62.
Drahtbiegeapparat von v. Tarnogrocki, Essen (Ruhr).

im Draht weichere und härtere Stellen ab, so werden in den letzteren die Spirallinien weit voneinander liegen, in den ersteren nahe beieinander.

Um festzustellen, ob ein im Betriebe befindliches Seil den Anforderungen noch genügt, muß man seine schlechteste Stelle aufsuchen; als solche ist diejenige zu betrachten, welche auf einer Länge von 10 Seilwindungen die meisten Drahtbrüche erkennen läßt. Für jeden dieser Drahtbrüche ist bei Berechnung der Tragfähigkeit des Seiles ein Draht in Abzug zu bringen. Ferner zieht man bei der Berechnung der Seilsicherheit alle Seelendrähte ab und alle die Drähte, welche die Biegeprobe nicht bestanden haben.

D. Die Zwischenstücke und das Untergestänge.

Beim englischen Bohrverfahren treten oft Gestängestauchungen ein; denn nach jedem Meißelschlage wird eine kurze Pause gemacht, damit der Schlag besser „sitzt". Das Gestänge sucht aber infolge des

Beharrungsvermögens noch tiefer nach unten zu gehen, staucht sich, biegt sich, reibt an den Bohrlochswänden, verursacht Nachfall und bricht schließlich auch.

Als Schutz dagegen bringt man in der unteren Hälfte des Gestänges stärkere Stangen an als oben; diese halten die Stauchung besser aus. Außerdem kann man auch gleichmäßig über das Gestänge Leitkörbe (Fig. 63) verteilen. Diese Leitkörbe bestehen aus zwei Ringen, die durch Bügel miteinander verbunden sind. Der Durchmesser der Leitkörbe ist ungefähr gleich dem des Bohrloches, so daß das Gestänge durch sie in der Bohrlochsachse geführt wird. Trotzdem ist es aber nicht möglich, nach dem englischen Verfahren auf große Teufen zu bohren. Wegen der zu starken Durchbiegung des Gestänges soll es nur in Bohrlöchern angewendet werden, die höchstens 0,36 m Φ haben. Mit Rücksicht auf die Gestängestauchungen soll man mit dem englischen Verfahren höchstens auf 100 m Tiefe bohren. Man hat zwar in früheren Zeiten, als andere Bohrverfahren noch nicht bekannt waren, damit schon bis nahe an 300 m gebohrt; aber wenn man wenige Stunden gebohrt hatte, traten Gestängebrüche ein, zu deren Beseitigung tagelange Pausen erforderlich waren.

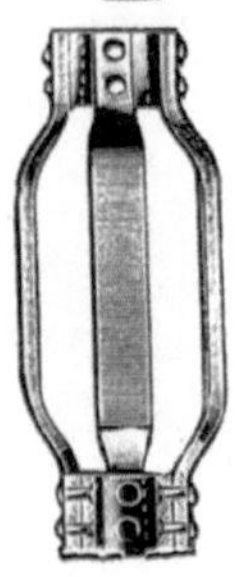

Fig. 63. Leitkorb von H. Mayer & Co.

Darum ist das deutsche Bohrverfahren durchaus vorzuziehen. Soll die Bohrung größere Teufen einbringen, dann soll man nicht etwa erst bis 100 m Tiefe nach dem englischen Verfahren bohren und dann zum deutschen übergehen, sondern man soll mit dem deutschen Bohrverfahren anfangen, sobald das Bohrloch tief genug ist, um den Meißel, die Schwerstangen und das Zwischenstück aufzunehmen.

Das Zwischenstück hat seinen Namen daher, daß es zwischen dem Meißel und dem Gestänge eingeschaltet ist. Es wird allerdings nicht unmittelbar auf den Meißel aufgesetzt; denn das Meißelgewicht allein würde nicht ausreichen, um die gewünschte Bohrleistung zu erzielen. Wollte man den Meißel tatsächlich so schwer machen, dann würde er zu lang werden und infolge seiner Länge und wegen seines hohen Gewichts in der Schmiede nicht gut gehandhabt werden können. Es kommt dazu, daß der Meißel aus bestem Material, nämlich Tiegelgußstahl, bestehen muß; aus diesem Grunde würde ein derart schwerer Meißel übermäßig teuer. Darum erzielt man die gewünschte Schlagleistung durch Belastungsstangen (Schwerstangen, Bohrklotz oder Bohrbär), die man auf ihn aufsetzt. Diese bilden das Untergestänge im Gegensatz zu dem über dem Zwischenstücke befindlichen Obergestänge.

I. Die Schwerstangen.

Bei den Schwerstangen hat man zu unterscheiden

1. Schwerstangen für Trockenbohrung
   a) nach dem englischen Bohrverfahren (Fig. 64),
   b) nach dem deutschen Bohrverfahren (Fig. 65),
2. Schwerstangen für Spülbohrung
   a) nach dem englischen Bohrverfahren (Fig. 66),
   b) nach dem deutschen Bohrverfahren (Fig. 67).

Der Unterschied zwischen diesen Schwerstangen liegt einzig und allein in der Durchbohrung, welche die bei Spülbohrung verwendeten Bohrstangen erhalten. Ferner müssen bei Spülbohrung die Schwerstangen mit dem Meißel und dem Zwischenstück verschraubt werden, während sie bei Trockenbohrung auch mit Keilschlössern versehen sein können.

Am oberen Ende können die Schwerstangen eine Geradführung (Leitkörbe) bekommen.

Das Schwerstangengewicht ist abhängig von der Härte des Gebirges, von dem Bohrlochsdurchmesser, von der Hubhöhe, von dem Meißelgewicht usw. Im allgemeinen kann man rechnen, daß auf je 1 mm Bohrlochsdurchmesser 1 kg Schwerstangengewicht kommt. Es müßte also in einem Bohrloch von 0,25 m Durchmesser mit Schwerstangen von insgesamt 250 kg Gewicht gearbeitet werden. Jede Schwerstange erhält zumeist eine Höchstlänge von 2 m; man kann also das gewünschte Gewicht durch Benutzung mehrerer Schwerstangen erreichen. Im harten Gebirge kann man nun das Schwerstangengewicht noch erhöhen; im milden Gebirge aber muß man es verringern, damit der Meißel nicht etwa zu tief eindringt und sich verklemmt. Arbeitet man mit geringer Hubhöhe, so kann man natürlich auch wieder ein größeres Schwerstangengewicht wählen, als wenn man in demselben Gebirge mit größerer Hubhöhe bohren würde. Es ist schließlich noch zu berücksichtigen, daß man bei großem Schwerstangengewicht keinen zu leichten Meißel benutzen soll.

Das Obergestänge wird beim Freifallbohren nur noch auf Zug beansprucht; es kann also schwächer sein als beim englischen Bohrverfahren.

II. Die Zwischenstücke.

Die Zwischenstücke werden eingeteilt in

1. Rutschscheren und
2. Freifallapparate.

a) Die Rutschscheren.

Man hatte schon lange versucht, eine brauchbare Rutschschere herzustellen; doch gelang dies erst im Jahre 1834 dem Berghauptmann

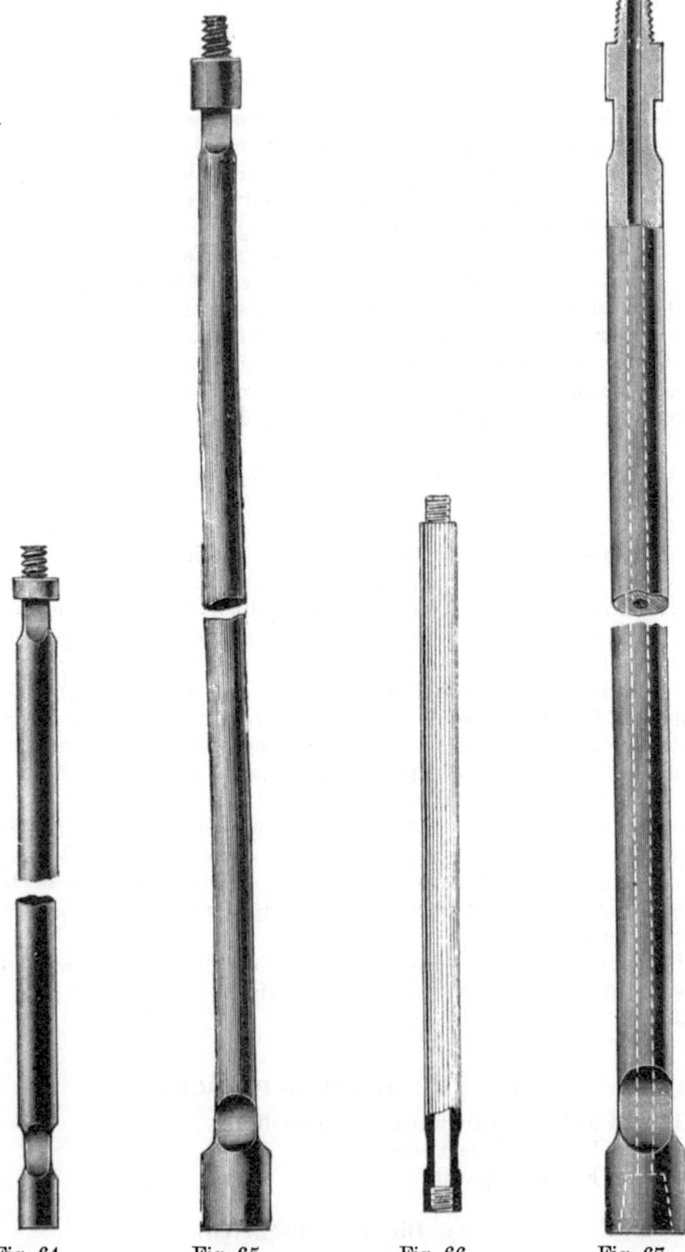

Fig. 64.
Schwerstange für Trockenbohrung am steifen Gestänge.

Fig. 65.
Schwerstange für Trockenbohrung mit Zwischenstücken.

Fig. 66.
Schwerstange für Spülbohrung am steifem Gestänge.

Fig. 67.
Schwerstange für Spülbohrung mit Zwischenstücken.

von Oeynhausen. Indessen wird diese Rutschschere gar nicht mehr verwendet.

Von Rutschscheren, die heute noch im Gebrauche sind, ist besonders die von Kind (Fig. 68) zu nennen; sie besteht aus zwei Scherenstücken, die sich ähnlich wie zwei Kettenglieder ineinander schieben lassen. Beim Niedergange des Gestänges hängt das untere Scherenstück am unteren Ende des oberen; schlägt der Meißel auf die Bohrlochssohle auf, so bleiben das Untergestänge und das untere Scherenstück stehen; das obere Scherenstück und das Obergestänge können aber noch nach

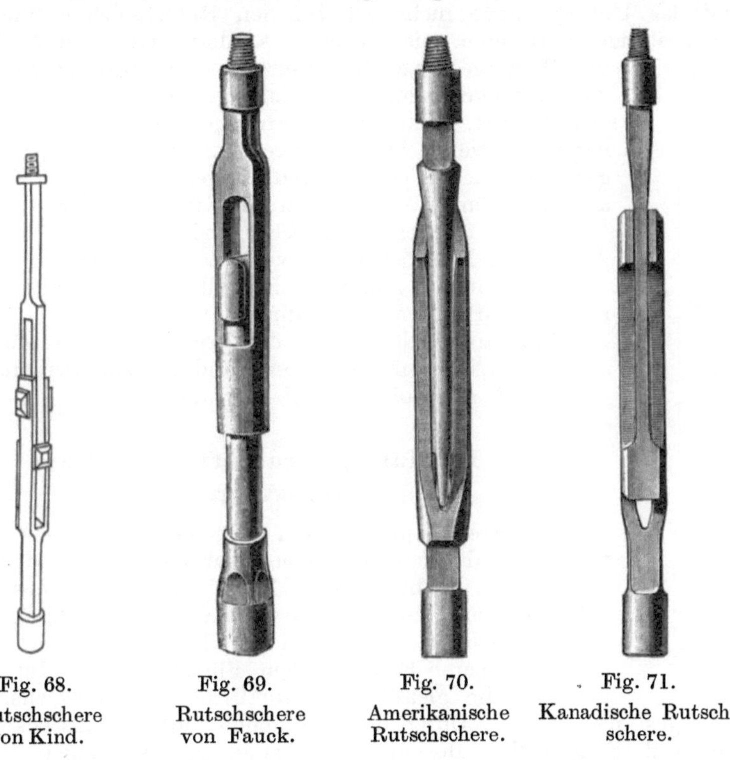

Fig. 68. Rutschschere von Kind.

Fig. 69. Rutschschere von Fauck.

Fig. 70. Amerikanische Rutschschere.

Fig. 71. Kanadische Rutschschere.

unten gehen. Sie sind also entlastet und können sich weder stauchen noch auch brechen.

Von anderen Rutschscheren wären zu nennen die von Fauck (Fig. 69), die amerikanische Rutschschere (Fig. 70) und die kanadische Rutschschere (Fig. 71). Ihre Wirkungsweise ist aus den Abbildungen ohne weiteres ersichtlich.

Die Rutschscheren haben zumeist 300 mm Hub und werden bei Stoßbohrungen nur noch selten benutzt; so sind sie z. B. noch im Gebrauch beim kanadischen und pennsylvanischen Bohrverfahren; sonst sind sie durch die Freifallapparate verdrängt worden. Außerdem werden sie höchstens nur noch beim Löffeln benutzt, damit der Schlammlöffel nicht durch das Gestängegewicht zu stark gestaucht wird. Wird am Seile gelöffelt, so sollen die Rutschscheren verhüten, daß das Seil schlaff im Bohrloche hängt und an den Bohrlochswandungen reibt, wenn der Löffel die Bohrlochssohle erreicht hat.

b) Die Freifallapparate.

Die Freifallapparate haben ihren Namen daher, daß der Meißel und das Untergestänge nicht wie bei den Rutschscheren mit dem Obergestänge zusammen niedergehen, sondern daher, daß Meißel und Untergestänge im Bohrloche frei niederfallen, wenn das Gestänge beim Aufwärtsgange die höchste Stellung erreicht hat. Das Obergestänge geht dann langsam nach; hat es die tiefste Stellung erreicht, dann wird das Untergestänge wieder gefaßt und angehoben. Die Freifallapparate können eingeteilt werden in solche für

1. trockene Bohrlöcher und
2. Bohrlöcher, die voll Wasser stehen.

Die unter 1. genannten Freifallapparate sind auch in nassen Bohrlöchern verwendbar.

Eine andere Einteilung der Freifallapparate wäre

1. in solche, die von Hand bedient werden, und
2. selbsttätige Freifallapparate.

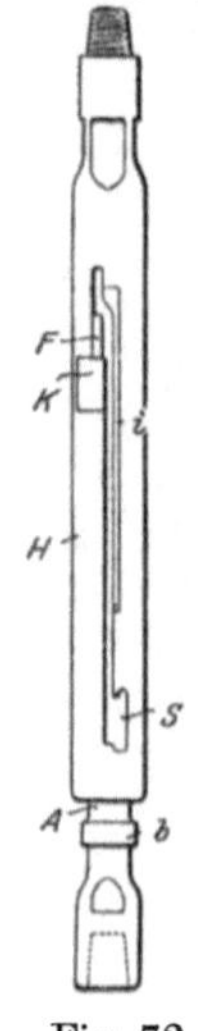

Fig. 72. Freifallapparat von Fabian.

1. Freifallapparate für Trockenbohrung.

Ein Freifallapparat, der allgemein, also sowohl in trockenen als auch in nassen Bohrlöchern anwendbar ist, ist der von Fabian (Fig. 72). Er besteht aus einer zylindrischen Hülse H, die am Obergestänge hängt und mit zwei Längsschlitzen versehen ist. Diese Schlitze erweitern sich am oberen Ende zu den Flügelsitzen k. Innerhalb dieser Hülse gleitet das Abfallstück A, an welchem das Untergestänge hängt. Durch das Kopfende des Abfallstückes ist ein Keil F gesteckt, dessen vorstehende Enden Flügel heißen. Diese Flügel gleiten in den Längsschlitzen der Führungshülse. Steht der Meißel auf der Bohrlochssohle auf, und bewegt sich das Obergestänge mit der Führungshülse abwärts, so gleiten die Flügel (scheinbar) in den Schlitzen nach oben. Sind sie am oberen Ende der Schlitze angekommen, so werden sie durch die das Schlitzende bildende Abschrägung beiseite gedreht und setzen sich auf die Flügelsitze auf. Wenn das Gestänge jetzt angehoben wird, gehen Obergestänge und Untergestänge mit dem Meißel in die Höhe. Ist das Gestänge in seiner höchsten Stellung angekommen, so setzt der Krückelführer das Gestänge mit einem scharfen Rucke um; die Flügelsitze werden unter den Flügeln, die infolge des Beharrungsvermögens in ihrer alten Lage zu verbleiben suchen, weggezogen, und das Untergestänge fällt ab. Eine zufällige Drehung des Meißels während des Freifalles kann nicht stattfinden, weil die Flügel in den Schlitzen geführt werden. Die Hubhöhe muß immer kleiner sein als die Schlitzlänge; denn andernfalls würden die Flügel am unteren Schlitzende aufhauen, bevor der Meißel die Sohle erreicht hat, und würden abbrechen.

Es wird im allgemeinen bei 25 bis 30 Schlägen in der Minute mit einer Abwurfhöhe bis zu 600 mm gearbeitet.

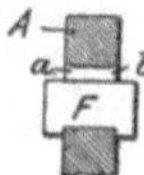

Fig. 73.
Befestigung des Fangkeiles durch ein Paßstück.

Man kann den Fabianschen Freifallapparat auch als Rutschschere benutzen, wenn man mit so geringem Hube bohrt, daß die Flügel nicht auf die Flügelsitze kommen können.

An dem Fabianschen Freifallapparate schleifen sich die Führungsschlitze leicht aus; darum ist es gut, sie in der aus der Abbildung ersichtlichen Weise mit Langschienen i zu verstärken.

Ferner kann man am unteren Ende der Führungsschlitze ein Sicherheitsschloß S (Fig. 72) anbringen. Beim Einlassen des Gestänges in das Bohrloch sollen die Flügel am unteren Schlitzende sitzen. Es kann nun vorkommen, daß der Meißel hängen bleibt und die Flügel auf die Flügelsitze geschoben werden, und daß dann beim weiteren Einhängen infolge eines Ruckes das Untergestänge abfällt. Selbstverständlich brechen dann die Flügel ab, wenn sie unten aufschlagen. Ist dagegen ein Sicherheitsschloß vorhanden, so werden die Flügel vor dem Einlassen in dieses hineingeschoben. Bleibt nun der Meißel unterwegs irgendwo hängen, so verhindert das Sicherheitsschloß ein Hochgehen der Flügel. Ist der Meißel auf der Bohrlochs-

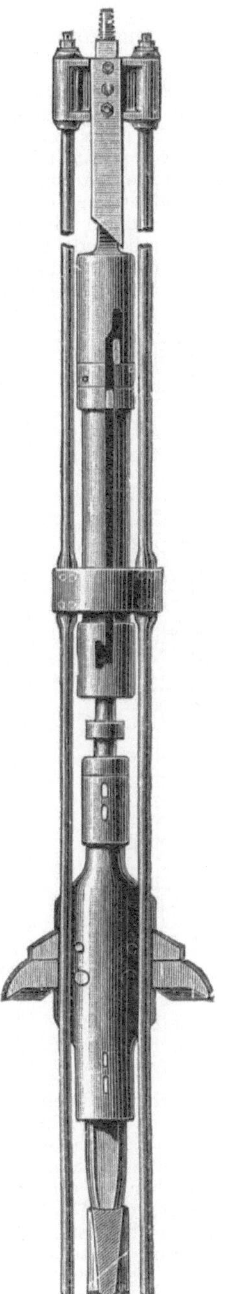

Fig. 74. Freifallapparat von Fauck.

sohle angekommen, so müssen die Flügel durch eine schwache Drehung am Krückel in die Schlitze geschoben werden.

Bei der Freifallschere der DTA. (Fig. 72) wird der Fangkeil (Flügel) F im Abfallstücke A durch ein darüber eingesetztes Paßstück a—b (Fig. 73) festgehalten; dieses ist bei a richtig angearbeitet und wird bei b verstemmt.

Ein selbsttätiger Freifallapparat, der auch in trocknen Bohrlöchern verwendet werden kann, ist der Stelzenapparat von Fauck (Fig. 74). Er ist aus dem Fabianschen Freifallapparat entstanden, hat also auch geschlitzte Führungshülsen und ein Abfallstück. Das Abfallstück hat aber am Kopfende zwei übereinander liegende Flügelkeile. Der untere Flügelkeil sitzt fest am Abfallstücke; der obere ist um dasselbe drehbar. Der untere Flügelkeil kommt niemals auf die Flügelsitze, sondern dient nur zur Führung des Abfallstückes in den Schlitzen. Der obere Flügelkeil ist dazu bestimmt, sich auf die Sitze aufzusetzen und das Abfallstück in der höchsten Stellung zu erhalten. Der dadurch erreichte Vorteil ist, daß sich nicht mehr das ganze Untergestänge zu drehen braucht, wenn die Flügel auf die Sitze geschoben werden, sondern daß sich die Flügel allein drehen. Um die Flügel auf die Sitze zu schieben und den Meißel zum Abfallen zu bringen, ist die Stelzenvorrichtung angebracht. Sie besteht aus einem Rahmen, der oberhalb der Führungshülse am Obergestänge in dessen Längsrichtung verschiebbar angebracht ist. An dem oberen Querstücke dieses Rahmens sitzt die Zunge; ihr unterster Rand ist abgeschrägt. Sind die Flügel auf den Flügelsitzen, und wird das Gestänge angehoben, so bleibt der Stelzenapparat noch auf der Bohrlochssohle stehen; die oberen Flügel, die etwas aus den Schlitzen hervorstehen, stoßen an die Zungen an und werden infolge der Abschrägung derselben von den Sitzen geschoben, so daß das Untergestänge frei abfällt. Das Obergestänge mit der Hülse geht aber noch etwas weiter in die Höhe, hebt nun auch den Stelzenapparat an und wird mit diesem umgesetzt. Beim Niedergange des Obergestänges werden die Flügel auf die Sitze geschoben. Die Fallhöhe des Meißels ist bei diesem Apparate abhängig von dem Abstande, den das oberste Querstück von der Hülse hat und von der Länge der Zunge.

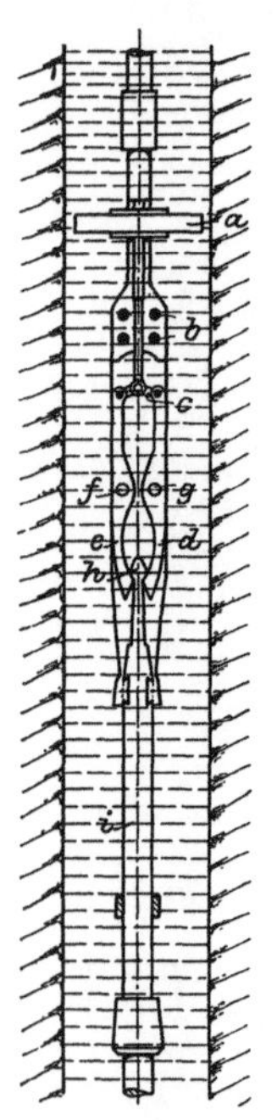

Fig. 75. Freifallapparat von Kind.

Der Freifallapparat von Zobel ist ebenfalls aus dem von Fabian entstanden, obwohl er sich von ihm schon sehr wesentlich unterscheidet. Er kann nur in nassen Bohrlöchern benutzt werden; das Abwerfen des Untergestänges erfolgt mit Hilfe eines Hütchens. Der Apparat hat nur noch historisches Interesse und braucht infolgedessen hier nicht mehr beschrieben zu werden.

Der Freifallapparat von Kind (Fig. 75) gehört ebenfalls zu denen, die jetzt im Bohrbetriebe nicht mehr benutzt werden. Er soll hier nur kurz beschrieben werden, um ein Beispiel für einen selbsttätigen Freifallapparat zu geben, der in nassen Bohrlöchern verwendbar ist. Am Obergestänge ist mit geringem Spielraum die durch Metalleinlagen verstärkte Lederscheibe a verschiebbar; sie ist durch das Zwischengestänge b, c, mit der Zange verbunden. Ihr Durchmesser muß etwas geringer als der des Bohrloches sein. Geht das Gestänge nach unten, so kann das unter der Scheibe stehende Wasser nur langsam nach oben entweichen; es drückt also die Scheibe a in die Höhe; dadurch wird die Zange geöffnet; das Abfallstück i mit dem Untergestänge und dem Meißel fällt frei ab. Ist das Obergestänge in der tiefsten Stellung angekommen, und bewegt es sich wieder nach oben, so drückt das über der Lederscheibe stehende Wasser diese nach unten; die Zange schließt sich, faßt den Kopf h des Abfallstückes, und das Untergestänge wird wieder angehoben.

Die Freifallapparate müssen immer ziemlich hoch über der Bohrlochssohle angebracht werden; bei dem Apparat von Fabian können sich nämlich die Flügelsitze voll Schmant setzen, so daß die Flügel immer abgleiten; bei dem Kindschen Apparate kann dasselbe mit den zum Fassen bestimmten Klauen der Zange der Fall sein. Darum ist es Vorschrift, daß die Freifallapparate meistens 2 m, besser aber 5 m über dem Meißel stehen sollen. Dies wird auch schon ohne weiteres dadurch erreicht, daß man über dem Meißel die Schwerstangen anbringt.

Nicht alle Freifallapparate lassen sich in jedem Bohrloche benutzen; ihre Verwendbarkeit ist vom Bohrlochsdurchmesser und noch von vielen anderen Umständen abhängig. So ist der Kindsche Apparat in engen Bohrlöchern unverwendbar, weil er viel zu schwach und zart ausfallen würde, als daß er den Meißel und die Schwerstangen tragen könnte.

Der Fabiansche Freifallapparat wiederum ist nicht ohne weiteres bei mehr als 300 m Bohrlochstiefe brauchbar. Bei ihm muß das Abwerfen des Untergestänges dadurch erfolgen, daß der Krückelführer mit einem scharfen Rucke umsetzt. Will man mit diesem Apparate größere Tiefen erbohren, so muß man, wenn das Gestänge seine höchste Stellung erhalten hat, den Schwengel prellen, d. h. ihn hart aufschlagen lassen. Dadurch wird erreicht, daß die Flügel etwas von ihren Sitzen in die Höhe springen. Wenn nun der Krückelführer in demselben Augenblicke umsetzt, bereitet das Abwerfen des Untergestänges keine Schwierigkeiten.

Der Apparat von Kind versagt, wenn die Bohrlochswände zu Nachfall neigen; es fällt dann loses Gestein auf die Lederscheibe und verhindert ihr Spiel. Aus diesem Grunde hat Zobel seinem Freifallapparat nicht eine Scheibe, sondern ein Hütchen gegeben, von dem die Nachfallmassen abgleiten. Bei beiden Apparaten, wie überhaupt bei allen mit einer Scheibe oder einem Hütchen, muß sich das Wasser in dem schmalen Raum zwischen den Bohrlochsstößen und dem Hütchen durchdrängen; es spült scharf an den Bohrlochswandungen und bringt loses Gestein zum Nachfallen. Wenn im Bohrloche ein aufsteigender Wasserstrom vorhanden ist, beispielsweise wenn wasserführende Schichten mit starkem Wasserauftriebe angebohrt werden, dann wird das Hütchen durch diesen Wasserstrom ständig in der höchsten Stellung erhalten, und der Apparat versagt ebenfalls. Sind im Bohrloche Nachfallstellen vorhanden, und das Hütchen arbeitet gerade an einer solchen Ausweitung, so kann das Wasser bequem zwischen ihm und den Stößen hindurch; der Apparat wird infolgedessen ebenfalls versagen. Man kann sich allerdings in den letzteren Fällen leicht dadurch helfen, daß man zunächst das Untergestänge verlängert, so daß also das Hütchen oberhalb der Nachfallstellen sich befindet. Dann nimmt man diese Verlängerungsstangen wieder weg. Damit ist aber der Übelstand des häufigen Gestängeziehens verbunden.

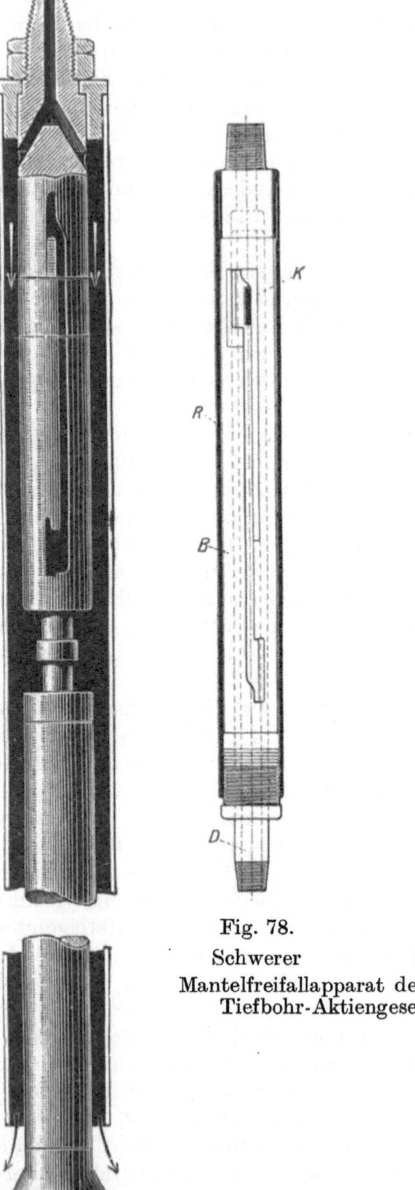

Fig. 78. Schwerer — Fig. 79. Leichter

Mantelfreifallapparat der Deutschen Tiefbohr-Aktiengesellschaft.

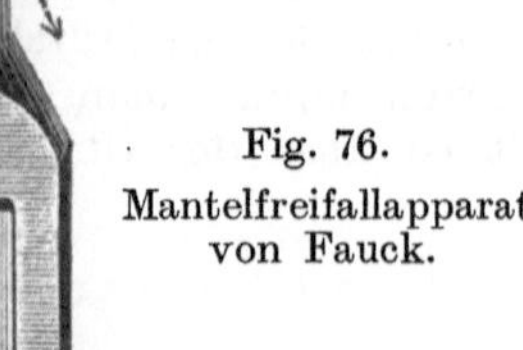

Fig. 76. Mantelfreifallapparat von Fauck.

Fig. 77. Mantelfreifallapparat, System Köbrich, von Deseniss & Jacobi.

2. Freifallapparate für Spülbohrung.

Beim Spülbohren werden Rutschscheren überhaupt nicht benutzt, wie dies ja schon beim Trockenbohren fast allgemein der Fall ist. Von Freifallapparaten sind nur solche im Gebrauch, die aus dem Fabianschen entstanden sind. Würde man aber einen einfachen Fabianschen Apparat an das hohle Obergestänge ansetzen, so würde das Spülwasser durch seine Schlitze austreten und wieder zu Tage steigen, ohne auch nur in die Nähe der Bohrlochssohle gekommen zu sein. Man muß also diesen Freifallapparat so abändern, daß das Spülwasser tatsächlich bis auf die Bohrlochssohle kommt. Dies hat man mit den Mantel-Freifallapparaten erreicht. Es gibt hiervon hauptsächlich zwei Ausführungsformen, die nachstehend beschrieben sind.

Dem Mantel-Freifallapparat von Fauck (Fig. 76) wird das Spülwasser durch das hohle Obergestänge zugeleitet; das Abfallstück, das Untergestänge und der Meißel sind massiv. Die Führungshülse ist mit einem Mantel umgeben der unten offen ist und bis nahe an die Bohrlochssohle reicht; durch ihn strömt das Spülwasser in der durch die Pfeile angegebenen Richtung. Die lichte Weite des Mantels ist größer als der Durchmesser der Führungshülse; es bleibt also zwischen beiden ein größerer freier Raum für das Spülwasser. Der äußere Durchmesser des Mantels ist kleiner als der Bohrlochsdurchmesser; das von der Sohle in die Höhe steigende Spülwasser kann also zwischen Mantel und Gebirge aufsteigen.

Der Mantel-Freifallapparat nach dem System Köbrich (Fig. 77) unterscheidet sich von dem Fabianschen Apparate dadurch, daß das Abfallstück, das Untergestänge und der Meißel mit einem Spülkanal versehen sind. Der Mantel ist nur etwas länger als die Führungshülse und gegen das Ober- und Untergestänge abgedichtet.

Die Deutsche Tiefbohr-Aktiengesellschaft in Nordhausen verfertigt zwei verschiedene Freifallscheren dieses Systems, von denen die schwerere (Fig. 78) für größeren, die leichtere (Fig. 79) für kleineren Bohrlochsdurchmesser bestimmt ist. Die erstere hat ein Mantelrohr R nebst innerem Schlitzrohre B; der Fangkeil K sitzt an der hohlen Fallstange D. Bei der zweiten Type ist der Fangkeil K fest mit dem Mantelrohre verbunden; dagegen ist das Schlitzrohr C mit der Fallstange E verschraubt und fällt mit ihr zusammen ab.

E. Die Antriebsmittel.

I. Das Schlagbohren.

Wenn unmittelbar von Tage aus festes Gestein zu durchbohren ist, wendet man das Schlagbohren an. Man benutzt dazu einen Meißel, der oben mit einem Knopfe versehen ist. Er wird von einem Mann gehalten und umgesetzt; ein zweiter Mann schlägt mit dem Treibefäustel zu.

II. Das Hand-Stoßbohren.

Erhält das Bohrloch nur wenige Meter Tiefe, so wird das Gestänge mit einem geraden Krückel (Fig. 118) versehen; 1—2 Mann heben es an und stoßen es dann nieder, bzw. sie lassen es fallen; dies kann man machen, solange das zu hebende Gewicht höchstens einen Zentner wiegt.

Wird beim Tieferbohren die Gestängelast größer, so setzt man noch zwei Mann zu. Man darf diese Leute nicht auch am Krückel angreifen lassen, weil sonst alle vier Mann auf einem zu großen Kreise um das Bohrloch herum gehen müßten. Man errichtet vielmehr über dem Bohrloche einen Dreibock (Fig. 80) mit einer Rolle, über die man ein Seil laufen läßt. Das Seil ist mittels eines Drehwirbels mit dem Gestänge verbunden. An dem freien Seilende ist ein Knebel angebracht, an dem die übrigen Arbeiter angreifen.

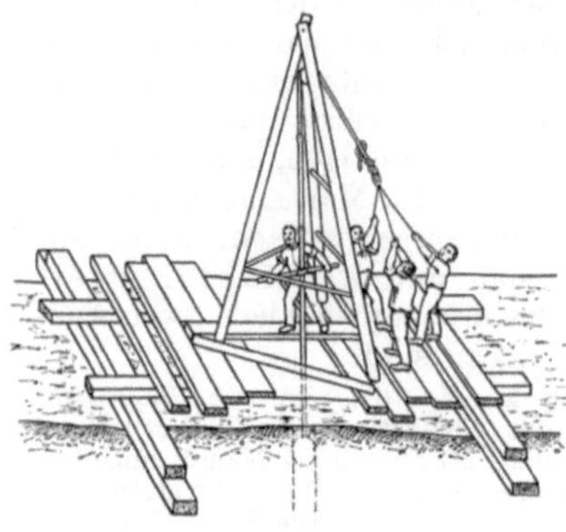

Fig. 80.
Dreibock (aus Tecklenburg, Handbuch für Tiefbohrkunde).

In der Rolle geht ein Teil der aufgewendeten Kraft durch Reibung verloren. Darum behilft man sich manchmal auch dadurch, daß man anstatt des Dreibockes über dem Bohrloch in ungefähr 2 m Höhe eine Bühne errichtet, auf der die anderen Leute stehen. Das Gestänge reicht dann bis über diese Bühne, oder man führt vom Gestänge aus ebenfalls wieder ein Seil bis zu dieser zweiten Bühne.

Wenn zwei Mann zum Bohren zu wenig sind, ist es in jedem Falle besser, sofort zum Schwengelbohren überzugehen.

III. Das Schwengel-Stoßbohren.

Bei der Bearbeitung benutzte Literatur.

Gad, Neuerungen in der Tiefbohrtechnik. Glückauf 1898, Nr. 20.
Mechanische und hydraulische Tiefbohrung. Der Bergbau 1908, Nr. 38.
Tiefbohrvorrichtung. Tiefbohrwesen 1909, Nr. 2.
Tiefbohrvorrichtung mit Bohrschwengel. Tiefbohrwesen 1909, Nr. 4.
Elastischer Bohrschwengel. Tiefbohrwesen 1909, Nr. 5.
Moderne Tiefbohrapparate. Tiefbohrwesen 1909, Nr. 8.
Neue Schlagapparate und ihre Anwendung in der Tiefbohrtechnik. Der Bergbau XXIII (1910), Nr. 2.
Bericht über die Internationale Wanderversammlung der Bohringenieure und Bohrtechniker in Hamburg. Deutsche Bergwerkszeitung 1907, Nr. 207.

a) Der Schwengel.

Der Schwengel (Drückel, bei größeren Bohrungen auch Balancier genannt) ist ein zweiarmiger Hebel von meistens 5—8 m Länge. Er besteht aus Holz, seltener aus Eisen, in welch letzterem Falle man meistens I-Eisen verwendet. Sein vorderes Ende wird Kopf, sein hinteres Ende Schwanz genannt. Von den beiden Hebelarmen ist der Kraftarm schwächer als der Lastarm, aber mit Rücksicht auf die günstige Kraftäußerung wesentlich länger. Das Verhältnis beträgt bei Handantrieb 1 : 4—5, bei Maschinenantrieb 1 : 1—2.

Wenn mit Handbohrung gearbeitet wird, d. h. wenn zum Antrieb des Schwengels Menschen benutzt werden, wird quer durch den Schwengelschwanz ein Druckbaum gesteckt, an dem die Schwengelarbeiter angreifen. Ist eine große Zahl von Arbeitern erforderlich, so bringt man zwei Druckbäume an (Fig. 81).

Für Tiefen bis 50 m fertigt die Tiefbohrmaschinenfabrik von H. Mayer & Co. in Nürnberg-Doos den in Fig. 82 abgebildeten Bohrhebel an. Er hat an seinem Kopf ein kurzes Kettenstück a, welches in einer Abwerfklaue b endigt. Wenn der Schwengelkopf sich in seiner tiefsten Stellung befindet, so faßt der Bohrführer

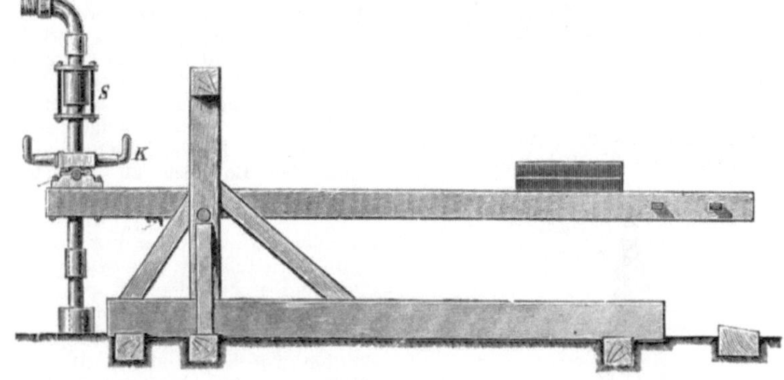

Fig. 81.
Schwengel mit zwei Druckbäumen und Nachlaßklemme von Trauzl & Co.

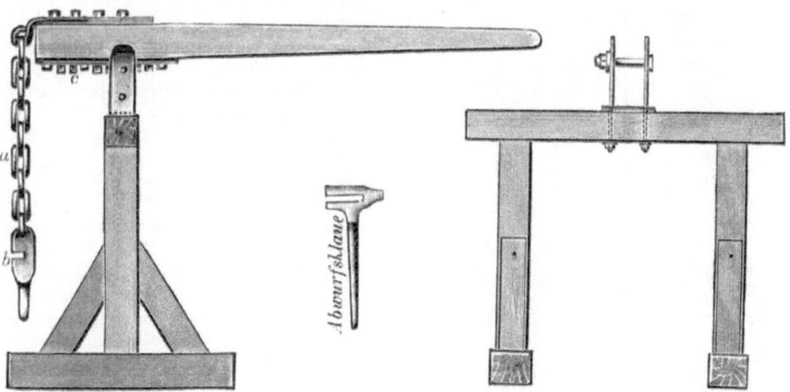

Fig. 82.
Bohrhebel von H. Mayer & Co.

das Gestänge mit dem Klauenmaule und klemmt es in ihm dadurch fest, daß er der Abwerfklaue eine schräge Lage gibt. So wird das Gestänge angehoben; ist es in seiner höchsten Stellung angekommen, so genügt ein Ruck an der Abwerfklaue, um das Gestänge frei abfallen zu lassen. Es ist gut, wenn das oberste Gestängestück rund ist, weil dann der Meißel mittels der Abwerfklaue gleichzeitig umgesetzt werden kann, ohne daß der Bohrführer diese jedesmal zurückzuziehen braucht. Um mit längerem oder kürzerem Hebelarme arbeiten zu können, hat der Schwengelkopf auf seiner Unterseite einen Eisenbeschlag c, der in einfachster Weise eine Änderung des Schwengeldrehpunktes erlaubt.

Für Handbohrungen bis 100 m Tiefe kann man in leicht löslichem Gebirge den Schwungbaum (Fig. 83) benutzen; er wird namentlich bei Seilbohrungen, aber auch bei Spülbohrungen verwendet. Dieses Antriebsmittel ist schon lange vor Christi Geburt von den Chinesen benutzt worden; sie verwendeten hierbei einen federnden Bambusstamm; bei uns benutzt man einen ebensolchen Baumstamm von etwa 20 m Länge. Er wird mit dem Wurzelende auf dem Erdboden festgelegt; der Unterstützungspunkt befindet sich meistens in ⅓ seiner Länge; mit zunehmender Bohrlochstiefe muß er auf das Bohrloch zu verschoben wegung des Meißels zu erzeugen, setzen oder stellen sich die Arbeiter auf den Schwungbaum und versetzen ihn in wippende Bewegung. Die Bohrlöcher werden durch dieses Arbeitsverfahren sehr leicht schief.

Fig. 83.

Schwungbaum (aus Tecklenburg, Handbuch der Tiefbohrkunde).

Für Handspülbohrungen am steifen Gestänge liefert die Firma Trauzl & Co. in Wien einen Druckbaum, der in Fig. 84 abgebildet ist. Es ist ein einarmiger Hebel, der seinen Unterstützungspunkt an dem dem Bohrloche zugewendeten Ende hat.

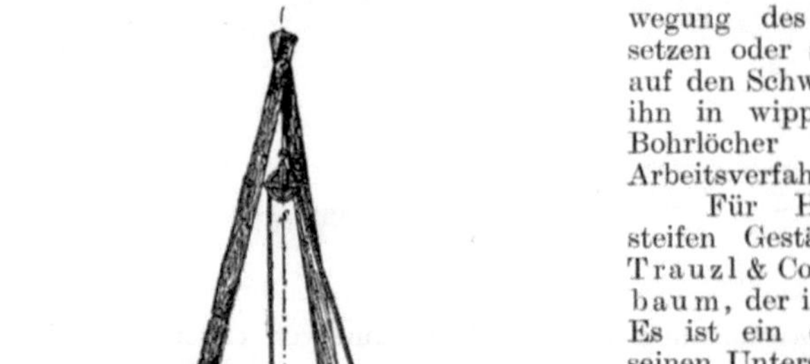

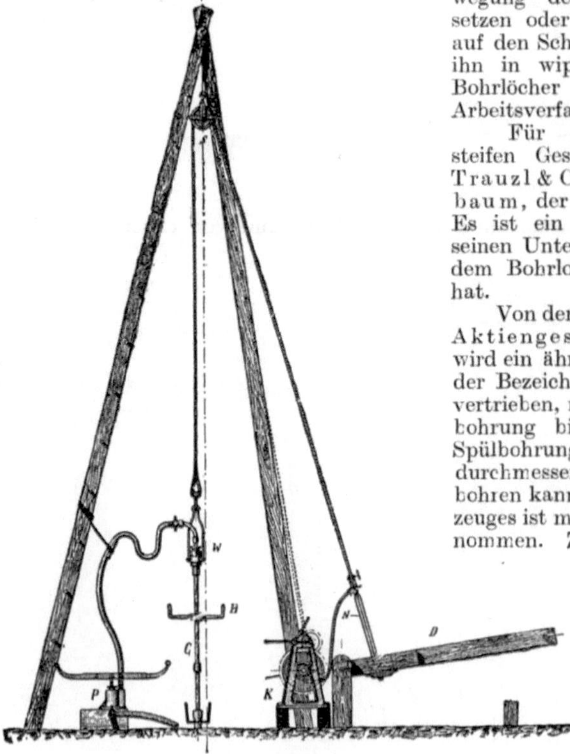

Fig. 84.

Bohreinrichtung mit Druckbaum von H. Trauzl & Co.

Von der Deutschen Tiefbohr-Aktiengesellschaft in Nordhausen wird ein ähnlicher Bohrapparat unter der Bezeichnung „Pionier“ (Fig. 85) vertrieben, mit dem man mit Trockenbohrung bis auf 100 m Tiefe, bei Spülbohrung mit kleinem Bohrlochsdurchmesser bis auf 200 m Tiefe bohren kann. Das Gewicht des Bohrzeuges ist mit höchstens 1200 kg angenommen. Zum Anheben desselben dient eine Bohrwinde mit 1500 kg direkter Hebekraft an der Seiltrommel. Sie ist mit einem einarmigen eisernen Hebel (Schwengel) a versehen, der abgenommen werden kann. Das Nachlassen wird mit Hilfe der Nachlaßlatte b bewirkt, die in verschiedenen Abständen vom Schwengel-Drehpunkte eingehängt werden kann; das Bohrseil ist in dieser Latte mit Hilfe einer Seilklemme befestigt. Zur Ausgleichung des Gestängegewichtes dienen am Schwengel angebrachte Gegengewichte. Beim Freifallbohren wird das Abwerfen des Untergestänges

durch den unter dem Schwengelende angebrachten Prellbock erleichtert. Ein wesentlicher Vorteil dieses mit Nachlaßseil arbeitenden Bohrapparates ist, daß man die Verrohrung bis hoch in den Bohrturm hinaufführen und sie gleichzeitig während des Bohrens nachdrücken kann. Soll mit Drehbohrung gearbeitet werden, so wird der Schwengel abgenommen; das Gestänge hängt dann durch Vermittelung des Seiles unmittelbar an der Bohrwinde und wird von ihr aus entsprechend dem Vorrücken des Bohrers nachgelassen.

Von dem Bohrapparate „Pionier“ wird auch eine Kolonialtype für Trockenbohrung mit Rohrgestänge angefertigt. Dadurch hat man den Vorteil geringeren Gewichtes und größerer Steifigkeit und kann bei Bedarf auch mit Spülung arbeiten. Wenn Brunnen erbohrt werden, bei denen das Wasser nicht artesisch überfließt, gewährt das Hohlgestänge noch den weiteren Vorteil, daß man mit ihm unter Zuhilfenahme einer Probebohrlochspumpe die Ergiebigkeit durch einen Pumpversuch rasch ermitteln kann.

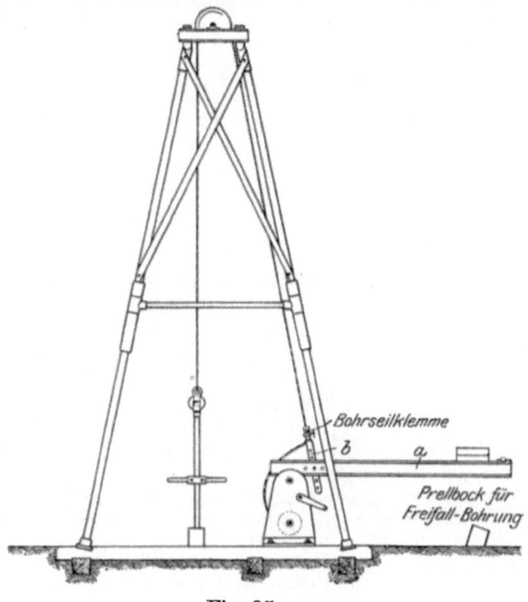

Fig. 85.
„Bohrapparat Pionier.“

L. Kleiner & Sohn in Kassel liefern für Stoßbohrungen mit steifem Gestänge zwei Bohrschwengel, nämlich den Springhebel „Gem“ und den „Bohrknecht Herkules“, bei denen die Prellschläge durch Federn aufgefangen und gemildert werden und gleichzeitig die Federkraft benutzt wird, um einen elastischen Schlag und einen beschleunigten Hub zu erzielen. Dadurch wird nicht nur die Bohreinrichtung selbst geschont und die Leistung erhöht, sondern auch vor allen Dingen die Bedienungsmannschaft nicht so starken Erschütterungen ausgesetzt.

Der Springhebel „Gem“ (Fig. 86) ist ein einarmiger Hebel, der bei f rahmenartig ausgebildet ist, um die beiden Rollen a und b aufzunehmen. Rolle b ist in

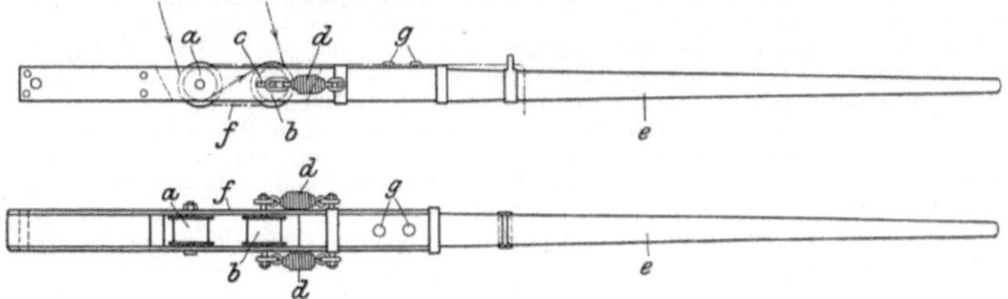

Fig. 86.
„Springhebel Gem“ von L. Kleiner & Sohn.

zwei Schlitzen c verschiebbar; außerdem ist sie mittels der beiden Federn d elastisch verlagert. Das Seil (oder die Kette), an dem das Bohrgestänge hängt, kommt von der Seilscheibe des zweisäuligen Bohrgerüstes (Fig. 159) und wird um die beiden Rollen a und b mehrmals herumgeschlungen. Die Umschlingung kann in der aus den Figuren 87 und 88 ersichtlichen Weise vorgenommen werden. Dann wird das Seil um die beiden Seilhalter g geschlungen; das übrige Seil wird auf dem Boden aufgewickelt. Läuft das Seil von der Rolle b ab (Fig. 87), so kann man mit größerem Hube bohren und infolgedessen schwerere Schläge führen. Wird aber das

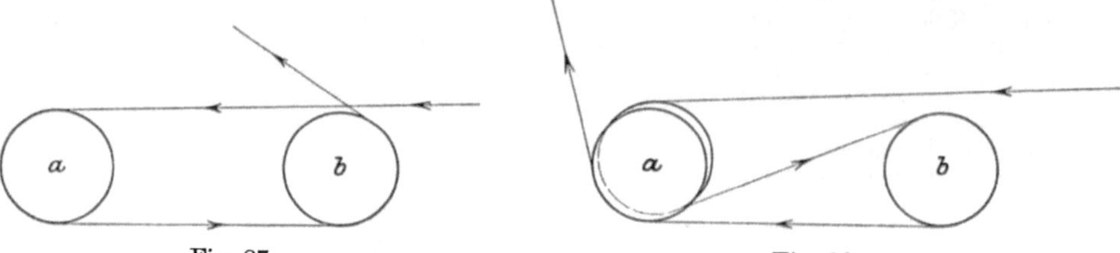

Fig. 87. Fig. 88.

Führung des Seiles auf dem Springhebel „Gem".

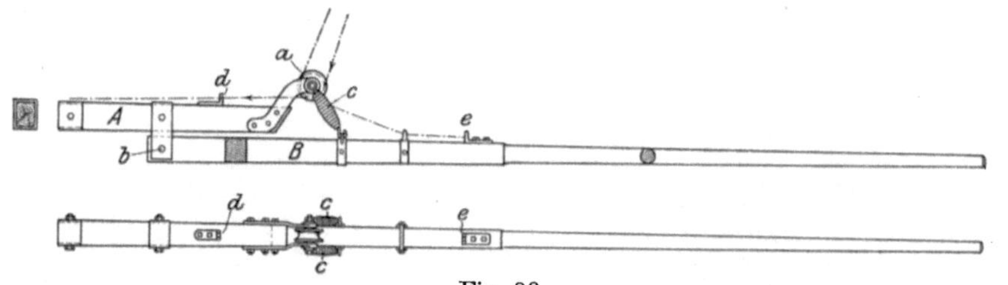

Fig. 89.

„Bohrknecht Herkules" von L. Kleiner & Sohn.

Seil von Rolle a nach der Seilscheibe geführt (Fig. 88), so arbeitet man mit kürzerem Hube und leichteren Schlägen und kann eine größere Zahl von Schlägen geben. Um das Gestänge aufzuholen oder einzulassen, braucht der Arbeiter nur das Schwengelende mit dem Fuße auf dem Erdboden niedergedrückt zu halten und kann dann mit beiden Händen das Seil handhaben.

Der „Bohrknecht Herkules" (Fig. 89) wird an Dreibock- und Vierbockgerüsten angebracht. Er ist auch ein zweiarmiger Hebel, der aus zwei Teilen A und B zusammengesetzt ist, die bei b miteinander gelenkig verbunden sind. Am rückwärtigen Ende von A ist eine Rolle a angebracht, welche durch die Federn c mit B elastisch verbunden ist. Das Nachlaßseil, an dem das Gestänge hängt, kann in zwei Richtungen über die Rolle geführt werden. Ist das Seil an dem Schwengel bei e befestigt, so bohrt man mit größerem, wenn es bei d befestigt ist, mit geringerem Hube. Der Apparat wird für Tiefen bis zu 100 m gebaut.

Nach dem DRP. 192 198 kann man einen elastischen Bohrschwengel aus einzelnen Stahl- oder Holzplatten herstellen, die flach aufeinander liegen. Der aus Stahlplatten hergestellte Schwengel ist wirksamer und widerstandsfähiger, der hölzerne billiger. Ein hölzerner Schwengel genügt für mildes Gestein und für Tiefen bis 800 m; man kann ihn auch nur aus einem einzigen Balken herstellen, der an beiden Enden oder nur am Kopfe Einschnitte von verschiedener Tiefe erhält.

Von großem Einflusse auf den Gang der Arbeit ist die Gestalt des Schwengelkopfes; es sind deshalb, wie etwas weiter unten noch aufgezählt, mancherlei Sonderkonstruktionen aufgekommen. Von allgemein gebräuchlichen Ausführungsformen seien nachstehend die von H. Mayer & Co. in Nürnberg-Doos beschrieben.

Bei einfacher Stoßbohrung ist der Schwengelkopf mit einer Hakenschraube (Fig. 90) versehen, in welche der Wirbel der Drehstange (Fig. 320) eingehängt wird.

Handelt es sich um Trocken-Freifallbohrung, so ist der Schwengel mit einer Kopfplatte (Fig. 91) versehen, deren Bolzen zur Aufnahme des Wirbelaufsatzes der Stellschraube (Fig. 110) dient

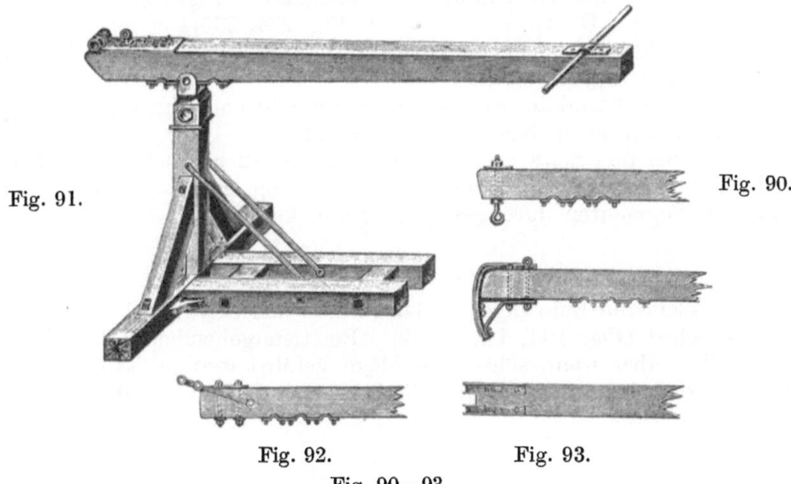

Fig. 91. Fig. 90. Fig. 92. Fig. 93.

Fig. 90—93.
Schwengelköpfe von H. Mayer & Co.

Wird mit Wasserspülung gearbeitet, und ist die Last des Bohrzeuges unbedeutend, so wird der in Fig. 92 abgebildete Schwengelkopf empfohlen; seine beiden schmiedeeisernen Seitenstreben sind gut und sicher verbolzt und tragen das Kettengehänge, mit dem das Hohlgestänge durch Schelle und Bündel verbunden wird.

Für schwere Handbohrungen und überhaupt wenn bedeutende Tiefen erreicht werden sollen, sind die Nachlaßketten auf einer besonderen Trommel (Fig. 102, 103) aufgewickelt, die unter dem Schwengel verlagert ist, und gehen von da über die am Schwengelkopfe angebrachten kräftigen Winkeleisen-Segmente (Fig. 93 und 102).

Bei Nebenarbeiten, z. B. bei der Gestängeförderung, beim Löffeln, beim Einbringen von Verrohrung usw., ist der Schwengel im Wege, weil sein Kopf das Bohrloch verdeckt. Um hier ungestört arbeiten zu können, hebt man den Schwengel mit einem Flaschenzuge aus seinem Lager heraus und schiebt ihn weiter nach hinten, also vom Bohrloche weg. Zu diesem Zwecke wird die Kopfplatte des Schwengels häufig mit einer Ösenschraube versehen (Fig. 91, 93). Mit Rücksicht hierauf, sowie auch um das Verhältnis der Hebelarme ändern zu können, sollen die Schwengel, namentlich wenn es sich um größere Bohrlochstiefen und um wechselndes Gestein handelt, ein mehrteiliges Lager (Fig. 82, 90—93) bekommen.

Da das Ein- und Ausrücken des Schwengels eine schwere und, insbesondere wenn es häufig wiederholt werden muß, zeitraubende Arbeit ist, hat man dem durch verschiedene Konstruktionen abzuhelfen versucht; als solche wären zu nennen

der Schwengel mit Klappkopf, z. B. nach der Bauart der Deutschen Tiefbohr-Aktiengesellschaft in Nordhausen (Fig. 232),

Thumanns Doppelschwengel (Fig. 234, 235),

die das Bohrloch nicht verdeckende Reibungsrolle beim kanadischen Bohrverfahren (Fig. 183 b),

der in der Turmlaterne untergebrachte Schwengel beim Seilschlag-Bohrsystem der DTA.-Nordhausen (Fig. 260).

Auch bei den Schwengelköpfen nach Fig. 92 und 93 ist das Ein- und Ausrücken überflüssig, weil hier das Gestänge zwischen den Streben bzw. den Segmenten durchgezogen werden kann.

b) Der Schwengelbock.

Bei kleineren Bohrungen verlagert man den Schwengel am Bohrgerüste selbst (Fig. 104, 157—159). Bei tiefergehenden Bohrlöchern, namentlich aber wenn schwere Schläge geführt werden, ist dies nicht gut, weil der Turm sonst durch die beim Bohren auftretenden Schläge

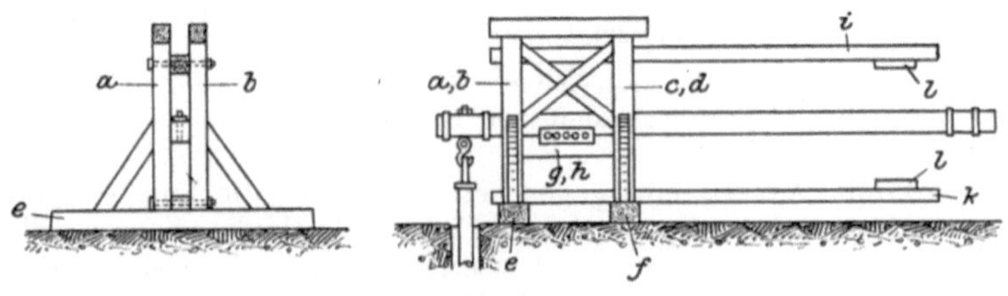

Fig. 94.
Schwengelbock.

und Stöße sehr erschüttert wird. Man soll dann dem Schwengel einen besonderen Bock geben, der mit dem Bohrgerüste oder dem Bohrturme in keinerlei Verbindung steht.

Ein bei Handbohrungen häufig angewendeter Schwengelbock ist in Fig. 94 abgebildet. Er besteht aus den beiden senkrechten Säulen a und b sowie c und d, die von den Grundsohlen e und f getragen werden und nach außen hin gegen sie abgestrebt sind. Zwischen den Säulenpaaren a—c und b—d sind die wagerechten Lagerbalken g und h angebracht, die das mehrteilige Lager für den Schwengelzapfen tragen. Die vier Säulen dienen hauptsächlich als Schwengelführung; durch sie soll der Schwengel gezwungen werden, sich nur in der senkrechten Ebene zu bewegen, weil sonst das Bohrloch leicht schief werden könnte. Zur Begrenzung des Hubes sind die aus Bohlen bestehenden Prellfedern i und k angebracht; um sie vor Abnutzung zu bewahren, sind sie an ihren Enden mit Schutzklötzern l versehen. Durch diese Federn wird der Schwengelhub begrenzt und die Umkehr der Schwengelbewegung erleichtert.

Bei dem in Fig. 95 dargestellten Schwengelbocke ist nur eine Schwengelführung a vorhanden; die beiden vorderen Säulen b dienen nicht zur Schwengelführung, sondern tragen das Zapfenlager des Schwengels. Als Prellvorrichtung sind hier keine Federn vorhanden, sondern es ist unter dem Schwengelschwanze ein Holzklotz aufgestellt, gegen den dieser anschlägt. Man kann diesen Prellbock ebenso gut über dem Schwengel**kopfe** anbringen. Die harte Prellung des Schwengels ist zwar für die Schwengelarbeiter bzw. für die Maschinen nicht gut; aber sie ist beim Bohren mit dem Fabianschen Freifallapparate unbedingt nötig, um das Abwerfen des Untergestänges zu erleichtern.

Andere Schwengelböcke sind in den Fig. 99, 101—103 abgebildet und bedürfen keiner weiteren Beschreibung, weil ihre Bauart nach den eben gegebenen Beschreibungen ohne weiteres verständlich sein dürfte; da es sich bei ihnen mit Rücksicht auf die großen Tiefen, für die sie bestimmt sind, um schweres Bohrzeug handelt, sind sie sehr kräftig, zum Teil aus Eisen gebaut.

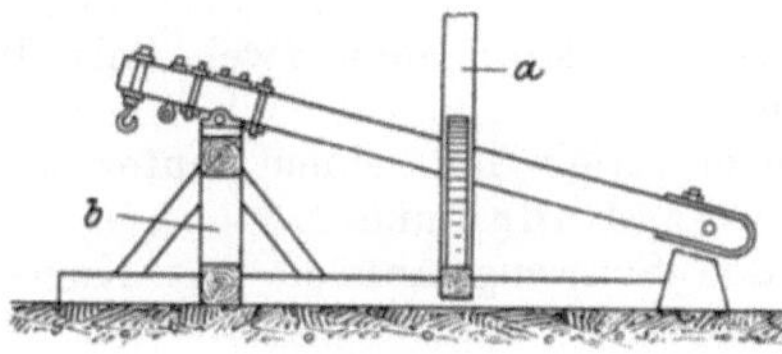

Fig. 95.
Schwengelbock.

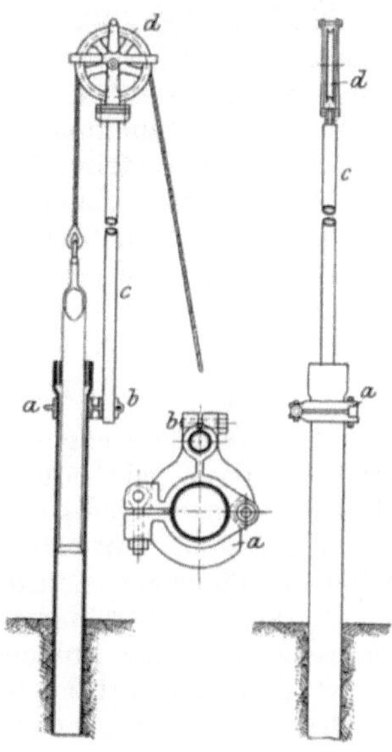

Fig. 96.
Bohrrohrschelle.

Um bei Bohrlöchern, die nur eine geringe Tiefe erreichen sollen, z. B. bei Bruunenbohrungen, ohne große Vorbereitungen, namentlich aber ohne Bohrbock und ohne Bohrgerüst, bohren zu können, hat M. **Brandenburg** in Berlin eine Bohrrohrschelle, DRP. 220 993 (Fig. 96), konstruiert. Voraussetzung dabei ist, daß mindestens der oberste Teil des Bohrloches verrohrt wird. An dieser Verrohrung wird die mit einem Gelenk und Stellschraube versehene Schelle a befestigt; sie ist mit einem Klemmstücke b versehen, in welches ein Hohlgestänge c als Seilrollenträger eingesteckt wird; zur Befestigung dieses Hohlgestänges hat das Klemmstück eine geschlitzte Muffe mit Stellschrauben. Auf diesem Träger sitzen oben die Seilrollen d, die mit einem Führungsbügel versehen sind, um das Herausfallen des Seiles zu verhindern.

c) Der Schwengelantrieb.

1. Der Handantrieb.

Bei dem englischen Bohrverfahren hängt die Zahl der Schwengelarbeiter von der Tiefe des Bohrloches ab; denn mit dieser nimmt die Gestängelast zu. Man kann im allgemeinen rechnen, daß man für Tiefen bis zu 50 m drei Mann, für jede weiteren 20 m einen Mann mehr braucht.

Beim deutschen Bohrverfahren hängt die Zahl der Schwengelarbeiter nicht von der Bohrlochstiefe, sondern einzig und allein von dem Gewichte des Untergestänges ab. Man rechnet auf je 100 kg Schlaggewicht einen Arbeiter. Das Gewicht des Obergestänges wird durch Gegengewichte ausgeglichen, die man auf den Schwengelschwanz auflegt.

Nach je 300—600 Schlägen erhält die Mannschaft einige Minuten Pause, die Zeit, während der gebohrt wird, also die Zeit von einer Pause bis zur nächsten, heißt Bohrhitze; sie schwankt zwischen 10 und 20 Minuten. Manchmal wird mit Bohrhitze auch die Zeit bezeichnet, die von einem Löffeln bis zum nächsten verstreicht.

Wenn es auf schnellen Fortschritt der Bohrarbeit ankommt, dann legt man die doppelte Zahl von Schwengelarbeitern an, die sich gegenseitig ablösen; während also die eine Mannschaft arbeitet, hat die andere Pause.

2. Der maschinelle Antrieb.

Mit Handschwengelbohrung soll man bis höchstens 200 m Tiefe arbeiten; dann wird die Last für Handbetrieb zu schwer; auch ist Maschinenantrieb meistens billiger.

Wenn man mit Maschinen arbeitet, kann man zwei Antriebsarten des Schwengels unterscheiden.

1. den unmittelbaren Schwengelantrieb mit einem unter dem Schwengelschwanze stehenden Schlagzylinder und
2. den Kurbeltrieb, d. h. den Schwengelantrieb mit Kurbel, Kurbelstange und Riemenübertragung von einer Lokomobile aus.

aa) Die Wahl der Antriebskräfte.

(Nach einem Vortrage von A. Pois auf der Internationalen Wanderversammlung der Bohringenieure und Bohrtechniker in Hamburg im Jahre 1907.)

Als Antriebskräfte beim maschinellen Tiefbohren kommen in Betracht

1. Wasserkraft,
2. Dampfmaschinen,
3. Elektromotoren und
4. Verbrennungsmotoren.

Die Antriebskräfte sollen folgenden Bedingungen entsprechen:

1. mäßige Anschaffungskosten,
2. billiger Betrieb,
3. große Betriebssicherheit,
4. einfache und leichte Bedienung,
5. rasche Bedienungsbereitschaft,
6. geringer Raumbedarf,
7. wenig Ausbesserungen,
8. reichliche Kraftreserve,

9. größtmögliche Anpassungsfähigkeit an die verschiedenen Bohrverfahren und an den Bohrbetrieb,
10. vollständige Unabhängigkeit von anderen Kraftstellen (Wasserkräften, Elektrizitätswerken),
11. bei Ölbohrungen Sicherheit gegen Explosions- und Feuersgefahr.

α) Das Wasser.

Es kommt als Antriebskraft nur sehr selten zur Anwendung, weil die direkte Kraftübertragung in den wenigsten Fällen möglich ist, und weil man bei Wasserkraftanlagen zu sehr von den Jahreszeiten abhängig ist.

β) Der Dampfbetrieb.

Die Verwendung von Dampfmaschinen beim Tiefbohrbetriebe hat sich fast allgemein eingebürgert, was zum großen Teil wohl daher kommt, daß es in früheren Zeiten überhaupt keine andere Antriebskraft gab. Die Dampfmaschinen sind seitens der Maschinenfabriken in vorzüglicher Weise durchgebildet und allen Anforderungen des Betriebes angepaßt worden. Namentlich aber hat der Dampfantrieb folgende Vorteile:

1. die Maschinen besitzen eine große Durchzugskraft;
2. Änderungen in der Umdrehzahl und in der Kraftabgabe sind leicht möglich;
3. der Dampfantrieb ist namentlich in der Nähe von Kohlenbezirken und von Verkehrs- und Industriezentren billig.

Dagegen eignet sich der Dampfbetrieb nicht für wasserarme Gegenden sowie für Großbetriebe, bei denen von einer Dampfzentrale aus lange Dampfleitungen nach den einzelnen Verbrauchsstellen geführt werden müssen, z. B. für Ölbohrungen; denn hiermit sind, besonders im Winter, große Dampfverluste verbunden. Schließlich ist zu berücksichtigen, daß der Kraftverbrauch beim Bohren sehr unregelmäßig ist. Die aus der Kohle gewonnene dynamische Energie beträgt bei den allerbesten ortsfesten Dampfmaschinen höchstens 15 %, sinkt aber bei Bohrlokomobilen und Auspuff-Schiebermaschinen bis auf ungefähr 4 %.

γ) Der elektrische Betrieb.

Er ermöglicht es, weit abgelegene Wasserkräfte für den Betrieb von Bohrarbeiten und zur Beleuchtung von Ölbohranlagen auszunutzen. Von der Erzeugungsstelle bis zur Verbrauchsstelle des elektrischen Stromes legt man Hochspannungsleitungen und transformiert den Strom an Ort und Stelle auf 220—500 Volt. Mit Rücksicht auf die große Umdrehzahl des Antriebsmotors wird zwischen ihm und der Kranwelle ein entsprechendes Vorgelege eingeschaltet; dieses muß außerdem noch ein schweres Schwungrad erhalten, um Rückstöße auf den Motor zu vermeiden und gleichmäßigen Gang zu erzielen. Die elektrischen

Anlagen werden dadurch verteuert, daß die Motoren reversierbar sein und eine Anlaßvorrichtung nebst Widerstandsschaltung haben müssen. Wird der elektrische Strom von einer Wasserkraft erzeugt, so muß man für den Fall des Wassermangels und überhaupt für die ungünstige Jahreszeit eine Kraftreserve in Form einer Dampfkesselanlage oder eines Verbrennungsmotors haben. Ferner treten bei langen Leitungen Störungen und Spannungsverluste ein; dasselbe ist der Fall durch die zweifache Transformierung des Stromes. Demnach dürfte eine ortsfeste elektrische Anlage gleichwertig mit einer fahrbaren Dampfanlage sein.

δ) Die Verbrennungsmotoren.

Namentlich die Großbohrbetriebe haben sich in den letzten Jahren den Verbrennungsmotoren zugewandt, weil diese größere wirtschaftliche Vorteile besitzen. Es kommen hier insbesondere Rohöl-, Benzin- und Petroleum-Motoren in Betracht. Diese Maschinen stehen ebenso wie die Elektromotoren unmittelbar hinter dem Bohrkran. Da sie in der Minute etwa 200 Umdrehungen machen, muß zwischen dem Motor und dem Kran ein Vorgelege eingeschaltet werden; dieses ist mit einem Leerlauf auszustatten, um den Motor auf Leerlauf stellen zu können, wenn er in Gang gesetzt werden soll. Auch bei diesen Maschinen kann man die Umdrehzahl innerhalb einer Grenze von 40 % beeinflussen, indem man das Gasgemisch ändert und den Zündpunkt verstellt. Jedoch ist bei den Explosionsmotoren eine Umsteuerung unmöglich; da man nun aber, z. B. für den Rückgang des Flaschenzuges, Rückwärtsgang der Maschine braucht, bringt man am Vorgelege gekreuzte Riemen an oder schaltet eine sonstige Umsteuerung ein.

Bei großen Motoren — und im Großbohrbetriebe werden 30 pferdige Maschinen immer gebraucht — ist das Ankurbeln des Motors von Hand zu schwierig; deshalb versieht man die Maschine mit einem Druckluftanlasser. Der dazu gehörige Druckluftbehälter wird von einem Kompressor gespeist, der mit dem Motor unmittelbar gekuppelt ist.

In früheren Jahren waren die Explosionsmotoren feuer- und explosionsgefährlich, infolgedessen für Ölbohrungen nicht verwendbar. Bringt man aber an diesen Maschinen dieselben Sicherungen an wie bei den Gruben-Lokomobilen, so ist jede Gefahr ausgeschlossen. Außerdem hat man es in der Hand, den Brennstoffbehälter in beliebiger Entfernung aufzustellen und die Auspuffleitung sowie die Luftsaugeleitung weit hinaus ins Freie zu führen.

Die hauptsächlichsten Vorteile der Explosionsmotoren wären:

1. daß der Energiegewinn bis zu 25 % beträgt gegenüber 15 % bei den besten Dampfmaschinen;

2. daß sich das Kühlwasser immer wieder verwenden läßt, während bei Dampfmaschinen das Kesselspeisewasser als Dampf entweicht, und

3. daß man bei ihnen die Gase, die aus fast allen Ölbohrungen entströmen, zum Antriebe des Motors verwenden kann.

Dagegen wäre ein Nachteil, daß der Explosionsmotor nur über eine 20 proz. Kraftreserve verfügt gegenüber einer 40 proz. bei Dampfmaschinen; deshalb soll man den Explosionsmotor nicht zu schwach wählen.

bb) Die Antriebsmaschinen.

α) Die Dampfmaschinen.

Wie schon weiter oben erwähnt, kann man bei Dampfantrieb zwei verschiedene Antriebsarten wählen, nämlich

1. den Antrieb mit Schlagzylinder und
2. den Kurbelantrieb.

Der Schlagzylinder. (Fig. 97.)

Der Schlagzylinder ist ein stehender Dampfzylinder, der seinen Platz unter dem Schwengelschwanze hat. Er bekommt den Dampf von einer Kesselanlage zugeleitet, die in größerer oder geringerer Ent-

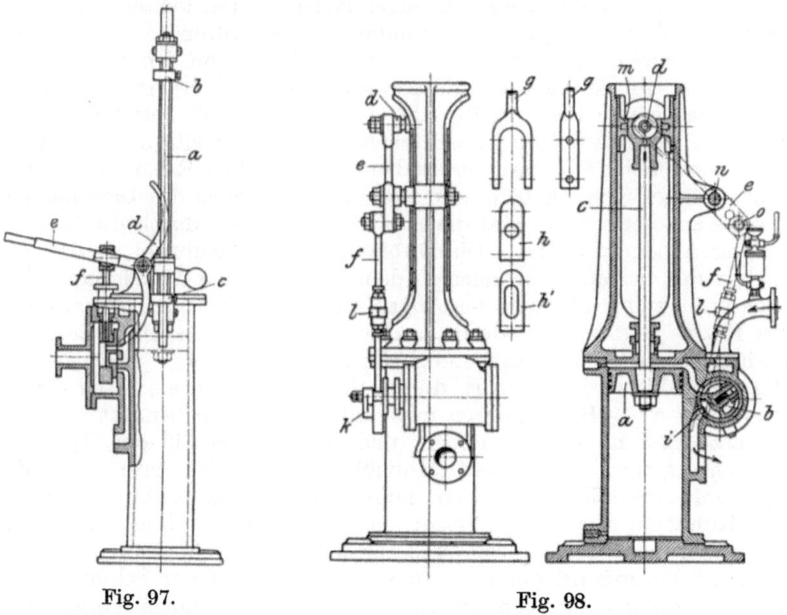

Fig. 97. Schlagzylinder.

Fig. 98. Schlagzylinder von Winter.

fernung aufgestellt sein kann. Weil das Gestänge beim Stoßbohren infolge seines Eigengewichtes niedergeht, braucht der Dampfzylinder nur ein einseitig wirkender zu sein, d. h. der Dampf braucht nur auf die Oberseite des Kolbens zu drücken. Der Zylinder ist mit Schiebersteuerung versehen, die selbsttätig wirkt; zu diesem Zwecke ist seitlich neben der

Kolbenstange noch eine Steuerstange a angebracht, welche mit den Knaggen b und c versehen ist. Diese können an verschiedenen Stellen der Steuerstange festgeklemmt werden, wodurch die Hubhöhe bestimmt wird. Die Steuerstange macht den Auf- und Niedergang der Kolbenstange mit; dabei stoßen die Knaggen b und c abwechselnd gegen die Schwinge d und legen sie herum. Dadurch wird aber auch der Steuerhebel e, an dem die Schieberstange f angreift, umgelegt. Der Steuerhebel e ist mit einem Handgriffe versehen, so daß man jederzeit in der Lage ist, den Gang der Maschine vorübergehend zu ändern. Da derartige vorübergehende Hubänderungen während des Bohrens häufig notwendig werden, muß ständig ein Mann beim Schlagzylinder stehen, um die Befehle des Bohrmeisters auszuführen.

Dieser eben beschriebene Schlagzylinder ist bereits veraltet, wird aber immerhin noch recht häufig benutzt. Moderner ist der in Fig. 98 dargestellte Bohrzylinder von C. Jul. Winter in Kamen i. W. Die Dampfverteilung wird hier durch einen Rundschieber b bewirkt, der vom Kreuzkopfe m aus angetrieben wird. Der verlängerte Kreuzkopfbolzen d läuft in einem Schlitze des zweiarmigen Hebels e. Der kürzere Arm von e besitzt zwei Bohrungen zur Aufnahme eines Bolzens o, an dem die Stange f beweglich angreift. Das andere Ende von f hat Gabelform und dient zur Aufnahme von auswechselbaren Körpern h bzw. h', die entweder eine Bohrung (h) oder ein Langloch (h') besitzen. Damit umfassen sie den Bolzen i des Hebels k, der einerseits mit der Achse des Rundschiebers b starr verbunden ist. Um dem Rundschieber eine andere Mittellage zu geben, d. h. also um die Öffnung des Dampfeinlaßkanales zu bestimmen, wird die zweiteilige Stange f durch die Mutter l verlängert oder verkürzt. Die Hubhöhe und die Hubzahl werden vermittels der beiden Bohrungen in dem kurzen Arme des Hebels e verändert; je weiter nämlich der Angriffspunkt von f vom Drehpunkte n des Hebels entfernt ist, desto rascher wird die Schieberbewegung im Verhältnis zur Kolbengeschwindigkeit; die Hubhöhe wird also verkürzt. Die Hubzahl wird vermehrt durch Verlängerung des kurzen Hebelarmes von e. — Beim Bohren mit steifem Gestänge benutzt man den Einsatzkörper h mit Rundloch und erzielt bei 35 cm Hubhöhe 60 Schläge/min, bei 20 cm Hubhöhe 100 Schläge/min. — Will man mit Freifall bohren, so muß man die Hubzahl verringern, die Hubhöhe aber vergrößern; man verwendet dann den Einsatzkörper h' mit Langloch und erreicht dadurch, daß nach begonnener Dampfeinströmung in den Schlagzylinder der Schieber trotz der Kolbenbewegung noch eine Zeitlang in seiner Anfangslage verharrt. Desgleichen bleibt er noch einige Zeit stehen, wenn die Ausströmungsöffnung freigelegt ist. — Damit nicht bei jedem Hube Außenluft unter den Kolben tritt, steht der Raum unter dem Arbeitskolben ständig mit dem Auspuffraume in Verbindung (in Fig. 98 nicht angegeben).

Die Kolbenstange darf nicht unmittelbar, etwa durch ein Gelenk, mit dem Schwengel verbunden werden; denn dieser Angriffspunkt schwingt auf einem Kreisbogen, während sich die Kolbenstange geradlinig auf- und niederbewegt. Die Verbindung zwischen Kolbenstange und Schwengel wird vielmehr durch eine Glieder- oder Laschenkette bewirkt (Fig. 371), oder man versieht die Kolbenstange mit einer Kreuzkopfführung (Fig. 99) und läßt vom Kreuzkopfe aus eine Pleuelstange zum Schwengel gehen.

Fig. 99.
Bohrkran mit Schlagzylinder von H. Mayer & Co.

Der Kurbelantrieb.

Der Kurbeltrieb ist beim Bohren mit steifem Gestänge nicht ohne weiteres verwendbar. Denn der Bohrer soll mit zunehmender Geschwindigkeit nach unten gehen, um eine möglichst hohe Schlagwirkung auszuüben. Dies ist aber beim Kurbelantriebe nicht zu erreichen, wie aus der Fig. 100 zu ersehen ist. Denken wir uns, daß die Kurbel in jeder Sekunde $^1/_8$ des Kreisumfanges zurücklegt, so wird sie, wenn sie sich beim Beginn des Hubes in der Stellung a befindet, nach der ersten Sekunde bei b, nach der zweiten Sekunde bei c und nach der dritten Sekunde bei d angekommen sein. Von a bis b nimmt die Geschwindigkeit allmählich zu; von b bis c ist sie am größten, von c bis d nimmt sie wieder ab. Nun beginnt der Abwärtsgang des Bohrers, und es wiederholt sich hier dasselbe Spiel; während sich die Kurbel von d bis e bewegt, ist die Abwärtsgeschwindigkeit des Bohrgestänges = 0; bei dem Gange von e bis f tritt eine Beschleunigung ein, von f bis g bleibt die Fallgeschwindigkeit gleich; von g bis h wird sie wieder geringer und erreicht den Wert 0, während die Kurbel von h bis a geht. Dieses ist aber der

Augenblick, in welchem der Bohrer die größte Fallgeschwindigkeit haben sollte.

Wie wir später bei den Schnellschlag-Bohrungen sehen werden, wird bei ihnen mit steifem Gestänge und mit Kurbelantrieb gebohrt, ohne daß eine Verringerung der Fallgeschwindigkeit eintritt. Auch beim kanadischen Bohrverfahren wird mit Kurbelantrieb gearbeitet, ohne daß sich dieser Nachteil geltend machen kann, weil Unter- und Obergestänge frei fallen.

Bei dem gewöhnlichen Freifallbohren, also beim deutschen Bohrverfahren, kann man den Kurbelantrieb ohne weiteres benutzen; denn das Untergestänge fällt hier frei ab.

Von den verschiedenen Ausführungen des Kurbelantriebes eines Schwengels sei hier zunächst der Bohrkran von Heinrich Mayer & Co. in Nürnberg-Doos beschrieben. Er ist wie jeder Bohrkran mit einer Förderseil- und Löffelseil-

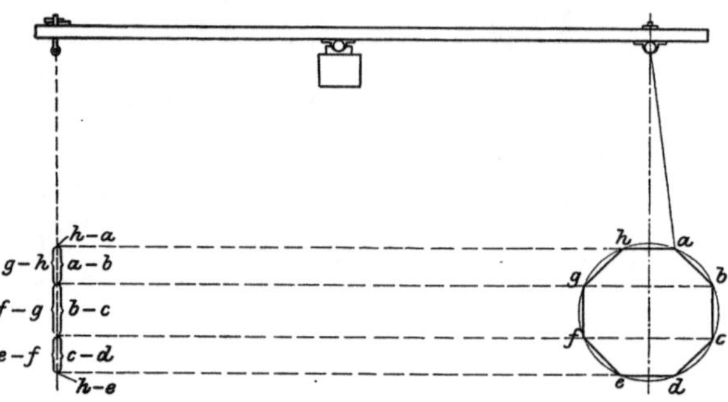

Fig. 100.
Schema für die Schlagwirkung beim Kurbelantriebe.

winde versehen; mit Rücksicht hierauf liegt der Schwengel in „schräger Anordnung“ seitlich daneben. Würde er über den Winden liegen, so wären zur Führung der Seile Leitrollen nötig.

Die Hauptantriebswelle (Fig. 101a u. b) besitzt an dem einen Ende eine Festscheibe a und eine Losscheibe b, um den Treibriemen ein- und ausrücken zu können. An ihrem linken Ende ist ein Kegelräderpaar c, d für den Schwengeltrieb; das kleinere Zahnrad d ist mit einer Ausrückvorrichtung versehen. Neben dem großen Kegelrade c sitzt die gußeiserne Kurbelscheibe, die in der Abbildung nicht zu ersehen ist; sie hat einen schmiedeeisernen Sicherheitsring aufgezogen bekommen und ist für viererlei Hub eingerichtet.

Die Pleuelstange e besteht aus Holz und ist auf einer starken Pufferfeder f verlagert, die oben am Schwengel sichtbar ist.

An den Tragsäulen des Schwengels sind zwei gußeiserne Konsolen g angebracht, die mit doppelten Pfannen versehen sind, um den Schwengel ausrücken zu können.

Der Schwengelschwanz gleitet in einer Führung h.

Der Schwengelkopf ist mit zwei starken U-Eisensegmenten i zur Führung der Nachlaßketten k versehen, die auf einer rechts- und linksgängigen Trommel aufgewickelt sind. Diese Trommel wird mittels Schnecke l und Handrades m in Gang gesetzt.

Auf der Hauptwelle sitzen ferner zwei Reibungskuppelungen n, je eine für den Löffelhaspel o und den Förderhaspel p. Die beiden äußeren Kuppelungshälften besitzen angegossene Handbremsen q.

Der Bohrkran wird in zwei Größen angefertigt, von denen die eine für Bohrungen bis 200 m, die andere für solche bis 400 m Tiefe bestimmt ist. Bei

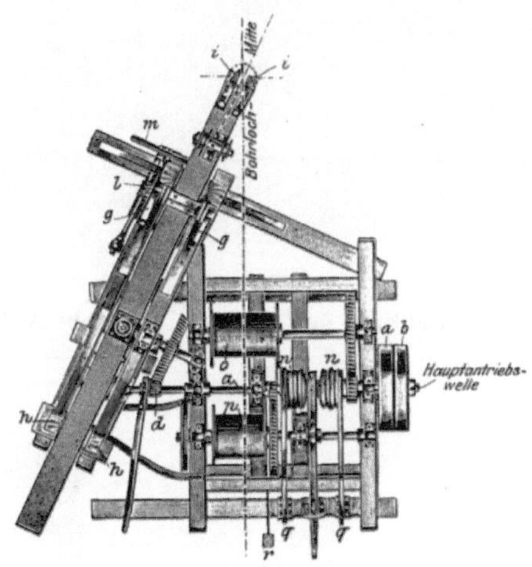

Fig. 101 a und b.
Bohrkran von H. Mayer & Co.

diesem letzteren schweren Modelle ist für die Fördertrommel noch eine kräftige Fußbremse r angebracht.

Bei beiden Modellen sind das Krangestell, das Schwengelgerüst und der Schwengel aus starkem Fichten- oder Tannenkantholz hergestellt.

Fig. 102.
Tiefbohrvorrichtung von Deseniss & Jacobi A.-G.

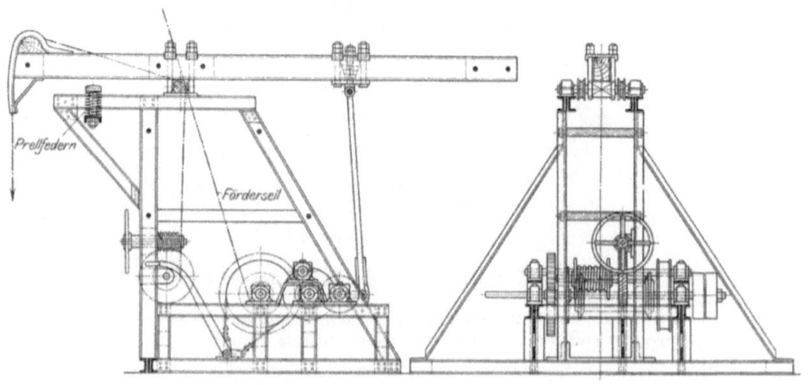

Fig. 103.
Bohrkran von L. Kleiner & Sohn.

In Fig. 102 ist ein Tiefbohrapparat von Deseniss und Jacobi A.-G. in Hamburg dargestellt. Er unterscheidet sich von dem vorigen dadurch, daß er nicht mit einer Fördervorrichtung versehen ist.

Fig. 103 zeigt einen Bohrkran von L. Kleiner & Sohn in Kassel, dessen Schwengelbock ganz aus Eisen besteht. Die Pleuelstange ist ebenfalls mit dem Schwengel federnd verbunden. Unter dem Schwengelkopfe ist eine Prellfeder an-

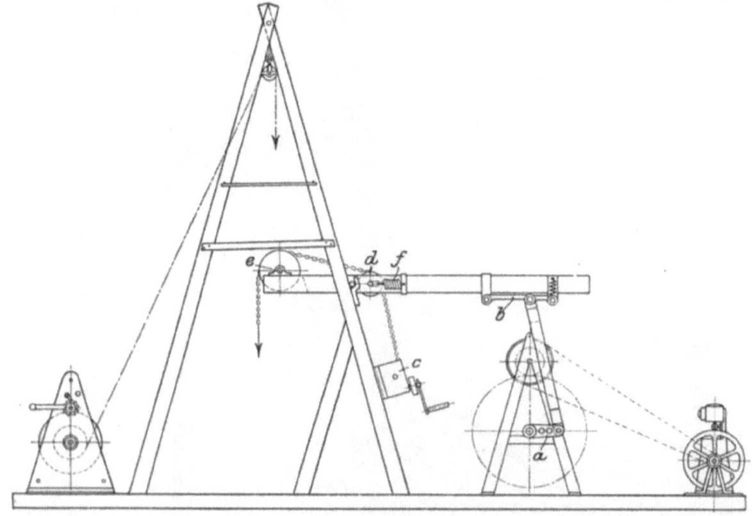

Fig. 104.
Leichte Bohreinrichtung von L. Kleiner & Sohn.

Fig. 105 a.
Fahrbarer Bohrapparat von H. Angers Söhne.

gebracht, die die Umkehr der Schwengelbewegeng erleichtern und harte Schläge mildern soll. In dem Schwengelbocke ist ferner eine Förderseilwinde untergebracht, die von der Hauptwelle aus angetrieben werden kann.

Für kleinere Bohrungen liefert dieselbe Firma eine leichte Bohreinrichtung, die in Fig. 104 abgebildet ist. Die Kurbel a ist für dreifachen Hub eingerichtet. Die Pleuelstange greift nicht unmittelbar am Schwengel an, sondern an einer unter seinem Schwanze angebrachten Stange b, die mit dem Schwengel an einem Ende gelenkig, am anderen federnd verbunden ist; die Nachlaßkette läuft von der

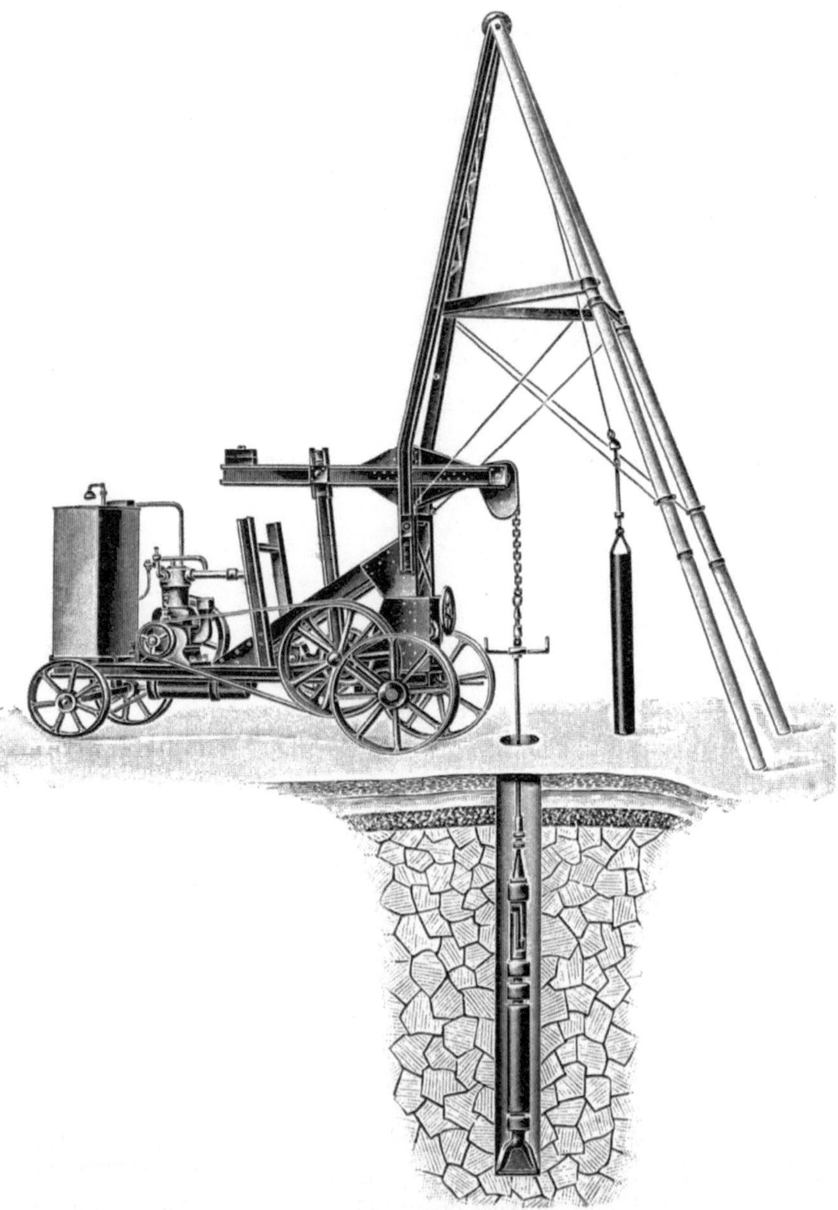

Fig. 105b.
Fahrbarer Bohrapparat von H. Angers Söhne.

Winde c ab und geht über die Rollen d und e; von diesen ist die erstere am Schwengel in Schlitzen verschiebbar und wird durch die Federn f gespannt gehalten.

Die Kontinentale Tiefbohr-Gesellschaft vorm. H. Thumann m. b. H. in Halle fertigt einen fahrbaren Bohrschwengel, der für Schnellschlag- und Freifall-Bohrungen verwendbar ist. Das nähere hierüber ist im Kapitel „Schnellschlagbohrung" zu finden.

Ebenso liefert die Firma H. Angers Söhne in Nordhausen a. H. einen fahrbaren Bohrapparat, allerdings mit Benzinmotorantrieb, für Bohrungen bis 150 m Tiefe, der auch mit einem umlegbaren Turme versehen ist (Fig. 105a und b).

Die Kesselanlage.

Beim Dampfbetrieb muß man eine Kesselanlage haben. Man kann dabei ortsfeste oder fahrbare, stehende oder liegende Kessel benutzen.

Die feststehenden Kessel (Fig. 106) werden nur verwendet, wenn die Bohrung voraussichtlich längere Zeit beanspruchen wird; denn es ist in den meisten Fällen schwierig und zu kostspielig, diese Kesselanlage auf manchmal schlechten Feldwegen bis zum Bohrplatze hin zu schaffen. Aus diesem Grunde werden weit häufiger fahrbare Kessel benutzt.

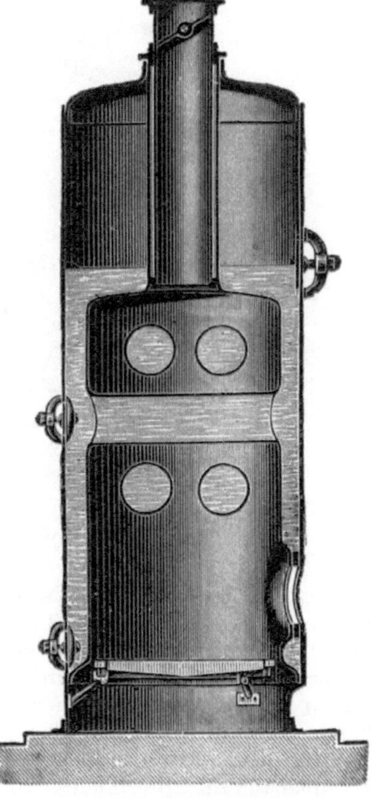

Fig. 106.
Ortsfester, stehender Kessel von Deseniss & Jacobi.

Die fahrbaren Kessel können auch mit einer Dampfmaschine ausgerüstet sein; es sind das die Lokomobilen (Fig. 107).

Wenn man eine Lokomobile benutzt, so soll man sie im Bohrturme nicht auf ihren Rädern stehen lassen, weil das Vibrieren der Maschine und die beim Bohren auftretenden Erschütterungen den Achsen und Rädern schaden. Man soll vielmehr der Maschine einen Unterbau aus Holz oder ein gemauertes Fundament geben, welches so hoch ist, daß die Räder den Boden nicht berühren; auch kann man die Räder abnehmen. Die Bauart einer Lokomobile wird als bekannt vorausgesetzt und infolgedessen hier nicht beschrieben; es soll nur kurz berücksichtigt werden, welche besonderen Einrichtungen für die Zwecke des Tiefbohrbetriebes an einer solchen Lokomobile erwünscht sind. Dies sei an einer Lokomobile von Trauzl & Co. in Wien geschildert.

Die Maschinen müssen mit Absperrventil und Drosselklappe versehen sein, welche vom Platze des Bohrmeisters aus bedient werden können. Dies geschieht in Fig. 107 mit Hilfe des Schnurrades R, welches zum Absperrventile gehört, nebst Schnurzug a und des Schnurlaufes f, der mit dem Hebel D des Drosselventiles in Verbindung steht. F ist eine Feder, die das Drosselventil selbsttätig schließt. Um die Maschine vorwärts und rückwärts laufen zu lassen, ist eine Umsteuerung U vor-

Fig. 107.
Bohrlokomobile von Trauzl & Co.

handen, wie dies beispielsweise beim kanadischen und pennsylvanischen Bohrverfahren (siehe Fig. 183 a—c und Fig. 189 a, b) der Fall ist. Durch die Schnurläufe erreicht man den Vorteil, daß zur Wartung der Maschine ein besonderer Arbeiter überflüssig wird; denn bei den meisten Bohrverfahren ist es sehr wesentlich, mit möglichst wenigen Leuten auszukommen.

Die Trauzlschen Lokomobilen haben bei sieben Atmosphären Dampfspannung für Tiefen von 300—400 m 10—12 PS, für Bohrtiefen von 600—700 m 14—16 PS. Die Lokomobilen stehen in einiger Entfernung vom Bohrloche, und zwar in einer an den Bohrturm angebauten Bohrhütte (siehe Fig. 179 u. 180). Wenn es sich aber um Bohrungen auf Öl handelt, oder wenn zu befürchten ist, daß aus dem Bohrloche explosible Gase in großen Mengen ausbrechen können, wie es auch bei Tiefbohrungen auf Steinkohlen schon sehr häufig der

Fall gewesen ist, dann muß die Lokomobile im Freien, höchstens in einem offenen Schuppen, aufgestellt werden und soll vom Bohrplatze mindestens 25—30 m entfernt sein. Nur auf diese Weise kann man sich davor sichern, daß sich die Gase am Feuer der Lokomobile entzünden und den Bohrturm vernichten. Wenn die Lokomobile in so großer Entfernung vom Bohrloche steht, überträgt man die Kraft nach dem Schwengel mit Hilfe einer Hanfseil-Transmission.

β) Die Verbrennungsmotoren.

Bei den mannigfaltigen Systemen von Verbrennungsmotoren würde es zu weit führen, hier diese Apparate zu beschreiben; eine solche Maschine sei daher nachstehend nur an Hand einer Prinzipskizze (Fig. 108) erklärt. Jeder Verbrennungsmotor besteht aus dem Brenn-

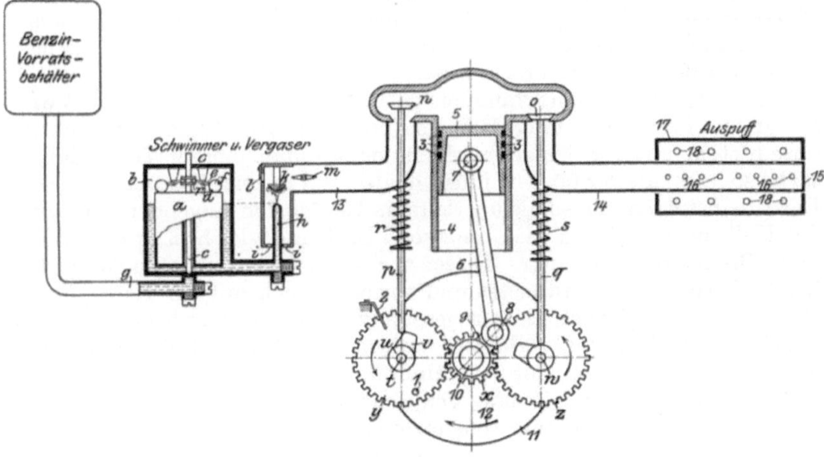

Fig. 108.
Viertaktmotor.

stoffbehälter, dem Zuflußregler (Schwimmer oder Pumpe), dem Vergaser, dem oder den Arbeitszylindern mit dem Kolben und dem Triebwerk, der Kühlvorrichtung und der Zündvorrichtung.

In dem Flüssigkeitsbehälter, der am besten aus verzinktem Eisenblech besteht, wird der Brennstoff (Benzin, Petroleum usw.) aufbewahrt. Er muß mit einem Schauglase oder einem Schwimmer versehen sein, damit man jederzeit feststellen kann, wieviel Brennstoff noch vorhanden ist.

Der Zuflußregler soll den Zufluß des Brennstoffes zum Vergaser und zum Arbeitszylinder entsprechend dem Gange der Maschine regeln, d. h. wenn der Motor schneller läuft, muß er ihm mehr Brennstoff zuführen als wie bei langsamem Gange. Ist dieser Zuflußregler eine Pumpe, so wird sie von der Hauptwelle aus angetrieben; ihr Gang paßt sich also dem der Maschine vollkommen an. Ist dagegen der Zuflußregler ein Schwimmer, so wird er durch die Saugwirkung des Kolbens beeinflußt und ist also auch von dem Gange des Motors abhängig.

Der Schwimmer ist ein hohler Metallkörper a und sitzt in der Schwimmerkammer b. Das Nadelventil c geht achsial durch ihn hindurch. Zwischen den zwei an der Ventilstange angebrachten Ringen r sitzen die inneren Enden der um d drehbaren zweiarmigen Hebel e; an ihren äußeren Hebelarmen sitzen die Belastungsgewichte f, welche immer auf dem Schwimmer aufliegen. Sinkt der Flüssigkeitsspiegel in der Schwimmerkammer, so sinkt auch der Schwimmer; die Gewichte f senken sich infolgedessen und heben das Nadelventil. Dadurch wird dem vom Vorratsbehälter herkommenden Brennnstoffe der Zutritt zur Schwimmerkammer freigegeben. Mit dem nun steigenden Flüssigkeitsspiegel steigt auch wieder der Schwimmer, wobei das Nadelventil immer weiter nach unten verschoben wird, bis der Brennstoffzufluß vollständig unterbrochen ist.

Aus der Schwimmerkammer gelangt der Brennstoff zum Vergaser, der im vorliegenden Falle ein Spritzvergaser ist. Die Zerstäuberdüse h steht mit der Schwimmerkammer in unmittelbarer Verbindung; sie ist so hoch, als der höchste Flüssigkeitsstand in jener Kammer beträgt. Der Brennstoff kann also nie überlaufen. Infolge der saugenden Wirkung des Kolbens wird durch die Öffnungen i Luft und gleichzeitig durch die Düse Brennstoff angesaugt. Dieser spritzt in feinem Strahle gegen die Zerstäuberplatte k, verdunstet und vermengt sich mit der Luft. Nach Bedarf kann bei l noch Luft zugesetzt werden. Dadurch ist man imstande, das Mischungsverhältnis zwischen Gas und Luft zu regeln, wodurch der Gang des Motors beeinflußt wird. Sind nämlich Gas und Luft im richtigen Verhältnisse gemischt, so sind die Explosionen am heftigsten, während sie mit abnehmendem Gasgehalt immer schwächer werden, so daß der Motor langsamer läuft. Ferner kann man die Umdrehzahl des Motors auch noch dadurch beeinflussen, daß man das Gasluftgemenge drosselt. Hierzu dient das Drosselventil m. Dies ist die beste Art der Regelung.

Die Verbrennungsmotoren arbeiten meistens im Viertakte; d. h. von vier Kolbenhüben ist immer nur der vierte ein Arbeitshub. Der Arbeitsvorgang ist der folgende:

1. Takt: Der Kolben geht vor; das Saugventil wird geöffnet; das Gasgemisch wird angesaugt (Saughub).

2. Takt: Der Kolben geht zurück; beide Ventile sind geschlossen; das Gasgemisch wird zusammengepreßt (Verdichtungshub).

3. Takt: Das Gasgemisch wird entzündet und treibt den Kolben wieder vor; beide Ventile sind geschlossen (Arbeitshub).

4. Takt: Der Kolben geht zurück; das Auspuffventil wird geöffnet; die Verbrennungsgase werden ausgestoßen (Auspuffhub).

Bei Zweizylindermotoren werden die Takte in der Weise gegeneinander versetzt, daß jeder zweite Hub ein Arbeitshub ist. Während also der eine Zylinder ansaugt, macht der andere den Arbeitshub.

Die Mehrzylindermaschinen haben gegenüber den einzylindrigen den Vorteil,

daß sie ruhiger laufen,

daß man bei Betriebsstörungen mit den gesund gebliebenen Zylindern weiter arbeiten kann, und

daß die Gefahr des Heißlaufens wegen der größeren Zylinderoberfläche geringer ist als bei gleichstarken einzylindrigen Motoren.

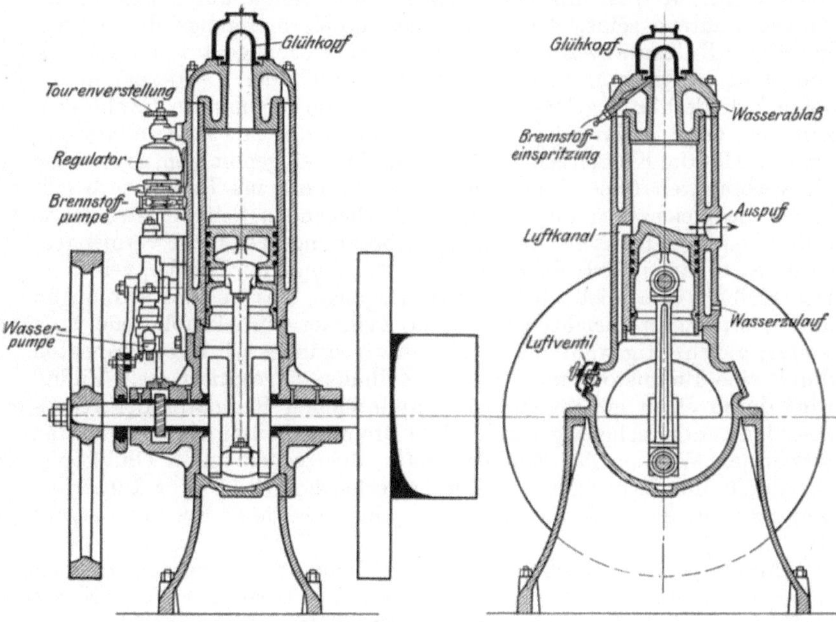

Fig. 109.
Zweitaktmotor von Ph. Swiderski-Leipzig.

Zur Kühlung des Zylinders wird Wasser benutzt, welches aus einem höhergelegenen Kühlwasserbehälter kommt; es umströmt den Arbeitszylinder von außen und kehrt dann wieder durch eine zweite Leitung in den Kühlwasserbehälter zurück. Der Kreislauf des Wassers wird entweder durch eine kleine Pumpe bewirkt, die vom Motor angetrieben wird, oder er erfolgt selbsttätig infolge der Erwärmung des Wassers. Bei manchen Verbrennungsmotoren wird auch Wasser in den Arbeitszylinder gespritzt; man erzielt dadurch einen sanfteren und gleichmäßigeren Gang des Motors.

Zur Zündung des Gasluftgemenges ist ein Magnetapparat vorhanden, der ebenfalls vom Motor angetrieben wird.

Eine sehr einfache Explosionsmaschine ist der Zweitaktmotor von der Maschinenbau-Aktiengesellschaft vorm. Ph. Swiderski, Leipzig-Plagwitz. Er wird mit Rohöl betrieben, was auch gegenüber der Verwendung von Benzin, Spiritus usw. eine Vereinfachung des Betriebes bedeutet. Außer mit Rohöl kann der Motor selbstverständlich auch mit gewöhnlichem Petroleum gespeist werden. Wie fast alle Zweitaktmotoren braucht er keine Ein- und Auslaßventile; die Explosion erfolgt bei jedem zweiten Kolbenhube; hierdurch wird ein geräuschloserer und gleichmäßigerer Gang erzielt. Das luftdicht abgeschlossene Kolbengehäuse (Fig. 109) ist mit einem Luftventil versehen, durch welches der Kolben während seines Aufwärtsganges die Verbrennungsluft ansaugt. Wenn der Kolben abwärts geht, wird diese Luftmenge auf einen Druck von etwa 1 Atmosphäre verdichtet und durch den Luftkanal in die obere Zylinderhälfte geleitet. Diese bildet die sogenannte Explosionskammer; denn in ihr wird das Gas-Luftgemenge zur Entzündung gebracht. Hat der Kolben seine unterste Stellung eingenommen, so strömen die verbrannten Gase durch die Auspufföffnung ins Freie, verdrängt durch die gleichzeitig auf der gegenüberliegenden Seite einströmende Luft. Damit sich frische Luft und Verbrennungsgase nicht vermengen, ist die Stirnfläche des Kolbens mit einer Erhöhung, der Brücke, versehen. Der Kolben verschließt beim Aufwärtsgange diese beiden Öffnungen und komprimiert gleichzeitig die im Zylinder zurückgebliebene Luft weiter; gleichzeitig während seines Aufwärtsganges wird der Brennstoff durch eine Brennstoffpumpe in den Zylinder eingespritzt; sein Zufluß wird durch einen einfachen, sehr empfindlichen Regulator der Kraftentnahme entsprechend geregelt. Der Brennstoff entzündet sich an den rotwarmen Wänden des Zylinderkopfes, dem sogenannten Glühkopfe, der durch die Explosion auf Rotglut erhalten wird. Vor Inbetriebsetzung muß dieser Glühkopf mittels einer Gebläselampe angewärmt werden.

Alle Explosionsmaschinen müssen mit einem Schwungrade versehen sein, welches um so größer und schwerer ist, je langsamer die Maschine läuft, d. h. je weniger Umdrehungen sie in der Minute macht.

Um die Maschine in Gang zu setzen, muß der Motor angekurbelt werden. Zu diesem Zwecke setzt man auf die Schwungradwelle eine Kurbel und versetzt sie in Umdrehung; dadurch wird auch der Kolben in Gang gesetzt und saugt Gas und Luft an; ebenso wird die Magnetzündvorrichtung angetrieben und erzeugt den zündenden Funken.

Auch S a u g g a s a n l a g e n sind mit großem Vorteil zum Antrieb von Bohranlagen verwendet worden. So hat beispielsweise die Firma Trauzl & Co. in Wien eine maschinelle Rapid-Spülbohrung auf 1000 m Tiefe in dieser Weise betrieben. Die Sauggasanlage bestand aus zwei voneinander unabhängigen Generatoren, die für Hütten-Koks eingerichtet waren; aus ihnen saugte der 40pferdige mit einem stellbaren Tourenregler versehene Motor das Kraftgas ab. Von ihm aus wurde die Bohrkranhauptwelle mittels zweier Vorgelege, die mit verschiedenen Übersetzungen versehen waren, so angetrieben, daß sie mit 50, 100 und 120 Umdrehungen laufen konnten. Auf der ersten Vorgelegewelle saß eine Stufenscheibe zum Antrieb einer mit Voll- und Leerscheibe versehenen Triplex-Plunger-Hochdruckpumpe. Die Fundamente bestanden durchweg aus Holz.

IV. Das schwengellose Stoßbohren.

Man hat vielfach Bohrapparate gebaut, die den Bohrschwengel überflüssig machen sollen; solche Maschinen werden namentlich beim Seilbohren benutzt, lassen sich aber auch ohne weiteres für die Zwecke des Gestängebohrens verwenden, wenn man das Bohrgestänge an dem von ihnen ausgehenden Förderseile aufhängt. Die Maschinen sind im Kapitel „Schnellschlagbohren" beschrieben.

Schon mit Hilfe des Horn- oder Kreuzhaspels (Fig. 162) wird häufig in einfachster Weise stoßend gebohrt, indem man das Gestänge mit seiner Hilfe hochzieht und dann die Haspelhörner losläßt, so daß es frei abfällt.

F. Die Nachlaßvorrichtungen.

Entsprechend dem Tieferwerden des Bohrloches sinkt natürlich das Bohrzeug ebenfalls tiefer ein. Beim schwengellosen Bohren verschieben die Häuer den Krückel von Zeit zu Zeit am Gestänge aufwärts, um ihn immer in handlicher Höhe vor sich zu haben. Beim Schwengelbohren werden besondere Nachlaßvorrichtungen gebraucht, damit der Schwengel immer zwischen denselben Endstellungen schwingen kann; denn anderenfalls würde der Schwengelkopf dem Gestänge folgen müssen, und der Schwengelschwanz würde so weit in die Höhe gehen, daß die Schwengelarbeiter ihn nicht mehr erreichen könnten; auch beim maschinellen Antrieb würden sich dadurch Schwierigkeiten ergeben. Die in Gebrauch stehenden Nachlaßvorrichtungen sind entweder Stellschrauben oder Nachlaßketten (Nachlaßseile). Nur bei der in Fig. 82 dargestellten Bohreinrichtung ist ein Nachlaßapparat überflüssig, weil das Gestänge an jeder Stelle von der Abwurfklaue gefaßt werden kann.

I. Die Stellschrauben.

a) Stellschrauben für Trockenbohrung.

Die einfachste Stellschraube besteht aus der Hülse a (Fig. 110) und der Schraubenspindel b. Die Hülse ist der Länge nach geschlitzt und oben mit flachem Muttergewinde versehen; unten endigt sie in einer Gewindemuffe, in welche das Bohrgestänge eingeschraubt wird. Die Schraubenspindel ist mit einem Krückel c versehen, um im selben Verhältnis, wie der Meißel vordringt, die Stellschraubenhülse niederzuschrauben. Nach voller Ausnutzung der Gewindespindel wird zwischen der Hülse und dem Gestänge ein Zwischengestängestück eingeschaltet und die Schraubenspindel zurückgedreht. Da der Krückel gleichzeitig dazu benutzt wird, das Gestänge und den Meißel durch einen mäßigen

Ruck abzuwerfen und den Bohrer umzusetzen, so muß die Schraubenspindel während des Bohrens durch den Nutenkeil d am selbsttätigen Abschrauben verhindert werden. Am oberen Ende der Schraubenspindel ist ein Drehwirbel e angebracht.

Die in Fig. 111 abgebildete Nachlaßschraube unterscheidet sich von der eben beschriebenen dadurch, daß der Drehwirbel zwischen dem Bohrgestänge und der Stellschraube liegt. Um das selbsttätige Abschrauben zu verhindern, befindet sich im oberen Teile der Hülse eine Klemmschraube.

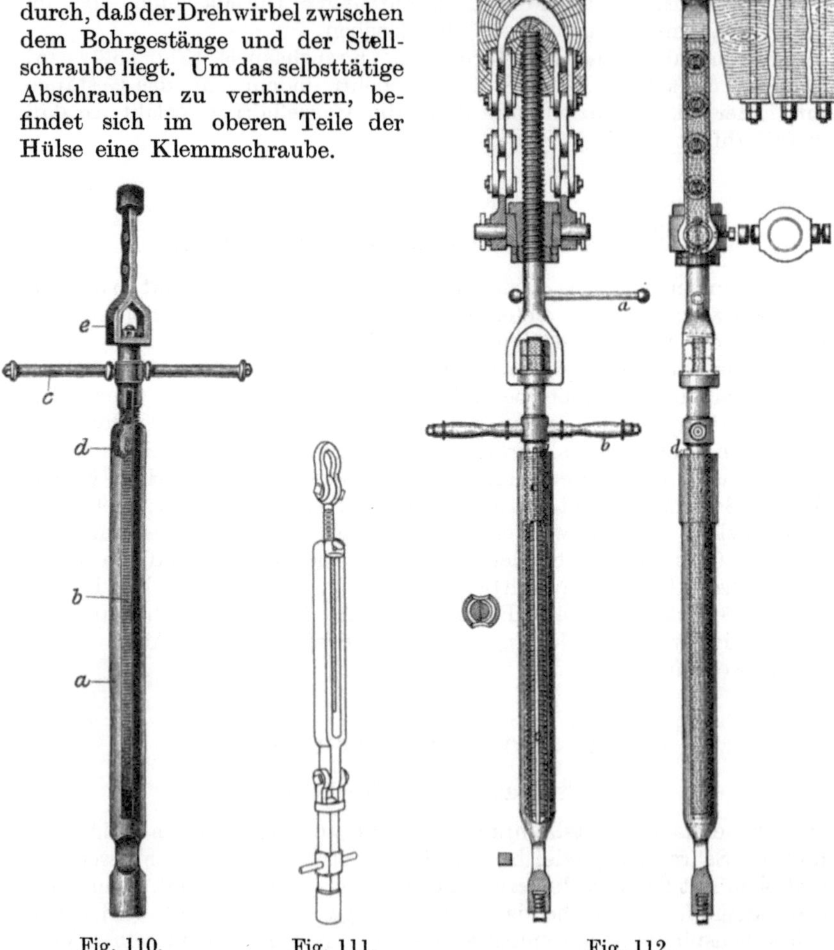

Fig. 110. Stellschraube von H. Mayer & Co.

Fig. 111. Stellschraube.

Fig. 112. Doppelstellschraube (aus Tecklenburg, Handbuch der Tiefbohrkunde).

Ab und zu finden sich auch Stellschrauben, die von den eben beschriebenen dadurch abweichen, daß die geschlitzte Führungshülse am Schwengel angehängt und die Spindel nach unten zu herausgeschraubt wird.

In Fig. 112 ist eine doppelte Stellschraube abgebildet. Durch sie soll das häufige Einsetzen von Zwischenstücken vermieden werden. Die untere Stellschraube ist ungefähr 1½ mal so lang wie die obere. Während des Bohrens ist sie dadurch festgestellt, daß in ihre Nut c ein Keil d eingesteckt wird. Das Nachlassen erfolgt dann nur mit Hilfe der oberen Stellschraube, die zu diesem Zwecke einen Krückel a besitzt. Das Umsetzen wird mit Hilfe des Krückels b bewirkt; mit Rücksicht hierauf ist zwischen beiden Stellschrauben ein Drehwirbel angebracht. Ist die obere Stellschraube vollständig herausgeschraubt, dann wird der Keil d aus der Nut c herausgezogen und die obere Stellschraube wieder hochgeschraubt; mit ihr zusammen schraubt sich auch die untere Schraubenspindel aus ihrer Hülse heraus nach oben. Ist dies beendet, so wird der Keil d wieder eingesteckt und das Bohren fortgesetzt. Ein Nachteil ist, daß wegen der Länge der Stellschraube der Schwengel ziemlich hoch verlagert werden muß, und daß man außer dem Krückelführer noch einen zweiten Mann braucht, der die obere Stellschraube am Hebel a dreht.

b) Stellschrauben für Spülbohrung.

Von der bekannten Tiefbohrmaschinenfabrik H. Mayer & Co. in Nürnberg-Doos wird für die Zwecke des Spülbohrens eine hohle Stellschraube (Fig. 113) geliefert, welche mittels einer losen Aufhängebüchse und Kettengehänges am Bohrschwengel befestigt wird. Um ein selbsttätiges Losschrauben zu verhüten, besitzt die Spindel eine Längsnut, in welche ein Keil eingesteckt wird; beim Nachlassen wird dieser Keil herausgezogen. Das obere Ende der durchbohrten Gewindespindel besitzt Muttergewinde, so daß noch einige Stücke Hohlgestänge oben angesetzt werden können

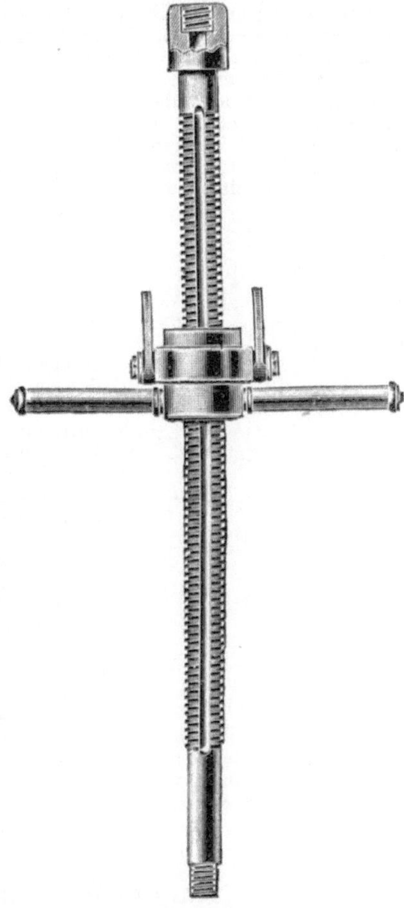

Fig. 113.
Hohlstellschraube von H. Mayer & Co.

II. Nachlaßklemmen.

Für Handbohrungen bis zu Tiefen von 200—300 m und Bohrzeuggewichte bis etwa 1800 kg liefern Trauzl & Co. in Wien einen Schwengel (Fig. 81), auf dessen Kopf ein mit Zapfen versehener Tragring in Lagern T schwingt. Er trägt den Drehkrückel K. Zum Zwecke des Nachlassens wird der Krückel am Gestänge weiter nach oben verschoben.

Der Maschinenfabrik H. Mayer & Co. in Nürnberg-Doos ist unter Nr. 214 037 eine vom Schwengelkopfe getragene Aufhängevorrichtung (Fig. 114) zur Lagerung von übereinanderliegenden Nachlaßklemmen patentiert worden. Sie besteht aus der mit zwei gegenüberstehenden Längsschlitzen g versehenen Hülse d, durch die das Gestänge u hindurchgeht. Mittels des Kugellagers f ist sie an der Aufhängebüchse a aufgehängt; a macht die Drehung von d nicht mit und hängt am Schwengelkopfe mittels der Scharniere c, die durch die Arme b hindurchgehen. Unten hat d einen Kopf h, der die beiden übereinanderliegenden Klemmen i und k trägt. Die an diesen Klemmen angebrachten Ansätze t greifen durch die Schlitze g der Hülse d hindurch und halten beim Zusammenklemmen das Gestänge fest.

Jede Klemme besteht aus zwei halbkreisförmigen Teilen l und m bzw. n und o, die miteinander gelenkig verbunden sind und durch Bügel r bzw. s und Klemmschrauben p bzw. q gegeneinander und gegen das Gestänge gepreßt werden. Soll nachgelassen werden, so wird die obere Klemme k gelöst und in den Schlitzen g entlang dem Gestänge u hochgeschoben oder durch Federn, die zwischen beiden Klemmen angebracht sind, aufwärts bewegt. Nun wird die Klemmschraube wieder angezogen, dafür aber die untere Klemme i gelockert; das Gestänge geht dann infolge seines Gewichtes so weit nach unten, daß nun wieder beide Klemmen einander berühren. Darauf wird auch die untere Klemme geschlossen.

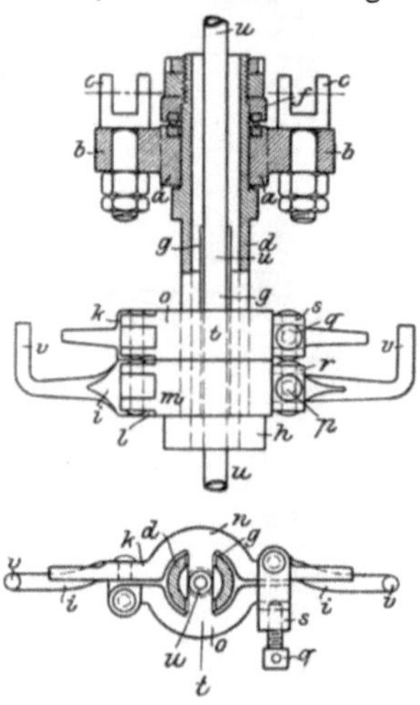

Fig. 114. Aufhängevorrichtung mit zwei übereinander liegenden Nachlaßklemmen von H. Mayer & Co.

Zum Zwecke des Umsetzens ist die untere Klemmvorrichtung bei Stoßbohrungen mit zwei aufwärtsgebogenen Handhaben v versehen.

Ähnliche Nachlaßklemmen werden auch noch bei anderen Bohrverfahren benutzt, z. B. bei dem Raky-Schnellschlag-Bohrverfahren und bei dem Schnellschlag-Bohrverfahren der Deutschen Tiefbohr-Aktiengesellschaft in Nordhausen; die Klemmen sind bei diesen Bohrverfahren beschrieben. Als Vorteil ihrer Konstruktion geben H. Mayer & Co. an, daß der Bohrführer das Nachlassen unmittelbar am Bohrloche stehend vornehmen kann, während bei anderen Konstruktionen die Nachlaßvorrichtung auf dem Schwengelkopfe verlagert ist, der Bohrführer also während des Betriebes auf einem Gerüst über dem Bohrschwengel stehen muß.

III. Nachlaßketten und Nachlaßseile.

Das Nachlassen des Gestänges mit Hilfe von Ketten ist namentlich bei größeren Bohrungen vorzuziehen. Bei einfachen Nachlaßvorrichtungen dieser Art versieht man den Schwengelkopf mit einem Haken, in welchen ein Kettenglied eingehängt wird. Soll nachgelassen werden, so wird das Gestänge mit der Gabel abgefangen und ein anderes Kettenglied eingehakt. Die Länge der Nachlaßkette muß mindestens gleich der Länge der kürzesten Ergänzungsstange sein. Damit das frei herabhängende Kettenstück beim Bohren den Krückelführer nicht

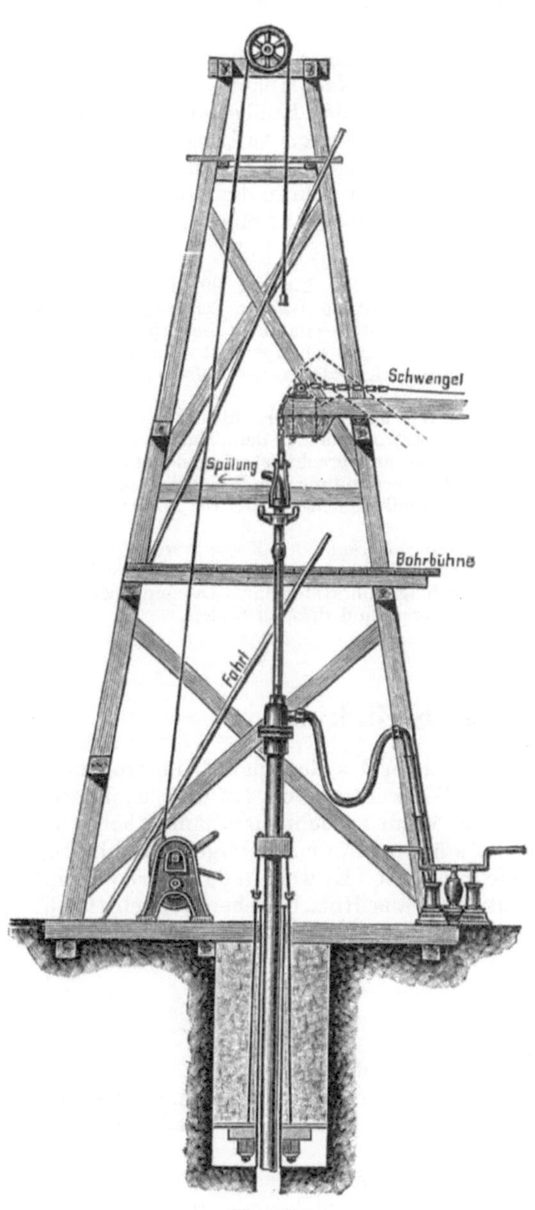

Fig. 115.
Bohreinrichtung von H. Trauzl & Co.

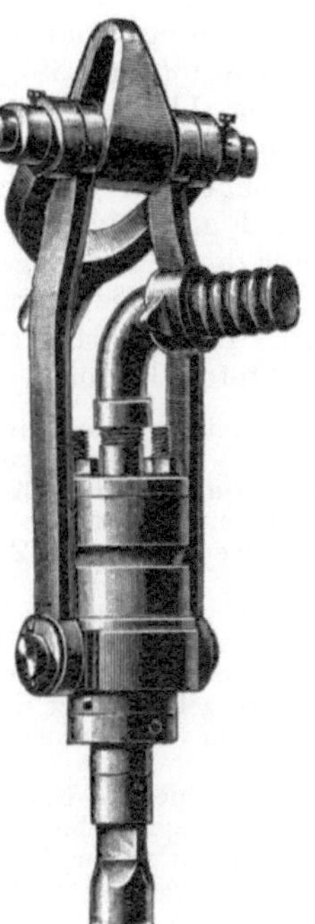

Fig. 116.
Aufhängebüchse von H. Trauzl & Co.

Fig. 117.
Schwengelkopf mit Gleitführungen.

trifft, schlingt man es um den Schwengelkopf oder legt es in anderer Weise fest (Fig. 158).

Fig. 115 zeigt eine Nachlaßvorrichtung von Trauzl & Co., die bei Spülbohrungen verwendet wird. Die Nachlaßkette geht über den Schwengelkopf und trägt am freien Ende das Hohlgestänge mit Hilfe der in Fig. 116 in größerem Maßstabe abgebildeten Aufhängevorrichtung. Unter dieser Aufhängebüchse ist am Gestänge der Krückel angeklemmt, der mit dem Tiefersinken des Bohrzeuges an ihm in die Höhe geschoben wird. Der Bohrführer steht bei seiner Arbeit auf einer im Bohrturme errichteten Bühne.

Ähnliche Nachlaßvorrichtungen sind in den Figuren 99, 101—105 dargestellt. Bei der Mayerschen Nachlaßvorrichtung ist der Schwengelkopf mit Gleitführungen für die Ketten versehen; etwas weiter dahinter sind auf ihm Rollen angebracht, über welche die Ketten zu der Kettentrommel geführt werden. Fig. 117 zeigt einen für solche Zwecke bestimmten schmiedeeisernen Schwengelkopf von Trauzl & Co. in Wien.

Bei dem kanadischen Bohrverfahren ist eine Vorrichtung mit Nachlaßkette beschrieben, bei welcher die Kettentrommel auf dem Haspel selbst, und zwar unmittelbar über seinem Drehpunkte, angebracht ist; wegen verschiedener dabei vorgekommener Unfälle ist aber die Verwendung dieser Nachlaßvorrichtung in Galizien verboten; sie ist durch die Nachlaßvorrichtung Fig. 186 und 187 ersetzt worden.

Verschiedene Nachlaßvorrichtungen mit Seil oder Kette werden auch im Schnellschlagbetriebe verwendet, namentlich aber bei den neuerdings erst immer mehr in Aufnahme kommenden Seilschlag-Bohrsystemen. Die eingehenderen Beschreibungen dieser Nachlaßvorrichtungen sind dort zu finden.

G. Die Krückel.

Die Krückel dienen zum Umsetzen des Gestänges beim stoßenden Bohren und beim Drehbohren. Sie werden von 1,2 oder auch noch mehr Mann bedient; mehr als zwei Mann braucht man namentlich beim Drehbohren, weil hier der Bohrer ständig mit dem Gebirge in Berührung, die Reibung also eine sehr bedeutende ist. Es werden dann Krückel mit langen Armen benutzt, die entweder aus Holz bestehen können (Drehbäume), oder man steckt auf die eisernen Krückelarme Rohre auf. Beim Drehbohren legt man auch häufig zwei Krückel kreuzweise übereinander (Drehkreuz).

Beim Stoßbohren benutzt man

1. Krückel mit geraden Armen oder
2. Krückel mit aufwärtsgerichteten Armen.

Fig. 118 ist eine sogenannte Gestängerohrklemme, d. h. ein Krückel für rundes Gestänge; in Fig. 119 ist ein Krückel für Quadratgestänge abgebildet.

Die Krückel mit aufwärtsgerichteten Armen werden besonders beim Freifallbohren gebraucht, weil sie eine bequemere Haltung der Hand ermöglichen und infolgedessen das Abwerfen des Untergestänges leichter ist. Die Fig. 120 und 121 zeigen zwei solche Krückel, deren Befestigung am Gestänge ohne weitere Beschreibung aus den Abbildungen hervorgeht.

Der Umsetzungswinkel ist von der Härte des Gesteins abhängig und beträgt im allgemeinen 10—30 Grad. Nach Rost erhält man die größte Leistung, wenn man den Meißel in der in Fig. 122 dargestellten Art umsetzt.

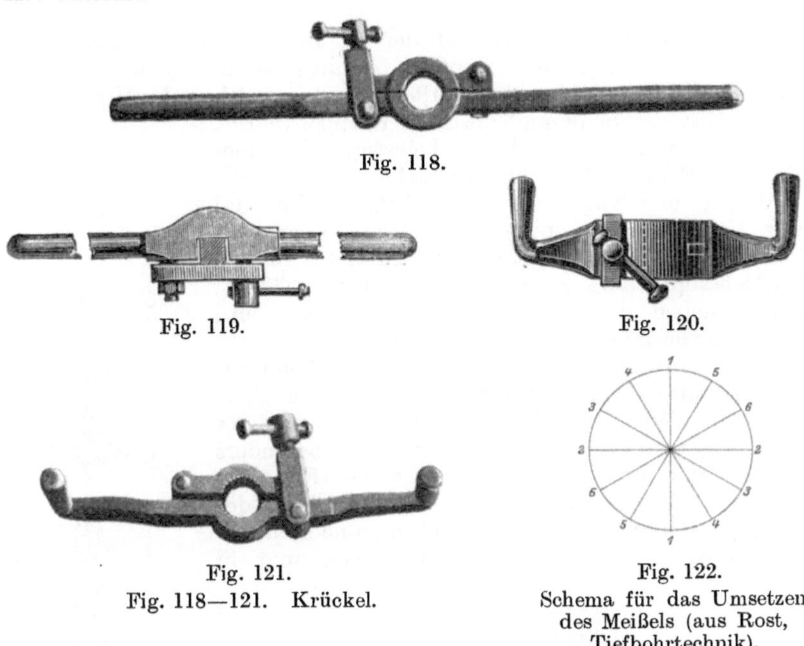

Fig. 118.

Fig. 119.

Fig. 120.

Fig. 121.

Fig. 118—121. Krückel.

Fig. 122.
Schema für das Umsetzen des Meißels (aus Rost, Tiefbohrtechnik).

H. Der Schlammlöffel.

Der Zweck des Schlammlöffels ist das Bohrloch bei Trockenbohrung zu säubern. Um den Schmant, der sich beim Bohren bildet, in der Schwebe zu erhalten, muß immer etwas Wasser im Bohrloche vorhanden sein; nötigenfalls muß solches von Tage aus eingegossen werden. Wie oft gelöffelt werden muß, bestimmt der Krückelführer nach dem Gefühl. Sobald er merkt, daß der Bohrer durch den unten angesammelten Schlamm in seinem freien Fall gehemmt wird, muß dieser entfernt werden. Als allgemeine Regel kann man annehmen, daß gelöffelt werden muß, wenn das Bohrloch, je nach der Beschaffenheit des Gebirges, um 0,5—1,0 m tiefer geworden ist.

Die Schlammlöffel sind aus schmiedeeisernen Blechen genietete oder geschweißte Zylinder. Sie sind bis zu 4 m lang und infolgedessen aus einzelnen Schüssen zusammengesetzt; die Längsnähte der Schüsse müssen gegeneinander versetzt sein. Der äußere Durchmesser des

Schlammlöffels ist kleiner als wie der Bohrlochsdurchmesser, damit der Löffel nicht stecken bleibt, auch wenn das Bohrloch einmal schief geworden ist. Am oberen Ende haben die Schlammlöffel einen angenieteten Bügel nebst Schraubenbolzen zwecks Verbindung mit dem Gestänge; unten erhalten die Schlammlöffel ein oder mehrere Ventile.

Die Ventile können Klappenventile, Kegelventile oder Kugelventile sein.

Klappenventile erhalten auf der Oberfläche einen kurzen Dorn (Fig. 123); denn wenn sie sich öffnen, können sie sich leicht senkrecht stellen und dann nicht mehr zufallen; dies wird durch den Dorn verhütet. Hat der Schlammlöffel zwei Klappenventile, so sind diese an einem Stege befestigt, der quer durch den Schlammlöffel hindurchgeht.

Kegel- und Kugelventile (Fig. 124) erhalten auf ihrer Unterseite am besten eine Stoßstange mit einem Gewichte. Setzt man dieses Gewicht auf die Bohrlochssohle auf, so wird das Ventil geöffnet; beim Anheben des Schlammlöffels wird das Ventil durch das Gewicht wieder geschlossen.

Das Ventil sitzt in einem Schuhe, bestehend aus einem schmiedeeisernen Ringe, der am unteren Ende des Schlammlöffels angenietet ist. Ab und zu wird der Schuh angeschraubt, und das Ventil ist besonders zwischen ihm und dem Löffel eingesetzt (Fig. 123). Dies ist z. B. beim kanadischen Bohrverfahren der Fall und gewährt den Vorteil, daß man nach jedesmaligem Löffeln das Ventil abschrauben und in

Fig. 123.
Klappenventil.

Fig. 124.
Schlammlöffel mit Kugelventil.

sauberem Wasser auswaschen kann. Dadurch wird es mehr geschont und hält besser dicht.

Schlammlöffel mit Klappenventilen sind für weite Bohrlöcher, solche mit Kegel- und Kugelventilen für enge Bohrlöcher geeignet.

Die Deutsche Tiefbohr-Aktiengesellschaft in Nordhausen verwendet als Rohre für die Schlammbüchsen normale Bohrrohre; auf diese brauchen nur ein Schlammbüchsen-Kopfstück (Fig. 125) und ein Schlammbüchsen-Ventilschuh

(Fig. 126 und 127) aufgeschraubt zu werden. Auf diese Art kann man beliebig lange Löffel herstellen. Die Ventilklappen bestehen entweder aus Eisen oder sind beledert. Bei dem in Fig. 126 abgebildeten Ventilschuhe bestehen Ventilschuh und Klappe aus einem Stück. Fig. 127 zeigt eine andere Form; hier ist in das Bohrrohr ein Nippel a geschraubt, der oben feines Rohrgewinde, unten grobes zylindrisches Gewinde hat; in ihn wird der Schuh b eingeschraubt; die Ventilklappe ist lose zwischen Schuh und Nippel eingelegt.

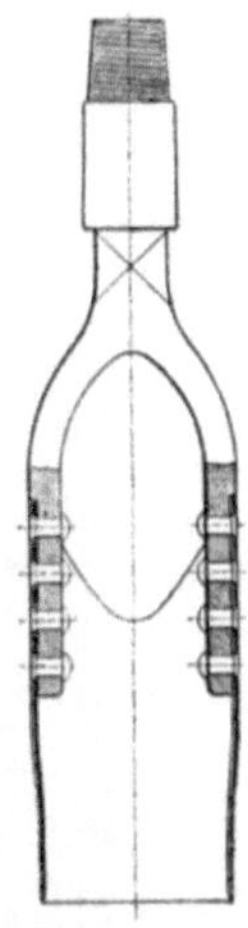

Fig. 125. Schlammbüchsen-Kopfstück der DTA.

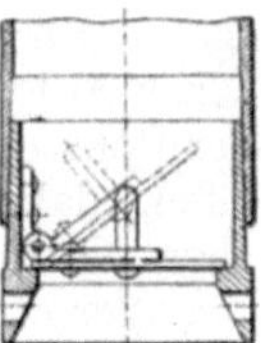

Fig. 126. Schlammbüchsen-Ventilschuh der DTA.

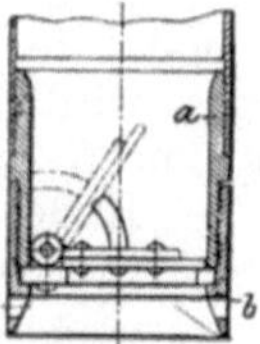

Fig. 127. Schlammbüchsen-Ventilschuh der DTA.

Beim Säubern des Bohrloches muß der Schlammlöffel mehrmals auf und nieder gestoßen werden; denn während des Herausholens des Bohrers und des Einlassens des Schlammlöffels hat sich der Bohrschmant gesetzt.

Das Löffeln kann am Gestänge oder am Seile vorgenommen werden. Wird am Gestänge gelöffelt, so ist eine gründliche Säuberung des Bohrloches möglich; denn man kann den Schlammlöffel besser aufstoßen. Das Löffeln am Gestänge hat aber den Nachteil, daß es lange dauert, weil die Gestängeförderung viel Zeit beansprucht.

Das Löffeln am Seile geht schneller vor sich; denn abwärts wird der Löffel hinuntergebremst; beim Aufholen ist das Seil schnell auf der Fördertrommel aufgewickelt. Indessen ist die Säuberung des Bohrloches nicht so gründlich. Darum darf man den Löffel nicht unmittelbar am Seile befestigen, sondern setzt, um ihn zu belasten, erst einige Bohrstangen auf ihn auf.

In beiden Fällen, also beim Löffeln am Gestänge und am Seile, soll man immer eine Rutschschere benutzen. Im ersteren Falle ist sie nötig, um den Löffel zu schonen, weil er sonst durch die große Gestängelast zu sehr gestaucht würde; beim Löffeln am Seile soll die Rutschschere das Seil gespannt halten, weil es sonst an den Bohrlochswänden reibt und sie zum Nachfallen bringen würde.

Um den Schlammlöffel über Tage zu entleeren, kippt man ihn um, wenn er Klappenventile besitzt, oder besser man setzt ihn auf einen Dorn auf, welcher das Ventil aufstößt. Besitzt der Schlammlöffel Kegel- und Kugelventile mit Stoßstange, so genügt ein einfaches Aufsetzen, um das Ventil zu öffnen. Ist der Bohrschmant zähe, und sitzt er so fest im Löffel, daß er nicht von selbst herausfließt, so darf man nicht auf den Schlammlöffel schlagen, sondern man soll den Bohrschmant mit dem Schmantkrätzer (Fig 128) herauskratzen.

Der Schlammlöffel kann auch im schwimmenden Gebirge oder im Sande als Bohrer benutzt werden, weil ja diese Gebirgsarten hinreichend locker sind. Je nach der Beschaffenheit des Gebirges wird dann der Schlammlöffel manchmal noch an seinem unteren Ende mit einem Meißel (Fig. 129), einer Schappe (Fig. 309) oder einem Schneckenbohrer (Fig. 311) versehen und stoßend oder drehend gehandhabt.

Fig. 128.
Schmantkrätzer, (aus Beer, Erdbohrkunde).

Deilmann und Lambert wollen nach einem ihnen patentierten Verfahren die Bohrlochssohle mit einer 1 m hohen Schicht Quecksilber bedecken. Der dadurch erreichte Vorteil soll sein, daß der Bohrschmant wegen seines geringeren spezifischen Gewichtes sich auf der Oberfläche des Quecksilbers sammelt, so daß der Bohrer immer auf reiner Sohle arbeitet. Auch beim Arbeiten mit der Diamantkrone wird hierdurch Verlusten von Diamanten vorgebeugt, weil diese, wenn sie losbrechen, nicht mehr unter die Krone kommen, sondern ebenfalls im Quecksilber sofort hochsteigen. Im zerklüfteten oder porösen Gebirge läßt sich dieses Verfahren aber nicht anwenden, weil sich das Quecksilber verlaufen würde.

Fig. 129.
Schlammlöffel mit Meißel von Deseniss & Jacobi A.-G.

J. Die Gestängeförderung.

Unter der Gestängeförderung versteht man das Einlassen und Aufholen des Gestänges beim Bohren und Löffeln. Weil die Gestängeförderung durch das Lösen und Zusammenfügen der Gestängeschlösser viel Zeit erfordert, sucht man dadurch Zeitersparnisse zu machen, daß man möglichst hohe Bohrtürme benutzt und nicht jedes Gestängeschloß löst, sondern immer mehrere Stangen auf einmal herauszieht; man spricht dann von Stangenzügen.

Man braucht bei der Gestängeförderung, abgesehen von einer Förderwinde und einem Förderseile, folgende Hilfsgezähe: den Stuhlkrückel (Krückelstuhl oder Förderstuhl) oder die Hebekappe, die Abfangegabel, die Hängebank (Bohrbank oder Schlüsselbank), die Gestängebündel und die Gestängeschlüssel.

I. Der Stuhlkrückel.

Der Stuhlkrückel hängt am Förderseile, welches von der Winde aus über eine im Bohrturme angebrachte Seilscheibe nach dem Bohrloche hin geführt wird. In ihn wird das emporzuhebende Gestänge mit dem obersten Bunde eingesetzt und bis zu der Höhe des Gestängerechens aufgezogen. Alsdann wird unter den Bund, welcher gerade aus dem Bohrloche herausgekommen ist, die Abfangegabel (Fig. 135) geschoben, das nächstgelegene Stangenschloß gelöst und die Bohrstange oder der Stangenzug in den Gestängerechen gehängt; darauf wird der Stuhlkrückel wieder gesenkt und das Gestänge von neuem um einen Stangenzug gehoben. Hat das Gestänge Schraubenschlösser, so erfolgt die Lösung durch Drehen des aus dem Bohrloche geholten Stangenzuges. Damit sich hierbei der Stuhlkrückel nicht mitdreht, ist er mit einem Drehwirbel versehen. Damit der Stuhlkrückel leicht nach unten geht, und um zu verhüten, daß er über die Seilscheibe gezogen wird, falls einmal das zwischen der Winde und der Seilscheibe befindliche Seilstück das Übergewicht bekommen sollte, ist über dem Stuhlkrückel am freien Seilende das Seilgewichtsstück (Fig. 130) befestigt.

Um die Gestängeförderung noch schneller bewirken zu können, kann man auch zwei Seile benutzen, von denen das eine oberschlägig, das andere unterschlägig von der Förderwinde abläuft. Es geht dann also gleichzeitig der eine Stuhlkrückel leer nach unten, während der andere mit dem Gestänge nach oben geht.

Damit das Gestänge nicht aus dem Stuhlkrückel herausrutscht, wird es in ihm durch einen Vorstecker (Fig. 131) oder einen Schieber (Fig. 132) gehalten.

Anstatt des Förderstuhles kann man die Hebekappe (Fig. 133) benutzen. Sie wird mittels des Sicherheitsschäkels (Fig. 134) am

Seile befestigt. Der an diesem befindliche Bolzen läßt sich durch Drehen am Handgriffe so weit herausziehen, daß er die Hebekappe frei gibt;

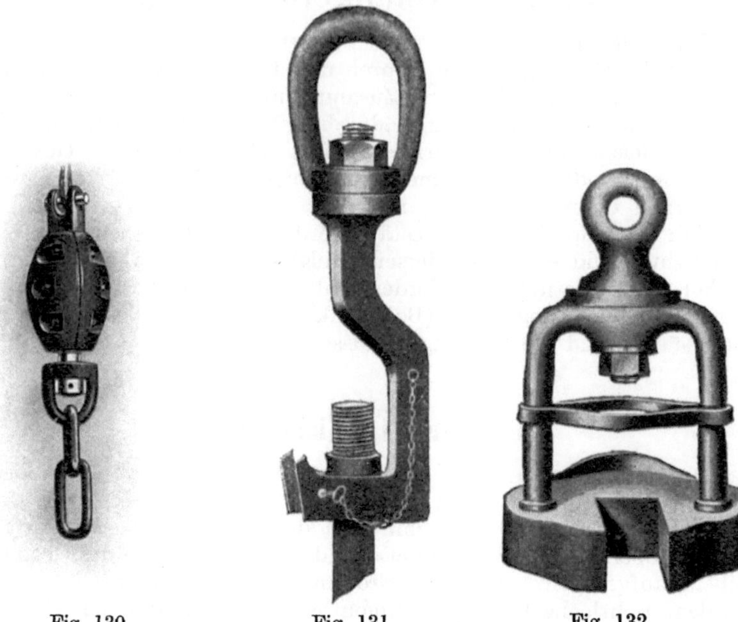

Fig. 130. Seilgewichtsstück.

Fig. 131. Fig. 132. Stuhlkrückel von Desсniss & Jacobi A.-G.

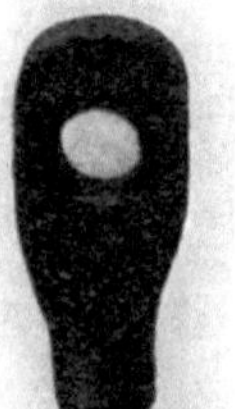

Fig. 133. Hebekappe.

Fig. 134. Sicherheitsschäkel.

doch kann er nicht ganz herausgezogen werden, also auch nicht verloren gehen oder ins Bohrloch fallen. Hebekappen sind billiger als die Stuhlkrückel, schonen aber die Gestängegewinde nicht so sehr.

II. Die Abfangegabel.

Der Zweck der Abfangegabel ist schon eben beim Stuhlkrückel beschrieben worden. Man unterscheidet

1. Abfangegabeln, die das Gestänge unter einem Bunde fassen, und
2. solche, die es an jeder beliebigen Stelle festhalten können.

Fig. 135.
Abfangegabel.

Fig. 136.
Fallklappen-Abfangegabel.

Fig. 137. Fig. 138.
Gestänge-Keilklemmen.

Zu der ersten Sorte gehören die einfache Abfangegabel (Fig. 135) und die Fallklappen-Abfangegabel (Fig. 136). Diese letztere läßt beim Gestängeziehen die Muffen durch; unter ihnen schließen sich die Klappen und gestatten ein sicheres Aufsetzen des Gestänges. Um die Gabel zu entfernen, wird der mit Ring versehene Bolzen herausgezogen. Beim Einlassen des Gestänges müssen die Klappen zurückgelegt werden. Will man dann das Gestänge abfangen, so muß man sie von Hand aus schließen.

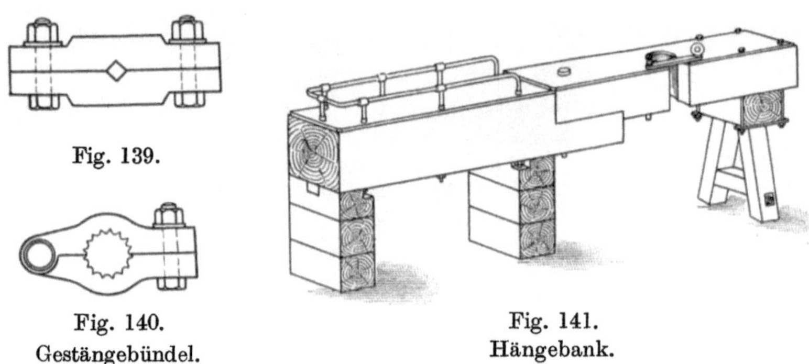

Fig. 139.

Fig. 140. Gestängebündel.

Fig. 141. Hängebank.

Abfangegabeln, die das Gestänge an jeder beliebigen Stelle festhalten, sind in den Fig. 137 und 138 dargestellt; es sind das die sogenannten Gestängekeilklemmen. Bei ihnen wird das Gestänge durch ein oder zwei Keilstücke, die im Inneren der Gabel angebracht sind, festgehalten. Damit diese Keile nicht verloren gehen, werden sie durch Ketten an der Gabel befestigt (Fig. 137).

Will man das Gestänge an Stellen, wo ein Bund fehlt, mit der Gabel abfangen, so klemmt man an ihm ein Gestängebündel (Fig. 139 und 140) an.

III. Die Hängebank

(Fig. 141) oder Schlüsselbank besteht aus Eichenholz. Auf ihr wird das Gestänge abgefangen; losgeschraubte Stangen oder solche, die ins Bohrloch eingelassen werden sollen, werden auf sie aufgestellt. Um sie zu schonen, ist ihre Oberfläche mit starkem Eisenblech überzogen; dieses ist geriffelt, damit die Bohrstangen nicht abrutschen; aus demselben Grunde ist ein Teil der Hängebank mit einem starken eisernen Geländer versehen. Die Hälfte der Schlüsselbank, welche über der Bohrlochsmündung steht, ist abschwenkbar, um beim Einlassen von Verrohrungen und bei anderen Arbeiten den Raum über dem Bohrloche frei machen zu können. Entsprechend dem Durchmesser des Bohrers ist diese Schlüsselbankhälfte mit einem runden Ausschnitt versehen, der durch einen Bügel verschlossen werden kann.

IV. Die Gestängeschlüssel

werden gebraucht, wenn das Gestänge Schraubenschlösser hat. Mit ihrer Hilfe werden diese fest angezogen und ebenso wieder gelöst. Es gibt besondere Schlüssel für das Obergestänge (Fig. 142, 143) und ebensolche, aber schwerere für die Schwerstangen. Um ein Aufbiegen des Schlüssels zu verhüten, darf er nur in der Pfeilrichtung gedreht werden. Für jedes Gestängeschloß braucht man zwei Schlüssel, einen zum Festhalten der unteren Stange, einen zweiten, mit dem man die obere Bohrstange dreht.

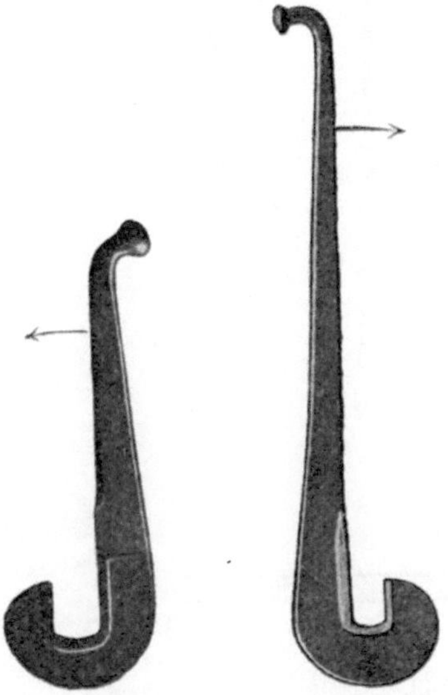

Fig. 142. Fig. 143.
Schlüssel für das Obergestänge.

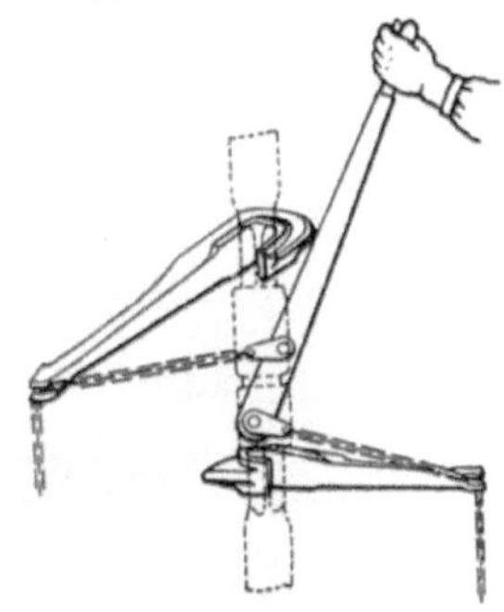

Fig. 144.
Kettenhebel.

Fig. 145.
Floor-Jack.

Beim Lösen und Festschrauben der Schwerstangen und überhaupt bei Gestänge schweren Kalibers benutzt man gern den Kettenhebel

(Fig. 144). Er läßt sich nur bei Gestängeschlüsseln benutzen, die zur Aufnahme seiner Ketten am Griffe eine Gabelung besitzen.

In Amerika wird eine „Floor Jack“ genannte Klinkvorrichtung (Fig. 145) benutzt.

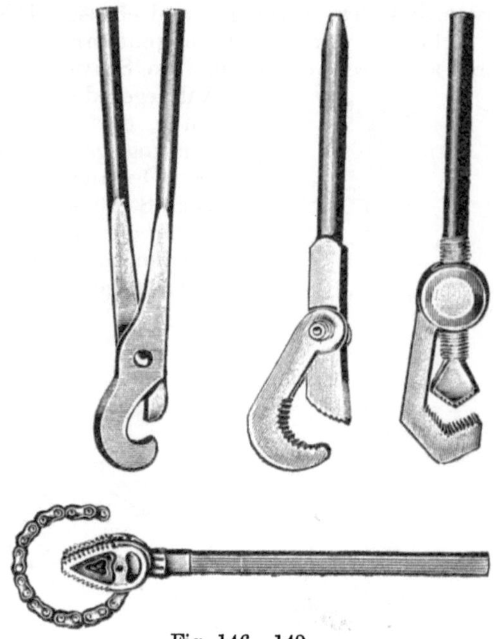

Fig. 146—149.
Rohrzangen.

Bei Spülbohrung hat man hohles Gestänge, welches natürlich runden Querschnitt besitzt; da sich solches nicht mit dem Gestängeschlüssel packen läßt, benutzt man die in den Fig. 146—149 abgebildeten Rohrzangen, die zum Teil nach der Rohrdicke verstellbar sind.

V. Die Bohrhaspel und die Seile.

Man unterscheidet im Bohrbetriebe zwischen Förderhaspeln und Löffelhaspeln. Letztere braucht man nur, wenn am Seile gelöffelt wird, was ja bei größeren Bohrteufen immer der Fall sein soll.

Die Löffelseile sind dünne runde Seile von 0,005—0,01 m Φ; in solchen Stärken eignen sie sich für Tiefen bis zu 200 m. Ihre Geschwindigkeit beim Aufholen beträgt im allgemeinen 1,5 m.

Die Förderseile können Rundseile oder Bandseile sein und aus Hanf oder Draht bestehen. Die Hanfseile erhalten 20—45 mm Φ. Für

Fig. 150.
Gestängeförderung mit Flaschenzug.

größere Teufen, wo also schwere Lasten zu heben sind, benutzt man Bandseile. Die Geschwindigkeit beim Aufholen beträgt 0,5 m.

Die Länge des Förderseiles braucht nicht bedeutend zu sein, weil es ja das Gestänge ausschließlich von der Bohrlochsmündung aus bis zu den Seilscheiben zu heben braucht. Dagegen muß die Länge des Löffelseiles der voraussichtlichen Tiefe des Bohrloches entsprechen.

Beide Seile werden mit Gewichten, den Seilklötzen (Fig. 130), belastet, damit sie nicht über die Seilscheiben gezogen werden.

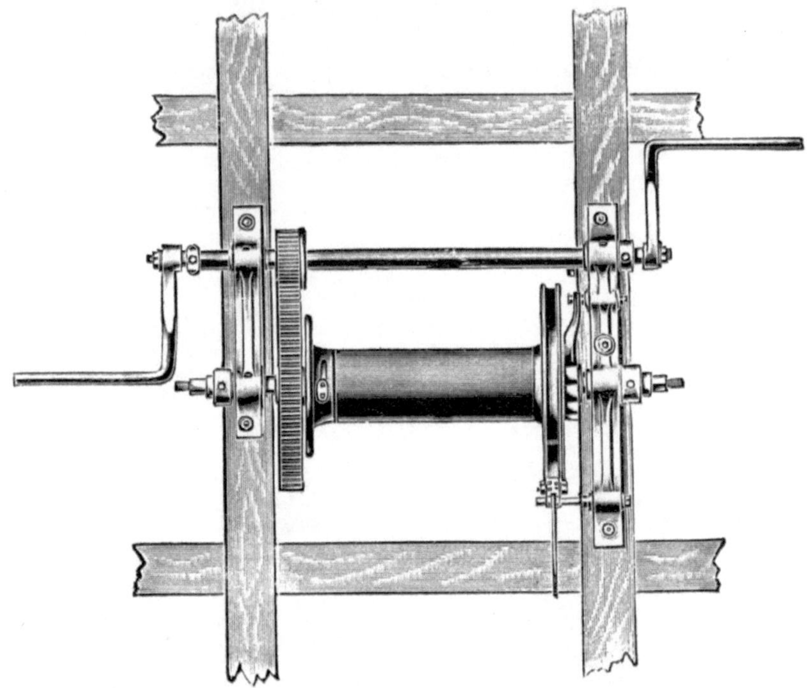

Fig. 151.
Vorgelegehaspel am Kreuzgebälk.

Wenn es sich um das Heben sehr schwerer Lasten handelt, oder wenn es auf Kraftersparnisse ankommt, kann man das Förderseil auch so, wie Fig. 165 zeigt, mit einer losen Rolle versehen, oder man benutzt zur Gestängeförderung einen Flaschenzug (Fig. 150).

Ketten werden bei der Gestängeförderung und beim Löffeln fast gar nicht mehr benutzt, weil sie zu schwer sind und plötzlich reißen.

Bei geringen Tiefen kann man das Gestänge mit der Hand hochziehen, braucht also keinen Haspel. Bei Bohrlochstiefen bis zu 30 m genügt ein gewöhnlicher Hornhaspel. Ein solcher würde auch noch für größere Bohrlochstiefen ausreichen, aber die Arbeiter würden zu schnell müde werden, oder man brauchte zu viele Haspelzieher; darum verwendet man für Tiefen von 30—100 m Vorgelegehaspel. Über 100 m hinaus werden die Haspel mit Lauf- oder Spillenrädern versehen oder, wenn man Dampfkraft zur Verfügung hat, maschinell angetrieben. Alle Haspel müssen mit Bremsen versehen sein, weil ja das Gestänge und der Schlammlöffel beim Einlassen hinunter gebremst werden. Besonders schwere Lasten müssen unter Gegendampf eingehangen werden. Ferner müssen alle Haspel noch mit einer Sperrvorrichtung, meistens Sperrad mit Sperrklinke, versehen sein; denn wenn die Antriebskraft zufällig versagen sollte, muß der Haspel sofort still stehen.

Der Hornhaspel und der Kreuzhaspel werden auf einem besonderen Gestelle neben dem Bohrgerüste aufgestellt, oder man befestigt sie an diesem selbst (Fig. 162 u. 165).

Der Vorgelegehaspel wird in derselben Weise wie der Hornhaspel verlagert. Ist der Abstand der Gerüstbäume ein großer und kann man infolgedessen die Haspellager nicht unmittelbar an ihnen anbringen, dann wird das in Fig. 151 dargestellte Kreuzgebälk an den Gerüsthölzern angebracht. Es ist gut, dem Haspel doppeltes Vorgelege zu geben, um je nach Bedarf mit größerer oder kleinerer Geschwindigkeit fördern zu können.

Das Laufrad (Fig. 152) hat 4—5 m Durchm. und 1—2 m Breite; im Innern ist es mit Tretlatten versehen, auf denen mehrere Arbeiter je nach der Drehrichtung nach der einen oder anderen Richtung laufen. Das Rad und der mit ihm in Verbindung stehende Haspel werden durch das Körpergewicht der Leute in Gang gesetzt.

Fig. 152.
Laufrad (aus Tecklenburg, Handbuch der Tiefbohrkunde).

Das Spillenrad (Fig. 153), welches in Oberschlesien ziemlich häufig verwendet wird, hat einen Kranz von 3—4 m Durchm.; durch ihn sind Handgriffe, die Spillen, gesteckt, an denen die Arbeiter angreifen, um den Haspel in Gang zu setzen.

Bei beiden Rädern, den Lauf- und Spillenrädern, erfolgt die Bremsung mit Hilfe eines zweiarmigen Bremshebels, dessen einer Arm mit dem Bremsklotze versehen ist; dieser ist so schwer, daß die Bremse sich von selbst lüftet. Soll gebremst werden, so stellen sich ein oder mehrere Arbeiter auf den andern Bremsarm.

Der Dampfhaspel kann mit eigenem Antrieb versehen werden (Fig. 154) und muß dann den Dampf von der Lokomobile aus in einer besonderen Leitung zugeführt bekommen. Dieses Verfahren ist teurer; aber die Maschine ist selbständig und von dem Gange der Lokomobile unabhängig. Ebenso häufig benutzt man aber auch Haspel, die mittels eines Riementriebes von der Lokomobile aus in Gang gesetzt werden.

Fig. 153.
Haspel mit Spillenrad.

Fig. 154.
Dampfhaspel von Deseniss & Jacobi A.-G.

Ein solcher Haspel (Fig. 155) ist mit Leerlauf und doppeltem Vorgelege versehen. Der Leerlauf wird eingerückt, wenn der Haspel still stehen soll und man von seiner Hauptwelle aus noch andere Maschinen, z. B. die Spülwasserpumpe oder bei Diamantbohrungen den Rotations-

Fig. 156.
Fahrbare Bohrwinde von H. Mayer & Co.

Fig. 155.
Riementriebshaspel von C. Jul. Winter-Kamen.

apparat antreiben will. Seine Vorgelegewelle hat für diesen Zweck zwei Riemenscheiben; auf der einen liegt der von der Lokomobile kommende Treibriemen auf; von der anderen Riemenscheibe geht ein zweiter Treibriemen zu der außerdem noch zu betreibenden Maschine.

Es ist schon weiter oben (siehe S. 75) ausgeführt worden, daß man die Haspel mit zwei Seilen, einem oberschlägigen und einem unterschlägigen, versehen kann.

Bei Seilbohrungen verwendet man neuerdings gern besondere Bohrwinden, die mit einer besonderen Einrichtung für das Schlagbohren versehen sind. Man erspart dabei den Schwengel. Das Nähere hierüber ist im Kapitel „Seilbohrung" ausgeführt.

Weil es beim Bohrbetriebe häufig darauf ankommt, alle Vorarbeiten für eine Bohrung schnell verrichten zu können und schon nach einigen Stunden, spätestens aber nach Ablauf eines Tages, mit der Bohrarbeit beginnen zu können, hat man auch fahrbare Winden gebaut (Fig. 156).

K. Die Bohrgerüste, Bohrtürme und Bohrhütten.

Die Bohrgerüste und Bohrtürme werden mit Rücksicht auf die Gestängeförderung gebraucht; an sie schließen sich Bohrhütten an, in denen alle Maschinen untergebracht sind.

Die Gerüste können sein:

1. Zweibock-Gerüste,
2. Dreibock-Gerüste und
3. Vierbock-Gerüste.

Sie können aus Holz oder Eisen bestehen und werden in holzreichen Gegenden an Ort und Stelle angefertigt; wo aber Holz schwer zu besorgen ist, muß man eiserne oder leicht zusammenlegbare hölzerne Türme verwenden; solche sind weiter unten beschrieben.

Die Höhe eines Bohrturmes hängt im allgemeinen von der Länge eines Stangenzuges ab; sie schwankt zwischen 12—25 m Höhe. Der Bohrturm soll mindestens 4 m größer sein, als die Länge eines Stangenzuges beträgt. Es ist aber nicht gut, über 18 m hinauszugehen, weil man sonst, um dem Bohrturm die nötige Festigkeit zu geben, ihn sehr schwer machen muß.

Damit der Bohrturm die nötige Standfestigkeit besitzt, soll er bei 18 m Höhe unten mindestens 10 m Seitenlänge besitzen.

I. Die Zweibock-Gerüste.

Die Zweiböcke oder Galgen-Gerüste sind verhältnismäßig selten, obwohl sie leicht aufzustellen und billig sind und sich immerhin für Tiefen bis über 150 m eignen. Ein solches zweisäuliges Gerüst besteht aus den beiden senkrechten Säulen a (Fig. 157 a—c und 158), die oben durch eine Kappe b vereinigt sind; mit ihrem Fuße stehen sie auf zwei einander parallelen Längsgrundsohlen c; jede Säule ist gegen diese Grundsohle nach vorn und hinten durch Streben d versteift, außerdem noch nach den Seiten hin durch Streben e. Zwischen einer der beiden Gerüstsäulen und der kurzen Säule f ist der Schwengel g

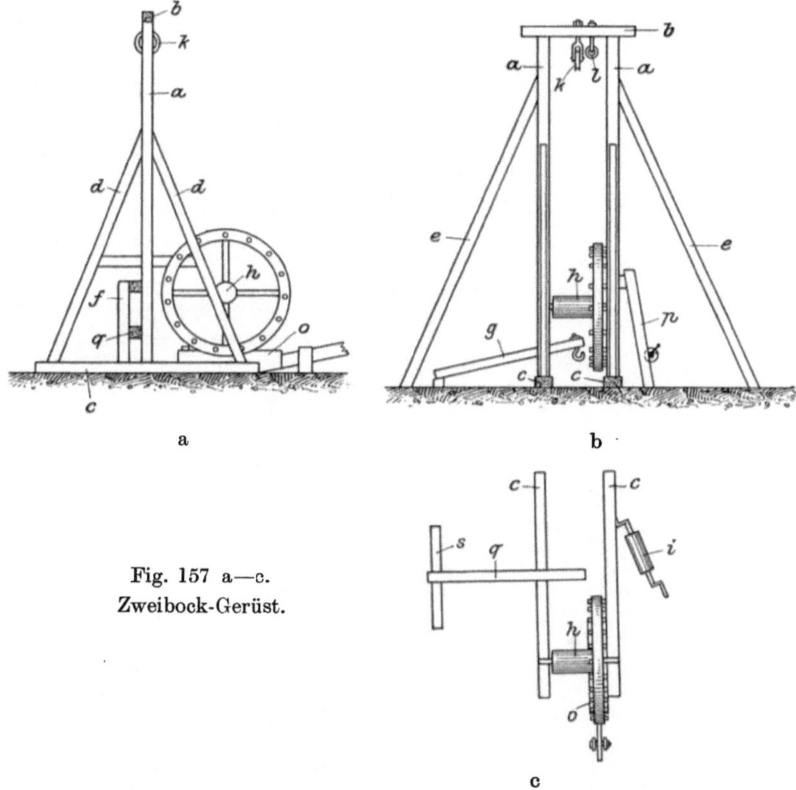

Fig. 157 a—c.
Zweibock-Gerüst.

angebracht; der durch ein Spillenrad angetriebene Förderhaspel h ist auf zweien der Streben d verlagert; für den Löffelhaspel i ist ein besonderes Gerüst, das aus zwei kurzen Streben p besteht, errichtet. Oben an der Kappe b sind die Seilscheibe k für das Förderseil und die Seilscheibe l für das Löffelseil angebracht.

L. Kleiner & Sohn in Kassel liefern für 30 m und mehr Bohrteufe und für Bohrlochsweiten von 90—150 mm ein zweisäuliges eisernes Bohrgerüst (Fig. 159), das auf einer Quergrundsohle steht und von vier Tauen gehalten wird. An diesem Gerüste wird der Bohrhebel Gem angebracht; zur Bedienung genügen zwei Mann. Der Apparat ist insbesondere für die Verwendung in den Kolonien bestimmt.

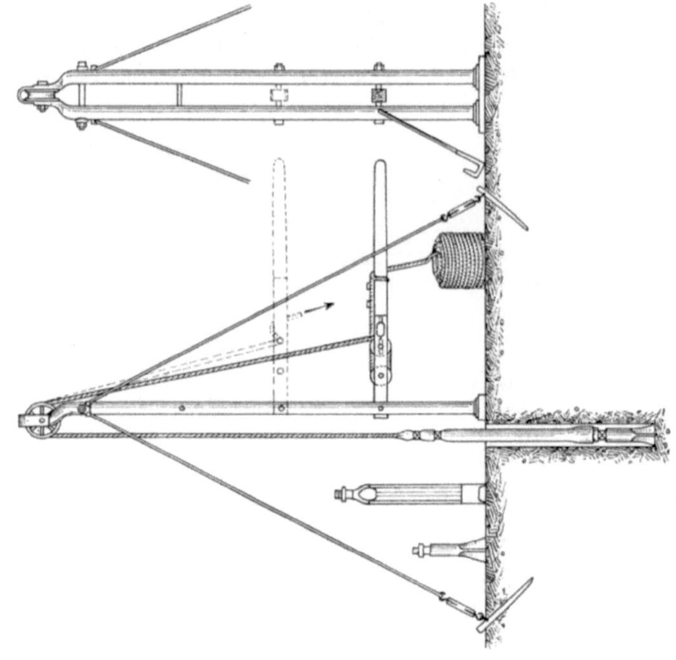

Fig. 159.
Eisernes zweisäuliges Bohrgerüst von L. Kleiner & Sohn.

Fig. 158
Zweibock-Gerüst.

II. Die Dreibock-Gerüste.

Die Dreibock-Gerüste eignen sich im allgemeinen nur für Bohrungen, die 70—100 m Tiefe erreichen sollen. Bei größeren Bohrlochstiefen sind schwerere Lasten zu heben und darum Vierböcke besser. Sie

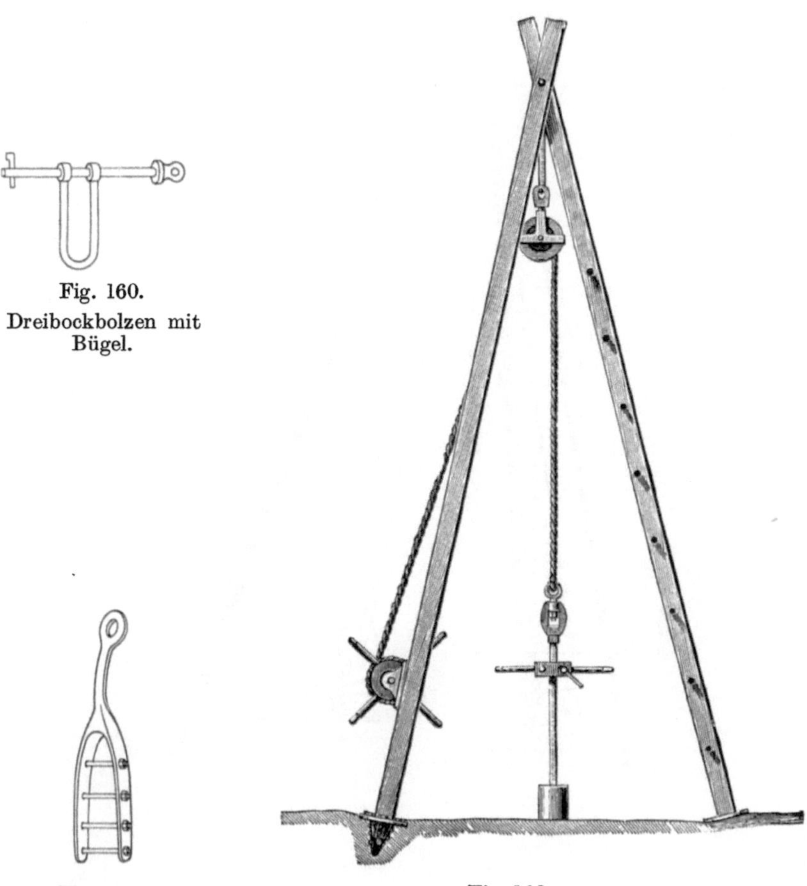

Fig. 160. Dreibockbolzen mit Bügel.

Fig. 161. Gerüstgabel.

Fig. 162. Dreibock von Trauzl & Co.

können aus Holz oder Eisen hergestellt werden. Die Zusammenstellung eines hölzernen Dreibocks ist verhältnismäßig einfach; man durchbohrt die oberen, dünneren Enden der Gerüstbäume und steckt einen Bolzen durch, an dem ein Bügel hängt (Fig. 160 und 163); an dem Bügel wird die Seilscheibe angehängt. Auch kann man an den Stangenköpfen Gerüstgabeln (Fig. 161) anbringen, durch deren Ösen ein Bolzen nebst Bügel durchgesteckt wird.

Die eisernen Bockgerüste bestehen aus Eisenröhren (Röhrenböcke) und sollen für Bohrtiefen bis zu 70 m Verwendung finden.

Fig. 163.
Dreibock von H. Thumann.

Die besonderen Einrichtungen sind in den nachstehenden Beschreibungen der üblichsten Ausführungsarten enthalten.

Trauzl & Co. in Wien benutzen bei kleineren Bohrungen mit einem Höchstgewicht von 1000 kg zu hebender Last den in Fig. 84 abgebildeten Dreifuß. Die

Winde K ist zwischen zweien der Gerüstbäume aufgestellt. Das von ihr ausgehende Förderseil ist mit Hilfe der Klemme N an dem Hebebaume D befestigt, geht von da aus über die Seilrolle S bis zum Bohrloche und trägt an seinem freien Ende das Bohrgestänge. Auf der der Winde gegenüberliegenden Seite ist die Spülpumpe P aufgestellt. Der links von der Pumpe befindliche Rüstbaum hat durchgesteckte Sprossen, auf denen man zur Seilrolle gelangen kann.

Einfacher ist das in Fig. 162 dargestellte Dreifußgerüst, das ebenfalls von Trauzl & Co. in Wien geliefert wird. Es fehlen hier der Bohrschwengel und die Spüleinrichtung; das Gestänge wird dadurch in auf- und niedergehende Bewegung gesetzt, daß man das Seil mit dem Haspel (Kreuzhaspel) aufholt und dann den Haspel losläßt, so daß es frei abfällt. Der Haspel ist unmittelbar an zweien der Gerüstbäume verlagert.

Die Kontinentale Tiefbohrgesellschaft H. Thumann m. b. H. in Halle liefert einen Dreibock mit Kabelwinde und Flaschenzug (Fig. 163), die bei einfachen Seilen eine Hebekraft von 600 kg entwickelt.

Fig. 164 stellt einen Dreibock von derselben Firma dar, der mit Röhren-Ramm-Vorrichtung versehen ist.

L. Kleiner & Sohn in Kassel liefern schmiedeeiserne Bohrgerüste (Fig. 165), bei denen die eine Gerüststange zwecks Aufnahme des Haspels gegabelt ist.

Von derselben Fabrik kann man ein fahrbares Bohrgerüst (Fig. 166) DRGM. 246 873 beziehen, welches schnell aufgestellt und zusammengelegt werden kann. Zum Zwecke des Aufrichtens werden die Räder an der Hinterachse mit Steinen oder Gerätstücken unterlegt; dann werden die Seitenstangen a und b am Kopfstücke befestigt; das Gerüst wird hochgeschoben, indem man die Seitenstangen auseinanderrückt und dem Bohrpunkte nähert. Das Hochschieben des Gerüstes wird durch das eigne Gewicht der Bohrwinde erleichtert, die an der dritten rahmenartig ausgebildeten Gerüststange c angebracht ist. Bei längerer Arbeitsdauer oder wenn sie hinderlich sind, können die Räder von der Hinterachse abgenommen werden. Dieses Bohrgerüst, das ebenfalls aus Eisen besteht, ist ganz besonders für weite Landtransporte z. B. in den Kolonien bestimmt. Anstatt ein besonderes Wagengestell zu verwenden, kann das Ganze auch nur als Anhängewagen benutzt werden, wobei es auf den Hinterrädern läuft, oder es wird nach Art einer Handkarre weiterbewegt.

III. Die Vierbock-Gerüste.

Die Vierbock-Gerüste können aus Holz oder Eisen hergestellt werden; im ersteren Fall verwendet man dazu zähes Fichten-, Kiefern- oder Pitchpine-Holz. Kleinere Gerüste stehen unmittelbar auf dem Erdboden auf; größere brauchen einen Unterbau aus Schwellen und Unterzügen, auf denen auch die Winde steht.

Die Zusammenstellung eines Vierbock-Gerüstes erfolgt in derselben Weise wie bei den Dreiböcken; man muß nur darauf achten, daß in der Spitze die Rüstbäume der einen Bockseite in die Mitte, die der anderen nach außen hin kommen (Fig. 176). Die Vierböcke haben gegenüber den Dreibock-Gerüsten den Vorteil, daß man in ungefähr $^3/_4$ ihrer Höhe recht gut eine Bühne anbringen kann, auf der bei der Gestängeförderung ein Arbeiter steht und die Stangen in die Gabel einhängt.

Als Seilscheiben benutzt man, falls das Förderseil gleichzeitig als Löffelseil benutzt wird, die in Fig. 167 abgebildete einfache Förderrolle, andernfalls die Doppelförderrolle (Fig. 168).

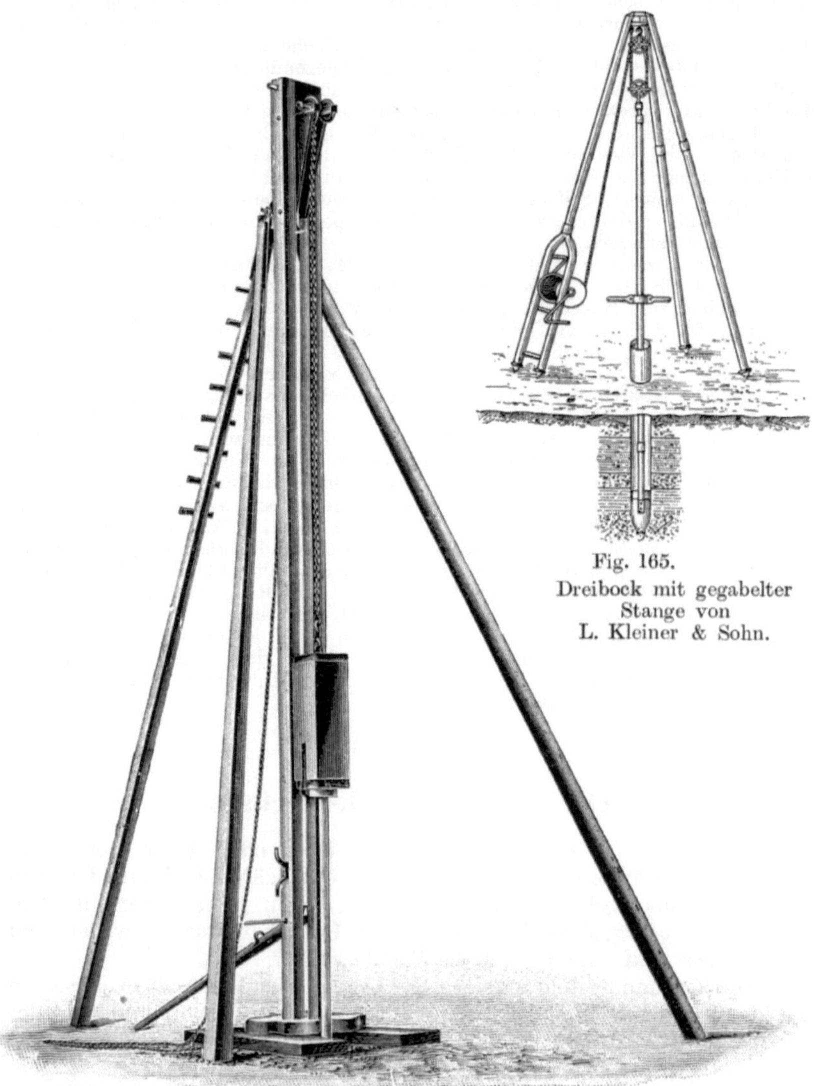

Fig. 165.
Dreibock mit gegabelter Stange von L. Kleiner & Sohn.

Fig. 164.
Dreibock mit Röhren-Rammvorrichtung von H. Thumann.

Entgegen der jetzt allgemein üblichen Herstellungsart schlägt Sorge vor, die Seilscheiben, selbst auf Kosten der Dauerhaftigkeit, recht leicht zu machen; denn wenn bei schneller Förderung plötzlich gebremst wird, läuft eine schwere Turmrolle infolge des ihr innewohnenden Schwunges noch weiter, so daß sie und

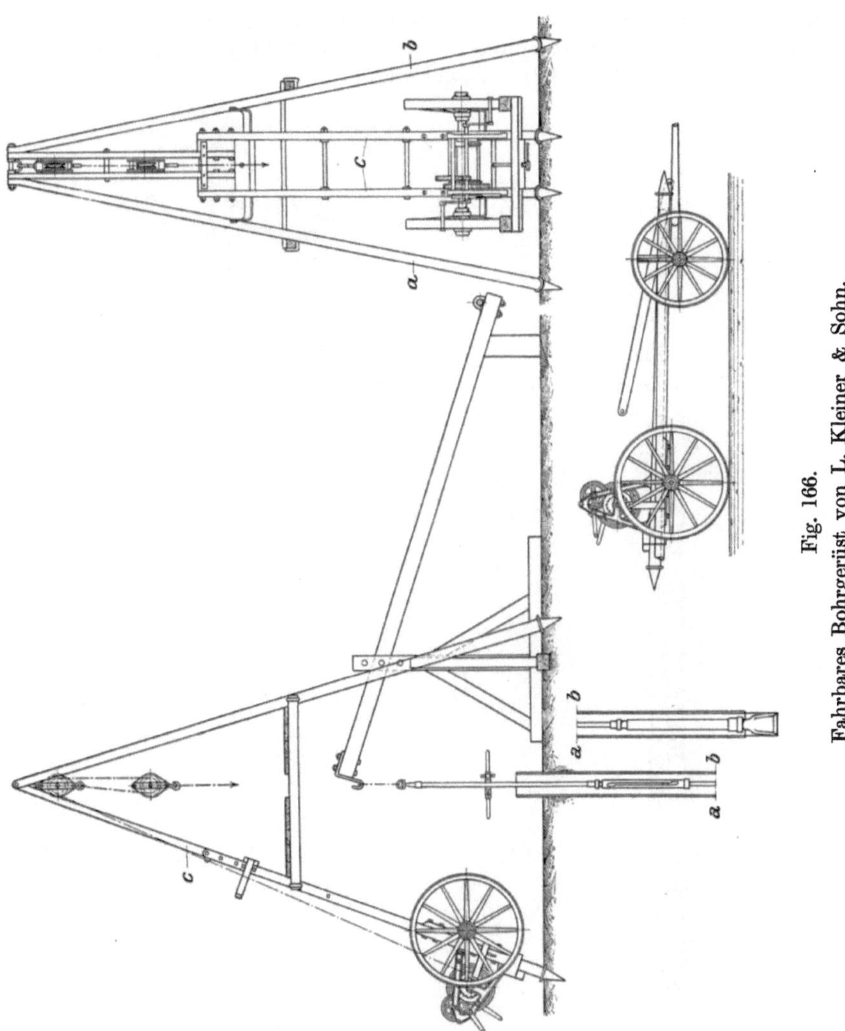

Fig. 166. Fahrbares Bohrgerüst von L. Kleiner & Sohn.

das Seil schnell abgenutzt werden. Am besten ist es, wenn der Kranz aus Gußeisen besteht und recht dünn ist; die Speichen sollen aus runden Schmiedeeisenstäben oder besser aus Mannesmannröhren angefertigt werden.

Höhere Bockgerüste werden am besten in diagonaler Richtung verstrebt, oder aber man verbindet die Gerüstbäume untereinander durch mehrere parallele Riegel; die dadurch entstehenden Felder werden diagonal oder übers Kreuz versteift (Fig. 115).

Wenn es sich um Bohrungen von größeren Tiefen handelt, läßt man die Gerüstbäume in der Spitze nicht aneinander stoßen, sondern bringt oben eine kleine Bühne an (Fig. 85 und 115), auf welcher dann die Seilscheiben (Fig. 169) verlagert sind.

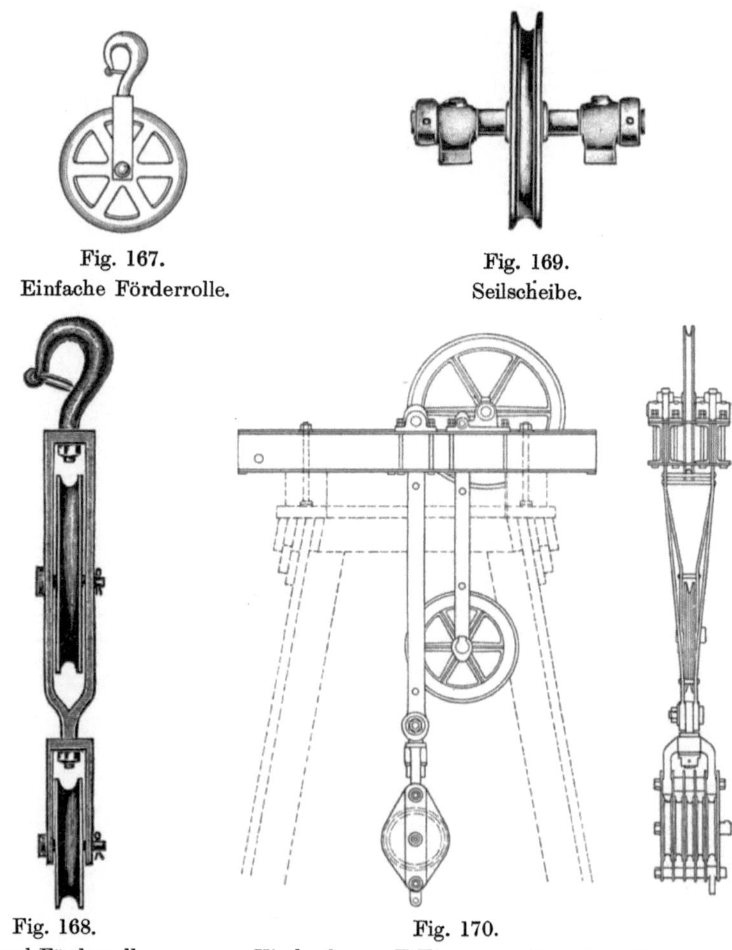

Fig. 167. Einfache Förderrolle.

Fig. 169. Seilscheibe.

Fig. 168. Doppel-Förderrolle.

Fig. 170. Vierbock aus T-Eisen von Trauzl & Co.

Eiserne Vierbockgerüste können aus Röhren hergestellt werden (Fig. 85) oder aus T-Eisen (Fig. 170); in dieser letzteren Form werden sie von Trauzl & Co. in Wien hergestellt.

Die vier großen Gerüstbäume sind wegen ihrer Länge und ihres Gewichtes schwer zu transportieren; darum wird von der Kontinentalen Tiefbohrgesellschaft H. Thumann m. b. H. in Halle ein Gerüst aus Kiefernholzbalken benutzt, das sich in kurzer Zeit aufrichten läßt. Fig. 171 zeigt das Aufstellen in der Reihenfolge, wie die einzelnen Arbeiten vorgenommen werden. Die beiden Gerüstseiten haben in der Mitte ein Gelenk, unter welches die Böcke a gestellt werden (Stellung I); dann schiebt man die außenliegenden Gerüstteile immer näher an das Bohrloch, bis in die Stellung II und von da bis zur Stellung III. Nun werden an den Enden b der Gerüstbäume die von den Winden c ausgehenden Seile befestigt; durch Anziehen dieser Seile wird die obere Gerüsthälfte über Stellung IV hinweg hochgeklappt.

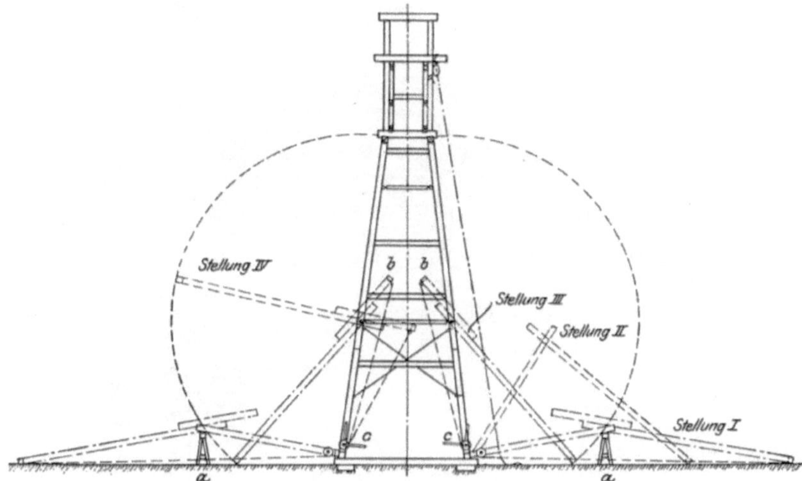

Fig. 171.
Aufstellen eines Vierbockes der KTG.

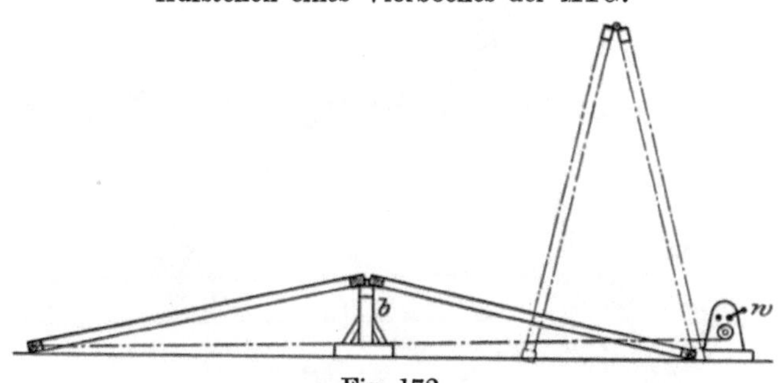

Fig. 172.
Aufstellen eines Vierbockes der DTA.

Beim Aufstellen ihrer 9½ m hohen Bohrgerüste, die aus starken Rohren gebildet sind und bis zu 6000 kg Belastung vertragen, benutzt die Deutsche Tiefbohr-Aktiengesellschaft folgendes Verfahren (Fig. 172). Je zwei Eckrohre werden durch Spannankerverspreizungen zu Feldern abgebunden, die an Scharnieren gegeneinander beweglich sind. Diese Abbindung erfolgt über einem Holzbocke b; alsdann wird das von der Winde w ausgehende Seil am Fußende der abgewendeten Turmseite befestigt; durch Aufwickeln des Seiles auf die Winde wird der Turm aufgerichtet, worauf auch noch die beiden anderen Turmseiten versteift werden.

Deseniss & Jacobi A-G. in Hamburg bauen einen zerlegbaren Turm, der je nach Bedarf 2—7 Stockwerke erhalten kann Bei ihm bestehen die Rüstbäume der Länge nach aus einzelnen Stücken, die durch schräge Blattung miteinander

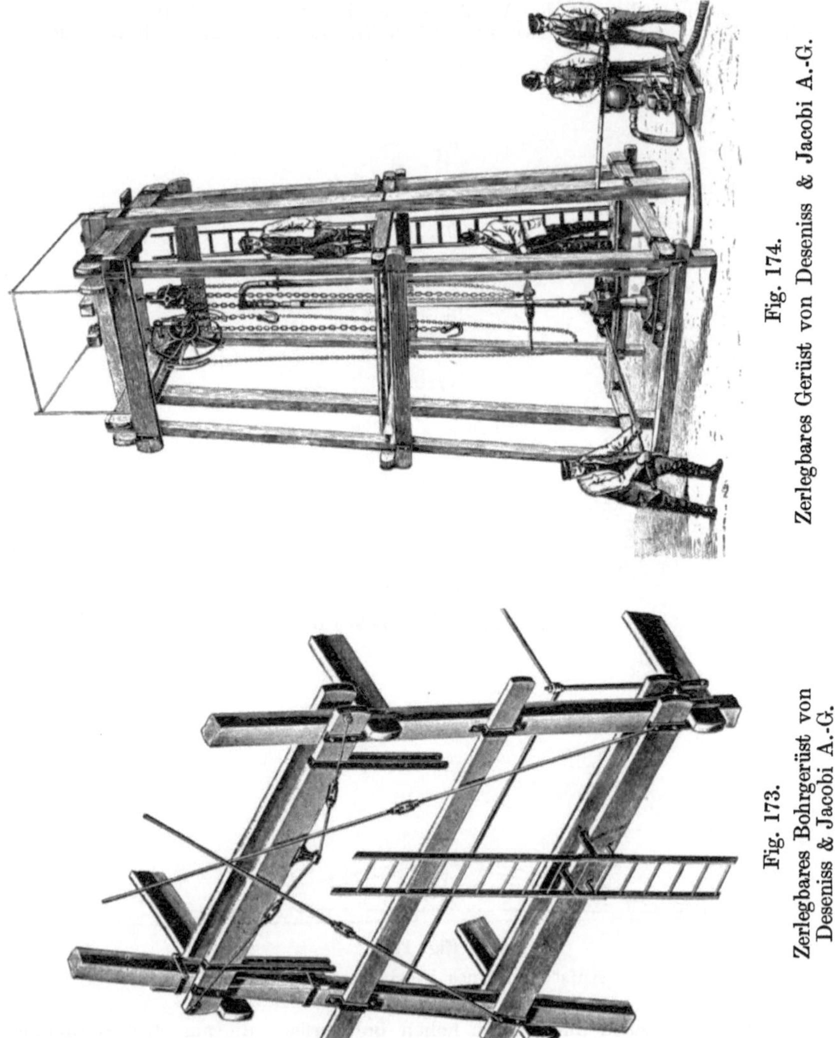

Fig. 174. Zerlegbares Gerüst von Deseniss & Jacobi A.-G.

Fig. 173. Zerlegbares Bohrgerüst von Deseniss & Jacobi A.-G.

verbunden sind (Fig. 173). Die Verbindung der einzelnen Teile ist aus dieser Abbildung gut zu ersehen; sie besteht aus Klammern und Zugankern mit Spannschlössern. Auf jedem Riegelkranze kann eine Bühne errichtet werden, die ein eisernes Geländer erhält. Die Figuren 174 und 175 zeigen derartige fertige Gerüste von verschiedener Höhe.

In allen Bohrtürmen müssen die Bühnen in der Mitte einen Schlitz haben, dessen Länge gleich der Turmbreite ist, um die Bohrstangen nach beiden Seiten hin abstellen zu können.

In der Höhe der untersten Bühne oder auch darüber ist der Schwengel bei maschinellem Antrieb verlagert (Fig. 115).

Fig. 175.
Zerlegbares Gerüst von Deseniss & Jacobi A.-G.

IV. Die Bohrtürme.

Die Bohrtürme sind im allgemeinen genau so gebaut wie die Vierbock-Gerüste, aus denen sie auch entstanden sind; sie sind aber wesentlich höher und kräftiger, weil sie zum Tragen der schwersten Lasten bestimmt sind.

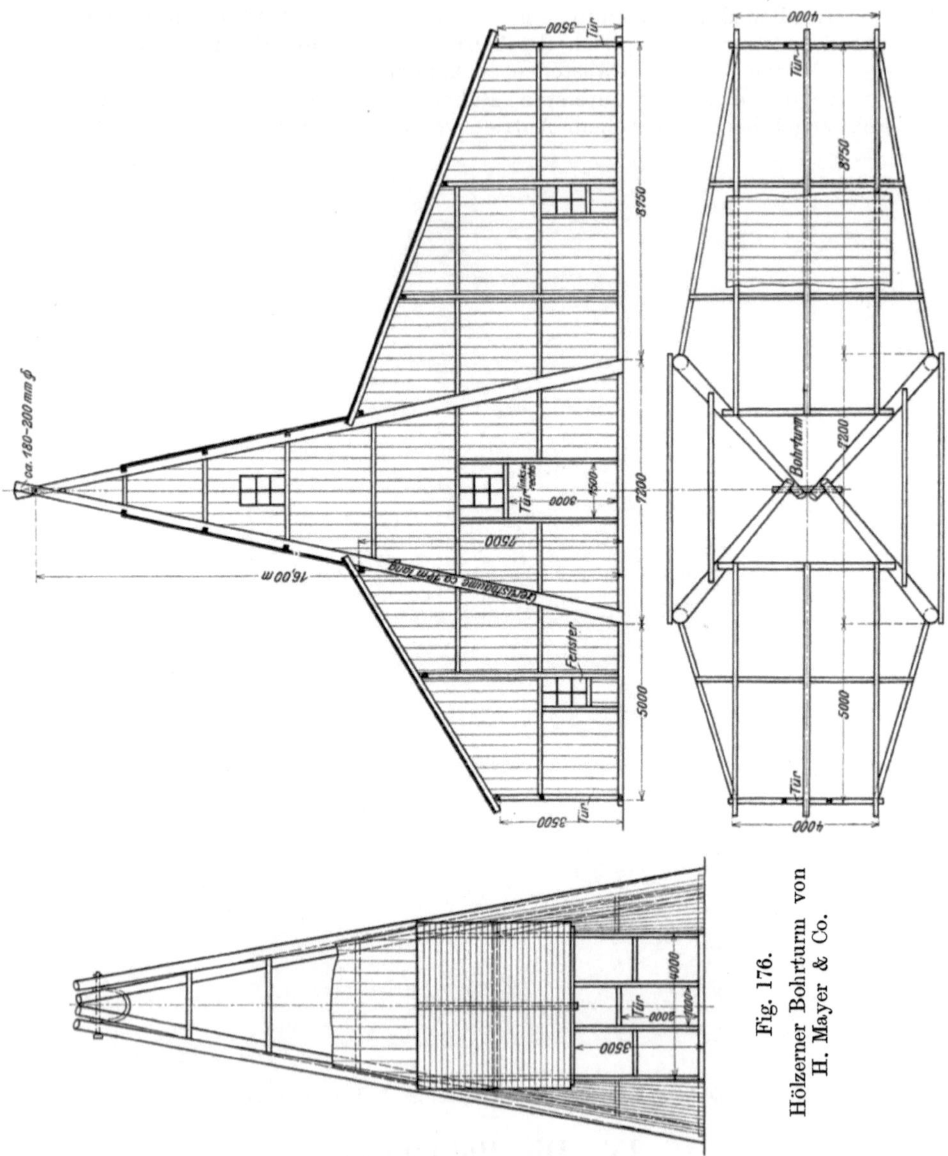

Fig. 176.
Hölzerner Bohrturm von H. Mayer & Co.

Die Fig. 176 und 177 zeigen Bauzeichnungen von zwei Bohrtürmen, wie sie H. Mayer & Co. in Nürnberg-Doos ihren Käufern zur Selbstherstellung von hölzernen Bohrtürmen liefern. Die Zeichnungen sind ohne weiteres verständlich, brauchen also nicht besonders beschrieben zu werden. Es sei nur bemerkt, daß der 16 m hohe Turm (Fig. 176) für größere Handtiefbohrungen und für maschinelle Bohrung bis zu 200—300 m Tiefe bestimmt ist; der 22—25 m hohe Turm (Fig. 177) dient für große und umfangreiche Tiefbohrungen, die auch über 1000 m Teufe hinausgehen können.

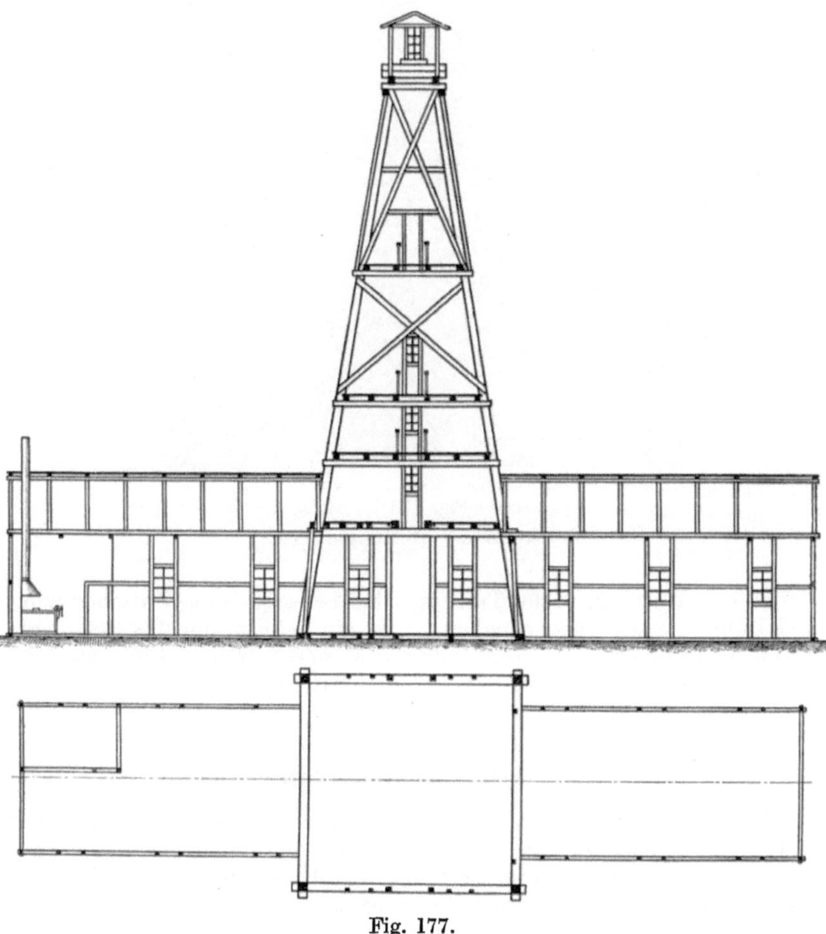

Fig. 177.
Hölzerner Bohrturm von H. Mayer & Co.

Die Türme werden in der unteren Hälfte oder aber auf ihre ganze Höhe mit Brettern verschlagen, um die Belegschaft und die darin aufgestellten Maschinen vor der Witterung zu schützen und um den Einblick Unbefugter zu hindern. In der Höhe eines jeden Stockwerkes sind Fenster eingesetzt. Die Türen müssen so hoch sein, daß das Gestänge bequem von außen her in der Richtung nach den Seilscheiben hineingezogen werden kann (Fig. 178).

In Abständen von 2—2,5 m sind im Turme Bühnen angebracht, die auf Fahrten zugänglich sind. Die Fahrten müssen an den Bühnen

Fig. 178.
Bohrturm mit Rettungsgalerie.

oder an den Wandungen des Turmes sicher befestigt sein. Zwischen den zwei Bühnen eines jeden Stockwerks ist ein Schlitz, um das Gestänge abstellen zu können. Zur Sicherung der Mannschaften sind hier an den Bühnen Geländer und Bodenleisten anzubringen.

V. Die Bohrhütten.

An den Bohrturm werden eine oder zwei Bohrhütten angebaut; sie liegen entweder an zwei gegenüberliegenden oder an zwei benachbarten Seiten desselben und bestehen aus Holz oder Ziegelfachwerk. das letztere ist der Fall, wenn die Bohrung lange im Betriebe bleiben wird.

In der einen Bohrhütte ist der Schwengel nebst Schlagzylinder aufgestellt. Außerdem werden in ihr alle Bohrgeräte aufgehoben. In der anderen Bohrhütte stehen die Lokomobile, der Haspel und die Spülpumpe (Fig. 179). Manchmal befindet sich in ihr auch die Schmiede. Man kommt mit einer Bohrhütte aus, wenn der Schwengel Kurbelantrieb hat; denn dann muß die Lokomobile in demselben Raum untergebracht sein, in dem der Schwengel steht (Fig. 180).

Für den Bohrmeister wird häufig noch ein Anbau hergestellt oder von einer der Bohrhütten ein Raum abgegrenzt, der ihm als Arbeitsraum

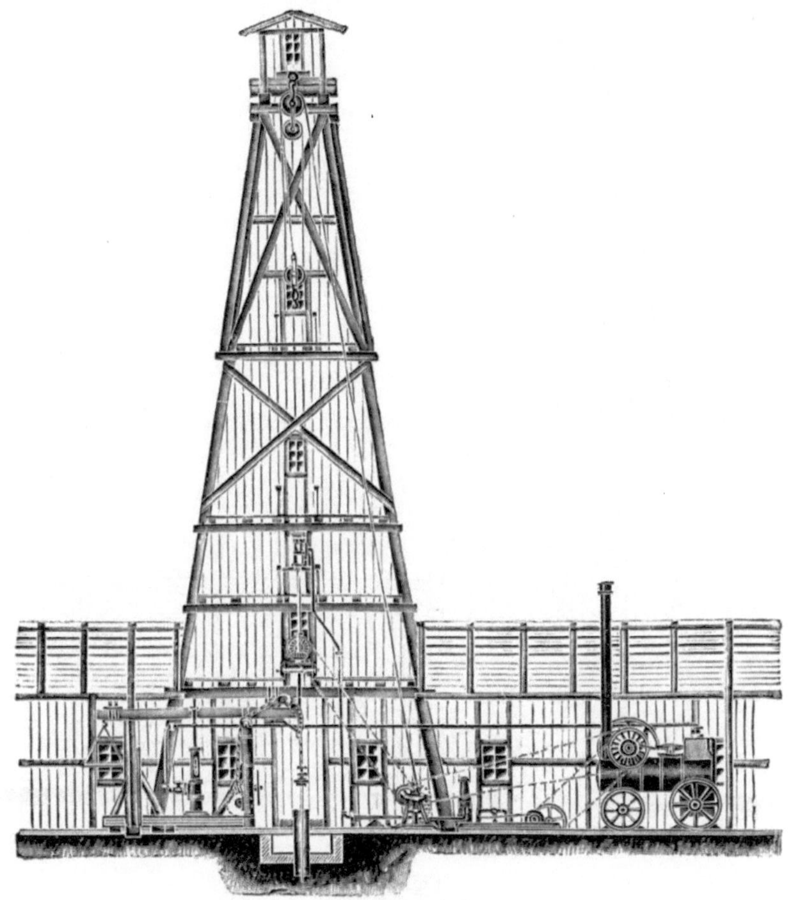

Fig. 179.
Bohrturm mit zwei Bohrhütten (nach H. Mayer & Co).

dient; außerdem werden hier die Bohrkerne aufbewahrt. Von diesem Bureau aus gehen Fenster nach dem Turme und den Hütten, damit der Bohrmeister zu jeder Zeit den Betrieb übersehen kann, ohne daß er hinauszugehen braucht.

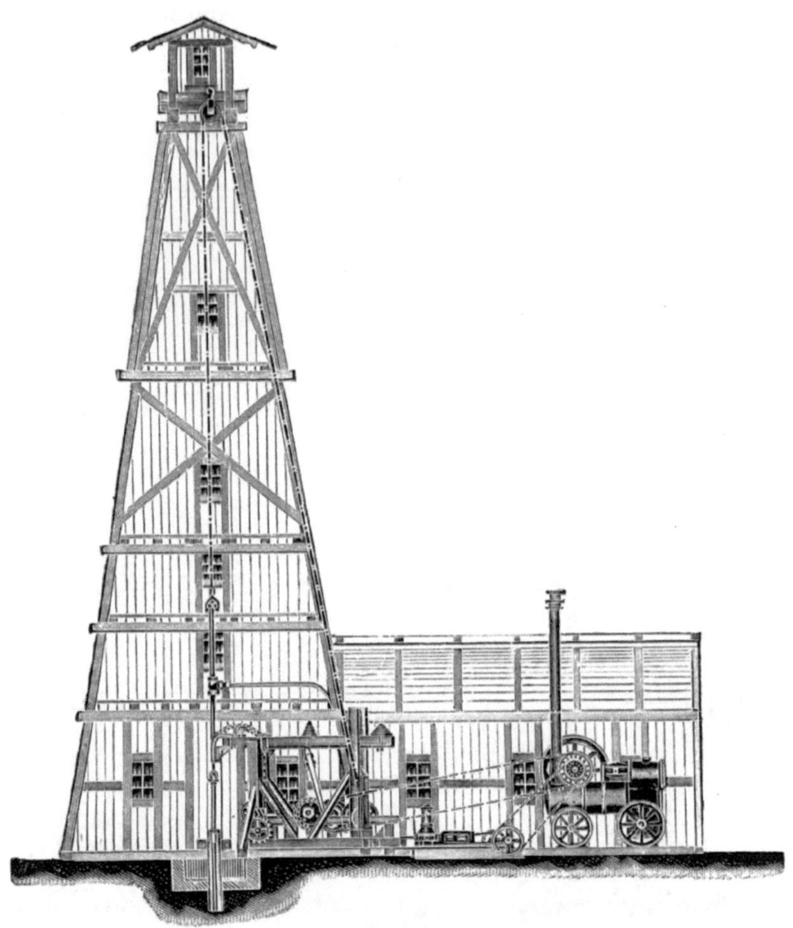

Fig. 180.
Bohrturm mit einer Bohrhütte (nach H. Mayer & Co.).

VI. Die Bohrturmbrände.

Bei der Bearbeitung benutzte Literatur:

Fauck: Vorkehrungen zum Schutze des Lebens und Eigentums bei Petroleumbohrungen. Organ des Vereins der Bohrtechniker 1904, Nr. 7.
Vom Seilbohren in Rumänien. Organ des Vereins der Bohrtechniker 1904, Nr. 7.
Die Blitzgefahr auf den Erdölfeldern in Galizien, Mittel zu deren Verhütung und Vorschläge zu systematischen Rettungsarbeiten. Tiefbohrwesen 1909, Nr. 11.

Bei Bohrungen auf Öl und auch auf Steinkohlen erfolgen sehr häufig Ausbrüche von explosiblen Gasen; auch andere Gase, z. B. Kohlensäure, sind schon rehr häufig in großen Mengen hervorgetreten. Die Ausbrüche aller dieser Gase erfolgen manchmal so unerwartet und mit solcher Gewalt, daß nicht nur das im Bohrloche stehende Wasser, sondern auch das mehrere hundert Meter lange Gestänge aus dem Bohrloche heraus und hoch in die Luft geschleudert wird. Durch die umherfliegenden Geräte wird der ganze Bohrturm sehr häufig zerstört und die Bedienungsmannschaften können sich nur durch schleunigste Flucht retten. Brechen aber brennbare Gase aus, so besteht außerdem die Gefahr, daß diese sich über Tage an einem offenen Feuer entzünden und den Turm in Brand setzen. Darum muß in solchen Fällen offenes Licht vermieden und die Lokomobile im Freien, mindestens 25—30 m vom Bohrloche entfernt, aufgestellt werden. Ebenso muß die Bohrschmiede in einem eigenen Gebäude abseits vom Bohrloche untergebracht sein. Um die Gase schnell aus dem Bohrturm abziehen zu lassen, verschalt man ihn nur in der unteren Hälfte, oder wenn er auf seine ganze Höhe verschlagen wird, bringt man in angemessener Höhe offene Luken an. Auch kann man große Teile des Bohrturmes mit Jalousien versehen, die sich von unten aus öffnen lassen.

Ein Gasausbruch kann besonders für die Leute gefährlich werden, die sich während dieses Augenblicks auf einer der Bühnen befinden. Darum muß man an jeder Bühne ein nach außen schlagendes Fenster anbringen, von dem aus entlang der Außenseite des Turmes bis zum Erdboden hin ein Seil ausgespannt ist; an diesem können sich die Leute schnell hinunterlassen. In Österreich ist es bei allen Erdölbohrungen bergpolizeiliche Vorschrift, daß von der Turmlaterne aus eine Leiter nach einer darunter angebrachten Rettungsgalerie führt, welch letztere durch eine Tür mit dem Bohrturminnern verbunden ist. Von dieser Rettungsgalerie aus führt das Rettungsseil bis zum Erdboden (Fig. 178).

Bei Ölbohrtürmen ist auch die Gefahr der Entzündung durch Funkenflug von anderen brennenden Türmen her eine recht große; deshalb werden solche Türme häufig anstatt mit Brettern mit Blech verschlagen. Doch wird dadurch eine andere Gefahr heraufbeschworen. Nach Professor Dr. Zaloziecki in Lemberg bildet nämlich ein solcher Turm eine Leidener Flasche im Großen; den äußeren Belag derselben bildet das Blech des Turmes, den inneren Belag die Bohrlochsverrohrung; die Isolierschicht wird von dem ölgetränkten Erdreich gebildet; als Kontaktleitung dient das im Bohrloche hängende Bohrgestänge. In der Luft und im Erdboden ist immer Elektrizität vorhanden; die sich nicht bindenden Elektrizitäten ungleichen Vorzeichens werden in die Atmosphäre ausgestrahlt bzw. durch das Grundwasser abgeleitet; die Potentialdifferenz zwischen beiden Belägen kann nun so groß werden, daß ein Funken überspringt, der nun natürlich die im Bohrturme vorhandene Atmosphäre, bestehend aus einem Ölgas-Luftgemenge, zum Brennen bringen kann. Namentlich bei Gewittern und bei Neigung zu Gewitterbildung können die in dieser Leidener Flasche aufgespeicherten Elektrizitätsmengen sehr groß werden; deshalb soll man in solchen Zeiten das die Kontaktleitung vorstellende Gestänge aus dem Bohrloche herausziehen.

Blitzableiter haben nur einen Zweck, wenn die Verrohrung des Bohrloches (innerer Belag) und die Verschalung des Bohrturmes (äußerer Belag) sowie alle größeren Metallmassen untereinander und mit dem Blitzableiter ständig leitend verbunden sind. Die Kontakte müssen häufig nach geprüft werden. Es ist in Österreich durch statistische Ermittelungen festgestellt worden, daß nur 2% aller

Türme mit Blitzableitern versehen sind, daß aber von den abgebrannten Bohrtürmen 25 % mit solchen versehen waren. Dies bringt die Vermutung nahe, daß gerade die Blitzableiter eine große Gefahrenquelle sind, wenn sie nicht sorgfältig in Stand gehalten werden.

Es ist auch möglich, allerdings noch nicht nachgewiesen, daß beim Durchfluß des elektrisch isolierenden Öles durch die oft über 1000 m langen Rohrleitungen Reibungselektrizität entsteht.

Um die Gefahr von Bohrlochsbränden zu verringern, muß man auch die aus dem Bohrloche aufsteigenden Gase unschädlich machen. Dies geschieht entweder dadurch, daß man sie durch eine hinreichend lange Rohrleitung aus dem Bohrloche unmittelbar ins Freie befördert, oder dadurch, daß man sie unmittelbar aus dem Bohrloche in unterirdischen Rohrleitungen zwecks weiterer Ausnutzung ableitet. Das Nähere hierüber ist im Kapitel „Die Förderung von Flüssigkeiten" zu finden.

Den Petroleumregen, der sich bei plötzlichen Ausbrüchen über die ganze Gegend verbreitet, vermeidet man durch eine starke eiserne Platte oder durch eine glockenförmige Kappe, die man sofort über dem Bohrloche anbringt.

Das Seilbohren ist bei solchen „Vulkanen" vorteilhafter, weil sich das Seil beim geringsten Anzeichen von Gefahr schnell aufholen läßt und auch den Turm und das Bohrloch nicht so beschädigt wie das hinausgeschleuderte Gestänge.

Ist ein eruptives Bohrloch, d. h. ein Bohrloch, aus welchem Öl und Gas in hohem Strahl herausspritzen, in Brand geraten, so löscht man es in Galizien auf folgende Weise: Möglichst nahe wird rund um das Bohrloch ein hoher Erdwall aufgeschüttet; das Material dazu wird von den Arbeitern in geeigneten Gefäßen oder Säcken herangetragen, wobei die Leute als einzigen Schutz sich mit nassen Säcken behängen. Ist der Erdwall hoch genug geworden, so wird schließlich der in seiner Mitte verbliebene Krater zugestürzt. Diese Arbeit dauert, da sie von Hand verrichtet wird, oft wochenlang und hat infolgedessen eine starke Vergeudung des Naturschatzes zur Folge; es wäre besser, hierfür Maschinen zu konstruieren und ständig bereit zu halten, welche dieselbe Arbeit in einigen Tagen verrichten können.

Einer der größten Erdgasbrände erfolgte Ende 1910 in der Nähe von Neuengamme bei Hamburg. Die Löschung desselben wurde von der Hamburger Feuerwehr mit Hilfe von zwei Dampfspritzen durchgeführt, die von zwei verschiedenen Seiten her Wasserstrahlen von 8 Atmosphären Druck in die dem Bohrloche entströmende Gassäule spritzten. Das Gas brannte nicht gleich unmittelbar über der Bohrlochsmündung, sondern erst in einiger Höhe darüber; in diesen unteren, nicht brennenden Gasstrahl spritzte man das Wasser hinein, so daß es durch das Gas zerstäubt, durch die Hitze dann in Dampf umgewandelt wurde und so das Feuer erstickte.

L. Der Bohrschacht.

Hat man unmittelbar von Tage aus hartes Gestein, dann wird das Schlagbohren angewendet, d. h. man benutzt einen Meißel mit einem harten Knopf, auf den man so lange mit dem Großfäustel aufschlägt, bis das Bohrloch hinreichend tief geworden ist, um zum Stoßbohren übergehen zu können.

Sind nur einige Meter loses Deckgebirge vorhanden, dann lohnt es kaum, das Bohrloch mit Drehbohren anzufangen. Noch während man den Turm und die Hütten errichtet und die Maschinen aufstellt, teuft man dann einen kleinen Schacht, den Bohrschacht, ab.

Er wird in Holzzimmerung (Bolzenschrot) gesetzt oder wohl auch ausgemauert; manchmal ist er auch ein Senkschacht. Seine Tiefe ist abhängig vom Gestein und von den Grundwasser-Verhältnissen. Unter den Grundwasserspiegel geht man nur

1. wenn man das Betriebswasser nicht anderweitig beschaffen kann und

2. wenn das Gebirge schlecht bohrfähig z. B. kiesig ist.

Früher wurden Bohrschächte von 20 und mehr Meter Tiefe hergestellt; jetzt geschieht dies nur in Ausnahmefällen.

Für den Krückelführer wird im Bohrschachte eine Bühne geschlagen. Diese liegt bei Handantrieb so tief unter der Tagesfläche, daß er immer noch die Schwengelarbeiter beaufsichtigen und ihnen die erforderlichen Befehle bezüglich der Hubhöhe, der Schlaggeschwindigkeit usw. geben kann. Die Tiefe der Bühne wird auch noch dadurch bestimmt, daß die Schwengelarbeiter auf dem Erdboden stehen sollen und nicht etwa auf einer besonderen Bühne, und ferner dadurch, daß zwischen dem Schwengel und der Bohrbühne Platz für die Nachlaßvorrichtung sein muß.

Bei maschinellem Antrieb wird der Schwengel hoch verlagert, um den Kurbeltrieb oder den Schlagzylinder unter ihm aufstellen zu können. Für den Schlagzylinder kann man allerdings einen besonderen kleinen Schacht unter dem Schwengelschwanze abteufen und infolgedessen den Schwengel tiefer verlagern.

M. Der Bohrtäucher.

Der Bohrtäucher dient zur Führung des Bohrers bei Beginn einer Bohrung. Ist schon von Tage aus felsiges Gestein zu durchbohren, so wird er auf der Tagesfläche senkrecht aufgestellt und nach allen vier Seiten hin verstrebt. Sonst wird er in das Deckgebirge eingegraben oder eingerammt. Er kann aus Holz, Schmiedeeisen oder Gußeisen bestehen.

Der hölzerne Bohrtäucher wird ähnlich einem Fasse aus Bohlen zusammengesetzt und durch Reifen zusammengehalten. Häufig besteht er auch aus seinem ausgebohrten Stamme oder aus zwei Stammhälften. Unten erhält er einen stählernen Schneidschuh.

Ist ein Bohrschacht vorhanden, so muß der Täucher von Tage aus bis auf seine Sohle reichen und wird in ihm verspreizt.

Auf die Mündung des Bohrtäuchers oder auf die Hängebank wird namentlich bei weiten Bohrlöchern die Bohrschere (das Bohrbrett) aufgelegt; sie besteht aus zwei starken Bohlen (Fig. 181) oder zwei Stahlblechplatten, die gelenkig miteinander verbunden sind; mit Hilfe eines übergeschobenen Ringes oder eines Vorsteckers können die beiden Scherenglieder festgelegt werden. In der Mitte haben sie eine Öffnung, die etwas größer ist, als wie die Stärke des Obergestänges beträgt. Die Bohrschere muß nicht nur während des Bohrens, sondern auch bei der Gestängeförderung nach jedem Treiben aufgelegt und verschlossen

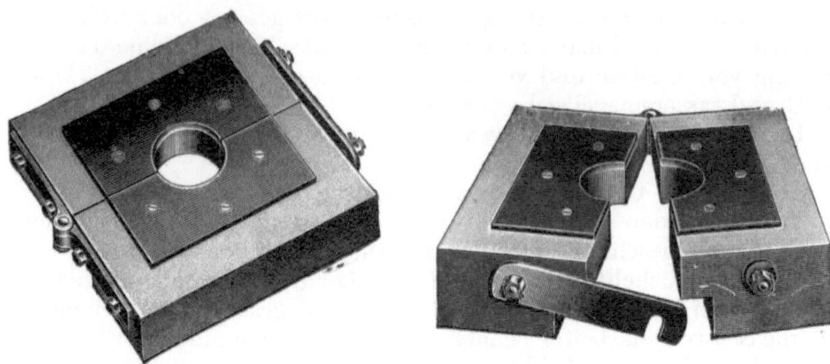

Fig. 181 a. Fig. 181 b.
Bohrschere von Deseniss & Jacobi A.-G.

werden, damit nicht Fremdkörper, z. B. Schraubenbolzen, Schraubenmuttern u. dgl., in das Bohrloch hineinfallen; denn durch sie werden der Meißel oder die Krone beschädigt oder Verklemmungen der Verrohrung herbeigeführt.

Dritter Teil.

Das kanadische Bohrverfahren.

Von Diplom-Bergingenieur **Hans Bansen.**

Das kanadische Bohrverfahren hat seinen Namen nach dem Lande, in dem es aufgekommen ist. Es wurde und wird auch jetzt noch in den Ölbezirken Kanadas benutzt. Von dort aus kam es nach Europa und hat sich hier anfangs schnell in allen Erdölbezirken eingebürgert, wird aber jetzt in Deutschland kaum mehr benutzt, während es in Galizien noch eine große Rolle spielt.

Es ist ein stoßendes Schwengelbohren mit Rutschschere, Nachlaßkette und Kurbelantrieb. Die Verwendung der Rutschschere würde es mit sich bringen, daß der Meißel infolge des Kurbelantriebes mit abnehmender Fallgeschwindigkeit auf die Sohle aufschlägt (siehe S. 53). Aber die große Zahl von 40—60 Schlägen in der Minute bei 0,5—0,75 m Hubhöhe bedingt, daß

1. das Gestänge geradezu nach oben gerissen wird und noch nach oben fliegt, wenn der Schwengelkopf schon nach unten geht, und daß

2. eine Art Freifall des Ober- und Untergestänges erreicht wird. Stauchungen des Gestänges treten nicht ein, weil die Rutschschere dies verhindert, und weil das Obergestänge schon wieder hochgerissen wird, bevor sich diese Stauchungen in ihm geltend machen können.

Der Meißel ist gewöhnlich ein Flachmeißel, also ohne Backen. Der Anfangsbohrer hat mindestens eine Breite von 0,23 m, der Endbohrer von 0,13 m; höchstens geht man bis zu 0,35 m Schneidenbreite; der Schneidenwinkel beträgt 90°. Der Schaft ist 0,8—0,9 m lang. Trauzl & Co. benutzen bei ihren kanadischen Bohrungen auch Backenmeißel und Exzentermeißel, von letzteren den von Mac Garvey (Fig. 18).

Die Schwerstange ist 10—12 m lang und hat ein Gewicht von 8—12 Ztr. Das Schlaggewicht ist also im Verhältnis zum Bohrlochsdurchmesser ein sehr großes.

Die Rutschschere ist die in Fig. 71 dargestellte kanadische.

Das Gestänge bestand früher immer aus Holz; am besten ist russisches Eschenholz. Die Länge der Stange beträgt bis zu 12 m bei 0,05—0,08 m Dicke. Da so lange Stangen nicht aus einem Stück hergestellt werden können, werden sie aus zwei Teilen zusammengesetzt, die miteinander verblattet sind. Zur Verbindung der einzelnen Bohrstangen werden Schraubenschlösser benutzt, die stark konisch zulaufen und steiles Gewinde besitzen; infolgedessen lassen sich diese Schlösser sehr schnell lösen und wieder verbinden. Bei großen Bohrtiefen kommt jetzt auch eisernes Gestänge zur Verwendung.

An dem obersten Gestängestücke wird ein Wirbelstück (Fig. 182) angeschraubt, welches an der Nachlaßkette befestigt ist.

Fig. 182. Wirbelstück.

Die Nachlaßkette ist auf einem kleinen Haspel a aufgewickelt, der über dem Unterstützungspunkte des Schwengels auf diesem selbst verlagert ist (Fig. 183a—c und Fig. 184). Von ihm aus geht die Kette dem Schwengel entlang bis zu seinem Kopfe; dort ist der Friktionszylinder b angebracht, um den sie mehrere Male in Spiralen gewickelt ist. Der Friktionszylinder besteht aus Holz oder Eisen und ist so am Schwengelkopfe befestigt, daß er das Bohrloch nicht verdeckt. Die Nachlaßkette läuft seitlich von ihm ab. Der dadurch erreichte Vorteil ist, daß der Schwengel bei der Gestängeförderung und bei etwaigem Verrohren nicht ausgerückt zu werden braucht. Das Nachlassen erfolgt immer, wenn das Bohrloch um etwa 0,1 m tiefer geworden ist. Der Bohrmeister lüftet dann mittels des Seilzuges c die am Haspel angebrachte Sperrvorrichtung, so daß die Kette infolge der Gestängelast vom Haspel abläuft.

Zum Antriebe des Schwengels dienen die Kurbel und die Pleuelstange e, die von der Lokomobile aus mittels der Riemenübertragung und der auf der Kurbelwelle sitzenden Riemenscheibe f in Gang gesetzt werden.

Soll gelöffelt werden, so wird die Kurbelstange ausgehängt, so daß der Schwengel nunmehr still steht. Neben der Hauptantriebsscheibe f sitzt auf der Kurbelwelle eine zweite Riemenscheibe g; von ihr aus geht ein Gummiriemen zum darüber stehenden Förderhaspel h. Dieser letztere Riemen liegt lose auf der Riemenscheibe des Förderhaspels auf, weil er etwas zu lang ist. Um den Haspel in Gang zu setzen, muß der Bohrmeister den Riemen mittels des Gestänges i und der Spannrolle k anspannen. Soll der Haspel still stehen, so wird die Spannrolle ausgerückt. Um beim Einlassen des Gestänges den Haspel zu bremsen, wird die Spannrolle nur so schwach an den Riemen angedrückt, daß dieser still steht, der

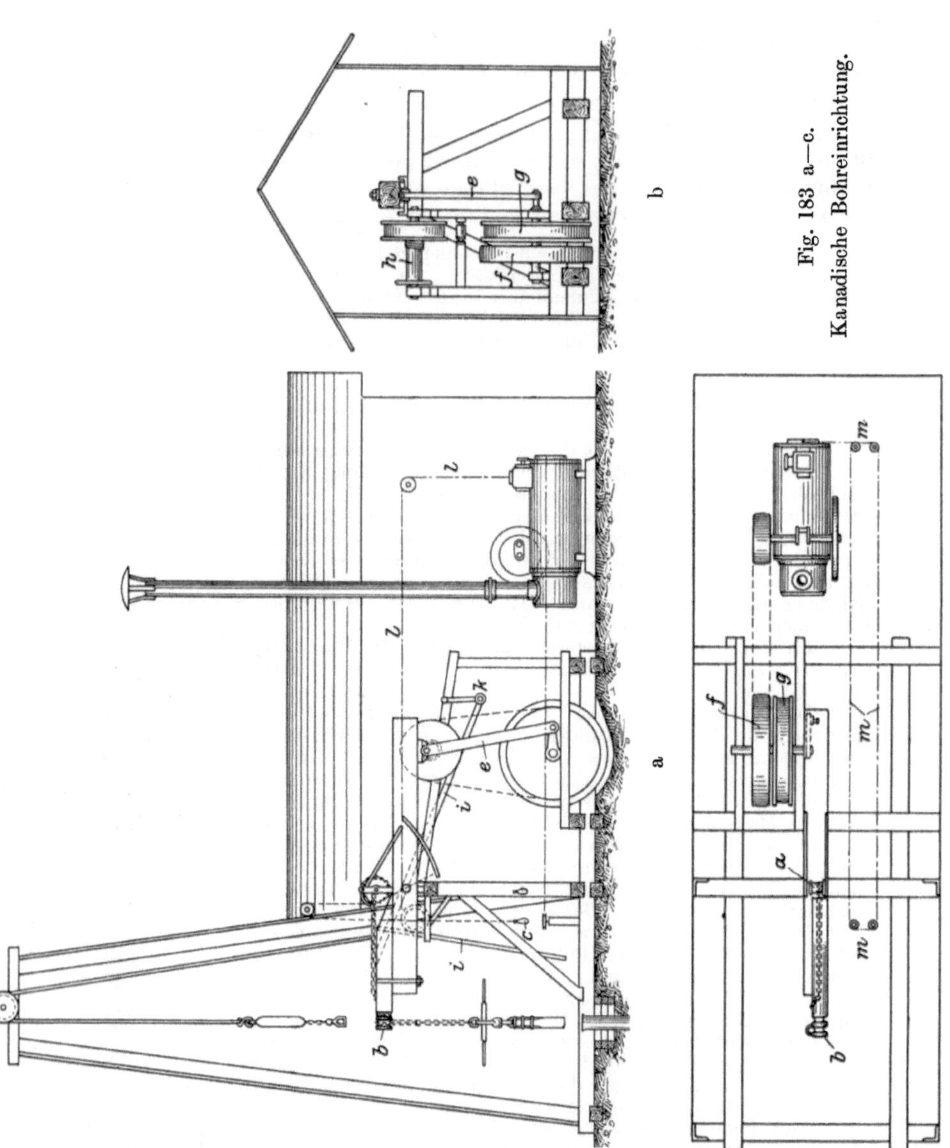

Fig. 183 a—c. Kanadische Bohreinrichtung.

Haspel aber sich unter dem Riemen noch dreht; der Gummiriemen vertritt also die Stelle einer Bandbremse.

Das Löffeln wird bei geringeren Tiefen am Gestänge, bei größeren am Seile vorgenommen. Der Schlammlöffel ist bis zu 11 m lang; sein Ventil sitzt in einem besonderen ringförmigen Schuhe und wird nach jedem Löffeln herausgeschraubt und ausgewaschen (Fig. 123 und 127).

Die Lokomobile, die meistens 12 PS entwickelt, braucht keine besondere Bedienung. Das Feuern besorgt einer von den Bohrarbeitern. Die Steuerung wird vom Bohrloche aus mit Hilfe des einen Schnurlaufes l, die Dampfdrosselung mittels des andern Schnurlaufes m bewirkt.

Trauzl & Co. in Wien liefern kanadische Bohrkräne in verschiedenen Ausführungsformen, von denen in den Figuren 185 und 186 zwei dargestellt sind. Die einzelnen Teile sind mit den Buchstaben der eben gegebenen Beschreibung versehen und mit ihrer Hilfe leicht aufzufinden. Der Bohrkran Fig. 186 zeichnet

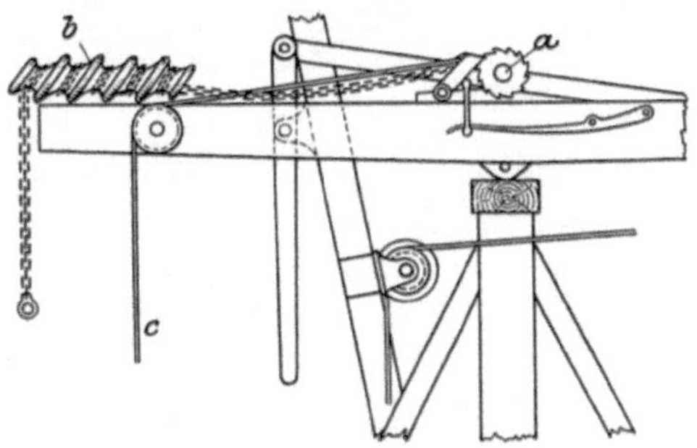

Fig. 184.
Kanadische Nachlaßvorrichtung.

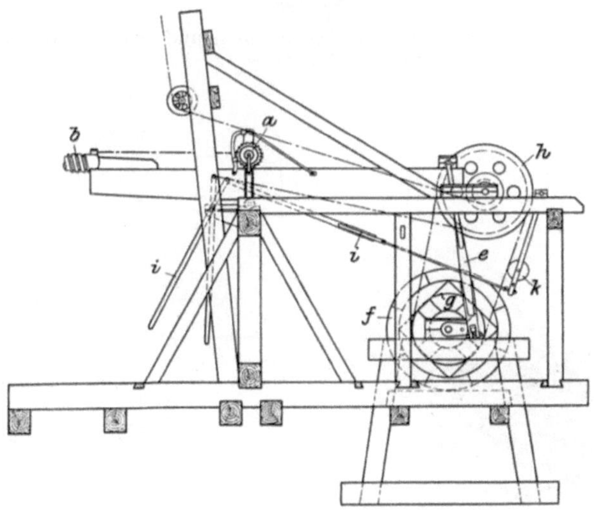

Fig. 185.
Kanadischer Bohrkran mit einer Fördertrommel (System Trauzl & Co.).

sich ferner dadurch aus, daß er zwei übereinander liegende Fördertrommeln besitzt, und daß die Nachlaßvorrichtung (Fig. 187) vom Schwengel getrennt ist. Diese letztere Art von Nachlaßvorrichtungen ist jetzt in Österreich bergpolizeilich vorgeschrieben. Von den Fördertrommeln dient die eine zur Gestängeförderung, die andere zum Löffeln am Seile.

Nach dem DRP. 218 092 von Mac Garvey wird der Schwengel auf einem elastischen Lagerbocke (Fig. 188) verlagert, um die beim Bohren auftretenden

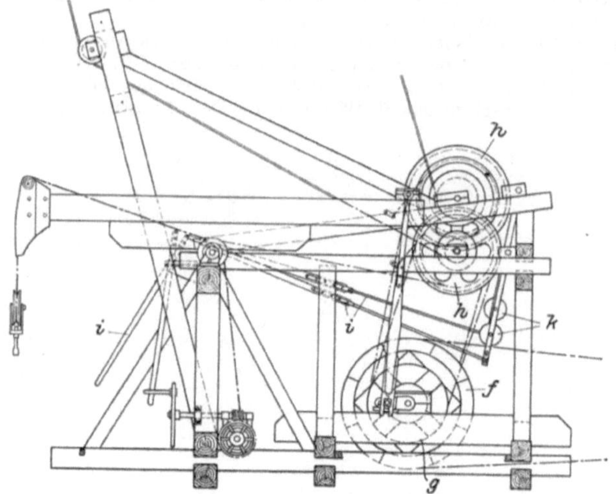

Fig. 186.
Kanadischer Bohrkran mit zwei Fördertrommeln und pat. Nachlaßvorrichtung (System Trauzl & Co.).

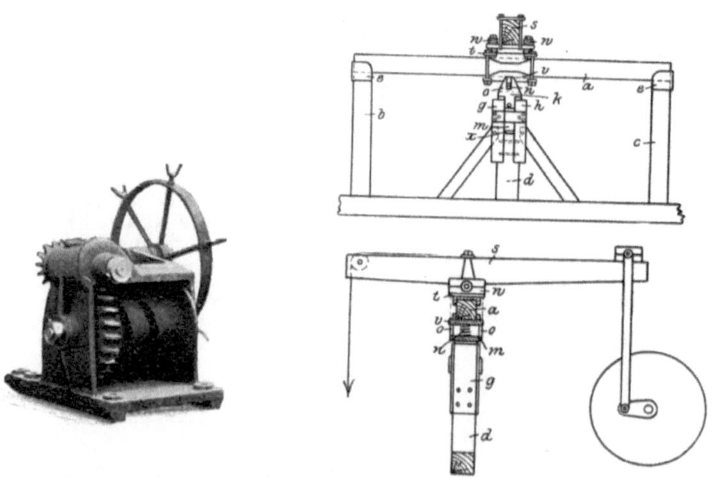

Fig. 187.
Nachlaßvorrichtung von Trauzl & Co.

Fig. 188.
Elastischer Lagerbock von Mac Garvey.

starken Stöße aufzufangen. Der Schwengel s ruht auf dem Querbalken a, der massiv ist oder aus einzelnen Bohlen bestehen kann. Dieser Querbalken liegt auf zwei Stützen b und c auf; beim Anheben des Gestänges wird er nach unten durchgebogen; beim Zurückbiegen gibt er diese Kraft wieder ab. Er darf nicht auf Kanten oder Flächen aufliegen, vielmehr sind die Auflageflächen von b und c nach der Fläche eines Zylinders abgerundet. Die übergreifende Fläche e verhindert ein Abgleiten des Balkens.

Ein zu dicker Balken würde sich bei Stößen von geringer Stärke nicht hinreichend durchbiegen. Man macht ihn also dünner; damit er aber bei kräftigen Stößen nicht bricht, ist er unter seiner Mitte noch besonders unterstützt. Diese Stütze ist eine senkrechte Säule d, die auf dem Grundbalken f befestigt ist. Mit ihr sind zwei T-Schienen g und h verschraubt, die gegen den Grundbalken noch besonders abgestrebt sind. Die beiden Schienen bilden die Führung für das elastische Element. Dieses ist ein Holzstück m mit eiserner Kappe k und wird durch Federn, Gummipuffer oder dgl. gegen den Balken a gedrückt. Dieses elastische Element ist in seiner Höhenlage verstellbar. Durch besondere Führungsorgane wird nun noch verhindert, daß sich der Balken a anders als in senkrechter Richtung bewegen kann.

Vierter Teil.

Das Seilbohren.

Von Diplom-Bergingenieur **Hans Bansen.**

Das Seilbohren war schon lange vor Christi Geburt den Chinesen bekannt und wird darum auch das chinesische Bohrverfahren genannt. Die Chinesen bohrten meistens auf Tiefen von 600—900 m, ab und zu aber bis zu solchen von 1200 m. Sie gewannen mit diesen Bohrlöchern Salzwasser, aus dem sie Salz aussiedeten, Wasser zur Bewässerung der Felder, Erdharz und Erdgas. Ihr Durchmesser betrug 12—15 cm. Als Bohrgeräte benutzten sie den Schwungbaum, ein Seil aus handgeflochtenen Bambusriemen, einen Bohrer von 100—200 kg Gewicht und verschiedenes andere.

In Europa wurde das Seilbohren zuerst im Jahre 1828 in Marienburg bei Brüssel versucht und in der Folgezeit wesentlich verbessert und vervollkommnet; ganz besonders taten sich hierin aber die Amerikaner hervor.

Früher waren die Bohrtürme 15 m hoch, da man keine langen Gestängezüge zu fördern hatte; die Amerikaner geben den Bohrtürmen jetzt bis zu 22,5 m Höhe.

Wie jedes Bohrverfahren hat auch das Seilbohren seine Vor- und Nachteile. Diese seien nachstehend im Anschluß an Tecklenburgs Ausführungen wiedergegeben.

Als Vorteile sind geltend zu machen:

1. Man erspart beim Einlassen und Aufholen gegen das Gestängebohren sehr viel Zeit, weil das An- und Abschrauben der Gestänge wegfällt.

2. Das Seil hat ein wesentlich kleineres Gewicht als ein entsprechend langes Gestänge.

3. Der Nachfall ist geringer als beim stoßenden Gestängebohren.

4. In bezug auf den Bohrlochsdurchmesser ist man nicht allzusehr beschränkt.

5. Die Kosten werden vielfach niedriger als bei anderen Methoden angegeben.

6. Es ist für Bohrungen in jedem Gestein zulässig.

7. Für milde, gutstehende Gebirgsarten eignet sich das Seilbohren sehr gut.

8. Die Lagerungsverhältnisse von Schichten, wenn sie nicht zu steil stehen, bieten kein Hindernis.

9. Man kann mit dem Seil bis 1600 m tief bohren.

10. Es lassen sich auch Kerne gewinnen.

Als Nachteile werden bezeichnet:

1. Durch das Längen der Seile bei größeren Tiefen und Belastungen wird die Hubhöhe unsicher;

2. Hat man einen ziemlichen Hubverlust, welcher durch das Aufdrehen der Seile beim Anspannen derselben entsteht.

3. Es kann sogar der Fall eintreten, daß man bei großen Tiefen keine Hubhöhe erzielt.

4. Hat man eine unsichere Drehung des Bohrgerätes, da sich das runde Seil beim Anhube aufdreht und beim Aufstoßen zudreht und daher dem Meißel eine rotierende Bewegung gibt, wenn die Reibung zwischen einem eingeschalteten Wirbel und dem oberen Ende des Bohrers größer ist als die Torsion des Seiles.

5. Das Auf- und Zudrehen ist bei neuen, dicken und langen Seilen stärker als bei alten, dünnen und kurzen Seilen. Es muß deshalb der Hub und das Umsetzen entsprechend reguliert werden. Vor dem Anfang des Bohrens muß bei kleineren Bohrungen das Seil angespannt werden, da sich dasselbe im Verhältnis seiner Länge ausreckt.

6. In trockenem Sand, Kies und Gebirgsschichten, in welchen sich das Wasser sofort verläuft, läßt sich mit Seilbohren nicht viel ausrichten.

7. Man kann nicht drehend wirken.

8. In plastischem Ton, Schieferton und tonigem Mergel werden durch Schlammwülste, welche sich bilden, leicht Verklemmungen und Seilbrüche veranlaßt.

9. Bei festem Gestein hat man oft geringen Effekt.

10. Das Seil vermittelt nicht wie das Gestänge, so daß der Krückelführer durch Gehör und Gefühl keine Schlüsse auf die Wirkungen auf der Bohrsohle machen kann.

11. Es werden viel Nebenarbeiten nötig, welche manche Vorteile wieder aufheben.

12. Man muß stets ein steifes Gestänge bereit halten, damit man etwa entstehende Brüche beseitigen kann.

13. Die Wasserspülung ist mit dem Seilbohrer bis jetzt nicht vereinbar.

14. Beim Bohren ohne Freifall muß man Dampf- oder Pferdekraft verwenden, wenn man eine große Anzahl Schläge in der Minute ausführen will. Dadurch werden die Kosten wesentlich erhöht.

15. Für Bohrungen über 1000 m Tiefe bietet das Seilbohren keine Sicherheit mehr.

16. In große Tiefen kann man nicht niedergehen (in Bayreuth 464 m, in Amerika 600 m, selten 1000 m und mehr). Seilbohrung für Tiefen über 1600 m ist bis jetzt nicht ausgeführt worden.

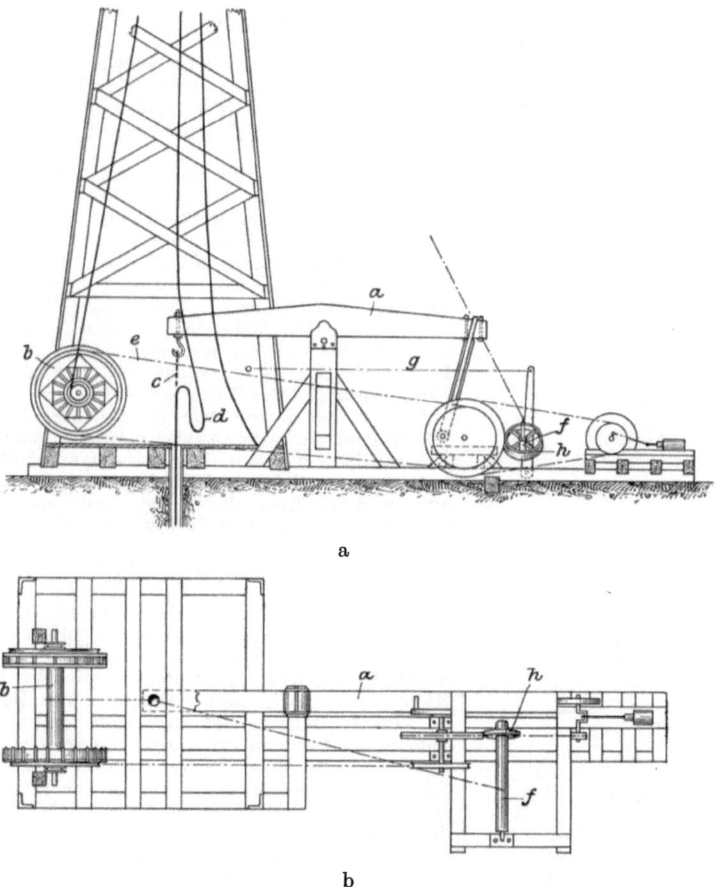

Fig. 189 a und b.
Pennsylvanische Seilbohranlage.

Man unterscheidet beim Seilbohren:

1. das Seilbohren mit Torsionsseil und
2. das Bohren mit gestrecktem Seile.

Beim Bohren mit Torsionsseil wird der Seildrall benutzt und davon Gebrauch gemacht, daß ein belastetes Seil sich aufdreht, ein unbelastetes Seil sich zudreht. Der Meißel ist mit einer Schwerstange belastet, die mittels eines Wirbelgliedes am Seile angehängt ist. Beim Anheben des Meißels wird das Seil belastet; es dreht sich auf und setzt infolgedessen den Meißel um. Schlägt der Meißel auf die Bohrlochssohle auf, so wird das Seil entlastet und dreht sich wieder zu; diese Drehung findet im Wirbelgliede ihr Ende; der Meißel und die Schwerstange machen sie also nicht mit.

Beim Bohren mit gestrecktem Seile wird ein drallfreies Seil benutzt. Man hat dabei wieder zu unterscheiden:

a) das gewöhnliche Seilbohren,
b) das Seilbohren mit Freifallapparaten und
c) das pennsylvanische Seilbohren.

Beim gewöhnlichen Seilbohren sitzt über dem Meißel zu seiner Belastung auch wieder eine Schwerstange; das Wirbelglied fehlt aber. Über Tage ist am Seile ein Krückel angebracht, mit dessen Hilfe der Meißel umgesetzt wird. Da das Seil sich nur schwer umsetzen läßt, muß der Winkel sehr groß sein, nämlich 120°.

Beim Seilbohren mit Freifallapparaten werden selbsttätige Freifall-Instrumente verwendet, die nach jedem Schlage den Meißel um einen bestimmten Winkel umsetzen. Sie sind meistens aus dem Fabianschen Freifallapparate entstanden, brauchen aber hier nicht näher beschrieben zu werden. Interessenten finden Beschreibungen davon in Tecklenburgs Handbuch der Tiefbohrkunde und im "Handbuch der Ingenieur-Wissenschaften", IV. Band, 2. Abteilung, IV. Kapitel.

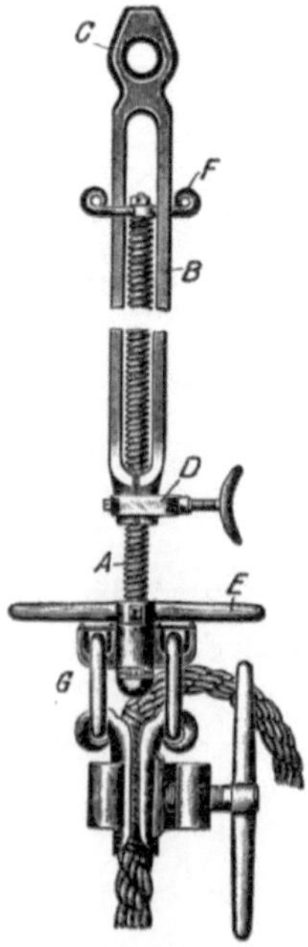

Fig. 190. Pennsylvanische Stellschraube.

Das pennsylvanische oder amerikanische Seilbohren stammt ebenso wie das kanadische Bohrverfahren aus den amerikanischen Erdölbezirken. Der Schwengel a (Fig. 189a und b) wird von der Lokomobile aus mittels Riemenübertragung und Kurbeltriebes in Gang gesetzt. Das Bohrseil ist auf einem Haspel b aufgewickelt, der während des Bohrens festgebremst ist; von ihm aus geht es über die Turmscheibe nach dem Schwengelkopfe und ist dort an der Stellschraube c befestigt.

Die Stellschraube (Fig. 190) besteht aus der Schraubenspindel A und der federnden Gabel B; diese letztere ist mit einer Öse C versehen, die in einen Haken des Schwengelkopfes eingehängt wird; an ihrem unteren Ende ist sie als Mutter für die Schraubenspindel ausgearbeitet und wird durch eine Klemme D geschlossen. Während des Bohrens ist diese Klemme so fest angezogen, daß sich die Spindel nicht drehen kann; zum Zwecke des Nachlassens wird diese etwas gelüftet und die Schraubenspindel mit Hilfe des Krückels E gedreht. Ist die Spindel ganz heruntergeschraubt, so wird die Klemme D vollständig geöffnet, so daß man die Spindel frei hinaufschieben kann. Um diese Arbeit zu erleichtern, ist die Spindel oben mit einer Öse F versehen, von der aus ein mit Gegengewicht versehenes Seil über eine Leitrolle läuft, die weiter oben im Turme angebracht ist. Unter dem Krückel E besitzt die Schraubenspindel ein Wirbelglied G mit einer Schelle zum Festklemmen des Seiles.

Vor der Stellschraube muß das Seil eine Schleife d (Fig. 189) bilden, um für das Nachlassen des Meißels einen gewissen Seilvorrat zu haben. Zur Belastung des Meißels dient eine Schwerstange; zwischen dem Seile und der Schwerstange ist eine Rutschschere angebracht. Mit einer zweiten, leichteren Schwerstange, die über der Rutschschere angebracht ist, wird das Seil in Spannung gehalten.

Soll der Meißel aufgeholt werden, so wird die Pleuelstange ausgehängt, das Transmissionsseil e aufgelegt und die Bremse des Haspels b gelüftet. Beim Einlassen des Meißels ist das Transmissionsseil e wieder abgenommen, und der Haspel wird gebremst. Für das Löffeln ist ein besonderes Löffelseil an einem Löffelhaspel f vorhanden. Von den Lagern dieses Haspels ist das eine in einer Schlittenführung

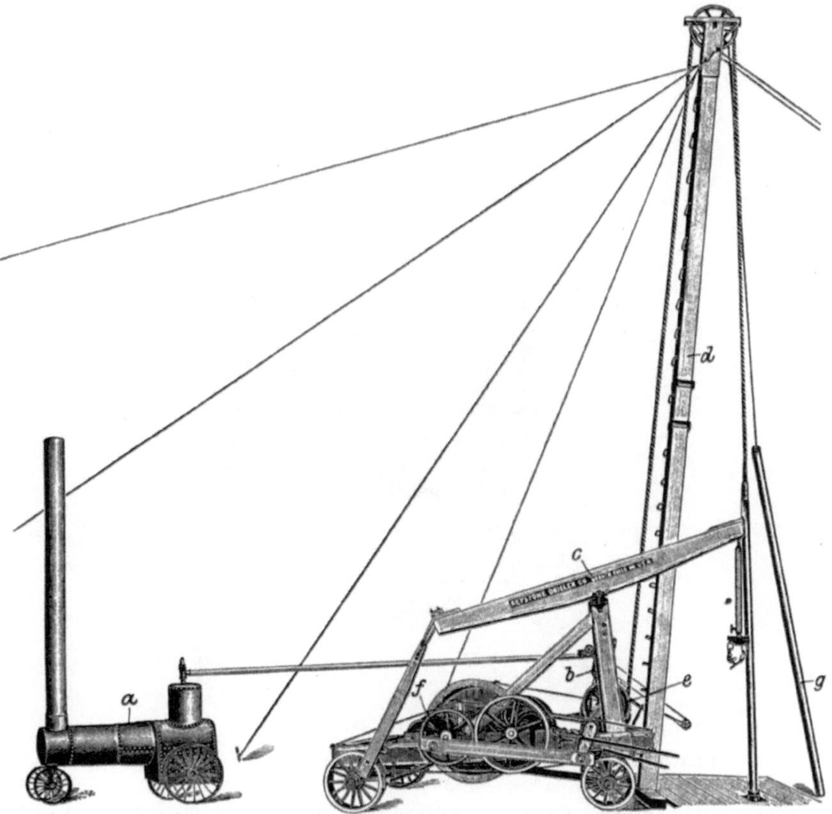

Fig. 191.
Fahrbarer Seilbohrapparat der Keystone Driller Company.

verschiebbar. Um den Haspel aufzuholen, wird dieses Lager mittels der Zugstange g auf das Bohrloch zu bewegt. Dadurch wird die Reibungsscheibe h des Löffelhaspels gegen die Riemenscheibe gedrückt und der Haspel in Gang gesetzt. Beim Niedergange des Löffels wird das Lager nach der entgegengesetzten Seite geschoben; die Reibungsscheibe drückt dann gegen einen Bremsklotz, mit dessen Hilfe die Geschwindigkeit geregelt werden kann.

Die Lokomobile kann ebenso wie beim kanadischen Bohrverfahren vom Bohrloche aus bedient werden.

Fahrbare Seilbohrapparate.

Bei der recht beschränkten Verwendung, die das Seilbohren in Deutschland findet, genügt es vollkommen, wenn an dieser Stelle nur das System der Keystone Driller Company in Beaver Falls, Penna, kurz erwähnt wird. Die Apparate

Fig. 192.
Fahrbarer Seilbohrapparat der Keystone Driller Company.

werden in verschiedenen Größen, je nach der zu erbohrenden Tiefe, geliefert und können entweder einen besonderen fahrbaren Dampfkessel haben (Fig. 191 und 192), oder dieser ist auch auf dem Gestelle des Bohrapparates untergebracht (Fig. 193). In allen diesen Abbildungen bedeutet a den Dampfkessel, b die Antriebsmaschine, c den Schwengel, d den umlegbaren Seilmast (Ersatz für den Bohrturm), e den Bohr- und Förderhaspel, f den Löffelseilhaspel und g den Schlammlöffel.

Fig. 193.
Fahrbarer Seilbohrapparat der Keystone Driller Company.

Fünfter Teil.

Das Rammbohren.

Von Diplom-Bergingenieur **Hans Bansen.**

Das Rammbohren ist nur im milden Gebirge anwendbar, also z. B. beim Bohren auf Öl und manchmal auf Wasser. Zu letzterem Zwecke wurde es in ausgedehnterem Umfange zuerst von den Engländern im abessinischen Feldzuge (im Jahre 1868) angewendet, um die Truppen

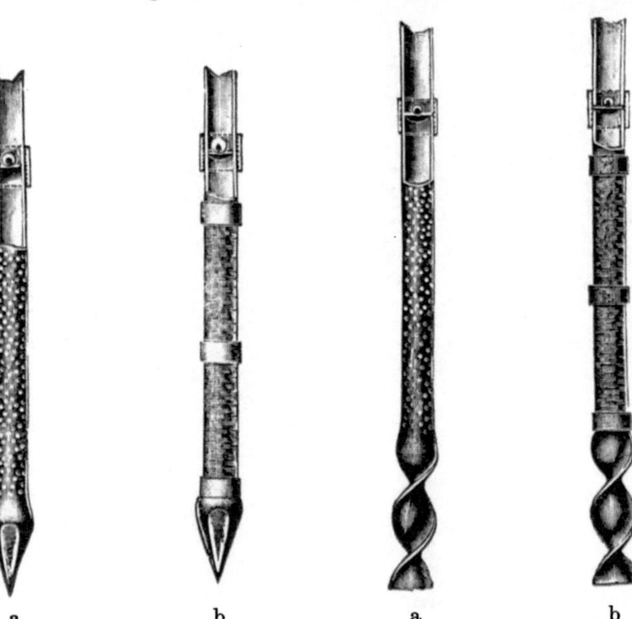

Fig. 194 a, b. Rammstrang mit Spitze (von H. Mayer & Co.).

Fig. 195 a, b. Rammstrang mit Spiralbohrer (von H. Mayer & Co.).

stets mit keimfreiem Trinkwasser versorgen zu können. Daher nennt man so hergestellte Trinkwasseranlagen jetzt allgemein Abessinierbrunnen.

Ein Vorteil des Rammbohrens ist, daß das Bohrloch rasch fertiggestellt ist; jedoch ist dieses Verfahren im allgemeinen nur für Tiefen von 20—30 m und kleinen Durchmesser (50—60 mm) anwendbar. Das Gebirge muß weich, darf aber nicht zu sandig sein; wenn es schlammig und tonig ist, verschmutzen sich die Filter schon während des Eintreibens,

Das Verfahren ist folgendes. Es wird ein Rohrstrang ins Gebirge eingetrieben, der unten mit einer Stahlschneide (Fig. 530), häufiger aber mit einer Spitze (Fig. 194) oder einem Spiralbohrer (Fig. 195) ver-

Fig. 196. Rammschelle.

Fig. 197. Rammbär.

Fig. 198. Rammflansch.

Fig. 199. Rammkopf.

Fig. 200. Rammvorrichtung von Deseniss & Jacobi A.-G.

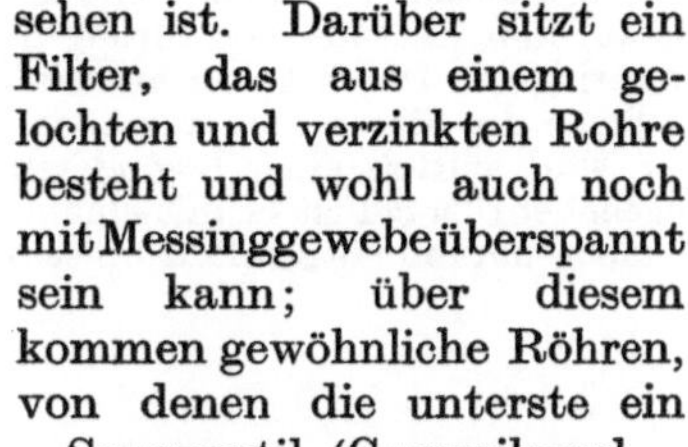

sehen ist. Darüber sitzt ein Filter, das aus einem gelochten und verzinkten Rohre besteht und wohl auch noch mit Messinggewebe überspannt sein kann; über diesem kommen gewöhnliche Röhren, von denen die unterste ein Saugventil (Gummikugelventil) besitzt.

Zum Eintreiben braucht man einen Dreibock oder einen Vierbock und einen Rammklotz (Bär) von 60—90 kg Gewicht.

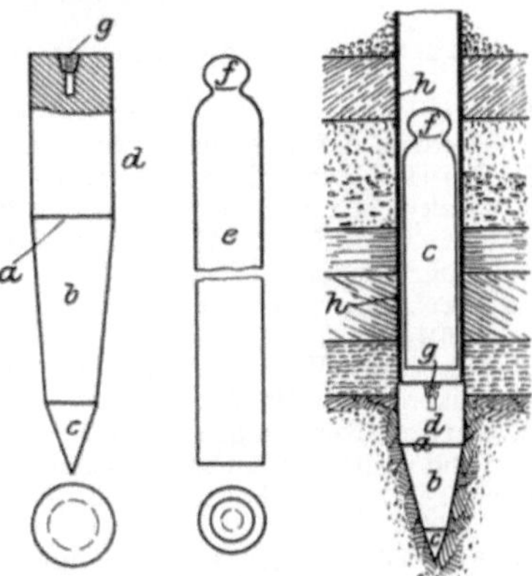

Fig. 201. Rammspitze mit Fallgewicht (aus Tiefbohrwesen 1909 Nr. 24).

Bei den von H. Mayer & Co. in Nürnberg-Doos gelieferten Brunnen-Bohrapparaten wird auf das oberste Ende der einzurammenden Röhren eine

Rammschelle (Fig. 196) aufgesetzt; in ihr ist als Führung für den Bär (Fig. 197) ein Gasrohr festgeklemmt. Beide sitzen auf dem Rammflansch (Fig. 198).

H. Thumann schraubt auf das oberste Rohr einen Rammkopf auf (Fig. 199). Der Rammklotz gleitet in besonderen Rammruten, die am Dreibocke angebracht sind (Fig. 164).

Weil das Treiben am Kopfe leicht zu einem Ausweichen der Rammspitze und zum Verbiegen der Röhre führt, liefern Deseniss und Jacobi in Hamburg anstatt des Rammklotzes eine Schlagstange, die in dem einzutreibenden Rohrstrange gleitet und auf die massive Filterspitze aufschlägt (Fig. 200).

M. Löventhal in Bukarest will nach seinem DRP. 216 258 ein im Bohrloche frei fallendes Rammgewicht benutzen (Fig. 201). Die Rammspitze ist ein 2—2,5 m langer Dorn a aus bestem Meißelstahl mit zwei Verjüngungen b und c und einer Geradführung d. Er wird auf der Sohle eines 10—20 m tiefen Schachtes im Lote aufgestellt. Auf ihn läßt man einen Bär e von 5—10 m Länge und ca. 5000 kg Gewicht aus 20 m Höhe in einer Führung frei fallen. Mit dem Dorne geht die auf ihm sitzende Verrohrung h infolge ihres Eigengewichtes nach unten, weil sie geringeren Durchmesser als das Bohrloch hat. Bei zunehmender Tiefe wird die Fallhöhe des Bären immer größer; infolgedessen steigt die Schlagwirkung. Der Bär wird mittels einer besonderen Fangvorrichtung immer wieder gepackt und angehoben; hierzu ist er mit einem Kopfe f versehen. Der Dorn hat oben ein Gewinde g, um ihn nötigenfalls mit einem Rettungsgestänge höher ziehen zu können.

Sechster Teil.

Das Spülbohren.

Von Diplom-Bergingenieur **Hans Bansen.**

Bei der Bearbeitung benutzte Literatur.

A. Dziuk: Drohende Gefahr für die Hannoversche Erdölindustrie. Organ des Vereins der Bohrtechniker 1904, Nr. 6.

A. Dziuk: Die Gefahr für die Hannoversche Erdölindustrie durch das System Raky. Organ des Vereins der Bohrtechniker 1904, Nr. 7.

Fauck: Wird das Erdöl durch Wasserspülung verdrängt? Organ des Vereins der Bohrtechniker 1904, Nr. 21.

Fauck: Feuer, Wasser und Petroleum. Organ des Vereins der Bohrtechniker 1904, Nr. 6.

H. Walter: Wasserabsperrung bei Erdöl. Organ des Vereins der Bohrtechniker 1904, Nr. 7.

A. Gerke: Neuerungen im Tiefbohrwesen. Zeitschrift des oberschlesischen Berg- und Hüttenmännischen Vereins 1908. Septemberheft.

Sorge: Das Spülbohren nach Erdöl. (Aus Tiefbohrtechnische Studien Berlin, 1908.)

Sorge: Die Theorie der Bewegung des Spülstromes in Bohrlöchern. (Aus Tiefbohrtechnische Studien, Berlin 1908.)

Sorge: Das Prüfen der Wasserabsperrung bei Erdölbohrlöchern. (Aus Tiefbohrtechnische Studien, Berlin 1908.)

Das Spülbohren wurde im Jahre 1845 von Fauvelle erfunden.

Es steht im Gegensatz zum Trockenbohren. Ein eigentliches Trockenbohren gibt es streng genommen nicht, weil fast in jedem Bohrloche Grundwasser vorhanden ist. Beim Spülbohren wird ständig ein Wasserstrom durch das Bohrloch durchgeleitet. Man unterscheidet die normale (direkte) Spülung und Verkehrtspülung (indirekte Spülung). Bei der direkten Spülung wird der Spülstrom im Gestänge nach unten geleitet und fließt im Bohrloche in die Höhe; bei der Verkehrtspülung, die seltener angewendet wird, ist die Richtung des Spülstromes umgekehrt, d.h. er geht im Bohrloche nach unten und fließt im Hohlgestänge empor.

Außer dem Wasser kann man auch andere Spülmittel benutzen, z.B. Lauge bei Salzbohrungen, Öl bei Ölbohrungen. Bei Salzbohrungen darf nicht mit reinem Wasser gespült werden, weil sonst das Salzlager in der Umgebung des Bohrloches aufgelöst werden könnte. Weil es innerhalb der Salzlager unregelmäßige Partien gibt, die im Wasser leichter löslich sind, kann man die Größe und Richtung der so entstehenden Hohlräume nicht feststellen; sie stürzen schließlich zusammen und gefährden die Erdoberfläche. Als Spülmittel bei Ölbohrungen ist Öl vorgeschlagen und stellenweise auch angewendet worden, weil man ein „Verwässern" der ölführenden Schichten fürchtet. Die Frage der Verwässerung ist noch immer nicht gelöst. Dziuk verwirft bei Ölbohrungen die Wasserspülung; er will sie nur bis zu 20—30 m über der ölführenden Schicht gelten lassen; dies setzt natürlich voraus, daß man den geologischen Bau des Gebirges kennt. Außerdem soll es nach ihm erlaubt sein, unter einer ölführenden Schicht mit Wasserspülung zu arbeiten, wenn sie wasserdicht verrohrt ist. Diese Auffassung hat sich auch die preußische Bergbehörde zu eigen gemacht.

Demgegenüber erblicken die Internationale Bohrgesellschaft, Fauck, Sorge u. a. in der Spülbohrung keine Gefahr, sofern man nur auf Wasserverluste achtet. Treten solche ein, dann muß man allerdings sofort mit dem Wasserspülen aufhören und trocken bohren oder aber mit Öl spülen.

Es wird aber darauf hingewiesen, daß auch bei Trockenbohrung eine Verwässerung des ölführenden Gebirges möglich sein soll, falls im Bohrloche Grundwasser vorhanden ist.

Das Grundwasser kommt im Gebirge entweder aus Klüften oder aus porösen d. h. wasserführenden Gesteinsschichten. Außer den wasserführenden Klüften gibt es auch trockene Klüfte. Diese kann man bei Trockenbohrung nicht feststellen, wohl aber beim Spülbohren; denn sie leiten das Spülwasser, bei Ölbohrungen aber auch das Öl ab.

Eine besondere Art der Wasserspülung ist die Dickspülung. Bei ihr verwendet man eine Mischung von sehr fettem Ton mit Wasser. Die Dickspülung wird in losem Gebirge (Sand oder auch Lehm) benutzt; der im Spülwasser enthaltene Ton dringt in das Gebirge ein und verfestigt es, allerdings nur für kurze Zeit.

Für die Zwecke des Dickspülens braucht man eine Mühle zur Feinzerkleinerung des Tones und mehrere Bassins, meistens drei, in denen die Trübe angemacht, bzw. die aus dem Bohrloche zurückkehrende Trübe geklärt wird.

Um die Spülmischung herzustellen, wird der Ton auf einer Platte vor der Mühle mit einer Kratze zerkleinert und angefeuchtet. Darauf wirft man ihn in die Mühle, wo er unter Zufügung von Wasser zu einer dickflüssigen Trübe vermahlen wird. Diese fließt in den Spülbehälter, wo sie nochmals mit Wasser vermengt und mit der Kratze durchgearbeitet wird, bis sie das spezifische Gewicht 1,4 hat.

Die Vorteile des Dickspülens sind:

1. Der Ton dient zur Befestigung der Bohrlochswandungen.

2. Das hohe spezifische Gewicht erzeugt einen Überdruck und verhindert das Zuströmen von Wasser und Sand aus dem Gebirge zum Bohrloche.

Ein Nachteil ist der größere Pumpenverschleiß, der sich damit erklärt, daß sich die durch die Spülung mitgebrachten Sandkörnchen nur schwer aus der Trübe niederschlagen.

Die durch die Dickspülung verursachten Mehrkosten betragen einschließlich der hierzu erforderlichen Einrichtungen und Verschleiß und Ausbesserung der Pumpen usw. 2,60 M für 1 m Bohrlooh.

Die beim Spülbohren verwendeten Anlagen sind nicht so einfach wie beim Trockenbohren; denn man braucht außer diesen eine Spülpumpe nebst den dazu gehörigen Antriebskräften und noch einige andere Einrichtungen, die nachstehend beschrieben sind. Außerdem muß Spülwasser in hinreichender Menge vorhanden sein. Seine Besorgung ist manchmal schwierig, namentlich dann, wenn man die Lage des Bohrpunktes nicht wählen kann. Dagegen hat die Spülbohrung gegenüber dem Trockenbohren auch sehr wesentliche Vorteile, nämlich:

1. Der Bohrer arbeitet immer auf der reinen Sohle; er braucht also nicht wie beim Trockenbohren ein Schlammpolster zu durchschlagen; infolgedessen kann man dieselbe Leistung schon bei einer geringeren Hubhöhe erzielen.

2. Infolge der geringeren Hubhöhe kann man in derselben Zeit eine größere Zahl von Schlägen führen, so daß also auch dadurch die Bohrleistung gesteigert wird.

3. Beim Trockenbohren entstehen Pausen dadurch, daß man löffeln muß; beim Spülbohren ist ein Löffeln nicht nötig; man kann vielmehr die dadurch ersparte Zeit für die Bohrarbeit verwenden.

4. Der Meißel braucht erst herausgeholt zu werden, wenn er stumpf geworden ist. So hat man z. B. im Jahre 1884 in 30 Stunden 75 m abgebohrt, ohne den Meißel auszuziehen; im Jahre 1902 wurden im Sand und Ton in 24 Stunden mit einem Meißel das eine Mal 195 m, das andere Mal 225 m abgebohrt.

Die Spülanlage besteht aus

1. der Spülpumpe,
2. der Druckleitung, d. h. der Verbindung zwischen Pumpe und Gestänge (bei direkter Spülung) oder dem Bohrloche (bei Verkehrtspülung),
3. der Wasserableitung vom Bohrloche und
4. der Kläranlage.

A. Die Spülpumpen.

Die Spülpumpen müssen

1. einen ungestörten und gleichmäßigen Wasserstrom liefern,
2. auch bei gesteigertem Drucke nicht versagen und
3. imstande sein, schmutziges Wasser zu fördern.

Die beiden ersten Bedingungen werden dadurch erfüllt, daß man nicht zu kleine und schwache Pumpen wählt und dadurch, daß man sie mit einem Druckwindkessel versieht. Damit die Pumpe durch schmutziges Wasser nicht außer Betrieb gesetzt wird, muß sie eine Plunger-Pumpe sein; außerdem müssen die Ventile leicht zugänglich sein, damit man sie schnell säubern und ausbessern kann.

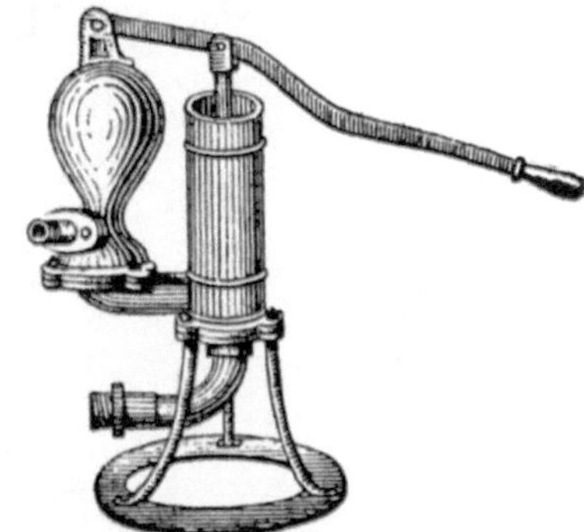

Fig. 202.
Tragbare Handpumpe von H. Mayer & Co.

Es ist gut, nicht bloß eine, sondern zwei Pumpen aufzustellen; man ist dann namentlich bei Konkurrenzbohrungen nicht genötigt, den Betrieb beim Versagen einer Pumpe einzustellen. Die zweite Pumpe kann eine Handpumpe sein; sie wird dann am besten außerhalb des Turmes aufgestellt, um bei Bränden als Feuerspritze dienen zu können.

Fig. 203.
Fahrbare Handpumpe.

Für geringere Leistungen genügen Pumpen mit einem Zylinder; bei größerem Wasserbedarf müssen sie zweizylindrig sein.

Der Betriebsdruck ist von der Bohrlochstiefe, der Bohrlochsweite und von der Art des Bohrschmantes abhängig. Er beträgt bei 600 m Teufe zwischen 5—15 Atmosphären, bei 900—1000 m Teufe bis zu 25 Atmosphären. Man unterscheidet danach

1. Niederdruckpumpen (unter 6 Atmosphären Spüldruck),
2. Mittelpumpen (6—12 Atmosphären Spüldruck) und
3. Hochdruckpumpen (12—25 Atmosphären Spüldruck).

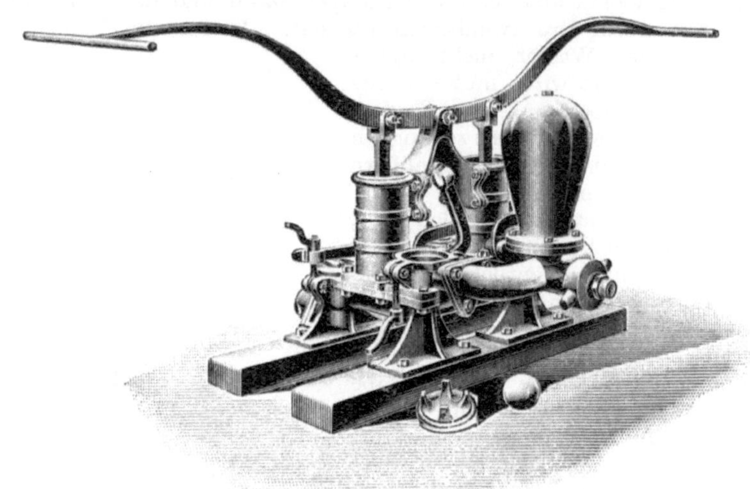

Fig. 204.
Tragbare zweizylindrige Handpumpe.

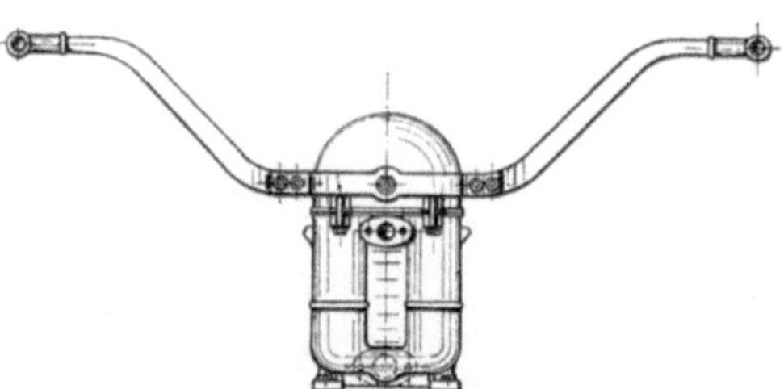

Fig. 205.
Tragbare zweizylindrige Handpumpe der DTA.

Im allgemeinen genügen Pumpen mit einer Leistung von 0,2 cbm/min; doch werden auch Pumpen mit Leistungen bis zu 1,5 cbm/min gebraucht. Die Leistung ist abhängig von dem Kolbendurchmesser, der Hublänge und der Hubzahl.

Nach der Art des Betriebes können die Pumpen Handpumpen, Dampfpumpen und Riementriebspumpen sein.

Die Handpumpen werden tragbar (Fig. 202) und fahrbar (Fig. 203) gebaut. Sie besitzen entweder Schwengelantrieb oder Kurbelantrieb nebst einem Schwungrade. Die einzylindrigen Handpumpen (Fig. 202) genügen bei Bohrlochsdurchmessern unter 10 cm, Lochtiefen bis 100 m und Leistungen von 30—40 l/min. Als Verlagerung reicht eine Holzplanke aus. Die zweizylindrigen Handpumpen können ebenso wie die einzylindrigen offene Zylinder (Fig. 204) besitzen oder geschlossen sein (Fig. 205). Der Doppelschwengel ist nach Feuerspritzenart abnehmbar und zum Umklappen eingerichtet. Die Schwengelsäule dient oft zugleich als Windkessel. Die Leistungen betragen bei 40 Doppelhüben bis zu 150 l/min.

Fig. 206.
Ortsfeste Mitteldruckpumpe.

Die Dampfpumpen sind fast durchweg Duplexpumpen. Sie haben den Vorteil, von dem Gange anderer Maschinen, namentlich vom Gang der Lokomobile, unabhängig zu sein. Jedoch haben diese Pumpen einen hohen Dampfverbrauch; man vermindert diesen durch Verwendung

1. von Verbundpumpen,
2. von hoher Dampfspannung (mindestens 6 Atmosphären).

Die Mitteldruckpumpen (Fig. 206) haben die Plungerstopfbüchse innerhalb des Pumpenzylinders liegen. Sie genügen für Tiefen bis zu 600 m; doch hat man mit ihnen auch schon bis zu 800 m und darüber hinaus gebohrt. Als Fundament genügt ein Holzblock.

Bei den Hochdruckpumpen (Fig. 207) liegen die Plungerstopfbüchsen außen; als Fundament gibt man ihnen am besten einen Rahmen aus eisernen Trägern.

Für die Behandlung und Instandhaltung der Duplexdampfpumpen geben Heinrich Mayer & Co. folgende Anleitung:

1. Bevor die Pumpe in Gang gesetzt wird, sind die Dampfzylinder gut anzuwärmen und von Kondensationswasser zu befreien,

2. Die Pumpenzylinder müssen durch den am Druckwindkessel angebrachten Stopfen gefüllt werden.

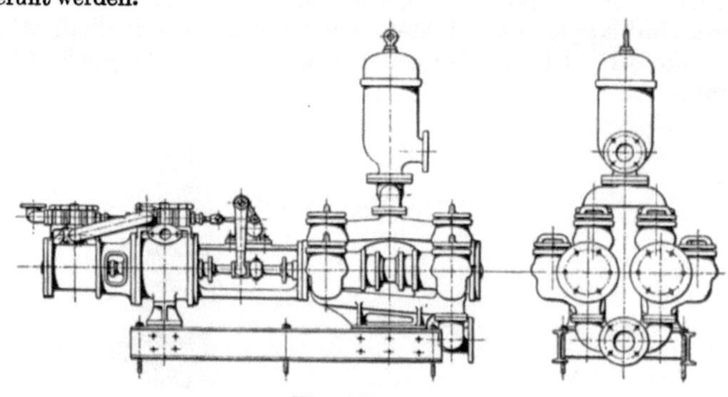

Fig. 207.
Hochdruckpumpe der DTA.

3. Alle reibenden Teile sind gut zu ölen, besonders die Dampfzylinder mit gutem Zylinderöl zu schmieren.

4. Ist ein Nachziehen der Stopfbüchsen nötig, so sind dieselben vorsichtig anzupressen, so daß ein Bremsen der darin laufenden Stangen nicht eintreten kann.

5. Bei längerem Stillstande der Duplexpumpe ist es ratsam, das Wasser aus den Pumpenkörpern und Leitungen zu entfernen.

6. Pumpe und dazu gehörige Leitungen sind vor dem Einfrieren sorgfältig zu schützen.

7. Sämtliche mit Dampf in Berührung kommende Dichtungen sind aus Asbest, dagegen solche für Wasser aus Gummi herzustellen.

8. Nach erfolgtem Abstellen der Pumpe sind die Kondenshähne der Dampfzylinder jedesmal zu öffnen.

9. Verstellen der Schieber oder Steuerhebel hat sofort unregelmäßigen Gang zur Folge.

Auch die Dampfpumpen werden ortsfest und fahrbar gebaut (Fig. 206—208).

Die Riementriebspumpen werden unmittelbar von der Lokomobile aus durch Riemenübertragung in Gang gesetzt. Zu diesem Zwecke wird auf die Hauptwelle der Lokomobile noch eine besondere Riemenscheibe aufgekeilt. Während Duplexpumpen bei plötzlich gesteigertem Widerstande stehen bleiben, ist dies bei Riementriebspumpen nicht der Fall; deshalb muß man hier in die Druckleitung ein Wassersicherheitsventil einschalten, um Schlauchbrüche zu vermeiden. Um den Gang der Spülpumpe und infolgedessen die gelieferte Wassermenge von dem Gang der Lokomobile unabhängig zu machen, sowie um die Wassermenge nach Bedarf regeln zu können, versieht man die Riemen-

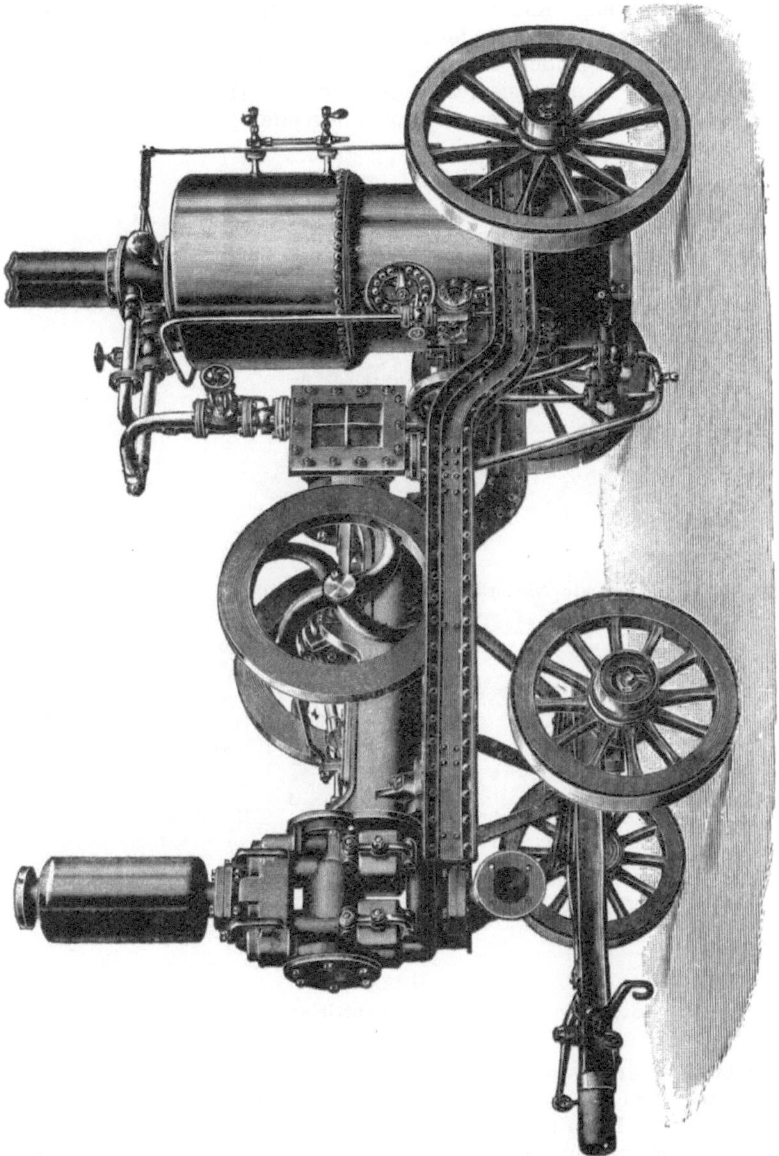

Fig. 208.
Fahrbare Spülpumpe von Deseniss & Jacobi A.-G.

triebspumpen mit Stufenscheiben oder mit Wasserrücklauf. Sind die Pumpen mit Zahnradvorgelege versehen, dann soll man zwei Satz Zahnräder von verschiedener Übersetzung vorrätig halten, um bei Beginn der Bohrung mit geringerem Druck, aber größerer Wassermenge, später mit geringerer Wassermenge und höherem Druck bohren zu können, ohne daß man die Umdrehzahl zu ändern braucht. Auch die Riementriebspumpen werden in liegender (Fig. 209) und stehender (Fig. 210) Bauart ausgeführt; ferner können sie feststehend und fahrbar sein. Bei geringerem Spüldruck bekommen sie innenliegende, bei hohem Druck

Fig. 209.
Liegende Niederdruck-Riementriebspumpe.

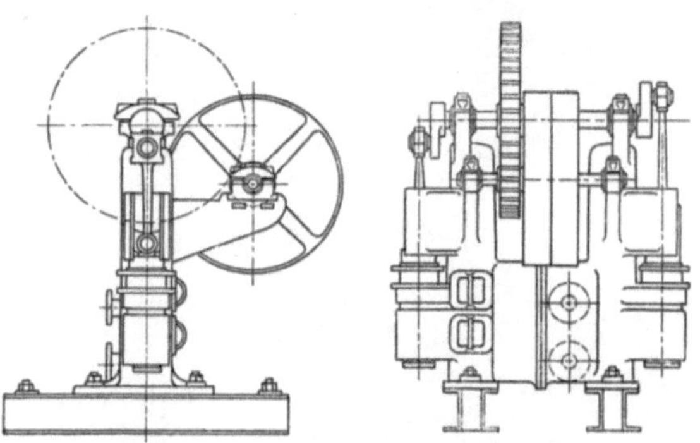

Fig. 210.
Stehende Hochdruck-Riementriebspumpe.

außenliegende Plungerstopfbüchsen, Selbstverständlich können die Riementriebspumpen nicht bloß mit Dampf, sondern auch mit jeder anderen Kraft, z. B. mit Elektrizität betrieben werden.

Nach den Feststellungen von Chanois und de Catelineau muß der aufsteigende Spülstrom in der Sekunde

0,1 m Geschwindigkeit für feinen Sand,
0,2 m Geschwindigkeit für Grus von 2 mm Durchmesser,
0,5 m Geschwindigkeit für groben Sand,

1,0 m Geschwindigkeit für Kiesel von 5 mm Durchmesser,

2,0 m Geschwindigkeit für kleine Kupfer- und Eisenstückchen besitzen.

Der Bohrmeister wird natürlich nicht aus dem Gange der Maschine die Geschwindigkeit des Spülstromes berechnen, sondern richtet sich nach dem Gefühle; wenn er glaubt, daß der Spülstrom zu schnell geht, so wird er den Gang der Maschine verlangsamen, jedoch nur so weit, daß sich kein Bohrschmant auf der Sohle ansammelt; fühlt er aber, daß der Meißel weich aufschlägt, d. h. daß sich Schmant ansammelt, so muß der Gang der Pumpe beschleunigt werden.

Bei Pausen im Bohrbetriebe, z. B. beim Ansetzen eines neuen Gestänges, muß weiter gespült werden, damit der Bohrschmant nicht etwa auf die Sohle des Bohrloches sinkt und den Bohrer dort festklemmt. Ist es aber unbedingt nötig, die Pumpe anzuhalten, dann muß das Gestänge einige Meter hochgezogen werden. Auch beim Bohren im Sande kann, wenn die Spülung unterbrochen wird, der Sand in das Bohrloch eindringen und es verschütten. Darum ist es gut, für solche Fälle zwei Pumpen, zwei Schläuche, zwei Spülköpfe und einen Dreiwegehahn zu haben. Der eine Schlauch ist mit dem in Arbeit stehenden Gestänge verbunden; der andere Schlauch wird an das neu anzubauende Gestänge angesetzt. Sowie dieses an das Arbeitsgestänge angeschlossen ist, wird der Dreiwegehahn umgeschaltet. Damit ist auch eine Zeitersparnis verbunden, die bei Konkurrenzbohrungen sehr ins Gewicht fällt.

Die Saugleitung der Dampfpumpe, die von den Klärbehältern kommt, besteht fast allgemein aus Röhren von 65—100 mm lichter Weite. Am Ende wird sie mit einem Schlauche und einem Saugkorbe versehen. Lange Saugleitungen erhalten zudem noch einen Saugwindkessel.

B. Die Druckleitung.

Die Röhren, aus denen die Druckleitung besteht, müssen auf den nötigen Druck geprüft sein. Für eine Leistung von 250—350 l/min sollen sie eine lichte Weite von 50—55 mm besitzen. Man führt die Druckleitung im Bohrturme senkrecht aufwärts bis zu der Stelle, wo der Spülkopf des Hohlgestänges steht, wenn dieses seinen tiefsten Stand erreicht hat. Man nennt diesen senkrechten Teil der Druckleitung die Standrohre. An sie wird mittels einer Schlauchverschraubung der Druckschlauch angesetzt, der die Verbindung zwischen der Standleitung und dem Hohlgestänge bewirkt; seine Länge ist so zu bemessen, daß er auch noch ausreicht, wenn sich der Spülkopf in der höchsten Lage befindet. Die Druckschläuche sind am besten Gummi-Hanfschläuche mit Drahtspiraleinlagen. Bei kleineren Bohrungen genügen auch einfache Gummischläuche; doch muß man bestes Fabrikat wählen, weil sie leicht platzen. Ein geplatzter Schlauch braucht nicht abgelegt zu werden; man schneidet vielmehr das beschädigte Stück ab und setzt ein Schlauchverbindungsstück ein. Es sind dies kurze, rundabgedrehte

Fig. 211.
Einfacher Spülkopf.

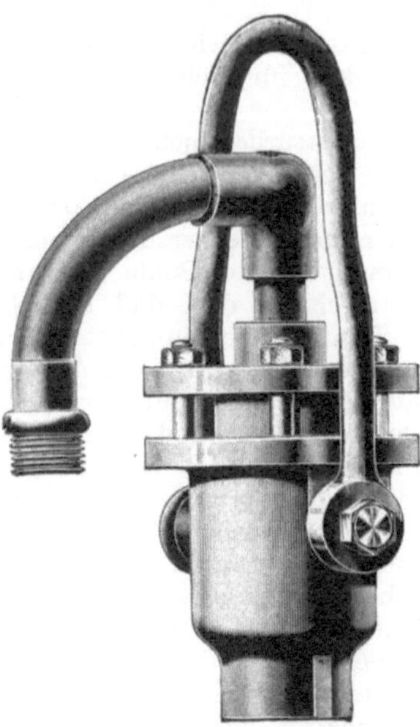

Fig. 212.
Spülkopf mit einer Stopfbüchse von Deseniss & Jacobi A.-G.

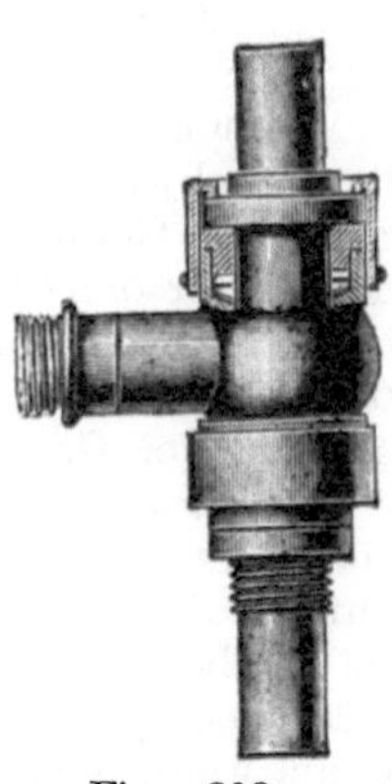

Fig. 213.
Spülkopf mit zwei Stopfbüchsen von H. Mayer & Co.

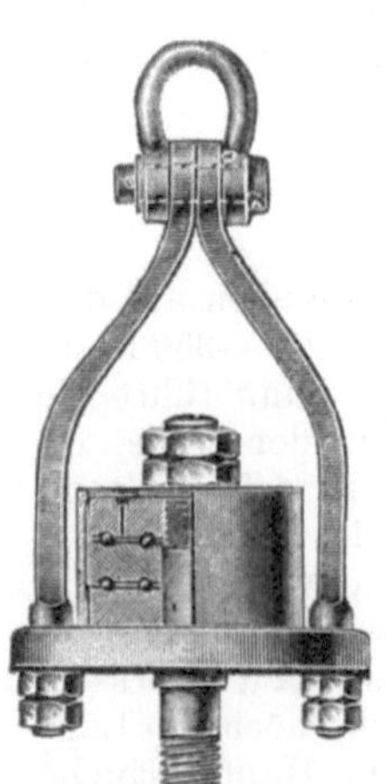

Fig. 214.
Spülkopf mit Kugellager von H. Mayer & Co.

Fig. 215.
Spülkopf-Rollenlager von Deseniss & Jacobi A.-G.

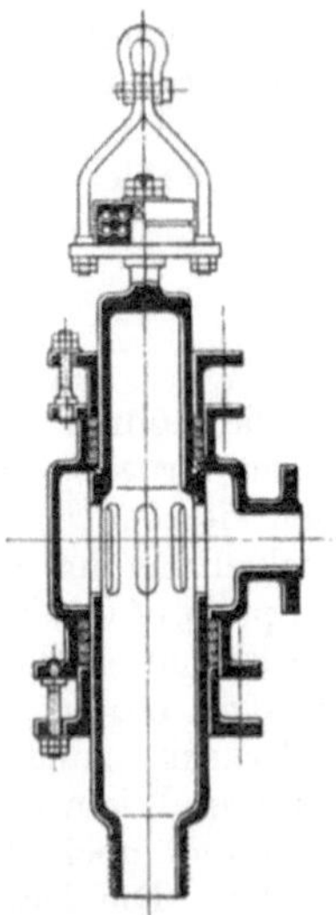

Fig. 216.
Schnitt durch einen Spülkopf (aus Ursinus, Kalender für Tiefbohr-Ingenieure).

Rohrenden, über die die Schläuche geschoben werden; alsdann bindet man sie mit Draht oder dgl. fest.

In der Druckleitung müssen ein Metall-Manometer und ein Sicherheitsventil vorhanden sein. Das erstere ist so in die Leitung einzuschalten, daß es der Krückelführer immer gut vor Augen hat.

C. Die Spülköpfe.

Die Spülköpfe (Holländer) verbinden den Druckschlauch mit dem Hohlgestänge und dienen zugleich als Wirbelstücke. Der Spülkopf muß die Drehung des Gestänges ermöglichen, ohne daß sich der Druckschlauch mitdreht, sowie den Vorschub des Gestänges entsprechend dem Tieferrücken der Bohrlochssohle gestatten. Sie werden in verschiedenen Formen ausgeführt.

Ein einfacher Spülkopf (Fig. 211) besteht aus einem festen Gehäuse mit schmiedeeisernem Bogen und einem Anschlußstück aus Messing; am oberen Ende besitzt er einen Drehwirbel. Ein solcher Spülkopf kann bloß bei einfacher Spülbohrung verwendet werden.

Weit besser und vorteilhafter sind die Spülköpfe mit Stopfbüchsen; man unterscheidet bei ihnen solche mit einer und mit zwei Stopfbüchsen. Bei besonders schwerem Spülgestänge wird der Holländer auch noch mit Rollenlagern oder Kugellagern versehen, um die Drehbewegung zu erleichtern.

Wenn die Bohrköpfe nur eine Stopfbüchse besitzen (Fig. 212), dann wird der Druckschlauch mit dem Spülkopfe durch ein Bogenstück verbunden; die Wasserzuführung erfolgt von oben.

Besitzen die Spülköpfe eine doppelte Stopfbüchse (Fig. 213), dann erfolgt die Wasserzuführung von der Seite her; am oberen Ende ist der Aufhängebügel mit dem Drehwirbel angebracht.

Die Abbildungen 214 und 215 zeigen die Aufhängung des Spülkopfes mittels Kugel- bzw. Rollenlagers.

Fig. 216 stellt den Schnitt durch einen Spülkopf mit Kugellager und doppelter Stopfbüchse vor.

D. Der Wasserabfluß.

Bei direkter Spülung kann man, wenn es sich um einfache Bohrbetriebe handelt, das Wasser über den Oberrand des Bohrtäuchers abfließen lassen; es gibt zu diesem Zwecke Bohrtäucher, die mit einer seitlichen Ausgußschnauze versehen sind; unter dieser Schnauze liegt ein Gefluder, welches das Wasser zu der Kläranlage leitet. Will man das Wasser in einer geschlossenen Leitung abführen, so benutzt man ein Ausgußstück, welches seitlich einen Anschlußstutzen besitzt (Fig. 217); für den Eintritt des Hohlgestänges ist es oben offen. Ähnlich dem eben beschriebenen ist der Ausguß von Deseniss und Jacobi (Fig. 218); er unterscheidet sich von ihm nur durch den doppelten Ablauf.

Die indirekte Spülung wird angewendet, wenn der Bohrlochsdurchmesser so groß ist, daß der im Bohrloche aufsteigende Spülstrom nicht mehr die erforderliche Geschwindigkeit besitzt, um noch den Bohrschmant heben zu können, sowie bei einigen besonderen Bohrverfahren. Weil das abfließende Spülwasser im Arbeitsgestänge noch über den Oberrand der Verrohrung hinaus geleitet werden muß, wird auf diese ein geschlossener Preßkopf aufgesetzt. Ein solcher besitzt einen seitlichen Stutzen für den Anschluß der Druckleitung und oben für den Eintritt des Gestänges eine Stopfbüchse (Fig. 219).

Fig. 217.
Bohrtäucher mit Ausgußstutzen.

Fig. 218.
Ausguß mit doppeltem Ablauf von Deseniss & Jacobi A.-G.

Fig. 219.
Bohrrohr-Spülkopf mit Stopfbüchsenrohr von Trauzl.

E. Die Kläranlagen.

Wenn es möglich ist, setzt man das Bohrloch an einen Wasserlauf oder an einen Teich, so daß man immer das erforderliche Spülwasser frisch und sauber entnehmen kann. Wo Wassermangel herrscht, muß man das Spülwasser immer wieder von neuem benutzen und hat nur nötig, verloren gegangenes Wasser zu ergänzen. Natürlich muß das Spülwasser vor dem Wiedereintritt in das Bohrloch geklärt werden. Dies geschieht je nach der Feinheit des Schmantes in einem oder in mehreren hintereinanderliegenden Klärbecken. Ist die Bohrung nur klein und der Schmant verhältnismäßig grob, so genügt auch schon ein einziger Bottich.

Auch wenn das Spülwasser nicht mehr von neuem benutzt wird, soll man es durch eine Kläranlage (Fig. 220) leiten, um Bohrproben zu gewinnen. Eine solche Kläranlage besteht aus einem Gefluder a, welches durch einen Schieber b geschlossen werden kann. Vor diesem Schieber geht eine Nebenleitung c, die ebenfalls durch die Schieber d und f geschlossen werden kann, zu dem Klärbecken e und von da unterhalb des Schiebers b wieder in das Hauptgefluder a zurück. Sollen Proben entnommen werden, so wird der Schieber b geschlossen und Schieber d geöffnet. Um während des Reinigens von e jederzeit neue Proben nehmen zu können, kann man auch noch auf der gegenüberliegenden Seite von a eine ebensolche Kläranlage anbringen.

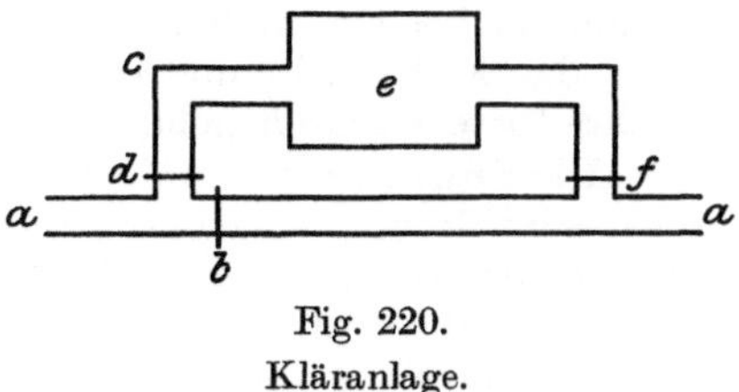

Fig. 220. Kläranlage.

Siebenter Teil.

Die hydraulischen Schlagbohrer.

Von Diplom-Bergingenieur **Hans Bansen.**

Bei der Bearbeitung benutzte Literatur.

W. Wolski: Über einige neue Bohrsysteme. Glückauf 1910, Nr. 44.

Hydraulische Tiefbohrvorrichtung, bei welcher das vom Motor nicht verbrauchte Wasser aus dem hohlen Meißel mit Spülwirkung austritt. Tiefbohrwesen 1908, Nr. 25. Tiefbohrwesen 1909, Nr. 8.

Die hydraulischen Bohrer oder Bohrwidder bedeuten insofern eine Vervollkommnung des Spülbohrverfahrens, als der Antrieb des Meißels von der Tagesfläche weg auf die Sohle des Bohrloches verlegt ist. Man braucht jetzt über Tage nur noch eine Lokomobile zur Krafterzeugung, eine Spülpumpe und ein Förderkabel. Die Vorteile des hydraulischen Meißelantriebes sind, wie Ursinus in seinem Kalender für Tiefbohr-Ingenieure angibt, folgende:

1. Eine größere Betriebssicherheit, weil ein ruhig hängendes Gestänge von den Brüchen, dem gefährlichsten Feinde jeder Tiefbohrung, unbedingt verschont bleibt.

2. Vollständige Unabhängigkeit von der Teufe, weil die mechanischen Bedingungen der Meißelbewegung dieselben bleiben, ob man in 10 oder 1000 m Tiefe arbeitet.

3. Vorteilhaftere Kraftübertragung, weil die durch den Druckwasserstrom nach der Sohle vermittelte Betriebskraft hier ganz

und ausschließlich zur Bewegung der arbeitenden Teile dient, anstatt sich in der unnötigen Arbeit der Gestängebewegung, der Erschütterungen, Stöße und dgl. zum großen Teile zu verlieren.

4. Die Möglichkeit einer unbegrenzten Steigerung des an die Sohle abgegebenen mechanischen Effektes, jenes Faktors, welcher in erster Linie für den Fortschritt der Bohrung maßgebend ist, während bei den anderen Tiefbohrsystemen die Zahl der Meißelschläge, das Fallgewicht und die Fallhöhe an gewisse, praktisch nicht überschreitbare Grenzen gebunden erscheinen.

5. Die Spülung des Bohrloches (und zwar eine sehr ausgiebige) durch das im Motor verbrauchte Druckwasser, welche sich hier von selbst gleichsam als Nebenvorteil ergibt.

6. Die Schonung des gesamten Bohrinventars wie bei keinem anderen Bohrsysteme, vor allem des Gestänges, welches eine geradezu unbegrenzte Verwendungsdauer erhält.

7. Weitere praktische Vorteile: Das Gestänge bleibt während der Bohrarbeit am Förderseile hängen, braucht demnach nicht jedesmal an den Schwengel an- und ausgekuppelt zu werden. Man kann die ganze Stangenlänge (10—15 m) ohne Unterbrechung auf einmal abbohren. Der Bohrkran ist vereinfacht, weil der Schwengel wegfällt; er kann leichter gebaut sein, weil er keine Erschütterungen zu erleiden hat.

Von allen bis jetzt aufgekommenen hydraulischen Schlagbohrern ist der bekannteste der des Bergingenieurs von Wolski. Er sei im folgenden zunächst an Hand einer Prinzipskizze (Fig. 221) beschrieben. Der Motor besteht aus dem Arbeitszylinder C, in welchem sich der Kolben K mit dem Meißel bewegt. Solange die Spülung außer Betrieb ist, wird der Kolben von der Meißelfeder F hochgehalten, so daß der Meißel die Sohle nicht berührt. Gleichzeitig wird das Ventil V von der Ventilfeder f offen gehalten. Wird die Spülpumpe in Gang gesetzt, und hat der Spülstrom eine solche Geschwindigkeit erreicht, daß der auf die Oberfläche von V wirkende Wasserdruck die Spannung der Ventilfeder f überwinden kann, dann wird das Ventil V geschlossen. Das Wasser kann nun nicht mehr durch die Kanäle r zur Bohrlochssohle und von da zu Tage fließen. Es tritt ein Waserschlag ein, der sich auch in den stählernen Arbeitszylinder fortpflanzt und den Kolben K mit dem Meißel so weit vortreibt, daß letzterer die Sohle erreicht und still stehen bleibt. Dadurch wird ein plötzlicher Stillstand der im Schuß befindlichen Wassersäule hervorgerufen und ein zweiter Wasserschlag erzeugt, der nach oben, also dem Spülstrome entgegen, wirkt. Er darf sich aber nicht durch das ganze Gestänge bis zu Tage fortpflanzen, weil das Gestänge diesen heftigen Schlägen nicht gewachsen wäre; er verläuft im Windkessel W, der etwa 10 m über dem Schlagapparate angebracht und durch das Schlagrohr von ihm getrennt ist. Infolge der nun plötzlich eintretenden Druckentlastung öffnet sich das Ventil V, und das Wasser kann nun wieder mit zunehmender Geschwindigkeit nach unten strömen, bis sich das Ventil unter seiner Einwirkung von neuem schließt. Dadurch wird der Meißel wieder vorgetrieben.

Eine praktisch zweckmäßige Ausführungsform des Wolskischen Bohrwidders zeigen die Figuren 222 und 223. In Fig. 222 stellt v das Tellerventil vor, welches von der Feder f dem Wasserstrome entgegen geöffnet wird; ist das Ventil geschlossen, so treibt der plötzlich eintretende Wasserschlag den Kolben k und den mit ihm mittels der Kolbenstange s verbundenen Meißel m vor. In dem Augenblicke, in welchem der Meißel aufschlägt, entsteht ein zweiter Wasserschlag, welcher das Ventil v entlastet, so daß es sich unter der Einwirkung von Feder f öffnen kann. Weil nun das Spülwasser wieder freien Durchgang nach der Bohr-

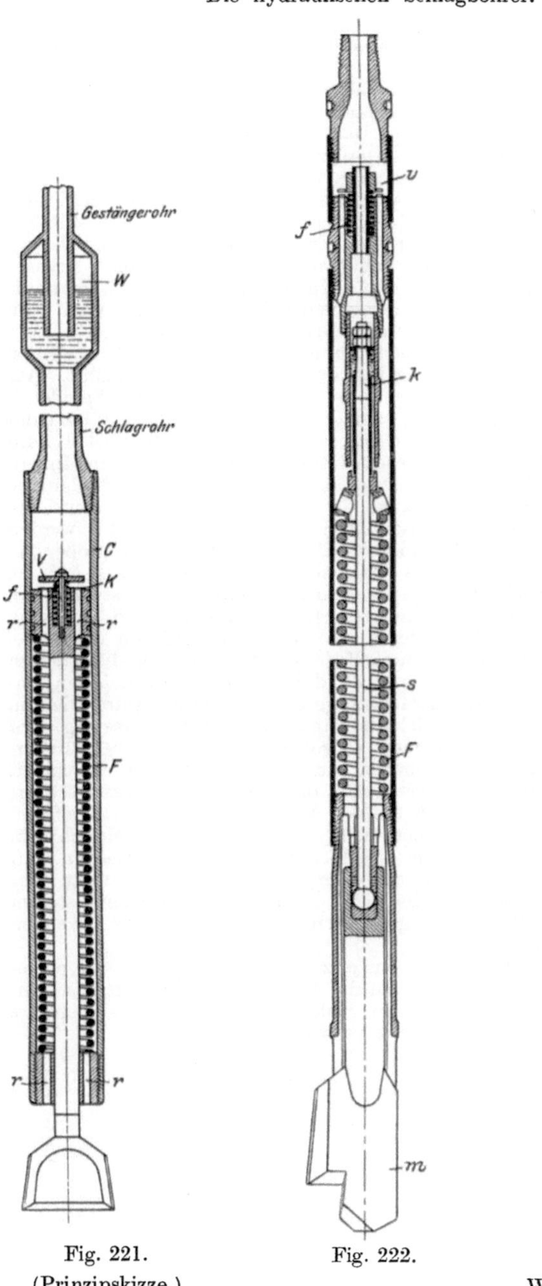

Fig. 221.
(Prinzipskizze.)

Fig. 222.

Bohrwidder von Wolski.

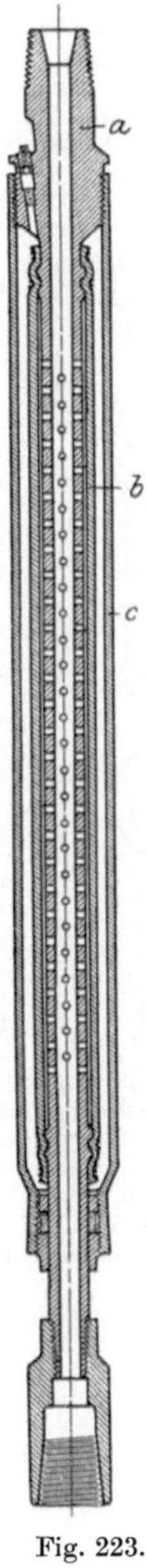

Fig. 223.
Windkessel zu Wolskis Bohrwidder.

lochssohle bekommt, wird der Kolben k entlastet und der Meißel von der Feder F angehoben.

Der Windkessel besteht aus einem Rohre a (Fig. 223), welches siebartig durchlocht und mit einem starken Gummimantel b versehen ist. Dieser Mantel ist an beiden Enden fest mit a verbunden. Darüber ist der luftdicht schließende Mantel c geschoben, der so weit sein muß, daß zwischen ihm und dem Gummimantel b ein Luftpolster von hinreichender Größe verbleibt.

Ein neuerer Schlagapparat ist der von Franz Bade i. F. C. Reez Nachfolger in Peine, DRP. 216 717 (Fig. 224). Am unteren Ende des Hohlgestänges a ist ein Windkessel mit unmittelbar anschließendem Arbeitszylinder b angebracht. In diesem bewegt sich der hohle Arbeitskolben c, der von der Feder e getragen wird. Im Zylinder b ist die feste Brücke f, im Kolben c die feste Brücke h angebracht. In diesen beiden Brücken werden die Spindeln d_1 und d_2 des Tellerventiles d geführt. Auf der Brücke f sitzt die Ventilfeder i auf; die Spindel d_2 hat oben den Anschlag k, der verstellbar ist, um das Spiel des Ventiles d zu beeinflussen. Die Spindel d_1 wird durch einen federnden Ring g gebremst, der im Innern der Brücke h untergebracht ist. Wird die Spülpumpe angelassen, so wird der Kolben c zusammen mit dem Ventile d vorgeschoben; die Federn e und i werden gespannt. Ist hierbei die Spannung von i größer geworden als die Summe des Wasserdruckes auf die Ventilfläche d plus dem Reibungswiderstande im Bremsringe g, dann öffnet sich das Ventil d, und das Wasser schießt durch den hohlen Kolben auf die Sohle. Nun kommt die Meißelfeder e zur Wirkung und wirft den Kolben c so weit zurück, daß das Ventil d durch den Anprall an die Brücke f geschlossen wird. Durch den in diesem Augenblick eintretenden neuen Wasserschlag wird der Kolben wieder vorgetrieben; in demselben Augenblicke in welchem der Meißel auf das Gestein aufschlägt, entsteht ein neuer nach oben gerichteter Wasserschlag; der Wasserdruck auf das Ventil vermindert sich infolgedessen; es öffnet sich, und der Kolben geht zurück. Schlägt aber der Meißel nicht auf das Gestein auf, so öffnet sich das Ventil d erst dann, wenn der Kolben so weit vorgeschoben ist, daß die Feder i hinreichend gespannt ist, um den Reibungswiderstand im Bremsringe g und den auf die Ventilfläche wirkenden Wasserdruck überwinden zu können.

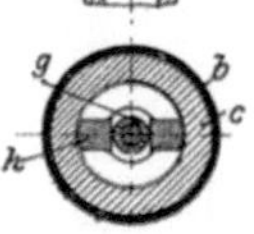

Fig. 224. Hydraulischer Bohrwidder von F. Bade (aus Glückauf 1909 Nr. 51).

Die hydraulischen Schlagbohrer sind bis jetzt betriebsmäßig zu wenig eingeführt, als daß es sich verlohnte, näher auf die Theorie ihrer Arbeitsweise einzugehen; diese ist in dem Ursinusschen Kalender für Tiefbohr-Ingenieure eingehend behandelt, und sei hier darauf verwiesen.

Achter Teil.

Elektrischer Antrieb des Meißels unmittelbar über der Bohrlochs-Sohle.

Von Diplom-Bergingenieur **Hans Bansen.**

Die Deutsche Tiefbohr-Aktiengesellschaft in Nordhausen benutzt als Antriebsmotor für den Meißel ein oder mehrere Solenoide, die an einem Bohrgestänge oder aber an einem hohlen Seile ins Bohrloch eingelassen werden (DRP. 156 926). Die beiden Solenoide b (Fig. 225) sitzen übereinander in einer Hülse a; zu jedem Solenoid gehört ein Eisenkern c, der den Meißel trägt und gleichzeitig als Schwerstange dient. Diese Schwerstange hängt frei in der Feder d, welche beim Vorwärtsgange zusammengedrückt wird und dadurch die Kraft zum Rückstoße des Meißels hergibt; dieser Rückstoß wird durch die Feder e aufgefangen, wodurch gleichzeitig die Umkehr der Meißelbewegung erleichtert wird; ferner erhält der Meißel durch diese beiden Federn einen gedämpften, hüpfenden und federnden Schlag, der Brüche verhütet.

Damit die Solenoide nicht durch das Bohrlochswasser beschädigt werden, liegen sie dicht eingekapselt in einem Raum, der von der äußeren Hülse a, dem inneren Rohre g, dem Widerlager f und dem festen Kontaktstutzen h gebildet wird; dieser Raum ist außerdem noch mit Isolieröl angefüllt, um jedes Eindringen von Wasser unmöglich zu machen. Damit sich der spezifische Druck dieses Öles dem äußeren hydrostatischen Drucke anpassen kann, ist in dem Stopfen i des Widerlagers f eine feine Öffnung vorhanden, damit das Wasser in die Wasserkammer m gelangen kann; es bleibt aber wegen seines höheren spezifischen Gewichtes immer unterhalb des leichteren Öles.

Das Umsetzen des Meißels wird durch die Drallzüge r bewirkt, welche am unteren Ende der Schwerstange angebracht sind. Diese Gewindegänge greifen in eine lose drehbare Mutter v ein, welche Kegelform besitzt und in einem entsprechend trichterförmigen Sitze w der Meißelführung k liegt. Sobald über Tage der elektrische Strom geschlossen wird, schleudern die Solenoide die Schwerstange mit dem Meißel nach unten; dabei setzt sich die Mutter v in ihrem Sitze w fest, so daß der Meißel umgesetzt wird. Beim Rückwärtsgange der Schwerstange wird sie nach oben mitgenommen, bis sie gegen einen Anschlag u stößt; wenn nun die Schwerstange noch weiter aufwärts geht, wird die Mutter v gedreht.

Der Vorschub des Bohrapparates wird von Tage aus bewirkt, sobald der Meißel einen zu großen Hub angenommen hat. Zu diesem Zwecke ist eine elektrische Alarmvorrichtung

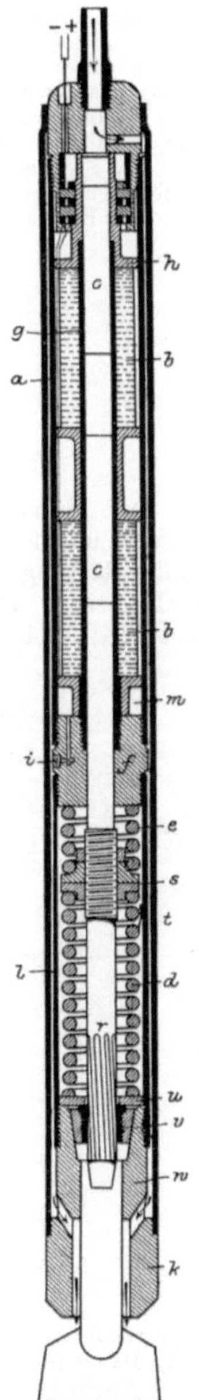

Fig. 225. Elektrischer Schlagbohrer der DTA.

vorhanden, welche aus dem Kontaktringe s und dem federnden Kontaktstücke t besteht. Solange als der Meißel die normale Hubhöhe hat, kommt s mit t nicht in Berührung; wird aber der Hub zu groß, dann streift bei jedesmaligem Vorwärtsgange des Meißels s an t; es wird dann ein Stromkreis geschlossen, der über Tage ein elektrisches Läutewerk zum Ertönen bringt und dadurch das Zeichen zum Nachlassen gibt.

Das Spülwasser nimmt den durch die Pfeile angegebenen Weg, d. h. es fließt durch den ringförmigen Raum zwischen dem äußeren Mantelrohre und den Hülsen a bzw. l zur Bohrerführung k.

Neunter Teil.

Das Spritzbohren.

Von Diplom-Bergingenieur **Hans Bansen.**

Das Spritzbohren wird auch dänisches Bohrverfahren genannt und ist dadurch gekennzeichnet, daß man in das Bohrloch ein hohles Gestänge einhängt, aus welchem der Druckwasserstrahl gegen die Sohle spritzt. Das Gestänge kann bei geringer Bohrtiefe aus Gasröhren bestehen; es ist gut, wenn man es am unteren Ende mit einer Spritzdüse versieht, weil dadurch die bohrende Wirkung des Wasserstrahles erhöht wird. Das Verfahren eignet sich aber nur für weiches Gebirge wie Sand, Ton usw. Auch muß die Verrohrung immer sofort mitgeführt werden oder besser dem bohrenden Wasserstrahle voraus sein, so daß dieser nur das von der Verrohrung umschlossene Gebirge löst. Trifft man auf härtere Gebirgsschichten, so muß man diese mit dem Meißel oder anderen geeigneten Werkzeugen durchbohren.

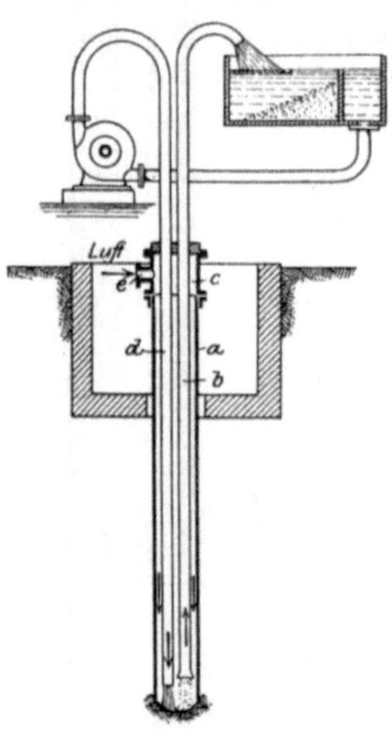

Fig. 226. Spritzbohreinrichtung von H. Bauer (aus Tiefbohrwesen 1909 Nr. 8).

Vielleicht dürfte es sich empfehlen, auch im Bohrbetriebe Versuche mit Wasserstrahlen von hohem Druck (bis 100 Atmosphären) anzustellen; es ist möglich, daß dann auch harte Gesteinsschichten ohne Anwendung eines besonderen Bohrwerkzeuges durchspritzt werden können. Beispielsweise hat man auf der Konkordiagrube bei Zabrze mit einem bleistiftdicken Wasserstrahl von 60 Atmosphären Spannung durch Ziegelmauerwerk ein Loch spritzen können. In einem anderen Falle benutzte man auf derselben Grube beim Schachtabteufen im toten Wasser einen hochgespannten Wasserstrahl mit Sandzusatz, um unter dem steckengebliebenen Schneidschuhe des Senkschachtes die harten Sandsteinbänke zu beseitigen. Es muß also auch im Tiefbohrbetriebe möglich sein, ähnliche Erfolge zu erzielen; es wird sich nur darum handeln, geeignete Spritzdüsen zu schaffen, mit denen man den richtigen Bohrlochsdurchmesser innehalten kann.

Das Spritzwasser geht bei diesem Verfahren gerade so wie beim Spülbohren im Gestängerohr abwärts und steigt im Bohrloche zusammen mit dem aufgelösten Gebirge zu Tage. Diese Abwärtsbewegung des Spülwasserstromes soll nach dem DRP. 208 335 von H. Bauer in Darmstadt durch Anwendung einer Mammutpumpe unterstützt werden. Das Bohrloch ist mit einer Verrohrung a (Fig. 226) verkleidet, die oben durch ein Gußstück c abgeschlossen ist. Dieses dient als Führung für das Druckwasserrohr d und das Steigrohr b. Diesem letzteren wird von e aus Preßluft zugeführt, welche in b einen aufsteigenden Wasserstrom erzeugt. Das Strahlrohr d ist am unteren Ende so geformt, daß der Wasserstrahl unmittelbar auf die Mitte der Bohrlochssohle auftrifft.

Zehnter Teil.

Das Schnellschlagbohren.

Von Diplom-Bergingenieur **Hans Bansen.**

Bei der Bearbeitung benutzte Literatur.

Fritz Krull: Neue Bohrapparate auf der Lütticher Weltausstellung. Österreichische Zeitschrift für Berg- und Hüttenwesen 1905, Nr. 42.

Tiefbohrvorrichtung, bei welcher zwecks Änderung der Hubgröße der Schwengeldrehpunkt in wagerechter Richtung verschiebbar ist. Tiefbohrwesen 1910, Nr. 2.

Buhrbanck: Das Rakysche Tiefbohrverfahren. Glückauf 1896, Nr. 12.

Buhrbanck: Nachlaßvorrichtung beim Rakyschen Tiefbohrverfahren. Glückauf 1898, Nr. 4

H. Mentzel. Tiefbohrverfahren der Zeche Rheinpreußen. Glückauf 1901, Nr. 35.

Tiefbohrvorrichtung mit Ausgleichung des Gestänges durch Gegengewichte und mit Nachlaßvorrichtung (Schnellschlagapparat Lapp). Organ des Vereins der Bohrtechniker 1904, Nr. 11.

Neues aus der Tiefbohrtechnik. Tiefbohrwesen 1910, Nr. 17.

A. Allgemeines.

Das Schnellschlagbohren hat seinen Namen daher, daß bei ihm mit einer großen Zahl von Schlägen, jedoch mit ganz geringer Hubhöhe gearbeitet wird. Es kann trocken oder mit Spülbohrung betrieben werden; das letztere überwiegt. Charakteristisch für das Verfahren ist, daß man mit steifem Gestänge bis auf Tiefen von über 1000 m bohren kann. So erbohrte beispielsweise Fauck im Ostrauer Bezirk und bei Wels in Oberösterreich Tiefen von 1050 m. Gestängestauchungen oder Brüche treten trotzdem nicht ein, weil das Gestänge stets auf Zug beansprucht bleibt. Wenn sich nämlich der stillstehende Schwengelkopf in der tiefsten Lage befindet, berührt der Meißel noch nicht die Bohrlochssohle. Sobald aber der Schwengel in Gang gesetzt wird, kommen die eigenartigen Federvorrichtungen zur Geltung, die am Schwengellager, am Kurbeltriebe oder an sonstigen anderen Stellen angebracht sind; sie bewirken, daß der geringe Hub der Antriebskurbel von 5—15 cm sich um die Ausdehnungsmöglichkeit der Federn vergrößert. Infolgedessen kann der Meißel doch noch die Bohrlochssohle berühren, sobald die normale Schlagzahl erreicht ist. Jedoch bleibt er mit dem Gestein nicht längere Zeit in Berührung, wie es beim Freifallbohren der Fall ist, weil bei diesem Verfahren der Schlag „sitzen" muß; er „tippt" vielmehr gegen das Gestein und wird sofort wieder abgehoben. Dieses Auftippen ist eine Folge der großen Schlagzahl (bis 200 Schläge/min) und der Federwirkung; denn im Augenblicke des Aufschlagens kommen die Federn zur Geltung und heben das Gestänge sofort wieder an. Dadurch wird es auch vor schädlichen Stauchungen bewahrt.

Auch die Leistungen sind recht günstig. Man hat mit verschiedenen Schnellschlag-Bohrverfahren, natürlich nur unter besonders günstigen Umständen, schon häufig Tagesleistungen von über 100 m erzielt. Das Schnellschlag-System „Nordhausen" hat beispielsweise

bei Tiefen bis zu 400 m durchschnittliche Tagesleistungen von 20 m,

bei Tiefen bis zu 700 m durchschnittliche Tagesleistungen von 15 m

einschließlich aller Nebenarbeiten zu verzeichnen. Die Leistungen des Spül-Freifallbohrens wurden dadurch um mehr als das Doppelte übertroffen. Bei Bohrtiefen von mehr als 700 m muß man aber zum Diamantbohren übergehen, weil dann die Bohrleistung sinkt, und sich die Gestängebrüche mehren. Auch muß man die Diamantbohrung schon früher anwenden, wenn es sich darum handelt, Kerne zu gewinnen; abgesehen von einigen Schnellschlag-Bohrverfahren, die mit Verkehrtspülung arbeiten, ist dies bei der Mehrzahl von ihnen unmöglich. Die sich neuerdings immer mehr verbreitenden „Seilschlag-Bohrverfahren" lassen sich aber auch bei mehr als 600—700 m Tiefe anwenden, ohne daß die Gefahr von Gestängebrüchen zu befürchten wäre.

Mit Rücksicht darauf, daß sich nicht jede Gebirgsart für das Schnellschlagbohren eignet, daß bei großen Lochweiten und bei hartem Gestein das Freifallbohren mehr am Platze ist, daß schließlich Kerngewinnung bisher am sichersten nur mit der Diamantkrone möglich ist, werden jetzt vielfach „Universal-Bohrkräne" gebaut, d. h. Apparate, mit denen man je nach Bedarf entweder

Schnellschlag- und Freifallbohrungen oder
Schnellschlag- und Diamantbohrungen oder
Schnellschlag-, Freifall- und auch Diamantbohrungen und
Spül- und Trockenbohrungen

ausführen kann.

Die jetzt allgemein üblichen Schnellschlag-Bohrapparate lassen sich einteilen in

1. Schwengel-Apparate
   a) mit Nachlaßklemmen,

b) mit Nachlaßketten,
c) mit Nachlaßseilen.
2. Seilschlag-Bohrapparate
a) mit Schwengel,
b) ohne Schwengel.

B. Schwengel-Schnellschlagbohrapparate mit Nachlaßklemmen.

Das System Raky.

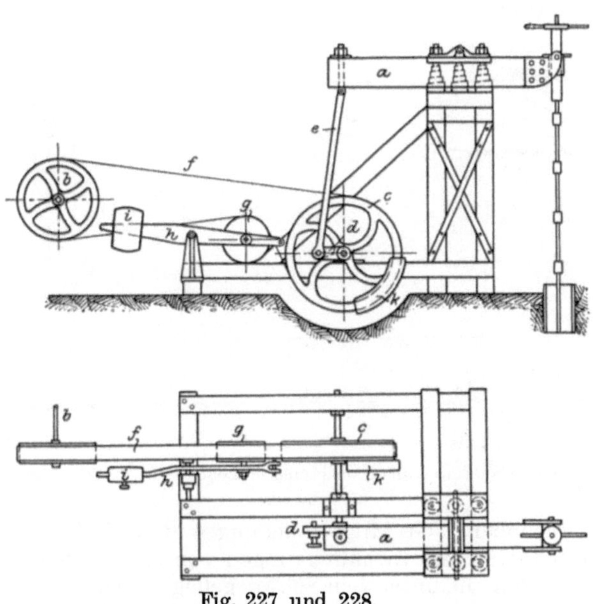

Fig. 227 und 228.
Schnellschlag-Apparat System Raky (Prinzipskizze).

Das Rakysche Bohrverfahren ist das älteste unter den Schnellschlag-Bohrsystemen. Es wird von der Internationalen Bohrgesellschaft, Akt.-Ges. in Erkelenz angewendet. Das Verfahren sei zunächst an Hand einer Prinzipskizze (Fig. 227 und 228) beschrieben. Der Schwengel a wird mittels Riementriebes f, Kurbel d und Kurbelstange e von der Maschine b aus angetrieben. Zum Zwecke der Kraftübertragung ist auf der Kurbelwelle eine Riemenscheibe c vorhanden. Der Treibriemen f wird von einer Spannrolle g gespannt gehalten. Diese sitzt auf einem zweiarmigen Hebel h, an dessen anderem Hebelarme das Gegengewicht i verschiebbar angebracht ist. Auf der Riemenscheibe c sitzt ein verstellbarer Ansatz k. Bei jeder Umdrehung der Riemenscheibe drückt dieser den Hebel h mit der Spannrolle nach unten; infolgedessen wird der Treibriemen schlaff, und das Gestänge kann frei abfallen. Die Höhe des Freifalles ist von der Länge des Ansatzes k abhängig. Der Zeitpunkt für den Beginn des Freifalles kann durch entsprechende Verschiebung von k auf c genau bestimmt werden. Sowie der Ansatz k den Hebel h verlassen hat, wird der Treibriemen f wieder straff gespannt und das

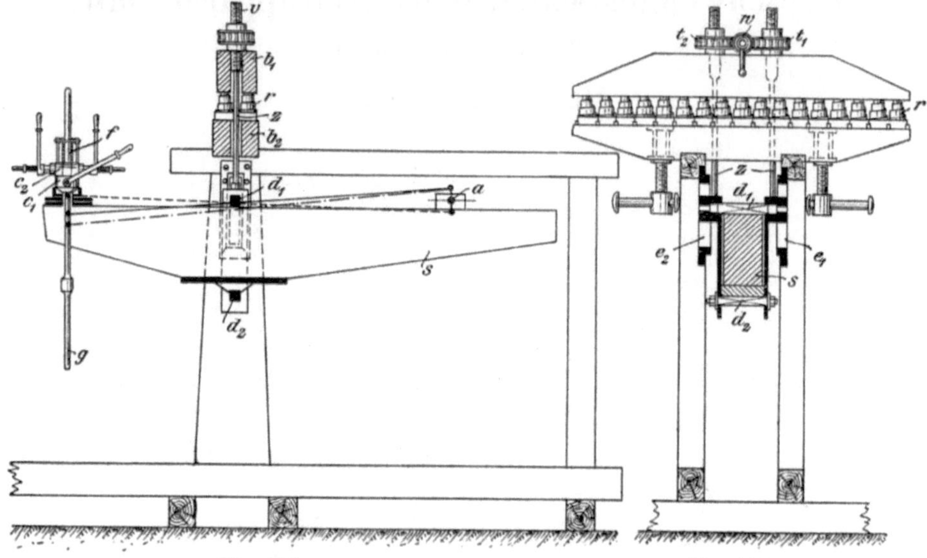

Fig. 229. Fig. 230.

Schnellschlagapparat System Raky (aus Heise-Herbst, Lehrbuch der Bergbaukunde I).

Gestänge angehoben. Gestängestauchungen und Prellschläge können nicht eintreten, weil alle Erschütterungen von einer Federbatterie aufgenommen werden, die unter dem Schwengellager angebracht ist. Durch diese Federbatterie wird erreicht, daß der Meißelhub größer ist als der der Kurbel. Ferner bewirkt sie, daß der Drehpunkt des Schwengels ständig wandert; beim Anheben des Gestänges bewegt er sich nach dem Schwengelkopfe zu, bei seinem Niedergange dagegen in der Richtung nach dem Schwengelschwanze.

Die Verlagerung des Schwengels ist aus den Figuren 229 und 230 zu ersehen. Im Gegensatz zu den bisher bekannten Bohreinrichtungen ruht der Schwengel nicht auf dem Bocke, sondern ist an ihm angehängt. Über dem Schwengel s befindet sich hier der Bolzen d_1, unter ihm der Bolzen d_2; beide Bolzen sind miteinander durch Wangenlaschen verbunden. d_1 ist an beiden Enden zu runden Zapfen abgedreht; diese ruhen in Schlitten, die in den senkrechten Führungen e_1 und e_2 verschiebbar sind. An diesen Schlitten greifen Zugstangen z an, die an ihren oberen Enden mit Schraubengewinde v versehen sind. Mit Hilfe der hier angebrachten Schnecke w und der Schneckenräder t_1 und t_2 kann der Schwengel gehoben und gesenkt werden. Je nachdem die Lager des Schwengels höher oder tiefer liegen, wird die Schlagwirkung des Meißels beeinflußt. Der Querbalken b_1, an dem der Schwengel hängt, ist durch eine doppelte Reihe kräftiger Pufferfedern r, die Federbatterie, gegen den unteren Querbalken b_2 verstrebt. Die Zahl dieser Federn hängt von der Bohrlochstiefe bzw. von dem Gestängegewichte ab. Mit zunehmender Tiefe des Bohrloches müssen immer mehr Federn eingesetzt werden; hierbei ist zu berücksichtigen, daß entsprechend dem Gestängegewichte immer Federn von doppelter Tragfähigkeit vorhanden sein müssen.

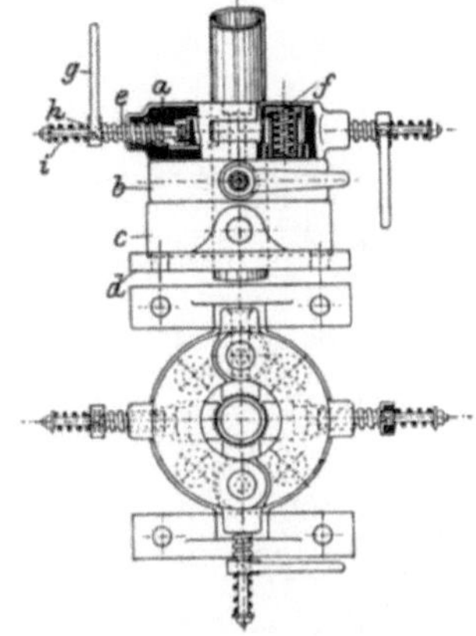

Fig. 231.
Springschlüssel von Raky (aus Ursinus, Kalender für Tiefbohr-Ingenieure).

Auch in der Art der Vorschubsregelung hat Raky eine sinnreiche Anordnung getroffen; sie gestattet, ohne Unterbrechung des Bohrbetriebes ständig das Gestänge tiefer zu lassen. Die Vorschubsvorrichtung (Fig. 231) besteht aus den beiden „Springschlüsseln" a und b, die von der Pfanne c getragen werden, welch letztere wiederum in den Lagern d drehbar ruht. Sowohl in a als auch in b sind Klemmbacken vorhanden, die mittels der Schraubenspindeln e an das Gestänge angepreßt werden können. Die Drehung dieser Schraubenspindeln erfolgt mit Hilfe der Schlüssel g, die durch Feder i auf dem Vierkant h der Spindel festgehalten werden. Soll das Gestänge nachgelassen werden, so werden die Klemmbacken des Springschlüssels a gelöst. Durch Federn f, die in a angebracht sind und gegen den Springschlüssel b drücken, wird ersterer um so viel angehoben, als der Federhub beträgt. Nun wird a wieder mit dem Gestänge verklemmt und alsdann die Verklemmung von b gelöst; infolgedessen geht das Gestänge so weit nach unten, daß a nun wieder auf b aufsitzt. Dadurch werden die Federn f wieder von neuem gespannt.

Der Schwengelbohrapparat „Nordhausen". (Fig. 232.)

Der Schwengel F ist im Schwengelbocke mittels der mit Bunden versehenen Hängestangen c an einem Trägerrahmen aufgehängt. Seine Achse G wird in seitlichen Führungsrahmen h geführt. Die Hängestangen c haben mehrere Bunde, die dazu dienen, den Schwengel zum Zwecke des Überspringens der Gestängemuffen beim Nachlassen ein Stück höher oder tiefer setzen zu können. Doch kann man diese zeitweilige Änderung in der Schwengelaufhängung vermeiden, wenn man 1—2 entsprechend längere Gestänge zur Einwechselung vorrätig hält. Am vorderen Ende hat der Schwengel einen Stahlgußkopf e, der beim Verrichten von Nebenarbeiten um den Bolzen i zurückgeklappt wird.

Zum Antriebe dient eine Kurbelwelle B, die mit der Antriebswelle A durch eine lösbare Reibungskuppelung K verbunden ist. Zwecks

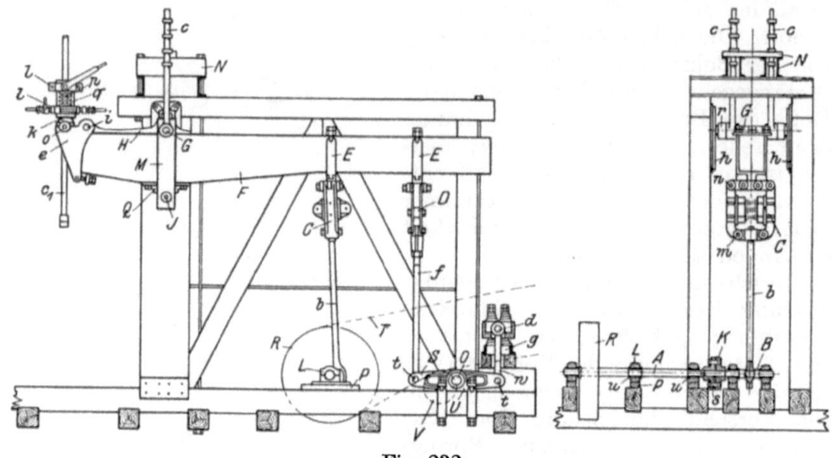

Fig. 232.
Schwengelbohrapparat „Nordhausen“.

Veränderung des Hubes, z. B. für Freifallbohrung, wird die Kurbelwelle B durch eine andere mit entsprechender Kröpfung ersetzt. Die Zugstange b, die den Schwengel mit der Kurbelwelle verbindet, ist mit einem eigentümlichen Gelenkviereck C versehen. In diesem Gelenkvierecke sind zwei starke wagerechte Federn vorhanden, die auf verschiedene Kraftwirkungen einstellbar sind. Trifft der Meißel auf die Bohrlochssohle auf, so gehen sie auseinander, und die senkrechten Schenkel des Gelenkviereckes werden auseinandergespreizt. Beim Anheben des Gestänges werden die Federn wieder zusammengedrückt; dadurch wird ähnlich wie bei Raky der Meißelhub gegenüber dem Kurbelhube vergrößert.

Zur Abfederung aller Stöße, Prellschläge und Gestängestauchungen ist die Federbatterie g vorhanden. Der Schwengelhub wird auf sie durch den zweiarmigen Hebel S und die Zugstange f übertragen. Auch in f ist ein Gelenkviereck D vorhanden, welches auseinandergespreizt wird, wenn sich irgendein Widerstand einstellt; doch kommt dieses Gelenkviereck erst bei mehr als 200—250 m Tiefe in Betracht.

Der Nachlaßapparat besteht aus dem auf dem Schwengelkopfe gelagerten Tragringe k und zwei Sprungschlüsseln l und ist dem von Raky ähnlich. Das Nachlassen kann auch mit einem Schneckengetriebe und mit Nachlaßketten bewirkt werden; man erspart dabei im Turme gegenüber der Arbeit mit Sprungschlüsseln 1—2 Mann und kann außerdem mit diesem Apparate gelegentlich das Gestänge ein Stück anheben.

Die Antriebskraft wird von der Lokomobile aus auf die Riemenscheibe R durch einen Treibriemen T übertragen; dieser Riemen wird durch die Spannrolle V federnd angedrückt.

Zum Antriebe des Schnellschlagapparates kann man jede Art von Motoren verwenden. Die Dampfkraft ist die am meisten angewendete; es kommen hier bei Bohrungen bis zu 600—700 m Tiefe Maschinen mit 10—15 PS in Betracht, wenn es sich allein um den Schwengelantrieb handelt; müssen aber auch noch eine Spülpumpe und ein Förderkabel in Gang gesetzt werden, so muß die Dampflokomobile 20—35 PS hergeben.

Bei Schnellschlagbohrungen arbeitet man im Anfang mit 90 bis 95 Hüben, bei 600 m Tiefe noch mit 65—70 Schlägen/min. Die Hubhöhe beträgt ungefähr 120 mm.

Soll mit Diamantbohrung gearbeitet werden, so wird der Dampfersparnis wegen der Rotationswagen häufig von der Welle A des Schnellschlagapparates anstatt vom Förderkabel aus angetrieben. Es wird dann die Kuppelung K der Schnellschlagwelle gelöst und dadurch der Bohrschwengel abgestellt.

Der Schnellschlagapparat von Heinrich Mayer & Co. in Nürnberg-Doos. (Fig. 233a und b.)

Dieser Bohrkran ist ein für alle Arten des Schlagbohrens eingerichteter Universalapparat; man kann also mit ihm Schnellschlag- und Freifallbohrung, sowie Spül- und Trockenbohrung ausführen. Seine Hauptwelle a hat drei Lager. Von ihr aus erfolgt die Kraftübertragung nach der Schwengelantriebswelle b mit zwei ausrückbaren Zahnradvorgelegen, die durch die Hebel 1 bzw. 2 bedient werden; hierdurch sowie durch das Umstecken der Pleuelstange c in eines der vier Löcher der Kurbelscheibe d wird der Gang des Schwengels e beeinflußt. Ferner hat der Schwengel zwei offene Lagerständer f; der vordere ist für den kleinen Schnellschlaghub, der hintere für den größeren Freifallhub bestimmt. Der Schwengel macht bei 150 Umdrehungen der Hauptwelle

bei Freifall 37,5 Hübe in der Minute,
bei Schnellschlag 100 Hübe in der Minute.

Er ist ein eiserner Doppelschwengel; d. h. er besteht aus zwei parallelen Schwengeln, die mit einer gemeinschaftlichen Achse versehen sind. Die Pleuelstange greift an zwei eisernen Zugstangen g an, die mittels Scharnierbolzen von je zwei Pufferfedern getragen werden.

Der Schwengelkopf trägt auf je drei Pufferfedern eine starke schmiedeeiserne Traverse h; an dieser hängt das mit Kugellagern und einer zweiten Traverse versehene Gelenkkettengehänge i. Außerdem dient die Traverse h dem über den Schwengel hinausragenden Gestänge als Führung.

Die Fördertrommel k sitzt hinter der Hauptwelle; ihre Welle ist zweiteilig und viermal gelagert. Die rechte Hälfte trägt das Antriebs-Stirnrad l und die Doppelexzenter-Kuppelung m. Auf der linken Wellen-

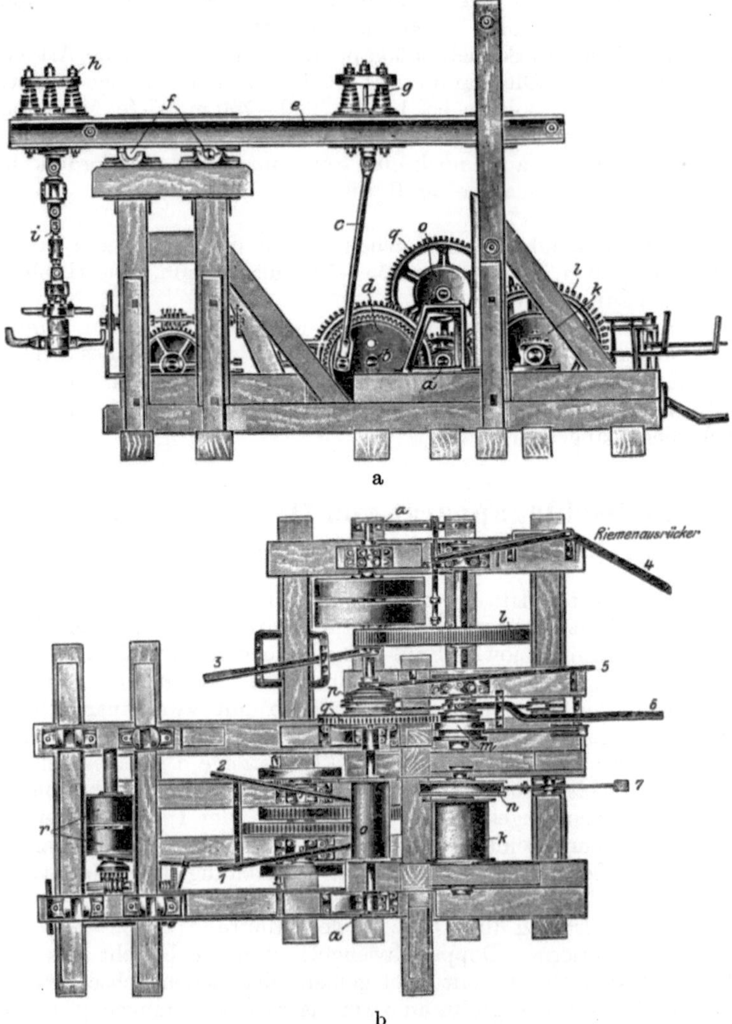

a

b

Fig. 233 a und b.
Schnellschlagbohrapparat von H. Mayer & Co.

hälfte sitzen die Trommel k und die Bremsscheibe n. Die Kuppelung m wird nur während des Ganges der Fördertrommel gebraucht, beispielsweise wenn das Gestänge hinuntergebremst wird. Während der Bohrarbeit wird mit Hilfe des Handhebels 3 das Stirnradgetriebe 1 ausgerückt.

Die Löffeltrommel o ist senkrecht über der Hauptwelle a untergebracht. Ihr Antrieb und Stillstand wird mittels der Reibungskuppelung p, die auf der Hauptwelle sitzt, und mittels der Zahnradübertragung q bewirkt.

Von der Hauptwelle a gehen nach vorn, d. h. auf das Bohrloch zu
die Ausrückhebel 1 und 2 für den schnellen bzw. langsamen Gang
der Schwengelantriebswelle b und
der Ausrückhebel 3 für die Fördertrommelwelle;
nach rückwärts zu liegen
der Riemenausrücker 4,
der Ausrückhebel 5 für die Löffeltrommel,
der Ausrückhebel 6 zur Doppelexzenter-Kuppelung der Fördertrommel und
der Bremshebel 7.

In der Nähe des Bohrloches ist vorn im Schwengelbocke eine Gestänge-Anhebe-Vorrichtung mit doppelter Seiltrommel r nebst Schneckengetriebe, Klauenkuppelung, Zahnradvorgelege und Handrad angebracht. Zum Nachlassen wird die in Fig. 114 dargestellte patentierte Nachlaßvorrichtung benutzt.

C. Schwengel-Schnellschlagbohrapparate mit Nachlaßketten.

Das System Thumann. (Fig. 234 und 235.)

Die Kontinentale Tiefbohrgesellschaft vormals H. Thumann m. b H. in Halle benutzt eine Bohreinrichtung, die für Schnellschlag und für Freifali verwendbar ist. Der Schwengel ist zweiteilig und besteht aus dem Unterschwengel a (vorderer Teil) und dem Oberschwengel b (hinterer Teil). Der Oberschwengel ist ein einarmiger Hebel mit den Lagern bei i und kastenartig aus . Stahlblech zusammengenietet. Der Unterschwengel ist ein zweiarmiger Hebel und auf dem Bocke n verlagert. Zwischen beiden Schwengeln ist die Federbatterie c eingesetzt. d sind Gegengewichte für den Ausgleich des Gestängegewichtes.

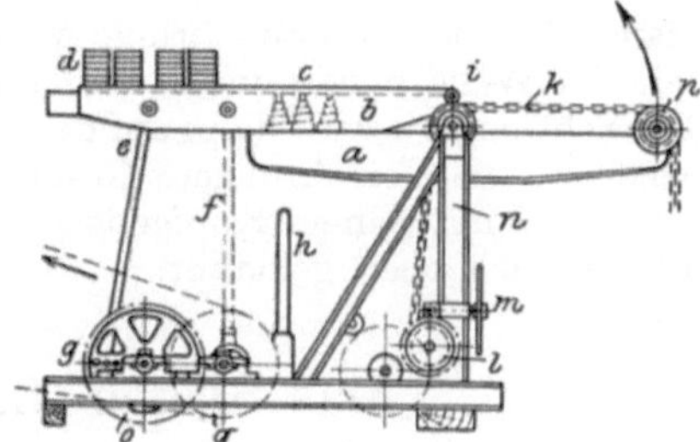

Fig. 234.
Bohrapparat System Thumann (aus Ursinus, Kalender für Tiefbohr-Ingenieure).

Das Nachlassen erfolgt mittels der Kette k, die über die Rollen p und i nach dem Haspel geleitet wird; letzterer wird mit Hilfe der Schnecke l und des Handrades m bedient.

Zum Schwengelantrieb dienen die Hauptwelle q, die von der Maschine aus durch einen Riemen in Gang gesetzt wird, und die Exzenter-

Fig. 235.
Fahrbarer Bohrapparat System Thumann.

stange f. Bei Freifallbohrung wird f ausgehängt, die Pleuelstange e mit der Welle o verbunden und das Zahnradgetriebe q o eingerückt. Der Schwengel a wird dann auf dem Prellstempel h geprellt. Bei Nebenarbeiten, wie Verrohrungen, Gestängeförderung usw., wird der Unterschwengel mit seinem Kopfende in der Richtung des bei p befindlichen Pfeiles nach oben geklappt.

Das System Lapp. (Fig. 236.)

Der Schwengelbock trägt den Schwengel i. Als Nachlaßvorrichtung dient die Gelenkkette c, die mittels der Schlittenführung f in der Längsrichtung des Schwengels verschoben werden kann. An ihrem hinteren Ende sind an der Kette c die Gegengewichte d angehängt; an ihrem anderen Ende trägt sie das Gestänge e. Zum Nachlassen dient die Nachlaßvorrichtung h, die mittels der Stellvorrichtung n bedient wird. Zwischen der Nachlaßvorrichtung und dem Stoßfangwinkel g sind Federn eingeschaltet, welche die Stöße des Bohrgestänges aufnehmen sollen. Der Schwengelantrieb wird mittels einer Kurbel und Kurbelstange bewerkstelligt.

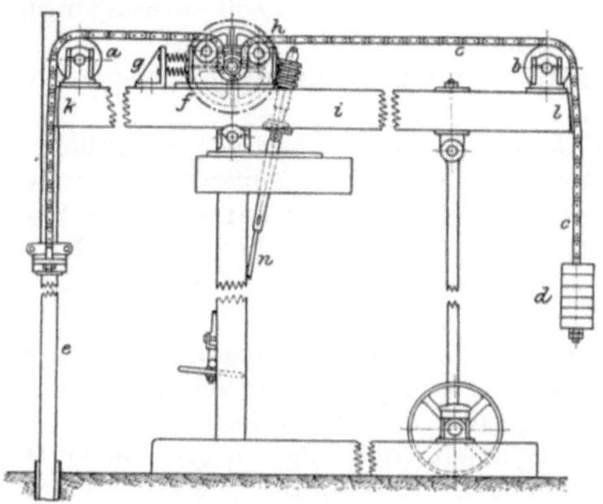

Fig. 236.
Schnellschlag-Apparat System Lapp
(aus Organ des Vereins der Bohrtechniker 1904 Nr. 11).

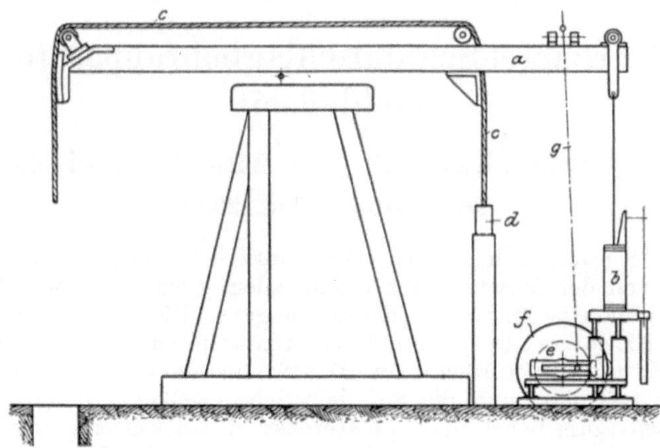

Fig. 237.
Freifall- und Schnellschlagapparat von Lapp.

Diese Bohreinrichtung ist von Lapp durch Hinzufügung eines Kurbelgetriebes (DRP. 219115) verbessert worden. Der Schwengel a (Fig. 237) wird ebenso wie eben beschrieben von einer liegenden oder stehenden Maschine b angetrieben. c ist die Nachlaßkette, d das Gestängegegengewicht. Außerdem ist nun noch das Kurbelgetriebe e mit dem Schwungrade f vorhanden, welches in keinerlei direktem Zusammenhange mit der Antriebsmaschine steht, sondern von ihr auf dem Umwege über den Schwengel a und die Pleuelstange g in Gang gesetzt wird. Die Umdrehungszahl des Schwungrades f ist zweckmäßig höher als die der Kurbel e. Dieses Getriebe soll sozusagen nur als Regulator dienen und hat folgende Vorteile:

1. Der Apparat kann für Schnellschlag und Freifall verwendet werden.

2. Bei Freifall tritt häufig ein heftiger, schädlicher Schlag auf die Antriebsvorrichtung ein, wenn der Meißel z. B. im weichen Gebirge, beim Nachbohren usw., keinen oder nur geringen Widerstand findet. Auch wird die Steuerung dadurch erschwert. Das Kurbelgetriebe hebt diesen Schlag auf und sichert den genauen Gang der Betriebsdampfmaschine.

3. Die Hubzahl der Freifall-Bohranlage (höchstens 45—50) kann bis zu der von Schnellschlagbohrungen vergrößert werden, natürlich unter gleichzeitiger Verringerung der Hubhöhe.

4. Das Kurbelgetriebe übt eine ausgleichende Wirkung auf die Last des Bohrzeuges aus; das Gestängegewicht braucht nicht mehr so peinlich genau wie bei anderen Freifalleinrichtungen ausgeglichen zu werden.

D. Schwengel-Schnellschlagbohrapparate mit Nachlaßseil.

Das System „Expreß“ von Albert Fauck & Co. in Wien. (Fig. 238.)

Der Schwengel a, dessen Drehpunkt bei b liegt, erhält seinen Antrieb von der Maschine aus durch einen Riemen c, eine Riemenscheibe d und eine Zugstange (Kurbelstange) e. Die Riemenscheibe liegt auf der Exzenterwelle f, deren Exzentrizität je nach den Betriebsverhältnissen geändert werden kann. Das Nachlaßseil g geht vom Haspel h über die Leitrolle i und die auf dem Schwengelkopfe untergebrachte Kopfscheibe zum Bohrloche. Letztere ist mit Rücksicht auf die Nebenarbeiten auf dem Schwengelkopfe verschiebbar. Das Nachlassen wird mittels der Schnecke l und des Handrades m bewerkstelligt. Die Federbatterie (Ausgleichsfeder) n liegt in einem Gehäuse, das etwa unter der Mitte des Kraftarmes angebracht ist; über und unter dem Federgehäuse sind Gelenke o bzw. p vorhanden. Die Spannung der Federn wird je nach dem Gewichte des Bohrzeuges mit Hilfe der Spindel q und des Handrades r geändert. Die Federbatterie hilft dem Motor das Gestänge anzuheben und erleichtert die Umkehr der Schwengelbewegung.

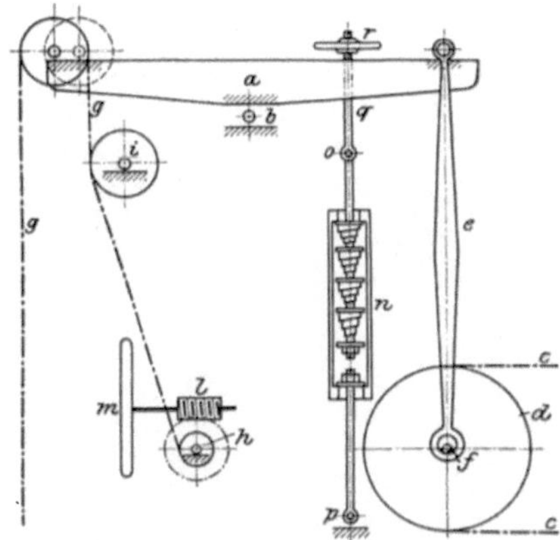

Fig. 238.
Schnellschlagapparat System Express.

Fig. 239 a. Express-Dampfbohrkran, Type I, II, III zum Herstellen von Bohrlöchern bis auf 1500, 1000 und 500 m Tiefe.

Fig. 239 b.
Express-Dampfbohrkran, Type I, II, III zum Herstellen von Bohrlöchern bis auf 1500, 1000 und 500 m Tiefe.

Der Meißelhub ist gleich dem doppelten Kurbelhube, weil ja die beiden von der Kopfrolle ausgehenden Stränge des Nachlaßseiles gehoben und gesenkt werden. Die Schlagzahl beträgt bis zu 250/min.

Die Expreßapparate werden je nach der Bohrlochstiefe und den vorhandenen Antriebskräften für Hand- und Motorantrieb gebaut. Die Figuren 150, 239a und b, 240, 241 zeigen verschiedene derartige Apparate.

E. Seilschlag-Bohrapparate.

(Bohrkabelwinden.)

Das System Lapp. (Fig. 242a und b.)

Auf der von der Maschine aus angetriebenen Hauptwelle sitzen vier Scheiben s, s′, s″, s‴. s″ ist die Leerlaufscheibe; s′ sitzt fest auf der Welle und treibt mittels der Zahnräder z′ und z″ die Förderwinde P an. s und s‴ sitzen auf einer besonderen Büchse, die sich lose

Fig. 240.
Express-Bohrkran für Tiefen bis 300 m.

auf der Hauptwelle dreht; sie dienen zum Antrieb der Kurbelwelle K und des Rotationswagens. Das Bohr- und Förderseil liegt auf der Seiltrommel P und geht von dort unter der auf K sitzenden Scheibe R zur Turmscheibe und zum Gestänge. Wird die Kurbelwelle K durch den von s kommenden Treibriemen in Umdrehung versetzt, dann erteilt sie dem Seile und dem daran hängenden Gestänge die Auf- und Abbewegung. Um doppelten Hub zu erhalten, wird neuerdings unter P noch eine be-

Fig. 241.
Express-Handbohrkran Nr. V für Tiefen bis zu 80 m.

sondere Umleitungswelle angebracht; das Seil geht dann über Scheibe R der Welle K und unter der losen Scheibe der Umleitungswelle nach den Seilscheiben in der Turmspitze. Zum Zwecke des Nachlassens wird die Trommel P wie bei allen Bohrapparaten mittels Schneckengetriebes gedreht. Zum Aufholen des Gestänges wird P von der Hauptwelle aus mit den Zahnrädern z' und z'' angetrieben. Beim Nachlassen wird der Treibriemen auf s'' gerückt; es ist also Leerlauf vorhanden. Zur Bremsung der Trommel sind zwei zusammenwirkende Bremsen B und B_1 vorhanden.

Außerdem ist an dem Bohrapparate noch ein Löffelhaspel St angebracht, der von der Reibungsrolle Fe mittels Zahnradgetriebes in

Fig. 242 a.
Seilschlag-Bohrapparat, System Lapp.

Gang gesetzt und mit einer Fußbremse Fb gebremst wird.

Bei Diamantbohrung wird der Riemen auf s''' gerückt; dann wird nur die Scheibe s angetrieben, nicht aber die Hauptwelle. Von s aus geht ein zweiter Riemen zum Rotationsapparate.

Zum Zwecke der Beförderung wird die Bohrwinde auf einen besonderen Wagen gehoben (Fig. 242 a), beim Bohren dagegen auf ein starkes Fundament (Fig. 242 b) aufgesetzt

Die Bohrwinde (DRP. 220 210) von Albert Gerlach in Nordhausen. (Fig. 243.)

Die Seiltrommel c hat auf der einen Seite der Welle eine Bandbremse r, auf der andern ein Klinkwerk f. Von ihr aus geht das Seil über die Turmseilscheibe nach dem Bohrloche und trägt das Gestänge mit dem Meißel. Die Trommel c wird vom Motor M aus mittels eines aus-

Fig. 242 b.
Seilschlag-Bohrapparat System Lapp.

rückbaren Riementriebes und des Reibungsvorgeleges b^1 b angetrieben. Das Reibungsrad b^1 sitzt auf einer Welle a, die in senkrechter Richtung verschiebbar ist und durch Druckfedern d nach unten gedrückt wird, a treibt durch Zahnräder eine Welle t an, deren Lager mit denen von a fest verbunden sind; wenn sich also a hebt oder senkt, so muß t dieselbe Bewegung mitmachen. Auf t sitzen zwei Daumenscheiben h, die auf der Welle mit Hilfe eines Handhebels k seitlich verschoben werden können. Unter den Daumenscheiben sind zwei feste Anschläge i angebracht. Bei jeder Umdrehung von t stoßen die Daumenscheiben h an diese Anschläge; dabei werden t und a angehoben; b^1 kommt dann außer Eingriff mit b; es fehlt also der Antrieb für die Seiltrommel c; der Meißel fällt frei, und das Seil läuft von der Trommel c ab. Sobald die Daumenscheiben die Anschläge i verlassen haben, werden die Wellen t und a von den Federn d wieder nach unten gedrückt; das Reibungsvorgelege b^1 b wird dadurch wieder eingerückt, das Seil auf der Trommel aufgewickelt und der Meißel angehoben. Werden die Daumenscheiben h mittels des Handhebels k seitlich verschoben, so treffen sie bei ihrer Drehung die Anschläge i nicht; infolgedessen kann das Reibungsvorgelege nicht ausgeschaltet werden, und die Seiltrommel c holt nun das Seil ständig auf; d. h. sie dient als Winde. Zu beiden Seiten von c sind die zweiarmigen Hebel p drehbar gelagert. Die nach oben gerichteten Hebelarme sind miteinander durch eine Querstange n verbunden, auf der die Seilführungsrolle m verschiebbar ist. Durch diese Rolle m wird das Bohrseil etwas geknickt. Ferner ist an dem nach oben gerichteten Arme des einen Hebels p das bewegliche Ende des Bremsbandes r befestigt. Die wagerecht nach rechts gehenden Arme der Hebel p liegen an der Welle a an und werden durch Federn q beeinflußt. Diese dienen sowohl als Druckfedern als auch als Zugfedern. Wenn nämlich beim Auftreffen des Bohrers auf der Sohle die Spannung des Seiles l nachläßt, dann werden die wagerechten Hebelarme von p durch die Federn q nach unten gezogen; die aufwärts gerichteten Hebelarme dagegen schlagen dann nach rechts, und das an ihnen angebrachte Bremsband bremst die Seiltrommel c; es wird also ein weiteres Ablaufen des Seiles von der Trommel verhütet. Wenn anderseits beim Abteufen des Bohrloches der Meißelhub immer größer wird, so wird der Schlag des Bohrseiles ebenfalls wachsen, und es wird versuchen, sich bei m gerade zu strecken; dadurch aber werden die aufwärts gerichteten Hebelarme von p nach links unten gedrückt; die Welle a

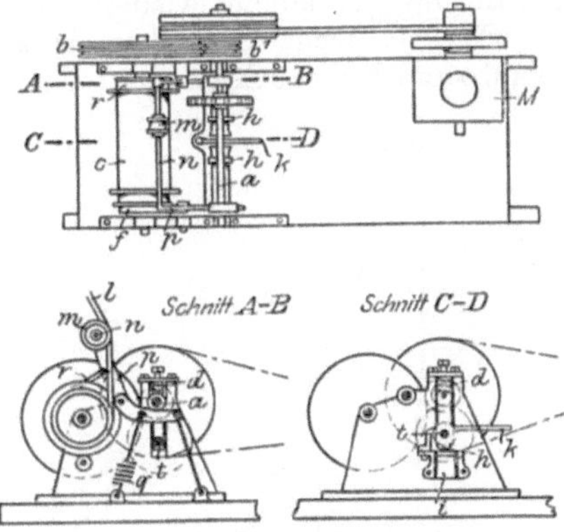

Fig. 243.
Bohrwinde von Albert Gerlach (aus Glückauf 1910 Nr. 14).

wird von den wagerechten Hebelarmen angehoben und das Reibungsvorgelege b^1 b ausgerückt; die Trommel c wird frei, und es läuft so viel Seil ab, bis der Meißel wieder die vorgeschriebene Hubhöhe hat.

Fig. 244 zeigt denselben Apparat auf einem Fahrgestell mit abnehmbarem Kranausleger und Antrieb durch einen Explosionsmotor.

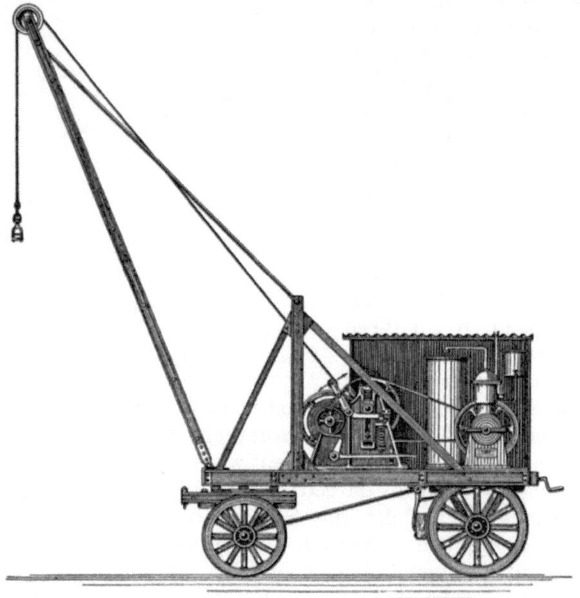

Fig. 244.
Bohrwinde von Albert Gerlach.

Die Simplex-Bohrwinde von C. Reez Nachfolger in Peine. (Fig. 245.)

Die Kurbel h setzt eine dreiarmige Schwinge g in Gang. An dem einen Arme derselben sitzt die Schlagrolle e, von der das Gestänge durch Vermittelung des Bohr- und Förderseiles b in Auf- und Niedergang versetzt wird. Das Seil geht von dem Haspel d über die eine Turmscheibe c, unter der Unterflasche a durch, an welcher mittels Hakens oder Fahrstuhles das Bohrzeug hängt, nach der zweiten Turmscheibe c und von da unter der Schlagrolle e nach der federnden Ausgleich- und Nachlaß-Kontrollvorrichtung f, an der es befestigt ist. i ist eine Federausgleichung, die bei Teufen von mehr als 150 m benutzt wird. Sie faßt am Gegenarme der Schwinge g an und soll die Schwankungen aufheben, welche durch die einseitige Inanspruchnahme des Kurbelgetriebes entstehen; dadurch wird auch der Kraftaufwand auf ein geringeres Maß herabgedrückt.

Zum Zwecke des Nachlassens ist die Trommel d mit einem Schneckengetriebe versehen.

Die Simplex-Apparate werden in 4 Größen hergestellt:

Nr. 1 ist ein Handbohrapparat für Tiefen bis zu 150 m,
Nr. 2 ist ein Flachbohrapparat für Tiefen bis zu 300 m,
Nr. 3 ist ein Tiefbohrapparat für Tiefen bis zu 800 m,
Nr. 4 ist ein schwerer Tiefbohrapparat für Tiefen bis zu 1500 m und darüber.

Die Figuren 246 a—d zeigen den Bohrapparat Nr. 4 von allen 4 Seiten. Er ist noch älterer Bauart; denn es fehlt die Schlagrolle; das Seil geht also bei ihm von der Nachlaßvorrichtung f unmittelbar nach oben; die Kontrollvorrichtung ist an der Schwinge g befestigt, während bei den neueren Apparaten die Schlagrolle an der Schwinge sitzt. Die Einzelteile sind auch in diesen Figuren mit denselben Buchstaben bezeichnet wie in der Figur 245.

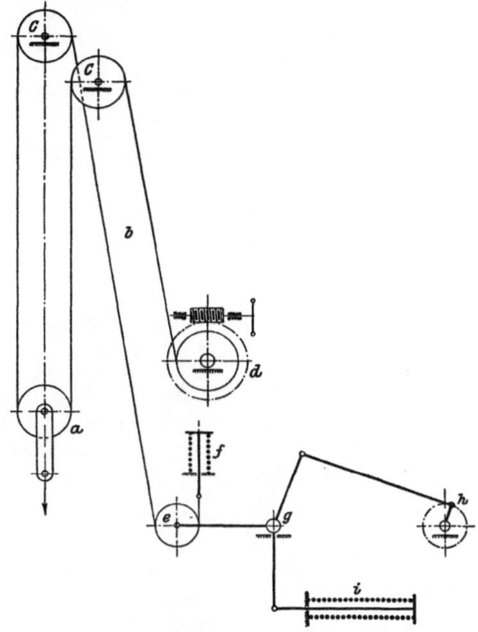

Fig. 245.
Bohrwinde von C. Reez Nachf.-Peine. (Prinzipskizze).

Während des Bohrens ist die Bremse k mittels der Spindel l mäßig angezogen, um den Nachlaßschneckentrieb m zu entlasten; darum ist das Nachlassen leicht zu bewerkstelligen.

Die Schlagvorrichtung kann jederzeit mittels einer Reibungskuppelung ein- und ausgerückt werden.

Zum Aufholen des Gestänges sind zwischen der Trommelwelle und der Vorgelegewelle (Kurbelwelle) zwei Übersetzungen vorhanden, die je nach der Größe der Last und der gewünschten Fördergeschwindigkeit eingerückt werden; sie sind mit Klauenkuppelungen versehen

Die Hubhöhe wird durch Umstecken der Kurbelstange oder der Schlagrolle zwischen 100—220 mm verstellt.

Ob richtig nachgelassen, d. h. ob die Hubhöhe während des Bohrens immer richtig innegehalten wird, erkennt man an der schon erwähnten Nachlaß-Kontrollvorrichtung f, die in Fig. 247 noch besonders dargestellt ist. Das Bohrseil greift am Bügel a dieses Apparates an, der mit einer Brücke b versehen ist. Die Brücke ist gegen das Widerlager c abgefedert, welches eine Schraubenspindel mit den

Fig. 246 a.

Fig. 246 b.

Simplex-Bohrwinde von C. Reez Nachf.-Peine.

Fig. 246 c.

Fig. 246 d.
Simplex-Bohrwinde von C. Reez Nachf., Peine.

verstellbaren Muttern k_1 und k_2 trägt. Die letztere ist mit den Anschlägen 1 und 2 und mit den Zeigerhebeln z_1, z_2 versehen. Wenn die Brücke b sich aufwärts bewegt, muß sie stets auf den Anschlag 1 auftreffen, worauf der Zeigerhebel z_1 ausschlägt. Schlägt aber auch Hebel z_2 aus, so ist dies ein Zeichen dafür, daß der Hub zu gering ist, d. h. also, daß zu stark nachgelassen wurde. Schlägt auch z_1 nicht aus, dann ist der Hub zu groß, d. h. es muß nachgelassen werden. Um die Wirkungsweise dieser Vorrichtung zu verstehen, soll zunächst das Verhältnis zwischen Kurbelhub und der Bewegung des Gestänges untersucht werden (siehe auch S. 53).

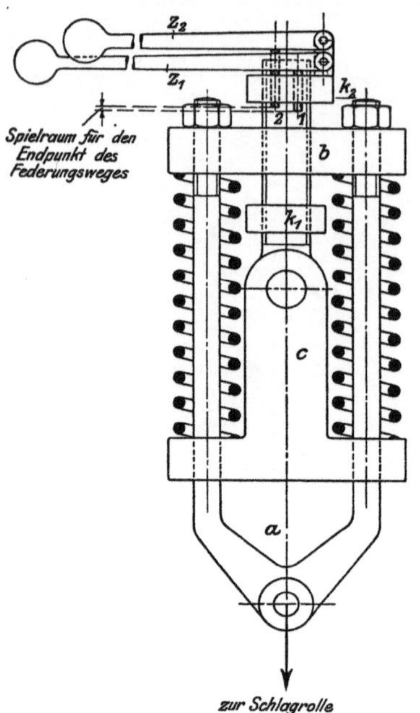

Fig. 247.
Nachlaß-Kontrollvorrichtung.

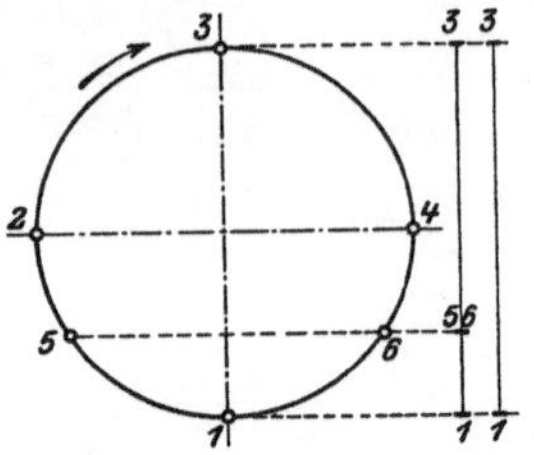

Fig. 248.
Schematische Darstellung der Meißelbewegung bei der Simplex-Bohrwinde.

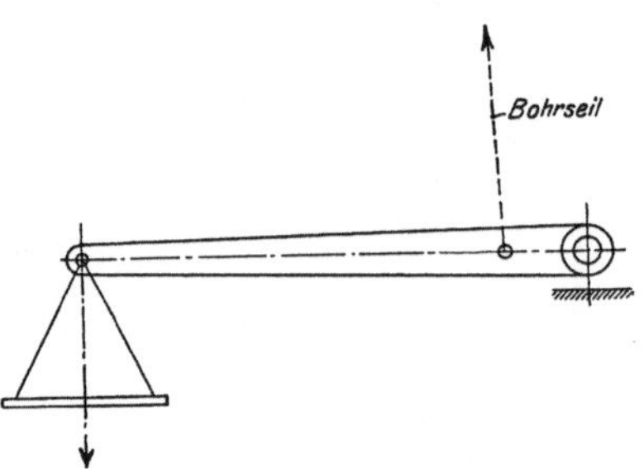

Fig. 249.
Gewichtshebel für Diamantbohrung.

Der kreisförmigen Bewegung des Kurbelzapfens entspricht ein theoretischer Gestängehub von der Höhe des Kurbelkreisdurchmessers, also gleich dem Durchmesser 1—3 in Fig. 248. In den Punkten 1 und 3 fängt die Auf- und Abbewegung des Gestänges an; an den Punkten 2 und 4 hat das Gestänge die größte Geschwindigkeit. Doch ist dies nur in der Theorie der Fall, während in der Praxis die Gestängebewegung infolge der Federung anders ausfällt. Der Meißel schlägt schon auf, wenn beim Abwärtsgange der Punkt 6 erreicht ist. Weil der Meißel von da an auf der Sohle aufsteht, wird das Seil entlastet, und die Federn von f dehnen sich aus, bis die Kurbel auf Punkt 1 angekommen ist; dann werden sie wieder zusammengedrückt. Der Meißel wird aber erst mitgenommen, wenn die Kurbel den Punkt 5 erreicht hat.

Aus diesem Federungswege 6—1—5 läßt sich ohne weiteres bestimmen

1. die Lage des Auftreffpunktes 6,
2. die Auftreffgeschwindigkeit des Meißels und somit
3. seine Schlagwirkung.

Soll mit Diamantkrone gebohrt werden, so werden die Pleuelstange und die Schwinge abgenommen; anstatt dieser letzteren wird ein Hebel (Fig. 249) mit Gewichtsbelastung eingesetzt.

Das System Pattberg. (Fig. 250.)

Die Zeche Rheinpreußen hat nach dem System ihres Direktors Pattberg DRP. 104158 eine größere Anzahl von Bohrungen bis 600 m Tiefe hergestellt. Das Bohrseil ist bei diesem Apparate auf einer Trommel aufgewickelt, die von der Hauptwelle e aus durch eine Schwinge und die daran sitzende Pleuelstange k in schwingende Bewegung versetzt wird. Die Pleuelstange greift nicht unmittelbar am Trommelumfange, sondern

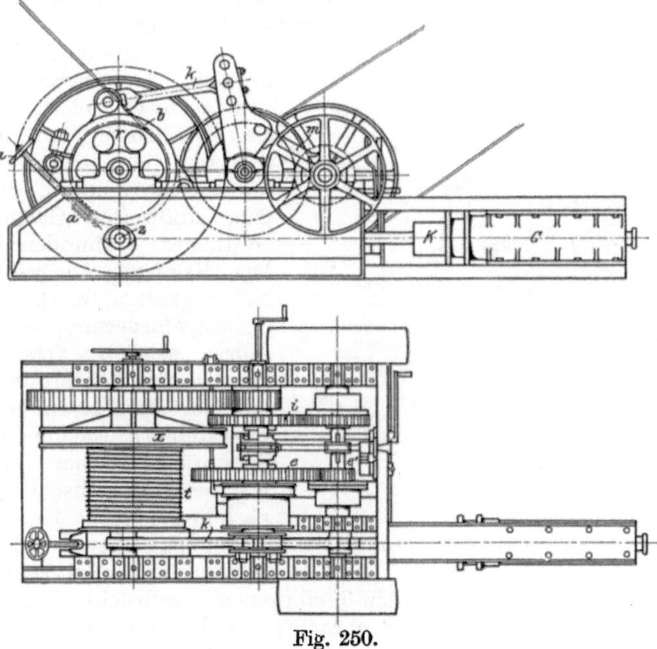

Fig. 250.
Seilschlagapparat System Pattberg (aus Glückauf 1901 Nr. 35).

an einem Bande b an, das um das Schneckenrad r gelegt ist; dieses Rad r ist mit der Trommel fest verbunden. Das Nachlassen des Seiles wird durch Drehen der Schnecke a bewirkt, die in das Schneckenrad r eingreift. Soll das Gestänge aufgeholt werden, so wird die Schnecke a um ein Gelenk herumgeklappt, so daß sie mit dem Schneckenrade nicht mehr in Eingriff ist. Es wird nun je nach der Größe der zu hebenden Last und der gewünschten Fördergeschwindigkeit eines der beiden Zahnradgetriebe eingerückt, welche auf der Vorgelegewelle e^1 sitzen. Beim Einlassen des Gestänges wird die Bandbremse x benutzt. Zum Ausgleich des Gestängegewichtes dient der Dampfpuffer C, dessen Pleuelstange gegenüber der Pleuelstange k am Bande b angreift.

Das System „Rapid“

der Commandit-Gesellschaft für Tiefbohrtechnik und Motorenbau Trauzl & Co. vorm. Fauck & Co., Wien. (Fig. 251).

Das Gestänge a hängt an der Bohrkette (Nachlaßkette) b. Sie wird nach dem Haspel c über die Kopfscheibe d und über die Scheiben e, f und g geführt. f hat den Namen Kurbelscheibe; sie sitzt z. B. auf einem Kurbelzapfen von entsprechender Exzentrizität. h ist die Riemenscheibe, die von der Lokomobile aus mittels Riementriebes die Hauptwelle und somit den Bohrkran in Gang setzt; sie ist recht schwer gehalten, weil sie als Schwungrad dienen soll, um die schädlichen Wirkungen zu mildern, die mit dem stoßweisen Gange des Gestänges verbunden sind. Die Kopfrolle d wird bei Nebenarbeiten, z. B. bei der Gestängeförderung, auf ihrer Achse seitlich verschoben. Die Gestängeförderung wird mit der Fördertrommel i bewerkstelligt, welche mittels Spannriementriebes ähnlich wie beim kanadischen Bohrverfahren von der Hauptwelle aus angetrieben wird. Die Spannrolle k wird zu diesem Zwecke durch den Hebel l an den Treibriemen angedrückt. Neben l ist noch ein zweiter Handhebel angebracht, mit dem die Bremse bedient wird.

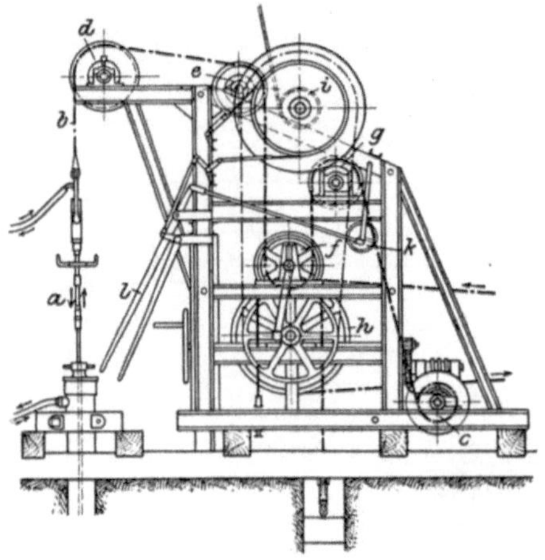

Fig. 251.
Rapid-Bohrkran (Prinzipskizze).

Im allgemeinen wird mit Spülbohrung gearbeitet. Die Hubhöhe beträgt dann bis 80 mm bei 100—120 Schlägen/min. Doch ist auch Trockenbohrung möglich. Um hierbei den Schmant aufzuwirbeln, wird bei 80—90 Schlägen/min. mit 180—200 mm Hubhöhe gearbeitet. Ab und zu wird die Hubhöhe bis zu 320 mm bei 50—70 Schlägen/min gesteigert. Bei Trockenbohrung muß in das Gestänge eine Rutschschere eingeschaltet werden. Auch kann an den Rapid-Bohrkränen kanadisches Bohrzeug verwendet werden. Wegen der fehlenden Spülung ist dann ein besonderer Löffelhaspel nötig, der von der Hauptwelle aus mit einem Spannriemen oder mit ausrückbaren Reibungsrädern angetrieben wird.

Die Bohrkräne werden je nach der zu erreichenden Lochtiefe, d. h. nach dem angenommenen Höchstgewicht des Bohrzeuges in verschiedenen Stärken geliefert, die nachstehend angeführt sind.

Nr.	4	3	2	1	0
Gewicht des Bohrzeuges in kg	1200	1800	3000	4500	6000

Je nach dem Verwendungszwecke werden zwei verschiedene Typen angefertigt, und zwar

1. die Normaltype und
2. die Naphtha-Type.

Es kommt bei diesen Typen darauf an, ob

1. ausschließlich oder doch in größerem Umfange Spül-, d. h. Schnellschlagbohrung zur Anwendung kommen soll, oder ob
2. auch in größerem Umfange mit verschiedenen Hüben und trocken gebohrt werden muß;
3. ob der Bohrkran auch andere Dienste, z. B. Probepumpen beim Bohren auf Flüssigkeiten, verrichten muß, und
4. ob die Verrohrung gleichzeitig während der Bohrarbeit ständig nachgeführt wird; denn hierbei wird der Flaschenzug stetig in Anspruch genommen.

Die Normal-Type. (Fig. 252 und 253).

Die Normal-Type wird für Bohrungen auf Kohle, Erze und Salze verwendet, also überwiegend für Schnellschlagarbeit, bei der gespült wird; sie soll nur ab und zu zum Trockenbohren brauchbar sein. Das Gerüst ist einfach, aber kräftig; es besteht aus zwei symmetrischen Gestellböcken, zwischen denen vorn in der Mitte das Bohrloch liegt.

Die Hubhöhe wird durch Auswechseln der Hauptwelle geregelt; zu diesem Zwecke gehört zu jedem Kran eine Exzenterwelle für den beim Spülbohren benutzten kleinen Hub von 80 mm und eine gekröpfte Welle für den größeren Hub beim Trockenbohren. Die auf der Hauptwelle sitzenden Riemenscheiben sind gleichzeitig Schwungräder; sie und die Kurbelscheibe werden zweiteilig ausgeführt, um sie schnell abnehmen zu können, namentlich aber um Schwierigkeiten beim Abkeilen von der Welle zu vermeiden.

Die Naphtha-Type.

Das Gestell ist breiter als wie bei dem Normaltypus; denn es müssen auf ihm zwei Seiltrommeln — die Bohrseiltrommel und die Flaschenzug- und die Löffeltrommel — untergebracht werden. Das eine Ende der Hauptwelle trägt die Antriebsscheibe; an dem anderen Ende sitzt ein Zapfen, auf den die Kurbelscheibe frei aufgesteckt wird. Hubänderungen werden durch Verstecken des Kurbelzapfens bewirkt, und zwar benutzt man

80 mm Hub für Spülbohrung,
320 mm Hub für Trockenbohrung und
500 mm Hub für zeitweilig vorkommendes Pumpen usw.

Das System der Internationalen Bohrgesellschaft.

Die Internationale Bohrgesellschaft A.-G. in Erkelenz baut neuerdings einen Bohrapparat, bei welchem das Gestänge durch Vermittlung eines Seiles in Bewegung versetzt wird. Der Apparat ist für die Bohrarbeit mit einem Explosionsmotor versehen, der von der

Oberurseler Motorenfabrik bezogen wird. Für den Transport von einer Bohrstelle zur anderen werden dagegen Pferde bzw. die landesüblichen

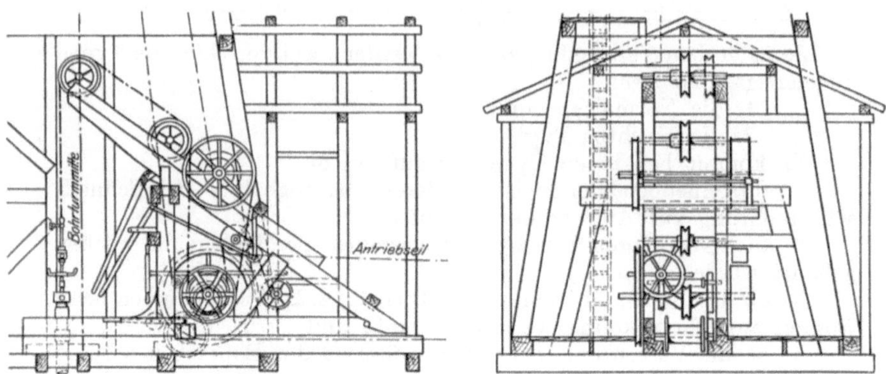

Fig. 252.
Rapid-Bohrkran, Normaltype.

Fig. 253.
Rapid-Bohrkran, Normaltype.

Zugtiere benutzt; von der automobilen Fortbewegung ist Abstand genommen worden, weil längere Transporte fast immer durch die Bahn erfolgen; für kürzere Wege lohnt sich aber der automobile Betrieb nicht, weil er meistens nur einen Tag lang gebraucht wird, dann aber lange Zeit unbenutzt bleibt. Bei dem dargestellten Apparate (Fig. 254) sind auf einem kräftigen eisernen Rahmen alle für die Bohrarbeit notwendigen Maschinen untergebracht; die eigentlichen Bohrwerkzeuge, also Meißel, Gestänge, Rohre usw. werden auf einem besonderen Wagen nachgefahren. Die Räder haben breite Kränze, um ein Einsinken im weichen Boden zu verhüten. Der unmittelbar über dem Vordergestell des Wagens angebrachte Motor hat 8 PS und kann mit den meisten flüssigen Brennstoffen wie Benzin, Petroleum usw. betrieben werden. Das Kühlwasser für ihn befindet sich in einem besonderen Behälter auf dem Wagendache. Die Hauptwelle wird vom Motor durch Riementrieb in Gang gesetzt; von ihr aus gehen drei weitere Riemenübertragungen zur Fördertrommel zur Schlämmtrommel und zum Schlagmechanismus. Die beiden Trommeln werden durch Anpressen von Spannrollen an die entsprechenden Riementriebe in Gang gesetzt; für den Schlagapparat hat man diese Kuppelung nicht wählen wollen, sondern hat die Kraftübertragung mittels einer festen und einer losen Riemenscheibe gewählt.

Die Fördertrommel liegt über der Hauptwelle und ist noch mit einer Vorgelegewelle versehen; diese Vorgelegewelle ist mit einem Handrade ausgerüstet, um das Bohrzeug auch mit Menschenkraft heben zu können, falls der Motor einmal versagen sollte.

Die Schlämmtrommel liegt in gleicher Höhe mit der Fördertrommel am hinteren Ende des Gestellwagens.

Die Schlagbewegung des Bohrzeuges wird dadurch erzielt, daß das Förderseil von der Trommel über eine Rolle geführt wird, welche exzentrisch an einer rotierenden Scheibe sitzt. Die Seilrolle hat im Augenblicke des Niederganges der Scheibe etwas Voreilung, so daß das Bohrzeug die Bohrlochssohle im Freifall trifft.

Anstatt des Bohrturmes ist ein Gerüst von angemessener Höhe angebracht, welches beim Transport umgelegt wird. Zum Schutze gegen die Unbilden der Witterung besitzt der Gestellwagen ein Wellblechdach; an dieses können noch Zeltbahnen angeschlossen werden, welche bei der Arbeit ausgespannt sind, beim Transport aber zusammengerollt werden. Es kann mit diesem Apparate nach Belieben trocken oder mit Spülung gebohrt werden. Für den letzteren Fall ist eine Spülpumpe erforderlich, die mit Handantrieb versehen ist und seitlich aufgestellt wird; doch kann auch auf dem Fahrgestelle selbst eine Rotationspumpe angebracht und von der Hauptwelle a aus angetrieben werden.

Der Apparat ist namentlich für Bohrlöcher von 60—80 m, nötigenfalls auch bis 100 m Tiefe bestimmt. Er kann durch Einschaltung eines Rotationsapparates für Diamantbohrung passend gemacht werden und eignet sich dann ebenfalls zum Bohren bis auf 100 m Tiefe.

Schwengel-Seiltiefbohrapparat von H. Thumann.

Bei dem Schwengel-Seiltiefbohr-Apparat der Kontinentalen Tiefbohrgesellschaft m. b. H. vorm. H. Thumann in Halle a. S. wird das Bohrgestänge nicht unmittelbar durch den Schwengel, sondern durch Vermittlung eines Seiles in Gang gesetzt, weches von dem

Fig. 254. Fahrbarer Seilschlagapparat der I. B. G.

Schwengel aus über die Turmrolle geführt wird. Bei dieser Bohreinrichtung werden zwei besondere Seile benutzt, ein Bohr- oder Schlagseil und ein Förderseil. Man hat dadurch den scheinbaren Nachteil in Kauf nehmen müssen, zwei Seile zu besitzen, ist aber vor Unfällen besser geschützt; denn beim Fördern des Bohrzeuges muß man immer gute Seile haben, damit nicht etwa bei einem Seilbruche das Gestänge auf große Tiefen abstürzt. Durch die großen Erschütterungen und Stöße, die beim Bohren eintreten, wird ein Schlagseil sehr schnell abgenutzt und infolgedessen unsicher. Reißt es während der Bohrarbeit, so kann das Gestänge nicht tief fallen, der Schaden also nicht groß sein. Ferner kann man abgelegte Förderseile immer noch als Bohrseile benutzen.

Der Bohrschwengel ist meistens ein einarmiger Hebel D (Fig. 255 und 256) und am Kopfe mit einer losen Rolle M versehen; er wird von der Kurbelwelle L aus durch eine Kurbelstange angetrieben. Das Schlagseil K geht von der Nachlaßtrommel E über M nach der Turmscheibe und von dort zum Bohrloche. Das Förderseil J ist auf der Seiltrommel H aufgewickelt.

Die Bohrapparate sind für kleinen und großen Hub geeignet, so daß man das Bohrverfahren den angetroffenen Gebirgsschichten anpassen kann. Bei Schnellschlagbetrieb wird mit 0,10—0,16 m Hub und 80—140 Schlägen/min gearbeitet, während man bei Freifallbohrungen 0,60 m Hub und 30—40 Schläge/min anwendet. Zum Ausgleich der Gestänge- und Bohrzeuglast bringt man bei kleinen Bohrtiefen am Bohrhebel Gegengewichte oder Gegenfedern an, die am Angriffspunkte der Last angreifen und ihrer Richtung entgegenwirken; bei größeren Teufen und größerem Durchmesser, also überhaupt bei schweren Lasten, wird der Gewichtsausgleich durch gespannten Dampf, Preßluft usw. erzeugt; diesem Zwecke dient der Ausgleichzylinder C.

Es kann sowohl mit Spülung als auch trocken gebohrt werden. Nach Abkuppelung der Antriebsvorrichtung L für den Bohrschwengel kann im Bohrturme ein Rotationsapparat aufgestellt und dann mit der Diamantkrone gebohrt werden. Als besonderer Vorteil dieses Bohrapparates wird angegeben, daß alle Teile einzeln für sich bezogen und einzeln im Bohrturme aufgestellt werden können. So kann man als Förderwinde jede beliebige normale Winde benutzen und braucht bloß über ihr auf dem eisernen Rahmengestell oder auf dem Balkenroste des Bohrturmfundaments den Bohrhebel anzubringen. Der Antrieb für den Bohrhebel, der Dampfausgleich-Zylinder C, die Nachlaßvorrichtung E, die Spülpumpe und alle sonstwie gebrauchten Maschinen können jede für sich an der gerade passenden Stelle des Bohrturmes untergebracht werden. Darum läßt sich dieser Bohrapparat in seinen Einzelteilen auch in unwegsamen Gegenden leicht weiterbefördern.

Ganz besonders wird aber hervorgehoben, daß der Platz zwischen der Bohrlochsmündung und der Turmrolle vollkommen frei und unversperrt ist, daß man also mit Rohrsträngen arbeiten kann, die der ganzen Bohrturmhöhe entsprechen, was unmöglich ist, wenn man das Gestänge unmittelbar vom Schwengel aus antreiben würde.

Fig. 255.

Fig. 256.

Fig. 225 u. 256. Seil- und Schlagapparat Thumann.

Seil-Schlagbohrapparat „Nordhausen".

Die Deutsche Tiefbohr-Aktiengesellschaft in Nordhausen verwendet neuerdings bei ihren Bohrungen nicht mehr so häufig ihren Schwengel-Schnellschlag-Apparat, als wie ihr neues Seil-Schlagbohrsystem für Gestängetiefbohrungen. Dieses ist in Fig. 257 schematisch dargestellt. Der Schwengel S, hier Turmhebel genannt, sitzt in der Laterne des Bohrturmes und ist infolgedessen nur sehr kurz. Er setzt das Gestänge durch Vermittlung des Förderseiles F in Gang, welches von der Seiltrommel T über die Turmscheibe C und die Zwischenrolle R bis zum Turmhebel geführt ist. An der Zwischenrolle R ist das Gestänge vermittels eines leicht drehbaren, mit Kugellagern versehenen Wirbels angehängt. Die Fördertrommel T ist mit einem Schneckengetriebe N ausgestattet, welches durch ein Handrad H angetrieben wird; es dient zum Nachlassen des Gestänges und kann beim Fördern ausgerückt werden.

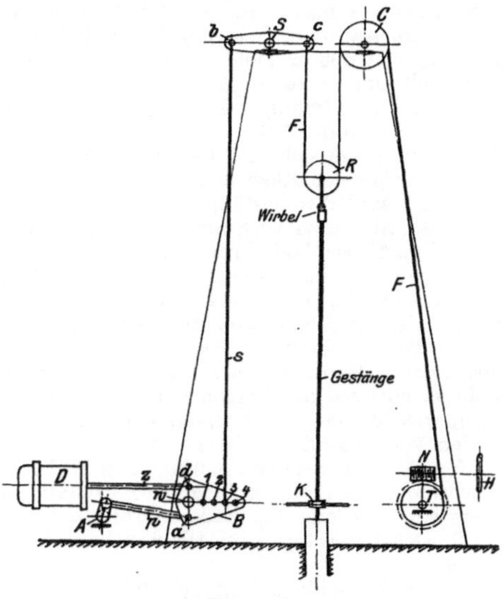

Fig. 257.
Seilschlagapparat System Nordhausen (Prinzip-Skizze).

Der Antrieb des Schwengels erfolgt von der gekröpften Triebwelle A aus unter Vermittlung der Pleuelstange p, der Schwinge B und des Schlagseiles s. Die Schwinge ist bei w drehbar gelagert. Als Gewichtsausgleich dient der Dampfzylinder D, der mit der Schwinge durch die Druckstange z verbunden ist. Wo kein Dampf vorhanden ist, benutzt man Preßluft-Ausgleich, bei kleineren Bohrungen auch Gegenfedern.

Das Schlagseil kann in die verschiedenen Löcher 1—4 der Bohrschwinge eingehängt worden; dadurch wird der Hub geregelt. Die Zwischenrolle R verringert diesen Hub statisch auf die Hälfte des Schwengelhubes; doch wird er infolge der dynamisch-elastischen Wirkung der beiden Seile wieder bedeutend vergrößert.

Die in Betracht kommenden Hubhöhen schwanken zwischen 150 bis 450 mm; diese letztere genügt auch vollständig für Freifallbohrungen, zumal da ja der Hub infolge der Elastizität der Seile noch vergrößert wird. Ganz besonders ist der Bohrapparat für Spülschnellschlagbohrung bestimmt; es wird hier mit größerem Hube und geringerer Schlagzahl als bei Schwengelbohrapparaten gearbeitet, und zwar von Tage aus mit 65—75 Schlägen/min, während in Tiefen zwischen 700—900 m noch 50—60 Schläge/min bei 15—25 cm Hubhöhe gemacht werden.

Soll der Bohrer um einen größeren Betrag von der Sohle abgehoben oder zu Tage gezogen werden, so rückt man das Nachlaßschneckengetriebe N aus, stellt die Antriebswelle A ab und holt das Gestänge mit der Fördertrommel T auf.

Die Vorteile dieses Bohrapparates sind nach Angaben der DTA. folgende:

1. Die anhaltend günstige Schlagwirkung beim Schnellschlagbohren mit steifem Gestänge bis auf die größten Bohrtiefen. In Tiefen bis etwa 600 m ist der Seilschlagapparat dem Schwengelschnellschlagapparate gleichwertig. Bei Überschreitung von 600 m Tiefe sinkt aber die Leistung der Schwengelbohrapparate sehr schnell, und es treten gleichzeitig Gestängebrüche ein, so daß der Betrieb unsicher und unregelmäßig wird. Beim Seilschlagapparate geht aber der Betrieb bis auf Tiefen von 1200 m ruhig und regelmäßig weiter; eine Verringerung der Bohrleistung zeigt sich erst bei mehr als 800 m Tiefe.

2. Infolge der Elastizität der Seile und der genau einstellbaren Nachlaßvorrichtung wird das Gestänge derart in Spannung und guter Federung erhalten, daß Gestängebrüchen wirksam vorgebeugt ist.

3. Die Seilschlagbohranlage kann ohne Nachteil mit bedeutend größeren Gestängegewichten arbeiten als die Schwengelbohranlagen. Man kann infolgedessen beim Schnellschlagbohren stärkere und schwerere Gestänge verwenden, wodurch die Bohrleistung erhöht und die Bruchsicherheit vergrößert wird.

4. Die Seilschlagbohrung gestattet volle Ausnützung der Bohrtürme für den Bohrbetrieb. Man kann nicht nur 10—15 m ohne Unterbrechung der Spülung abbohren, sondern die Verrohrung kann auch hoch über der Bohrlochsmündung stehen, was für das Durchsinken von lockerem und schwimmendem Gebirge mit Auftrieb von besonderem Wert ist.

5. Die leichte Verstellbarkeit des Hubes ist von besonderem Vorteil, wenn abwechselnd mit Schnellschlag oder Freifall, mit Spülung oder trocken gebohrt werden soll, wie dies bei Erdölbohrungen häufig der Fall ist.

6. Der Übergang zum Diamantbohren ist schnell und einfach zu bewerkstelligen.

7. Die Seilschlaganlage arbeitet beinahe geräuschlos und mit nur geringer Abnützung der Einzelteile, weil die Seile alle beim Bohrbetriebe auftretenden Stöße in der Hauptsache aufnehmen; die maschinelle Anlage bleibt also vor jeder harten Beanspruchung verschont, und es sind Ausbesserungen nur selten vorzunehmen. Dies ist für Bohrungen in den Kolonien sowie überhaupt in abgelegenen Gegenden von großer Bedeutung.

8. Man braucht nur wenig Bedienungsmannschaften, nämlich 1—2 Mann am Drehschlüssel, den Bohrmeister am Nachlaßrad und bei der Gestängeförderung noch einen Mann auf der Turmbühne.

9. Die Anlage erfordert wenig Raum und man kann, um bei eruptiven Bohrlöchern den Raum frei zu haben, die Apparate sogar außerhalb des Bohrturmes aufstellen.

10. Schlagseil und Förderseil sind getrennt, wodurch der Seilersatz billiger wird.

Der Schlagseilbohrapparat der DTA. wird entweder als Seilschlagbohrwerk oder als Seilschlagbohrwinde ausgeführt; bei dem ersteren sind Schlag- und Förderwerk voneinander räumlich getrennt, bei dem zweiten aber zusammengebaut.

Das Seilschlagbohrwerk wird in verschiedenen Größen gebaut, die der Bohrlochstiefe, somit also dem Gewichte von Bohrzeug und Gestänge angepaßt sind. Das schwerste Bohrwerk ist für Tiefen bis 1200 m bestimmt, entsprechend einem Höchstgewichte des Bohrzeuges von 10 000 kg bei 175 mm Hub. Bei dem größten Hube von 450 mm ist das Bohrzeuggewicht auf 6000 kg zu verringern. Als Antrieb ist eine 25 pferdige Maschine nötig.

In der Fig. 258 ist die Antriebsriemenscheibe mit 6 bezeichnet; 7 ist eine Reibungskupplung, welche zwischen ihr und der Hauptwelle angebracht ist, um den Bohrapparat zu jeder Zeit stillstellen zu können. Die Bohrwelle 10 wird mittels des Zahnradvorgeleges 8 und einer Zugstange angetrieben, die in der Figur nicht zu ersehen ist; sie liegt unter dem Zylinder 9. Auf die Bohrwelle 10 ist die Bohrschwinge 3 aufgekeilt, an welcher das Bohrseil 4 mit Hilfe der Schelle 11 befestigt ist. Auf derselben Welle 10 sitzt ferner noch ein zweiarmiger Hebel 12; an seinem oberen Ende greift der Druckkolben des Gewichtsausgleichzylinders 9 an, während der andere, nach unten gerichtete Hebelarm mit der Zugstange verbunden ist, die, von der Hauptwelle herkommend, die Bohrwelle 10 in schwingende Bewegung versetzt. Zwischen dem Gewichtsausgleichzylinder 9 und der Dampfleitung ist noch ein Dampfpufferzylinder 5 eingeschaltet, um den Dampfraum zu vergrößern, d. h. also um plötzliche Drucksteigerungen zu verhindern.

Auch die Seilschlagbohrwinden werden in verschiedenen Größen ausgeführt, worüber das Nähere aus der nachstehenden Tabelle entnommen werden kann.

Bohrwinde Nr.	Antriebsscheibe			Fördertrommel		Schlämmtrommel		für Tiefen bis m	erforderliche Antriebskraft	Hubhöhe
	Durchmesser	Breite	Umdrehzahl/min	Durchmesser	direkte Zugkraft	Durchmesser	direkte Zugkraft			
	mm	mm		mm	kg	mm	kg		PS	mm
1	1000	300	100-140	500	5000	350	1000	1200	30	150-450
2	1000	300	100-140	500	3000	300	1000	600	20	150-450

Fig. 258.
Seilschlagbohrwerk der DTA.

Für Flachbohrungen werden ortsfeste oder fahrbare Apparate, die „Mobilen Seilschlag-Bohrwinden“ angefertigt, in die der Antriebsmotor und die Spülpumpe gleich eingebaut werden können. Sie sind für Tiefen bis zu 300 m und Höchstbelastungen von 2000—3000 kg bestimmt.

Ebenso werden für Sonderzwecke, z. B. zum Abbohren von Gefrierbohrlöchern, besondere Maschinen hergestellt, die raumsparend sind und sich deshalb gut im Innern des Schachtturmes verwenden lassen.

Bei den Seilschlagbohrwinden (Fig. 259 und 260a, b) sitzt die Schlämmtrommel f auf der Hauptwelle, die mittels der Antriebsscheibe A in Gang gesetzt werden kann. Zwischen ihr und A ist eine Reibungskupplung n untergebracht. Auf der Bohrwelle v sitzen die Reibungskupplung b und die Kurbel e; von dieser Kurbel aus geht die Antriebszugstange z nach dem unteren Teil der Bohrschwinge c, während darüber die Druckstange d liegt, welche die Bohrschwinge c mit dem Gewichtsausgleichzylinder D verbindet. Durch Ausrücken der Kupplung b kann die Schwinge stillgestellt werden. Neben der Schwinge c sitzt auf derselben Welle w die Fördertrommel a. Um mit ihrer Hilfe das Gestänge aufzuholen, wird die auf der Bohrwelle sitzende Klauenkupplung m eingerückt, wodurch das Zahnrad p mitgenommen wird. Beim Einlassen des Gestänges rückt man die Kupplung m aus, worauf die Geschwindigkeit des Niederganges mit Hilfe der Bremse g geregelt

Fig. 259.
Seilschlagbohrwinde der DTA.

werden kann; ist hierbei das Förderseil nur schwach belastet, so kann die Rückgangsbewegung mit Hilfe der Reibungsräder h, x und y kraftläufig bewirkt werden. Während der Schlagbohrung wird die Förderwinde mit Hilfe des Schneckengetriebes l zwangsläufig festgehalten; zum Einschalten dieses Getriebes in das Trommelrad r dient das kleine Zahnrad i. Mit Hilfe dieses Schneckengetriebes wird auch das Nachlassen geregelt.

Will man mit Diamantbohrung arbeiten, dann wird auf die Bohrwelle v die Riemenscheibe s aufgesteckt, die Zugstange z aber aus der Schwinge ausgehängt.

Bei der Gestängeförderung wird die Zugkraft der Fördertrommel durch die Zwischenrolle R (Fig. 257) bereits verdoppelt; sie kann jedoch auch erforderlichenfalls verdreifacht und vervierfacht werden. Zum Zwecke der Verdreifachung nimmt man das Förderseilende c (Fig. 261) von dem Bohrhebel S ab, führt es um eine zweite Turmscheibe C_2 und befestigt es am oberen Bolzen o der Zwischenrolle R. Will man vierfachen Zug erreichen, so wird an diesem Bolzen o noch eine Seilrolle angebracht, um die man das Förderseil ebenfalls herumschlingt; sein freies Ende wird dann am Turmkopfe befestigt.

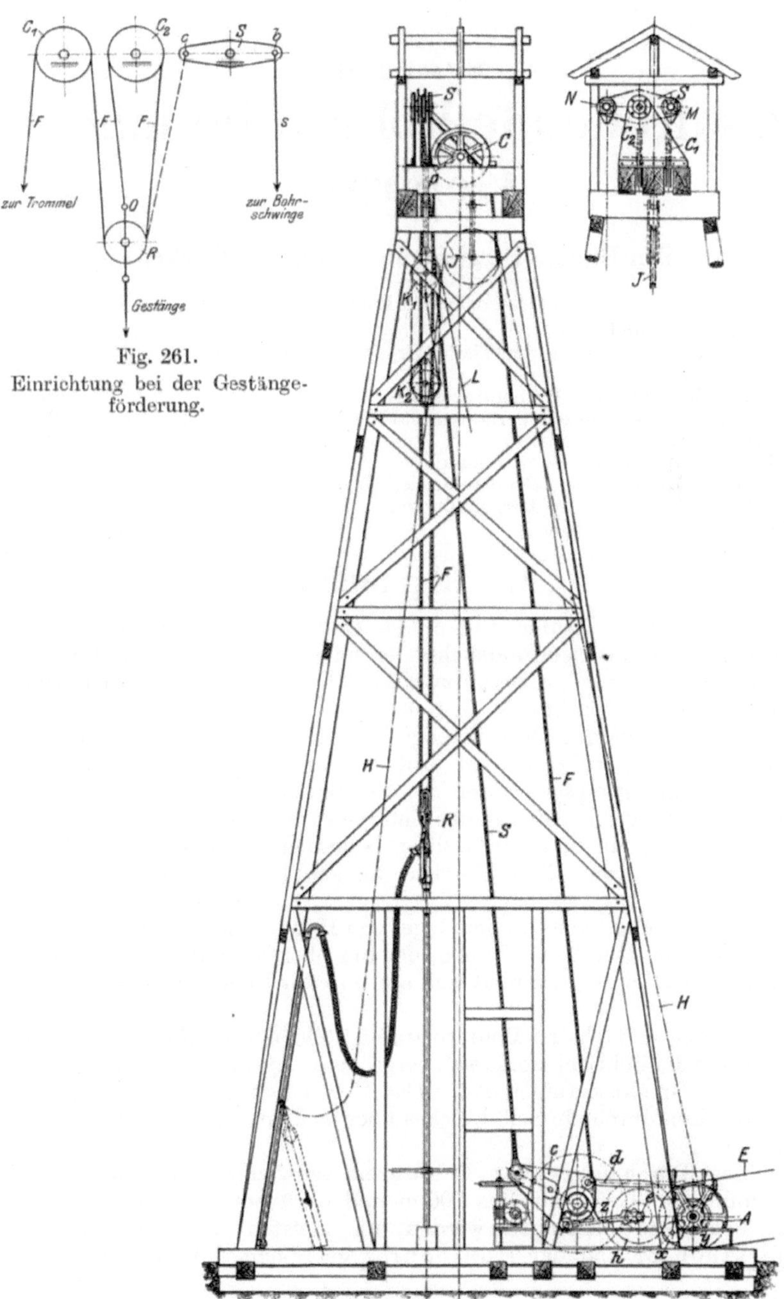

Fig. 261.
Einrichtung bei der Gestängeförderung.

Fig. 260.
Seilschlagbohrwinde der DTA.

Elfter Teil.

Das drehende Bohren im milden Gebirge.

Von Diplom-Bergingenieur **Arthur Gerke.**

Benutzte Literatur.

Beer: Erdbohrkunde.
Tecklenburg: Handbuch der Tiefbohrkunde, Band I und II.
Rost: Tiefbohrtechnik.
Ursinus: Kalender für Tiefbohringenieure.
Stein: Kurze Übersicht der Verfahren und Einrichtungen zum Tiefbohren. Glückauf 1905, S. 625.
Köhler: Lehrbuch der Bergbaukunde.
Demanet: Lehrbuch der Bergbaukunde.
Treptow: Lehrbuch der Bergbaukunde.

A. Allgemeines.

Für geringere Teufen und mildes Gebirge benutzt man, wenn es sich um kleinere Bodenuntersuchungen handelt, oder wenn die Bohrung als Vorbohrung für größere, beabsichtigte Tiefbohrungen ausgeführt werden soll, das drehende Bohren.

Die drehenden Bohrwerkzeuge arbeiten mit geringer Umfangsgeschwindigkeit, wobei sie mit großer Kraft, eventuell unter Zuhilfenahme von Belastungsgewichten, auf die Bohrlochssohle gedrückt werden, um ein tiefes Einschneiden in das Gebirge zu bewirken. Das losgebohrte Material dringt in eine am Bohrer befindliche Aufnahmevorrichtung ein und muß, wenn diese Vorrichtung gefüllt ist, zu Tage gefördert werden.

Die Drehung erfolgt in der Regel von Hand, indem ein oder mehrere Arbeiter einen Querhebel drehen, der am oberen Ende eines Gestängestückes befestigt ist, während sich am unteren Ende das Bohrwerkzeug befindet.

Bei den einfachsten Bohrapparaten steht der Bohrer mit dem Gestänge auf der Bohrlochssohle auf, bei größeren Apparaten ist das Gestänge an einem Dreibock aufgehängt. Das Herausfördern des Gestänges geschieht dann durch ein Seil, welches über eine am Dreibock angebrachte Rolle läuft.

Der Durchmesser der Bohrungen schwankt zwischen 35 und 470 mm; die Tiefe kann bis 100 m und darüber betragen

Von Bohrwerkzeugen werden am meisten die Schappe, der Spiralbohrer und der Hohlbohrer gebraucht. Außerdem gibt es eine große Anzahl von Drehbohrern, welche Kombinationen dieser drei hauptsächlichsten Typen darstellen, indem beispielsweise ein zylindrischer Bohrer mit einem spiralförmigen Vorbohrer versehen wird, oder ein Schneckenbohrer sich nach oben in einen zylindrischen Bohrer fortsetzt. Die zylindrischen Bohrer liefern gute und reichliche Bohrproben, die in eine Spitze endigenden Bohrer dagegen einen großen Bohrfortschritt.

Das häufige Aufholen der Bohrer zur Ausleerung der Bohrproben, der geringere Bohrfortschritt und das bei größerer Tiefe lästige Gewicht des Gestänges lassen diese Bohrmethode nur für geringe Tiefen als brauchbar erscheinen, wenn die auf das Bohren verwendete Arbeit in richtigem Verhältnis zur Leistung stehen soll. Trotzdem sind mit diesem einfachen Verfahren auch schon größere Tiefen als 100 m erreicht worden.

Die Drehbohrung ist an sich der Stoßbohrung überlegen, da die Wirkung auf die Bohrlochssohle ununterbrochen erfolgt. Infolgedessen setzen die Gebirgsteilchen der Lösung aus der Umgebung auch geringeren Widerstand entgegen als beim Stoßbohren. Die Arbeit verläuft ruhiger, und daher ist auch der Wasserwiderstand nicht so groß.

Bei der Drehbohrung im milden Gebirge wird Wasser durch ein Gestänge meistens nicht zugeführt, teils weil es nicht nötig ist, so z. B. bei feuchten Sandschichten, teils weil der ganze Apparat so einfach gebaut ist, daß sich eine Wasserzuführung ohne verhältnismäßig erhebliche Kosten überhaupt nicht ausführen ließe.

Aus diesen Gründen erfolgt die Drehbohrung im milden Gebirge meist trocken. Es empfiehlt sich jedoch, von Zeit zu Zeit Wasser in das Bohrloch einzugießen, um das entstehende Bohrmehl in Bohrschmant zu verwandeln, der sich leichter aus dem Bohrloch entfernen läßt als das trockene Bohrmehl. Das Eingießen von Wasser hat ferner den Zweck, die Bohrwerkzeuge vor dem unzulässigen Heißwerden zu bewahren.

Um die Entfernung des Bohrschmantes ohne größere Störungen bewerkstelligen zu können, besitzen die Bohrer entweder einen größeren Hohlraum zu seiner Aufnahme, oder der Bohrer schraubt durch seine spiralige oder schneckenförmige Gestalt das Bohrmehl in die Höhe. Im letzteren Falle muß der Schlamm von Zeit zu Zeit durch Löffeln aus dem Bohrloch herausgefördert werden.

Die Spüldrehbohrung kommt für Bohrungen in jüngeren Schichten dann in Frage, wenn es sich darum handelt, genauere Aufschlüsse aus größeren Teufen zu bekommen, in denen die Trockenbohrung nicht mehr anwendbar ist, und in denen die Stoßbohrung keine genauen Resultate liefert.

Mit stählernen Spüldrehbohrern wurden beim Bohren von artesischen Brunnen in der ungarischen Tiefebene recht gute Resultate erzielt.

Die Spüldrehbohrung unterscheidet sich von der Trockendrehbohrung nur insofern, als ein Hohlgestänge (Spülgestänge) und Drehbohrer verwendet werden, welch letztere mit einer Austrittsöffnung für das Spülwasser versehen sind.

Die Drehbohrung im milden Gebirge läßt sich also nach den eben wiedergegebenen Erläuterungen zweckmäßig einteilen in

I. eine Trockendrehbohrung und
II. eine Spüldrehbohrung.

B. Trockendrehbohrung.

I. Bohrwerkzeuge.

a) Hohlbohrer.

Der Hohlbohrer eignet sich besonders zum Vorbohren in feuchtem Lehm und zähem Ton, welche Schichten sich leicht zu Tage heben lassen, da sie sich beim Bohren in dem eisernen, geraden, mit einem senkrechten Spalt versehenen Zylinder des Bohrers festdrücken. (Siehe Fig. 262 und 263.) Zum Auflockern des Gebirges ist die eine Seite meist als Schneide ausgebildet. Das Bohren selbst geht gut vonstatten, da der offene Zylinder dem Eindringen des Gebirges keinen Widerstand entgegensetzt.

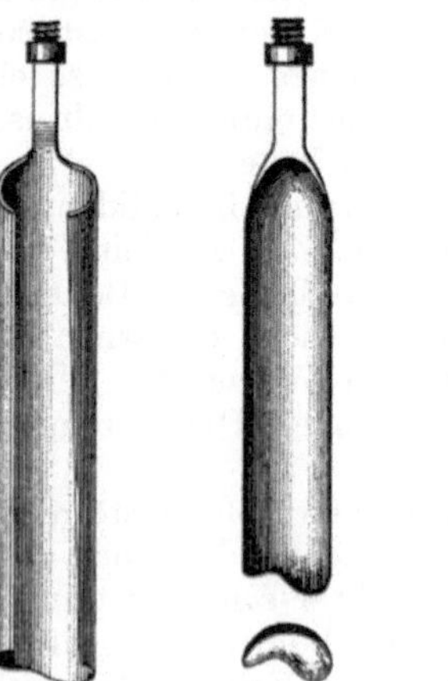

Fig. 262. Hohlbohrer (aus Tecklenburg, Handbuch der Tiefbohrkunde, Tiefbohr-Band I.)

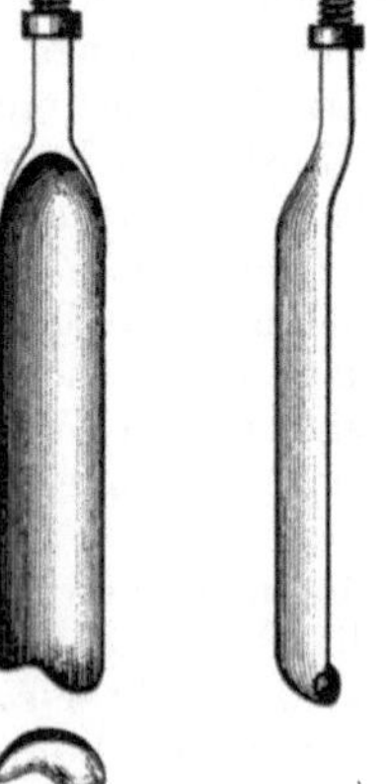

Fig. 263. Hohlbohrer (aus Tecklenburg, Handbuch der Tiefbohrkunde, Tiefbohr-Band I.)

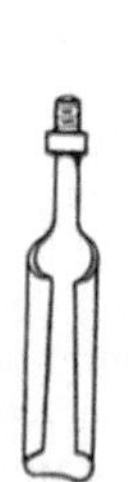

Fig. 264. Konischer Hohlbohrer mit gerader Spitze (aus Ursinus, Kalender für Tiefbohringenieure).

Fig. 265. Konischer Hohlbohrer mit gewundener Spitze (aus Ursinus, Kalender für Tiefbohringenieure).

Der konische Hohlbohrer.

Für Bodenuntersuchungen in geringen Tiefen benutzt man einen Hohlbohrer, der, nach unten konisch zulaufend, in eine Spitze endet. Da er stoßend und zugleich drehend gebraucht wird, empfiehlt es sich, ihn recht kräftig herzustellen (siehe Fig. 264 und 265). Je nachdem die

Fig. 266.
Geschlossene Schappe von Deseniss & Jacobi.

Fig. 267.
Offene Schappe von Deseniss & Jacobi.

Fig. 268.
Offene Schappe von Lapp.

Fig. 269.
Schappe von Mayer & Co.

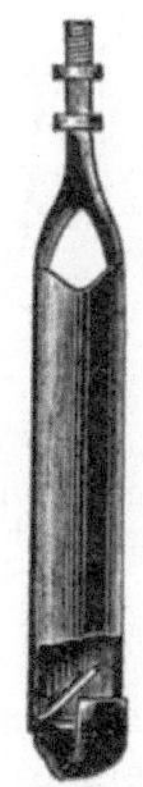

Fig. 270.
Ventilschappe von Mayer & Co.

Fig. 271.
Rohrschappe von Mayer & Co.

Spitze gerade oder gewunden ausgebildet ist, spricht man vom konischen Hohlbohrer mit gerader oder gewundener Spitze. Des letzteren bedient man sich zuweilen zum Auflockern fester Einlagerungen. Zu diesen Bohrern gehört auch der Torfbohrer, der an der einen Seite des unteren Randes einen spatenförmigen Vorsprung besitzt. Der Torfbohrer eignet sich besonders zur Untersuchung von Torflagern, da er leicht in die weiche Torfmasse eindringt und hier gute Proben liefert.

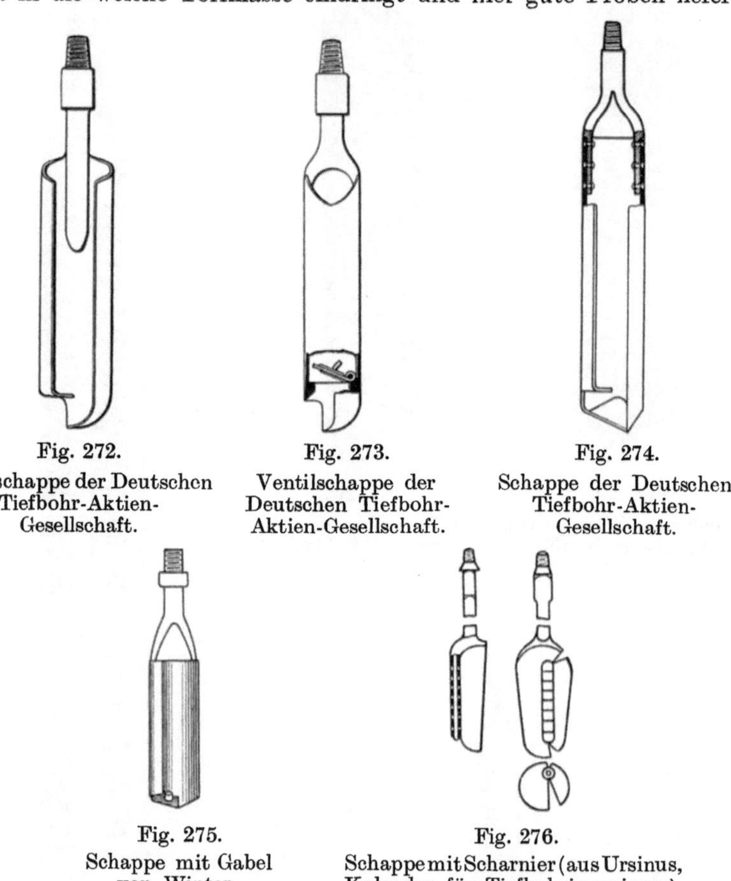

Fig. 272. Bohrschappe der Deutschen Tiefbohr-Aktien-Gesellschaft.

Fig. 273. Ventilschappe der Deutschen Tiefbohr-Aktien-Gesellschaft.

Fig. 274. Schappe der Deutschen Tiefbohr-Aktien-Gesellschaft.

Fig. 275. Schappe mit Gabel von Winter.

Fig. 276. Schappe mit Scharnier (aus Ursinus, Kalender für Tiefbohringenieure).

b) Schappen.

Für mildes Gebirge aller Art finden die Bohrschappen vorteilhaft Anwendung, welche wie die Hohlbohrer aus einem Eisen- oder Stahlzylinder bestehen. Dieser kann je nach der Art der zu durchbohrenden Schichten mehr oder weniger offen oder nahezu geschlossen sein (siehe Fig. 266—276). Am unteren Ende besitzen die Schappen scharfe

Schneiden, die schiefstehend oder gebogen sein können und zum Lösen des Gebirges und Hineinbefördern in den Hohlraum dienen. Wirksam unterstützt werden sie dabei von ihren vorstehenden, scharfen Kanten. Bei sandigem Gebirge wird zweckmäßig eine Schappe mit engem Spalt und flachem Vorsprunge (enge Schappe), bei Letten, Braunkohle, Ton usw. eine mit offenem Spalt (weite Schappe) und scharfer Schneide gewählt. Der Durchmesser der Schappen wechselt zwischen 20 und 470 mm. Der Arbeitsbedarf, der zum Drehen einer Schappe erforderlich ist, hängt von dem Durchmesser der Schappe und der Art des Gebirges ab. Die äußere Seite der Schappe muß, um ein Steckenbleiben des Bohrwerkzeuges zu verhindern, genau zylindrisch sein, weshalb sie zweckmäßig auf einer Drehbank abgedreht wird.

Die Schappe kann aus einem Stahlblechzylinder bestehen und an einem mit oberem Gewinde versehenen Stück Gestänge befestigt sein; man spricht dann von einer Schappe mit Stiel (Fig. 274).

Bei der Schappe mit Gabel ist der Stahlblechzylinder auf mehreren Seiten an einem Gestängestück befestigt (Fig. 275).

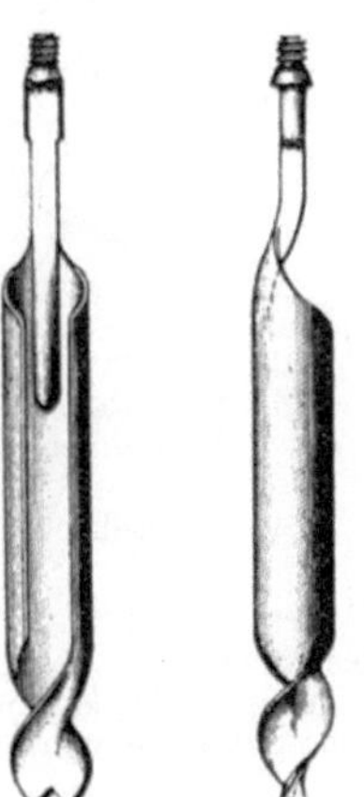

Fig. 277.
Schappe mit Spiralbohrer (aus Tecklenburg, Handbuch der Tiefbohrkunde, Bd. I).

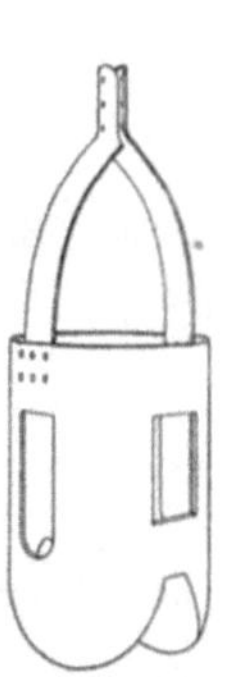

Fig. 278.
Zylinder-Erdbohrer der Hannoverschen Erdbohrer-Fabrik Hermann Meyer.

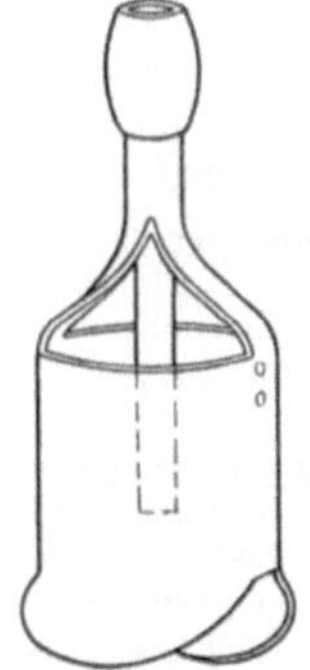

Fig. 279.
Zylinder-Erdbohrer für Wasserspülung der Hannoverschen Erdbohrer-Fabrik Hermann Meyer.

Für feste Letten und Tone eignet sich besonders die gewöhnliche Schappe (siehe Fig. 267, 268, 272, 275), für sandige Lehm- und Tonarten die Rohrschappe (siehe Fig. 271) und für lose, nasse, mit Lehm und Ton vermischte Sande und Kiese die Ventilschappe, welche am unteren Ende ein einfaches Klappenventil besitzt (Fig. 270 und 273).

Die Schappe wird von allen Drehbohrern mit Handbetrieb infolge ihrer großen Leistungsfähigkeit und bequemen Handhabung am häufigsten angewandt. Sie eignet sich ebenso für kleine Bohrungen von geringer Teufe wie für die tiefsten Handbohrungen; in sandigen Schichten arbeitet sie genau so zufriedenstellend wie in tonigem Gebirge.

Von Bohrschappen, die nur vereinzelt benutzt werden, seien hier wenigstens erwähnt die Schappe mit Scharnier (Fig. 276) und die Schappe mit Spiralbohrer (Fig 277), welche teils der Erweiterung von Bohrlöchern unter der Verrohrung, teils der Auflockerung von härteren Gebirgsschichten in größeren Teufen dienen. Ihre Konstruktion ist ohne weiteres aus den beigegebenen Figuren ersichtlich. Hierher gehört auch der Zylinder-Erdbohrer der Hannoverschen Erdbohrerfabrik von Hermann Meyer, der, wie schon aus dem Namen hervorgeht, die Form eines Zylinders besitzt. An den Seiten weist dieser Zylinder schlitz-

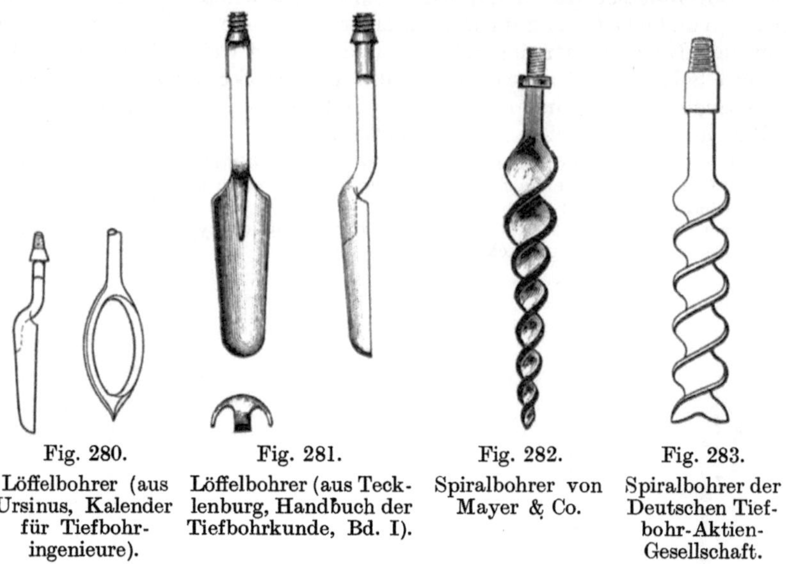

Fig. 280. Löffelbohrer (aus Ursinus, Kalender für Tiefbohringenieure).

Fig. 281. Löffelbohrer (aus Tecklenburg, Handbuch der Tiefbohrkunde, Bd. I).

Fig. 282. Spiralbohrer von Mayer & Co.

Fig. 283. Spiralbohrer der Deutschen Tiefbohr-Aktien-Gesellschaft.

förmige Öffnungen auf (siehe Fig. 278). Der untere Teil des Zylinders besitzt zwei halbkreisförmige Schneiden, die zum Auflockern des Bodens dienen; der Durchmesser wird von 60—300 mm genommen. In der Regel wird der Zylinderbohrer in geringer Teufe benutzt; er kann auch für Wasserspülung eingerichtet werden (siehe Fig. 279).

Für geringe Tiefen und weichen Ton verwendet man sogenannte Löffelbohrer, deren Konstruktion aus den Fig. 280 und 281 ersichtlich ist.

c) Spiralbohrer.

Der Spiral- oder Schlangenbohrer besteht aus einer Spirale, die unten in zwei hervorragende Spitzen ausläuft, deren Abstand etwas größer sein soll als der Durchmesser des Bohrergewindes. Bisweilen erhält der Bohrer eine mehr konische Gestalt, und die Spitzen treten vor dem Umfang der Spiralen zurück. Die Spiralbohrer in der hier abgebildeten Form (Fig. 282, 283) eignen sich besonders für festen und feuchten Lehm und Letten sowie zum Auflockern festliegender Sande oder Kiese und zäher Tone. Bei zu raschem Eindringen in den Boden klemmt sich der Bohrer leicht fest; um dieses zu vermeiden, empfiehlt es sich, ihn von Zeit zu Zeit anzuheben.

Die Bohrproben werden in den Windungen, in denen sie sich festsetzen, zu Tage gehoben, können aber nicht als sehr zuverlässig gelten. Soll der Bohrer aufgeholt werden, so muß er zuvor, da bei der Bohrung die Drehung nach rechts erfolgt, nach links herum losgedreht werden. Dabei schraubt sich leicht das Gestänge ab, weshalb man besser ein Gestänge verwendet, das zum Rechts- und Linksdrehen geeignet ist.

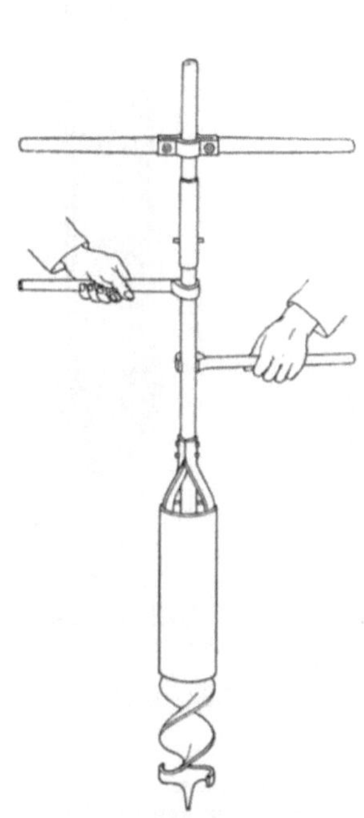

Fig. 284.
Erdbohrer Triumph der Hannoverschen Erdbohrerfabrik Hermann Meyer.

Fig. 285.
Spiral- und Schlangenbohrer von Meyer.

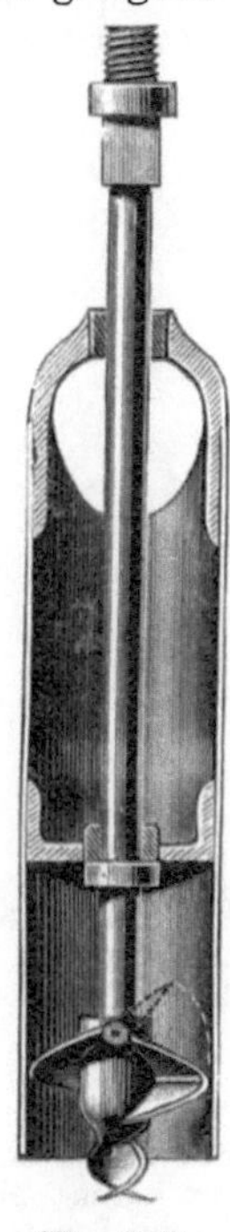

Fig. 286.
Schotterbohrer von Trauzl & Co.

Der Erdbohrer Triumph wird von der Erdbohrerfabrik Herm. Meyer & Co. in Hannover angefertigt. Er besteht im unteren Teile aus einem normalen Spiralbohrer, an den sich im oberen Teil ein Zylinder schließt, der zur Aufnahme des Bohrschmantes dient (Fig. 284).

Einen kombinierten Spiral-Schlangenbohrer zeigt Fig. 285, der ebenfalls von der Hannoverschen Erdbohrerfabrik von Meyer hergestellt wird. Er eignet sich besonders für steinigen oder harten Boden und wird in Größen von 50—150 mm Durchmesser angewandt.

Der Schotterbohrer (Fig. 286) ist eine Art Spiralbohrer mit einem Hohlzylinder zur Aufnahme der losgebohrten Massen; er findet beim Bohren in rolligem Gebirge Verwendung.

Zum Durchbohren von Dammerde, tonigem Sand und Lehm benutzt man den zylindrischen Schneckenbohrer mit gerundeter Spitze und scharfer

Schneide an der unteren Kante (siehe Fig. 287, 288, 289, 290). Je nach dem Widerstand, den das Gebirge dem Eindringen entgegensetzt, ist der Bohrer m-hr geöffnet oder geschlossen. Der wie ein Holzbohrer konstruierte konische Schneckenbohrer (Fig. 289) ist für zähe Tonarten, holziges Kohlengebirge und für Schürfungen in Torf und Moorboden bestimmt, wird aber nicht allzu häufig angewandt.

Der Tellerbohrer (Fig. 291—294) besteht aus einem unteren Spiralbohrer mif steilem Gewinde und kleinem Durchmesser und aus einer oberen, flachen großen Schraube,

Fig. 287. Schneckenbohrer von Mayer & Co.

Fig. 288. Schneckenbohrer (aus Tecklenburg, Handbuch der Tiefbohrkunde, Bd. I).

Fig. 289. Konischer Schneckenbohrer (aus Tecklenburg, Handbuch der Tiefbohrkunde, Bd. I).

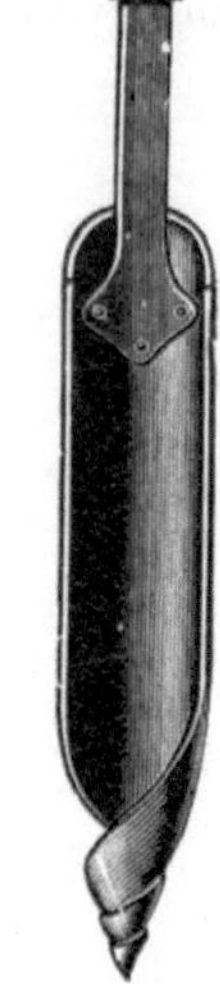

Fig. 290. Zylindrischer Schneckenbohrer von Büge & Heilmann.

welche in die durch die untere Schraube gelockerten Erdmassen leichter eindringen kann. Man bedient sich seiner mit Vorliebe für Bohrungen im leichten Sand und Ton in Tiefen bis etwa 5 m.

Bei dem Tellerbohrer ist zuweilen die obere flachgängige Schraube von einem Zylinder umhüllt, der die erbohrten Erdmassen aufzunehmen hat. Man spricht dann von einem Tellerbohrer mit Glocke (Fig. 294).

Zum Bohren in lehmigen und lettigen Schichten benutzt man den Tellerbohrer mit Nachschneiden (Fig. 295), der aus einem oberen Teller und einer unteren Schraube mit Stahlschneiden besteht, die in einer flachen Schraubenlinie gebogen sind. Die Stahlschneiden tragen eine Scheibe zur Abrundung der Bohrlöcher.

Bohlkens Patent-Erdbohrer, welcher sich nur unwesentlich von dem Tellerbohrer von Büge & Heilmann unterscheidet (Fig. 296) stellt eine Kombination von Tellerbohrer und Spiralbohrer dar, die für kleinere Bohrungen sehr brauchbar ist. Die untere steilere Spiralschraube arbeitet der oberen flacheren Schraube durch Auflockerung des Bodens vor.

Von anderen weniger angewandten Bohrern seien hier noch erwähnt der Schneidebohrer, der Trepanierbohrer, der Schaufelbohrer, der Flügelbohrer und der einfache Erdbohrer.

Andere, seltener benutzte Drehbohrer, die meistens eine Kombination der vorhin besprochenen Systeme darstellen, sind der Spiralbohrer mit Spindel, besonders für Bodenuntersuchungen als kleiner Handbohrer zu verwenden, und der Sandbohrer, der nur für Treibsand bestimmt ist.

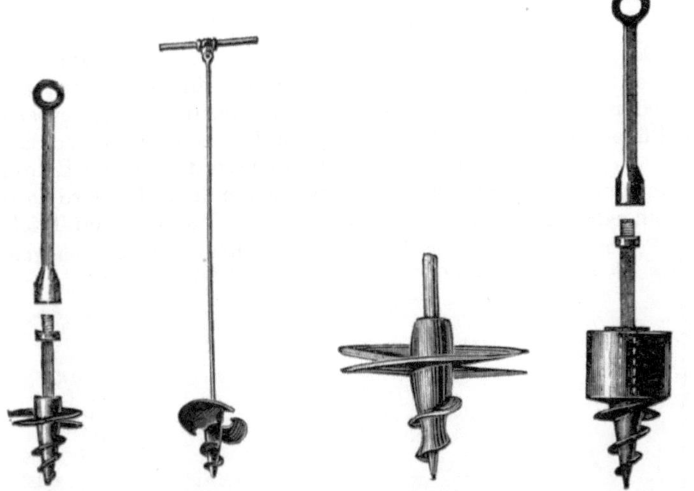

Fig. 291. Tellerbohrer von Mayer & Co.

Fig. 292. Tellerbohrer von Deseniss & Jacobi.

Fig. 293. Tellerbohrer von Büge & Heilmann.

Fig. 294. Tellerbohrer mit Glocke von Mayer & Co.

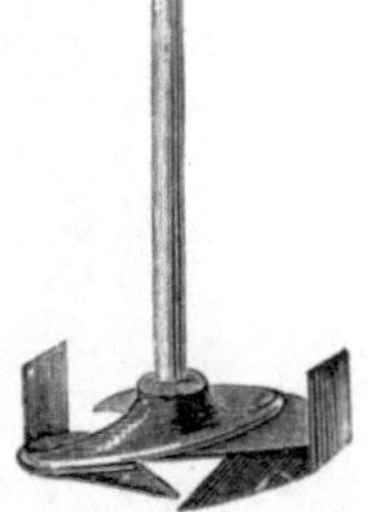

Fig. 295. Tellerbohrer mit Nachschneiden von Büge & Heilmann.

Fig. 296. Bohlkens Patent-Erdbohrer von Trauzl & Co.

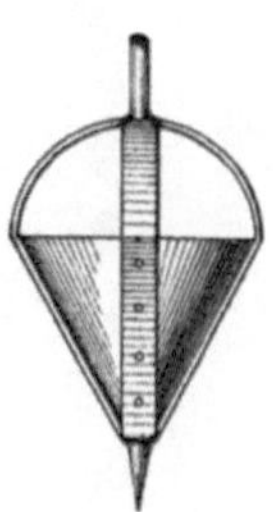

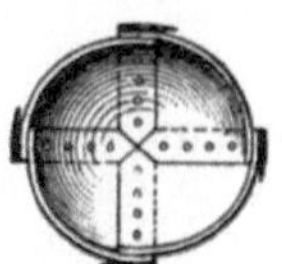

Fig. 297. Trichterbobrer mit Spitze (aus Tecklenburg, Handbuch der Tiefbohrkunde, Band I).

d) Trichterbohrer.

Der Trichterbohrer mit Spitze ist nur für Brunnenbohrungen geeignet (Fig. 297). Er besteht aus 4, unten in eine Spitze zusammenlaufenden Bügeln, welche an der unteren Hälfte einseitig geschärft sind. Die Bügel sind auf der Innenseite mit Blechen verkleidet, so daß der ganze Bohrer die Form eines Trichters besitzt. Dieser Bohrer ist nur in weichem Ton, Sand oder Kies zu verwenden. Er wird in die Sohle fest eingedrückt, bis das Bohrgut über den Rand in den Trichter fällt.

Ferner gehören hierher der Klappenbohrer zum Bohren von Brunnen nach F. C. Bierlein und der Trichterbohrer mit Spirale.

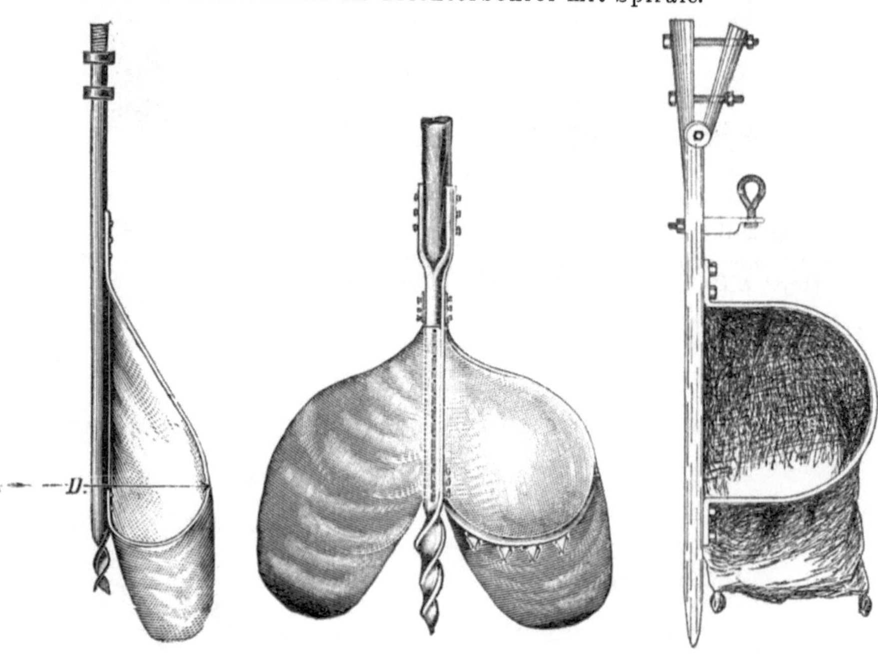

Fig. 298. Sackbohrer von Mayer & Co.

Fig. 299. Doppelsackbohrer von Mayer & Co.

Fig. 300. Sackbohrer von Büge & Heilmann.

e) Die Sackbohrer.

Für Bohrungen größerer Durchmesser auf geringe Tiefen in nassen Sanden und Kiesen eignen sich besonders die Sackbohrer, deren unteres Ende als Spitze ausgebildet ist, während seitlich ein Bügel angebracht ist, an dem ein Sack aus Leinwand oder Leder befestigt wird. Dieser Sack ist zur Aufnahme der losen Gebirgsmassen bestimmt (siehe Fig. 298—301). Derartige Bohrer können auch mit zweiseitigem Bügel und dann natürlich auch mit doppeltem Sack verwendet werden, wie z. B. der Doppelsackbohrer von Diaz, der Doppelsackbohrer der Tiefbohrmaschinenfabrik H. Mayer u. a. m. Die Säcke sind dann so eingerichtet, daß sie, ohne das Gestänge aufzuholen, herausgefördert

Fig. 301.
Doppelsackbohrer von Lapp im Betrieb.

werden können. Die Abnützung des Sackbohrers ist jedoch sehr groß, was in der Beschaffenheit des Behälters begründet ist, der die losen Gebirgsmassen aufnimmt.

Der Kastenbohrer (Fig. 302 und 303), welcher bei Bohrungen in Kiesen, Sanden und mit Steinen vermischten Lehmarten benutzt wird, besteht aus einem spiralförmig gebogenen Blechzylinder, der am Boden eine kräftige Stahlschneide besitzt.

Der Kiesbohrer der Firma Büge & Heilmann (Fig. 304) ist ebenfalls zum Bohren in Kies- und Schotterablagerungen bestimmt.

f) Nachschneidebohrer und Erweiterungsbohrer.

Die Nachschneidebohrer sind, wie schon der Name andeutet, nur Hilfswerkzeuge und werden zur Ausrundung des Bohrloches und zur Beseitigung vorkommender Unebenheiten gebraucht. Sie bestehen aus 2 halbkreisförmigen Stahlschneiden, die zusammengenietet sind, und können sowohl drehend wie stoßend angewandt werden.

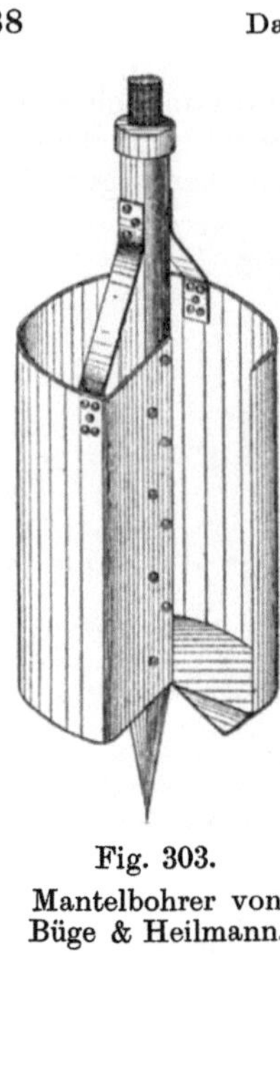

Fig. 303.
Mantelbohrer von Büge & Heilmann.

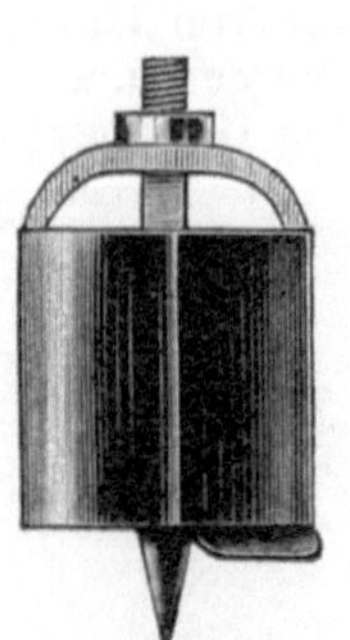

Fig. 302.
Kastenbohrer von Mayer & Co.

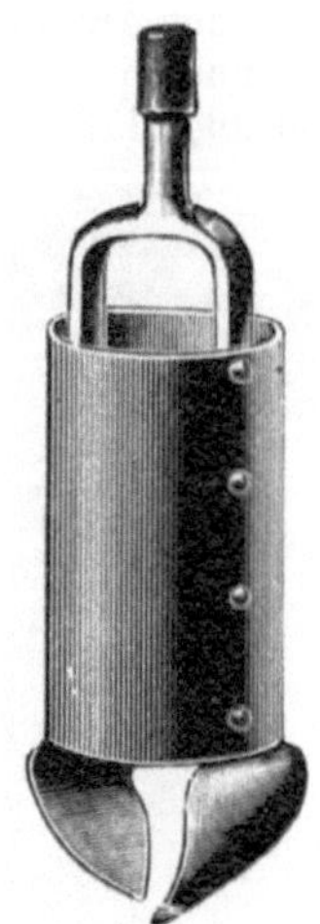

Fig. 304.
Kiesbohrer von Büge & Heilmann.

Fig. 307.
Krätzer von Mayer & Co.

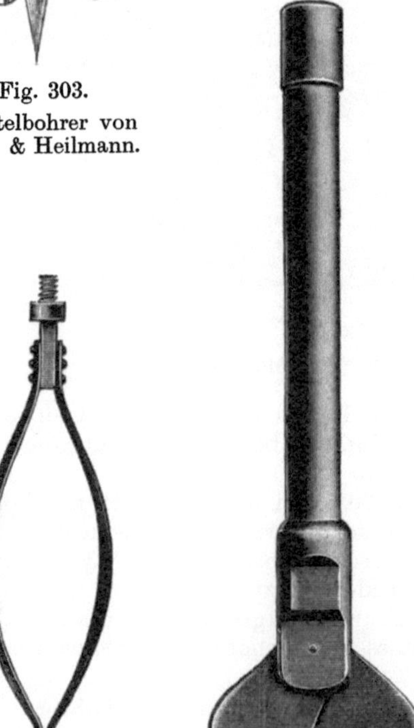

Fig. 305.
Federschneider von Mayer & Co.

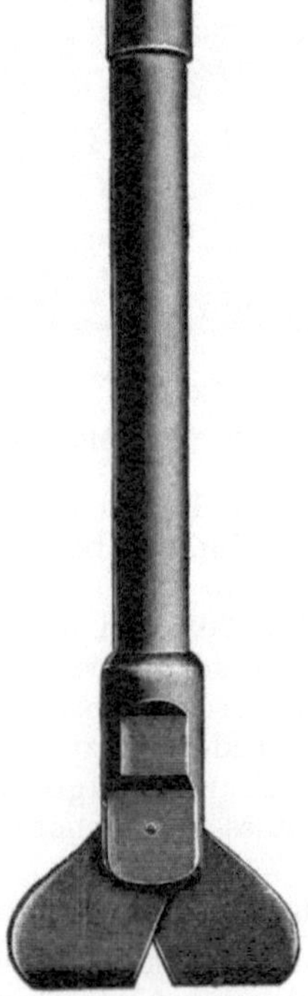

Fig. 306.
Erweiterungsbohrer von Deseniss & Jacobi.

Fig. 308.
Krätzer von Mayer & Co.

Ein sehr gebräuchlicher Nachschneidebohrer ist der Federschneider (Fig. 305), der infolge seiner Elastizität sich besonders zum Nachschneiden von Lehm, Ton usw. unterhalb der Schutzrohre eignet.

Der Erweiterungsbohrer von Deseniss & Jacobi (Fig. 306) findet ebenfalls zum Nachschneiden Verwendung. Er besteht aus zwei gebogenen Meißeln mit gerader Schneide, deren gebogene Seiten angeschärft sind.

Ein anderes Hilfswerkzeug ist der Krätzer (Fig. 307 und 308), welcher zum Auflockern von festen Sand- und Kiesschichten sowie zum Fördern einzelner großer Steine dient. Bisweilen findet er auch als Fanginstrument zur Entfernung von in die Bohrlochwandungen eingedrungenen Bohrgeräten Verwendung.

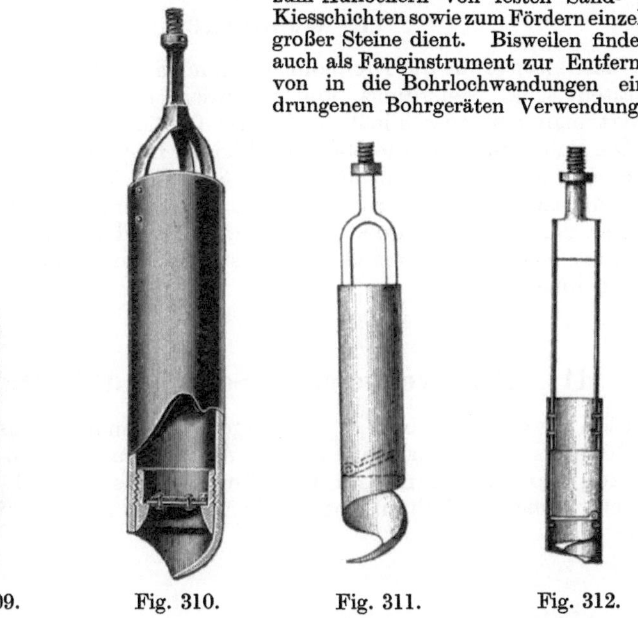

Fig. 309. Löffel mit Schappe (aus Tecklenburg, Handbuch der Tiefbohrkunde, Bd. I).

Fig. 310. Ventildrehbohrer von Deseniss & Jacobi.

Fig. 311. Löffel mit Schneckenbohrer (aus Tecklenburg, Handbuch der Tiefbohrkunde, Band I).

Fig. 312. Löffel mit Schraube (aus Tecklenburg, Handbuch der Tiefbohrkunde, Band I).

g) Ventilbohrer.

Während die Ventilbohrer in der Regel stauchend angewendet werden, wobei entweder die ganze Büchse oder nur der Kolben auf- und niederbewegt wird, bilden einige eine besondere Gruppe für sich, deren man sich auch drehend bedient (siehe Fig. 309—312). Dahin gehört der Löffel mit Schappe (Fig. 309), der eine Kombination von Ventilbohrer und Schappe darstellt. Letztere dient zum Lösen und Zuführen der Massen, während in ersterem diese zutage gefördert werden. Der Löffel mit Schappe wird in mit Wasser durchtränktem Erdreich verwendet, das in einer gewöhnlichen Schappe nicht mehr zu Tage gefördert werden könnte.

Der Löffel mit Schneckenbohrer (Fig. 311) ist ein hohler, aus Eisenblech zusammengenieteter Zylinder, der unten mit einer gewundenen Spitze und im Innern mit einer Klappe versehen ist. Er wird mit Vorliebe in kiesigem Gebirge gebraucht. Der Löffel mit Schraube (Fig. 312) besitzt innerhalb des Zylinders einen Schraubengang, der unterhalb der Klappe angebracht ist. Er eignet sich zum Auflockern von sandigem Gebirge.

II. Gestänge.

Die Gestänge für die Drehbohrung können aus Holz oder aus Eisen hergestellt sein. Neuerdings, und besonders beim drehenden Bohren, benutzt man fast ausschließlich eisernes Gestänge.

Die Bohrstangen werden beim drehenden Bohren wesentlich stärker genommen als beim stoßenden, weil sie auf Verdrehungsfestigkeit (Torsion) beansprucht werden. Die Länge der einzelnen Stangen schwankt zwischen $\frac{1}{2}$ m und 5 m, ihre Stärke zwischen 25 und 50 mm.

Alles weitere über die Gestänge ist aus dem Kapitel „Gestänge" zu entnehmen.

III. Hilfswerkzeuge, Seile und Ketten.

Die für das Drehbohren in Frage kommenden Hilfswerkzeuge wie Förderstuhl, Stangenhaken, Abfanggabel und -schere, Bohrscheren, Rechen und Gestängeschlüssel sind bereits im Kapitel „Stoßendes Bohren" besprochen worden, auf das hiermit verwiesen sei.

IV. Kraftmaschinen und Triebwerke.

a) Antrieb von Hand.

Das Drehen des Gestänges erfolgt durch Drehhebel (auch Drehschlüssel und Drehkrückel genannt), welche bei geringer Tiefe von Hand, bei größerer durch tierische oder auch maschinelle Kräfte bedient werden können.

Der Drehhebel, dessen verschiedene Formen die Abbildungen 313 bis 317 zeigen, wird am Gestänge festgeklemmt und beim Eindringen des Bohrers in das Gebirge an ihm in die Höhe geschoben. Der Krückel muß am Gestänge fest anliegen, aber auch vorkommendenfalls leicht zu lösen sein. Bei den älteren Konstruktionen besteht der Krückel aus 2 mit Griffen versehenen Hebeln, die in der Mitte eine Öffnung von der Größe des Gestänges besitzen und durch Schrauben zusammengehalten werden (Fig. 314 und 315). Bei den neueren Ausführungen besitzt der Hebel einen Ausschnitt, der durch einen um ein Scharnier drehbaren Bügel geschlossen wird. Den Krückel wählt man zweckmäßig möglichst lang, damit mehr Arbeiter an ihm angreifen können. Erforderlichenfalls kann die Verlängerung auch durch Aufstecken von Rohrenden geschehen, wodurch das Verhältnis zwischen Kraftarm und Lastarm ein günstigeres wird.

Beim Schappenbohren benutzt man bei Bohrungen mit größerem Durchmesser auch hölzerne Hebel, die sogenannten Drehbäume,

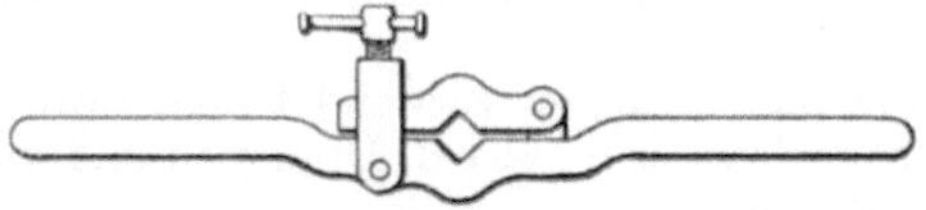

Fig. 313.
Gestänge-Drehschlüssel der Deutschen Tiefbohr-Aktiengesellschaft.

Fig. 314.
Dreheisen für Rundgestänge von Mayer & Co.

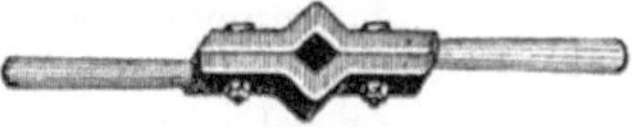

Fig. 315.
Dreheisen für Quadratgestänge von Mayer & Co.

Fig. 316.
Dreheisen für Quadratgestänge von Mayer & Co.

Fig. 317.
Dreheisen für Rundgestänge von Mayer & Co.

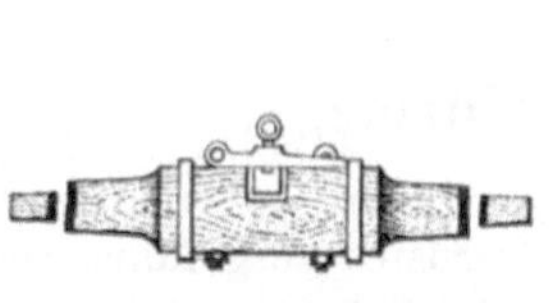

Fig. 318.
Drehbaum (aus Tecklenburg, Handbuch der Tiefbohrkunde, Bd. I).

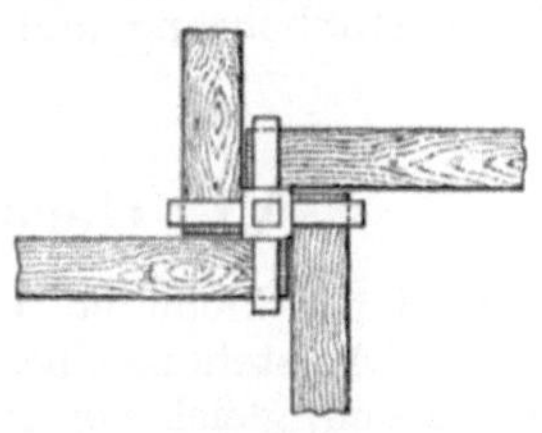

Fig. 319.
Vierarmiger Bohrhebel (aus Tecklenburg, Handbuch der Tiefbohrkunde, Bd. I).

welche, wie Fig. 318 veranschaulicht, aus einem langen Holzhebel bestehen, der mit einem Ausschnitt von der Größe des Gestänges versehen ist. Dieser Ausschnitt wird von Zeit zu Zeit mit Blechstreifen ausgefüttert, um den bei der Benutzung sich ergebenden Verschleiß aufzuheben.

Von sonstigen, seltener gebrauchten Drehhebeln seien hier noch erwähnt der Krückel mit Keil und der Krückel mit Vorstecker.

Ist infolge großen Widerstandes eine außergewöhnliche Kraft erforderlich, so bedient man sich eines vierarmigen Bohrhebels (Fig. 319).

Bei größeren Drehbohrungen verwendet man zuweilen sog. Drehstangen (Fig. 320), die in sich Wirbel, Dreheisen und kurzes Gestänge-Ausgleichstück vereinen.

Fig. 320. Drehstange von Mayer & Co.

b) Maschineller Antrieb.

Der maschinelle Antrieb von Trockendrehbohrungen erfolgt nur in den seltensten Fällen. Es wird dann von einem seitlich aufgestellten Göpel, einer Dampfmaschine oder Gasmotor durch Riemenübertragung eine horizontale Riemenscheibe, welche unmittelbar mit dem Gestänge gekuppelt ist, in drehende Bewegung versetzt.

Bei der Vorrichtung zum selbsttätigen Umsetzen des Gestänges nach Wilke wird an dem Gestänge ein Zahnrad angebracht, welches durch ein verwickeltes Getriebe von dem Schwengel aus je nach der Festigkeit des Gebirges in langsame oder schnelle Bewegung versetzt wird. Der vorgeschlagene Apparat hat sich jedoch, weil zu kompliziert, in der Praxis nicht bewährt.

V. Winden.

Die zum Einlassen und Aufholen des Gestänges und der Bohrstücke sowie auch beim sogenannten Löffeln benutzten Winden sind die gleichen wie bei der Stoßbohrung und bereits dort beschrieben.

VI. Gerüste und Türme.

Während die kleineren Drehbohrungen bis zu etwa 10 m Tiefe fast stets ohne Aufstellung eines besonderen Gerüstes ausgeführt werden, empfiehlt es sich, gleich von Anfang an ein Gerüst aufzustellen, wenn, wie das sehr häufig der Fall sein wird, die voraussichtliche Tiefe einer Bohrung sich nicht ohne weiteres bestimmen läßt. Man genießt dann die Vorteile, welche ein solches Gerüst für den Bohrbetrieb bietet, von vornherein.

Die Bohrgerüste und Bohrtürme sind für die Drehbohrung die gleichen wie für die Stoßbohrung und schon bei dieser im gleichen Kapitel beschrieben worden. Die folgenden Zeilen geben daher eine teilweise

Wiederholung des bereits Gesagten, sind aber deswegen eingefügt, um ein Bild von einigen sehr einfachen, besonders für die Drehbohrung geeigneten Gerüsten zu geben.

Die Höhe der Gerüste richtet sich nach der Länge der einzelnen Bohrstangen; doch geht man praktisch über 7—10 m nicht hinaus.

Für leichte Bohrungen von geringer Tiefe müssen die Gerüste ein geringes Gewicht besitzen, einfach aufzustellen, rasch zu zerlegen und leicht transportierbar sein. Alle diese Vorteile vereinigen in sich die eisernen Gerüste. Die eisernen Bohrgerüste bestehen aus 3 oder 4 eisernen Rohren, die oben eine Öffnung besitzen, durch welche ein Bolzen gesteckt wird. Der Bolzen wird mit einem Bügel versehen, in den die Förderrolle mittels eines Hakens eingehängt wird.

Bei den hölzernen Bohrgerüsten werden die oberen dünnen Enden durchbohrt und mittels Bolzen und Bügel verbunden, oder die Stangenköpfe werden noch besonders mit Gerüstgabeln versehen. Nach der Anzahl der zum Bohrgerüst verwendeten Stangenbäume erhält man nun einen Drei- bezw. Vierbock. Für Bohrungen bis 100 m Tiefe genügt der erstere vollständig. Um ein bequemes Besteigen des Gerüstes bis zur Seilrolle möglich zu machen, wird einer der 3 oder 4 Stangenbäume mit Steigsprossen versehen, häufig auch in $^3/_4$ der Gesamthöhe eine kleine Bühne angebracht, von wo aus das Einhängen des Gestänges leicht vorgenommen werden kann.

VII. Verrohrung.

Beim Antreffen wasserführender Schichten ist ein Zusammengehen des Bohrloches zu befürchten. Man schützt sich dagegen durch Einbauen von Bohrrohren, die aus einfachen Blechrohren oder aus genieteten verschraubbaren Schutzrohren bestehen. Eine derartige Verrohrung muß auch bei der Drehbohrung vorgenommen werden; es soll jedoch an dieser Stelle auf die Herstellung von Verrohrungen nicht weiter eingegangen werden, da die Beschreibung der hier vorkommenden Apparate usw. einem späteren Kapitel vorbehalten ist.

C. Die Spüldrehbohrung.

Es war bereits auf Seite 177 erwähnt worden, daß in vereinzelten Fällen auch Drehbohrung mit Zuführung eines Spülstromes Anwendung findet, und daß mit diesem Verfahren durchaus zufriedenstellende Resultate erzielt werden. In der Anordnung unterscheidet sich die Spüldrehbohrung von der Trockendrehbohrung nur insofern, als hier besonders geformte Spülbohrer und ein Hohlgestänge benutzt werden. Der Antrieb erfolgt fast stets von Hand. Die Erzeugung des Spülstromes geschieht mit Hilfe einer Pumpe, die ebenfalls von Hand bedient wird.

Zur Ausbildung besonderer Bohrapparate ist es bislang nicht gekommen, da die Spüldrehbohrung im milden Gebirge nur sehr selten angewandt wird, obwohl bei den Bohrungen in der ungarischen Tiefebene mit Handantrieb Leistungen bis zu 500 m Tiefe erzielt wurden.

Die Spülung kann indirekt oder direkt erfolgen. Bei der indirekten Spülung wird der Spülstrom im Bohrloch abwärts geführt und steigt durch den Bohrer und das mit ihm verbundene Gestänge wieder empor. Bei der direkten Spülung ist die Richtung des Spülstromes umgekehrt.

Die bei der indirekten Spülung verwendeten Drehbohrer besitzen im Gegensatz zu den Trockendrehbohrern keine Aufnahmevorrichtung für den Bohrschmant, sondern sind wesentlich kürzer gebaut und mit einer großen Öffnung versehen, um den Eintritt des Spülstromes zu erleichtern.

Wird direkte Spülung angewandt, so sind die Drehbohrer mit einer Durchbohrung und Austrittsöffnung für den Spülstrom versehen. Es werden dann gewöhnlich meißelähnliche Bohrstücke benutzt, während die bei der Trockendrehbohrung üblichen Hohlbohrer, Spiralbohrer usw. für Spülbohrzwecke nicht weiter ausgebildet sind.

Die Spüldrehbohrung erfolgt gewöhnlich mit unmittelbar nachsinkender Verrohrung, um das Bohrloch von Nachfall frei zu halten.

Im übrigen haben die für die Trockendrehbohrung bestehenden Bedingungen auch für die Spüldrehbohrung Gültigkeit, und es sei deshalb hier auf die Ausführungen im Kapitel „Trockendrehbohrung" verwiesen.

I. Bohrwerkzeuge.

a) Drehbohrer für indirekte Spülung.

Für indirekte Spülung kommt als einziger Bohrer die Spülschappe in Frage, welche, wie bereits erwähnt, bedeutend kürzer ist als die Trockenschappe. Die Spülschappe ist ein Stahlblechzylinder, der entweder mit einer geraden Schneide versehen ist (Fig. 321) oder unten in eine Schneide mit Vorsprung ausläuft, welcher stärkere Gesteinsstücke beseitigen und zerschneiden soll (Fig. 322). Die Schappe ist hohl und oben mit Innengewinde zum Anschrauben an das Gestänge versehen.

b) Drehbohrer für direkte Spülung.

Der Wasserspül-Spiralbohrer der Tiefbohrmaschinenfabrik H. Mayer & Co., Nürnberg, Fig. 323, ist ein kurzer Spiralbohrer mit einer Austrittsöffnung für das Spülwasser. Nach Angabe der Firma ist der Spiralbohrer bei den Gletscherbohrungen des Deutsch-Österreichischen Alpenvereins häufig benutzt worden.

Der Spitzmeißel, Fig. 324, ist ein gewöhnlicher Spülmeißel, dessen Schneide unten in eine Spitze ausläuft. Dieser Meißel eignet sich besonders zum drehenden Bohren und wird in Größen von 65—200 mm Durchmesser angewandt.

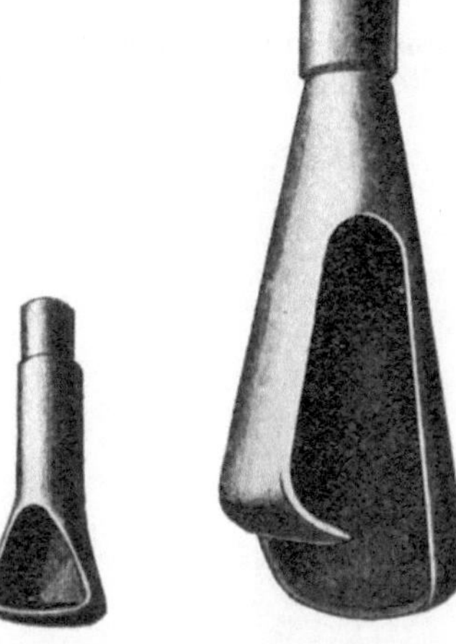

Fig. 321.
Spülschappe von Lapp mit gerader Schneide.

Fig. 322.
Spülschappe von Lapp mit Vorsprung.

Fig. 323.
Wasserspül-Spiralbohrer von Mayer & Co.

Fig. 324.
Spitzmeißel für Spüldrehbohrung von Büge & Heilmann.

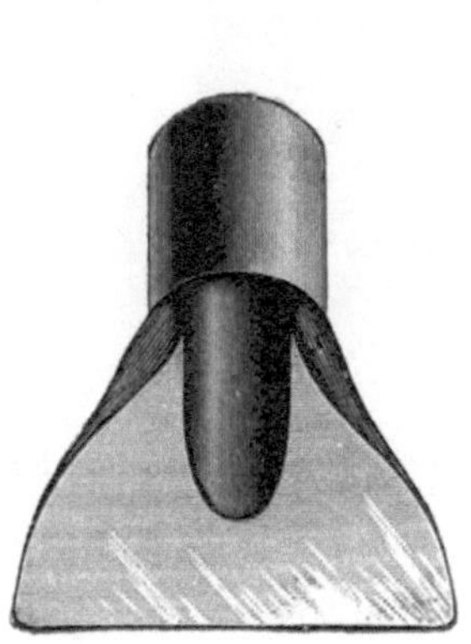

Fig. 325.
Spüldrehbohrer von Deseniss & Jacobi.

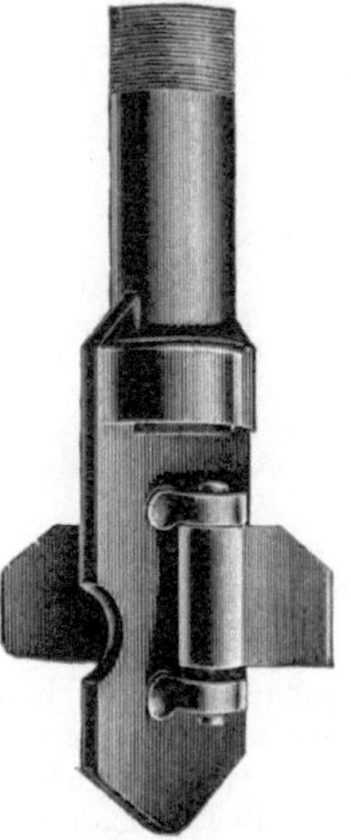

Fig. 326.
Flügeldrehbohrer von Deseniss & Jacobi.

Der Spüldrehbohrer von Deseniss & Jacobi ist in Fig. 325 veranschaulicht. Er ist ein Meißel mit gerader Schneide, dessen Seiten bogenförmig verlaufen.

Der Flügelbohrer, Fig. 326, besteht aus einem spitz zulaufenden Meißel, an dessen beiden Seiten zugeschärfte Flügel angeordnet sind.

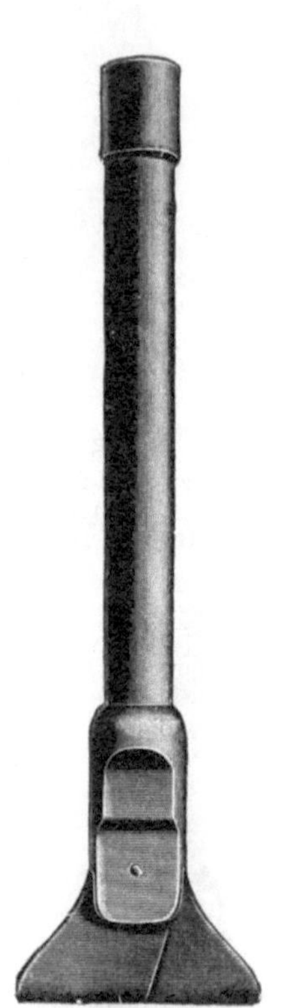

Fig. 327.
Erweiterungsbohrer von Deseniss & Jacobi.

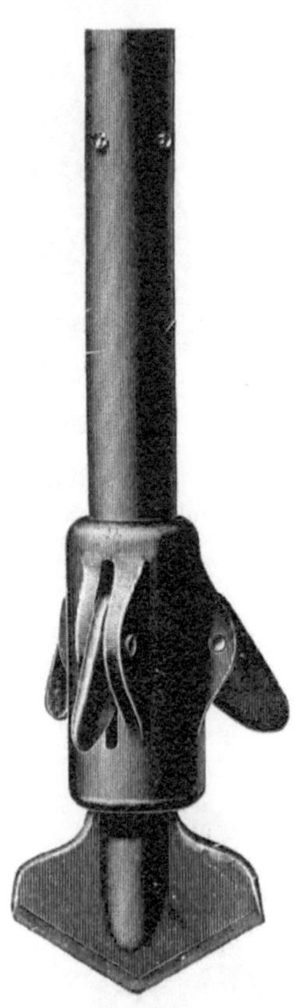

Fig. 328.
Drehbohrer mit Nachschneiden von Deseniss & Jacobi.

Der Flügelbohrer wird beim Bohren mit unmittelbar nachsinkender Verrohrung als Erweiterungsbohrer benutzt.

Der Erweiterungsbohrer, Fig. 327, besitzt zwei um einen Bolzen drehbare Meißelschneiden und wird wie der Flügelbohrer angewandt.

Ein anderer Erweiterungsbohrer ist der Drehbohrer, Fig. 328, der aus einem spitz zulaufenden Meißel und mehreren seitlich angeordneten Nachschneiden besteht.

II. Gestänge, Hilfswerkzeuge, Antriebsvorrichtungen, Winden, Gerüste und Türme.

Das Bohrgestänge bei der Spüldrehbohrung ist das normale Spülbohrgestänge. Weitere Einzelheiten hierüber sowie über die Hilfswerkzeuge, Antriebsvorrichtungen, Gerüste und Türme sind im Kapitel „Trockendrehbohrung“ und über Spülköpfe, Pumpen usw. im Kapitel „Stoßende Bohrung“ enthalten.

D. Vollständige Bohrapparate für die Drehbohrung im milden Gebirge.

Die folgenden Ausführungen geben im wesentlichen eine Zusammenstellung der in den vorhergehenden Kapiteln einzeln beschriebenen Bohrwerkzeuge und Hilfswerkzeuge. Sie beschränken sich auf die für Trockendrehbohrung von den maßgebenden Firmen hergestellten Apparate und gehen auf die früher angewendeten Tiefbohrapparate nur kurz ein. Sie sollen den Fachmann in die Lage setzen, vorkommendenfalls sich schnell darüber orientieren zu können, welche Apparate heutzutage gebraucht werden, und was zu diesen Apparaten alles gehört. Die Reihenfolge, in welcher die Bohrapparate besprochen werden, ergibt sich am besten aus der Tiefe, für welche sie sich besonders eignen. Damit soll jedoch nicht gesagt sein, daß mit der angegebenen Tiefe die Brauchbarkeit der Apparate absolut aufhört. Die angeführten Zahlen sollen vielmehr nur die Durchschnittsleistung angeben.

Was den Verwendungsbereich der Drehbohrung im milden Gebirge anlangt, so hängt dieser von dem Zweck, den die Bohrung erfüllen soll, und von der Beschaffenheit des Gebirges ab.

Die Drehbohrung im milden Gebirge findet Anwendung beim Aufstellen von Pfählen und Stangen, bei Bodenuntersuchungen, zum Auflockern des Bodens, zur Herstellung von Löchern für Pflanzungen, als Vorbohrung für große Tiefbohrungen und zu Lagerstättenuntersuchungen.

Auf die Brauchbarkeit der einzelnen Bohrerarten für die verschiedenen Gebirgsschichten ist bereits bei ihrer Beschreibung eingegangen worden.

Für gewöhnlich wird leichter trockener Sand bei geringen Tiefen mittels Tellerbohrers zu Tage gefördert; bei größeren Tiefen verwendet man hierzu die Rohrschappe.

Fester Sand wird häufig mit einem Spiralbohrer aufgelockert und dann mit der Schappe herausgeholt.

Feuchter und nasser Sand wird mit der Ventilschappe oder Schlammbüchse durchbohrt. Benutzt man Spülbohrung, so kommt für Sand die Spülschappe oder der Wasserspül-Spiralbohrer in Frage.

Ackererde wird mit dem Tellerbohrer durchbohrt.

Zum Durchbohren von Kiesschichten finden Spiralbohrer, Kastenbohrer, Ventilschappe und Kiesschappe Verwendung. Sind die Kiesschichten zu grob, so muß man versuchen, durch Zertrümmern der großen Steine mittels Meißels und durch Herausholen einzelner Steinbrocken mittels Steinfängers usw. vorwärts zu kommen.

Torf wird mit der Schappe, dem Torfbohrer oder dem Schneckenbohrer erforscht.

Braunkohle kann mit dem Schneckenbohrer durchbohrt werden; für gewöhnlich bedient man sich der später zu behandelnden Bohrkrone.

Mergel ist sehr verschiedenartig und kann bald mit der Schappe, bald mit Meißel, Zahn- und Diamantbohrkrone untersucht werden.

In sandigen Tonen arbeitet man mit der Trockenschappe und dem Schneckenbohrer.

In festen Tonen oder Letten werden die Trockenschappe, Spülschappe, Zahn- oder Diamantkrone benutzt.

Handbohrapparate für Bodenuntersuchungen bis zu 10 m Tiefe.

Der Handbohrer von Wilke wurde früher häufig angewandt bei kleineren Bodenuntersuchungen bis zu 1 m Tiefe. Der Wilkesche Apparat besteht aus einer kleinen Schappe mit seitlichem Vorsprung und dem damit fest verbundenen Gestänge, an dem oben ein hölzerner Drehkrückel befestigt ist (siehe Fig. 329).

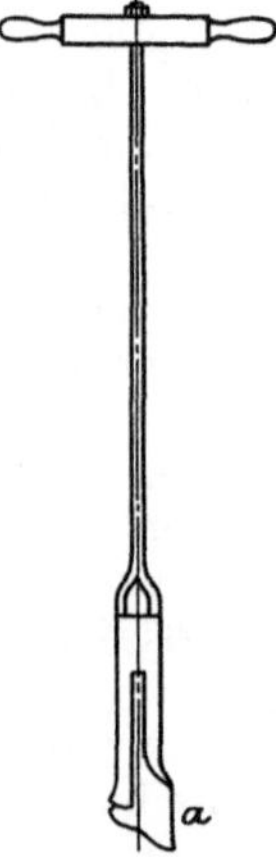

Fig. 329. Handbohrer von Wilke (aus Tecklenburg, Handbuch der Tiefbohrkunde, Bd. I).

Der Handtiefbohrapparat von Tecklenburg eignet sich für Tiefen bis zu 10 m. Als Bohrgeräte finden Verwendung Schappe, Flachmeißel, Kronenbohrer, Schneckenbohrer, Spiralbohrer, Spitzbohrer, Hohlbohrer und Ventilbüchse (Fig. 330). Das Gestänge besteht aus einzelnen hohlen Stangen von 1 m Länge und 15 mm Durchmesser. Die Drehvorrichtung ist entweder als massive, bronzene Krücke ausgebildet oder als Holzgriff, der durch einen abschraubbaren Metallknopf hindurchgeht. Von weiteren Hilfsgeräten sind noch vorhanden eine Schaufel, ein Spitzhammer, ein Flachhammer, eine Abfanggabel mit Schlüssel, ein Universalschlüssel und eine Brechstange. Sämtliche Bohrgeräte besitzen gleiches Gewinde, so daß sich die verschiedenen Kombinationen leicht herstellen lassen.

Die Bohrung erfolgt von Hand ohne Gerüst. Zur Bedienung genügt in der Regel ein Arbeiter.

Die durchschnittlichen, mit diesem Apparat erzielten Leistungen betragen nach Tecklenburg:

in weichem Mutterboden etwa 6 m Tiefe in 1 Stunde,
in verwittertem Schiefer etwa 2 m Tiefe in 1 Stunde,
in trockenem, festem Sand etwa 3 m Tiefe in 1 Stunde,
in feuchtem, schiefrigem Ton etwa 5 m Tiefe in 1 Stunde,
in steinigem Ton etwa 2 m Tiefe in 1 Stunde.

Der Handtiefbohrapparat von Tecklenburg ist zur Ausführung von kleineren Bohrungen sehr geeignet. Infolge der geschickten Anordnung — sämtliche Bohrstücke und 10 m Gestänge haben in einem Futteral Platz, das von einem Arbeiter bequem getragen werden kann — eignet sich der Tecklenburgsche Apparat besonders für den Ingenieur und Bergmann.

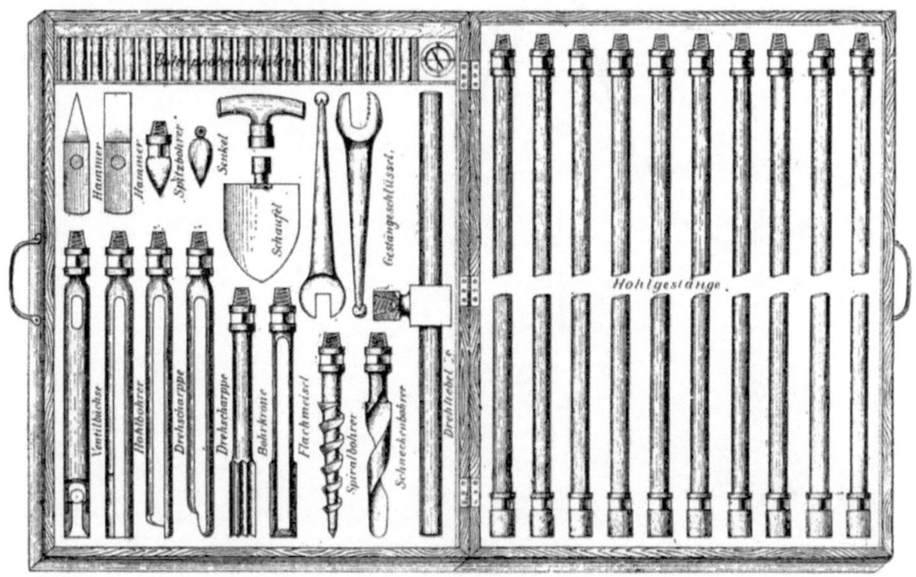

Fig. 330.
Handtiefbohrapparat, System Tecklenburg, von Trauzl & Co.

Der Hand-Tiefbohrapparat der Tiefbohrmaschinenfabrik Mayer, Nürnberg, wird in 4 Größen ausgeführt.

Der kleinste Bohrapparat ist für 5 m Tiefe bestimmt und besteht aus einem Teller, einer Schappe, einem Schwertmeißel, zwei Bohrstangen, einem Bohrgriff und Gestängeschlüssel. Der Bohrapparat mit 35 mm Werkzeugdurchmesser wiegt 12 kg. Derselbe Apparat wird aber auch für 48 mm Werkzeugdurchmesser hergestellt. Er wiegt dann etwa 18 kg.

Der Bohrapparat für 10 m Tiefe hat außer 2 weiteren Bohrstangen noch einen Spiralbohrer, eine anders geformte Schappe, eine Schlammbüchse, einen Kolbenmeißel, Flachmeißel, Schneckenbohrer, Bohrbock mit Seilrolle komplett, Wirbel und Dreheisen. Er wird ebenfalls mit 35 und 48 mm Werkzeugdurchmesser hergestellt. Das Gewicht erhöht sich dann auf 17 bezw. 25 kg (Fig. 331).

Der Bohrapparat für 20 bzw. 30 m Tiefe wird nur mit einem Werkzeugdurchmesser von 48 mm angefertigt und unterscheidet sich, abgesehen von dem Gewicht, das sich hier auf 93 bezw. 110 kg erhöht, nicht von den bisher besprochenen Apparaten.

Der Erdbohrapparat „Jasmin" ist für Bodenuntersuchungen in geringen Tiefen, bis zu etwa 15 m, bestimmt. Er besteht aus einem kleinen Spiralbohrer als Vorbohrer, dessen Verlängerung als Schneidebohrer in verschiedener Weise ausgebildet sein kann. Bei dem Bohrer (Fig. 332) stehen die beiden Flügel beinahe rechtwinklig zu einander, bei Fig. 333 ähneln sie einem Hohlbohrer.

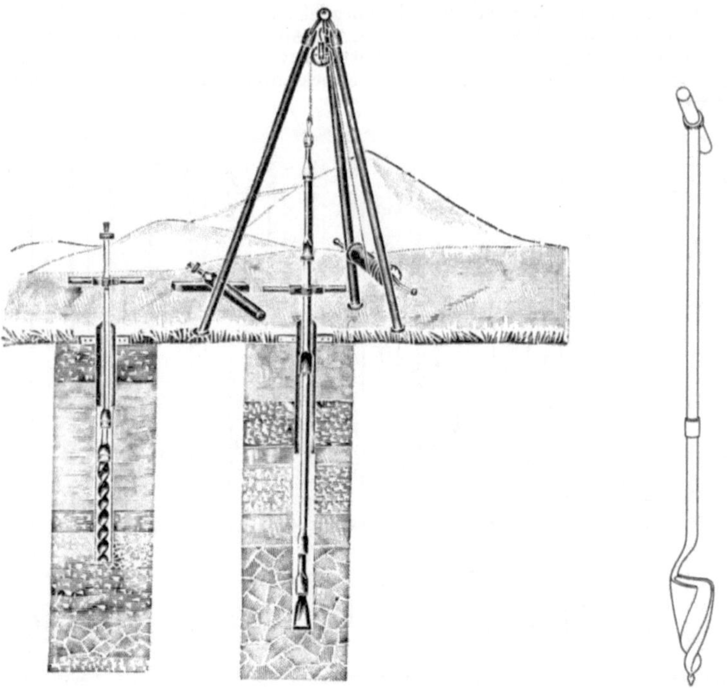

Fig. 331.
Trocken-Dreh- und Stoßbohrapparat von Mayer & Co.

Fig. 333.
Erdbohrapparat Jasmin.

Fig. 332.
Erdbohrer von Jasmin.

Fig. 334.
Hebevorrichtung der Hannoverschen Erdbohrerfabrik Hermann Meyer.

Der Jasminsche Erdbohrer wird in verschiedenen Größen, deren Durchmesser zwischen 60 und 300 mm schwankt, angefertigt. Dieser Bohrer besitzt den Vorteil, daß er im Gegensatz zu den Teller- und Löffelbohrern beim Herausziehen des Gestänges nicht erst zurückgedreht werden muß, sondern direkt hochgehoben werden kann.

Zur Drehung wird ein hölzerner Griff durch die in der obersten Bohrstange vorhandene Öse gesteckt.

Fig. 335.
American Earth Boring Machine (aus Gasmotorentechnik 1910, S. 67).

Bohrapparate der Hannoverschen Erdbohrerfabrik Herm. Meyer, Hannover. Die Hannoversche Erdbohrerfabrik von Herm. Meyer fertigt drei verschiedene Bohrapparate für Trocken-Drehbohrung an.

Der Erdbohrapparat Triumph benutzt den bereits auf S. 183 beschriebenen Erdbohrer. Für die Drehung wird hier ein Dreheisen mit Schrauben am Gestänge befestigt. Das Gewicht eines kompletten Apparates, der für Tiefen bis zu 10 m angewendet werden kann, schwankt bei 60—150 mm Durchmesser zwischen 26,5 und 64 kg.

Der Universal-Erdbohrapparat besteht aus dem Universal-Erdbohrer (s. S. 183) und dem zugehörigen Gestänge. Der komplette Apparat für 10 m Tiefe wiegt bei 60—300 mm Durchmesser 25—95 kg.

Der Zylinder-Erdbohrapparat eignet sich besonders für Bohrungen in trockenem Mutterboden, Lehm und Kies. Er findet für Längen bis zu 40 m Verwendung und wiegt bei 60—300 mm Durchmesser 26—88 kg.

Fig. 336.
American Earth Boring Machine (aus Gasmotorentechnik 1910, S. 67.)

Von Interesse ist noch die bei allen drei Apparaten verwendete „Meyersche Hebevorrichtung“ zum Anheben des Gestänges. Diese besteht, wie Fig. 334 erläutert, aus zwei durch Schrauben zusammengehaltenen Laschen, in denen ein abgestumpfter Hebel sich auf- bzw. abwärts bewegen kann. Dieser Hebel ist an einer Kette befestigt, welche mit einem Gasrohre oder einer Holzstange verbunden ist. Wird das auf einem Bocke liegende Rohr heruntergedrückt, so wird der Hebel seinerseits durch die Kette angehoben und gegen das Gestänge gepreßt, und dieses macht dann die Aufwärtsbewegung des Hebels mit. Hört dann der Druck auf das Rohr auf, so gleitet die Hebevorrichtung am Gestänge herunter und klemmt sich beim Anheben wieder selbsttätig fest.

Der Handbohrapparat von Büge & Heilmann in Berlin ist sowohl für Drehbohrung wie für Seilbohrung verwendbar. Er besteht aus einem einfachen Bohrgerüst mit Zubehör, mehreren Erdbohrern, einem Schneckenbohrer, Schlangenbohrer, Löffelbohrer, einem Krätzer und einem Glückshaken. Die Drehung erfolgt von Hand vermittels eines abschraubbaren Drehgriffes. Bei Brunnenbohrungen werden die bereits erwähnten Bohrwerkzeuge noch um je einen Sackbohrer, Mantelbohrer und Kiesbohrer vermehrt. Mit einem derartigen Bohrapparat lassen sich Bohrungen bis zu 150 mm Durchmesser und 50 m Teufe ausführen.

Die Hand - Bohranlage „Pionier“ der Deutschen Tiefbohr - Aktiengesellschaft zu Berlin und Nordhausen ist für Tiefen bis zu 300 m und vor allem für Bohrungen in den Kolonien bestimmt. Es kann sowohl drehend wie stoßend gearbeitet werden. Beim Drehbohren hängt das Gestänge an der Bohrwinde und wird von dieser aus, dem Eindringen des Bohrers in das Gebirge entsprechend, nachgelassen. Alle weiteren Angaben sind in dem Kapitel „Stoßbohrung“ auf S. 42/43 enthalten.

American Earth Boring Machine von Beltz[1]). Zum Bohren von Löchern, in die Pfähle, Zaunpfosten, Telephonstangen usw. eingesetzt werden sollen, verwendet man in Sacramento in Kalifornien neuerdings einen Erdbohrer mit Antrieb durch einen Gasolinmotor.

Der Erdbohrer, der von der Firma Charles Beltz in Kalifornien gebaut wird, ist, wie die Figuren 335 und 336 zeigen, auf einem kleinen Wagen montiert. Der Bohrer ist als Spiralbohrer ausgebildet und wird in 3 verschiedenen Größen von 203, 305 und 406 mm angefertigt. Auf dem Wagen ist an der Rückseite ein Gestell aus Winkeleisen angebracht, in dem Antrieb und Bohrvorrichtung verlagert sind.

Der Antrieb erfolgt von einem kleinen Zweizylindermotor stehender Bauart von 7½—12 PS durch Riemen auf eine im Gestell verlagerte Riemenscheibe, welche durch verschiedene Räder und Ketten die Bewegung auf die Bohrspindel überträgt. An der Bohrspindel ist der bereits erwähnte Spiralbohrer befestigt.

Durch zwei ein- und ausrückbare Kupplungen lassen sich zwei einander entgegengesetzte Bewegungen des Bohrers erzielen. Durch Einrücken der Antriebskupplung wird der Bohrer in Umdrehung versetzt und beginnt zu arbeiten. Beim Ausrücken dieser und Einrücken der anderen Kupplung wird der Bohrer aus dem Loch herausgeschraubt. Die Lage des Bohrapparates gegen die Vertikale läßt sich beliebig verändern, wodurch erreicht wird, daß der Bohrer auch beim Bohren an Abhängen zu gebrauchen ist.

Zur Bedienung des Apparates sind 2 Mann erforderlich. Der eine, ein Junge, hält die Pferde, während der zweite den Bohrer bedient.

Mit dem Erdbohrer von Beltz werden in der Regel Löcher bis zu 2 m Tiefe und bis zu 406 mm Durchmesser gebohrt. Löcher von 0,80 m Tiefe wurden in vielen Fällen in 15 Sekunden gebohrt.

E. Leistungen und Kosten.

Der Bohrfortschritt, welcher mit den einzelnen Drehbohrern erzielt wird, unterliegt großen Schwankungen. Er hängt ab von dem Gewicht des Bohrers, der Umdrehungszahl, dem Durchmesser und der Tiefe des Bohrloches, der Gebirgsbeschaffenheit und der Anwesenheit von Wasser, die das Bohren durch Erweichung der Gebirgsschichten unter Bildung von Bohrschmant unterstützt.

Ganz allgemein kann man sagen, daß die Leistungen der Drehbohrung denen der Stoßbohrung nicht unwesentlich nachstehen, und daß bei der Trockendrehbohrung von Hand nur mit einem Bohrfortschritt von 2—6 m in der 10 stündigen Schicht gerechnet werden darf, der sich bei der Spüldrehbohrung auf 4—12 m in der Schicht erhöht.

Die Leistungen mittels Trockenschappe usw. in sandigen oder kiesigen Schichten sind sehr gering und betragen einschließlich Verrohrung etwa 2 m in der 10 stündigen Schicht.

[1]) Gasmotorentechnik 1910, S. 67 u. f.

Bei Anwendung der Trockenschappe in sandigem oder fettem Ton erhöht sich die Leistung, falls ohne Verrohrung vorgebohrt werden kann, auf etwa 4 m maximal in der 10 stündigen Schicht.

Bei Benutzung der Spülschappe lassen sich in sandigem und fettem Tone, wenn ohne Verrohrung vorgebohrt wird, Leistungen bis zu 10 und 15 m in der Schicht erzielen.

In steinigem Ton ist der Bohrfortschritt bedeutend geringer, und lassen sich Durchschnittszahlen aus Gründen, die in der äußerst wechselvollen Gebirgsbeschaffenheit zu suchen sind, überhaupt nicht angeben.

Die Leistung im Mergel beträgt bei Handbohrung etwa 2—6 m in der Schicht.

Die Leistung des Drehbohrapparates von Beltz ist nach den Angaben in der „Gasmotorentechnik" überraschend groß. So sollen bei Mendota in Kalifornien in einem Falle 90 Löcher von je 203 mm Durchmesser und je 0,75 m Tiefe, wobei jedes Loch von dem andern 11 m entfernt war, in nur 60 Minuten abgebohrt sein. Höchstwahrscheinlich handelte es sich dabei um sehr mildes Gebirge.

Über die Kosten von Drehbohrungen im milden Gebirge lassen sich exakte Angaben nicht machen, da diese Bohrmethode nur in seltenen Fällen angewandt wird. Bei den kleinen Bohrungen, welche nur zu Bodenuntersuchungen usw. ausgeführt werden, setzen sich die Kosten zusammen aus den Ausgaben für Löhne, für Amortisation und Verzinsung des Bohrapparates. Die letzteren sind jedoch so gering, zumal da der Bohrapparat lange Zeit brauchbar ist, daß sie für gewöhnlich vernachlässigt werden können.

Bei den größeren Tiefbohrungen wird die Drehbohrung nur im Beginn der Bohrung und dann für kurze Zeit angewandt. Eine Folge davon ist, daß hier zuverlässige Angaben ebenfalls nicht vorhanden sind.

Zwölfter Teil.

Das drehende Bohren im festen Gebirge.

Von Diplom-Bergingenieur **Arthur Gerke.**

Benutzte Literatur.

Serlo: Leitfaden zur Bergbaukunde.
Tecklenburg: Handbuch der Tiefbohrkunde. Bd. III und V.
Köhler: Lehrbuch der Bergbaukunde.
Heise-Herbst: Lehrbuch der Bergbaukunde.
Rost: Tiefbohrtechnik.
Stein: Kurze Übersicht der Verfahren und Einrichtungen zum Tiefbohren.

Ursinus: Kalender für Tiefbohringenieure, Techniker usw.
Petraschek: Mehr Diamantbohrungen. Österreichische Zeitschrift für Berg- und Hüttenwesen 1910, Nr. 24.
Zum Artikel des Dr. W. Petraschek: Mehr Diamantbohrungen. Österreichische Zeitschrift für Berg- und Hüttenwesen 1910 Nr. 30.
Pois: Die Wahl der Bohrsysteme unter Berücksichtigung ihres Anwendungsgebietes, ihrer Leistungsfähigkeit und Anschaffungskosten. Organ des Vereins der Bohrtechniker 1909, Nr. 9.
Méganck: Untersuchung des tertiären Deckgebirges der belgischen Campine. Organ des Vereins der Bohrtechniker 1910, Nr. 20.

A. Einleitung.

I. Allgemeine Angaben.

Das drehende Bohren im festen Gebirge ist nahezu identisch mit dem Begriff „Diamantbohrung“. Wohl kann man auch hier an Stelle der Diamantkrone andere Bohrwerkzeuge, z. B. Stahlkronen, benutzen, doch geschieht dies in so seltenen Fällen, daß man in der Praxis nur vom Diamantbohren spricht und darunter ganz allgemein das drehende Bohren im festen Gebirge versteht.

Die Erfindung des Diamantbohrens ist zurückzuführen auf den Genfer Uhrmacher oder Ingenieur Rudolf Leschot (die Angaben über seinen Beruf widersprechen einander), der um das Jahr 1864 auf den Gedanken kam, die außergewöhnliche Härte des Diamanten für Bohrzwecke nutzbar zu machen. Die von ihm erbauten Maschinen wurden zuerst bei der Tunnelbohrung durch den Mont Cenis angewandt und später von den Amerikanern Bullok, Pleasant, Severance, dem Deutschen Köbrich u. a m. weiter ausgebildet. Heute gibt es eine Menge der verschiedenartigsten Systeme, und die Zahl der mit der Diamantkrone ausgeführten Bohrungen ist bereits Legion.

Bei der Diamantbohrung wird das an einem Hohlgestänge befestigte Bohrwerkzeug mit gleichbleibendem Druck gegen das Gebirge gepreßt und gleichzeitig in schnelle Umdrehung versetzt, wodurch um den stehenbleibenden Bohrkern ein ringförmiger Hohlraum entsteht. Durch den Spülwasserstrom wird das bei der Bohrung erzeugte Bohrmehl in Schlamm verwandelt und mit zu Tage gefördert.

Ebenso wie die Drehbohrung im milden Gebirge der Stoßbohrung an sich überlegen ist, ist auch die Drehbohrung im festen Gebirge die theoretisch vollkommenste Arbeitsmethode, da die Einwirkung auf die Sohle ununterbrochen erfolgt. Das hat auch hier einen geringeren Widerstand der Gebirgsteilchen gegen die Lösung aus der Umgebung und einen geringeren Wasserwiderstand zur Folge.

Die Diamantbohrmethode eignet sich nur zum Bohren in festem und sehr festem Gebirge, in klüftigem und weichem Gebirge versagt sie dagegen. Im festen Gebirge liefert die Diamantbohrung gute, fast lückenlose Bohrproben und weist auch von allen Bohrverfahren die größten Leistungen auf. In unbekannten, von Grubenbauen entfernt gelegenen Gebieten ist, wenn es sich nicht um sehr mildes Gebirge handelt, einzig und allein dieses Verfahren am Platze, da nur mit der Diamantbohrkrone Aufschlüsse erlangt werden können, welche eine sichere Beurteilung der geologischen Verhältnisse ermöglichen. Als weiterer wichtiger Vorteil kommt hinzu, daß das Erbohren von Kernen, welche das Gebirge in seiner ursprünglichen Beschaffenheit zeigen, die Feststellung des Einfallens und Streichens der Schichten ermöglicht. Die Diamantbohrung ist ferner die einzige Bohrmethode, welche praktisch für die Herstellung von Bohrlöchern in Tiefen über 1200 m in Frage kommt. Die tiefsten Bohrlöcher der Erde Schladebach bei Merseburg von 1748,40 m, Paruschowitz V von 2003,34 m und Czuchow von 2239,72 m Tiefe sind sämtlich mit Diamantbohrung hergestellt. Der Anwendungsbereich der Diamantbohrung umfaßt, sieht man von den Fällen ab, wo festes Gestein bereits an der Tagesoberfläche auftritt, die Tiefen von 300—1000 m, während tiefere Bohrungen nur als Ausnahmen zu betrachten sind. Der Durchmesser der Bohrungen schwankt zwischen etwa 600 und 50 mm.

Der Antrieb erfolgt beim Diamantbohren fast immer durch ein Kraftmittel, nur einige wenige Diamantbohrmaschinen sind aus berechtigten Gründen auch für den Handantrieb eingerichtet. Als Kraftmittel finden Verwendung Dampf, Gas, Benzin, Benzol, Preßluft und neuerdings auch Elektrizität.

Die Antriebsmaschinen sind in Deutschland gewöhnlich Dampflokomobilen, in England und Amerika entweder besondere Dampfmaschinen, welche ihren erforderlichen Dampf aus einem besonderen Kessel erhalten, oder, wenn auch seltener, Gasmotoren. Neuerdings verwendet man vereinzelt auch in Deutschland Gasmotoren, welche mit Benzin oder Benzol betrieben werden, oder Preßluftmotoren. Die Anwendung elektrischer Motoren ist dagegen fast ganz auf Amerika beschränkt.

Die Größe des Kraftbedarfs schwankt zwischen 2 und 25 PS. Die Umdrehungszahl beträgt 200—300 in der Minute; daher ist auch der größere Kraftverbrauch gegenüber den Stoßbohrmethoden zu erklären.

Die Übertragung der Drehbewegung der Antriebsmaschine auf das Bohrwerkzeug erfolgt stets durch ein Zahnrädergetriebe, das bei den deutschen Einrichtungen auf einem kleinen, auf Schienen laufenden Wagen verlagert ist. Bei den ausländischen Konstruktionen ist das Getriebe stets mit dem ganzen Apparat fest verbunden.

Infolge des großen Gestängegewichtes muß eine Entlastung des Bohrwerkzeuges eingeführt werden, um ein Zermalmen der gegen Druck sehr empfindlichen Diamanten zu verhüten und um mit einer geringeren Antriebskraft auszukommen. Die Entlastung geschieht entweder durch Gegengewichte, welche über Tage angebracht werden und eine nach oben gerichtete Zugkraft ausüben, oder durch Schrauben- und Friktionsräder, oder es wird der Druck von Dampf oder Preßwasser hierzu ausgenutzt. Der Druck, den die Krone auf die Bohrlochsohle ausübt, soll etwa 200—400 kg betragen.

Die erbohrten Kerne werden in dem über der Bohrkrone befindlichen Kernrohre aufgefangen und erst dann zu Tage gefördert, wenn das Kernrohr zum überwiegenden Teil mit Kernen angefüllt ist. Es kann also, ohne aufholen zu müssen, jedesmal die Länge eines Kernrohres abgebohrt werden. Würde die Bohrung dann noch fortgesetzt werden, so wäre eine Verstopfung des Kernrohres für den Durchgang der Spülung die Folge. Vor dem Ausholen wird die Bohrkrone etwas angehoben und der Kern nach Einstellen der Wasserspülung durch seitliches Hin- und Herbewegen des Gestänges abgebrochen; durch das Anheben klemmt sich ein oben in der Bohrkrone befindlicher Federring am Kern fest und verhindert diesen beim Aufholen des Gestänges am Herausfallen. An Stelle des Federringes kann man zum Abbrechen und Heben des Kernes auch einen besonderen Kernheber benutzen.

Was die Kernfähigkeit der einzelnen Gebirgsschichten anlangt, so liefern Schiefer, Sandstein, Kalk, Mergel, Salz, Gips und Anhydrit vorzügliche Kerne. In losem, sandigem Gebirge werden dagegen keine Kerne erzielt. In der Kohle erhielt man neuerdings bei Anwendung der sog. Doppelkernrohre ebenfalls recht gute Kerne. Gebräche, steil einfallende Schichten oder Konglomerate geben schlechte Kerne und erfordern zur Durchbohrung sehr viel Diamanten.

Die Spülung muß während des Bohrens ununterbrochen erfolgen. Versagt sie auch nur kurze Zeit, so muß die Bohrung sofort eingestellt werden, da das Weiterarbeiten große Verluste an Diamanten zur Folge haben würde, welche bei der großen Umdrehungszahl durch die auftretende Reibung stark erwärmt werden und dann verschmoren. Da beim plötzlichen Aufhören der Spülung auch der Nachfall und Bohrschmant nicht zu Tage gefördert wird, so sinkt er im Wasser seines höheren spezifischen Gewichtes wegen auf die Sohle und kann hier ein Festklemmen der Krone bewirken.

Schon während des Bohrens lassen sich über Tage Schlüsse auf die Art der durchsunkenen Schichten oder auf einen eventuellen Gesteinswechsel ziehen. Hierzu ist die ständige Untersuchung des von der Spülung abgesetzten Schlammes sowie die Berücksichtigung des bei der Rotation hervorgebrachten Tones erforderlich, welcher außerdem noch Aufschluß über den ungestörten Fortgang der Arbeit gibt.

Bei der drehenden Bohrung ohne Diamanten wird eine Stahlbohrkrone benutzt, welche in derselben Weise wie die Diamantkrone in Umdrehung versetzt wird. Die Zuführung von Spülwasser zur Beseitigung des Bohrschmantes muß auch hier erfolgen. Die Drehbohrung mit Stahlkrone hat neuerdings zur Untersuchung von tertiärem Deckgebirge bei den zahlreichen Bohrungen in der belgischen Campine mehrfach Anwendung gefunden. Zur Aufnahme der Kerne wurden die bereits erwähnten Doppelkernrohre verwendet, mit denen es gelang, in Tonschichten, ja sogar in sandigen Schichten brauchbare Proben zu erzielen. Der Prozentsatz der dabei gewonnenen Kerne war nach Méganck:

in Ton und sandigem Ton	etwa	68 %
in Ton mit Muscheln	,,	100 ,,
in etwas tonigem Sand	,,	30 ,,
in Sand	,,	5 ,,
in sandigem Ton	,,	68 ,,
in Ton mit Braunkohle	,,	66 ,,
in der Braunkohle	,,	100 ,,
in grünem Sand	,,	22 ,,
in Mergel	,,	60 ,,

Dazu war auch der Bohrfortschritt allen Verfahren, mit denen man einen Gebirgsaufschluß in tertiären Schichten zu erzielen versuchte, überlegen. Die hier erhaltenen günstigen Resultate werden wohl in Zukunft eine häufigere Anwendung dieses Verfahrens zur Folge haben.

II. Vorteile der Diamantbohrung.

Die Anwendung der Diamantbohrung bietet folgende Vorteile:

1. Erreichung großer Tiefen.
2. Infolge der ununterbrochenen Drehwirkung vorteilhafte Kraftausnutzung, da die bei der Stoßbohrung unumgängliche Beschleunigung und Wiederverzögerung der Massen in Wegfall kommt.
3. Infolge des ringförmigen Querschnittes der Krone ist nur wenig Gestein zu zerbohren.
4. Daher größerer Bohrfortschritt in hartem Gestein gegenüber den anderen Bohrverfahren.
5. Geringe Beanspruchung des Gestänges, daher weniger Brüche.
6. Wenig Reparaturen.
7. Genaue Bestimmung der durchbohrten Schichten.
8. Steckengebliebene Bohrstücke können umbohrt werden; infolgedessen braucht das Bohrloch in einem solchen Falle nicht aufgegeben zu werden.
9. Geringe Durchmesser, daher weniger Nachfall.
10. Große Betriebssicherheit.

Diesen Vorteilen stehen nicht unbedeutende Nachteile gegenüber:

1. Großer Kraftverbrauch.
2. Große Anlagekosten.
3. Erhebliche Betriebskosten infolge der teuren Diamanten.
4. Geringe Bohrlochsdurchmesser.
5. Leichtes Abweichen der Bohrlöcher von der Senkrechten.
6. Mit Vorteil nur bei günstigem, ungestörtem Gebirge anwendbar; bei Gebirge von abwechselnd harter und weicher Beschaffenheit sind Kernrohrbrüche häufig.
7. Großer Wasserbedarf für Spülzwecke, namentlich aber zur Kühlung der Krone.

8. Nachträgliche Erweiterungen der Bohrlöcher sind teuer und schwierig.
9. Erheblicher Verschleiß an Gestängemuffen.

B. Bohrgeräte.

I. Stahlbohrer.

Bei der Drehbohrung im festen Gebirge kann man auch diejenigen Bohrer verwenden, welche bei der Drehbohrung im milden Gebirge benutzt werden und in dem Teile, der von der Spüldrehbohrung handelt, bereits besprochen sind. Außerdem gebraucht man noch folgende Bohrstücke:

a) Spitzbohrer.

Der Spitzbohrer, Fig. 337 und 338, besteht aus einem Rohrstück, das in eine konisch zulaufende Schneide aus Manganstahl endet. Der Austritt der Spülung erfolgt durch Öffnungen im oberen Teile des Bohrstückes. Der Spitzbohrer wird zum Reinigen der Sohle von Nachfall sowie zur Herstellung trichterförmiger Vertiefungen benutzt, in denen sich aus der Bohrkrone ausgefallene Diamanten oder auf der Sohle liegende harte Eisenstückchen ansammeln können. Er wird vor Anfang der Diamantbohrung in das Bohrloch eingelassen.

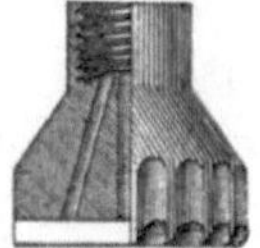

Fig. 337 und 338.
Spitzbohrer (aus Zeitschrift des Vereins Deutsch. Ing. 1905).

Fig. 339.
Stahlvollbohrkrone (aus Tecklenburg, Handbuch der Tiefbohrkunde, Bd. III).

b) Stahlkronen.

Bei den Stahlkronen hat man zwischen Vollkronen und Hohlkronen zu unterscheiden, je nachdem, ob auf das Erbohren von Kernen verzichtet oder Wert gelegt wird.

Die Stahlvollbohrkrone besteht aus einem runden Gußstahlzylinder, der am unteren Ende Zähne besitzt und im Innern mit mehreren Durchbohrungen für den Austritt der Spülung versehen ist (siehe Fig. 339). Die mit ihr erzielte Wirkung ist nur gering.

Die Stahlhohlkrone oder Stahlkrone, auch Zahnkrone oder Stahl-Zackenkrone genannt, welche früher fast nur zum Reinigen der Bohrlochssohle vor Beginn der Diamantbohrung verwandt wurde, wird in neuester Zeit auch zum eigentlichen Bohren im jüngeren Gebirge benutzt, wenn es darauf ankommt, Kerne aus diesen Schichten zu erzielen. Die Stahlkrone ist eine Hohlkrone und besitzt an der Unterseite ausgefeilte Zähne, deren Schärfe von der Beschaffenheit des Gebirges abhängt (Fig. 340—343). Die Zähne, deren Schneidewinkel zwischen

Fig. 340.
Zackenkrone von Thumann.

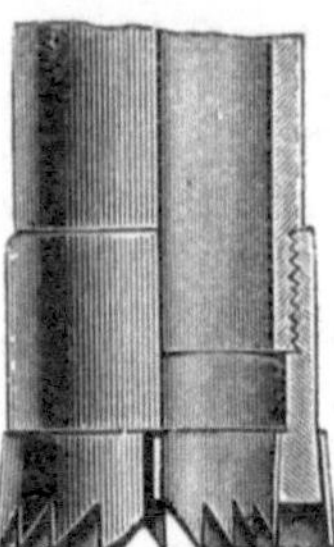

Fig. 341 a.

Fig. 341 b.
Stahlbohrkrone von Mayer & Co.

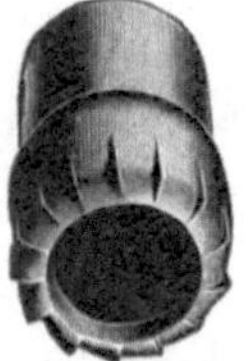

Fig. 342 a—c.
Stahlhohlkronen von Deseniss & Jacobi.

70 und 90° schwankt, können radial stehen; doch empfiehlt es sich sie im Sinne der Drehrichtung etwas voreilen zu lassen. Sie müssen außerdem auf der Innen- wie Außenseite der Krone aus dem Umfange etwas hervortreten, wenn nicht Verklemmungen die Folge sein sollen. Zwischen den Schneiden befinden sich Öffnungen für den Austritt des Spülwassers. Die Umdrehungszahl ist für gewöhnlich geringer als bei der Diamantbohrung. In lettigen Schichten setzen sich die Öffnungen für den Austritt des Spülwassers leicht zu. Geröll- und Kiesschichten wirken abstumpfend auf die Schneiden.

Der Lettendrehbohrer von Schröckelstein, der sich nach Tecklenburg mehrfach bewährt haben soll, besitzt 2 gewellte Zahnkronen, aus deren

Zwischenräumen das Spülwasser austreten kann (Fig. 344). Er ähnelt etwas den neuerdings verwandten Kronen mit Doppelkernrohr.

Der zum Losreißen der Kerne dienende Federring soll, weil er die gleiche Konstruktion besitzt, erst bei der Diamantbohrung näher beschrieben werden.

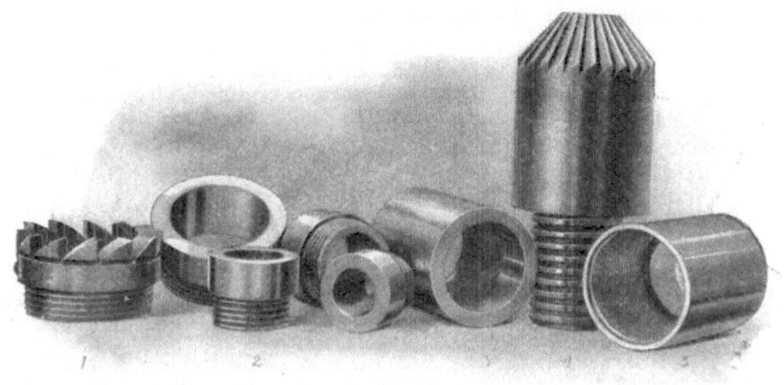

Fig. 343.
Stahlkronen der Sullivan Machinery Company.

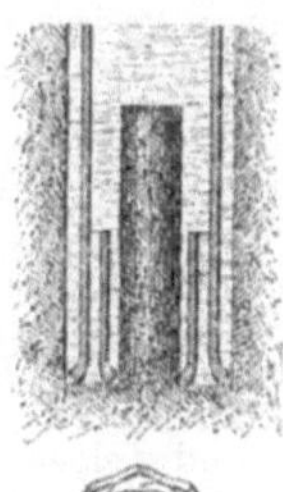

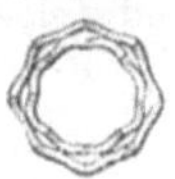

Fig. 344.
Lettendrehbohrer von Schröckelstein (aus Tecklenburg. Handbuch der Tiefbohrkunde, Bd. III).

II. Diamantbohrer.

Während sich die eben besprochenen Stahlbohrer nur zum Reinigen des Bohrloches oder Bohren in jüngerem Gebirge eignen, benutzt man in älteren und härteren Gebirgsschichten ausschließlich Bohrer, bei denen als Schneidwerkzeuge Diamanten dienen.

a) Diamanten.

Die Diamanten [1]) gehören dem regulären Kristallsystem an und bestehen aus reinem Kohlenstoff. Sie finden sich zumeist auf losen und verfestigten Seifenlagerstätten teilweise diluvialen und tertiären Alters.

[1]) S. a. Klockmann: Lehrbuch der Mineralogie.

Die Härte der Diamanten ist, da sie von allen Mineralien die größte Härte besitzen, = 10 zu setzen; ihr spezifisches Gewicht ist 3,50 bis 3,53. Die für Bohrzwecke benutzten Diamanten kommen meistens aus Brasilien, vereinzelt auch aus Sibirien. Neuerdings werden auch Steine, die aus Südafrika und Deutsch-Südwestafrika stammen, benutzt.

Die Gewinnung der Diamanten erfolgt im Tagebau oder Tiefbau. Bei der Gewinnung durch Tagebau, die für brasilianische und deutsch-südwestafrikanische Steine allein in Frage kommt, werden die alluvialen oder diluvialen Schichten mit Hacke und Spaten hereingewonnen und dann in Trögen ausgewaschen.

Man kann 4 Arten der Ausbildung von Diamanten unterscheiden:

1. Reine Diamanten,
2. Borts,
3. Carbons oder Carbonados,
4. Ballas.

Zu 1. Die reinen Diamanten sind Einzelkristalle oder Kristallgruppen, welche farblos oder gleichmäßig gefärbt sind und fast nur als Schmuckstücke benutzt werden.

Zu 2. Die Borts, auch Boarts genannt, sind radialstrahlige Kugeln oder unregelmäßige Aggregate von trüber weißer, brauner oder gelber Farbe. Man verwendet sie nur zu industriellen Zwecken[1]). Bei den Borts unterscheidet man drei Varietäten: Kap-Borts, Kap-Ballas und brasilianische Borts.

Die Kap-Borts sind runde Steine, welche eine flache Schichtung aufweisen. Sie eignen sich zum Bohren in nicht zu harten Schichten wie z. B. Sandstein usw. und sind hier den anderen Steinen wegen des um $\frac{1}{4}$ billigeren Preises vorzuziehen.

Die Kap-Ballas sind mehr weiße Diamanten, welche eine radialstrahlige Struktur besitzen.

Die besten Borts sind die brasilianischen.

Zu 3. Während die Borts nur bei Bohrungen in mittelhartem Gebirge vorteilhaft zu verwenden sind, gebraucht man die sog. Carbons mit Vorliebe im härtesten Gestein. Die Carbons sind erbsen- bis eigroße Rollstücke von koks- oder kohlenschlackenartiger Beschaffenheit, von dichter bis kerniger Struktur, mit glänzend schwarzer Oberfläche und mattem, muschligem Bruch. Die Carbons sind grau, seltener grünlich und rötlich gefärbt. Nach Angabe der Firma Smith & Zonen besitzen die Steine, welche aus Chapada stammen und welche größtenteils nicht porös sind, die größte Härte, die Steine von Morro de Chapeo mit glänzender Haut sollen etwas weniger hart sein.

Zu 4. Die Ballas. Die Ballas sind, wenn sie aus Brasilien kommen, außergewöhnlich hart. Man findet sie sehr selten. Sie sind in der Regel kugelrund und besitzen nur kleine Schnittfläche. Man verwendet sie vielfach als Prüfsteine.

Bei der Auswahl der Diamanten ist große Vorsicht erforderlich. Nach Angaben der Sullivan-Company sollen die Steine möglichst rund und nicht zu klein sein, da Ecken und Unregelmäßigkeiten dem Einsetzen Schwierigkeiten bereiten. Ein schmaler, langgestreckter Stein ist praktischer als ein großer Stein von unregelmäßiger Form. Es empfiehlt sich ferner, beim Einkauf auf die Beschaffenheit der Oberfläche zu achten. Steine mit verwitterter Oberfläche lassen sich schwer auf Härte und Kohäsion prüfen, anders ist es dagegen bei Steinen, welche frische Bruchfläche aufweisen. Hier läßt sich leicht ermitteln, welche Struktur der Stein hat, ob sie dicht, maschenartig oder ob sie grob und porös ist. Steine von dichter, maschenartiger Struktur, die eine graue oder grünliche Farbe und einen Glanz wie die frischer Bruchfläche von feinem Stahl besitzen, sind hart und zäh, und beim Gebrauch erhält jedes Korn eine Art Politur. Steine dagegen mit grobem oder porösem Korn, im Aussehen Koksstückchen ähnelnd, mit dunkler und stumpfer

[1]) s. a. Broschüre der Firma J. K. Smith & Zonen in Amsterdam: Glaubhafte Beschreibung von Brasilianischen Carbonen und Borts usw.

Farbe, werden sehr schnell abgenutzt. Carbons mit sehr kleinen Kristallen sollen sich dagegen gut bewähren.

Zur Prüfung der Härte empfehlen Smith & Zonen die Verwendung brasilianischer Ballas. Reibt man den zu untersuchenden Stein mit einem solchen Ballas, so läßt sich aus der Abnutzung die Härte schnell bestimmen. Diamanten, welche sich schnell abnutzen, sind unbrauchbar, Steine, welche dagegen fast keine Abnutzung zeigen, sind am besten für Bohrzwecke geeignet. Ein guter Carbon kann hohen Druck vertragen, ist aber gegen Schlag oder Stoß sehr empfindlich. Dies macht sich besonders unangenehm bemerkbar beim Bohren in gestörtem Gebirge, weshalb hier sehr sorgfältig gearbeitet werden muß.

Die Borts sind wesentlich billiger als Carbons und infolge ihrer runden Form für das Bohren in gestörtem Gebirge geeigneter, da sie sich nicht so leicht festklemmen als die unregelmäßigen, häufig scharfkantigen Carbons.

Im allgemeinen wird heute den Carbons der Vorzug gegeben, da die mit ihnen erzielte Leistung und Haltbarkeit höher ist als die der Borts.

Zum Bohren in sehr hartem Gebirge benutzt man fast nur Carbons, wenngleich es ratsamer erscheint, einen oder mehrere Ballas mit in die Krone einzusetzen.

Bei weniger hartem Gebirge besetzt man die Krone zweckmäßig teils mit Carbons, teils mit Borts oder Kap-Ballas, wodurch sich die Unkosten wesentlich vermindern und trotzdem gute Resultate erzielen lassen.

Im Betrieb erfolgt die Abnutzung bei gut eingesetzten Steinen derart daß langsam ab und zu kleine Stückchen absplittern.

Der Preis unterliegt großen Schwankungen, die je nach der Qualität zwischen 150 und 1400 Mark für Steine von Erbsengröße variieren. So unterscheiden z. B. die großen Händlerfirmen in Amsterdam 6 Qualitäten.

Die 1. und 2. Qualität umfaßt die Steine, welche sich für die härteste Arbeit eignen, infolgedessen auch am teuersten sind.

Steine der 3. und 4. Qualität besitzen mittlere Härte und kosten nur die Hälfte derjenigen 1. und 2. Qualität.

Die Steine der 5. und 6. Qualität eignen sich nur zum Bohren in weichem Gebirge und sind infolgedessen auch am billigsten.

Die Kosten schwanken je nach Karat, das als Einheit dient und für gewöhnlich zu 205 mg angenommen wird, zwischen 30 und 200 Mark.

b) Andere Steine.

Die großen Kosten, welche das Bohren mit Diamanten verursacht, ließen bald den Wunsch nach Ersatz der teuren Steine durch andere billigere Materialien aufkommen. Man griff naturgemäß zunächst nach Mineralien, die in der Härte den Diamanten nahestehen, wie Korund, Saphir usw. Dann wurden auch Versuche mit besonders gehärteten Stahlsorten, mit Schrott usw. angestellt. Solange das Gebirge nicht zu hart und ungestört war, ging das Bohren leidlich von statten. Sowie man aber an härtere oder gestörte Gebirgsschichten kam, erzielte man keinen Fortschritt, so daß man doch wieder zur Diamantbohrung übergehen mußte.

Neuerdings empfiehlt die Firma Peust, Hannover, als Ersatz den sog. Diamantspat [1]), welcher eine Härte von 9,3, ein spezifisches Ge-

[1]) S. a. Rost: Tiefbohrtechnik, S. 52.

wicht von 4 haben und etwa 5 M je Karat kosten soll. Weitere Angaben über dieses Material, vor allem über einen etwaigen praktischen Gebrauch, liegen jedoch noch nicht vor.

c) Diamantkronen.

1. Allgemeines.

Die Diamantkronen unterscheiden sich von den Stahlkronen nur durch die Schneidevorrichtung, welche bei ihnen aus Diamanten besteht. Da diese aber ein sehr kostspieliges Werkzeug sind, so ist besondere Vorsicht bei der Anfertigung der Bohrkronen erforderlich. Eine brauchbare Diamantkrone muß so mit Kanälen für die Spülung ausgerüstet sein, daß, falls einmal eine Verstopfung eines oder mehrerer Kanäle eintritt, immer noch genügend Wasser zu den Diamanten gelangt. Daher sind bei allen Kronen Spülkanäle nicht nur auf der Außenseite, sondern auch auf der Innenseite und dem Unterrande vorhanden.

Die Diamanten müssen nach den im vorstehenden angegebenen Grundsätzen ausgewählt und sachgemäß auf die Krone verteilt werden. Die Verteilung nimmt man gewöhnlich so vor, daß die Diamanten auf 2—3 konzentrischen Ringen liegen. Die größeren Diamanten werden an die Ränder gesetzt, die kleineren zwischen sie. Dabei darf nie ein Stein über die ganze Lippenbreite reichen. Die auf dem äußeren bezw. inneren Kreise angebrachten Steine läßt man etwas über den Rand hervorstehen, um ein seitliches Angreifen des Gebirges zu erzielen und ein etwaiges Festklemmen der Krone zu verhindern. Diamanten von 6 Karat und mehr verwendet man bei hohen Leistungen; für gewöhnlich wählt man Steine von 3—4 Karat Größe. Bei den kleineren Steinen des inneren Ringes kann man bis unter 1 Karat heruntergehen.

Bei dem Einsetzen der Steine lassen sich zwei verschiedene Befestigungsarten unterscheiden.

Bei der deutschen und amerikanischen Befestigung werden in die Krone Löcher gebohrt, welche mit kleinen Bohrern so gestaltet werden, daß die Diamanten genau hineinpassen. Die Verbindung zwischen Krone und Stein wird durch Ausgießen mit einer Metall-Legierung hergestellt, welche nach Angabe von Rost (Tiefbohrtechnik S. 52) für gewöhnlich aus 8 Teilen Wismut, 8 Teilen Zinn, und 8 Teilen Blei besteht, einen Schmelzpunkt von 75—80^0 und eine Druckfestigkeit von 5,3 kg auf 1 qmm besitzt. Etwa noch vorhandene Zwischenräume werden mit kleinen Kupferstückchen gefüllt, worauf man den Diamant verstemmt. Dies geschieht in der Weise, daß um das Bett des Diamanten ein Rand in den Stahl eingemeißelt und dieser vorsichtig gegen und zum Teil über den Diamanten gestemmt wird. Der Diamant wird so ganz verdeckt. Die Verdeckung schleift sich aber beim Drehen im Bohrloch schnell ab, worauf die Diamanten hervortreten.

Die verschiedenen Stadien des Einsetzens zeigt die Abbildung 345 welche von der Firma Theodor Börgermann in Düsseldorf zur Verfügung gestellt ist.

Fig. 345.
Einsetzen der Diamanten in die Krone.

Diamanten mit Kristallflächen werden am besten nach der Richtung ihrer geringsten Spaltbarkeit, winklig gegen die den Kristallflächen parallele Spaltrichtung, eingesetzt, d. h. so, daß der Diamant mit einer Hauptecke hervorragt.

Eine andere Befestigungsart der Diamanten war früher in England gebräuchlich. Die einzelnen Steine werden hier zunächst in stärkere Zapfen, sog. Disken, gefaßt und dann erst in besondere Löcher eingelassen, die in der Bohrkrone ausgebohrt werden. Derartig eingesetzte Diamanten lassen sich mit leichter Mühe in beliebig viele Bohrkronen einsetzen.

Zur Orientierung für den mittleren Diamantbedarf der Kronen verschiedener Durchmesser möge folgende von der Deutschen Tiefbohr-Aktiengesellschaft angegebene Tabelle dienen, welche jedoch nur einen allgemeinen Anhalt geben will, da in jedem Falle dem Gebirge entsprechend gehandelt werden muß.

Durchmesser der Kronen in mm	173	140	112	87	62
Karatzahl des Besatzes	40	35	30	25	20

Ganz allgemein kann man je 1 cm Kronendurchmesser einen Diamanten rechnen, bei kleinen Kronen etwas mehr, bei großen etwas weniger.

Die Wandstärke der Bohrkrone beträgt im allgemeinen zwischen 10 und 50 mm. Man vermeide es aber, sie zu groß zu nehmen, da mit wachsender Wandstärke die Menge des herauszuschneidenden Gesteins zunimmt und damit auch der Kraftbedarf wächst. Am Rande nimmt man die Bohrkrone 2 mm stärker als den übrigen Teil, um den Kernrohren einen, wenn auch geringen, Spielraum im Bohrloch zu lassen.

Man unterscheidet nun 3 Arten von Diamantkronen.

2. Die deutschen Kronen.

Die deutschen Kronen sind gewöhnlich mit 8—10 Diamanten von etwa 3—6 Karat, insgesamt also 24—60 Karat besetzt. Die Diamanten sind in drei konzentrischen Kreisen so angeordnet, daß der eine Ring sich an der inneren Kante, der zweite Ring an der äußeren Kante befindet, während der dritte aus der unteren Stirnfläche hervorragt.

Die Abbildungen 345—349 zeigen die gebräuchlichsten Ausführungen deutscher Kronen von den Firmen Deutsche Tiefbohr-Aktiengesellschaft, Lapp, Thumann und Winter.

3. Die englischen Kronen.

Die älteren englischen Kronen besitzen 50 bis 600 mm Durchmesser und werden mit einer großen Anzahl (bis zu 50 Diamanten) besetzt. Das Einsetzen erfolgt entweder nach deutscher Art, oder man bedient sich der vorher erwähnten Disken. Die Diamanten stehen in drei Ringen so, daß der eine Stein immer die von zwei anderen freigelassene Ringfläche bedeckt.

4. Die amerikanischen Kronen.

Die amerikanischen Kronen sind auf der Unterseite mit 6 bis 8 schwarzen Diamanten besetzt, die gewöhnlich in zwei konzentrischen

Fig. 346.
Diamantbohrkrone der Deutschen Tiefbohr-Aktiengesellschaft.

Fig. 347.
Diamantbohrkrone von Lapp.

Fig. 348.
Diamantbohrkronen von Thumann.

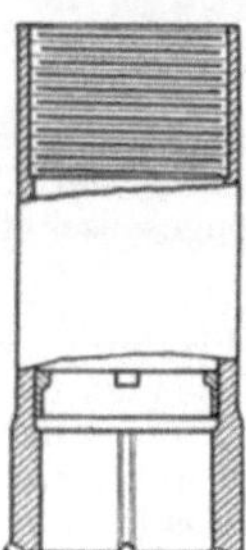

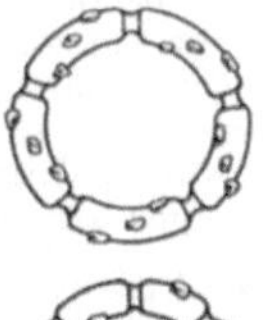

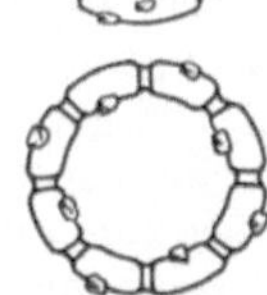

Fig. 349.
Diamantbohrkrone von Winter.

Fig. 350.
Diamantvollbohrkrone (aus Tecklenburg, Handbuch der Tiefbohrkunde, Bd. III).

Ringen angeordnet sind. Abbildung 345 zeigt eine derartige Krone, welche bei den Sullivan-Diamanttiefbohrmaschinen Verwendung findet. Die Diamanten sind wechselseitig gestellt. Die äußeren bedecken etwas mehr als die äußere Hälfte des Schnittes, während die inneren etwas über die innere Hälfte des Schnittes hinausragen. Der Kronendurchmesser schwankt zwischen 20 und 100 mm.

5. Die Vollbohrkronen.

Die Diamantvollbohrkrone kann beim Bohren in weichem Gestein und großen Teufen Anwendung finden, wenn aus irgendwelchen Gründen auf die Erbohrung von Kernen Verzicht geleistet wird. Die Diamanten sind gleichmäßig über die ganze Kronenoberfläche verteilt, so daß eine völlige Zerreibung der Bohrlochssohle erzielt wird. Fig. 350 zeigt eine derartige Krone und die Anordnung der Diamanten.

Fig. 351. Kronenfräser der Deutschen Tiefbohr-Aktiengesellschaft.

Fig. 352. Stirnfräser der Deutschen Tiefbohr-Aktiengesellschaft.

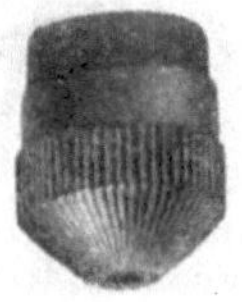

Fig. 353. Konusfräser der Deutschen Tiefbohr-Aktiengesellschaft.

Tecklenburg erwähnt außer der Vollbohrkrone noch den dem gleichen Zweck dienenden Diamantvollbohrer von Beaumont, der eine Kombination von Hohlkrone und Vollbohrer darstellt. Die Hohlkrone trägt nämlich in der Mitte drei mit Diamanten besetzte Stege, welche leicht herausgenommen werden können. Dadurch wird erreicht, daß die Krone je nach Bedarf als Hohl- oder Vollkrone arbeiten kann.

An Stelle der Diamantkrone empfiehlt Olaf Terp, eine Schmirgelbohrkrone [1]) zu verwenden, die, wie die Diamantkrone, ganz aus Schmirgelmasse hergestellt sein kann. Man kann auch eine Art Stahlkrone nehmen und mit dieser bohren, nachdem zuvor lose Schmirgelmasse auf die Sohle geschüttet ist. Die Schmirgelkörner drücken sich dann beim Bohren in Riefen der Krone hinein und schleifen einen ringförmigen Hohlraum aus.

Die Fräskronen oder Fräser, welche, streng genommen, in den Abschnitt Fangarbeit gehören, sind Kronen, welche an Stelle der Diamanten eine geriffelte Stahlbahn aus feinstem Gußstahl besitzen. Man benutzt sie zum Zerfräsen von im Bohrloch festsitzenden Gegenständen. Fig. 351 zeigt einen Kronenfräser, Fig. 352 einen sog. Stirnfräser, welcher den vollen Kreisquerschnitt bearbeitet. In Fig. 353 ist ein Konusfräser zum Ausfräsen verengter Stellen in der Verrohrung dargestellt. Die Spitzfräser unterscheiden sich von dem Konus- oder Tonnenfräser dadurch, daß sie im Oberteil ganz konische Form besitzen.

---

[1]) S. Köhler, Bergbaukunde, S. 96.

6. Fangring.

Mit den bisher besprochenen Vorrichtungen kann man Bohrkerne wohl herstellen, sie aber nicht zu Tage fördern. Hierzu benutzt man für gewöhnlich einen federnden Ring, den sog Fangring, der sich im

Fig. 354.
Fangring der Deutschen Tiefbohr-Aktiengesellschaft.

Fig. 355.
Fangring von Lapp.

Fig. 356.
Diamantkrone mit Fangring von Lapp.

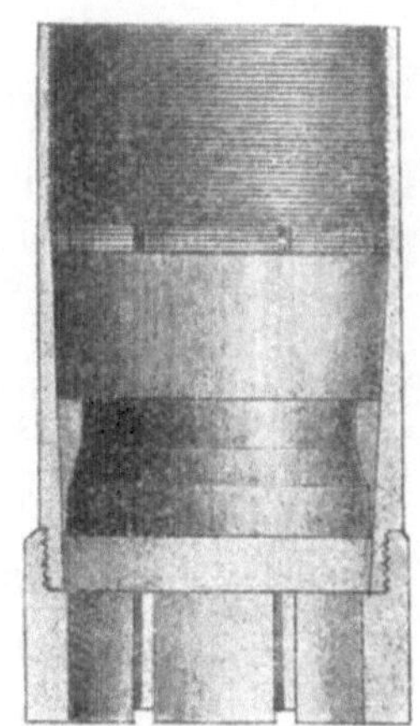

Fig. 357.
Diamantkrone von Lapp.

oberen Teile der Bohrkrone, dem Kronen-Konus, befindet und das Halten der Kerne beim Herausziehen des Gestänges bewirkt. Der Fangring (Fig. 354—357) ist ein auf einer Seite aufgeschlitzter Ring aus Stahl, der vermöge seiner Elastizität sich ausdehnen und wieder zusammenziehen kann. In der Form einem nach unten gerichteten, abgestumpften Kegel gleich, ist er im Innern mit Vorsprüngen versehen, die noch mit scharfen Stahlspitzen, Stahlschneiden oder Diamantsplittern besetzt sein können. Während der Bohrung hindert der Ring die Aufwärtsbewegung des

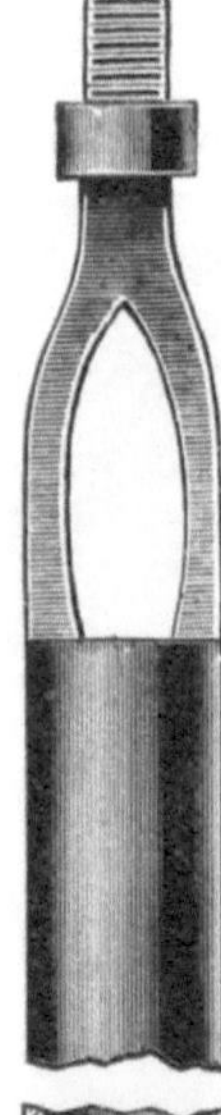

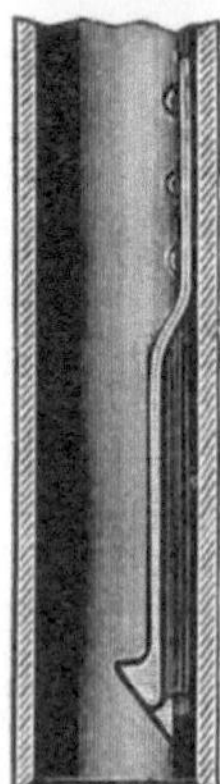

Fig. 358.
Kernheber von Mayer & Co.

Kernes im Kernrohre nicht. Sowie aber die Bohrung eingestellt und das Gestänge etwas angehoben wird, zieht sich der Ring infolge seiner Verjüngung im Innern der Bohrkrone zusammen (wenn Spitzen vorhanden sind, so dringen diese in den Kern ein), bewirkt das Losbrechen des Kernes und hält diesen in seiner Lage beim Aufholen des Gestänges.

Versagt der Fangring, oder ist aus irgendwelchen Gründen ohne ihn gebohrt worden, so bedient man sich zum Heben des Kernes eines besonderen Kernbrechers oder Kernfängers. Dieser, der in Fig. 358 in der Ausführung der Tiefbohrmaschinen- und Werkzeugfabrik Heinrich Mayer & Co., Nürnberg, veranschaulicht ist, wird am Gestänge vorsichtig bis auf die Bohrlochssohle gelassen. Dabei fängt sich der Kern in der Fanghülse mit Hilfe der unten befindlichen Druckfeder. Wird nun ein wenig auf die Sohle aufgestaucht und am Gestänge seitlich gedrückt, so erfolgt das Abbrechen des Kernes. Der an der Druckfeder vorhandene Nasenansatz verhindert das Herausfallen des Kernes beim Aufholen des Gestänges. Der Nachteil dieser sonst praktischen und einfachen Kernhebevorrichtung liegt außer im Zeitverlust, der durch das Einlassen bedingt ist, noch darin, daß jedesmal nur eine der Fanghülse entsprechende Kernlänge gehoben werden kann.

Der Kernheber der englischen Maschinen ist ähnlich dem Mayerschen Kernbrecher ausgebildet. Ein Stahlring von 22,5 cm Höhe besitzt drehbare Zähne, die beim Aufholen des Gestänges nach innen vortreten und den Kern fassen. Die Kerngewinnung ist bei diesem Verfahren sehr umständlich, da Kernrohr und Krone zuvor aufgeholt werden müssen, worauf erst der Kernheber eingelassen und in Funktion gesetzt wird.

Der bei den amerikanischen Maschinen benutzte Kernheber für die Bohrung im festen Gebirge ist wie die deutschen Fangringe ausgebildet. Bei der Bohrung im milden Gebirge, besonders im Erz, benutzen die Amerikaner einen anders gestalteten Fangring, die sog. Cossette, die aus einem lose in der Krone sitzenden Ring mit Stahlfedern besteht, welche sich mit den Spitzen in den oben abgeschrägten inneren Rand der Bohrkrone, ohne zu federn, einschieben (siehe Fig. 359). Die Aufwärtsbewegung des Kernes wird also nicht gestört. Beim Aufholen des Gestänges wird der Fangring nach unten gedrückt, die Federn kneifen den Kern ab, und dieser wird in die Höhe gehoben.

III. Die bei der Diamantbohrung benutzten Röhren.

Die Verbindung des Bohrwerkzeuges mit der über Tage befindlichen Antriebsmaschine geschieht auch bei der Diamantbohrung durch ein

Gestänge. Nur ist hier zwischen Bohrer und Gestänge noch eine Aufnahmevorrichtung für die erbohrten Kerne eingeschaltet, das sog. Kernrohr, da diese nicht wie bei der Kernstoßbohrung durch den Spülstrom nach oben befördert werden. Zur Einleitung des Spülstromes

Fig. 359.
Fangring der Sullivan-Machinery-Company.

in das sich ununterbrochen drehende Gestänge müssen die Spülköpfe anders gestaltet sein als bei der Stoßbohrung, und zwar so, daß sie eine Teilnahme an der Rotation ermöglichen. Die Verbindung der Kernrohre usw. mit dem Gestänge erfolgt durch Verschraubung.

a) Der Kronenanschlußring (u in Fig. 360)

wird zwischen Kronenkonus und Kernrohr eingeschaltet. Er paßt mit dem unteren männlichen Gewinde in die Bohrkrone, während das obere weibliche Gewinde das konische Gewinde der Kernrohr-Muffen besitzt.

b) Die Kernrohre.

Die Kernrohre sind nicht nur eine Aufnahmevorrichtung für den erbohrten Kern, sondern sollen auch der Fortleitung des Spülwassers von dem Gestänge bis zur Krone dienen und außerdem einen Schutzmantel für den Kern bilden. Man unterscheidet nun

a) einfache Kernrohre und
b) Doppelkernrohre.

1. Einfache Kernrohre.

Der Durchmesser der Kernrohre wird so gewählt, daß diese eben noch im Bohrloch Raum haben. Die lichte Weite, d. h. der innere Durchmesser, muß dem Kern genügend Raum bieten, ohne jedoch den Durchgang des Spülstromes zu behindern. Der äußere Durchmesser ist zwischen 220 und 35 mm zu wählen, doch stets 1—2 cm geringer als

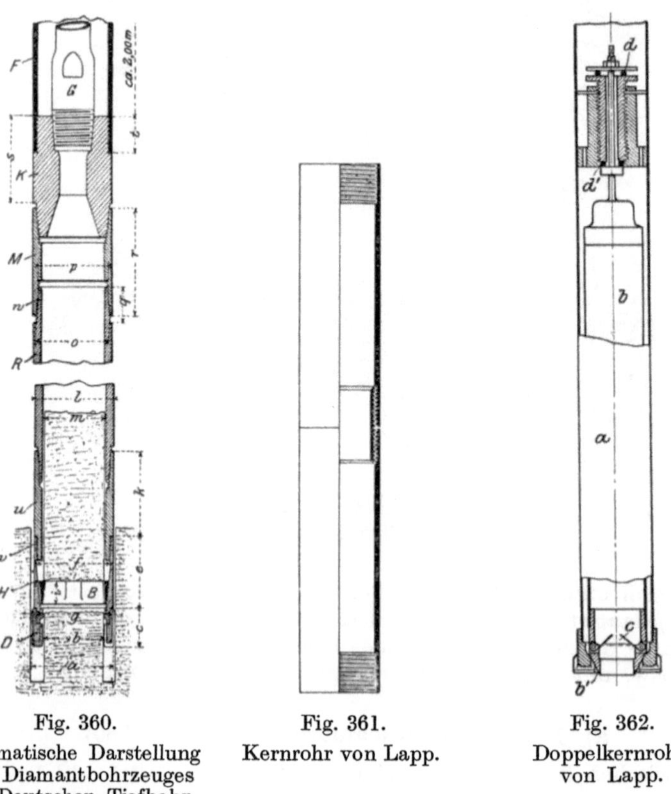

Fig. 360. Schematische Darstellung des Diamantbohrzeuges der Deutschen Tiefbohr-Aktiengesellschaft.

Fig. 361. Kernrohr von Lapp.

Fig. 362. Doppelkernrohr von Lapp.

der der Krone, damit das durch die Spülung emporgeführte Bohrmehl einen ungehinderten Durchgang zwischen Kernrohr und Bohrlochstoß findet, die lichte Weite dementsprechend zwischen 210 und 25 mm. Die normale Wandstärke beträgt zwischen 5 und 10 mm. (Siehe Fig. 360

und Fig. 361.) Die Wandungen nimmt man zweckmäßig möglichst kräftig, da durch die ständige rotierende Bewegung und durch das vom Hohlgestänge verursachte Schleudern zuweilen eine einseitige rasche Abnutzung der Rohre stattfindet, die sehr unangenehme Kernrohrbrüche zur Folge haben kann.

Die Länge der Kernrohre ist sehr verschieden; sie hängt von dem Bohrverfahren und der Art der durchbohrten Schichten ab. Während für die Drehbohrung mittels Zahnkrone wohl immer kürzere Bohrstücke genügen, werden bei der Diamantbohrung Kernrohre nicht unter 4—5 m Länge benutzt. Will man größere Längen anwenden, so schraubt man mehrere Kernrohre zusammen. Zu diesem Zweck sind die Rohre mit einem konischen Gewinde versehen, und ihre Verbindung besteht aus starken Muffen, welche entweder gleichen Außendurchmesser wie die Kernrohre haben oder größer als die eigentlichen Rohre sind. Die letztere Art der Verbindung ist an sich haltbarer, die Muffen werden aber schnell abgenutzt. Die durchschnittliche Länge der Kernrohre wird zu 15 m genommen, so daß diese Tiefe auf einmal abgebohrt werden kann, ohne daß ein Aufholen des Gestänges erforderlich wird. Vereinzelt sind auch Kernrohre von insgesamt 100 m Länge mit Erfolg angewandt worden, wenn es sich darum handelte, den Nachfall aus höher gelegenen unverrohrten Schichten abzusperren. Eine Absperrung des Nachfalls auf diese Weise ist möglich, da der freie Raum zwischen Kernrohr- und Bohrlochswand nur wenige Millimeter beträgt und infolge der Querschnittsverengerung der Spülstrom hier eine Geschwindigkeitserhöhung erfährt, welche genügt, den Nachfall aufzuhalten.

2. Doppelkernrohre.

Die bisher besprochenen Kernrohre eignen sich schlecht für wenig kernfähiges Gebirge, wie z. B. Kohle, Ton usw., da der Kern hier zu großen Erschütterungen ausgesetzt ist, und das Spülwasser mit ihm in Berührung kommt, wodurch leicht ein Auflösen und Zerfallen des Kernes eintritt.

Diesen Übelstand vermeidet die der Firma Lapp patentierte Bohrkrone mit Doppelkernrohr, welche nach Angaben des Fürstlich Plessischen Bergwerksdirektors Dipl.-Ing. Pistorius, Kattowitz, konstruiert wurde, bei der das Spülwasser durch eine vordrückende Schneide, die sich am Innenkernrohr des Doppelkernrohres befindet, gar nicht mit dem Bohrkern selbst in Berührung kommen kann. Die Fig. 362 veranschaulicht diese Einrichtung schematisch. Das äußere, drehbare und mit der Diamantkrone versehene Kernrohr a hat im Innern ein gleichachsiges, nicht drehbares Kernrohr b, welches eine vorspringende Stahlschneide b′ besitzt. Durch ein verstellbares Kugellager d—d′ ist b mit a so verbunden, daß das Innenkernrohr an der Drehung von a nicht teilnimmt. Das Innenkernrohr b besitzt am unteren Ende eine scharfe Stahlschneide b′, mit der es zuerst in die Bohrlochssohle eingreift, da die Schneide etwas über den Kranz der Diamantkronenlippe hervorragt. Während nun das äußere Kernrohr mit der Krone sich in das Gebirge einschneidet, steht das innere vermittels seines Kugellagers still und preßt sich unter dem Druck der Gestängelast in das wenig Widerstand bietende Gebirge ein. Hierbei schiebt sich der Bohrkern in das ihn umklammernde stillstehende Kernrohr b. Am Zurückweichen wird er durch die im inneren Kernrohr drehbar angebrachten Klappen c ver-

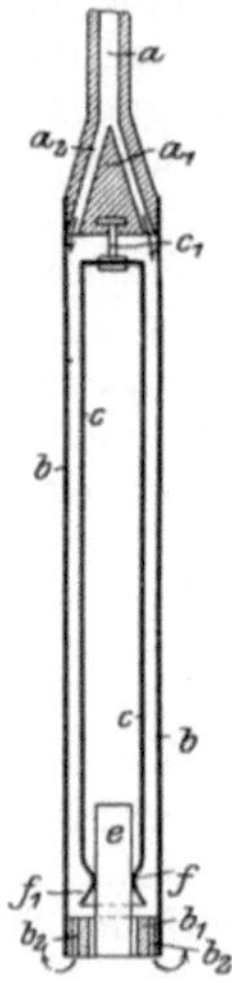

Fig. 363.
Doppelkernrohr der Internationalen Bohrgesellschaft (aus Organ des Vereins der Bohrtechniker 1910, S. 124).

Fig. 364.
Doppelkernrohr der Sullivan-Machinery-Company.

hindert. Nach Angaben von Lapp[1]) ist es gelungen, mit Hilfe der Bohrkrone mit Doppelkernrohr ¾ der durchbohrten Flöze als vollen Kohlenkern zu erhalten, während das letzte Viertel als Feinkohle aufgefangen wurde.

Die Kernbohrvorrichtung der Internationalen Bohrgesellschaft und von Arnold Köpe[2]) beruht darauf, daß zwei konzentrische Rohre vorhanden sind, von denen das äußere mitsamt der Krone rotiert, während das innere stillsteht und den Kern schützt. Die Konstruktion des Apparates ist aus der schematischen Skizze, (Fig. 363) ersichtlich. Am Bohrgestänge a ist das Kernrohr b mit der Bohrkrone b^1 angeschraubt, das im Innern ein bei c^1 drehbar in dem Teile a_1 aufgehängtes engeres Rohr c enthält. a ist mit Kanälen a_2 versehen, welche für die Fortleitung des Wassers aus dem Hohlgestänge a in den Ringraum zwischen den Rohren b und c bis zur Bohrkrone b_1 bestimmt sind. Die Bohrkrone b_1 besitzt Bohrungen b_2 zur weiteren Fortführung des Wassers. Das innere Rohr c ist bei f eingeschnürt und am unteren Ende zu dem Einführungstrichter f_1 ausgebildet. f_1 kann geschlitzt ausgeführt werden, wodurch sich eine Federwirkung erzielen läßt. Wenn e den Kern vorstellt, so wird das innere Rohr diesen infolge der Einschnürung f durch Reibung festhalten, während Kern e seinerseits das Rohr c verhindert, an der Drehung von b teilzunehmen.

Bohrkrone mit Doppelkernrohr der Sullivan-Machinery Co. Auch die Amerikaner verwenden neuerdings bei der Bohrung in kohleführenden Schichten Bohrkronen mit Doppelkernrohren. Fig. 364 zeigt eine derartige Einrichtung, welche von der Sullivan Machinery Company hergestellt wird. Es ist auch hier ein äußeres und inneres Kernrohr vorhanden, von denen ersteres an der Drehung teilnimmt, während das innere Rohr an einem Kugellager aufgehängt ist und so unabhängig von der Drehung des äußeren Kernrohres bleibt. Die Führung des Spülwasserstromes im Kernrohr und in der Krone ist aus den eingezeichneten Pfeilen leicht ersichtlich.

c) Brockenfänger.

Über dem Kernrohr ordnet man zuweilen, namentlich bei Bohrungen mit größerem Durchmesser, sog. Brockenfänger zum Schutz gegen Nachfall an (siehe F in Fig. 360). Die Brockenfänger sind etwa 2 m lange Rohre, die mit Linksgewinde an das Kernrohr-Kopfstück angeschlossen werden und oben offen sind. Ihr Durchmesser ist gleich dem Außendurchmesser der Kernrohre. Sie können bei Bedarf durch zwischengeschraubte Rohre mit Linksgewinde beliebig verlängert werden.

d) Kernrohrreduktion.

Die Kernrohrreduktion, auch Kernrohr-Kopfstück genannt, dient zur Verbindung von Gestänge und Kernrohr (siehe K in Fig. 360 und

[1]) S. a. Org. d. Vereins d. Bohrt., Jahrg. 1910, S. 202 und 1910, S. 227.
[2]) S. Org. d. Ver. d. Bohrt., Jahrg. 1910, S. 124 u. f.

Fig. 365). Der sich nach unten hin vergrößernde Übergang ist am oberen Ende mit normalem Gestängegewinde versehen, während das untere Ende ein den Kernrohren entsprechendes Gewinde besitzt. Zweckmäßig wählt man ein Linksgewinde, um bei Gestängebrüchen mit einer Linksrohrtour außer dem gesamten Gestänge auch die Reduktion gleichzeitig abschrauben zu können.

Kernrohrreduktionen werden in allen Größen, welche für Kernrohre in Frage kommen, angefertigt.

Fig. 365.
Kernrohrreduktion (aus Tecklenburg, Handbuch der Tiefbohrkunde, Bd. III).

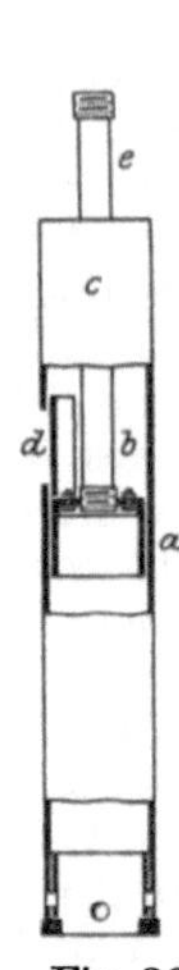

Fig. 366.
Kernrohrreduktion der englischen Apparate (aus Tecklenburg, Handbuch der Tiefbohrkunde, Bd. III).

Fig. 367.
Rotations-Holländer mit Hebekappe der Deutschen Tiefbohr-Aktiengesellschaft.

Das Kernrohr wird bei den englischen Diamantbohreinrichtungen oben durch eine Platte a verschlossen (siehe Fig. 366), in deren Mitte das Gestänge b eingeschraubt ist.

e) Gestänge.

Das Gestänge unterscheidet sich nicht von dem bei der Stoßbohrung gebräuchlichen. Wegen der unumgänglich notwendigen Wasserspülung findet jedoch nur Hohlgestänge Anwendung.

Gestängeverbindungen, Röhrenbündel, Rohrzangen und Schlüssel sind die gleichen wie bei der Stoßbohrung.

f) Spülköpfe.

Die Wasserspülbohrköpfe, Spülköpfe oder Spülbohrholländer stellen die Verbindung zwischen dem Druckschlauch der Pumpe und dem Hohlgestänge her und dienen zugleich als Tragstück für das Gestänge oder als Wribel für Bohrkette und Seil.

Der Spülkopf für die Diamantbohrung besteht bei den deutschen Bohrmaschinen aus einem durchgehenden Gestänge-Anschlußrohre, das beiderseits durch Stopfbüchsen abgedichtet ist. Beide Stopfbüchsen sind auf Gußstahlkugeln leicht drehbar gelagert. (Siehe Fig. 214.) Am oberen Ende sind ein Wirbel und eine Hebekappe aufgeschraubt, an

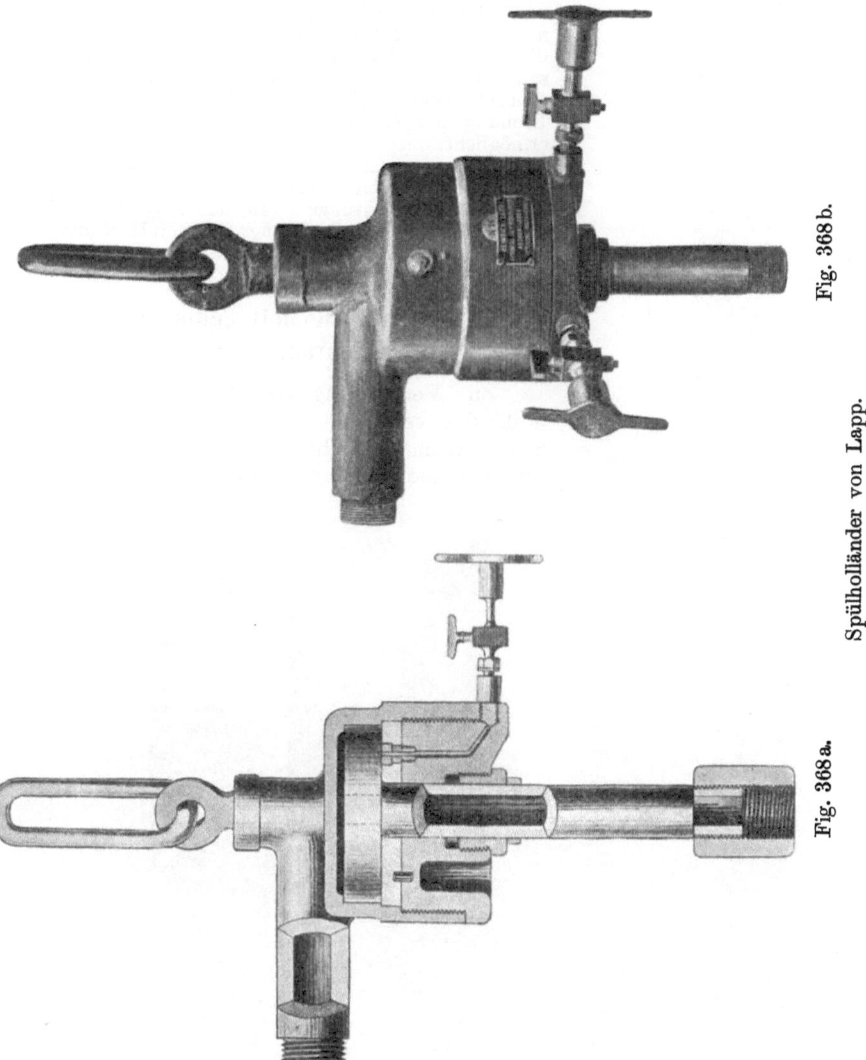

Fig. 368 b.

Fig. 368 a.

Spülholländer von Lapp.

der das Bohrseil oder die Bohrkette angreift. Zwei weitere Spülholländer der Deutschen Tiefbohr-Aktiengesellschaft und der Firma Lapp zeigen die Fig. 367 und 368 a, b.

15*

Der englische Wasserwirbel besteht aus zwei Stopfbüchsen, die durch einen Nippel mit dem Hohlgestänge verbunden sind.

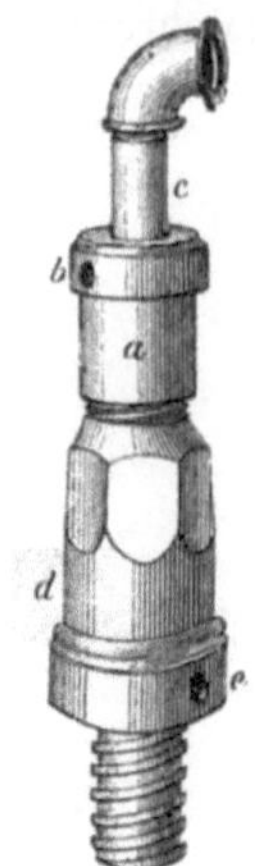

Fig. 369. Amerikanischer Spülbohrholländer (ältere Ausführung).

Bei den amerikanischen Bohrmaschinen älteren Systems ist der Wasserwirbel eine einfache Stopfbüchse, welche auf das Gestänge geschraubt wird (siehe Fig. 369). Durch Anziehen einer Kapsel a mit einem Schlüssel, der in das Loch b paßt, wird die im Innern der Kapsel befindliche Packung zusammengepreßt und so dem mit einem unteren Flansch versehenen Rohrstück eine von der Drehung des Gestänges unabhängige Bewegung ermöglicht.

Die neueren amerikanischen Wasserwirbel unterscheiden sich nicht wesentlich von den deutschen Vorrichtungen. In der Fig. 370 sind verschiedene Spülholländer der Sullivan Machinery Company abgebildet.

g) Schläuche mit Schlauchverschraubungen.

Zur Verbindung von Pumpe und Spülholländer verwendet man die auch bei der Stoßbohrung üblichen Hochdruckschläuche und Schlauchverschraubungen.

Fig. 370. Wasserwirbel der Sullivan-Machinery-Company.

C. Die Nachlaß- und Vorschubvorrichtungen.

Literatur.

Tecklenburg: Handbuch der Tiefbohrkunde, Band III.
Serlo: Leitfaden der Bergbaukunde.
Ursinus: Kalender für Tiefbohringenieure.
Rost: Tiefbohrtechnik.
Köhler: Lehrbuch der Bergbaukunde.
Heise - Herbst: Lehrbuch der Bergbaukunde, Bd. I.
Kämmerer: Die Erdölgewinnung bei Wietze. Zeitschrift des Vereins deutscher Ingenieure, 1905.
Amerikanische Diamant-Schürfbohrmaschinen. Organ des Vereins der Bohrtechniker, 1908, Nr. 11.
Die amerikanische Diamantschürfbohrung. Organ des Vereins der Bohrtechniker, 1909, Nr. 20 und 21.
Diamantbohrmaschinen der Sullivan Machinery Company. Organ des Vereins der Bohrtechniker, 1910, Nr. 16.

Die Nachlaß- und Vorschubvorrichtungen sind bei den Diamantbohrmaschinen der einzelnen Länder sehr verschieden ausgebildet.

In Deutschland, wo wir zwischen Klein- und Großdiamantbohrmaschinen sorgfältig zu unterscheiden haben, erfolgt bei den Maschinen der ersteren Gattung der Vorschub

1. durch Belastung mit Gewichten,
2. durch Friktionsgetriebe oder
3. durch Gewichtshebel.

Bei den deutschen Großdiamantbohrmaschinen erfolgt der Vorschub selbsttätig unter dem Druck der nicht ganz ausgeglichenen Gestängelast.

Zum Nachlassen sind

1. besondere Nachlaßvorrichtungen mit Gewichtsgehänge am Förderseil vorhanden, oder man benutzt

2. eine Schnecke und ein Schneckenrad, welche an der Vorgelegewelle der Förderwinde angeordnet sind.

Die Vorrichtungen der englischen Maschinen regulieren den Druck gegen die Bohrlochssohle durch Gegengewichte, welche vermittels Ketten an einem mit der Bohrspindel in Verbindung stehenden Querhaupt hängen.

Bei den amerikanischen Maschinen erfolgt der Vorschub durch ein Friktionsgetriebe oder Reibungsgetriebe oder durch hydraulische Preßzylinder.

I. Deutsche Nachlaßvorrichtungen.

a) Köbrichsche Nachlaßvorrichtungen.

Bei den ältesten deutschen Diamantbohreinrichtungen geschieht das Nachlassen selbsttätig. Das Gestänge ist durch eine Bohrspindel am Bohrschwengel aufgehängt, der am Schwengelschwanz ein Gegengewicht trägt, wodurch das Gestängegewicht zum größten Teil ausbalanciert wird. Beim Abwärtsgang von Gestänge und Bohrspindel werden Bohrschwengel und Gegengewicht angehoben, bis der Schwengel unter dem Prellklotz angelangt ist, worauf die Klemmvorrichtung des Gestänges gelöst und an diesem nach oben verschoben wird. Mit zunehmender Gestängelast muß auch die Belastung durch Gegengewicht vermehrt werden. Der Nachteil dieser Nachlaßvorrichtung besteht darin, daß die Belastung der wechselnden Gesteinshärte nicht schnell genug angepaßt werden kann.

Fig. 371.
Fahrbarer Bohrkran von Thumann (aus Zeitschrift des Vereins Deutsch. Ing. 1905).

b) Nachlassen durch Schnecke und Schneckenrad. (Fig. 371.)

Von der am Gestänge befestigten Tragschelle sind 2 Ketten über Führungsrollen zum Schwengelkopf und von hier zu einer Kettentrommel geführt. Die Trommel wird durch ein Schneckenrad und eine Schnecke bewegt, welch' letztere mit einem Handrade verbunden ist. Durch Drehen des Handrades werden die Ketten je nach Bedarf aufgewickelt oder nachgelassen.

c) Nachlaßvorrichtung der Deutschen Tiefbohr-Aktiengesellschaft. (Fig. 406).

Die Deutsche Tiefbohr-Aktiengesellschaft, Berlin-Nordhausen, benutzt eine Nachlaßvorrichtung mit Gewichtsgehänge am Förderseil. Das Förderseil ist von der Trommel über die oben im Turme liegende

Seilrolle geführt und von hier über eine unten befindliche lose Rolle, an welcher die Gegengewichte aufgehängt sind, zur zweiten Turmrolle und zum Gestänge. Mit dem Sinken des Gestänges wird die bewegliche Rolle und damit auch das Gegengewicht in die Höhe gehoben. Ist dieses an der beweglichen Rolle angelangt, so wird mittels einer an der Trommel angebrachten Schnecken-Nachlaßvorrichtung, die von einem Handrade betätigt wird, so viel Seil nachgelassen, bis die Gegengewichte wieder am Boden angelangt sind.

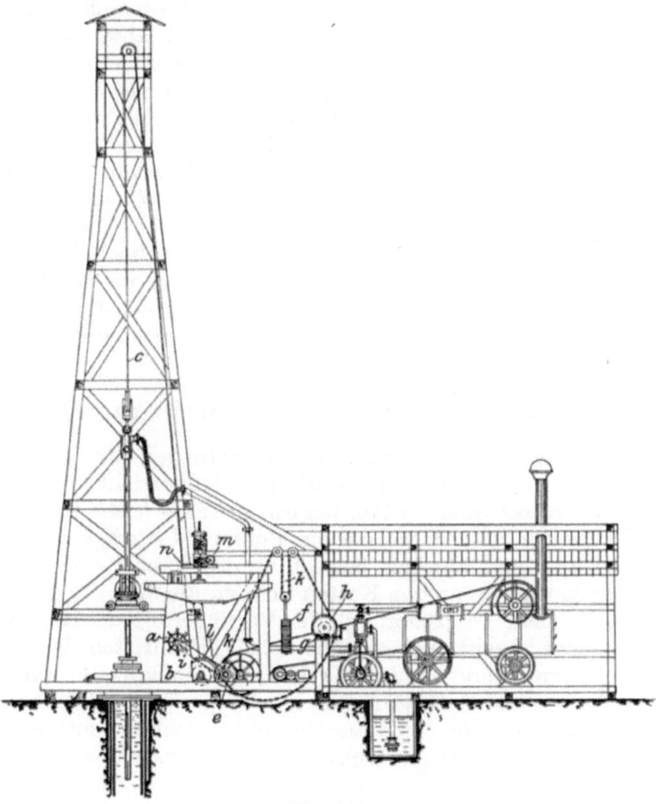

Fig. 372.
Nachlaßvorrichtung von Raky (aus Ursinus, Kalender für Tiefbohr-Ingenieure).

d) Die Nachlaßvorrichtung von Lapp.

Die Nachlaßvorrichtung von Lapp, welche die genaue Regelung des Druckes auf die Diamantkrone sowie die Ausgleichung des Gestänges mit kleinen Gegengewichten ermöglicht, ist bereits im Kapitel Stoßbohrung auf Seite 148 beschrieben worden. Es sei deshalb auf die dort wiedergegebenen Ausführungen verwiesen.

e) Nachlaßvorrichtung von Raky.

Die Nachlaßvorrichtung von Raky ist in Fig. 372 veranschaulicht. Sie besteht aus der Windentrommel des Förderseiles, aus zwei Ketten trommeln, einem Handrade nebst Schnecke und dem Entlastungsgewichte. Im Betriebe arbeitet die Einrichtung folgendermaßen: Beim Beginn der Bohrung ist die Kette k auf die Trommel h aufgewickelt, und das Entlastungsgewicht, welches an einer losen Rolle hängt, befindet sich in seiner tiefsten Stellung. Beim Fortschreiten der Bohrung und dem dadurch bedingten Sinken des Gestänges muß sich naturgemäß das Förderseil c von der Windentrommel b abwickeln. Durch ein Zahnrädergetriebe wird die vordere Kettentrommel e in Umdrehung versetzt, wodurch sich die Kette von Trommel h abwickelt und auf Trommel e aufwickelt. Damit ist ein Heben des Entlastungsgewichtes f verbunden. Wenn das Entlastungsgewicht seine höchste Stellung erreicht hat, so wird durch das Schneckenrad g die Trommel h so gedreht, daß sich wieder die Kette abwickelt, was ein Senken des Gewichtes bewirkt. Es kann nun so lange nachgelassen werden, als noch ein Vorrat an Kette auf der Trommel h vorhanden ist. Erst dann muß die Bohrung eingestellt werden, um die Kette von der Trommel e wieder auf die Trommel h aufzuwickeln. Die Seillänge ist so gewählt, daß das Umstellen jedesmal mit dem Aufsetzen einer neuen Gestängestange zusammenfällt.

II. Englische Nachlaßvorrichtungen.

Von den englischen Diamantbohreinrichtungen, die heute kaum noch angewandt werden, sei hier nur die Nachlaßvorrichtung der später zu besprechenden Maschine von Beaumont erwähnt (siehe Fig. 414 a, b).

Die Querverbindung e, welche die Bohrspindel trägt und an den Führungen d auf- und abwärts bewegt werden kann, wird durch das Gegengewicht h, welches an den Ketten f hängt, die über die Leitrollen g geführt sind, je nach Vergrößerung oder Verringerung dieses Gewichtes mehr oder weniger ausbalanciert. Mit dem Fortschreiten der Bohrung sinkt die Bohrspindel und damit auch die Querverbindung e, welche vermittels der Ketten das Entlastungsgewicht emporhebt. Es kann nun so lange nachgelassen werden, bis dieses Gewicht in seiner höchsten Stellung angelangt ist. Dann wird ein Umstellen der Einrichtung erforderlich.

III. Amerikanische Nachlaßvorrichtungen.

Wesentlich anders in der Konstruktion sind die amerikanischen Nachlaßvorrichtungen. Hier sind 2 durchaus verschiedene Formen zur Ausbildung gelangt, welche von der Mehrzahl der Systeme mit geringfügigen Änderungen benutzt werden. Man hat daher zu unterscheiden zwischen den Vorrichtungen

1. mit Vorschub durch Differentialgetriebe und
2. mit hydraulischem Vorschub.

a) Vorschub durch Differentialgetriebe.

Die mit scharfem Linksgewinde versehene Bohrspindel a (Fig. 373), welche durch Nut und Feder in dem kegelförmigen Muffengetriebe bb sich auf- und abwärts bewegen kann, greift mit dem unteren Zahnrad b in ein Zahnrad d ein, das mittels eines konischen Ringes und der Reibungskupplung f an der Gegengwelle e befestigt ist. Die auf der Gegenwelle oben angebrachten Räder h und g korrespondieren mit den Rädern H und G der Hauptwelle derart, daß immer nur ein Paar von Rädern, z. B. g mit G, in Eingriff steht, während das andere Räderpaar (in diesem Falle h und H) die Drehung beider Wellen ohne Eingreifen mitmacht. Das Einrücken von h bzw. g wird durch Auf- oder Abwärtsschieben des Schlüssels m besorgt. Bei mittlerer Stellung des Schlüssels laufen beide Räder lose, bei oberer greift h ein, bei unterer Stellung g. Die Anordnung der Reibungskupplung f an der Gegenwelle e hat eine kombinierte Differential- und Friktionsbewegung zur Folge und bewirkt eine gute Anpassung des Bohrers an die jeweilige Gesteinshärte.

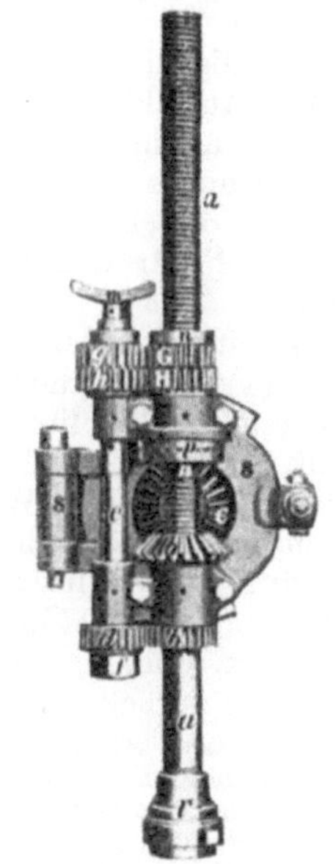

Fig. 373. Vorschub durch Differentialgetriebe (aus Organ des Ver. d. Bohrtech. 1909, S. 226).

Die Vorschubräder G und H, die einen oder mehrere Zähne weniger als die Räder g und h besitzen, stehen mit der Vorschubmutter nn in fester Verbindung, die ihrerseits in die Längsnut der Bohrspindel mit einem Vorsprung eingreift. Das Rollenkugellager p dient zur Abschwächung des Gestängeauftriebes beim Bohren, während das Scharnier s die seitliche Schwenkung der Vorschubeinrichtung ermöglicht, welche zum Aufholen des Gestänges erforderlich wird.

Die Größe des Vorschubes, d. h. die Vorwärtsbewegung der Spindel, hängt nur von den Verhältnissen der Zähne von g und G oder von h und H ab. Würden z. B. g und G die gleiche Zähnezahl besitzen, so würden sich Vorschubmutter nn und Bohrspindel a mit gleicher Schnelligkeit drehen. Ist aber ein Unterschied in der Anzahl der Zähne bei beiden Rädern vorhanden, so wird der Vorschubmutter eine etwas größere Geschwindigkeit erteilt und dadurch die Spindel etwas vorgeschoben Die Umdrehungszahlen der Spindel, welche zu einem Vorschub von 1 Zoll erforderlich sind, sind beispielsweise bei den Maschinen der American Diamond Rock Drill Company für

Anzahl der Zähne g	G	Umdrehungszahl
26	24	100
38	36	300
22	21	700
23	22	1000

Der Vorschub, welcher in Fig. 373 dargestellt ist, besitzt 2 Paare von Differentialrädern, d. h. es können zwei verschiedene Vorschubgeschwindigkeiten eingestellt werden. Durch Auswechseln der einzelnen Paare von Differentialrädern läßt sich eine größere Anzahl verschiedener Geschwindigkeiten erreichen.

Die Ausbildung des Rades als Friktionsrad durch Einfügung der Reibungskupplung f gewährleistet eine gewisse automatische Elastizität des Vorschubes. Trifft nämlich der Bohrer plötzlich auf starken Widerstand, so tritt ein Gleiten ein. Der Bohrer wird dadurch gewissermaßen empfindlich für den Charakter des zu durchbohrenden Gesteins gemacht.

Ist eine Spindellänge abgebohrt, so wird zunächst die Friktionsmutter f gelöst und die Gegenwelle an der Umdrehung durch einen Bolzen festgehalten. Die linksgängige Bohrspindel, welche ihre Drehung beibehält, schraubt sich dann selbsttätig durch die Vorschubmutter empor. Auf andere Weise kann man das Umstellen der Spindel bewirken, indem man, ohne daß ein Lösen der Friktionsmutter f erforderlich wird, den Schlüssel m so einstellt, daß weder g noch h zum Eingreifen kommen. Dadurch wird die Vorschubmutter nn an der Bewegung verhindert, und die Bohrspindel schraubt sich wie im ersteren Falle selbsttätig zurück.

Der eben beschriebene Vorschubmechanismus benutzte zwei Paare von Differentialrädern. An Stelle dessen nimmt man bei kleineren Maschinen zuweilen nur ein Paar von Differentialrädern, bei ganz großen Maschinen auch wohl drei Paar Differentialräder. Die Anordnung der Maschinen unterscheidet sich von dem Vorschub mit zwei Paar Differentialrädern nur insofern, als ein Räderpaar fortfällt oder hinzugefügt wird.

b) Hydraulischer Vorschub.

Der hydraulische Vorschub gestattet den Maschinen ein vollkommeneres Anpassen an die jeweilige Gesteinshärte als der Reibungsvorschub. Das Wesen des hydraulischen Vorschubes besteht, kurz zusammengefaßt, darin, daß Preßwasser, dessen Druck von der Tiefe des Bohrloches und von dem Gestängegewicht abhängt, über oder unter den Kolben eines oder zweier hydraulischer Preßzylinder geleitet wird, wodurch entweder ein Druck auf die Krone ausgeübt oder das Gestängegewicht mehr oder minder ausgeglichen wird.

In der Fig. 374 ist A der hydraulische Zylinder, welcher den Kolben B besitzt, der mit der Bohrspindel C fest verbunden ist. Der Eintritt des Preßwassers erfolgt durch den rechten, der Austritt durch den linken

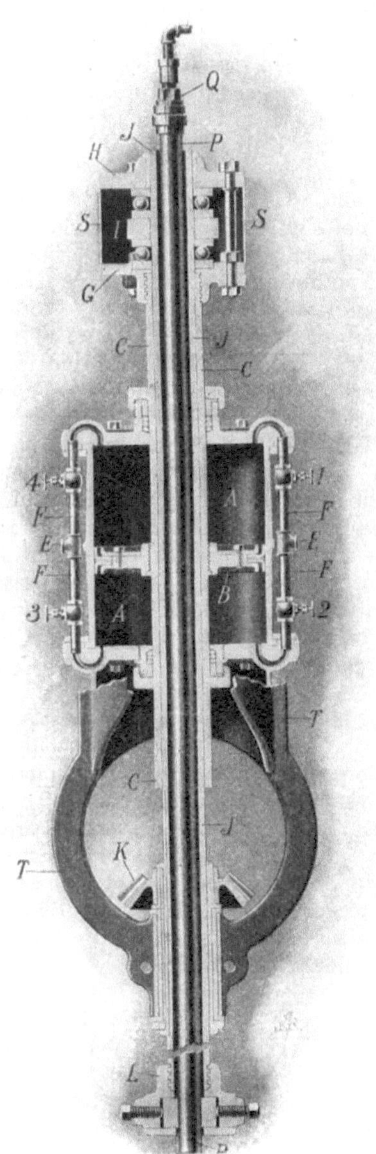

Fig. 374.
Hydraulischer Vorschub mit einem Preßzylinder der Sullivan Machinery Co.

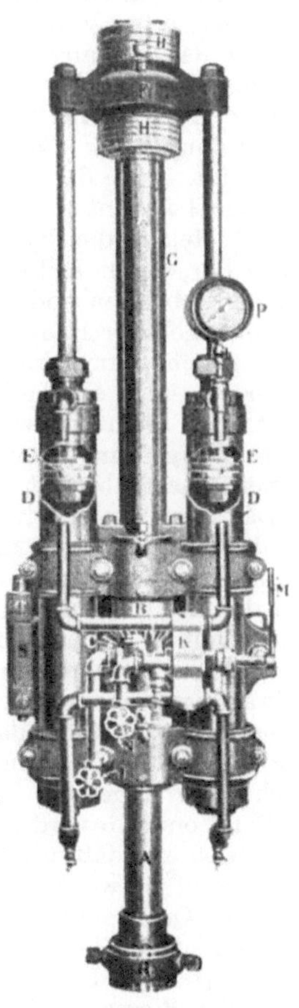

Fig. 375.
Hydraulischer Vorschub mit 2 Preßzylindern (aus Organ d. Ver. d. Bohrt. 1909, S. 226).

Ansatz E. Beide Ansätze stehen durch die Rohre F mit dem unteren bezw. oberen Teile des Zylinders in Verbindung. In die Rohre F sind 4 Hähne 1, 2, 3 und 4 eingeschaltet, mit denen man den Wasserzu- bezw. -abfluß regeln kann. Sind 1 und 3 offen, so geht der Kolben herunter; wenn 2 und 4 geöffnet sind, so erfolgt eine Aufwärtsbewegung des Kolbens, Sind alle Hähne geschlossen, so steht der Kolben fest.

Die Bohrspindel C besitzt am oberen Ende die Büchse S, welche aus den beiden Platten G und H besteht, zwischen denen auf jeder Seite des Kragens J 2 Kugellager angeordnet sind. Am unteren Ende ist die Spindel mit dem Gestänge durch die Klemmvorrichtung L verbunden. Infolge der festen Verbindung von Spindel und hydraulischem Kolben wird auf das Gestänge je nach der Bewegungsrichtung des Kolbens entweder eine Druck- oder eine Zugwirkung ausgeübt.

Der hydraulische Vorschub mit 2 Preßzylindern ist in Fig. 375 dargestellt. Es bedeutet darin A die Bohrspindel, welche eine Nut besitzt, in die das Zahnrädergetriebe BB mit einer Feder eingreift. Die Spindel ist unten durch eine glatte Muffe geführt.

DD stellen die hydraulischen Zylinder, EE die hydraulischen Kolben dar, deren Kolbenstangen oben durch das Querhaupt so miteinander verbunden sind, daß sich die Bohrspindel frei in F drehen kann. Die Rollkugellager H und H, welche zur Aufnahme des nach oben und unten gerichteten Druckes dienen, sind mit der Bohrspindel fest verbunden und oberhalb und unterhalb des Querhauptes F angebracht. In dem schwalbenschwanzförmigen Teil G ist das Querhaupt F geführt, das hierzu einen schwalbenschwanzförmigen hinteren Ansatz besitzt.

Das Druckwasser, welches von einer Druckpumpe erzeugt wird, wird durch das Ventil f und ein besonderes Rohr zum Vierweghahn K geführt. In dieses Rohr ist ein besonderes Rückschlagventil eingeschaltet. K ist durch je 2 Rohre mit den oberen und unteren Enden der hydraulischen Zylinder verbunden. N ist das Auslaufventil und ebenfalls mit K verbunden. M ist ein Hahn, der die Zuflußmenge und die Richtung des Preßwasserstromes regelt. Das Manometer P zeigt den jeweiligen Pressungsdruck an, und das Scharnier S ermöglicht die seitliche Schwenkung der ganzen Bohreinrichtung. Die Muffe R stellt die Verbindung zwischen Gestänge und Bohrspindel her.

Der Vorschub wird nun folgendermaßen betätigt: Stellt man den Hebel M so ein, daß das Druckwasser von K oben auf die Kolben EE geleitet wird, so werden beide nach unten gedrückt und nehmen dabei durch das Querhaupt F die fest mit der Spindel verbundenen Kugellager HH mit. Hierdurch wird aber der Spindel eine Bewegung nach abwärts erteilt und damit der Vorschub bewirkt. Das unter den Kolben befindliche Wasser fließt während der Abwärtsbewegung durch den Auslaß H aus.

Wird der Hebel M entgegengesetzt eingestellt, so werden die Kolben und damit auch die Bohrspindel nach oben gedrückt. Der Maschinist hat es nun jederzeit in der Hand, durch verschiedenes Einstellen des

Hebels den Druck auf die Bohrlochssohle zu regulieren, wobei er am Manometer ständig den Druck ablesen kann.

Ist das Bohrloch tief und das Gestänge infolgedessen schwer, so wirken die beiden hydraulischen Kolben dem Gestängegewicht entgegen und bewirken die Abschwächung des Gestängedruckes auf die Bohrlochssohle, d. h. sie balancieren das Gestängegewicht mehr oder weniger aus. Bei geringer Tiefe wird von beiden Kolben ein Druck auf die Krone ausgeübt. Die Regulierbarkeit ist also beim hydraulischen Vorschub die denkbar beste.

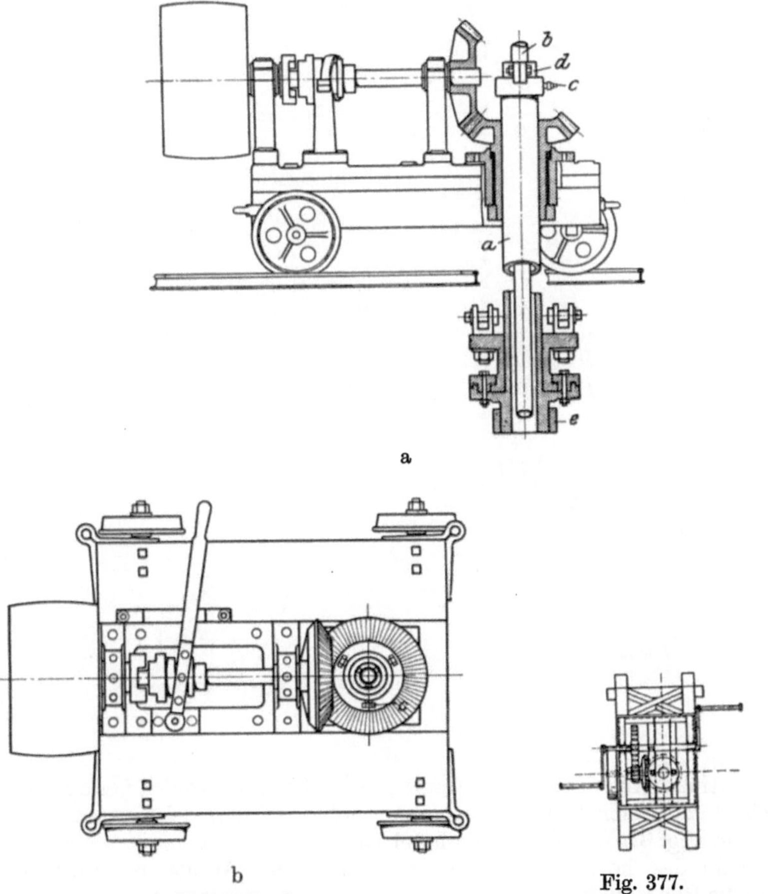

a

b

Fig. 376 a, b.
Rotationseinrichtung von Winter.

Fig. 377.
Rotationsapparat der Deutschen Tiefbohr-Aktiengesellschaft.

D. Die Antriebsvorrichtungen.

Die Rotationsvorrichtungen bezwecken die Drehung des Bohrwerkzeuges unter gleichzeitigem Niedergange desselben. Der allen hier vorhandenen verschiedenen Konstruktionen zugrunde liegende Gedanke ist der folgende: Ein vertikal stehendes Kegelrad überträgt die ihm von

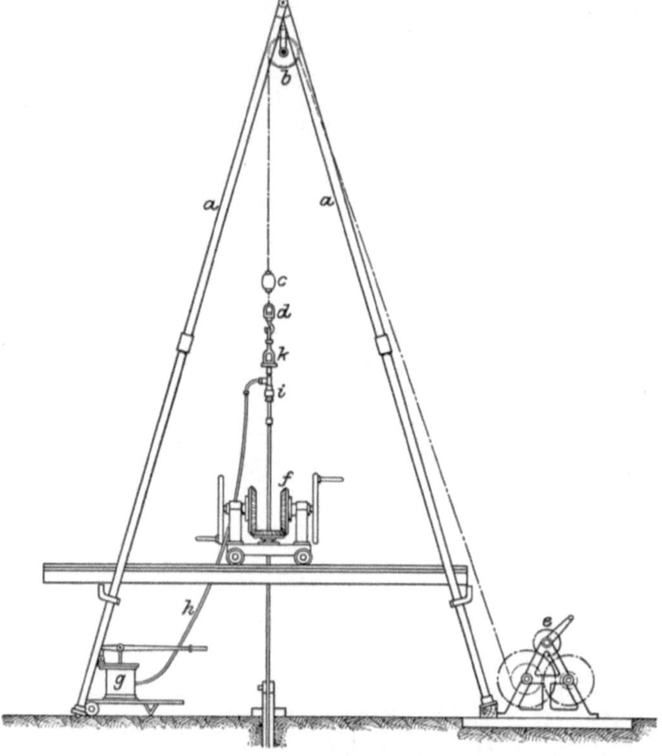

Fig. 378 a.

der Kraftmaschine erteilte Drehbewegung auf ein horizontal verlagertes Kegelrad, in dessen Durchbohrung eine hohle Bohrspindel a angeordnet ist (siehe Fig. 376). Die Bohrspindel ist mit einer Längsnut versehen, in welche das horizontale Kegelrad mit einem Ansatz hineingreift. Durch die Bohrspindel ist das Gestänge b geführt und oben durch Klemmschrauben c und eine Schelle d, unten durch ein besonderes Klemmfutter e mit der Spindel fest verbunden. Das Gestänge muß also an der Bewegung der Bohrspindel teilnehmen. Die Bohrspindel führt nun gleichzeitig zwei verschiedene Bewegungen aus, indem sie einmal sich dreht und dann auch unter dem Einflusse des Gestängegewichtes allmählich nach unten gleitet.

Die Anordnung der Rotationseinrichtung ist im einzelnen sehr verschieden:

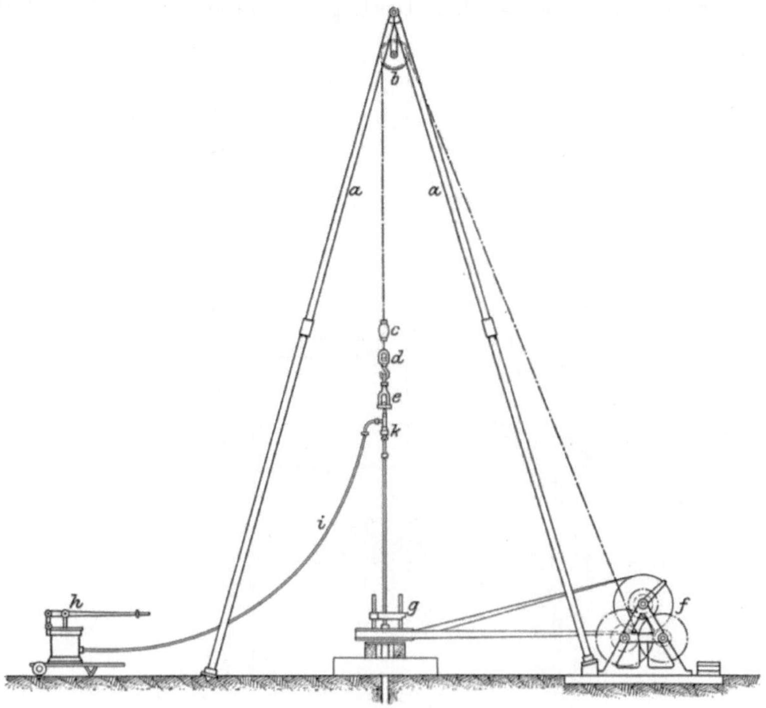

Fig. 378 b.

I. Der Antrieb von Kleindiamantbohrmaschinen.

Bei den Kleindiamantbohrmaschinen der Deutschen Tiefbohr-Aktiengesellschaft ist das Kegelrädergetriebe Kk^1 auf einem Holzgerüst verlagert (Fig. 377, s. a. Fig. 384). Der Antrieb erfolgt durch Drehen der Handkurbeln, welche mit Hilfe des Zahnrädervorgeleges Zz das Kegelrädergetriebe in Umdrehung versetzen. Von der Anwendung einer Bohrspindel ist hier Abstand genommen. Die Drehung des Gestänges, das direkt durch das horizontale Kegelrad geht, erfolgt hier durch zwei Mitnehmerstangen M, welche auf dem Kegelrade befestigt sind und durch die Mitnehmerschelle S das Gestänge bei der Drehung mitnehmen.

Die Firma Mayer & Co. benutzt dagegen eine Bohrspindel, welche in üblicher Weise mit dem Gestänge verbunden ist. Der Antrieb ist auf einem Holzgerüst verlagert.

Bei den Ausführungen von Lapp und von Winter (Fig. 378 a—d) sind wieder Mitnehmerstangen angeordnet, welche durch eine Schelle mit dem Gestänge verbunden werden. Das Kegelradgetriebe ist hier in Fortfall

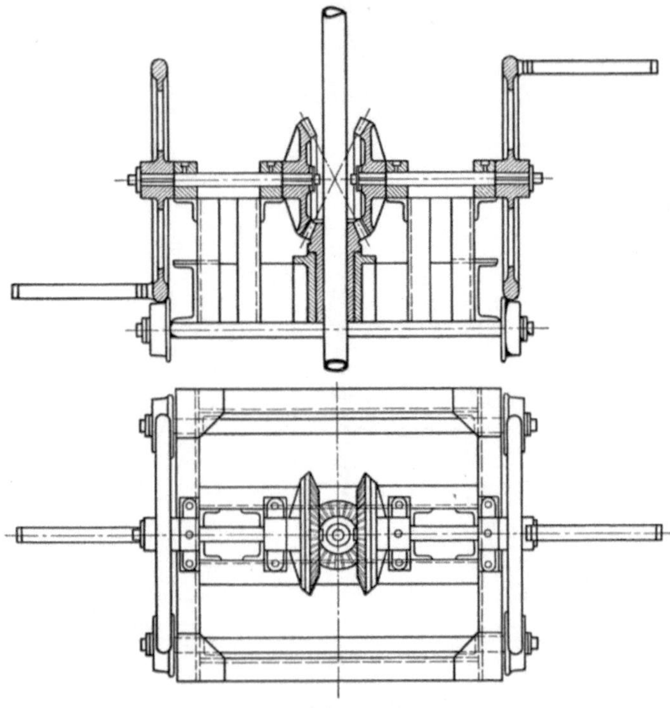

Fig. 378 c und d.

Fig. 378 a—d.
Diamantbohranlage für Handbetrieb von Winter.

gekommen; dafür wird von der Antriebsmaschine direkt ein horizontal verlagertes Rad angetrieben, durch welches das Gestänge hindurchgeht.

Die Rotationsvorrichtung ist bei den Kleindiamantbohrmaschinen der Allgemeinen Schürfgesellschaft an 2 eisernen Säulen befestigt, welche auf einem Holz- oder Eisenrahmen verlagert sind. Der Antrieb erfolgt durch Drehen der Kurbelwelle, die mit dem Kegelrädergetriebe verbunden ist, das in üblicher Weise die am Gestänge befestigte Spindel dreht.

II. Der Antrieb von Großdiamantbohrmaschinen.

a) Deutsche Rotationseinrichtungen.

Der Antrieb der Großdiamantbohrmaschinen ist auf dem sog. Rotationswagen verlagert, der gewöhnlich auf der zweituntersten Bühne des Bohrturmes steht und auf Schienen beweglich ist. Die Riemenscheibe a des Rotationswagens wird durch die Kupplung k mit einem Keil auf der Welle e lose gehalten (Fig. 379 a—c). Die auf der gleichen Welle

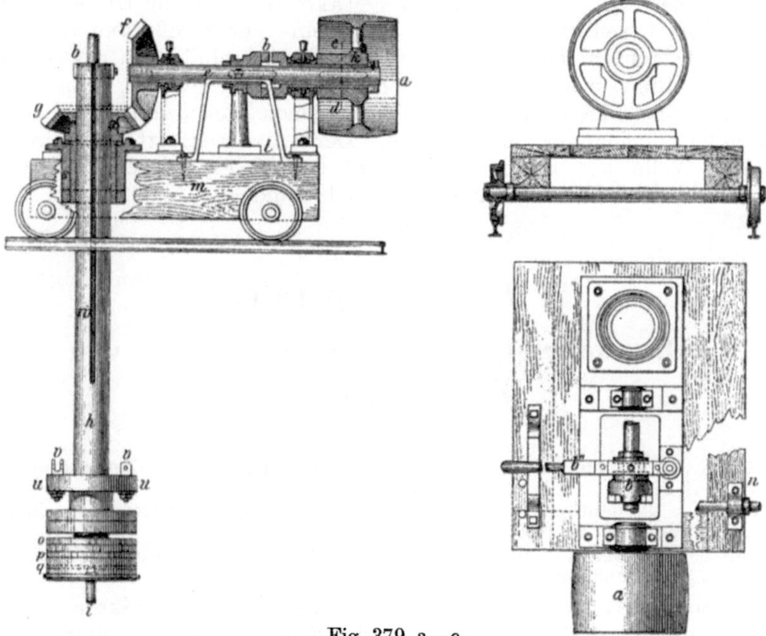

Fig. 379 a—c.
Deutscher Rotationsapparat
(aus Tecklenburg, Handbuch der Tiefbohrkunde, Bd. III).

vorhandene zweite feste Kupplung b′ kann durch den Hebel b″ ein- bezw. ausgerückt werden. Diese Kupplung ist als Klauenkupplung ausgebildet. Wird b′ durch b″ eingerückt, so nimmt die Kupplung k die zweite Kupplung mit, wodurch auch die Welle e in Umdrehung versetzt wird. f und g sind die Kegelräder, x ist eine Nabe in einem Halslager s des Rahmens m, in dem die Bohrspindel, durch die Keilnut w geführt, sich frei auf und ab bewegen kann.

Bei einigen Maschinen ist die Rotationseinrichtung ebenfalls auf einem Wagen montiert, der aber nicht auf Schienen läuft, sondern an Ketten im Turm aufgehängt wird.

b) Englische Rotationseinrichtungen.

Bei den englischen Diamantbohrmaschinen sind Antrieb, Vorschub, Gewichtsausgleichung und Bohrkabel sämtlich auf einem schmiedeeisernen Gestell verlagert. Von der Riemenscheibe der Lokomobile werden mehrere horizontale und vertikale Wellen angetrieben, welche durch ein- und ausrückbare Zahnräder die Drehung der Bohrspindel bewirken.

c) Amerikanische Rotationseinrichtungen.

Auch bei den amerikanischen Maschinen — ein Unterschied in der Rotationseinrichtung zwischen Klein- und Großdiamantbohrmaschine besteht hier nicht — sind Antrieb, Vorschub usw. auf einem Gestell vereinigt, wodurch sie sich ebenso wie die englischen von den deutschen Maschinen unterscheiden, bei denen die einzelnen Apparatteile völlig voneinander getrennt sind. Der Antrieb erfolgt hier direkt von der Welle der Kraftmaschine auf das Kegelrädergetriebe und die in üblicher Weise ausgebildete Bohrspindel.

E. Ganze Apparate.

I. Drehbohrapparate ohne Benutzung von Diamantkronen.

Literatur.

The Davis Calyx Diamondless Core Drills. The Engineering and Mining Journal 1907, S. 285.

Ölwein: Die diamantlose Davis-Calyx-Kernbohrmaschine. Österreichische Zeitschrift für Berg- und Hüttenwesen 1909, S. 364.

Méganck: Untersuchung des tertiären Deckgebirges der belgischen Campine. Organ des Vereins der Bohrtechniker 1910, Nr. 20.

Besondere Apparate für die Drehbohrung mit der Stahlkrone sind in Deutschland und England nicht vorhanden. Kommt es einmal vor, daß mit der Stahlkrone gebohrt werden soll, so benutzt man die gleichen Einrichtungen wie bei der noch zu besprechenden Diamantbohrung mit dem Unterschiede, daß an Stelle der Diamantkrone eine Stahlkrone verwendet wird.

In den Vereinigten Staaten von Amerika ist es dagegen zur Ausbildung einer besonderen Maschine für die Bohrung in Kreide, Ton, Salz usw. gekommen, der sog. Davis-Calyx-Bohrmaschine, welche von der Ingersoll Rand Co. in New York hergestellt wird.

Die Bohrkrone A ist aus Stahl von besonderer Zusammensetzung hergestellt und besitzt nach innen und außen ausgeladene Schneiden (Fig. 380). Der Schneidapparat ist mit dem Kernrohr B verbunden, welches durch eine Reduziermuffe C mit dem Bohrgestänge verschraubt ist. Das sog. Calyxrohr D ist ebenfalls mit der Reduziermuffe C verbunden und umgibt konzentrisch das unterste Gestängestück.

Der über Tage befindliche Bohrapparat wird in 15 verschiedenen Ausführungen von der Ingersoll Rand Co. hergestellt, von denen hier jedoch nur 4 besprochen werden sollen.

Bei den Maschinen der Klasse G—O, welche nur für Handbetrieb eingerichtet sind, ist der Bohrapparat vermittels 2 Säulen auf einem hölzernen Rahmen dergestalt verlagert, daß Rahmen und Säulen zusammen ein Fünfeck bilden. Der Antrieb erfolgt von Hand auf eine Kurbelwelle und wird durch Zahn- und Kegelräder in üblicher Weise auf die Bohrspindel übertragen.

Eigenartig ist die Ausgleichung des Gestängegewichtes und der Vorschub. Das Gestänge trägt oben den Wasserwirbel der durch Einfügung eines Rollenlagers zugleich als Gestängeausgleichvorrichtung dient. Der Wasserwirbel hängt an dem Haken des Förderseiles. Mit dem Wasserwirbel ist am unteren Ende eine Schelle fest verbunden, an der zwei Seile befestigt sind. Diese Seile führen zu einer auf dem Bohrgestell über der Drehvorrichtung verlagerten Welle, welche zwei kleine Seiltrommeln besitzt. Auf dieser Welle ist seitlich ein Sperrad befestigt, das mit dem Vorschubhebel fest verbunden ist und durch eine an der kleinen Trommel angebrachte Sperrklinke in seiner Lage gehalten wird. Wird der Hebel nach unten gedreht, so wird vermittels der beiden Seile auf das Gestänge eine Zugkraft von beliebiger Größe ausgeübt. Der Bohrmeister stellt nun den Hebel für ein beliebiges Gestein ein; dieser wird dann durch die Sperrvorrichtung in seiner Lage festgehalten und zieht das Gestänge nach unten. Nach Abbohrung eines kleinen Stückes muß der Hebel aufs neue gestellt werden; das geschieht so lange, bis das Gestänge selbst durch sein Gewicht den erforderlichen Druck ausübt. Wird der Druck zu groß, so wirkt ihm die Aufhängung des Gestänges am Förderseil entgegen, und der Druck kann dann mit Hilfe der Bremsvorrichtung der Förderseiltrommel reguliert werden.

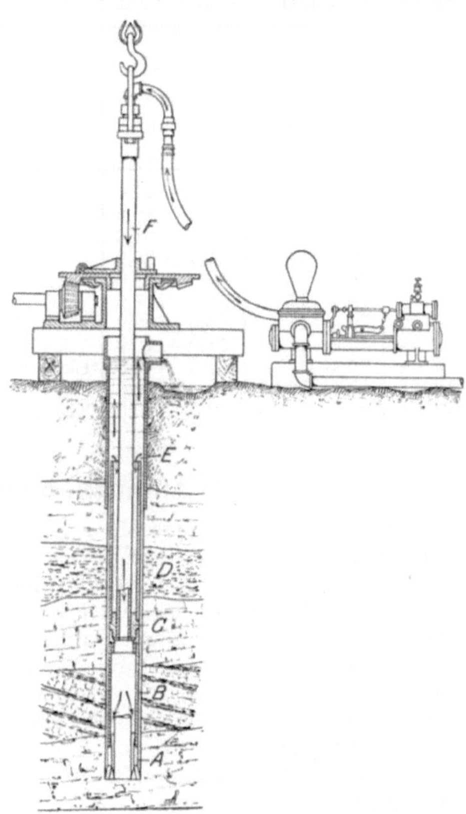

Fig. 380.
Davis-Calyx-Bohrmaschine (aus Österr. Zeitschrift für Berg- und Hüttenwesen 1909. S. 364).

Auf der Rückseite des Gestelles ist die Förderseiltrommel angebracht, welche ebenfalls von Hand gedreht wird (s. a. Fig. 416 auf S. 293).

Bei den größeren Maschinen, Klasse „G—1", erfolgt der Antrieb von einer stehenden einzylindrigen Dampfmaschine von 4,8—7,8 Nutzpferdestärken durch Riemenübertragung auf die Zahnradwelle. Der auf dem gleichen Gerüst aufmontierte Haspel wird durch eine endlose Kette von der Maschine angetrieben.

Die Maschinen für große Leistungen, Klasse „BF—1“, unterscheiden sich von den bisher besprochenen Typen insofern, als hier der Vorschubmechanismus von dem Rotationsapparat getrennt und auf dem Gestell ganz vorn verlagert ist.

Die folgende Tabelle enthält in übersichtlicher Form die hauptsächlichsten Daten über Größe, Antriebsart, Leistung usw. der Davis-Calyx-Maschinen. Die angegebenen Zahlen, welche des leichteren Verständnisses halber in Meter usw. umgerechnet wurden, sind abgekürzt wiedergegeben.

Klasse	Bohrlochs-durchmesser in mm	Kern-durchmesser in mm	Art des Antriebes	Kraftbedarf des Kessels PS	Kraftbedarf der Maschine PS	Leistungs-fähigkeit m
G—0	66,7— 79,4	41,3— 54,0	Hand	—	—	85
G—1	66,7—117,5	41,3— 88,9	Dampf	8	4,8—7,8	135
G—2	66,7— 79,4	41,3— 54,0	Pferd	—	—	100
G—3	66,7—117,5	41,3— 88,9	Gas	—	4—6	135
G—4	66,7—117,5	41,3— 88,9	Elektrizität	—	5—8	135
F—1	79,4—171,5	54,0—142,9	Dampf	7—8	12	170—270
F—2	79,4—171,5	54,0—142,9	Pferd	—	—	70—170
F—3	79,4—171,5	54,0—142,9	Gas	—	6—9	170—270
F—4	79,4—171,5	54,0—142,9	Elektrizität	—	7,5—11	170—270
BF—1	92,0—222,3	63,5—190,5	Dampf	11	15	340—500
BF—4	92,0—222,3	63,5—190,5	Elektrizität	—	11—15	340—500

II. Diamantbohrapparate.

Bei den Diamantbohrmaschinen lassen sich, abgesehen von der Einteilung nach Ursprungsländern, 2 Gruppen unterscheiden, welche bei den deutschen Einrichtungen scharf voneinander geschieden sind. Bei den englischen Maschinen ist dieser Unterschied überhaupt nicht vorhanden, während er bei den amerikanischen Einrichtungen nicht scharf ausgeprägt ist. Diese Einteilung basiert auf der Leistungsfähigkeit, nach der zu unterscheiden ist zwischen

1. Diamantbohrmaschinen für Tiefen bis zu etwa 150 m, den sog. Kleindiamantbohrmaschinen, und

2. Diamantbohrmaschinen für große Teufen, den sog. Großdiamantbohrmaschinen.

Beide Gruppen sind zu hoher Vollkommenheit entwickelt; beide haben ihre charakteristischen Vor- und Nachteile, auf die bei der Beschreibung noch weiter einzugehen sein wird.

a) Deutsche Diamantbohreinrichtungen.

1. Deutsche Kleindiamantbohrmaschinen.

Literatur.

Moderne Diamantbohrmaschinen für kleine Durchmesser. Von Oskar Ursinus, Zivilingenieur. Verlag des „Vulkans“.

Die Kleindiamantbohrmaschine als Aufschlußmaschine. Organ des Vereins der Bohrtechniker 1910, S. 67.

α) Allgemeines.

Besondere Diamantbohrmaschinen zum Herstellen von Bohrungen wurden bis zum Ende der 90er Jahre in Deutschland kaum angewandt. Erst als zu dieser Zeit die gesamte Bohrtechnik infolge der rege einsetzenden Schürftätigkeit einen gewaltigen Aufschwung nahm, und man sah, welche Erfolge die Amerikaner mit ihren Kleindiamantbohrmaschinen in den Kolonien erzielten, und wie vor allem die Kleindiamantbohrmaschine sich bei Untersuchungen von Lagerstätten im Erzbergbau und in dem neu aufblühenden Kali- und Salzbergbau bewährte, erst da wandten auch deutsche Firmen dieser Frage größere Aufmerksamkeit zu und begannen Spezialmaschinen zu bauen. Hierbei hielt man sich entweder an das bewährte Vorbild, welches die Großdiamantbohrmaschinen boten, oder es wurden andere, den amerikanischen Maschinen verwandte, neue Systeme entwickelt. Die Maschinen der ersten Gattung, das sind diejenigen, welche mehr oder weniger getreue Abbilder der Großdiamantbohrmaschinen sind, haben den Nachteil einer ungenügenden Nachlaßvorrichtung, die ein Regulieren des Vorschubes ausschließt. Sie sind dagegen einfacher gebaut und wohl weniger reparaturbedürftig.

Die Maschinen der 2. Gruppe sind mit einer Präzisionsnachlaßvorrichtung ausgerüstet, dafür aber von verwickelterem Bau und größerer Empfindlichkeit, was bei dem immerhin rauhen Bohrbetriebe wohl zu beachten ist.

An Bedienungsmannschaften sind bei beiden Gruppen durchschnittlich 3—5 Mann außer dem Bohrmeister erforderlich. 2 davon arbeiten an den Kurbeln, 1 bedient die Pumpe, und 2 weitere kommen bei intensiverem Betriebe noch zur Ablösung hinzu.

β) Kleindiamantbohrmaschinen nach deutschem Muster.

Handrotationsbohrmaschine der Tiefbohrmaschinen- und Werkzeugfabrik Heinrich Mayer & Co., Nürnberg - Doos. Eine der einfachsten Kleindiamantbohrmaschinen ist die Handrotationsbohrmaschine der Tiefbohrmaschinenfabrik Heinrich Mayer & Co., welche für Bohrungen bis zu 200 m Tiefe bestimmt ist (Fig. 381 a—c).

Auf einer trapezförmigen Unterlage aus kräftigen Balken ruht eine Grundplatte, welche den gesamten Rotationsapparat trägt. Dieser besteht aus einem Kegelräderpaar, dessen vertikales Rad auf einer auf 2 Lagerböcken aufmontierten Antriebswelle befestigt ist. Am anderen Ende der Antriebswelle sitzt eine Riemenscheibe von etwa 500 mm Durchmesser. Durch das horizontal verlagerte Kegelrad geht das Vorschubrohr, welches in diesem mit Nut und Feder geführt ist.

Die Antriebsvorrichtung, die auf der Breitseite des Trapezes angebracht ist, besteht aus einer Kurbelwelle mit 2 Kurbeln und der Antriebsriemenscheibe, welche durch Riementrieb die Drehbewegung auf die Riemenscheibe des Rotationsapparates überträgt.

Das Bohrgerüst besteht aus dem schon genannten trapezförmigen Fußrahmen aus Kantholz, auf dem 4 kräftige Bäume von 5 m Länge aus Föhren- oder Tannenholz stehen, die in der Mitte geteilt und durch Schienen und Bandschrauben miteinander verbunden sind (siehe Fig. 381). Die vier Gerüstbäume sind oben mit Gerüstgabeln beschlagen und durch einen Bolzen zusammengehalten, der einen Bügel trägt, in welchen die Förderrolle eingehängt wird.

Fig. 381 a—c.
Handrotationsbohrmaschine von Mayer & Co.

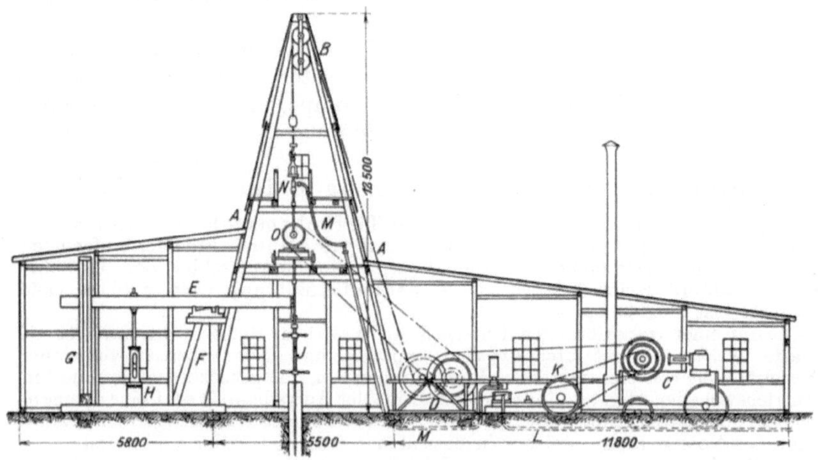

Fig. 382.
Kleindiamantbohrmaschine mit Dampfantrieb von Jul. Winter.

Der Förderhaspel ist auf der Schmalseite des Trapezes direkt an 2 Gerüstbäumen befestigt.

Kleindiamantbohrmaschinen von Jul. Winter. Die Kleindiamantbohrmaschine der Firma Winter wird in 2 Größen hergestellt. Fig. 378 a—d zeigt eine Maschine mit Handbetrieb, Fig. 382 eine solche für geringe und mittlere Teufen mit Dampfbetrieb.

Fig. 383.
Kleindiamantbohrmaschine von Lapp.

Bei beiden Maschinen ist der Antrieb durch ein Kegelrädergetriebe in Fortfall gekommen. Dafür ist um die Bohrspindel eine Riemenscheibe horizontal angeordnet, welche in Fig. 378 b direkt von der Scheibe der Kurbelwelle durch einen

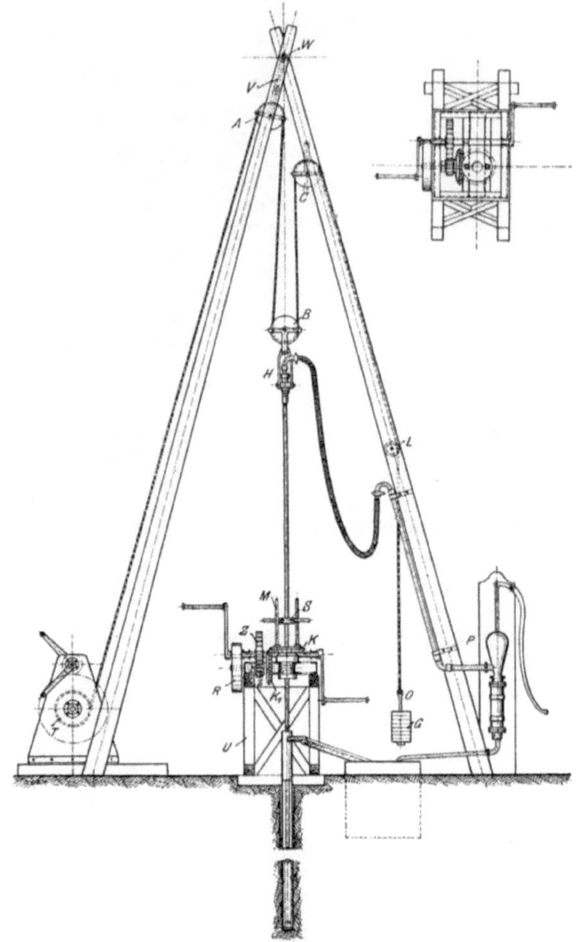

Fig. 384.
Kleindiamantbohrmaschine der Deutschen Tiefbohr-Aktiengesellschaft.

Riemen angetrieben wird. Der Kurbeltrieb ist an zwei Stangen des Bohrgerüstes verlagert, unter ihm ist der ebenfalls von Hand betriebene Förderhaspel angeordnet.

Bei der in Fig. 382 dargestellten Maschine erfolgt der Antrieb von der Lokomobile auf die Riemenscheibe des Bohrkabels und von hier durch Riemenübertragung auf die horizontal verlagerte Riemenscheibe des Rotationsapparates.

Der Rotationsapparat ist in beiden Konstruktionen mit Mitnehmerstangen versehen, zwischen denen sich ein Querhaupt befindet, das mit einer Schelle am Gestänge befestigt ist und dieses hierdurch zur Teilnahme an der Drehung zwingt. Das Querhaupt sinkt dabei, dem Fortschreiten der Bohrung folgend, allmählich tiefer und muß, wenn es beinahe über der Scheibe angelangt ist, vom Gestänge gelöst und in der oberen Stellung wieder an diesem befestigt werden.

Kleindiamantbohrmaschine der A.-G. für Tiefbohrungen von Heinrich Lapp. Die Kleindiamantbohrmaschine von Heinrich Lapp, welche für Tiefen bis zu 300 m bestimmt ist, zeigt die Fig. 383.

Der Rotationsapparat besteht hier wie bei dem eben besprochenen System aus einer horizontal verlagerten Riemenscheibe und zwei Mitnehmerstangen mit Querhaupt und Schelle.

Der Antrieb erfolgt von der Kraftmaschine auf eine auf einem besonderen eisernen Bockgerüst verlagerte Welle, welche in einigem Abstand voneinander 3 Riemenscheiben besitzt. Die erste wird von der Kraftmaschine aus gedreht. Die zweite übermittelt die Drehung der Welle auf die Rotationsscheibe, während von der dritten ein Riemen zum Förderhaspel geht und diesen antreibt. Das Nachlassen erfolgt mit der auf S. 153 beschriebenen Nachlaßvorrichtung, welche auf dem Förderhaspel angebracht ist.

Kleindiamantbohrmaschine der Deutschen Tiefbohr-Aktiengesellschaft. Die Kleindiamantbohrmaschine der Deutschen Tiefbohr-Aktiengesellschaft, Fig. 384 und Fig. 85, ist für Tiefen bis zu etwa 100 m bestimmt. Sie wird für gewöhnlich von Hand betrieben; es kann aber auch maschineller Antrieb erfolgen, wenn eine Kraftmaschine zur Verfügung steht.

Der Rotationsapparat ist auf einen Rahmen geschraubt, der auf einem Holzbock verlagert ist. Er ist bereits auf S. 239 beschrieben.

Interessant ist hier die Aufhängung und Gewichtsausgleichung des Gestänges, das während der Bohrung am Spülwirbel H hängt. H wird von der Rolle B getragen, welche ihrerseits in dem von der Kabeltrommel T über die Rollen A und C geführten Seile hängt. Von C ist das Seil, an dem das Gewicht G aufgehängt ist, über die Rolle L geführt. Dieses besorgt die eigentliche Gestängegewichtsausgleichung und geht entsprechend dem Fortschreiten der Bohrung in die Höhe. Durch Abwickeln eines entsprechenden Stückes Seil von der Trommel kann das Gewicht herabgelassen werden.

Beim Aufholen oder Einlassen des Gestänges wird das Seilende o am Bohrgerüst festgemacht und nun von der Handwinde aus aufgeholt bezw. eingelassen. Das Abfangen des Gestänges erfolgt entweder auf dem Kegelrad K, oder es wird der Rotationsapparat seitlich geschoben und dann direkt über dem Bohrloch abgefangen. Die Diamantbohreinrichtung der Deutschen Tiefbohr-Aktiengesellschaft läßt sich bequem mit der auf S. 43 beschriebenen Handbohranlage „Pionier“ der gleichen Firma kombinieren. Das bei der Handbohranlage benutzte Bohrgerüst ist ein einfacher Drei- oder Vierbock von etwa 8 m Höhe.

γ) Kleindiamantbohrmaschinen nach amerikanischem Muster.

Während die bisher besprochenen Kleindiamantbohrmaschinen im allgemeinen Nachbildungen der Großdiamantbohrmaschinen vorstellten, sind die in diesem Abschnitt behandelten Maschinen Umbildungen bezw. Fortbildungen der amerikanischen Präzisionsmaschinen.

Die Rotationsvorrichtung ist sehr kompendiös gebaut und mitsamt dem Antrieb und Vorschub auf einem leicht beweglichen Gerüst untergebracht. Die Regulierung des Vorschubes erfolgt bei den einfachsten Maschinen durch Gewichtsbelastung, bei den Maschinen für größere

Tiefen durch Differentialgetriebe oder neuerdings auch durch Gewichtshebel.

Rotationsbohrmaschine von Feodor Siegel in Schönebeck a. d. Elbe. Auf zwei gußeisernen Ständern ist eine Welle verlagert, welche von der seitlich befindlichen Riemenscheibe in Drehung versetzt wird (Fig. 385). Auf der gleichen Welle befindet sich das Kegelradgetriebe, welches die Bohrspindel in

Fig. 385.
Rotationsbohrmaschine von Feodor Siegel.

Umdrehung versetzt, die mit Nut und Feder versehen ist und sich in üblicher Weise auf- und abwärts bewegen kann. Der Vorschub erfolgt hier in einfachster Weise durch Belastung mit Gewichten, welche die Bohrspindel konzentrisch umgeben. Je nach der Tiefe wird mehr oder weniger Gewicht aufgelegt.

Den Antrieb vermittelt hier eine kleine Kraftmaschine.

Auf dem Bohrgestell ist außerdem noch die Spülpumpe angeordnet, deren Antrieb ebenfalls von der Hauptwelle erfolgt.

Mit derartigen Maschinen lassen sich bis zu Teufen von 70 m noch brauchbare Resultate erzielen.

Universalbohrapparat von Feodor Siegel in Schönebeck a. d. Elbe. Etwas anders gestaltet ist der Universalapparat von Siegel, Fig. 386, der von Hand betrieben wird.

Fig. 386.
Universalbohrapparat von Feodor Siegel.

Auf der mit 2 Schwungrädern versehenen Kurbelwelle sind 2 Kegelräder angebracht, welche ein drittes wagerecht angeordnetes Kegelrad in Umdrehung versetzen. Dieses Kegelrad nimmt durch die beiden auf ihm befestigten Mitnehmerstangen das Gestänge mit. Das Querhaupt gleitet beim Tieferwerden des Bohrloches unter dem Druck von Belastungsgewichten an der Mitnehmerstangen herab. Alles übrige ergibt sich aus der Figur.

Kleindiamantbohrmaschine der Allgemeinen Schürfgesellschaft m. b. H. Düsseldorf. Die in Fig. 387 dargestellte Maschine der Allgemeinen Schürfgesellschaft wird gewöhnlich von Hand angetrieben, der Antrieb

Fig. 387.
Kleindiamantbohrmaschine der Allgemeinen Schürfgesellschaft.

kann aber auch nach einer kleinen Änderung durch einen Göpel oder fahrbaren Motor bewirkt werden.

Der Rotationsapparat ist an 2 eisernen Säulen befestigt, die auf einem starken Holzrahmen drehbar verlagert und durch 2 Streben gestützt sind. Mit Hilfe einer kleinen, oben auf einer Querverbindung der beiden Säulen angeordneten Winde läßt sich die Rotationsvorrichtung verschieben und in jede beliebige Richtung einstellen.

Fig. 388 a.
Universaldiamantbohrmaschine System Senft-Urbanek.

Der Vorschub ist als Differentialvorschub in der auf S. 233 besprochenen Weise ausgebildet.

Der Antrieb erfolgt von einer Kurbelwelle mit Schwungrad durch ein seitlich angeordnetes Zahnrad auf ein zweites Zahnrad. Das letztere dreht eine zweite Welle, auf welcher das den Antrieb der Bohrspindel vermittelnde Kegelrädergetriebe angebracht ist. Bohrspindel wie Kegelrädergetriebe sind in normaler Weise ausgebildet.

Für größere Teufen wird zum Aufholen des Gestänges auf den hinteren Streben ein Haspel mit Drahtseil und Haken angeordnet.

Die Kleindiamantbohrmaschine, Type H, ist für Tiefen bis zu 90 m bestimmt. Bei maschinellem Antrieb läßt sich die Bohrlänge bis auf 120 m steigern. Die Einrichtung wird für folgende Kerndurchmesser hergestellt:

Bohrlochsweite mm	Kerndurchmesser mm
30	23,8
46	28
54	35
62	40
72	50

Die Kleindiamantbohrmaschine von Craelius. Die Kleindiamantbohrmaschine von Craelius arbeitet mit Gewichtshebelvorschub. Sie ist im Kapitel „Herstellung von Bohrlöchern unter Tage" ausführlich beschrieben, worauf hiermit verwiesen sei.

Fig. 388 b.
Universaldiamantbohrmaschine System Senft-Urbanek.

Universaldiamantbohrmaschine System Senft-Urbanek (Fig. 388a). Die Universaldiamantbohrmaschine, System Senft-Urbanek, die von der Firma Joh. Urbanek & Co. Frankfurt a. M. hergestellt wird, arbeitet mit Gewichtshebelvorschub und ist für Aufschlußbohrungen bis zu 300 m Tiefe geeignet.

Der Rotationsapparat ist an 2 Säulen aus Mannesmannrohr befestigt, welche durch 2 Streben gestützt und auf einem Gerüst aus [-Eisen verlagert sind.

Der Antrieb erfolgt von einer mit 2 Schwungrädern versehenen Kurbelwelle, welche die Drehung durch ein kombiniertes Kegel- und Stirnräderpaar auf die mit einer Längsnut versehene Bohrspindel überträgt. Zwecks Änderung der Tourenzahl der Bohrspindel können die Stirnräder im Spindelkasten gegenseitig ausgewechselt werden.

Die Bohrspindel, welche in Kugellagern läuft, befindet sich in der mit einer Zahnstange versehenen Vorschubhülse, welche die Bewegungen der Spindel in vertikaler Richtung mitmachen muß.

Die Nachlaßvorrichtung besteht aus einem Gewichtshebel, in dessen gabelförmigem Teile sich eine Schnecke mit Schneckenrad und damit fest verbunden ein Zahnrad befindet. Dieses Zahnrad überträgt die Bewegung der Zahnstange und damit der Vorschubhülse auf den Gewichtshebel, der in der in Fig. 388 b gezeichneten Stellung den Druck des Gestänges auf die Bohrlochssohle durch sein Gewicht noch vermehrt. Während der Bohrung senkt sich der Hebel aus seiner wagerechten Lage. Durch Drehen an dem mit einem Schneckengetriebe versehenen Handrade wird der Gewichtshebel wieder in die wagerechte Lage gebracht.

Wenn bei größeren Tiefen das Eigengewicht des Gestänges zu groß wird, wird durch einfaches Umlegen des Hebels auf die andere Seite eine Entlastung des Gestänges bewirkt. Durch Verschieben des Gewichtes auf dem Hebel läßt sich jede gewünschte Be- bezw. Entlastung in einfachster Weise erzielen.

Beim Aufholen des Gestänges wird der Spindelkasten der Maschine seitlich zurückgeklappt (siehe Fig. 388 b).

Von Interesse ist noch die zum Heben des Gestänges benutzte Froschklaue (Fig. 388 b), welche an einem zweiarmigen Hebel angebracht ist und beim Aufholen das Gestänge mittels zweier Backen festklemmt. Ist die Froschklaue in der obersten Lage angelangt, so tritt eine am Bohrlochsmund befindliche Fußklemme in Wirkung, welche das Gestänge festhält, bis die Froschklaue nachgelassen ist.

Die Spülung wird durch eine Handpumpe in das Gestänge hineingedrückt.

Als Gestänge werden Mannesmannrohre von 33 mm äußerem Durchmesser benutzt.

Die gebräuchlichen Bohrlochsweiten und Kerndurchmesser sind folgende:

Bohrlochsdurchmesser mm	Kerndurchmesser mm
36	23
55	36
70	53

In Figur 389 ist eine kombinierte Universal-Bohreinrichtung für Diamant- und Stoßbohrung der Firma Urbanek & Co. veranschaulicht. Die Universal-Bohreinrichtung besteht aus der im Vorstehenden beschriebenen Diamantbohrmaschine der gleichen Firma und aus einer Einrichtung für Stoßbohrung, welch' letztere in der Figur nur gestrichelt angedeutet ist.

Will man von der Diamantbohrung zur Stoßbohrung übergehen, so werden zunächst die beiden senkrechten Säulen L des Maschinengestelles durch aufgesteckte Rohre verlängert. Auf dem so geschaffenen Ausleger Q wird die Seilrolle R angebracht und über diese das Förderseil S geführt. T ist eine mit Bremse ausgerüstete Förderwinde, welche auf einer Verstrebung zwischen Maschinengestell und Ständer montiert ist. Die Verstrebung des Auslegers erfolgt durch Spannseile.

Beim Übergang von der Diamantbohrung zur Stoßbohrung braucht nur das Rotationswerk aus dem Gestell gehoben und der Bohrschwengel V eingehängt zu werden. Dieser muß dann mit der in einem nachstellbaren Kurbellager gelagerten Kurbelscheibe W verbunden werden. Die Schwungräder bezw. Riemenscheiben des Rotationswerkes werden auch gleichzeitig bei der Stoßbohreinrichtung verwendet.

Um das Bohrpersonal gegen die Unbilden der Witterung zu schützen, kann die ganze Einrichtung in einem Zelt untergebracht werden. Der Turmrollenausleger trägt zu diesem Zweck einen Zeltring U mit entsprechenden Löchern und Haken für Befestigung der wasserdichten Zeltverkleidung.

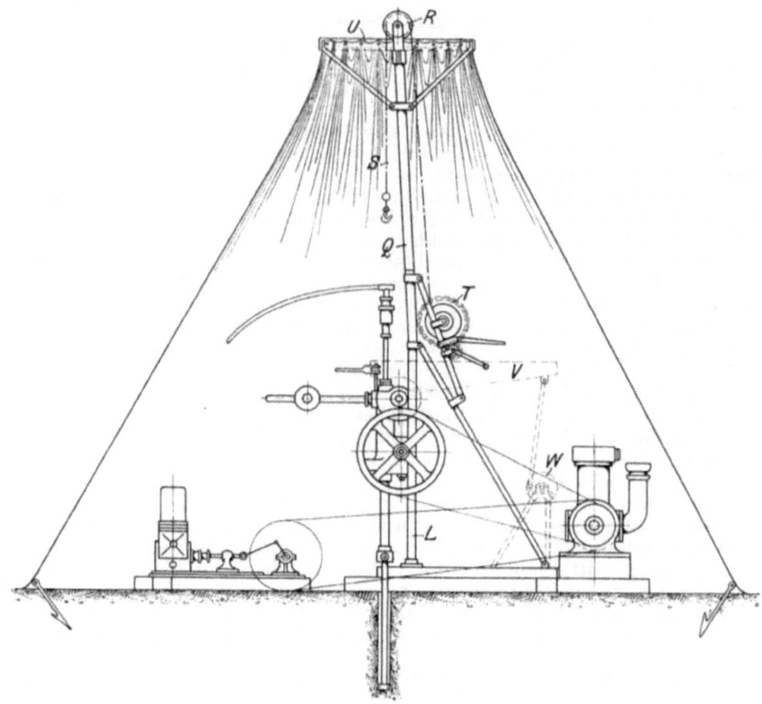

Fig. 389.
Kleine Universal-Bohrmaschine von Urbanek & Co.

2. Deutsche Großdiamantbohrmaschinen.

Tecklenburg: Handbuch der Tiefbohrkunde, Bd. III.
Serlo: Lehrbuch der Bergbaukunde.
Heise-Herbst: Lehrbuch der Bergbaukunde.
Rost: Tiefbohrtechnik.
Ursinus: Kalender für Tiefbohringenieure usw.
Stein: Verfahren und Einrichtungen zum Tiefbohren.
Höfer: Taschenbuch für Bergmänner.
Köhler: Lehrbuch der Bergbaukunde.
Treptow: Lehrbuch der Bergbaukunde.
Pois: Die Wahl der Bohrsysteme unter Berücksichtigung ihres Anwendungsgebietes usw. Organ des Vereins der Bohrtechniker 1909, Nr. 9.
Kämmerer: Die Erdölgewinnung bei Wietze. Zeitschrift des Vereins deutscher Ingenieure, 1905.
Selbach: Illustriertes Handlexikon des Bergwesens.

Die für den Bergbau in erster Linie in Frage kommenden Kohle- und Salzlagerstätten sind bei den eigenartigen geologischen Verhältnissen unseres Vaterlandes fast stets von Ablagerungen jüngerer Schichten bedeckt. Die Tatsache des Vorhandenseins dieser mehr oder weniger mächtigen Deckgebirge ist von unleugbarem Einfluß auf die

Entwicklung der deutschen Tiefbohreinrichtungen gewesen. Hätten die deutschen Konstrukteure Wege eingeschlagen, die denen der Amerikaner und Engländer folgten, so wäre man vermutlich zu ähnlichen Konstruktionen gekommen, die infolge des Vorkommens der sandigen, tonigen oder mergeligen jüngeren Schichten unbrauchbar gewesen wären, da sich mit der Diamantkrone vorteilhaft eben nur in hartem und sehr hartem Gebirge bohren läßt. Man hätte also 2 voneinander verschiedene Bohreinrichtungen gebraucht, etwa eine Stoß- oder Seilbohreinrichtung und eine komplette Diamantbohreinrichtung, was einmal unpraktisch und dann auch kostspielig gewesen wäre.

Außer dem Einfluß der geologischen Verhältnisse auf die Entwicklung des Diamantbohrverfahrens ist zu berücksichtigen, daß zu der Zeit, wo die ersten Versuche mit diesem Verfahren angestellt wurden, das Freifallbohren dank Leuten wie Kind, Köbrich u. a. in Deutschland bereits sehr weit ausgebildet und verbreitet war. Da aus dem oben angeführten Grunde diese Bohrmethode durch die neue Erfindung keineswegs verdrängt, sondern gewissermaßen ergänzt wurde, so lag für Köbrich, von dem die erste deutsche Großdiamantbohrmaschine konstruiert wurde, der Gedanke nahe, eine Einrichtung zu schaffen, welche im wesentlichen eine Kombination der Stoßbohrung mit der Diamantbohrung darstellte und in einfachster und schnellster Weise den Übergang von dieser zur Drehbohrung und umgekehrt gestattete. So wurden einmal die doppelten Kosten vermieden, und dann wurde auch eine ganz hervorragende Anpassungsfähigkeit an die jeweiligen Gebirgsverhältnisse erreicht. Diesem großen Anpassungsvermögen sind nicht zum kleinsten Teile die großartigen Erfolge zu verdanken, welche die deutschen Großdiamantbohrmaschinen allen anderen derartigen Maschinen weit überlegen zeigen und die deutsche Tiefbohrtechnik in den letzten Jahrzehnten zur Ersten der Welt gemacht haben.

Die deutschen Großdiamantbohrmaschinen beanspruchen mehr Raum als die englischen und amerikanischen Einrichtungen, sind weniger leicht zu transportieren und aufzustellen, dafür aber einfacher infolge des Fehlens der vielen Zahnräder usw., wirtschaftlicher und vor allen Dingen weit leistungsfähiger als diese Systeme, wie aus der Tatsache hervorgeht, daß fast sämtliche in den letzten Jahrzehnten ausgeführten großen Bohrungen wie z. B.

bei Hemmingstedt von	1664 m Teufe
„ Schladebach von	1748,4 m „
„ Paruschowitz von	2003,34 m „
„ Czuchow von	2239,72 m „

mit deutschen Großdiamantbohrmaschinen abgebohrt sind, soweit die Bohrung in den die eigentliche Lagerstätte bildenden Schichten in Frage kommt.

Die deutschen Großdiamantbohrmaschinen unterscheiden sich voneinander nur durch die Ausbalancierung des Gestängegewichtes und durch die Anordnung der Nachlaßvorrichtung. Die Ausbalancierung des Gestängegewichtes wird auf verschiedene Art und Weise bewirkt. Bei den einfachsten Systemen wird der Bohrschwengel hierzu benutzt, der bei größeren Tiefen durch Gewichte belastet wird. Bei den neueren Systemen hängt das Gestänge am Förderseil, wobei durch geschickte Anordnung (z. B. Führen des Seiles über mehrere Rollen) die Wirkung eines Flaschenzuges erzielt und dadurch eine nur geringe Gewichtsbelastung erforderlich wird.

Die Unterschiede, welche die Nachlaßvorrichtungen zeigen, sind bereits in einem früheren Kapitel besprochen worden.

Der erforderliche Kraftbedarf hängt einerseits von der beabsichtigten Tiefe, anderseits von dem Durchmesser der Krone und des zur Verwendung kommenden Gestänges ab. Eine Formel zur Ermittlung des Kraftbedarfs läßt sich, da verschiedene rechnerisch nicht feststellbare Faktoren in Frage kommen, nicht angeben. Im allgemeinen kann man bei Diamantbohrungen auf folgenden Kraftbedarf rechnen:

für Tiefen bis	100 m	etwa	3— 4 PS,
„ „ „	200 m	„	6— 8 PS,
„ „ „	300 m	„	10—12 PS,
„ „ „	500 m	„	12—15 PS,
„ „ „	1000 m	„	20—25 PS.

Wird Dampfantrieb genommen, so ist bei Tiefen von 500—1000 m noch ein Kessel von 20—25 qm Heizfläche zur Erzeugung des Dampfes erforderlich.

Die Belegschaft eines Bohrturmes bei der Diamantbohrung setzt sich zusammen aus 1 Bohrmeister, 1 Obmann, 1 Maschinisten, 2 bis 3 Hilfsarbeitern für jede Schicht und aus einem Schmied für beide Schichten zusammen.

α) Ältere Apparate.

Diamantbohrapparat Köbrich für Tiefen bis 800 m. Die erste und älteste deutsche Großdiamantbohrmaschine ist von Köbrich konstruiert und in zahlreichen Bohrungen, wenn auch mit einigen Verbesserungen, bis auf den heutigen Tag zur Anwendung gelangt. Der Köbrichsche Diamantbohrapparat in der verbesserten Ausführung von Jul. Winter in Camen ist für Tiefen bis zu 800 m bestimmt. Fig. 390 a, b veranschaulicht diesen einfachen Apparat, der außer für Diamantbohrung auch für Spülbohrung mit Schappe und für stoßende Bohrung eingerichtet ist.

Der Antrieb erfolgt von der seitlich befindlichen Lokomobile auf eine auf der Bohrkabelwelle befestigte Riemenscheibe, welche die ihr erteilte Drehung auf die Riemenscheibe des Rotationswagens überträgt. Die Bewegung wird durch das auf gleicher Welle sitzende Kegelrad dem horizontal verlagerten Kegelrade mitgeteilt, durch welches die Bohrspindel geführt ist.

Die Bohrspindel besitzt oben Klemmschrauben und unten ein besonderes Klemmfutter zum Festhalten des Bohrgestänges (Fig. 301). Die Spindel ist drehbar in einer Aufhängebüchse h verlagert, die durch Ketten und Scharniere am Bohrschwengelkopf aufgehängt ist.

Das Klemmfutter, welches der bei Drehbänken verwendeten Spannvorrichtung ähnelt, besteht aus der Scheibe l, den Preßmuttern m und n und aus den oben mit Zahnrillen versehenen drei Klauen k_1, k_2, k_3, welche sich gleichmäßig nach der Mitte hin verschieben lassen. Die Verschiebung wird durch Erhöhungen

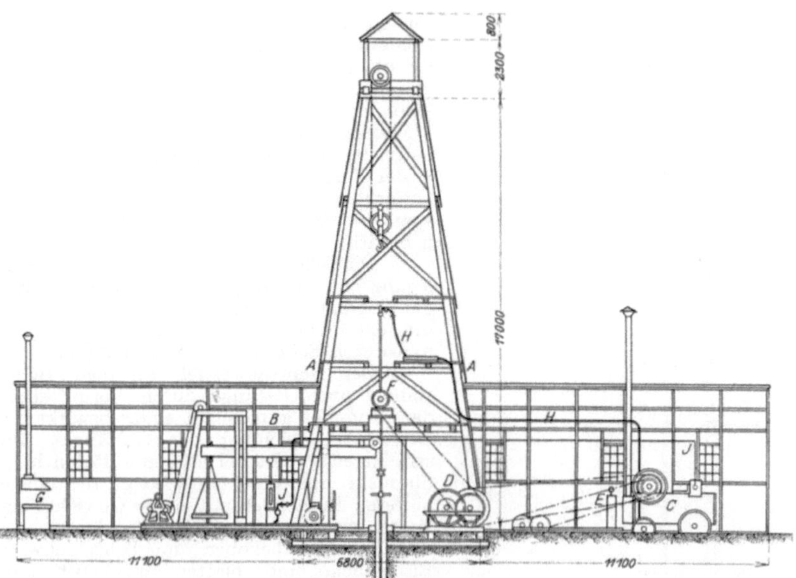

Fig. 390 a.
Diamantbohrapparat von Köbrich von Jul. Winter.

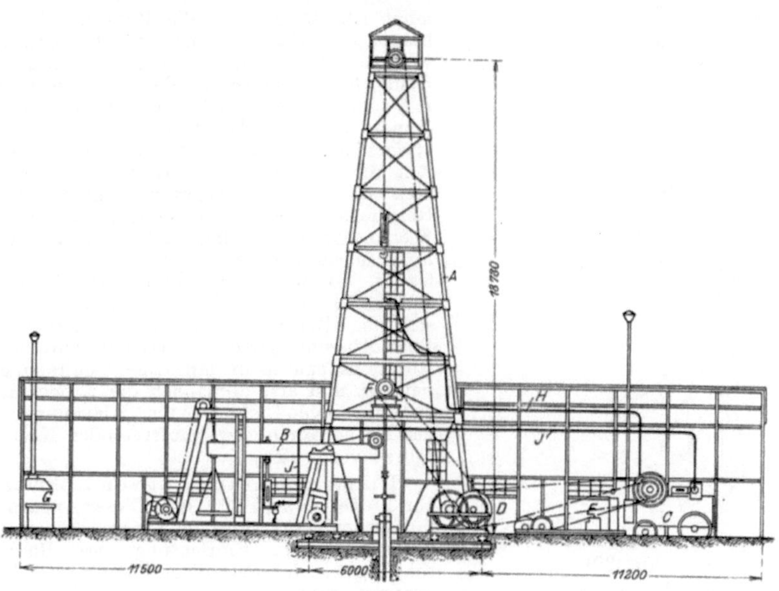

Fig. 390 b.
Diamantbohrapparat von Jul. Winter.

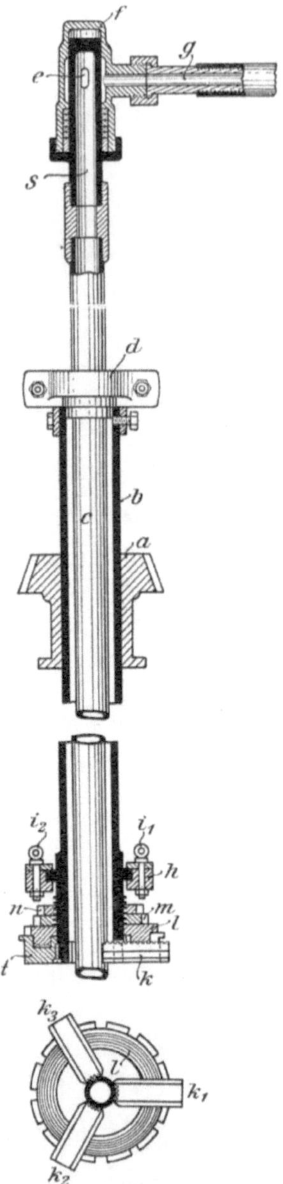

Fig. 391.
Bohrspindel mit Klemmschrauben (aus Heise-Herbst, Band I, S. 103).

mit spiralförmigem Verlauf bewirkt, welche sich auf der Unterseite von l befinden und in die oben erwähnten Zahnrillen der Klauen eingreifen. Beim Drehen der Scheibe durch einen Schlüssel, der in besondere, auf dem Umfang der Scheibe angeordnete Einschnitte eingreift, werden die Klauen k_1, k_2, k_3 entweder angezogen oder vom Gestängerohr entfernt. Das Feststellen des Klauenspanners wird durch die Preßmuttern m und n bewirkt.

Die Schelle d (Fig. 391) dient zur Festlegung der Höhenlage des Gestänges gegen die Bohrspindel. Sie wird zu diesem Zweck um das obere Ende des Gestänges gelegt und durch Schrauben fest angezogen.

Der Bohrschwengel, an dem Bohrspindel und Gestänge durch Vermittelung der Trommel aufgehängt sind, bewirkt die Gewichtsausgleichung des Gestänges. Da sein Eigengewicht bei größeren Tiefen hierfür nicht ausreicht, so wird er an seinem hinteren Ende noch mit einem Gewichte belastet, welches aus einem Blechkasten besteht, in dem beliebige, möglichst schwere Eisenstücke und -platten angehäuft sind.

Mit dem Sinken des Gestänges gehen Gegengewicht und Schwengel in die Höhe. Es kann nun so lange gebohrt werden, bis der Schwengel unter dem Prellbock angelangt ist. Dann muß die Bohrung eingehalten und das Gestänge tiefer gelassen werden. Das Gestänge wird hierzu mit dem Bohrkabel angehoben und der Bohrschwengel mit dem Gegengewicht vermittels einer Winde heruntergelassen und in seine ursprüngliche Lage gebracht, wobei zu gleicher Zeit die Bohrspindel an dem Gestänge in dem horizontal verlagerten Zahnrad des Rotationswagens in die Höhe geht. Sind Klemmschrauben und Klemmfutter in ihrer neuen Lage am Gestänge wieder befestigt, so wird das letztere durch das Bohrkabel so weit heruntergelassen, daß sich die Bohrkrone nur wenig über der Bohrlochssohle befindet. Darauf wird der Rotationsapparat in langsame Umdrehung versetzt und erst allmählich die Krone bis auf die Sohle geführt, um Klemmungen der Krone durch etwa auftretenden Nachfall zu vermeiden.

Diamantbohrapparat von Köbrich für Tiefen bis zu 1200 m. Dieser Apparat unterscheidet sich von dem eben besprochenen nur durch die Einrichtung des Bohrschwengels, der auf seinem Lager zurückgezogen werden kann, wenn das Gestänge aufgeholt werden soll.

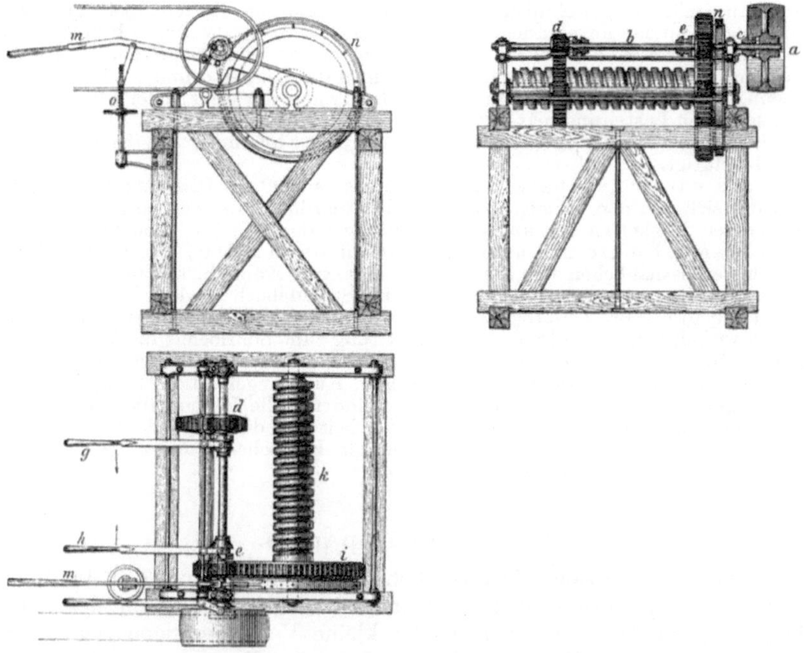

Fig. 392. Bohrkabel des Diamantbohrapparates von Köbrich für Tiefen bis zu 1200 m (aus Tecklenburg, Handbuch der Tiefbohrkunde, Bd. III).

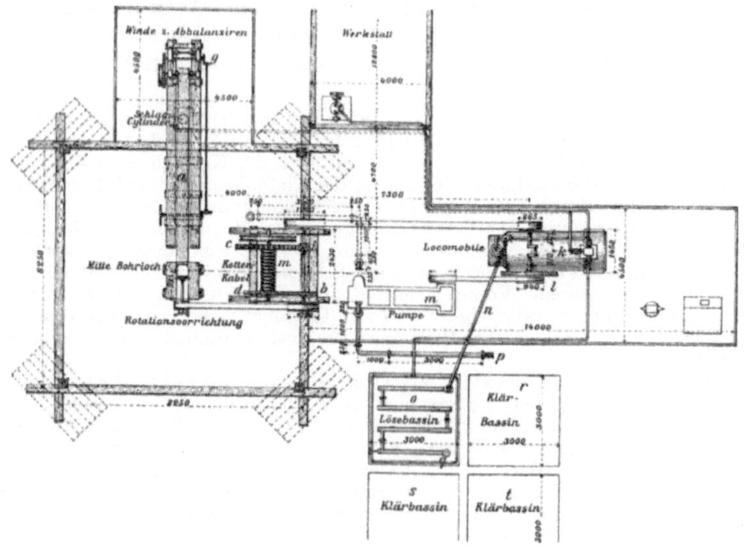

Fig. 393. Diamantbohrapparat von Köbrich für Tiefen bis zu 1500 m (aus Tecklenburg, Handbuch der Tiefbohrkunde, Bd. III).

An Stelle des gewöhnlichen Bohrkabels ist hier ein Kettenkabel (Fig. 392) mit Riemenantrieb angeordnet, das von der sich lose um die Achse b drehenden Riemenscheibe a bei Einrücken einer Kupplung in Bewegung versetzt wird. Durch das Einrücken der Klauenkupplung g und h in die Klauen d und e wird die Bewegung der Welle b auf ein Zahnrad i an der Trommel k direkt oder beim Heben von schweren Lasten indirekt durch die Vorgelegewelle l übertragen. Das Bremsband, welches um die Bremsscheibe n gelegt ist, wird durch den Hebel m von Hand betätigt.

Diamantbohrapparat für Tiefen bis zu 1500 m. Dieser Apparat unterscheidet sich von den vorigen nur durch die Anordnung des Schwengels, der hier im rechten Winkel zu den anderen Apparaten aufgestellt ist (siehe Fig. 393).

Diamantbohreinrichtung für Tiefen bis zu 2500 m. Die Figuren 394 a und b veranschaulichen den Tiefbohrapparat von Köbrich, mit dem seinerzeit das große Bohrloch ven 1748,4 m Tiefe bei Schladebach niedergebracht wurde. Darin bedeutet a das Gestänge, b die Bohrspindel, c den Rotationswagen, d den Wasserwirbel, e das Standrohr der Druckleitung zum Bohrloch, f die Verrohrung, g das Förderseil mit Seilrollen h, i die Kabeltrommel, k die Vorgelegewelle des Kabels, l und m die Zahnräder des Kabels, n Kupplungen, o die Pumpe, p den Schwengel, q den Prellbock, r den Schlagzylinder, s die Lokomobile, t den fünfstöckigen Bohrturm, u die Bühnen für die Arbeiter, v die Schmiede, w und x die Räume für den Obmann, y den ausgemauerten Bohrschacht und z die Zuganker für die Presse zum Niederbringen der Rohre.

β) Neuere Apparate.

Fast alle deutschen Diamantbohrungen sind bis zur Zeit der 90 er Jahre mit Apparaten niedergebracht, die entweder einem der eben besprochenen Apparate glichen oder kleine Verbesserungen gegenüber dem Köbrichschen Diamantbohrer aufwiesen. Erst als um diese Zeit die Stoßbohrtechnik durch Einführung der Schnellschlagmethode einen so gewaltigen Aufschwung nahm, wandte man in Deutschland auch der Verbesserung der Diamantbohrapparate seine Aufmerksamkeit zu und führte teils exakter arbeitende Nachlaßvorrichtungen ein, teils änderte man die Ausgleichung des Gestängegewichtes durch Aufhängung des Gestänges am Förderseil.

Diamantbohrapparat der Tiefbohrmaschinenfabrik Heinrich Mayer & Co., Nürnberg, kombiniert mit Trocken- oder Wasserspül-Freifall-Bohrung für Tiefen bis 2000 m. Von der Köbrichschen Einrichtung unterscheidet sich der Diamantbohrapparat der Tiefbohrmaschinenfabrik Heinrich Mayer & Co. nur durch die Anordnung der Nachlaßvorrichtung, die gegenüber dem Apparat von Köbrich den Vorteil einer genaueren Regulierung des Nachlassens aufweist (Fig. 179). Die Nachlaßvorrichtung besteht aus einer Kettentrommel, deren Drehung durch ein Schneckenrad mit Schnecke bewirkt wird, das mit einem Handrade verbunden ist. Von der Kettentrommel gehen zwei Ketten über zwei Führungsrollen zum Schwengelkopf und zur Trommel. Durch Drehen des Handrades werden die Ketten je nach Bedarf auf die Kettentrommel aufgewickelt bezw. abgewickelt.

Diamantbohrapparat der Deutschen Tiefbohr-Aktiengesellschaft. Der wesentliche Unterschied gegenüber dem Köbrichschen System liegt bei den Diamantbohreinrichtungen der Deutschen Tiefbohr-Aktiengesellschaft in der Aufhängung des Gestänges, welches sowohl beim Bohren als auch beim Ziehen hier direkt am Turm hängt, ferner in der Ausgleichung der Gestängelast und in der Ausbildung der Nachlaßvorrichtung.

Die Anordnung der Diamantbohreinrichtung im einzelnen ist in der schematischen Skizze, Fig. 395, zur Darstellung gebracht.

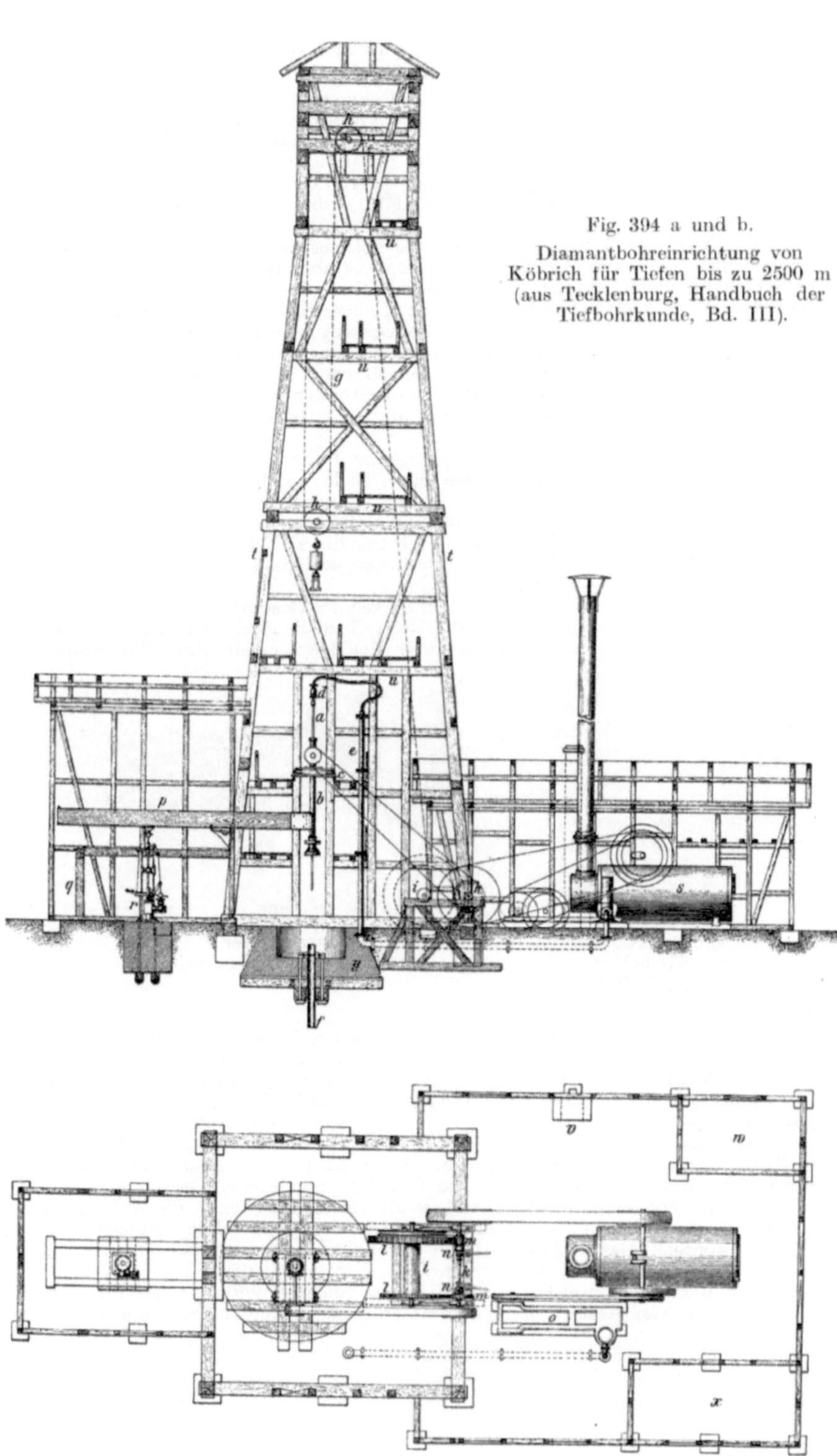

Fig. 394 a und b.
Diamantbohreinrichtung von Köbrich für Tiefen bis zu 2500 m (aus Tecklenburg, Handbuch der Tiefbohrkunde, Bd. III).

Die Vierkantspindel B ist drehbar auf dem Kugellager L verlagert, das an der Zwischenrolle Z hängt. Die obere Verlängerung der Vierkantspindel wird von dem Rotationsholländer H gebildet, durch den das Spülwasser eintritt.

Auf dem Bohrwagen befindet sich der Rotationsapparat R, welcher der Vierkantspindel und dem Gestänge die Drehung erteilt, wobei der Antrieb mittels des Riemens A von der Bohrwinde, der Förderwinde oder einer Zwischenrolle aus erfolgt.

Die Zwischenrolle Z trägt während des Bohrens die Last des Gestänges. Das Förderseil S, in dem die Zwischenrolle Z hängt, ist über die im Turmkopf liegenden Seilscheiben I und II geführt, wobei das eine Ende des Seiles an der Trommel T befestigt ist, während das andere Ende mit der beweglichen Rolle G verbunden ist. Beim Sinken des Gestänges wird die Rolle G in die Höhe gehoben. An der Trommel T ist die Schneckennachlaßvorrichtung angebracht, welche das Seil festhält (s. S. 230). Das Festhalten des Seiles kann auch auf andere Weise durch eine Sperrvorrichtung bewirkt werden.

Die bewegliche Rolle G hebt durch ein zweites Seil, dessen eines Ende am Punkte m im Bohrturm befestigt ist, den Rahmen P, der an dem zweiten freien Ende des Seiles hängt, mit dem Gegengewicht Q in die Höhe. Durch diese Rollenanordnung wird das Vierfache der Gegengewichte an Gestängelast ausgeglichen.

Mit dem Sinken des Gestänges steigt, wie bereits erwähnt, die Rolle G in die Höhe und damit auch das Gegengewicht Q. Ist dieses an der Rolle G angelangt,

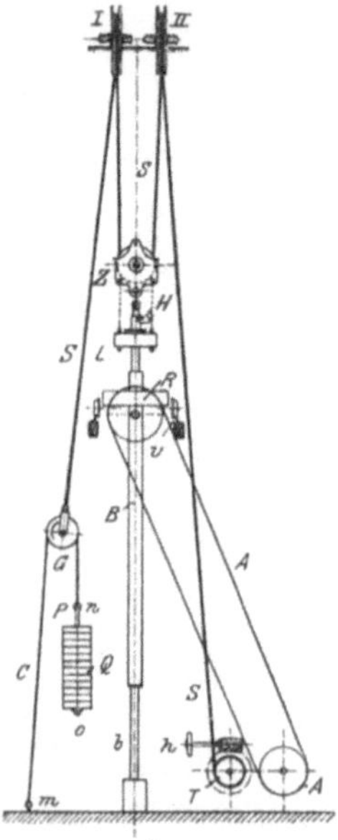

Fig. 395.
Diamantbohrapparat der Deutschen Tiefbohr-Aktiengesellschaft.

Fig. 396.
Bohrwagen der Deutschen Tiefbohr-Aktiengesellschaft.

so wird vermittels der Nachlaßvorrichtung an der Trommel so viel Seil nachgelassen, bis die Gegengewichte wieder am Boden angekommen sind.

Zweckmäßig wird der Weg, den das Gegengewicht Q bis zur Rolle G zurücklegen muß, gleich der Länge der Bohrspindel gewählt. Es fällt dann das Nachlassen des Seiles mit dem Verschieben der Spindel am Gestänge zusammen.

Soll das Gestänge aufgeholt werden, so wird der Gegengewichtsrahmen im Turm festgehängt, die Nachlaßvorrichtung an der Trommel gelöst und der Bohrwagen seitwärts geschoben, worauf das Gestänge zum Fördern bereit ist.

Durch Ausbildung des Arbeitsrohres als Vierkantspindel ist die Anbringung einer besonderen Klemm- und Zentriervorrichtung für das Bohrgestänge überflüssig geworden. Das Gestänge ist mit der Spindel durch ein Übergangsstück, welches in die Vierkantstange eingeschraubt wird, verbunden.

Der Bohrwagen, welcher gewöhnlich auf Schienen verlagert ist (Fig. 396), kann auch an vier Ketten im Bohrturme aufgehängt werden; es kommen dann die ihn tragenden Balken zum Fortfall. Beim Fördern des Gestänges kann der Rotationsapparat leicht an die Seite geschoben werden; beim Bohren wird er dann wieder in die Mitte gezogen und einseitig an der Antriebsbühne festgeklemmt. Einen derartigen Rotationsapparat zeigt die Fig. 397 a, aus der auch die Aufhängung des Gestänges an der Seilrolle ersichtlich ist. In Fig. 397 b ist eine derartige Rolle abgebildet.

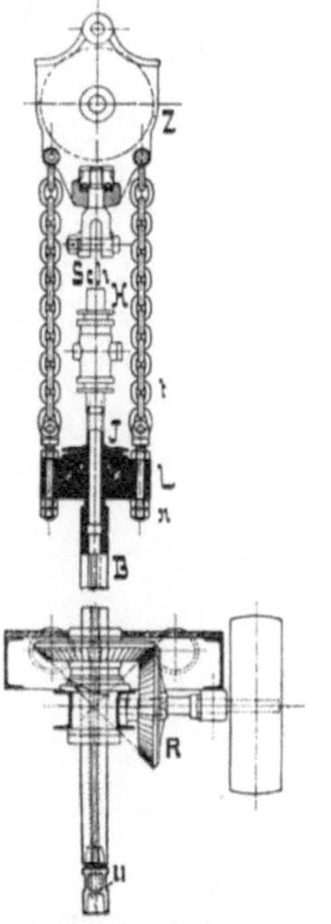

Fig. 397 a.
Rotationsapparat der Deutschen Tiefbohr-Aktiengesellschaft.

Fig. 397 b.
Seilrolle zum Aufhängen des Gestänges von der Deutschen Tiefbohr-Aktiengesellschaft.

Maschinelle Seilschlagbohranlage der Deutschen Tiefbohr-Aktiengesellschaft mit Diamantbohrung für alle Teufen. Nebenstehende schematische Skizze Fig. 398 zeigt die Kombination einer Seilschlagbohranlage mit der Einrichtung für die Diamantbohrung. An dem der ganzen Einrichtung zugrunde liegenden Gedanken ist hier nichts geändert; nur ist das Förderseil F, welches bei der Seilschlagbohrung an der Turmschwinge sich befindet, von dieser abgenommen und über eine zweite Turmscheibe C_2 zur beweglichen Rolle G geführt, welche an dem Hilfsseil „E" die Gegengewichte Q trägt. C_2 befindet sich im Gegensatz zu der hier angegebenen schematischen Darstellung in Wirklichkeit neben der rechtsseitigen Turmscheibe C_1.

Ist die Diamantbohrung nur für geringe Teufen auszuführen, so verwendet man wohl an Stelle des Bohrwagens und der Bohrspindel einen leichteren Rotationsapparat, der wie bei der Handbohranlage der Deutschen Tiefbohr-Aktiengesellschaft (s. S. 248) mit Mitnehmerstangen ausgerüstet ist.

Kombinierte Schnellschlag- und Diamantbohranlage „Nordhausen“ für Tiefen bis zu 2000 m. Eine Kombination von Schnellschlag- und Diamantbohranlage nach dem System der Deutschen Tiefbohr-Aktiengesellschaft ist in der Abbildung 399 veranschaulicht.

Auch hier hängt die Bohrspindel an der Zwischenscheibe Z, die ihrerseits von dem über die beiden Turmscheiben I und II geleiteten Förderseil getragen wird. Dieses Seil ist einerseits an der Seiltrommel des Kabels befestigt, anderseits mit der Zwischenrolle G verbunden, welche an einem Hilfsseil die Gegengewichte Q trägt. Die Figur zeigt den Zusammenbau von Schnellschlag- und Diamantbohreinrichtung.

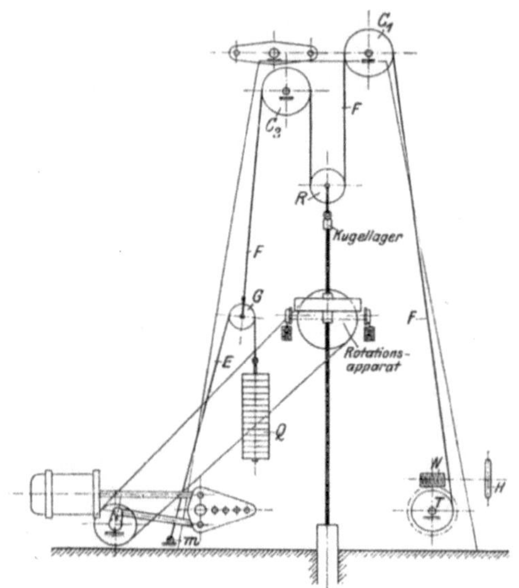

Fig. 398.
Maschinelle Seilschlagbohranlage mit Diamantbohrung für alle Teufen der Deutschen Tiefbohr-Aktiengesellschaft.

Großdiamantbohrmaschine der Aktiengesellschaft für Tiefbohrungen, Heinrich Lapp, Aschersleben. Bei dem Diamantbohrapparat von Lapp hängt das Gestänge an dem Förderseil, welches über eine oben im Turm verlagerte Seilrolle zur Bohrkabelwinde geführt ist. Figuren 242 a und b zeigen die bei der Lappschen Bohreinrichtung gebrauchte Winde, die zum leichteren Transport auch auf einem Wagen montiert sein kann. Von der Riemenscheibe der Lokomobile werden die Scheiben s′, s″ und s‴ angetrieben, von denen s″ als Leerlaufscheibe dient. Die Scheibe s′ ist fest mit der Welle verbunden, während s‴ und s auf einer Büchse sitzen, welche mit der Welle in loser Verbindung steht. s′ treibt durch die Zahnräder z′ und z″ die Förderwinde an, s‴ und s sind für den Antrieb des Rotationswagens bestimmt. Die Riemenscheibe dieses Wagens überträgt die Bewegung durch das auf gleicher Welle sitzende Kegelrad auf ein zweites Stirnrad, welches horizontal verlagert ist. Dieses umgibt die als Vierkantsäule ausgebildete Bohrspindel, welche der Länge nach durchbohrt und durch ein Übergangsstück mit dem Bohrgestänge verbunden ist (Fig. 400—402). Das Nachlassen erfolgt mit Hilfe der bekannten Lappschen Nachlaßvorrichtung, welche auf der Windentrommel angeordnet ist.

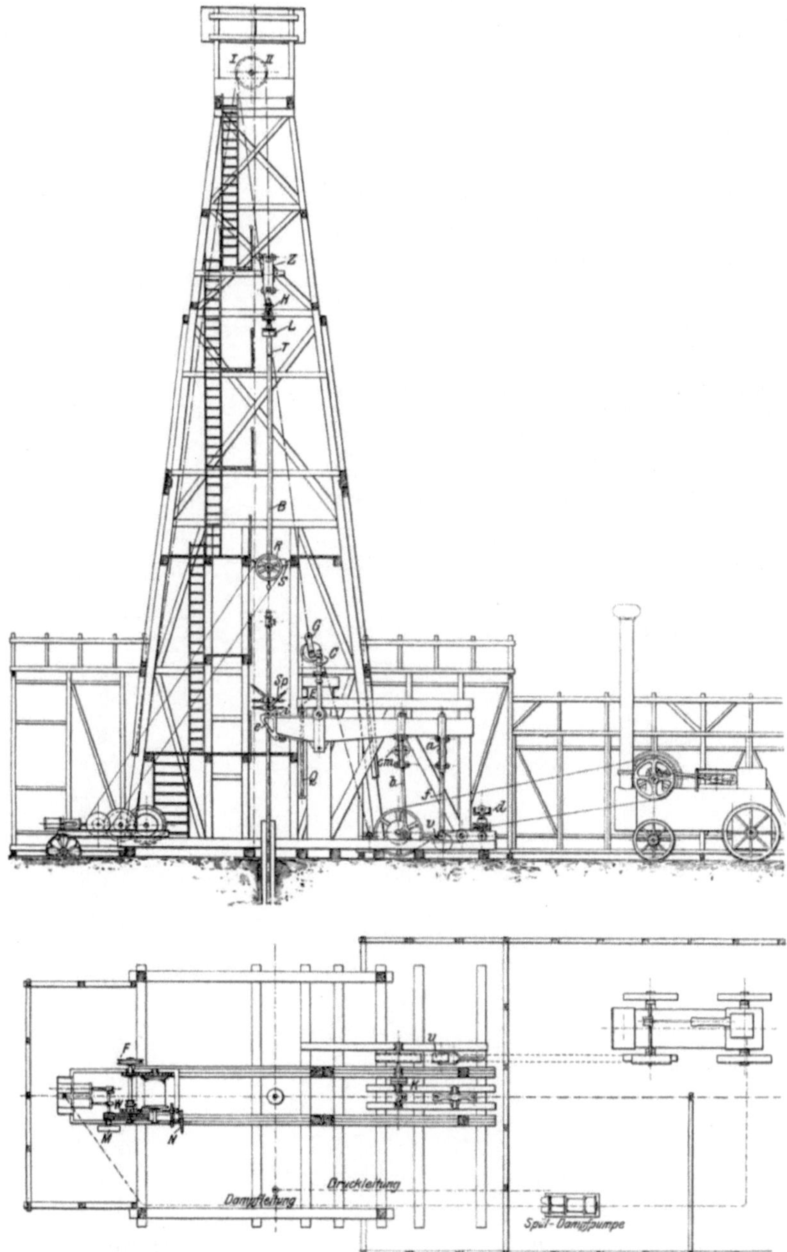

Fig. 399.
Kombinierte Schnellschlag- und Diamantbohranlage „Nordhausen“ der Deutschen Tiefbohr-Aktiengesellschaft.

Kombinierte Diamant- und Meißeltiefbohreinrichtung für Freifall- und Schnellschlagbohrung der Aktiengesellschaft für Tiefbohrungen, Heinrich Lapp. In Fig. 403 ist eine kombinierte Diamant- und Meißeltiefbohreinrichtung für Freifall- und Schnellschlagbohrung zur Anschauung gebracht, deren Antrieb von einer Dampfmaschine, Lokomobile oder Dynamo erfolgen kann.

Sie unterscheidet sich nur insofern von der eben besprochenen Einrichtung, als hier auch der Schnellschlagapparat im Turm untergebracht ist; während der Diamantbohrung wird er einfach zurückgeschoben..

Aufhängung, Antrieb, Nachlaßvorrichtung usw. sind die gleichen wie bei der einfachen Diamantbohreinrichtung.

Großdiamantbohrmaschine von Thumann. Der Rotationsapparat von Thumann ist auf einem Rahmen aus Profileisen verlagert, der an Ketten im Turm aufgehängt wird und nach Beendigung der Bohrung leicht hochgezogen werden kann. Während des Bohrens wird der Rahmen an einer Turmbühne festgeklemmt (Fig. 404).

Der Antrieb erfolgt von der Welle des Bohrkabels auf die Riemenscheibe des Rotations-

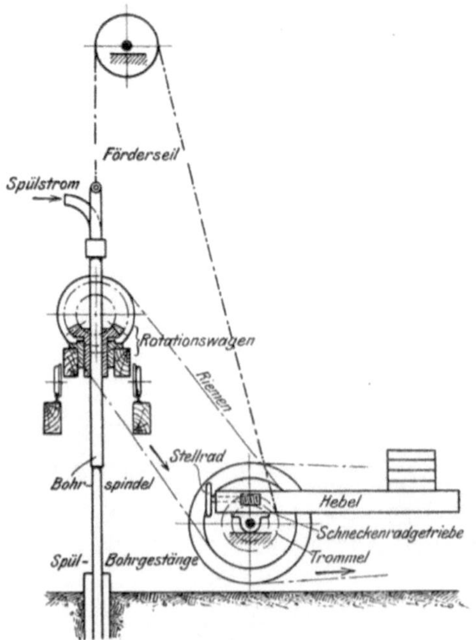

Fig. 400.
Großdiamantbohrmaschine von Heinrich Lapp.

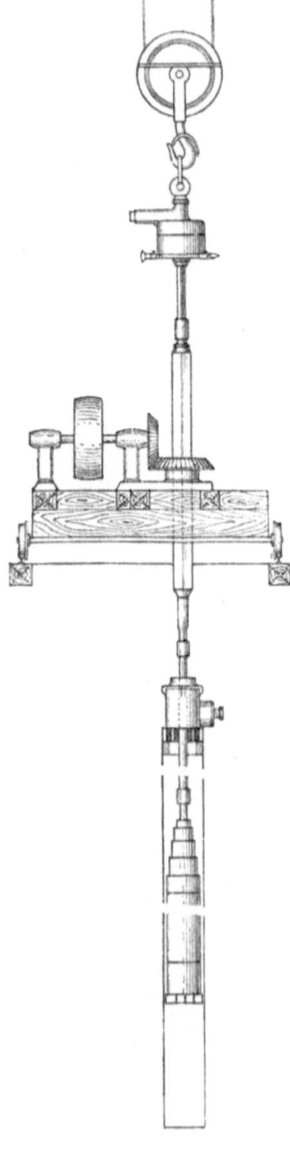

Fig. 401.
Rotationsapparat von Lapp.

apparates, welche die erhaltene Drehung durch ein Kegelrädergetriebe auf die hier runde Bohrspindel übermittelt (Fig. 405).

Fig. 402.
Großdiamantbohrmaschine mit elektrischem Antrieb von Heinrich Lapp.

Das Gestänge ist am Bohrschwengel nahezu reibungslos vermittels eines Rollenlagers aufgehängt, das von den Nachlaßketten getragen wird. Das Rollenlager besteht aus der am Gestänge zu befestigenden Schelle a (Fig. 406) und dem Gußstück b, auf welchem die Schelle ruht. b ist durch Vermittelung eines Laufringes auf 44 kegeligen Stahlrollen drehbar verlagert.

Die Gestängeausgleichung erfolgt durch Belastung des Bohrschwengels. Die Nachlaßvorrichtung ist so ausgebildet, daß die Tragketten, an denen das Gestänge hängt, von einer Kettentrommel durch ein besonderes Handrad je nach Bedarf ab- bezw. aufgewickelt werden können.

Fig. 403.
Kombinierte Diamant- und Meißeltiefbohreinrichtung von Heinrich Lapp.

Tiefbohreinrichtung für Diamantbohren System Raky (Fig. 372). Das Bohrgestänge ist an einem Seil aufgehängt, das von der oben im Turm befindlichen Seilrolle zum Bohrschwengel geführt ist. Hier ist es mit der Nachlaßvorrichtung verbunden, die bereits auf S. 232 eingehend behandelt wurde. Die Wirkung des Entlastungsgewichtes auf die Bohrkrone läßt sich durch Anbringung einer

Fig. 404.
Rotationsapparat von Thumann.

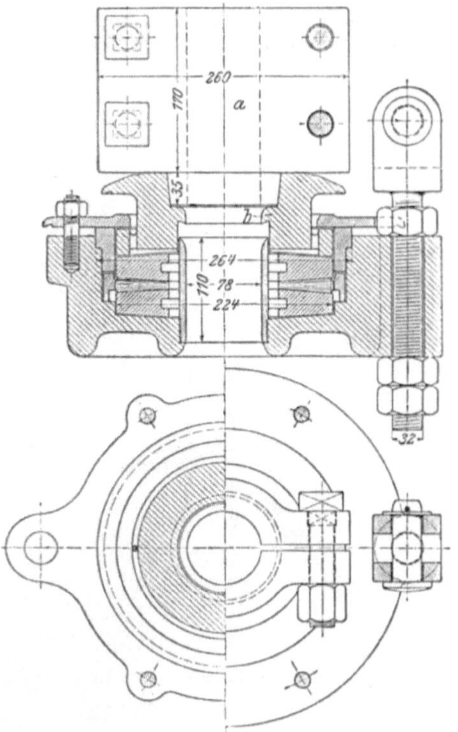

Fig. 406.
Gestängeaufhängung von Thumann.

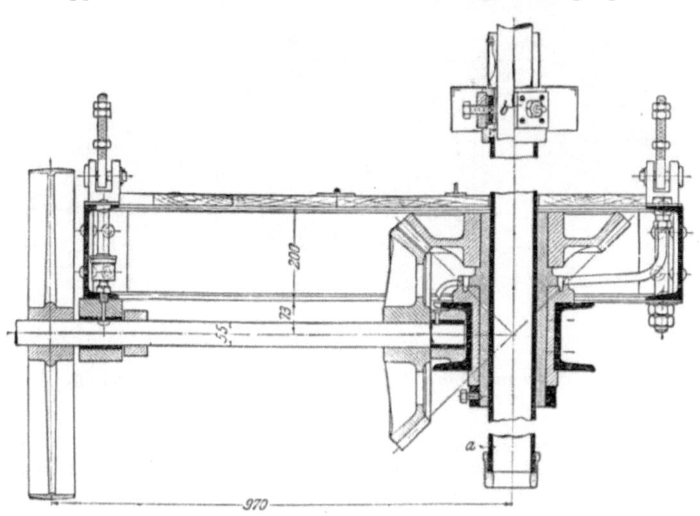

Fig. 405.
Rotationsapparat von Thumann.

einfachen Vorrichtung beliebig abschwächen oder verstärken. Zu diesem Zwecke wird um die Trommel e ein Kettenzug i gelegt, der mittels des Handrades a die

Fig. 407.
Großdiamantbohrmaschine der Allgemeinen Schürfgesellschaft.

Trommel e in der einen oder anderen Richtung drehen kann, wodurch die gewünschte Wirkung erzielt wird. Diese Vorrichtung ermöglicht ein genaues und schnelles Anpassen des Druckes an die jeweilige Gesteinshärte.

Der Antrieb erfolgt von der Lokomobile auf die Welle des Bohrkabels und von hier auf die Antriebsscheibe des Rotationsapparates, der auf einem auf Gleisen laufenden Wagen montiert ist. Kegelradgetriebe und Bohrspindel sind in üblicher Weise ausgebildet; die Zentrierung des Gestänges erfolgt hier in einfachster Weise durch Anordnung von Mitnehmerstangen.

Diamantbohrapparat für große Teufen von der Allgemeinen Schürfgesellschaft. Der Diamantbohrapparat der Allgemeinen Schürfgesellschaft ähnelt amerikanischen Vorbildern und ist für Teufen bis zu 1200 m bestimmt. Der sehr kompendiös gebaute Apparat ist in den Figuren 407—409 zur Darstellung gelangt.

Auf einem kräftigen Gestell ist der stehende Dampfzylinder verlagert, welcher das Bohrkabel bezw. die Rotationsvorrichtung in Umdrehung versetzt. Die Drehung der Bohrspindel wird durch ein Stirnrädergetriebe bewirkt, das von der Welle, an welcher der Kolben des Dampfzylinders angreift, seine Drehung erhält. Die Bohrspindel ist durch 2 Klemmvorrichtungen mit dem Gestänge fest verbunden.

Der Vorschub erfolgt hydraulisch mit Hilfe eines Preßwasserzylinders.

Beim Gestängeziehen wird die Maschine auf dem Gestell nach rückwärts geschoben.

Als Kraftmaschine findet eine sog. Universallokomobile von 12 PS Anwendung, welche für den Betrieb mit flüssigen Brennstoffen wie Benzin, Benzol, Spiritus usw. geeignet ist (Fig. 410). Eine Maschine von gleicher Leistung zeigt Fig. 409, nur mit dem Unterschiede, daß Rotationsapparat und Kraftmaschine hier voneinander getrennt montiert sind. Der Motor treibt also nicht direkt das Bohrkabel und den Rotationsapparat an, sondern erst durch ein Vorgelege, das auch zum Antrieb für die Spülung dient.

3. Leistungen und Kosten beim Diamantbohren mit deutschen Apparaten.

α) Leistungen.

Die Leistungsfähigkeit der Diamantbohrmaschinen ist sehr wechselnd und hängt von den verschiedensten Faktoren ab, in erster Linie von der Beschaffenheit des Gebirges, ob dieses aus Granit, Quarz, Sandstein, Schiefer, Salz usw. besteht, und ob es sich in ungestörter oder gestörter Lagerung befindet. Zweitens wird die Leistungsfähigkeit vom Bohrlochsdurchmesser beeinflußt, indem für gewöhnlich die Leistung um so größer ist, je kleiner der Bohrlochsdurchmesser ist. Drittens hängt die Leistungsfähigkeit von der Beschaffenheit der verwendeten Diamanten ab und viertens von der Bohrlänge, indem bei kürzeren Längen im allgemeinen eine größere Leistung zu erwarten ist als bei größeren, da die durch Reibung usw. bedingten Kraftverluste naturgemäß kleiner sind als bei tiefen Bohrungen.

Zur Kontrolle der Wirtschaftlichkeit des Bohrbetriebes empfiehlt es sich, wie bei der Stoßbohrung auch bei der Diamantbohrung genaue Aufzeichnungen über die verschiedenen Arbeiten, die Bohrzeit und die Leistung zu machen. Der Bohrunternehmer wird hierdurch in die Lage versetzt, etwaige Schäden des Betriebes leicht erkennen und abstellen zu können. Mit Vorteil lassen sich hierfür die im 19. Teile beschriebenen Stratigraphen anwenden, welche die Bohrzeit, den Bohrfortschritt usw. selbsttätig und einwandsfrei angeben. Ist ein solcher Apparat nicht vor-

Fig. 408.
Bohrturm mit G-Maschine der Allgemeinen Schürfgesellschaft.

Fig. 409.
Großdiamantbohrmaschine Type G mit getrenntem Rotationsapparat der Allgemeinen Schürfgesellschaft.

Fig. 410.
Universallokomobile der Allgemeinen Schürfgesellschaft.

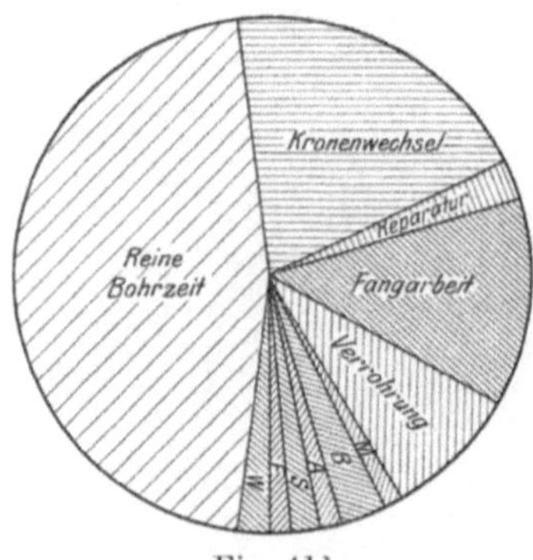

M = Umbau zur Meißelbohrung.
B = Besetzen der Kronen.
A = Anfertigen von Materialien.
S = Stratametermessung.
F = Flözabnahme.
W = Wartezeit.

Fig. 411.
Graphische Darstellung der Bohrleistung.

handen, so muß das Aufsichtspersonal angehalten werden, genaue Aufzeichnungen über alle diese Dinge zu führen.

Für die Ermittlung der Leistung einer jeden Bohrung, gleichgültig, ob es sich um eine Stoß- oder Drehbohrung handelt, ist zunächst von Bedeutung die Feststellung der auf die Bohrung verwendeten Zeit. Hierbei ist zu unterscheiden zwischen der reinen Bohrzeit auf der einen und der gesamten Bohrzeit auf der anderen Seite. Mit dem Ausdruck „reine Bohrzeit" bezeichnet man die wirklich zum Bohren verwendete Zeit, während in die gesamte Bohrzeit auch die Zeit für Reparaturen, Einlassen und Aufholen des Gestänges, Kronenbesetzen, Warten usw. mit einbegriffen ist. Das Verhältnis von der gesamten zur reinen Bohrzeit läßt sich am besten und übersichtlichsten graphisch darstellen, etwa in der Form der Abbildung 411, die wohl keiner Erläuterung mehr bedarf.

Kleindiamantbohrmaschinen. Die durchschnittliche Leistung der Kleindiamantbohrmaschinen mit Handantrieb ist bei den nach deutschem Vorbilde gebauten Apparaten mit etwa 3 m in 24 Stunden anzunehmen. Bei Kraftantrieb kann im Kohlengebirge auf eine durchschnittliche Leistung von etwa 5—6 m gerechnet werden. Für Bohrungen in erzführenden Schichten sind diese Leistungen etwa auf die Hälfte zu reduzieren.

Die Leistung der nach amerikanischem Muster gebauten Kleindiamantbohrmaschinen betrug nach Angaben von Ursinus [1]) in 9 stündiger Schicht:

in Granatmasse etwa 1 m,
in Gneis etwa 0,5—1,5 m,
in Pyroxen und Diorit etwa 2 m,
in Magnesit etwa 3 m,
in Dolomit und Kalkstein etwa 3,5—4 m.

Diese Zahlen sind Durchschnittswerte, welche aus den zahlreichen Bohrungen mit Kleindiamantbohrmaschinen in Schweden ermittelt wurden. Sie gelten nur für Bohrungen unter 50 m Bohrlänge. Bei größerer Länge verringern sie sich bis auf etwa $\frac{2}{3}$ der obigen Leistung.

Mit der Maschine von Senft-Urbanek sind 2 Bohrungen in der Nähe von Alais von 6,8 m und 8,60 m ausgeführt, die 200 m voneinander entfernt lagen. Die Gesamttiefe von 15,40 m wurde in dem mit Quarzkonglomeraten durchsetzten Gebirge in $2\frac{1}{2}$ Tagen abgebohrt, wobei der Transport der Maschine von einem Bohrpunkt zum anderen sowie die Montage mit einbegriffen waren.

Großdiamantbohrmaschinen. Mit deutschen Großdiamantbohrmaschinen wurden in den nachstehenden, außergewöhnlich tiefen Bohrungen nach Angabe von Ursinus (Kalender für Tiefbohringenieure, S. 220—223) folgende Leistungen erzielt:

---

[1]) Ursinus: Moderne Diamantbohrmaschinen für kleine Durchmesser.

Tiefe m	Bohrpunkt	Ausführende Firma	Erbohrtes Mineral	System	Zeitdauer in Tagen	Größte Tagesleistung m
1027	Volpriehausen	A.-G. f. Brückenbau, Tiefbau und Eisenkonstruktion, Neuwied	Salz	Diamant	—	19
1017	Am Niederrhein Nr. 8	Tiefbohr-A.-G. vorm. Hugo Lubisch	Kohle und Salz	Schappe u. Diamant	220	24
1054	Am Niederrhein Nr. 3	„	„	„	250	27
1145	Am Niederrhein Nr. 9	„	„	„	163	30

Die größte Leistung bei einer Bohrung mit Großdiamantbohrmaschine von normalem Durchmesser, welche von einer unserer größten Bohrfirmen in den Schichten des oberen, mittleren und unteren Buntsandsteins ausgeführt wurde, betrug 30 m in 24 Arbeitsstunden. Von der gleichen Firma wurde ebenfalls im Buntsandstein eine Bohrung von etwa 500 m Gesamtbohrlochstiefe ausgeführt, bei der die größte Durchschnittsleistung inklusive Montage des Bohrzeugs bis zum Fündigwerden im Steinsalz 21,3 m in 24 Arbeitsstunden betrug.

Im Salz bohrt man mit normaler Diamantbohrung täglich bis 60 m, wenn das Bohrloch nicht zu tief ist, und daher das nach je 10 m Fortschritt stattfindende Ziehen und Aufholen des Gestänges nicht zu viel Zeit in Anspruch nimmt.

Im Steinkohlengebirge ist, wenn der Unternehmer vorsichtig arbeitet, um keine Flöze zu überbohren, ein Fortschritt von 8 m in 24 Stunden als gut zu bezeichnen; im Durchschnitt werden etwa 4 m in 24 Stunden gebohrt, bei Einrechnung aller Nebenarbeiten. Die reine Bohrzeit für den Meter Teufe beträgt normal 2—3 Stunden.

Durchschnittstundenleistungen bei der Bohrung mit Großdiamantbohrmaschinen sind

3 m im Salz und Anhydrit,
0,40—0,50 m im mittelharten Kalkstein,
0,15—0,20 m im Quarz und Diorit,
0,30—0,40 m im Sandstein.

Die Zahlen, welche der graphischen Darstellung in Fig 411 zugrunde gelegt sind, beziehen sich auf eine Diamantbohrung, welche im Jahre 1908 mit dem verbesserten Köbrichschen Apparat in der Nähe von Aachen auf Steinkohle ausgeführt wurde. Bis zur Tiefe von 490 m, im Deckgebirge, wurde stoßend gebohrt, von hier bis zur Gesamtteufe von 769,45 m mit der Diamantkrone. Bis 515 m wurde mit einer sechszölligen Krone, von hier bis zu 600 m Teufe mit 5 Zoll, bis 707,10 m Teufe mit 4½ Zoll und bis zum Ende mit 3¼ Zoll Durchmesser gebohrt. Die zu der Fig. 411 gehörenden Zahlen sind folgende:

Gesamtarbeitsstunden	Einlassen und Aufholen des Gestänges	Reparaturen an Pumpe, Kessel usw.	Fangarbeit	Verrohrung	Umbau zum Meißel- bezw. Kronenbohren	Besetzen der Krone	Anfertigung verschiedener Materialien	Stratametermessung	Flözabnahme	Anderweite Beschäftigung	Summa	Bleibt reine Bohrzeit
Stunden												
2364	495	52	308	206	34	70	42	57	28	29	1321	1043

Die tägliche Durchschnittsleistung beträgt bei dieser Bohrung, wenn die Sonntage und andere Tage, insgesamt 21, an denen überhaupt nicht gebohrt wurde, außer Betracht gelassen werden, 4,51 m. Die tägliche Durchschnittsleistung während der gesamten 83 Tage, welche erforderlich waren, um die Bohrung von 490 m auf 769,45 m zu vertiefen, 3,37 m.

Die durchschnittliche Stundenleistung stellt sich bei Berücksichtigung der reinen Bohrzeit von 1043 Stunden auf rund 0,27 m.

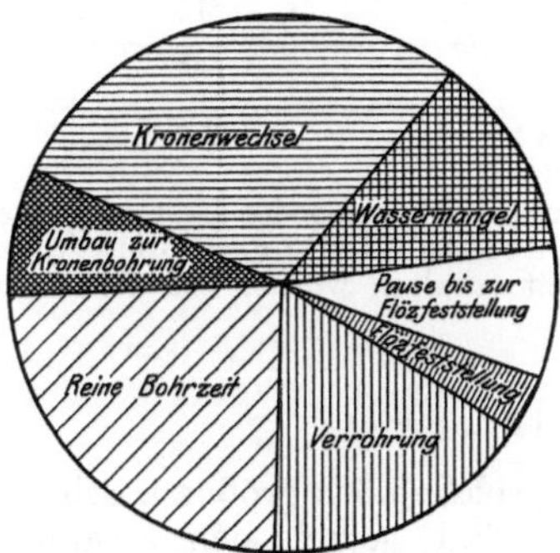

Fig. 412.
Graphische Darstellung der Bohrleistung.

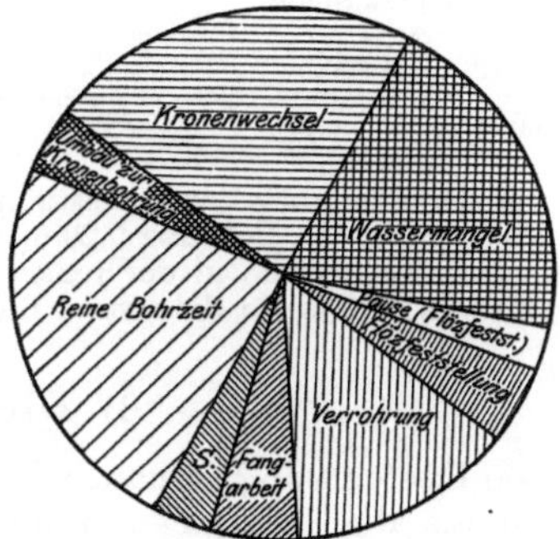

Fig. 413.
Graphische Darstellung der Bohrleistung.
S = Stratametermessung.

Bei einer anderen Diamantbohrung, welche mit 170 mm Durchmesser von 614,17—904,19 m im Steinkohlengebirge niedergebracht wurde, schwankten die täglichen Leistungen zwischen 1,21 und 14,56 m. Der tägliche Fortschritt im Durchschnitt stellte sich hier auf 8,56 m, wenn nur die 36 Tage in Rechnung gestellt werden, an denen tatsächlich gebohrt wurde. Berücksichtigt man die gesamte Zeit, welche zum Niederbringen der Bohrung einschließlich Verrohrung, Unterschneiden usw. gebraucht wurde, so ergibt sich eine tägliche Durchschnittsleistung von 3,15 m bei einer Gesamtbohrzeit von 92 Tagen.

Was den Zeitverbrauch anlangt, auf den schon bei den beiden eben erwähnten tiefen Diamantbohrungen kurz eingegangen wurde, so kann man im allgemeinen bei der Herstellung eines Bohrloches mittlerer Tiefe auf die reine Bohrzeit etwa 55 % der Gesamtzeit rechnen; etwa 20 % entfallen auf das Ziehen der abgebohrten Kerne, etwa 5 % auf das Ein- und Ausbauen der Futterrohre, etwa 15 % auf Reparaturen und Fangarbeiten und 5 % auf die Montage und Demontage des Bohrkranes, Stratametermessungen usw.

Der Zeitverbrauch von zwei anderen Bohrungen im Steinkohlengebirge von 175 mm Anfangs- und 145 mm Enddurchmesser ist in den Figuren 412 und 413 graphisch dargestellt. Er betrug:

Bohrung	A	B
Beginn der Diamantbohrung bei .	78,58 m Tiefe	39,94 m Tiefe
Ende der Bohrung bei	212,05 „ „	162,37 „ „
Mit der Krone abgebohrte Meter .	133,47 „ „	128,43 „ „
Gesamtherstellungszeit	456 Stunden	672 Stunden
Einrichtung zur Kronenbohrung .	32 „	26 „
Ziehen und Einlassen des Gestänges	133 „	150 „
Wartezeit wegen Wassermangels . .	55 „	139 „
„ „ Flözfeststellung .	35 „	17 „
Flözfeststellung mit Doppelkernrohrapparat	16 „	31 „
Einbau von Futterrohren	73 „	95 „
Fangarbeit	— „	37 „
Stratametermessungen	— „	15 „
Dazu reine Bohrzeit	112 „	162 „
Insgesamt	456 „	672 „

Die Durchschnittsstundenleistung bei Berücksichtigung der Gesamtbohrzeit betrug bei der ersten Bohrung 0,29 m, bei der zweiten 0,19 m; die Durchschnittsstundenleistung, welche in der reinen Bohrzeit erhalten wurde, war 1,19 m für die erste und 0,79 m für die zweite Bohrung.

β) Die Kosten.

Die Kosten von Diamantbohrungen, welche noch größeren Schwankungen als die Leistungen unterworfen sind, setzen sich zusammen aus den Anlagekosten und aus den Betriebskosten. Die Anlagekosten, welche für eine Bohrung in Frage kommen, umfassen, da mit einer Diamantbohreinrichtung nicht nur eine, sondern eine ganze Anzahl von Bohrungen ausgeführt werden können, nur die Ausgaben für eine gewisse Amortisation und Verzinsung des Anlagekapitals. Unter den Betriebskosten sind die Ausgaben für Kraft, Löhne, Reparaturen, Verschleiß, Schmiermaterial, Fangarbeit usw. zu verstehen. Während diese Unkosten allen Bohrverfahren gemeinsam sind, kommt bei der Diamantbohrung zu diesen Werten noch ein anderer Faktor hinzu, nämlich der Diamantverschleiß, der für die Kosten gewöhnlich von ausschlaggebender Bedeutung ist. Der Diamantverbrauch hängt von einer Anzahl Faktoren ab, die sich bei Beginn der Bohrung nicht überblicken lassen. Er ist verschieden je nach der Art des zu durchbohrenden Gebirges, nach dem Durchmesser der Krone, nach der Beschaffenheit der Diamanten und nach der Art des Besetzens der Krone.

Im Steinsalz und Anhydrit ist der Diamantverbrauch gering, in Konglomeraten, Graniten usw. dagegen sehr hoch. Von Einfluß sind auch die Lagerungsverhältnisse, indem ungestörtes Gebirge die Diamanten nicht so stark angreift wie gestörtes.

Eine Krone mit großem Durchmesser ist leichter Beschädigungen ausgesetzt als eine solche mit kleinem Durchmesser.

Der Einfluß der Beschaffenheit der Diamanten auf den Verbrauch ist bereits auf Seite 212 erörtert worden, ebenso die Bedeutung, welche das Einsetzen der Steine hat.

Zu den eben genannten, die Ermittlung der durchschnittlichen Kosten von Diamantbohrungen erschwerenden Umständen kommt noch hinzu, daß wie bei jeder Bohrung auch hier für gewöhnlich zwischen den Kosten des Unternehmers und denen des Auftraggebers zu unterscheiden ist.

Die Unternehmerkosten sind naturgemäß nur sehr schwer festzustellen, da begreiflicherweise bei der großen Konkurrenz im Bohrbetriebe jede Firma ihre Selbstkosten nach Möglichkeit geheim hält. Im allgemeinen stellen sich die Unternehmerkosten prozentualiter etwa wie folgt:

Bei der Herstellung eines Bohrloches mittlerer Tiefe macht der Diamantverbrauch etwa 33 % des Metergeldes aus, 30 % verschlingen die Gehälter, Löhne und Betriebsmittel, 10 % sind für die Kosten der im Bohrloch verbleibenden Futterrohre, die der Unternehmer gewöhnlich zur Hälfte trägt, zu rechnen, und der Rest von 27 % setzt sich aus den Kosten für die Transporte, Montage und Demontage, Unterhaltung und Amortisation der Maschinen und Werkzeuge, Verwaltungskosten und Verdienst des Unternehmers zusammen. Der Verdienst des Unternehmers bei Diamantbohrungen ist fast immer wesentlich geringer als bei anderen Bohrverfahren, was in dem mehr oder minder hohen Diamantverbrauch begründet ist.

Im einzelnen sei zu diesen Angaben noch folgendes bemerkt:

Nach Pois (Organ des Vereins der Bohrtechniker 1909, S. 98) betragen die Anschaffungskosten für die eigentliche Rotationseinrichtung bis 1500 m Tiefe einschließlich eines eigenen Drehbohrgestänges, aber ohne Diamanten, etwa 28 000 Kronen (rund 24 000 Mark), die Anschaffungskosten für Diamanten allein je nach der Qualität 35 000—45 000 Kronen (rund 30 000—40 000 Mark).

Die Amortisation wird nun für Maschinen mit etwa 15 % für das Jahr auf diese Summe in Anrechnung gebracht, die Verzinsung mit etwa 5 %.

Die Betriebskosten setzen sich, wie bereits erwähnt, aus den Ausgaben für Löhne, Betriebsmaterialien, Transportkosten für Eisenbahn und Fuhrwerk, Verwaltungskosten des Unternehmers, Verlust an im Bohrloche verbleibenden Röhren oder Material, Verluste an Diamanten usw. zusammen.

Was die Löhne anlangt, so erhalten die Obleute etwa 47—50 Pf. Stundenlohn, die Maschinisten 45—48 Pf., die Bohrschmiede 47—50 Pf., die Bohrarbeiter 30—35 Pf. Der Gehalt eines Bohrmeisters schwankt zwischen 160—250 M im Monat, je nach dem Dienstalter. Je nach den Kosten des Lebensunterhaltes erhalten Bohrmeister, Obleute, Maschinisten und Schmiede eine Teuerungszulage je Tag, welche für das Inland zwischen 0,50 M und 1 M für Unverheiratete und 0,75 M und 1,50 M für Verheiratete schwankt. Außerdem werden noch Metergelder bewilligt.

Der Kohlenverbrauch beträgt zwischen 1500 und 2000 kg in der 24 stündigen Schicht. Die Ausgaben hierfür richten sich nach den örtlichen Kohlenpreisen und sind so verschieden, daß sich Zahlenangaben nicht machen lassen.

Das gleiche ist von den Kosten für Transport, Verluste, Verschleiß usw. zu sagen.

Außerordentlich wechselnd sind auch die Kosten für Diamanten. Während man, wenn keine Steine ausbrechen und verloren gehen, mit einer reinen Abnutzung der Diamanten im Werte von 1 M bis 4 M je Meter Bohrlochstiefe rechnen kann, schwankt der Diamantenverbrauch im allgemeinen zwischen 10 M und 80 M für den laufenden Meter Bohrung.

Den folgenden Zahlen, welche einen Anhalt für die Zusammensetzung der Unternehmerkosten geben sollen, ist der Durchschnitt aus mehreren Bohrungen im Steinkohlengebirge bis zu etwa 1000 m Tiefe zugrunde gelegt. Der Preis, welcher dem Unternehmer vom Auftraggeber für 1 m gezahlt wurde, betrug 126 M. Die Kosten stellten sich je Meter Bohrung, wie folgt:

1.	für Kraft	14,00 M
2.	für Schmiermaterial	2,00 „
3.	für Reparaturen an Maschinen, Pumpen usw. . . .	4,00 „
4.	für Verschleiß der Geräte außer Diamanten	9,00 „
5.	für Löhne	12,00 „
6.	für Beaufsichtigung	6,00 „
7.	für Montage, Demontage und Transporte	3,00 „
8.	für Rohrverschleiß und Verlust	14,00 „
9.	für Fangarbeiten	2,00 „
10.	für Diamanten	30,00 „
11.	für Verwaltungskosten, Abschreibung und Verdienst	30,00 „
	Sa.	126,00 M

Die Kosten des Auftraggebers sind aus den bereits genannten Gründen ebenfalls höhere als bei den anderen Bohrmethoden. Sie setzen sich zusammen aus dem Bohrhonorar und dem Anteil an der Verrohrung, eventuell auch am Diamantenverbrauch. Zuweilen hat der Auftraggeber auch die Kraft und das erforderliche Wasser zu liefern.

Das Bohrhonorar beträgt im Sandstein bei Tiefen bis zu 500 m 75—100 M, bei Tiefen bis zu 1200 m zwischen 100 und 125 M. Bei Konglomeraten oder sonstigen, die Diamanten stark angreifenden Gesteinen erhöhen sich die Preise entsprechend.

Die folgenden Angaben über Höhe des Honorars bei Diamantbohrungen, d. h. also die Kosten des Auftraggebers ausschließlich der Kosten für ev. zur Verfügung gestellte Kraft, Wasser usw., wurden dem Verfasser von einer großen Bergverwaltung, die eine Anzahl von Bohrungen mit Kleindiamantbohrmaschinen sowie mit Großdiamantbohrmaschinen ausgeführt hat, in liebenswürdiger Weise zur Verfügung gestellt. Darnach beträgt das Bohrhonorar für den Unternehmer:

Kosten bei Flachbohrungen mit Kleindiamantbohrmaschinen bis 80 m Tiefe.

Im Sandstein	30 M je m
Im Schieferton und Kohle	25 „ „ „
Im Konglomerat.	50 „ „ „

Bei diesen Bohrungen hat die Grube die Kraft, und zwar Druckluft von 4 Atm. am Bohrturm, und das erforderliche Wasser geliefert. Für Verrohrung der Bohrloches wurde nichts gezahlt, nur wurden die Rohre, welche im Bohrloch stecken blieben, mit 20 % vergütet; für die gezogenen Rohre wurde $^1/_{10}$ der Selbstkosten gezahlt. Die Kosten für den Transport der Geräte nach und von dem Bohrplatz wurden von der Grube getragen.

Kosten bei Tiefbohrungen mit Großdiamantbohrmaschinen bis 400 m Tiefe.

Das Bohrhonorar betrug bei derartigen Bohrungen 72 M je Meter.

Für steckengebliebene Rohre wurden 50 % des Tagespreises des Röhrensyndikates vergütet.

Kosten für Tiefbohrungen mit Großdiamantbohrmaschinen bis 1500 m Tiefe.

Es wurden folgende Preise gezahlt:

Von	0—1000 m	betrug	das	Bohrhonorar	85 M je m
„	1000—1100 „	„	„	„	110 „ „ „
„	1100—1200 „	„	„	„	120 „ „ „
„	1200—1300 „	„	„	„	130 „ „ „
„	1300—1400 „	„	„	„	140 „ „ „

Für steckengebliebene Rohre wurden 50 % des Tagespreises des Röhrensyndikates vergütet.

Zum Schluß seien noch einige Gesamtkosten von kleineren und größeren Diamantbohrungen angegeben, welche in den letzten Jahren im Steinkohlengebirge ausgeführt wurden.

So kostete dem Auftraggeber eine Bohrung mit Kleindiamantbohrmaschinen von 45,65 m Teufe 1389,50 M oder je m 30,42 M; eine andere von 100,96 m Tiefe, bei der die ersten 49 m mit dem Meißel gebohrt wurden, insgesamt 3077,80 M oder je m 30,17 M. Davon entfallen auf die Diamantbohrung 1597,80 M. In einem anderen Falle kostete eine Bohrung von 83,74 m Tiefe 2599,70 M oder 31,04 M je m, eine andere von 132,74 m etwa 5354 M oder 40,33 M je m. Eine weitere Flachbohrung von 80,20 m stellte sich auf 2947,75 M oder 36,75 M je m.

Bei einer Tiefbohrung von 379,87 m betrugen die reinen Bohrkosten	27 350,64 M
Die Kosten für steckengebliebene Rohre	148,83 „
Die Kosten für Hilfsarbeiten	45,50 „
Die Kosten für Material	192,66 „
Die Kosten für Flözfeststellung	89,00 „
Sonstige Kosten	397,61 „
Insgesamt	28 224,24 M

oder rund 74,30 M je m

Eine andere Tiefbohrung von 216 m kostete:

An Bohrhonorar	15 624,00 M
An Nebenarbeiten	936,20 „
An steckengebliebenen Rohren	134,50 „
Insgesamt	16 694,70 M

oder 76,93 M je m.

Bei einer anderen Bohrung von 300 m Teufe stellten sich die Ausgaben für den Auftraggeber wie folgt:

Bohrhonorar	21 600,00 M
Für steckengebliebene Rohre und Nebenarbeiten	931,41 „
Insgesamt also	22 531,41 M

oder 75,10 M für den m.

b) Englische Diamantbohreinrichtungen.

Literatur.

Tecklenburg: Handbuch der Tiefbohrkunde Band III.
Köhler: Lehrbuch der Bergbaukunde.
Serlo: Leitfaden zur Bergbaukunde.

1. Allgemeines.

Die älteren englischen Diamantbohrmaschinen, welche um die Zeit, als Tecklenburg seine „Diamantbohrung“ verfaßte, d. i. um das Jahr 1889, benutzt wurden, dürften heute wohl kaum mehr im Gebrauch sein. Ihre Konstruktion ist im allgemeinen nach den gleichen Gesichtspunkten ausgeführt, die sich bei den verschiedenen Maschinen nur in kleinen Einzelheiten unterscheiden.

Die Drehvorrichtung, die Ausgleichung des Gestängegewichtes, das Bohrkabel sowie die Spülpumpe befinden sich auf einem dreiseitigen schmiedeeisernen Gestell mit 2 senkrecht stehenden T-förmigen Schienen, welches zu beiden Seiten des Bohrloches steht.

Der Antrieb erfolgt von einer Lokomobile durch Riemenübertragung auf mehrere horizontale und vertikale Wellen, die auf dem Gestell verlagert sind und durch ein- und ausrückbare Zahnräder die Drehung der Bohrspindel, den Vorschub und die Drehung der Kabeltrommel bewirken.

Die Bohrspindel wird von einem Querhaupt getragen, das an Führungen auf- und abwärts gleiten kann.

Die Wirkung des Vorschubes ist bereits auf Seite 232 eingehend erörtert worden.

Im Gegensatz zu den noch zu besprechenden amerikanischen Systemen, deren Leistungsfähigkeit eine beschränkte ist, da sie in erster Linie für Schürfzwecke in unwirtlichen Gegenden gebraucht werden, sind die englischen Diamantbohrmaschinen mehr zum Gebrauch in zivilisierten Ländern bestimmt, wo hinsichtlich des Transportes, der Montage und der Wasserbeschaffung Schwierigkeiten nicht zu erwarten sind. Infolgedessen ist der Bau der Maschinen zwar ein solider und schwerer geworden, die Leistungsfähigkeit aber und vor allem der mögliche Bohrlochsdurchmesser sind nicht unwesentlich erhöht.

Gegenüber den schon besprochenen deutschen Maschinen haben die englischen Apparate den Vorteil der Vereinigung der ganzen Einrichtung auf einem Gestell, infolgedessen sie weniger Raum einnehmen als diese. Die Nachteile der englischen Maschinen liegen in der komplizierten Gesamtanordnung, welche für den rauhen Bohrbetrieb viel zu verwickelt ist, und in dem schlechten mechanischen Wirkungsgrad, der eine Folge der zahlreichen Zahnräder und Kegelräder ist.

Ob derartige Bohrmaschinen heute überhaupt noch Verwendung finden, ist dem Verfasser nicht bekannt; es dürfte jedoch kaum anzunehmen sein.

Tecklenburg erwähnt in seinem Werke vier verschiedene englische Diamantbohrapparate, die um das Jahr 1889 in Anwendung standen. Von diesen sei hier nur der von dem Major Beaumont konstruierte, sehr interessante Apparat besprochen, mit dem auch auf dem Kontinente bei Böhmisch-Brod in den 70er Jahren eine Tiefbohrung ausgeführt wurde.

2. Die Diamantbohrmaschine von Beaumont.[1])

Die Abbildungen 414 a, b veranschaulichen ein Modell des Diamantbohrapparates von Beaumont für Tiefen bis zu 900 m, das sich in der Sammlung der Königlichen Bergakademie Berlin befindet.

Das Bohrgestell d aus Doppel-T-Eisen ruht auf den Grundschwellen m″ und wird durch die Streben n″ und o″ gestützt. An der Stelle, wo d, n″ und o″ einen spitzen Winkel miteinander bilden, befindet sich die Bühne a′ mit dem Geländer q″, auf dem sich der Arbeiter während des Förderns des Gestänges aufhält.

Der Antrieb erfolgt von einer 10—25 pferdigen Lokomobile durch Riemenübertragung auf die Scheibe s′, welche auf der Hauptantriebswelle t festgekeilt ist. Das auf derselben Welle sitzende Kegelrad r′ treibt die schiefliegende Welle b′ durch das untere Kegelrad q′ an. Durch den Hebel u′, der mit der Klauenkupplung t′ verbunden ist, können diese Räder ein- und ausgerückt werden.

Die Drehung der Kettentrommel, welche zum Aufholen des Gestänges benutzt wird, wird von der eben genannten, schiefliegenden Welle b′ aus bewirkt durch die ausrückbaren Kegelräder c′ und d′, welche abwechselnd in die auf der Kettentrommel sitzenden Kegelräder k′ und l′ eingreifen, wodurch verschiedene Umdrehungsgeschwindigkeiten erzielt werden können. Die Kette f′ läuft über die oben an der Spitze des Gerüstes befindliche Rolle g′. Sie ist mit einem Gewichte h′ beschwert, das über dem Förderstuhl i′ angebracht ist. An der Kettentrommel sind 2 Bandbremsen, eine größere m′, die durch den Hebel n′ betätigt wird, und eine kleinere o′ mit dem Hebel p′ angeordnet, durch welche der Gang der Kettentrommel ständig reguliert werden kann.

Die Übertragung der Drehung der Hauptwelle t auf die Vorgelegewelle z′ erfolgt durch die Zahnräder i″ und h″. z′ dreht vermittels des Kegelrades x′ das Kegelrad w′ und damit auch die Welle v′. Das Kegelrad x′ wird durch den Hebel k″ ein- bezw. ausgeschaltet.

Von der schiefliegenden Welle v′ wird durch das Kegelrad y die Drehung auf die Bohrspindel b übertragen, welche durch ein dem deutschen ähnliches Klemmfutter n in ihrer Lage gehalten und zentriert wird.

Die Gestängeausgleichvorrichtung ist bereits auf Seite 232 eingehend beschrieben worden, worauf hiermit verwiesen sei.

Die Drehung der Gegengewichtswelle d″ und der Rollen g kann durch einen mit der Bandbremse c″ durch die Stange b″ in Verbindung stehenden Fußhebel a″ reguliert werden; damit wird auch die Wirkung des Gegengewichtes geregelt. Die zeitweise Drehung der Gegengewichtswelle wird durch Einrücken des Zahnrades f″ in das auf der Gegengewichtswelle d″ sitzende Zahnrad g″ bewirkt, wobei man sich zum Einrücken des Umstellhebels e″ bedient.

[1]) s. Tecklenburg: Band III, S. 69.

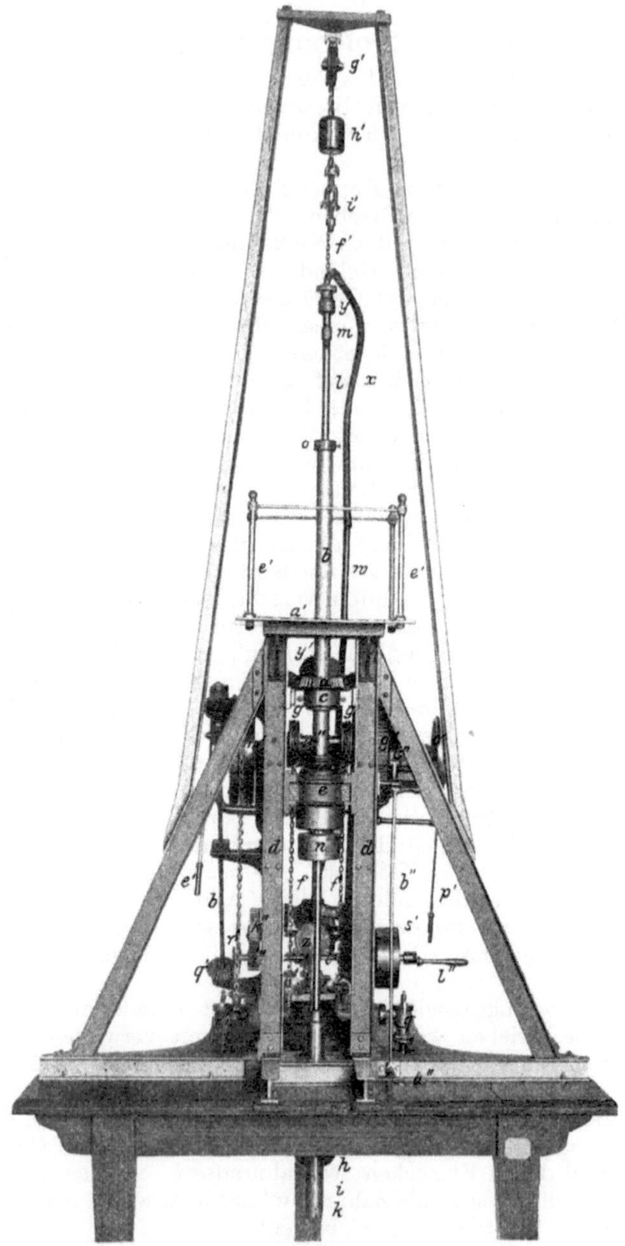

Fig. 414 a.
Diamantbohrmaschine von Beaumont.

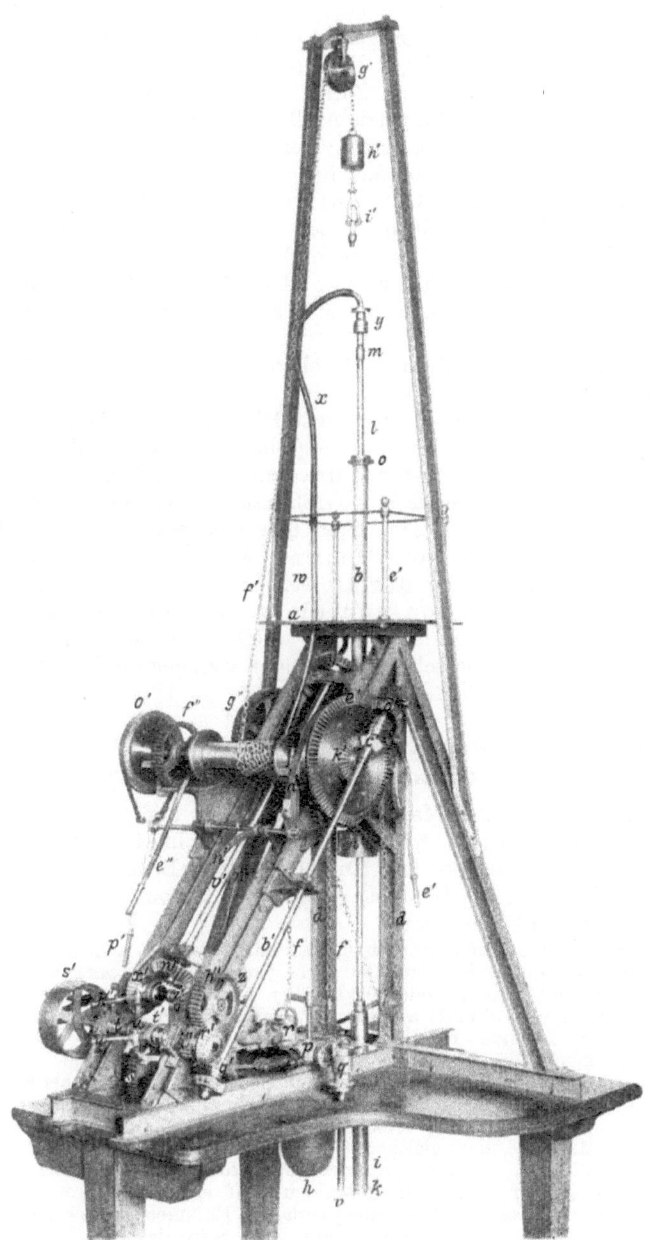

Fig. 414 b.
Diamantbohrmaschine von Beaumont.

Des weiteren sind auf dem Bohrgerüst die Spülpumpen q mit Ventilgehäusen p und r angebracht, deren Drehung von einer tiefer liegenden Pumpentriebwelle vermittels des Zahnrades s bewerkstelligt wird. Das Zahnrad s wird von der Haupttriebwelle t aus durch das verschiebbare Zahnrad u in Bewegung versetzt. Der Druckwindkessel z ist mit einem Sicherheitsventil versehen, das bei einer etwaigen Verstopfung des Spülgestänges in Wirksamkeit tritt. Mit v ist die Saugleitung bezeichnet, mit w die Druckleitung. Der Schlauch x stellt die Verbindung zwischen der Druckleitung w und dem Wasserwirbel y her, der auf dem Gestänge l angebracht ist. Die Wasserlieferung der zu beiden Seiten liegenden Pumpen beträgt etwa 7000—8000 Liter in der Stunde.

Von den sonst noch angeführten Buchstaben bedeutet k die Bohrkrone und i das Kernrohr.

Mit einer derartigen Maschine wurden zu Rheinfelden in der Schweiz, auf der Königin-Luise-Grube in Zabrze (Oberschlesien) in den 70 er Jahren mehrere Tiefbohrungen zur Zufriedenheit ausgeführt.

Von sonstigen älteren englischen Großdiamantbohrmaschinen, die früher häufiger verwendet wurden, seien hier wenigstens erwähnt die Diamant-Bohrmaschine von Docwra & Sohn in London, die Diamantbohrmaschine der Continental Diamond Rock Boring Company in London und die verbesserte Diamantbohrmaschine von C. Thom & Son, welche sich sämtlich durch einen der Beaumontschen Maschine mehr oder weniger ähnlichen Bau auszeichnen.

3. Diamantbohrmaschine der Aqueous Works and Diamond Rock Boring Company.

Die neueren englischen Maschinen ähneln in der Konstruktion den amerikanischen Einrichtungen. Ein Beispiel hierfür bieten die Apparate der Aqueous Works and Diamond Rock Boring Company, Guilford Street, York Road, Lambeth, London S. E., welche Maschinen verschiedener Größenklassen baut.

Eine kleine Diamantbohreinrichtung, ist fahrbar auf einem Wagen montiert und für Leistungen bis etwa 350 m bestimmt. Der Apparat kann für Göpel-(Pferde-), Preßluft-, Dampf- oder elektrischen Antrieb eingerichtet werden. Die Kraftmaschine greift direkt an der Antriebwelle an und dreht das auf gleicher Welle sitzende Kegelrad, welches seine Bewegung auf das die Bohrspindel umgebende, horizontal verlagerte Kegelrad überträgt. Zum Zwecke des Vorschubes und der Gestängeausgleichung ist ein hydraulischer Preßzylinder angeordnet. Von der gleichen Welle aus kann durch ein Zahnrädergetriebe noch die Förderwinde in Bewegung versetzt werden.

Eine große Maschine der gleichen Firma, ist für Bohrlochstiefen von 1200—1400 m bestimmt. Motor, Antriebsvorrichtung und Förderwinde sind, wie bei den älteren englischen Maschinen, auf einem schweren, dreiseitigen, eisernen Gestell in schräger Anordnung verlagert. Entsprechend der größeren Leistungsfähigkeit sind hier zwei Zylinder, auf jeder Seite des Gestelles einer, angeordnet, welche an der Hauptantriebswelle angreifen. Die Bewegung dieser Welle wird in üblicher Weise auf die Bohrspindel und durch ein Zahnradvorgelege auch auf die Förderwinde übertragen. Der Vorschub erfolgt hydraulisch.

An Kraft werden für Bohrungen bis 200 m etwa 4 PS, bis 700 m etwa 8 PS und bis zu 800 m Tiefe etwa 10 PS gebraucht. Wenn Dampfantrieb gewählt wird, so kommt zu der Einrichtung noch ein besonderer Kessel hinzu, der leicht transportierbar gebaut ist.

4. Leistungen und Kosten beim Bohren mit englischen Maschinen.

Über die Leistungen englischer Maschinen, vor allem der von Beaumont, liegen neuere Angaben nicht vor. Nach älteren Nachrichten betrug die durchschnittliche Leistung wöchentlich bei 6 Beaumontschen Maschinen, welche in der Umgegend von Darlington bohrten, bei einer Teufe von 70—280 m, einem Durchmesser des Bohrloches von etwa 110 mm und bei einer Schichtdauer von 8 Stunden etwa 11 m im limestone und red sandstone, einschließlich aller größeren Stillstände. Bei einer anderen Bohrung wurden im festen Steinkohlengebirge in 2 Monaten 200 m abgebohrt. In einem anderen Falle wurde ein 170 m tiefes Bohrloch bei Ballyloghan in Irland abgeteuft, wobei ein täglicher Fortschritt von 6—12 m erreicht wurde.

Die Aqueous Works and Diamond Rock Boring Co. geben Leistungen für ihre Maschinen von 1—25 m täglich je nach der Härte des Gesteins an.

Der Preis einer kompletten Maschine stellte sich bei den Bohrungen in Darlington auf 1460 Pfund Sterling, die sich, wie folgt, verteilen:

	£
Lokomobile	280 £
Bohrmaschine	380
Werkzeug	45
Sonstiges Gerät	26
330 m Bohrgestänge	500
Krone mit 8 Diamanten	19
Rohre	210
Summa	1460 £

Die Bohrkosten betrugen bei $2\frac{1}{2}$ Zoll Bohrlochsdurchmesser

	£	sh	d
für die ersten 33 m	£	9 sh	— d
„ „ zweiten 33 m	£	13	6
„ „ dritten 33 m	£	18	—
„ „ vierten 33 m	1	2	6
„ „ fünften 33 m	1	7	—
„ „ sechsten 33 m	1	11	6
„ „ siebenten 33 m	1	17	6
„ „ achten 33 m	2	3	6
„ „ neunten 33 m	2	9	6
„ „ zehnten 33 m	2	15	6
„ „ elften 33 m	3	3	—
„ „ zwölften 33 m	3	10	6
„ „ dreizehnten 33 m	3	18	—
„ „ vierzehnten 33 m	4	5	6
„ „ fünfzehnten 33 m	4	13	—

c) Amerikanische Diamantbohreinrichtungen.

Literatur.

Tecklenburg: Handbuch der Tiefbohrkunde, Band III.
Köhler: Lehrbuch der Bergbaukunde.
Ursinus: Kalender für Tiefbohringenieure.
Ursinus: Moderne Kleindiamantbohrmaschinen.
Die amerikanische Diamantbohrung. Organ des Vereins der Bohrtechniker, 1909, Nr. 20 und Nr. 21.
Baum: Kohle und Eisen in Nordamerika. Glückauf, 1908, Nr. 7.

1. Allgemeines.

Auf die Ausbildung der amerikanischen Diamantbohrmaschinen sind die geologischen und Verkehrsverhältnisse der Vereinigten Staaten von großem Einfluß gewesen. Die geologischen Verhältnisse waren es deshalb, weil die Distrikte, in denen Schürfungen auf Kohle und Erz zuerst erfolgten, fast kein Deckgebirge aufwiesen; das ist z. B. der Fall in dem großen Bergbaubezirke, der am Oberen See gelegen ist. Eine Folge dieser günstigen Verhältnisse war die, daß man beim Bohren in diesen Gegenden gleich mit dem Kernbohrverfahren, d. i. also der Diamantbohrung, beginnen konnte und einen anderen Apparat, wie z. B. in Deutschland, wo fast immer Bohrungen im jüngeren Gebirge vorhergehen, nicht brauchte. Ist dann und wann einmal etwas Deckgebirge vorhanden, so wird in diesem mit der Schappe von Hand gebohrt und dann beim Erreichen des kernfähigen Gebirges zur Diamantbohrung übergegangen.

Die Transportverhältnisse beeinflußten die Konstruktion der Maschinen insofern, als bei den gewaltigen Einöden des amerikanischen Westens und Nordens der Transport der Bohrgeräte, Brennmaterialien, Ersatzteile usw. dem Schürfer große Schwierigkeiten bereitete. Es leuchtet ein, daß in solchen Gegenden nur einfache, leichte und an Ort und Stelle ausbesserungsfähige Apparate brauchbar sind.

Aus diesen Gründen entstanden die eigenartigen Diamantbohrmaschinen, welche so sehr von den deutschen, zum Teil auch von den englischen Maschinen sich unterscheiden und unter Berücksichtigung der Bedingungen, aus denen sie hervorgegangen sind, recht gute Erfolge aufzuweisen haben.

Wie bei den deutschen läßt sich auch bei den amerikanischen Diamantbohrmaschinen ein Unterschied zwischen kleinen und großen Apparaten nachweisen, wenn auch dieser nicht so scharf ausgeprägt ist wie bei den ersteren. Der Unterschied liegt, abgesehen von der Art und Größe der Betriebskraft, in der Gestaltung des Vorschubes, der bei den Kleindiamantbohrmaschinen stets als Friktionsvorschub, bei den Großdiamantbohrmaschinen dagegen fast immer als hydraulischer Vorschub ausgebildet ist.

Bei den amerikanischen Maschinen sind Drehvorrichtung, Bohrkabel und Antriebsmaschine auf einem hölzernen oder eisernen Gestell angeordnet, das sich seitlich des Bohrloches befindet.

Der Antrieb erfolgt von der Haupttriebwelle, an welcher die Kraftmaschine für gewöhnlich direkt angreift, auf ein Kegelrädergetriebe, in dessen horizontal verlagertem Rade die durch Nut und Feder mitgenommene Bohrspindel sich vertikal bewegen und das durch eine Klemmvorrichtung fest verbundene Bohrgestänge mitnehmen kann.

Die Wirkung des Vorschubes und der Gestängeausgleichung ist bereits auf Seite 232 u. f. erörtert worden.

Das Bohrkabel ist zwischen dem Antriebsmotor und der Drehvorrichtung verlagert und wird von der Hauptwelle durch Einrücken eines Zahnrades in ein Zahnrad der Kabeltrommel in Tätigkeit versetzt.

Der Antrieb erfolgt bei den kleinsten Maschinen von Hand, bei den größeren und großen durch Dampfmaschinen, Benzin-, Druckluft-, Elektro- oder Sauggasmotoren. Die letzteren sind vor allem bei Schürfbohrungen trotz der gegenüber den Dampfmaschinen geringeren Betriebssicherheit vielfach zur Anwendung gelangt, weil der im Westen Amerikas sehr teure Brennstoff in ihnen besser als in Dampfmotoren ausgenutzt wird. Benzin- oder Gasolinmotoren, welche als schnelllaufende Maschinen gebaut werden und sich daher den hohen Umdrehungszahlen der Diamantbohrmaschinen gut anpassen, werden wegen der einfachen Konstruktion und des leichten Transportes ebenfalls häufig beim Bohren in diesen Gegenden angewandt.

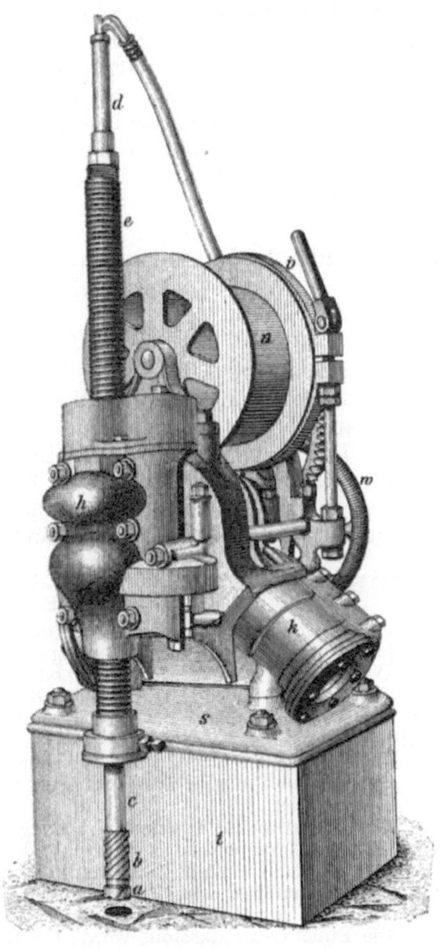

Fig. 415.
Kleindiamantbohrmaschine der M. C. Bullock Manufacturing Co. (aus Tecklenburg, Handbuch der Tiefbohrkunde, Bd. III).

Die amerikanischen Diamantbohrmaschinen sind sehr kompendiös gebaut, leicht transportabel und auch vom mechanischen Standpunkte aus gut angeordnet, so daß sie bei Schürfbohrungen in Kolonien oder unwirtlichen Gegenden ausgezeichnete Dienste leisten können. Auf dem europäischen und teilweise wohl auch auf dem amerikanischen Festlande, wo größere Ablagerungen jüngerer Schichten vorkommen, dürften sie dagegen versagen, da sie wie jede Diamantbohrmaschine ungestörte Lagerungsverhältnisse verlangen. Gegenüber den englischen und deutschen Maschinen besitzen sie den Nachteil geringerer Leistungsfähigkeit, mit den englischen zusammen außerdem den schwerwiegenden Nachteil, daß bei ihnen der Übergang von der Drehbohrung zur Stoßbohrung, der bei deutschen Maschinen so leicht und einfach erfolgen kann, ausgeschlossen ist.

2. Diamantbohreinrichtungen für Tiefen bis zu 150 m (Kleindiamantbohrmaschinen).

Allgemeine Angaben.

Da die amerikanischen Kleindiamantbohrmaschinen fast immer auch zum Bohren unter Tage bestimmt sind, so ist es deshalb unmöglich, eine scharfe Grenze zwischen den Maschinen über und unter Tage zu ziehen. Die letzteren sind bereits in dem Kapitel „Kleindiamantbohrmaschinen unter Tage“ behandelt. Es sollen hier deshalb, um Wiederholungen zu vermeiden, nur solche Maschinen besprochen werden, welche dort nicht berücksichtigt worden sind.

Die Maschinen der M. C. Bullock Manufacturing Company, Chicago, U. S. A.

Auf einem eisernen Rahmen s und dem Fundament t sind Antriebsmaschine, Rotationsapparat und Bohrkabel verlagert (Fig. 415)

Der Zylinder k, der für Dampf- oder Druckluftbetrieb eingerichtet ist, ist schräg angeordnet und greift mit seiner Kolbenstange direkt an der Haupttriebwelle an. Auf dieser sitzt das Kegelrädergetriebe, hier durch das eiserne Gehäuse h zum Schutz gegen Staub verhüllt, sowie das Antriebszahnrad für die Windentrommel u, die mit der Bremsvorrichtung v versehen ist.

Der Vorschub ist als Differentialvorschub für zwei verschiedene Geschwindigkeiten ausgebildet.

Der Buchstabe a bedeutet in der Fig. 415 die Bohrkrone, b einen Patentkernheber mit zwei federnden Ringen, c das Kernrohr und d das Gestänge.

Der Gestängedrehkopf g ist scharnierartig ausgebildet und kann nach Lösung einer Schraubenmutter schnell seitwärts gedreht werden, um dem aufzuholenden Gestänge Platz zu machen.

Die Bullocksche Maschine wurde bei Bohrungen bis zu 80 m Tiefe vielfach mit Erfolg angewandt.

Die Maschinen der Mac Kiernan - Terry Drill Company.

Die Diamantschürfbohrmaschine der Mac Kiernan-Terry Drill Co., Klasse Z, Fig. 416, eignet sich für Tiefen bis zu 100 m und ist auch für Bohrungen mit der Stahlkrone zu verwenden.

Auf einem hölzernen Rahmen ist auf zwei eigentümlich gestalteten Säulen der Bohrapparat verlagert. Der Antrieb erfolgt von Hand durch eine Kurbelwelle auf ein Zahnrad, welches auf der Hauptwelle sitzt und durch ein Kegelräderpaar die drehende Bewegung auf die wie üblich ausgebildete Bohrspindel überträgt.

Die Ausgleichung des Gestängegewichtes und der Vorschub erfolgen genau wie bei den auf S. 243 beschriebenen Davis Calyx-Kernbohrmaschinen. Höchst

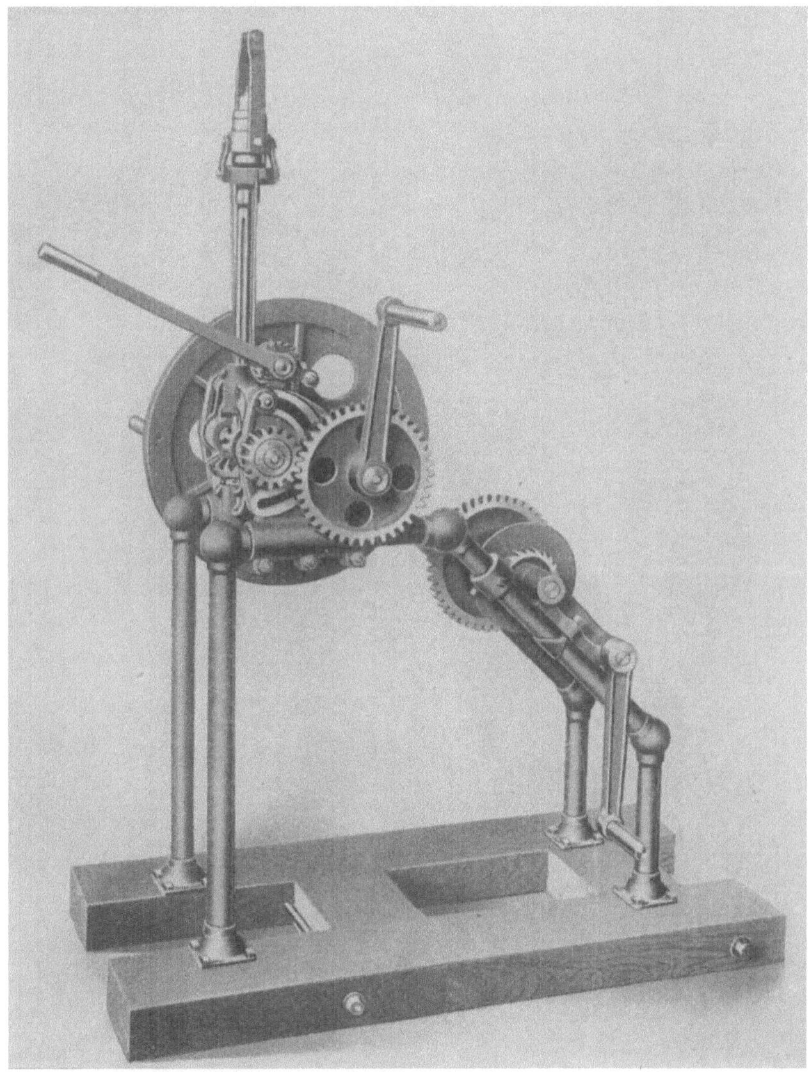

Fig. 416.
Kleindiamantbohrmaschine der Mac Kiernan-Terry Drill Co.

einfach ist das Bohrgerüst ausgebildet, das aus zwei langen Masten besteht, welche oben die Seilrolle tragen und durch Querleisten miteinander verbunden sind.

Fig. 417.
Kleindiamantbohrmaschine der Mac Kiernan-Terry Drill Co.

Fig. 417 zeigt eine etwas größere Maschine für Leistungen bis zu 150 m mit maschinellem Antrieb. Die näheren Angaben über Kraftbedarf, Leistungen usw. von Diamantbohrmaschinen dieser Firma sind auf S. 296 zusammenhängend enthalten.

Diamantbohrmaschine der Sullivan Machinery Company.

Die Kleindiamantbohrmaschinen der Sullivan Machinery Company sind bereits in dem Kapitel „Diamantbohrmaschinen unter Tage" besprochen, so daß sich ein Eingehen hier erübrigt. Die wesentlichsten Konstruktionsdaten sollen jedoch bei dem Abschnitt Großdiamantbohrmaschinen zusammenhängend wiedergegeben werden.

Diamantbohrmaschine der Maschinenfabrik Cunninghan & Gearing, Kapstadt.

Die Diamantbohrmaschine von Cunninghan und Gearing ist neuerdings vielfach zu Schürfzwecken in Deutsch-Südwestafrika verwandt worden.

Der Antrieb erfolgt von Hand, das Nachlassen durch eine Sperrvorrichtung, bei größeren Teufen mit Hilfe der Seiltrommeln. Die Lokomobile ruht auf zwei Rädern, wodurch sie für die Transportverhältnisse in Südwestafrika besonders geeignet ist.

3. Großdiamantbohrmaschinen.

Der wesentlichste Unterschied gegenüber den Kleindiamantbohrmaschinen liegt, abgesehen von den größeren Abmessungen, in der Anordnung des Vorschubes, der hier gewöhnlich hydraulisch ausgebildet ist.

Als Antriebskraft wird Dampf, Preßluft, Gasolin, eventuell auch Elektrizität verwendet.

Diamantbohrmaschine der American Rock Drill Co.

Auf einer Fundamentplatte aus Stahlguß ist das Gestell angebracht (Fig. 418).

Der oszillierende Zylinder a greift mit der Kolbenstange an der Hauptwelle an und versetzt diese in Umdrehung, Auf der Hauptwelle befindet sich das Kegelrad b, welches in ein horizontal verlagertes Kegelrad eingreift und hierdurch die Bohrspindel d dreht, welche in den Hülsen gg geführt ist. Die Hülsen gg sind unten mit einer Reibungskupplung f versehen, die zugleich als Klemmvorrichtung dient.

Der Vorschub erfolgt hydraulisch vermittels der beiden Preßzylinder h h. i i sind die Kolbenstangen der Zylinder und k die Querverbindung, welche durch die Wulste 11 der Bohrspindel eine vertikale Bewegung erteilen.

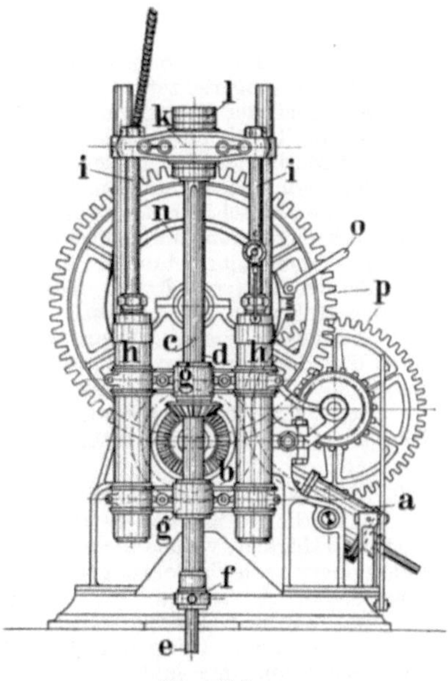

Fig. 418.
Diamantbohrmaschine der American Rock Drill Cy. (aus Ursinus, Kalender für Tiefbohr-Ingenieure).

Von der Antriebswelle wird durch das Vorgelege p die Kabeltrommel n angetrieben, auf der zur Regelung der Geschwindigkeit die Bremse o angeordnet ist.

	Stahlbohrer	Stahlbohrer	Stahlbohrer	Diamant	Stahlbohrer oder Diamant
Klasse	Z	Z—1	A	A—2	A—3
Bohrlochsdurchmesser mm	47,6—57,1	47,6—57,1	76,2—101,6	41,2—47,6	41,2—101,6
Kerndurchmesser „	22,3—31,7	22,3—31,7	44,0—76,2	23,8—28,6	23,8—76,2
Leistungsfähigkeit m	100	125	100—175	175	100—175
Vorschub	Friktion	Friktion	Friktion	hydraulisch	Friktion oder hydraulisch
Pumpe	mit Handbetrieb	Duplex	Duplex	Duplex	mit Kraftantrieb
Anzahl der Pferdekräfte des Kessels	—	5	10	10	—
Anzahl der Pferdekräfte der Antriebsmaschine	—	3	6	6	6½
Art des Antriebes	Hand	Dampf, Gasolin oder Elektrizität	Dampf	Dampf	Gasolin oder Elektrizität

Die Maschinen werden für eine Verlagerung auf festem Fundament oder auf einem Wagen eingerichtet.

Bezüglich der Verlagerung der Maschinen auf einem Wagen haben sich drei verschiedene Typen ausgebildet.

Die Maschinen der ersteren Art vereinigen Bohrmaschine, Pumpe und den liegenden Dampfkessel auf dem Wagen.

Bei den Maschinen der zweiten Gattung befinden sich Bohrmaschine, Pumpe und Werkzeugkasten auf demselben Wagen, der Kessel ist dagegen auf einem zweiten Wagen untergebracht.

Bei der dritten Gattung endlich vereinigt ein Wagen Bohrmaschine, Pumpe und den stehenden Dampfkessel.

Die beiden ersten Typen werden bei Maschinen von Leistungen bis zu 450 m und darüber angewandt; des dritten Typus bedient man sich bei kleineren Maschinen bis zu 250 m Leistungsfähigkeit.

Der Bohrturm ist ebenfalls leicht transportabel ausgebildet. Er besteht aus Gasröhren, die sich leicht zusammensetzen lassen.

Großdiamantbohrmaschine der Mac Kiernan - Terry Drill Company.

Auch die Mc Kiernan-Terry Drill Co., New York, baut Maschinen mit großer Leistungsfähigkeit, welche nicht nur zum Bohren mit der Diamantkrone bestimmt sind, sondern auch für Bohrungen mit der Stahlkrone wie die Davis-Calyx-Maschinen (siehe S. 243) sich eignen.

Der ganze Bohrapparat ist hier auf einer gußeisernen Platte verlagert, welche von einem kräftigen Holzrahmen getragen wird. Mit Hilfe eines Hebels und einer Zahnstange läßt sich das Gestell auf dem Rahmen vor- und rückwärts bewegen, um das Bohrloch zum Ausholen des Gestänges frei zu bekommen. Der Antrieb erfolgt von einem stehenden zweizylindrigen Dampfmotor auf die Hauptwelle, auf welcher sich die Kabeltrommel sowie der Rotationsapparat befinden. Dieser sowie die Bohrspindel usw. sind in üblicher Weise ausgebildet (siehe Fig. 419). Der Vorschub ist bei den Maschinen der Klassen A—2, A—3, B—2, B—3, C—2 und C—3 hydraulisch gestaltet, bei denen der Klassen B und C dagegen als Friktionsvorschub.

Stahlbohrer	Diamant	Stahlbohrer oder Diamant	Stahlbohrer	Diamant	Stahlbohrer oder Diamant
B	B—2	B—3	C	C—2	C—3
76,1—152,3	47,6—57,1	47,6—152,3	114,2—45,7	60,3—74,6	60,3—45,7
44,0—114,2	28,6—41,2	28,6—114,2	76,2—431,6	39,7—55,5	39,7—431,6
175—300	330	175—330	275—1300	2000	275—2000
Friktion	hydraulisch	Friktion oder hydraulisch	Friktion	hydraulisch	Friktion oder hydraulisch
Duplex	Duplex	mit Kraftantrieb	Duplex	Duplex	mit Kraftantrieb
15	15	—	40	50	—
12	12	15	25	25	25
Dampf	Dampf	Gasolin oder Elektrizität	Dampf	Dampf	Gasolin oder Elektrizität

Als Antriebskraft findet Dampf, Petroleum oder Elektrizität Verwendung. Der Dampf wird entweder in einer fahrbaren Lokomobile oder in einem stehenden, besonderen Kessel erzeugt.

Die Bohrtürme sind entweder aus Holz hergestellt oder aus Gasrohren zusammengesetzt.

Von der Mac Kiernan-Terry Drill Company werden etwa 11 verschiedene Größenklassen von Maschinen angefertigt, deren hauptsächlichste Daten in der obenstehenden Tabelle enthalten sind:

Diamantbohrmaschinen der Sullivan Machinery Company.

Die Sullivan Machinery Co., deren Vertretung für Deutschland die Firma Theodor Börgermann in Düsseldorf hat, baut nicht weniger als 36 verschiedene Größenklassen bezw. Typen ihrer Maschinen. Da eine Besprechung aller dieser Maschinen zu weit führen würde, sollen hier nur die hauptsächlichsten Typen behandelt und zum Schluß in einer tabellarischen Übersicht alle Sullivan-Maschinen zusammengefaßt werden.

Klasse H.

Die Sullivan-Diamantbohrmaschine, Klasse H, welche in Fig. 420 veranschaulicht ist, ist für Leistungen bis zu 300 m bestimmt.

Der ganze Apparat ist auf einer Gußplatte mit Holzrahmen als Untergestell verlagert. Das Gestell läßt sich mit Hilfe eines Hebels und einer Zahnstange auf dem Rahmen hin und her bewegen.

Der Antrieb erfolgt von dem stehenden Motor auf die Haupttriebwelle, auf welcher ein Vorgelege zum Antrieb für die Kabeltrommel sowie der Kegelradantrieb für die Bohrspindel angebracht sind.

Der Vorschub ist als Differentialvorschub in der üblichen Weise ausgebildet.

Als Antriebskraft wird Dampf oder Preßluft benutzt.

Klasse RH.

Die Maschinen der Klasse RH, Fig. 421, entwickeln eine Leistungsfähigkeit von 500—1000 m.

Der Vorschub erfolgt hydraulisch mit einem Preßzylinder. Zum Antrieb dient ein 10 pferdiger Elektromotor, der für eine Betriebsspannung von 220, 250 oder 500 Volt eingerichtet ist.

Fig. 419.
Großdiamantbohrmaschine der Mac Kiernan-Terry Drill Co.

Klasse B.

Die Type B der Sullivan-Maschinen ist in einer Reihe von Bohrungen, welche in Transvaal, an der Westafrikanischen Goldküste, in den Kupferdistrikten

Fig. 420.
Diamantbohrmaschine, Type H, der Sullivan Machinery Company.

Perus usw. vorgenommen wurden, mit gutem Erfolge zur Anwendung gelangt. Die Klasse B ist für eine Maximalleistung von 1000 m eingerichtet. Der Vorschub erfolgt hydraulisch, der Antrieb durch eine stehende zweizylindrige Dampfmaschine (Fig. 422).

Fig. 421.
Diamantbohrmaschine, Type R H, der Sullivan Machinery Company

Fig. 422.
Diamantbohrmaschine, Type B, der Sullivan Machinery Co.

Klasse PK.

Die Maschinen der Klasse PK, welche in Fig. 423 wiedergegeben sind, sind die größten aller Sullivan-Maschinen und reichen für Leistungen bis zu 2000 m aus.

Sie sind auf einem kräftigen gußeisernen Gestell verlagert, das auf einem Fundament fest verankert ist. Soll das Gestänge aufgeholt werden, so wird, da die Maschine zu schwer ist (etwa 20 Tonnen), um wie die früheren Typen

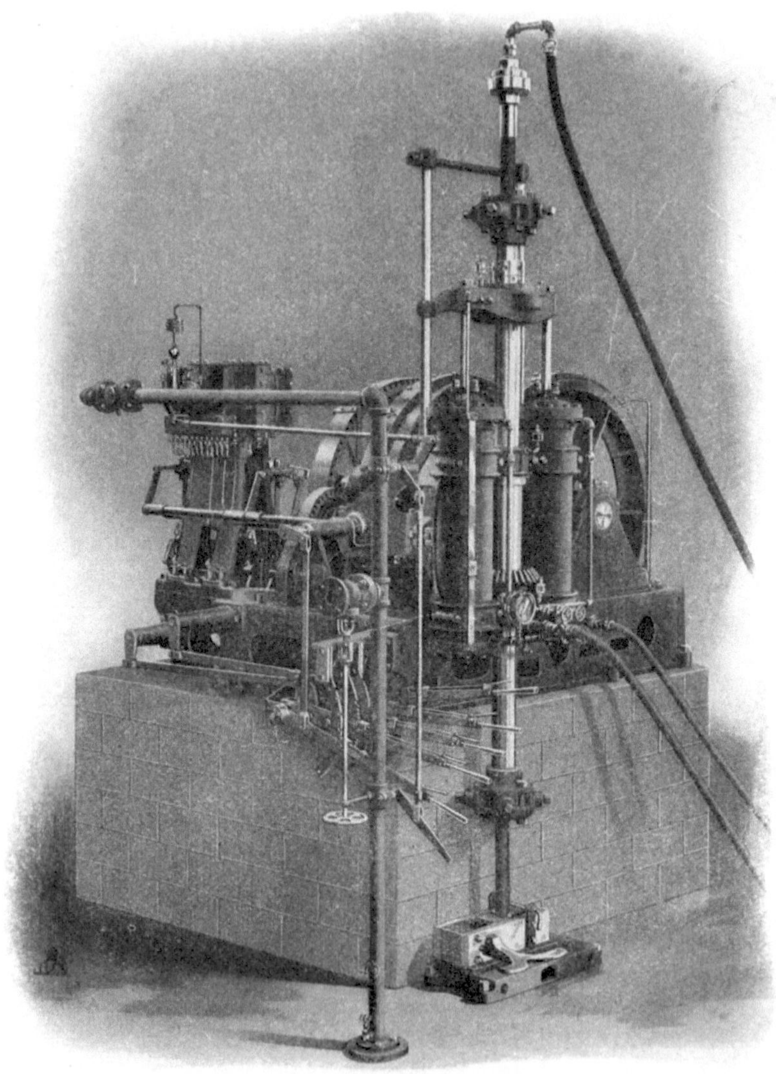

Fig. 423.
Diamantbohrmaschine, Type P K, der Sullivan Machinery Company.

Fig. 424.
Diamantbohrmaschine, Type B D, der Sullivan Machinery Company.

durch Zahnstange und Hebel bewegt zu werden, nur der Vorschubmechanismus seitlich gedreht.

Entsprechend der großen Leistungsfähigkeit sind hier für den hydraulischen Vorschub zwei Preßzylinder angeordnet.

Die geschickte Anordnung der Hebel ermöglicht es, den ganzen Apparat von einem Punkte aus zu bedienen, so daß der Bohrmeister seinen Platz am Bohrloch weder bei der Bohrung noch beim Aufholen zu verlassen braucht.

Klasse BD.

Von den bisher besprochenen Typen unterscheiden sich die Maschinen der Klasse BD, Fig. 424 dadurch, daß sie auf einem vierrädrigen Fahrzeug

Klasse	Leistungsfähigkeit m	Bohrlochsdurchmesser mm	Kerndurchmesser mm	Kraftbedarf für Bohrmaschine und Pumpe		Vorschub durch
M	90	39,6	23,8	Hand		Differentialgetriebe
Bravo	110	39,6	23,8	„		„
Bravo	120	39,6	23,8	Pferd zum Antrieb des Göpels		„
Bravo	120	39,6	23,8	3 PS Gasmotor		„
E	120	39,6	23,8	8 „ Dampf		„
S	150	39,6	23,8	8 „ „		„
S	150	39,6	23,8	8 „ Gasmotor		„
Badger	150	39,6	23,8	8 „ Dampf		„
Beauty	250	39,6	23,8	8 „ „		„
H	300	46	28,6	10 „ „		Hydraulisch
HG	300	46	28,6	10 „ „		Differentialgetriebe
C	500	46	28,6	12 „ „		Hydraulisch
Champion	500	46	28,6	12 „ „		Differentialgetriebe
Bd	250	52,4	34,9	10 „ „		Hydraulisch
B	1000	52,4	34,9	15 „ „		„
HN	150	71,4	50,8	10 „ „		„
CN	250	71,4	50,8	12 „ „		„
N	600	71,4	50,8	20 „ „		„
P	1200	71,4	50,8	25 „ „		„
PK	1600	71,4	50,8	30 „ „		„
K	2000	71,4	50,8	40 „ „		„
				PS	Volt	
R	90	39,6	23,8	2	220	Differentialgetriebe
R	90	39,6	23,8	2	250	„
R	90	39,6	23,8	2	500	„
RS	150	39,6	23,8	3	220	„
RS	150	39,6	23,8	3	250	„
RS	150	39,6	23,8	3	500	„
RH	300	46	28,6	10	220	Hydraulisch
RH	300	46	28,6	10	500	„
RH	300	46	28,6	10	250	„
RC	500	46	28,6	15	220	„
RC	500	46	28,6	15	250	„
RC	500	46	28,6	15	500	„
RB	1000	52,4	34,9	23	220	„
RB	1000	52,4	34,9	23	250	„
RB	1000	52,4	34,9	23	500	„

montiert sind. Dieses enthält außer dem Kessel und dem oszillierend angeordneten Motor den Rotations- und Vorschubapparat, der sich zum Aufholen seitwärts bewegen läßt.

In der Tabelle Seite 304 sind die hauptsächlichsten Daten der Sullivan-Maschinen übersichtlich zusammengestellt. Die angegebenen Zahlen, welche aus den englischen Maßen umgerechnet wurden, sind der Einfachheit halber abgekürzt wiedergegeben.

4. Leistungen amerikanischer Diamantbohrmaschinen.

Mit amerikanischen Diamantbohrapparaten wurden nach Tecklenburg im Jahre 1870 folgende Leistungen erzielt:

bis 35 m Teufe im Granit und Quarz 1,6 Zoll/min,
bis 35 m Teufe im Marmor 3 Zoll/min,
bis 35 m Teufe im Sandstein 5,7 Zoll/min.

In einem anderen Fall sind im Jahre 1885 mit einer Maschine der American Rock Boring Co. bei einigen Tiefbohrungen von 50 mm Durchmesser folgende Leistungen erzielt worden:

Gesamtlänge der Bohrung	Wirklicher Zeitbedarf für die ganze Bohrung in Stunden	Durchschnittlicher Fortschritt je Stunde m	Formation
32,94	10	3,29	Schieferton
33,85	10	3,38	Versteinerungen führende Schichten
32,03	10	3,20	Kalkstein
32,33	10	3,23	Sandstein
32,94	10	3,29	Sandstein
31,72	10	3,19	Schwefelkies

Von neueren Maschinen seien Leistungen der Sullivan-Diamantbohrmaschinen erwähnt, welche im Jahre 1905 nach einem Aufsatz von Keffer im „Journal of the Canadian Mining Institute“ als Durchschnittswerte aus einer Reihe von Bohrungen erhalten wurden.

	April Mai	Juni	Juli	August	Sept.	Okt.	Nov.	Dez.
Schichten	37	26	26	27	23	27	26	25
Bohrtiefe in Fuß[1]) .	304	253,5	259,5	295	250	245	278,5	356
Bohrstunden	231	167	$149\frac{1}{2}$	194	$164\frac{1}{2}$	142	170	$167\frac{1}{2}$
Aufenthalte für Diamanteinsetzen, Gestängeziehen usw. .	57	44	$79\frac{1}{2}$	22	$19\frac{1}{2}$	101	38	$32\frac{1}{2}$
Leistung in der $9\frac{1}{2}$-stündigen Schicht in Fuß	8,21	9,75	6,98	10,93	10,87	9,07	10,71	16,24
Leistung je Stunde in Fuß	1,31	1,52	1,74	1,52	1,52	1,72	1,64	2,13
Diamantverbrauch in Karat	$6\frac{36}{64}$	$6\frac{55}{64}$	$7\frac{42}{64}$	$5\frac{62}{64}$	$6\frac{48}{64}$	$4\frac{9}{64}$	$7\frac{58}{64}$	$2\frac{2}{64}$

[1]) 1 Fuß = 0,3047 m

Die Gesamtbohrtiefe betrug 2241,5 Fuß, die durchschnittliche Schichtleistung 10,32 Fuß.

Bei Schürfbohrungen mit der Sullivan-Schürfbohrmaschine Type C wurden nach Angabe der Sullivan-Gesellschaft (s. a. Professor Baum, Kohle und Eisen in Nordamerika, Glückauf 1908, S. 227) folgende Ergebnisse erzielt:

	Auf Eisenerze zu Glendower	Auf Gold- und Kupfererze am Whanapitalsee
Gestein	Kristalline Kalke, Hornblendegestein, Granite, Quarzite, oft brüchiges Gebirge	Sehr harter Granit, Quarzit und Syenit
Zahl der Bohrungen	6; davon eine auf 56 m „ „ 85 „ „ „ 136 „ „ „ 137 „ „ „ 160 „ „ „ 214 „ insgesamt 800 m rd.	2; davon eine auf 28 m „ „ 68 „ insgesamt 96 m
Bohrzeit	insgesamt 180 Tage	insgesamt 69 Tage
Täglicher Bohrfortschritt im Mittel	4,41 m	1,29 m
Höchste tägliche Bohrleistung im Kalk	9,14 m	

5. Kosten von Tiefbohrungen mit amerikanischen Maschinen.

Die Anlagekosten stellen sich für die Maschinen der Mc Kiernan Terry Drill Company bei den einzelnen Typen wie folgt:

Klasse	Mit Ausrüstung Dollar	Ohne Ausrüstung Dollar
Klasse Z	auf 480	225
„ Z—1	„ 685	300
„ A	„ 1190	700
„ A—2	„ —	1100
„ B	„ 1800	1200
„ B—2	„ —	1700
„ C	„ 3400	2100
„ C—2	„ —	2700

Über Betriebskosten dieser Maschinen waren Angaben leider nicht zu erhalten.

Die Betriebskosten stellen sich im Mittel aus 10 Diamantbohrungen, welche mit der verbesserten Diamantschürfbohrmaschine der American Diamond Rock Boring Co. für 300 m Tiefe in den Jahren 1884—1886 im Pennsylvanischen Steinkohlenbezirk niedergebracht wurden, nach der Angabe von Tecklenburg im Band III seiner Tiefbohrkunde auf Seite 102, wie folgt:

Nr.	Länge des Bohrloches in m	Kosten je m				Täglicher Fortschritt		
		Arbeit und Zufuhr	Diamantkrone und Ersatz an Diamanten	Brennholz, Wasser, Reparaturen usw.	Insgesamt	Zahl der 10 stündig. Schichten	Durchschnittlicher Fortschritt je Schicht	Größter Fortschritt in der Schicht
1	220,46	11,88	5,59	6,00	23,47	54	4,00	7,32
2	141,65	11,18	5,45	4,47	21,10	25	6,43	12,93
3	111,94	11,46	5,03	2,37	18,86	14	8,00	13,64
4	195,20	11,18	5,45	6,98	23,61	40	4,88	16,16
5	155,92	8,24	3,91	1,54	13,69	24	6,48	10,19
6	167,55	10,90	6,28	4,47	21,65	31	5,26	8,66
7	105,88	13,13	6,99	2,51	22,63	21	5,08	7,92
8	98,15	9,08	2,79	2,10	13,97	14	7,24	8,64
9	114,99	9,36	3,07	2,24	14,67	14	8,15	8,94
10	87,96	8,24	8,38	2,10	18,72	14	6,25	14,10

Die Betriebskosten betrugen bei den von Keffer erwähnten Bohrungen mit Sullivan-Maschinen nach der gleichen Quelle im „Journal of the Canadian Mining Institute";

Monat	April Mai	Juni	Juli	August	Sept.	Okt.	Nov.	Dez.
Löhne in Dollar . .	403,60	272,0	260,88	271,00	210,35	219,60	226,50	231,75
Diamanten „ . .	328,81	342,99	382,81	298,45	299,18	227,73	434,85	114,83
Kraft usw. „ . .	13,46	29,10	30,56	26,76	25,13	31,78	18,49	118,97
Summa	745,87	644,09	674,25	596,21	534,66	479,11	679,84	465,55
Fuß	304	253,5	259,5	295	250	245	278,5	356
Kosten je Fuß in Doll.	2,45	2,54	2,60	2,02	2,14	1,95	2,44	1,31

Die durchschnittlichen Kosten je Meter betrugen 2,1501 Dollar, die durchschnittlichen Kosten je Fuß für Diamanten betrugen 1,083 Doll.

Die Betriebskosten der von Professor Baum erwähnten Schürfbohrungen beliefen sich auf:

Maschinentype	A		B	
	insgesamt Dollar	für 1 Fuß[1]) Dollar	insgesamt Dollar	für 1 Fuß Dollar
Anfuhr des Apparates.	63,58	0,024	66,70	0,225
Löhne und Pferdekosten . . .	393,72	0,15	109,87	0,371
Feuerung	308,07	0,117	111,82	0,377
Holz und Eisenmaterial	162,74	0,061	43,0	0,145
Ersatzteile und Reparaturen . .	81,95	0,031	118,35	0,400
Diamanten	494,34	0,188	403,72	0,363
Heizer	354,72	0,135	141,49	0,477
Aufsicht	732,56	0,278	284,47	0,961
zusammen	2591,18	0,986	1279,42	4,322

[1]) 1 Fuß = 0,3047 m.

Dreizehnter Teil.

Die Erweiterungsbohrer.

Von Diplom-Bergingenieur **Hans Bansen.**

Bei der Bearbeitung benutzte Literatur.

Über Erweiterungsbohrer. Organ des Vereins der Bohrtechniker 1904, Nr. 8.
Anton Pois. Ein neuer Erweiterungsmeißel. Österreichische Berg- und Hüttenmännische Zeitschrift 1907, Nr. 35 und 36.
Erweiterungsbohrer für stoßende Tiefbohrer mit einer den Federdruck auf innere Ansätze von Erweiterungsschneidbacken übertragenden Hülse. Tiefbohrwesen 1909, Nr. 2.
Unterschneider für drehende Tiefbohrungen. Tiefbohrwesen 1909, Nr. 13.
Nachnehmebohrer mit um Bolzen drehbaren Schneidbacken. Tiefbohrwesen 1910, Nr. 3.

Die Erweiterungsbohrer können
1. zeitweilig, aber auch
2. ständig während der Bohrarbeit

benutzt werden. Das erstere ist der Fall, wenn z. B. unter einem verrohrten Teile tiefer gebohrt worden ist und sich nun in dem noch unverrohrten Teile Nachfall einstellt. Es könnte dann allerdings in diesen Bohrlochsteil eine neue Verrohrung eingelassen werden; jedoch wird dadurch das Bohrloch unnötig verengert, weil man unter dieser Verrohrung den Bohrlochsdurchmesser wieder absetzen muß. Darum zieht man es vor, das Bohrloch unter der bereits eingebrachten Verrohrung zu erweitern und diese tiefer zu senken, indem man an ihrem oberen Ende gleichzeitig neue Rohre aufsetzt. Zum Zwecke der Erweiterung wird die Verrohrung herausgezogen, und man benutzt das Bohrwerkzeug, das im schon verrohrten Teile verwendet worden war. Man muß nur für achsiale Führung des Bohrers Sorge tragen, indem man unter ihm eine passende Schablone anbringt, die an den Bohrlochswandungen nur geringen Spielraum hat. H. Mayer & Co. in Nürnberg-Doos empfehlen für diesen Zweck ihren Zahnschneider (Fig. 425), auch Nachbohrer genannt, welcher stoßend am steifen Gestänge oder mittels Freifalles gehandhabt wird.

Das soeben beschriebene Erweiterungsverfahren ist sehr unsicher; denn man muß berücksichtigen, daß ein Bohrloch doch erst dann verrohrt wird, wenn es nicht mehr anders gesichert werden kann. Wird nun die Verrohrung herausgezogen, so geht es möglicherweise zu Bruche, weil das Gestänge an den schwachen Bohrlochswandungen reibt und sie zum Nachfallen bringt. Dann ist nicht nur das Bohrloch, sondern auch der Erweiterungsbohrer mitsamt dem Gestänge verloren. Darum wird jetzt allgemein unter der Verrohrung erweitert, ohne sie zu ziehen. Dies ist gut möglich, weil es brauchbare Erweiterungsbohrer gibt, die durch die enge Verrohrung durchgehen und auf den gewünschten

Durchmesser eingestellt werden, wenn sie an der Verwendungsstelle angekommen sind. Es bleibt dann unter dem Rohrstrange eine niedrige Gesteinsbrust stehen, welche erst beim Tieferlassen der Verrohrung von dieser durchgedrückt wird.

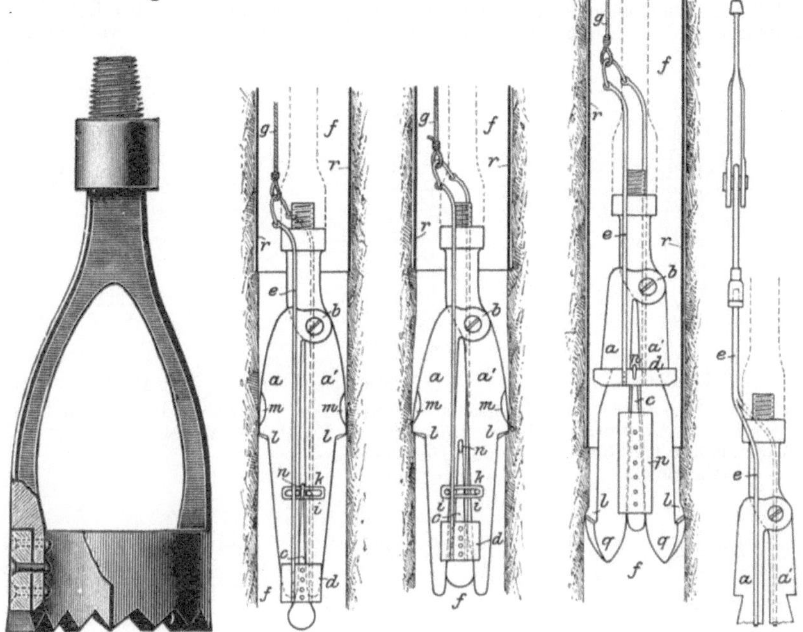

Fig. 425. Zahnschneider von H. Mayer & Co.

Fig. 426. Fig. 427. Erweiterungsbohrer von Kind (aus Beer, Erdbohrkunde).

A. Stoßende Erweiterungsbohrer.

In theoretischer Hinsicht ist der Exzentermeißel der beste Erweiterungsbohrer. Doch ist er zu diesem Zwecke im allgemeinen nur in mildem Gebirge verwendbar; in härterem Gestein wird er zu schnell abgenutzt. Auch muß man z. B. bei Benutzung des Erweiterungsmeißels von Mac Garvey vor Beginn der Erweiterung genau in der Bohrlochsachse mit einem geraden Meißel vorgebohrt haben, dessen Schneide ebenso breit ist wie die untere Fortsatzschneide des Exzentermeißels.

Der Erweiterungsbohrer von Kind (Fig. 426) hat zwei Schenkel a und a′, die mit den Schneiden l und Nachschneiden m versehen sind. Der eine Schenkel kann um das Gelenk b gedreht werden. Durch Anziehen des Keiles c werden die Schneiden an das Gebirge angedrückt. An jedem Schenkel sind kurze Stifte i angebracht, über die ein Ring k als Hubbegrenzung geschoben wird. Er muß vor dem Einlassen des Erweiterungsbohrers dem gewünschten Bohrlochsdurchmesser entsprechend angefertigt werden. Wenn man die Schneiden nach aufwärts richtet

(Fig. 427), kann man mit diesem Bohrer auch nach oben bohren, also die Gesteinsbrust unter der Verrohrung wegnehmen.

Der Bohrer von Mack (Fig. 428) wird insbesondere beim Seilbohren benutzt. Er hat zwei federnde Schenkel c, die unten schneidenartig zugeschärft sind. Durch Zusammendrücken der Feder a wird der mit ihr verbundene Keil b hochgezogen, so daß man die Schenkel zusammendrücken und den Bohrer in das Bohrloch einlassen kann. Ist er unter der Verrohrung angekommen, so gehen sie wieder auseinander, und der Keil b wird durch die Feder a zwischen sie geschnellt, so daß immer der richtige Schneidenabstand erhalten bleibt. Wird der Erweiterungsbohrer wieder hochgezogen, so stößt die Zunge d an das untere Ende des Rohrstranges; da sie ein zweiarmiger Hebel ist, wird der Keil b nach oben gedrückt, und die Schenkel c können sich wieder einander nähern.

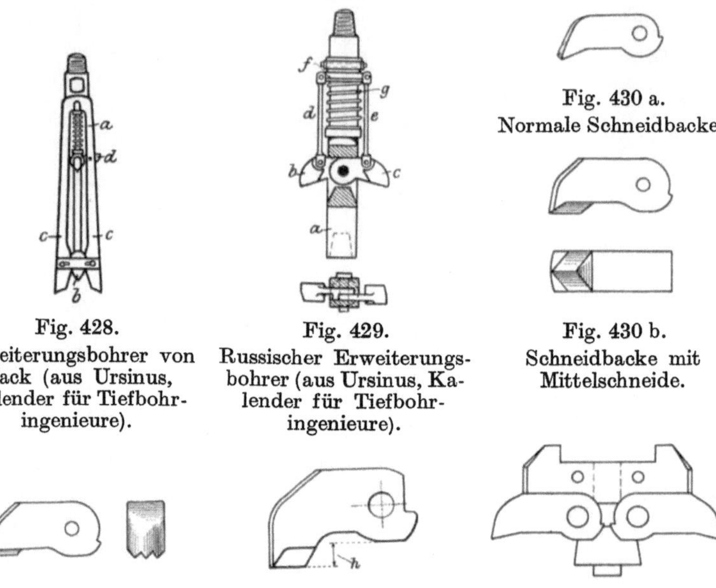

Fig. 428. Erweiterungsbohrer von Mack (aus Ursinus, Kalender für Tiefbohringenieure).

Fig. 429. Russischer Erweiterungsbohrer (aus Ursinus, Kalender für Tiefbohringenieure).

Fig. 430 a. Normale Schneidbacke.

Fig. 430 b. Schneidbacke mit Mittelschneide.

Fig. 430 c. Gezahnte Schneidbacke.

Fig. 430 d. Verlängerte Schneidbacke.

Fig. 431. Schneidbacken mit Widerlagern.

Der russische Erweiterungsbohrer oder Flügelbohrer (Fig. 429) hat in seinem Schafte a eine Aussparung für die beiden Erweiterungsschneiden b und c; sie sind um einen gemeinschaftlichen Bolzen drehbar. Von ihrer Oberseite aus gehen die Zugstangen d und e zu dem Ringe f, unter welchem eine Spiralfeder g angebracht ist. Am unteren Ende besitzt der Schaft Muttergewinde, um einen gewöhnlichen Bohrmeißel anzuschrauben. Wenn dieser Erweiterungsbohrer eingelassen werden soll, so drückt man den Ring f nach unten, spannt dadurch die Feder g an und hält die Nachschneiden in ihrer eingezogenen Stellung, indem man von Schneide b aus eine Schnur oder einen dünnen Draht unter dem Meißel durch bis zur Schneide c führt und stramm anzieht. Durch einen Meißelschlag auf die Sohle wird der Draht zerschnitten, und die Nachschneiden federn auseinander. Beim Aufholen stoßen sie gegen die Verrohrung und werden von ihr wieder heruntergeklappt. Die Schneidbacken können verschiedene Formen haben, welche aus den Figuren 430a—d ersichtlich sind. Namentlich die verlängerten Schneidbacken (Fig. 430d) können öfter nachgeschärft werden und sind darum länger lebensfähig; dadurch wird ihr höherer Preis ausgeglichen. Fig. 431 zeigt die Nachschneiden zwischen ihren oberen und unteren Widerlagern.

Andere Erweiterungsbohrer, z. B. der nach System Fauck, unterscheiden sich von dem eben beschriebenen durch die Lage der Federn. Sie sind nämlich bei diesen im Innern des Gehäuseschaftes a (Fig. 432) untergebracht und dadurch besser vor Beschädigungen geschützt. In der Spiralfeder steckt ein Druckstift b, der am unteren Ende einen kegelförmigen Ansatz c besitzt. Durch diesen werden die Nachschneiden d auseinandergetrieben.

Der Erweiterungsbohrer von Fischer (Fig. 433) stellt eine weitere Verbesserung des Fauckschen Nachnahmebohrers vor. Die Backenbolzen sind bei

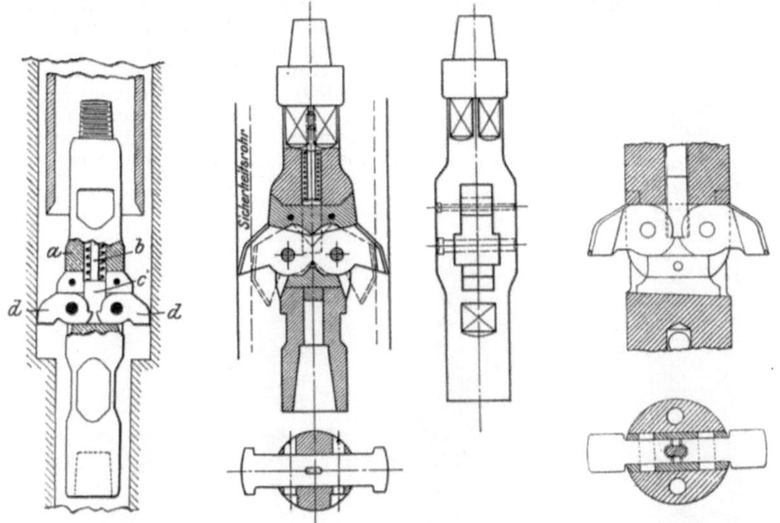

Fig. 432. Erweiterungsbohrer von Fauck.

Fig. 433. Erweiterungsbohrer von Fischer (aus Organ des Vereins der Bohrtechniker 1904, Nr. 8).

Fig. 434. Erweiterungsbohrer von Trauzl & Co. (aus Tiefbohrwesen 1910, Nr. 3).

ihm dadurch entlastet, daß sich die Nachschneiden mit ihren Rückenflächen in der Mitte des Bohrers gegenseitig stemmen sowie außerdem auch noch gegen das obere und untere Widerlager anlegen, so daß sie dem größten Druck, der auf sie ausgeübt wird, Widerstand leisten können. Je nach der Größe der Schneidbacken müssen besondere Widerlager verwendet werden; diese sowie die Schneiden lassen sich einfach und schnell auswechseln.

Bei dem Nachbohrer DRP. 218 093 der Kommandit-Gesellschaft für Tiefbohrtechnik und Motorenbau Trauzl & Co. in Wien (Fig. 434) sind die Backen nicht im Bohrerkörper selbst verlagert; die Lager werden vielmehr in den Schneidbackenschlitz des Schaftes eingesetzt; sind sie abgenutzt, so brauchen nur sie allein herausgenommen zu werden, während bei anderen Bohrern der ganze Erweiterungsbohrer ausgewechselt werden muß.

Bei der bisher beschriebenen Erweiterungsbohrern geht der größte Teil des Spülwassers durch die Schneidbackenschlitze. Um auch die Sohle kräftig zu spülen, fertigen H. Mayer & Co. in Nürnberg-Doos den in Fig. 435 dargestellten Erweiterungsbohrer an. Der Oberteil des Bohrerkörpers ist durchbohrt und über und unter dem Druckmechanismus mit Seitenlöchern versehen, welch letztere wieder durch Längsrinnen miteinander verbunden sind; diese Verbindunsgkanäle ermöglichen. daß der Spülstrom durch den Nachnahmebohrer bis zum Bohrmeißel gelangen kann.

Einen ähnlichen Erweiterungsbohrer (Fig. 436) mit „Seitenspülung" fertigen Trauzl & Co. in Wien IV an.

Von derselben Fabrik wird auch der in Fig. 437 abgebildete Bohrer mit „Mittelspülung" geliefert. Er ist insbesondere für Kernbohrung mit Verkehrtspülung bestimmt, kann aber natürlich auch bei Vollbohrung benutzt werden. Die Nachschneiden d tragen eine Hülse k, die von der Feder i nach abwärts geschoben wird, sobald sie sich ausdehnen kann, d. h. wenn sie unter der Verrohrung angekommen ist und mit dem Erweitern begonnen wird. Die Mittelhülse g geht zentrisch durch und führt den Spülstrom vom Meißel in das Hohlgestänge b. Soll die Feder i ausgewechselt werden, dann wird b abgeschraubt, die Mutter h mittels eines Steckschlüssels gelöst und das Rohr g nach unten herausgeschoben.

Von demselben Grundgedanken geht der Erweiterungsbohrer (Fig. 438) DRP. 205 458 von Fauck & Co. in Wien aus. Er hat mehrere übereinander angebrachte Schneidbackenpaare, wodurch die achsiale Führung gesichert und die Wirkung gesteigert wird.

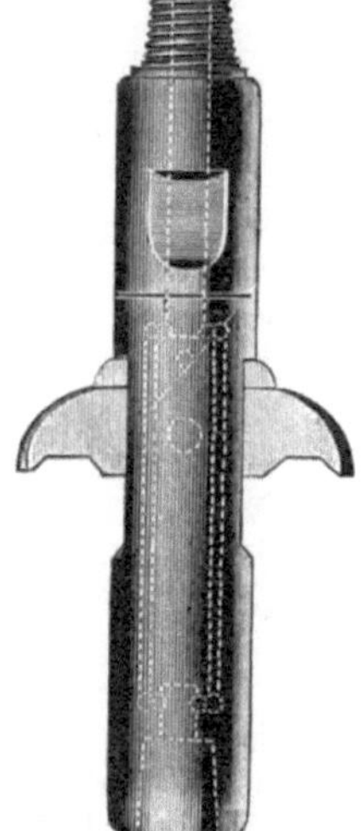

Fig. 435. Erweiterungsbohrer von H. Mayer & Co. mit Seitenspülung.

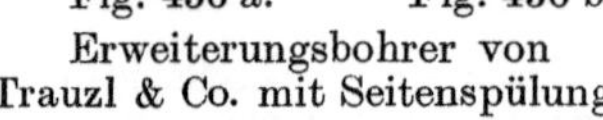

Fig. 436 a. Fig. 436 b. Erweiterungsbohrer von Trauzl & Co. mit Seitenspülung.

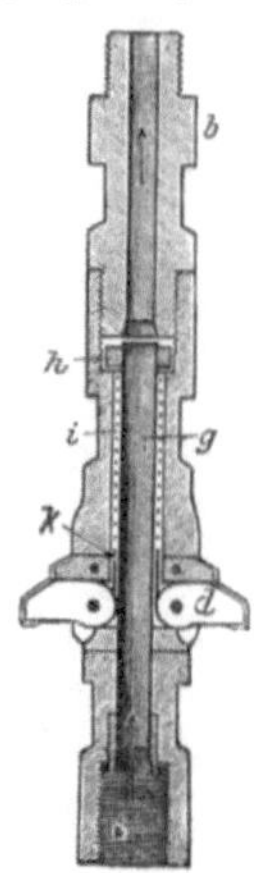

Fig. 437. Erweiterungsbohrer von Trauzl & Co. mit Seitenspülung.

Die Schneiden b sitzen in dem rohrförmigen Träger a; sie sind um Bolzen g drehbar und gehen durch Schlitze f, die in a angebracht sind. In diesen Erweiterungskörper ist das Spülwasserrohr c eingesetzt, oben und unten mit Lederdichtungsringen d gedichtet und mit aufgeschraubten Muttern e in seiner Lage erhalten. c wird teilweise vom Rohr k umgeben, welches mit seinem Unterrande auf den Innennasen des untersten Schneidbackenpaares sitzt; die Nasen der oberen Backenpaare greifen in Schlitze von k ein. Auf dem Oberrande von k sitzt die Feder m. Beim Aufholen werden die Backen zusammengedrückt, sobald sie in die Bohrlochsverrohrung kommen; k bewegt sich dann nach oben und drückt die Feder m zusammen. Das Umgekehrte ist der Fall, wenn der Erweiterungsbohrer beim Einlassen unter der Verrohrung angekommen ist.

Die Erweiterungsbohrer mit Mittelspülung sind kräftiger, also auch bruchsicherer als die mit Seitenspülung; darum können sie unbedenklich auch für Trockenbohrung mit großem Hube gebraucht werden.

Fig. 439 ist ein ähnlich gebauter „Kreuzbacken-Erweiterungsmeißel" der Deutschen Tiefbohr-Aktiengesellschaft in Nordhausen.

Bei Verwendung von mehreren Schneidbackenpaaren übereinander können die unteren bereits abgenutzte sein; diese arbeiten dann den oberen Schneidbacken vor, so daß das Bohrloch allmählich auf den gewünschten Durchmesser vergrößert wird. Die unteren Schneidbacken sind am besten gezahnt, während die oberen Normalbacken (Rundschneidbacken) (Fig. 430a) sind.

Es ist empfehlenswert, unter allen diesen Erweiterungsbohrern einen Meißel mit geringerer Schneidenbreite anzubringen, welcher ein Vorbohrloch von kleinerem Durchmesser herstellt. Es folgen sich also Neubohrung und Erweiterung unmittelbar aufeinander. Man ist

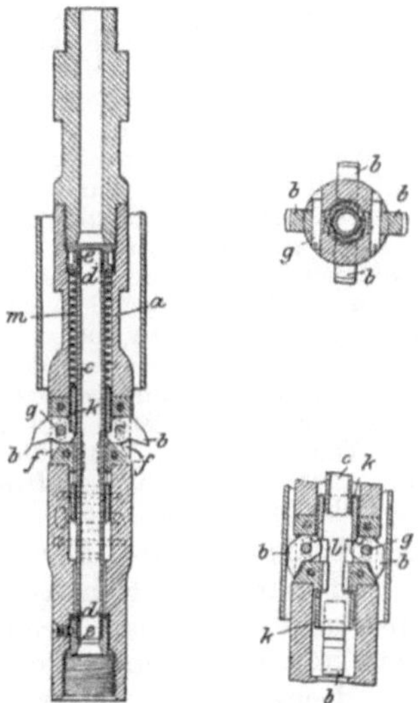

Fig. 438.
Erweiterungsbohrer von Fauck & Co. mit Mittelspülung (aus Tiefbohrwesen 1909, Nr. 2).

Fig. 439.
Kreuzbacken-Erweiterungsmeißel der DTA.

dadurch in die angenehme Lage gesetzt, das Bohrloch sofort verrohren zu können und die Verrohrung dem Meißel auf dem Fuße folgen zu lassen. Das unterste Ende des Rohrstranges darf bloß nicht so tief nachgelassen werden, daß die Schneidbacken beim Aufwärtshube daran anstoßen. Ferner hat man dadurch den Vorteil, daß die Gebirgsschichten immer, kurz nachdem sie angebohrt worden sind, sofort wieder durch die Verrohrung geschützt werden; wenn nun auch eine solche Schicht Nachfall liefert, so kann dieser nicht mehr das Bohrloch verschütten; überhaupt wird durch die Verrohrung der Spülstrom von einer solchen Gesteinsschicht ferngehalten, so daß sie seiner Einwirkung entzogen ist und nicht mehr durch Wasseraufnahme gebräch werden kann.

B. Drehende Erweiterungsbohrer.

Zum Erweitern in mildem Gebirge dient der Spül-Erweiterungsbohrer (Flügelbohrer) von Deseniss & Jacobi in Hamburg (Fig. 326), der übrigens auch noch von anderen Fabriken hergestellt wird.

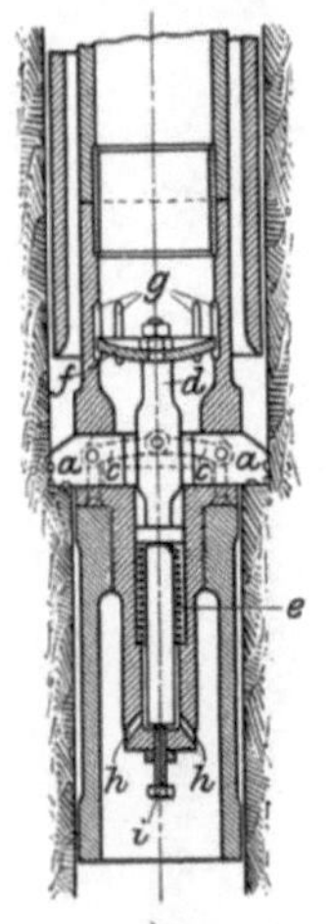

Fig. 440. Diamant-Erweiterungsbohrer von Winter, System Köbrich.

Für Diamantbohrungen hat Köbrich den in Fig. 440 abgebildeten Erweiterungsbohrer konstruiert. Die Nachschneiden a gehen durch Schlitze des Bohrerkörpers hindurch. Sie sind durch Gelenkstangen c mit dem Mittelschafte d verbunden. Die Spiralfeder e drückt gegen einen Bund dieses Mittelschaftes; wenn sie sich hebt, ziehen sich die Nachschneiden in den Bohrerkörper zurück. An seinem oberen Ende trägt der Mittelschaft das Ventil f, welches den gesamten Querschnitt des Spülrohres verschließt. Sobald die Spülpumpe angelassen und der Wasserdruck stärker geworden ist als der Druck der Spiralfeder e, bewegt sich die Ventilscheibe abwärts, so daß die Nachschneiden mit dem Gebirge in Berührung kommen. Der Spülstrom kann nun durch die Kanäle g, die in die Innenwand des Spülrohres eingekerbt sind, abwärtsströmen und gelangt am Mittelschafte vorbei nach den Spülkanälen h und dann weiter abwärts bis zur Diamantkrone. Mit Hilfe der Stellschraube i wird der Ausschlag des Mittelschaftes und somit auch der der Nachschneiden geregelt.

Da es beim Diamantbohren nur selten vorkommen wird, daß man einen Rohrstrang mittels Unterschneidens noch ein Stück tiefer bringen muß, kann man im allgemeinen von der Anschaffung eines drehenden Erweiterungsbohrers Abstand nehmen; man behilft sich in solchen Fällen mit einem stoßenden Erweiterungsbohrer oder verwendet den hydraulischen Rohrschneider, z. B. den der Deutschen Tiefbohr-Aktiengesellschaft (Fig. 568); an Stelle der Fräsbacken bzw. Schneidräder werden darin Erweiterungsbacken eingesetzt, die mit Diamanten versehen sind; in sehr mildem oder klüftigem Gebirge kann man auch an ihrer Stelle Stahlschneiden einsetzen.

Vierzehnter Teil.

Das Probenehmen.

Von Diplom-Bergingenieur **Hans Bansen.**

Die Entnahme von Gebirgsproben ist beim Bohrbetriebe wichtig;

1. um zu erfahren, in welcher Formation und in was für Gestein gebohrt wird;
2. um beurteilen zu können, ob das dem Gebirge entsprechende Bohrverfahren gewählt worden ist;
3. um bei der Meißelbohrung die Hubhöhe, bei Diamantbohrung die Umdrehzahl und den Kronendruck dem Gebirge anpassen zu können;
4. um zu beurteilen, ob von den Arbeitern die der Gebirgsbeschaffenheit entsprechende Bohrleistung erzielt worden ist;
5. um festzustellen, was ein Tiefenmeter in den verschiedenen Gebirgsarten und bei den verschiedenen Bohrverfahren kostet, so daß man also
6. ermitteln kann,
   a) welches Bohrverfahren am schnellsten (ohne Rücksicht auf die Kosten) und
   b) welches Bohrverfahren am billigsten zum Ziele führt.

Zu diesem Zwecke kann man auch vom Bohrmeister ein Tagebuch in Form einer Tabelle führen lassen, deren einzelne senkrechte Spalten z. B. folgende Überschriften tragen.

1. Tag und Stunde des Beginns der Bohrarbeit,
2. Tag und Stunde des Endes der Bohrarbeit,
3. mithin reine Bohrzeit,
4. Dauer der Pausen,
5. Ursache der Pausen,
6. Gewähltes Bohrverfahren,
7. Beschreibung der Bohrarbeit,
8. Täglicher Fortschritt,
9. Fortschritt auf 100 Schläge,
10. Gesteinsbeschaffenheit,
11. Mächtigkeit der Schichten,
12. Hubhöhe,
13. Schlaggewicht,
14. Länge und Anzahl der eingelassenen Bohrstangen bzw. Gestängeröhren,
15. Abnützung des Bohrers (Gewichtsverminderung),
16. Abnützung des Bohrers auf 100 Schläge bzw. auf 100 Umdrehungen,
17. für das Einlassen des Bohrers gebrauchte Zeit,
18. für das Aufholen des Bohrers gebrauchte Zeit,

19. für das Einlassen der Schlammbüchse gebrauchte Zeit,
20. für das Aufholen der Schlammbüchse gebrauchte Zeit,
21. Zeitaufwand für das Löffeln,
22. Unfälle und Art ihrer Beseitigung,
23. Zeitdauer für die Beseitigung von Unfällen,
24. Länge der eingelassenen Rohrstränge,
25. Tiefe, in welcher verrohrt wurde,
26. Zeit für das Einlassen der Verrohrung,
27. Stand und Temperatur des Grundwassers,
28. Arbeiterzahl,
29. Besondere Bemerkungen,
30. Name des Bohrmeisters.

Zu Punkt 1—4. Die Angabe der Bohrzeit und der Pausen gibt einen Überblick darüber, ob zu viel Pausen im Verhältnis zur Bohrzeit gemacht worden sind, und ob die Belegschaft ihre Arbeit versteht.

Zu 5. Die Ursachen der Pausen müssen angegeben werden, um dem Vorgesetzten ein Urteil darüber zu gewähren, ob die Pausen hätten vermieden werden können.

Zu 6. Die Angabe des gewählten Bohrverfahrens ist nötig, damit nachgeprüft werden kann, ob die erzielte Leistung an Tiefenmetern eine günstige ist oder nicht. Im Laufe der Jahre erhält man dadurch ein umfangreiches Material, um die Zweckmäßigkeit der einzelnen Bohrverfahren in den verschiedenen Gebirgsarten beurteilen zu können.

Zu 7—14. Aus den hier gemachten Angaben läßt sich Material gewinnen, um in späteren Fällen im gleichen Gebirge durch richtige Wahl der Hubhöhe und des Schlaggewichtes die günstigste Leistung zu erzielen. Diese Leistungen werden in den verschiedenen Tiefen verschieden sein.

Zu 15 und 16. Die hier gemachten Angaben dienen zur Beurteilung der Bohrerform und des Bohrermaterials, sowie namentlich bei Diamantbohrungen zur Beurteilung der durch Diamantverluste entstehenden Unkosten.

Zu 17—21. Die Zeit für das Einlassen und Aufholen des Bohrers und der Schlammbüchse muß im richtigen Verhältnis zur Tiefe des Bohrloches und zur Stärke der Antriebsmaschine stehen. Selbstverständlich müssen besondere Eigentümlichkeiten des Bohrloches berücksichtigt werden, wie z. B. verlorene Verrohrungen oder Nachfallschichten, in deren Nähe langsam eingelassen werden muß. Der Zeitaufwand für das Löffeln muß im richtigen Verhältnis zu der Beschaffenheit des Bohrschmantes und zu seiner Menge stehen.

Zu 22 und 23. Die Beseitigung von Unfällen soll immer so schnell wie möglich geschehen. Die hier gemachten Angaben geben Winke, wie man bei späteren ähnlichen Unfällen zu verfahren hat, und wieviel Zeit man zu deren Beseitigung voraussichtlich brauchen wird.

Zu 24—26. Die Länge der Rohrstränge ist für die Kosten wichtig und muß angegeben werden, um das Verrohrungsmaterial absetzen zu können, falls es nicht mehr wiedergewonnen werden kann. Sie muß bei giltigen Verrohrungen mit der Bohrlochstiefe übereinstimmen. Das gleiche gilt für die zum Einlassen gebrauchte Zeit.

Zu 27. Die Höhe des Grundwasserstandes hängt von der Klüftigkeit und dem Wassergehalte des Gebirges ab. Bei zerklüftetem Gebirge wird entweder das Wasser abfließen und der Grundwasserspiegel infolgedessen tief stehen, oder die Klüfte führen dem Bohrloche Wasser zu, womit meistens ein höherer Stand verbunden sein wird. Die Temperatur kann Aufschluß darüber geben, in welcher Tiefe ein Grundwasserstrom in das Bohrloch eintritt (auf Grund der geothermischen Tiefenstufe).

Es ist gut, den Kubikinhalt eines Bohrloches zu berechnen, weil sich dadurch die geförderte Masse und die Leistung beurteilen lassen. Wegen der großen Feuchtigkeit des geförderten Materials muß man dabei mit 30—50 % Auflockerung rechnen.

Die von der Bohrlochssohle entnommenen Gesteinsproben können entweder Bohrschmant oder Bohrkerne sein.

A. Der Bohrschmant.

Beim Trockenbohren wird der Bohrschmant mit dem Schlammlöffel zu Tage geschafft; da man aus wirtschaftlichen Gründen immer ½ bis 1 m abbohrt, bevor man löffelt, können in diesem halben Meter Proben aus verschiedenen Schichten von geringerer Mächtigkeit gemengt sein; außerdem kann auch noch Nachfall von höherliegenden Schichten hinzukommen. Man wird solchen Gesteinsproben nur selten ansehen können, ob sie aus einer einzigen Schicht herstammen oder aus mehreren Schichten durcheinander gemengt worden sind. Allerdings kann der Bohrmeister bei einiger Aufmerksamkeit auch unvermengte Proben besorgen; doch ist das dabei angewendete Verfahren sehr umständlich. Sobald er nämlich am Krückel fühlt, daß der Bohrer in eine neue Schicht kommt, wird das Bohrzeug herausgezogen und gelöffelt. Alsdann wird weiter gebohrt, bis man hinreichend Schlamm beisammen hat, um wieder löffeln zu können, oder bis der Bohrführer merkt, daß wieder eine neue Schicht erreicht worden ist. Bei dem nun vorzunehmenden Löffeln wird nur Schmant aus der einen Gebirgsschicht herausgeschafft, wobei aber die Vermengung mit Nachfall nicht ausgeschlossen ist. Das viele Gestängeziehen und Wechseln von Bohrer und Löffel hält außerdem sehr auf.

Diese Nachteile werden bei der Spülbohrung vermieden. Der Schmant wird immer sofort nach seiner Entstehung von der Bohrlochssohle entfernt und zutage geschafft; dort wird er in einem besonderen Behälter (s. Fig. 220) aufgefangen. Je nach der Geschwindigkeit des Spülstromes dauert es verschieden lange Zeit, bis das Bohrmehl aus einer neu angefahrenen Schicht oben angekommen ist. Bei gewöhnlicher Spülung sind im allgemeinen für Bohrlöcher von 600 m Teufe 15—30 Min. erforderlich; wird aber mit verkehrter Spülung gearbeitet, so hat der im Hohlgestänge aufsteigende Strom eine wesentlich größere Geschwindigkeit, und die Bohrproben kommen aus gleicher Tiefe in schon 5 Min. heraus. Das Verfahren, welches der Bohrmeister anwenden muß, um eine unvermischte Gebirgsprobe zu bekommen, ist das folgende. Sobald er merkt, daß der Bohrer eine neue Schicht anfährt, wird die Bohrarbeit auf kurze Zeit unterbrochen, aber weiter gespült. Über Tage wird nun zunächst noch trübes Wasser aus dem Bohrloch kommen, dann aber klares, welches von der Pause in der Bohrarbeit herrührt. Kommt dann wieder Wasser mit Bohrmehl vermengt an, so enthält dieses die aus der neu angefahrenen Schicht kommenden Gesteinsproben, welche nun aufgefangen und untersucht werden. Diese Untersuchung kann schon auf der Bohrstelle vorgenommen werden und hat sich, wie Tecklenburg angibt, auf folgende Punkte zu erstrecken.

1. Reiben zwischen den Fingern, um die Zartheit der Masse (Fettigkeit bei Ton) zu erkennen;
2. Feinreiben auf einer eisernen Unterlage, um etwaige Sandkörnchen zu finden;
3. Aufstreichen der feuchten Probe mit einem Messer auf weißes Papier, um die Farbe besser zu unterscheiden;
4. Anschneiden von tonigen Massen mit einem Messer, um eine glatte Fläche zur Beurteilung eines etwaigen Gemenges zu haben;
5. Schleifen von Gesteinsstückchen unter Wasserzusatz, um die Zusammensetzung besser zu sehen;
6. Auswaschen und Schlämmen der Probe in einem Trog oder in der hohlen Hand, um die schwereren Körnchen abzuscheiden;
7. Sieben, um die größten erkennbaren Gesteinsstückchen zu trennen;
8. Aufkleben der Sandkörnchen auf Millimeterpapier, um ihre Größe besser beurteilen zu können;
9. Schmecken, um etwaige lösliche Salze, besonders Vitriole, zu erkennen;
10. vorsichtiges Prüfen mit den Zähnen, um knirschende Gesteinskörnchen zu entdecken;
11. Riechen an der feuchten oder trockenen Substanz nach dem Zerschlagen, Anhauchen oder Erhitzen, um Ton, Bitumen, Schwefelkies und dgl. erkennen zu können;
12. Besichtigen durch die Lupe, um etwaige Kristalle zu bemerken.
13. Glitzernlassen an der Sonne, um Glimmer usw. zu finden;
14. Glühen, um zu sehen, ob die braune Färbung einer Substanz von Eisen, Mangan und dgl. oder von Bitumen herrührt;
15. Untersuchung mit dem Lötrohr, um die einzelnen Mineralien zu erkennen;
16. Behandeln mit Säure, besonders Salzsäure, auf einem Uhr- oder in einem Reagenzglas, event. Kochen mit Säure, um die kohlensauren Verbindungen zu erkennen und die Löslichkeit zu konstatieren. Kohlensaurer Kalk braust schnell, Dolomit langsam, bituminöse Stoffe bleiben auf dem Uhrglas in Salzsäure einige Zeit unverändert, während manganhaltige Körper sehr bald die ganze Flüssigkeit schwarz färben;
17. Zusammenbringen mit anderen sauren und alkalischen Reagenzien, um Schlüsse auf die Bestandteile machen zu können usw.;
18. Achten auf Ölspuren.

B. Die Bohrkerne.

Bei der Bearbeitung benutzte Literatur.

H. Wagener: Die Bohrkerngewinnung im Kalibergbau. Der Bergbau XXII, Nr. 27, 28.

Kernbohrvorrichtung mit in einem äußeren Rohre drehbar gelagertem inneren Rohre. Tiefbohrwesen 1910, Nr. 10 und Glückauf 1910, Nr. 19.

Neues aus der Tiefbohrtechnik. Tiefbohrwesen 1910, Nr. 17.

Die Bohrkerne können sowohl mit stoßendem als auch mit drehendem Bohren hergestellt werden. Mit ihrer Hilfe ist die Untersuchung des Gebirges am sichersten und einwandfreiesten, weil man zusammenhängende Stücke in Form von runden Säulen herausbekommt, die aneinander gereiht werden können und so die Aufeinanderfolge der Schichten und ihre Beschaffenheit deutlich erkennen lassen. Im allgemeinen unterscheidet man zwei Arten von Kernbohrwerkzeugen, nämlich

1. solche, welche die Kerne nur herstellen, nicht aber zu Tage schaffen, und
2. solche, welche die Kerne herstellen, abreißen und mitnehmen.

Bei der ersten Art von Bohrwerkzeugen muß also der erbohrte Kern noch besonders herausgeholt werden; dadurch wird die Arbeit, namentlich wenn es sich um große Tiefen handelt, sehr verzögert; denn es muß nun zum Zwecke des Kernhebens ein Gestänge mit dem Kernfänger eingelassen werden.

Einige Sorten von Drehbohrwerkzeugen, die in mildem Gebirge benutzt werden, stellen keine richtigen Kerne her, sondern schneiden nur Gebirgsproben ab, wie z. B. die Schappe und der Spiralbohrer. In festem Gebirge werden dagegen mit Hilfe der Zahnkrone und der Diamantkrone Kerne erbohrt, deren Länge von der des Kernrohres abhängig ist. Meistens haben sie 15 m Länge, so daß man also die Kerne erst herauszuholen braucht, wenn 15 m Loch abgebohrt worden sind. Während der Bohrarbeit brechen die Kerne häufig in dem Kernrohre auf einer Schichtungsfläche ab; die abgebrochenen Stücke nehmen an der Drehung des Kernrohres teil und schleifen sich nun gegenseitig ab. Man bekommt dann also Kerne zu Tage, deren Länge nicht der Mächtigkeit der durchbohrten Gebirgsschichten entspricht; sie sind vielmehr kürzer. Darum muß der Bohrmeister gut aufpassen und genau Buch führen, um die Mächtigkeit der einzelnen Schichten, namentlich in weichem Gebirge, festzustellen. Er muß die Kerne aneinanderreihen, die Lücken zwischen ihnen genau überwachen und über sie aus der Trübe Aufschluß zu gewinnen suchen. Dabei gestattet ihm der Bohrfortschritt bei gleichbleibendem Druck und gleichbleibender Geschwindigkeit einen Rückschluß auf die Härte, d. h. auf die Art des Gesteins Besonders häufig werden die Kerne in Salz und Kohle abgerieben.

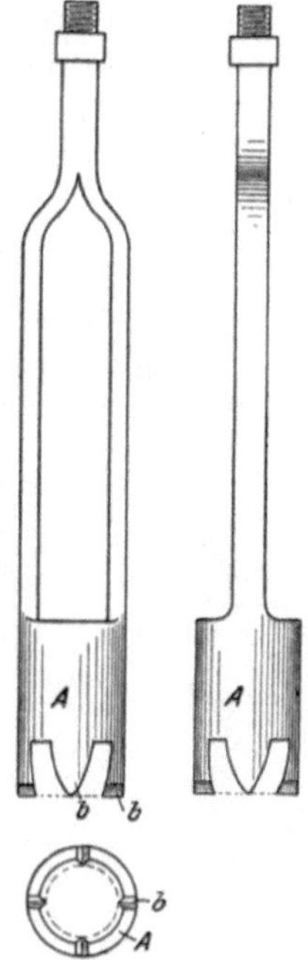

Fig. 441. Kernbohrer von Kind (aus Beer, Erdbohrkunde).

In milderen Gebirgsarten wie Kreide, Salz und Ton wird zur Herstellung von Kernen der Kerndrehbohrer (Fig. 341 und 342) benutzt, während man in härterem Gestein auch Stahlkrone und Fräser (Fig. 351) verwenden kann.

Wenn man mit stoßendem Bohrwerkzeug einen Kern herstellen muß, so kann man als einfachstes Werkzeug einen Kernbohrmeißel (Fig. 16) verwenden. In seinem Blatte befindet sich eine Aussparung von der Breite und der Höhe, die der Kern erhalten soll. Der Bohrer eignet sich aber bloß für große Kerndurchmesser, hartes Gebirge und geringe Hubhöhe; auch lassen sich mit ihm nur Kerne von geringer Länge erzeugen.

Der Kernbohrer von Kind (Fig. 441) besteht aus einer kurzen Büchse, die an ihrem Unterrande vier radial stehende Meißel besitzt. Er wird stoßend gehandhabt. Die Länge der Kerne hängt von der Länge des Bügels ab, der zwischen dem Bohrer und dem Gestänge angebracht ist.

Dem Kindschen Kernbohrer ist der von H. Mayer & Co. (Fig. 442) insofern ähnlich, als er auch aus einer Büchse besteht, die an ihrem Unterrande gezahnt ist; jedoch sind weit mehr Zähne vorhanden. Es können mit ihm Kerne von ungefähr

½ m Länge erbohrt werden. Der Apparat besteht aus Stahl; er ist für Freifallbohrung sowie für Trocken- und Spülbetrieb verwendbar; doch muß auch hier mit geringem Hube gearbeitet werden, damit der Kern nicht vorzeitig bricht oder beschädigt wird.

Fauck benutzte bei seinem Schnellschlagbohrverfahren längere Zeit eine Stoßbohrkrone, die dem Kernbohrer (Fig. 442) ähnlich war. Jetzt hat er sie aufgegeben und arbeitet nur noch mit dem Parallelschneidemeißel, auch Kernkrone genannt (Fig. 28).

Um zu verhüten, daß die Bohrkerne, namentlich wenn sie weich sind, in dem Kernrohre zerfallen, hat man die Diamantkrone mit dem sogenannten Doppelkernrohre versehen. Bei ihm ist im Innern des bekannten Kernrohres noch ein zweites vorhanden, welches die Drehung des Bohrgestänges nicht mitmacht (s. Fig. 362—364).

C. Die Kernhebung.

Wenn ein Kern mit einem Bohrwerkzeug hergestellt wurde, das ihn nicht auch gleichzeitig zu Tage schafft, so kann man ihn, falls er schon abgebrochen und nicht allzu dick ist, mit dem Schlammlöffel herausholen. Ist er aber noch mit der Bohrlochssohle verwachsen, dann muß er erst losgerissen werden. Hierzu dienen besondere Kernbrechapparate, die ihn auch gleichzeitig zutage heben.

Fig. 442. Kernbohrer von Mayer & Co.

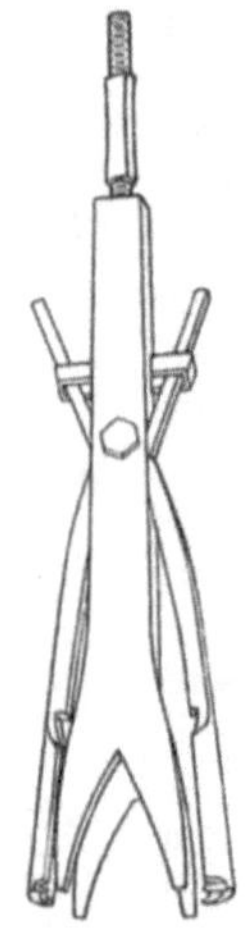

Fig. 443. Kernfänger von Zobel.

Der Kernbrecher von H. Mayer & Co. (Fig. 358) ist bereits beim „Diamantbohren" beschrieben worden.

In sehr hartem Gebirge können die Kerne auch mit dem Kernfänger von Zobel gebrochen und gehoben werden. Die beiden Zangenarme (Fig. 468) sind an ihrem unteren Ende mit scharfen wagerechten Schneiden versehen. Durch Drehen des mit einer Schraubenspindel versehenen Gestänges werden die Fänger geöffnet bzw. geschlossen; im letzteren Falle schneiden sie in den Kern ein und lösen ihn vom Gebirge. Der ganze Apparat sitzt in einem Gestell, welches über den Kern geschoben und auf die Bohrlochssohle aufgesetzt wird.

Bei dem Rapidbohrsystem von Trauzl wird der Kern in der schon bekannten Weise mit Hilfe der Kernkrone erbohrt. Von ihm brechen infolge der Erschütterungen immer kurze Stücke auf den Schichtungsflächen ab und werden von dem im Hohlgestänge aufwärts gehenden Spülstrome zu Tage geschafft. Hier sitzt auf dem Hohlgestängewirbel eine besondere Kernfangvorrichtung (Fig. 444), in der sich die Kerne ansammeln, um dann, wenn sie gefüllt ist, herausgenommen zu werden. Selbstredend muß das Gestänge innen vollkommen glatt sein, damit die Kerne daran nicht hängen bleiben.

D. Die Aufbewahrung der Bohrproben.

Von jeder einzelnen erbohrten Gebirgsart müssen Proben aufbewahrt werden, damit der Bohrmeister jederzeit nachkontrolliert werden kann. Diese Bohrproben sind, wenn es besonders ausbedungen worden ist, an den Auftraggeber abzuliefern. Andererseits ist es aber auch für den Bohrunternehmer von Wichtigkeit, solche Proben aufzubewahren; denn es sind manchmal noch nach Jahren Prozesse entstanden, bei denen es beiden Parteien, dem Bohrunternehmer und seinem Auftraggeber, erwünscht gewesen wäre, Belege für ihre Behauptungen in Form von Gebirgsproben zur Hand zu haben. Doch abgesehen hiervon, kann es noch nach Jahren erwünscht sein, die Bohrprobe von einem Sachverständigen in petrographischer und paläontologischer Hinsicht nochmals prüfen zu lassen.

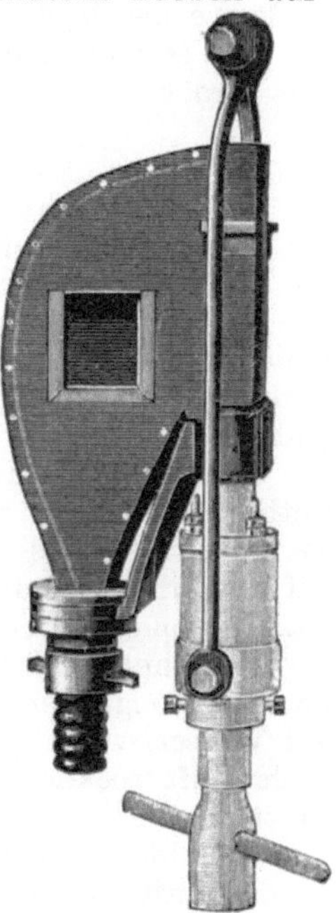

Fig. 444. Kernfänger von Trauzl.

Bohrschmant wird in kleinen Leinwandsäckchen oder in kleinen Kästchen aufbewahrt. Bei jeder Probe muß die Tiefe, aus der sie stammt, angegeben sein. Bohrkerne werden aneinander gelegt. Bei jedem Kernstücke ist das obere und untere Ende zu bezeichnen, damit später Verwechselungen ausgeschlossen sind. Ebenso müssen die einzelnen Kernstücke in der richtigen Reihenfolge numeriert werden.

E. Die Behandlung der Bohrproben.

Bezüglich der Behandlung der Bohrproben gibt Ursinus in seinem „Kalender für Tiefbohr-Ingenieure“ folgende Vorschriften.

Sorgfältige Behandlung der Bohrproben ermöglicht allein sichere Bestimmung

1. des geologischen Alters der einzelnen Schicht,
2. der ganzen Schichtenfolge,
3. des Gebirgsbaues im Bereich des Bohrprofils.

I. Allgemein ist notwendig:

1. Fernhaltung aller Säuren, Schmieröle usw. und Farbstoffe von den Bohrproben.

2. Möglichste Erhaltung der Proben in dem Zusammenhang, in dem sie das Bohrloch verlassen.

3. Erhaltung möglichst großer Stücke.

4. Vermeidung des Vermischens mehrerer Proben.

5. Sofortige Fixierung der Teufe für jede einzelne Probe.

6. Sichere Angabe, ob etwa Nachfallstücke in der Probe zu erwarten.

7. Angabe, ob Spülungsverluste in der Teufe beobachtet, welcher die Probe angehört.

8. Vermeidung des künstlichen Trocknens (auf der Lokomobile usw.) einer Probe.

II. Im besonderen gilt für:

A. Schappenbohrung: Die Proben nicht kneten oder mengen, der Schappe tunlichst ungeteilt entnehmen. Oberes und unteres Ende der Probe bezeichnen.

B. Meißelbohrung: a) Schlammbüchsenproben direkt aus der Schlammbüchse entnehmen; b) Spülproben direkt bei Austritt der Spülung aus dem Bohrloch abfangen (Sieb usw.). Entnahme aus Schlammgrube wertlos.

C. Kernbohrung: Oberes und unteres Kernende bezeichnen. Enthält der Kern zerbrechliche Kalkschalen von Versteinerungen oder in Eisenkies verwandelte Versteinerungen, so diese sofort mit wasserhellem Lack überziehen (Schutz gegen Zerbrechen oder Zersetzung) und an der Luft trocknen.

1. Eruptive, Tuffe, kristalline Schiefer, Sandstein, Quarzit, Grauwacken, Konglomerate, Tonschiefer, Kieselschiefer, Kalkstein, Dolomit mit Wasser, wenn Schmieröl usw. daran, mit Seifenwasser abspülen, an der Luft trocknen, nicht abreiben. Ist die Spülung ganz klar, so genügt Lufttrocknen.

2. Schieferton, Mergel — namentlich weich — Anhydrit, Gips nur an der Luft trocknen, ja nicht abreiben.

3. Kalisalze, Steinsalze — letztere, soweit sie zur Untersuchung gelangen sollen — sofort mit Spiritus abwaschen, nicht dem Sonnenlicht aussetzen, nicht abreiben.

4. Kohle, Erze einfach an der Luft trocknen, nicht abreiben.

5. Ist eine Verwerfung überbohrt — fast stets starke Gesteinszertrümmerung — so sorgfältig alle Stückchen sammeln und tunlichst in der richtigen Reihenfolge hinlegen.

III. Verpackung beim Versenden.

In reiner ölfreier Putzwolle, die vorher getrocknet. Versteinerungen durch Wattebausch schützen.

F. Die Kernfähigkeit der verschiedenen Gebirgsarten und Bohrverfahren.

Nicht in jeder Gebirgsart lassen sich gleich gut Kerne bohren; schlecht kernfähig sind besonders weiche, milde und zerklüftete Gesteine. Doch läßt sich manchmal in einer bestimmten Gebirgsart mit einem Bohrverfahren noch ein Kern erzeugen, wo dies bei anderen Bohrverfahren nicht mehr der Fall ist. Die Vertreter der einzelnen Systeme (Freifallbohren, Schnellschlagbohren, Diamantbohren) behaupten natürlich, daß ihr Verfahren einwandfrei arbeitet und am besten von allen zur Herstellung von Kernen geeignet ist. Im großen und ganzen wird man wohl sagen können, daß alle Bohrverfahren bezüglich der Kernfähigkeit ihre Vorteile und Nachteile haben, die sich gegeneinander aufwiegen dürften. Immerhin nimmt hier die Diamantbohrung die erste Stelle ein; dies kommt auch in dem Beschlusse zum Ausdruck, der auf der 24. Wanderversammlung der Bohringenieure und Bohrtechniker in Brüssel (1910) mit folgendem Wortlaute gefaßt wurde:

„Es ist bisher kein Verfahren bekannt, welches das Konstatieren von Funden, insbesondere von Steinkohlen und Salz, oder das geologische Erkennen kernfähiger Gebirgsschichten in so vollkommener und wirtschaftlich vorteilhafter Weise ermöglicht wie das rotierende Kernbohren.“

Es ist wichtig, die Tiefe festzustellen, aus der ein Fund stammt. Dies dürfte namentlich beim Trockenbohren nur schwer durchzuführen sein, weil sich hier Nachfall und Bohrmehl miteinander vermengen. Bei Schlagbohrung fühlt der Bohrführer den Wechsel der Gesteine sofort am Krückel und kann das Gestein auch schon nach dem Schall beurteilen; besonders leicht wird dies beim Bohren mit steifem Gestänge sein, also beim englischen Bohrverfahren und beim Schnellschlagbohren. So klingt der Schall beispielsweise beim Bohren in Sandstein, Kalkstein und festem Schiefer hart und voll, in Kohle aber weich und dumpf. Außerdem kommen bei Schnellschlagbohrungen, die mit Verkehrtspülung arbeiten, kleine Kernstückchen in Zwischenräumen von 3—5 Minuten aus der Tiefe herauf, die wegen der großen Geschwindigkeit des Spülstromes selbst bei großen Bohrlochstiefen vor noch nicht langer Zeit die Sohle verlassen haben. Der Bohrmeister wird also in der Lage sein, seine Vermutungen über die Gesteinsbeschaffenheit, die er auf Schall und Gefühl gründet, auch durch den Augenschein zu bestätigen.

Die Feststellung eines Fundes ist namentlich in Kohle und Salz erschwert. Kohle ist spröde und bröcklig und deshalb sehr schwer kernfähig; Steinsalz löst sich im Wasser leicht auf, weswegen bei ihm mit Laugen gespült werden muß.

Wenn mit der Diamantkrone ein Fund festgestellt werden soll, so wird die Krone mit dem Kernrohr und dem Gestänge bis zur Sohle eingelassen. Kurz bevor sie auf der Sohle angekommen ist, wird die Spülung eingeschaltet; alsdann fängt man das Gestänge über Tage so ab, daß es leicht gespannt ist; die Krone muß aber die Bohrlochssohle eben berühren. Sobald klar Wasser ausfließt, als Zeichen dafür, daß die Bohrlochssohle frei von Schmant ist, fängt man mit der Bohrung an. Über Tage ist am Gestänge eine in Dezimeter eingeteilte Meterskala angebracht; an ihr liest man die Geschwindigkeit ab, mit welcher die Krone in das Gebirge einsinkt. Tonige Gesteine liefern einen fetten, schmierigen Schmant, so daß also der Fortschritt nur ein langsamer ist; in Sandstein, Sandschiefer, Konglomerat ist er aber groß. Die Bohrfortschritte sind nachstehend angeführt.

Gebirgsart	Fortschritt	gebrauchte Zeit
Schieferton	10 cm	10—15 Min
Sandschiefer, Sandstein	10 cm	4—10 Min.
Kohle	10 cm	½—1½ Min., höchst. 2 Min.

Man ersieht also daraus, daß sich die Kohle ganz anders verhält wie alle anderen Gesteine. Der Bohrmeister muß die Meterskala genau beobachten und die Zeit des Absinkens genau notieren. Bemerkt er hierbei einen plötzlichen schnellen Fortschritt der Krone, dann hat er sofort die Bohrung einzustellen, aber weiter zu spülen. Der herauskommende Schmant wird in feinmaschigen Sieben aufgefangen, um die Kohle auch durch Proben festzustellen. Sind im Flöze Zwischenlagen vorhanden, so machen sie sich durch größeren Widerstand, d. h. durch langsamen Fortschritt der Krone bemerkbar; außerdem sind sie auch daran zu erkennen, daß das surrende Geräusch der Zahnräder dumpfer wird und die Maschine langsamer läuft.

Gans besonders empfehlenswert ist es bei Diamantbohrung, Kohlenkerne mit Hilfe der Doppelkernrohre zu erbohren.

In früheren Jahren hatten die preußischen Bergbehörden ihren Revierbeamten zur Feststellung eines Kohlenfundes folgendes Verfahren vorgeschrieben. Es wird eine Schappe am Hohlgestänge eingelassen, zunächst aber noch nicht gebohrt, sondern das Bohrloch nur mit einem scharfen Strome sauber ausgespült. Darauf wird die Schappe mehrmals leicht auf die Sohle aufgestoßen, weil man dann merkt, ob sie auf festes Gestein aufstößt, oder ob etwa hineingeworfene Kohlenstücke lose darin liegen. Darauf wird mit Verkehrtspülung gebohrt, und es müssen nun durch den Spülstrom Kohlenstücke zu Tage geschafft werden.

Will man beim Schlagbohren Kerne erbohren, so ist dies nur in Bohrlöchern von mehr als 130 mm Durchmesser möglich. Kleinere Kerne können mit Stoßbohrapparaten nicht erbohrt werden. So kann man beispielsweise mit dem Fauckschen Kernbohrapparate bei 140 mm Bohrlochsdurchmesser noch Kerne von etwa 60 mm erzielen. Wohl aber ist es mit Diamantbohrung möglich, wesentlich kleinere Kerne herzustellen. Nachstehende Zusammenstellung gibt Bohrlochsweiten und Kerndurchmesser an, die bei der Internationalen Bohrgesellschaft üblich sind.

Lochdurchmesser	Kerndurchmesser
130 mm	100 mm
111 „	90 „
92 „	72 „
76 „	56 „
62 „	40 „
48 „	25 „

Das Bohrloch von Schladebach hatte bei 1748 m Teufe einen Durchmesser von 31 mm und lieferte Kerne von 12 mm Stärke. Es gibt aber auch Maschinen, mit denen man in gutem Gebirge Kerne von Bleistiftdicke erbohren kann.

Bei Schnellschlagbohrung mit Verkehrtspülung ist eine Fundesfeststellung insofern sicher, als ein etwaiger Kohlenkern nicht zerrieben wird; er steigt vielmehr sofort beim Loslösen im Hohlgestänge empor und wird aus dem Bohrloche geschafft; er kann also nicht unter den Meißel kommen und zerstoßen werden. Aber das Stoßbohren mit Verkehrtspülung liefert im Höchstfalle Kerne von 250 mm Länge; in den meisten Fällen fängt man über Tage nur Scheiben auf, die man aneinanderreihen muß. Lange zusammenhängende Kerne, wie bei Diamantbohrung, kann die Schnellschlagbohrung nicht herstellen.

In klüftigem Gebirge versagt die Verkehrtspülung, weil sich das Wasser auf den Klüften verläuft. Man kann die Klüfte zwar abdichten; doch ist dies nur möglich, wenn sie vereinzelt auftreten. Bei solchen Spülverlusten behilft man sich mit der Rotationsbohrung. Man durchbohrt nämlich das Flöz mit einer kleinen Krone, deren Kernrohr mit Kugelventil versehen ist; die sich verreibende Kohle drückt sich in das Kernrohr hinein und wird in ihm beim Aufholen durch das Ventil zurückgehalten. Aus dem Fortschritt der Krone kann man auf die Mächtigkeit des erbohrten Flözes schließen. Da diese Arbeit nur absatzweise ausgeführt werden kann, ist es besser, ein Doppelkernrohr zu verwenden.

Bei Diamantbohrung läßt die normale Spülung nur selten Nachfall auf die Sohle kommen; Kernrohr und Krone können also nicht verschüttet werden; wenn aber der Kern zerfällt, was bei Kohle sehr leicht möglich ist, dann kommt er unter die Krone und wird zermahlen. Wird aber mit umgekehrter Spülung gearbeitet, dann kommen, selbst wenn der Kern zerfällt, die Kernteile sofort als kleine Stücke zu Tage. Man kann aus ihnen und aus dem Bohrmehl unter Berücksichtigung des Lochinhalts die Flözmächtigkeit abschätzen. Benutzt man aber eine Doppelkernrohrbohrkrone und gleichzeitig als Kontrolle den Stratigraphen, so ist man vom Gefühl und von der Achtsamkeit des Bohrführers fast unabhängig.

Fehlt ein Stratigraph, dann gestattet schon der Bohrfortschritt bei gleichbleibendem Druck und gleichbleibender Geschwindigkeit einen Schluß auf die Härte, d. h. auf die Art des Gesteins.

In jedem Falle kann man schließlich noch nachträglich in jeder Tiefe des Bohrloches mit Erweiterungsbohrern Probe nehmen. Solche Nachproben sind wichtig, wenn das Gestein weich und bröcklig ist und deshalb sowie wegen der Enge des Bohrlochs ein Kern nicht erbohrt werden konnte, besonders aber wenn zu befürchten war, daß die mit dem Löffel heraufgeholten Bohrproben auch Nachfall enthielten.

Die Unternehmer von Schnellschlagbohrungen weisen nun noch ganz besonders darauf hin, daß die Sicherheit einer Probe erhöht wird, wenn man unter gleichzeitigem Nachlassen der Verrohrung das Bohrloch mit einem engeren Durchmesser vorbohrt und unmittelbar über dem Meißel mit einem Nachbohrer erweitert. Doch ist hierbei das Arbeiten mit Verkehrtspülung und Kerngewinnung vorauszusetzen; denn es könnte ja der Fall sein, daß der Meißel in einer anderen Schicht arbeitet wie der Erweiterungsbohrer.

G. Das Probeschöpfen.

So wie man Proben vom Gebirge nimmt, muß man auch aus bestimmten Bohrlochstiefen Proben von Trinkwasser, Salzsole, kohlensäurehaltigem Wasser u. dgl. zu erhalten suchen. Es geschieht das mit Flüssigkeitshebern, die am Gestänge leer eingelassen werden und sich nur an der gewünschten Stelle füllen sollen. Während des Aufholens darf keine Vermischung der Probe mit dem Bohrlochswasser stattfinden. Ferner müssen diese Gefäße starkwandig sein, damit sie, solange sie ungefüllt sind, in den großen Bohrlochstiefen nicht von dem starken Wasserdruck zerdrückt werden. Handelt es sich um das Entnehmen von Soleproben, so müssen die Gefäße aus Kupfer bestehen.

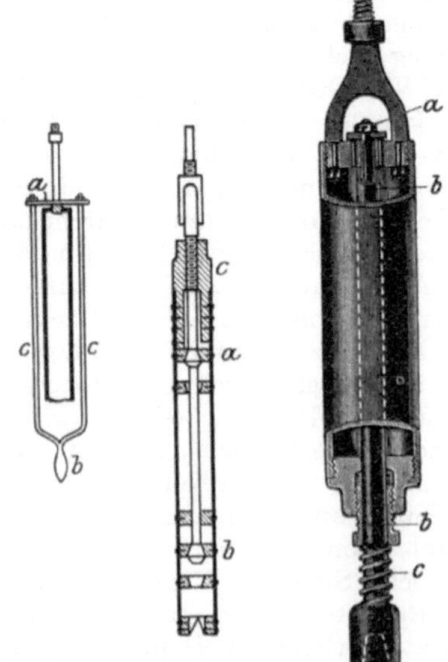

Fig. 445. Fig. 446. Solheber (aus Tecklenburg, Handbuch der Tiefbohrkunde).

Fig. 447. Flüssigkeitsheber von H. Mayer & Co.

Der einfache Solheber oder Sollöffel (Fig. 445) ist ein zylindrisches Gefäß, welches mittels eines Bügels am Gestänge hängt. Oben ist es durch ein Ventil verschlossen, von dem ein kurzes Querstück a ausgeht; an diesem hängt das Gewicht b vermittelst der beiden seitlichen Stangen c. Wenn das Gewicht auf die Sohle aufstößt und der Löffel noch etwas tiefer gelassen wird, öffnet sich das Ventil, und der Solheber kann sich mit der Flüssigkeit füllen. Beim Aufholen wird das Ventil wieder geschlossen.

Weil es bei diesem Löffel vorkommen kann, daß sich das Ventil nicht richtig schließt, ist es besser, den in Fig. 446 abgebildeten Solheber zu benutzen. Er hat zwei Kegelventile a und b, die durch Drehung der mit dem Gestänge verbundenen Schraube c geöffnet und geschlossen werden können. Sobald der Löffel auf der Sohle aufsteht, werden die Ventile geöffnet und vor dem Anheben wieder geschlossen.

Von H. Mayer & Co. in Nürnberg-Doos wird ein Flüssigkeitsheber (Fig. 447) geliefert, der am Gestänge oder Seil eingelassen wird. Das auf der Oberseite befindliche Ventil a ist mit einer Führungsstange b versehen, die durch den Boden des Gefäßes hindurch geht und durch eine Feder c nach unten gezogen wird, so daß das Ventil stets geschlossen ist. Ferner kann man unter die Führungsstange noch Bohrstangen schrauben und dann nicht nur von der Bohrlochssohle, sondern entsprechend der Länge des Untergestänges auch an jeder anderen Stelle des Bohrloches Flüssigkeitsproben nehmen. Durch Aufstoßen des Gestänges auf die Sohle wird das Ventil geöffnet; es schließt sich entweder infolge des Gestängegewichtes oder unter dem Einflusse der Spiralfeder, sobald der Sollöffel angehoben wird.

Fünfzehnter Teil.

Die Förderung von Flüssigkeiten.

Von Diplom-Bergingenieur **Hans Bansen.**

Bei der Bearbeitung benutzte Literatur.

Sorge: Die Erdölgewinnung aus Bohrlöchern (aus Sorge: Tiefbohrtechnische Studien. Berlin 1908).

Sorge: Das Probeschöpfen (aus Sorge: Tiefbohrtechnische Studien. Berlin 1908).

Sorge: Die bei der Schöpfbewegung in Bohrlöchern entstehende Druckverminderung (aus Sorge: Tiefbohrtechnische Studien), Berlin 1908, und Glückauf 1907, Nr. 50).

Darapsky: Die Verwendung von Preßluft zur Wasserförderung. Berg- und Hüttenmännische Zeitung 1903, Nr. 11.

Moderne Bohrlöcher und Tiefbrunnen-Pumpen. Tiefbohrwesen 1909, Nr. 14, 15, 17.

Die Förderung von Flüssigkeiten kann erfolgen:

1. nur vorübergehend, um die Ergiebigkeit eines Bohrloches festzustellen, und

2 dauernd, um aus dem Bohrloche ständig Flüssigkeiten (Öl, Trinkwasser, Wirtschaftswasser, Mineralwasser usw.) zu gewinnen.

A. Das Probepumpen.

Das Probepumpen wird vorgenommen, wenn man feststellen will, wie viel Flüssigkeit, z. B. wie viel Wasser, ein Bohrloch zu liefern imstande ist. Angenommen, es sei längere Zeit nicht gepumpt worden, und der Flüssigkeitsspiegel im Bohrloche habe sich auf gleiche Höhe mit dem im Gebirge eingestellt. Fängt man nun zu pumpen an, so sinkt der Spiegel im Bohrloche, und es stellt sich vom Gebirge her neuer Zufluß ein. Die richtige Leistungsfähigkeit des Bohrloches wird ermittelt, wenn der abgesenkte Flüssigkeitsspiegel während des Pumpens auf der erreichten Tiefe stehen bleibt; denn solange dem Bohrloche mehr Wasser entnommen wird, als neues zufließt, muß der Wasserspiegel sinken; er muß aber steigen, sobald der Zufluß größer ist als die Flüssigkeitsentnahme.

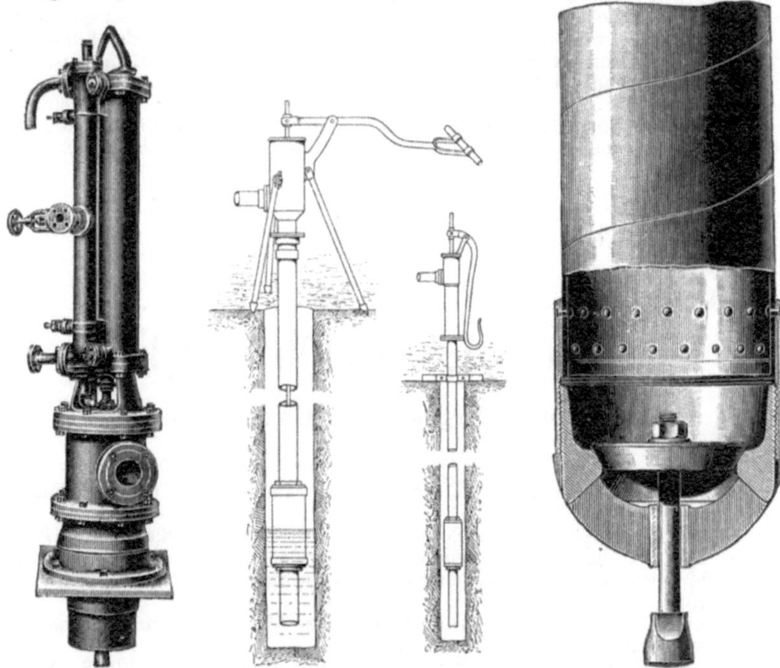

Fig. 448. Bohrlochsdampfpumpe von Deseniss & Jacobi A.-G.

Fig. 449. Fig. 450. Bohrlochspumpe von H. Mayer & Co.

Fig. 451. Schöpflöffel aus spiralgeschweißten Röhren.

Dieses Probepumpen muß manchmal tage- und wochenlang fortgesetzt werden, besonders wenn es, wie bei vielen Fabrikbetrieben, auf die Feststellung der dauernden Ergiebigkeit ankommt. Auch wird man das Probepumpen zu verschiedenen Jahreszeiten wiederholen müssen. Um die Höhe des Wasserspiegels festzustellen, kann man einen elektrischen Lotapparat benutzen, wie er beispielsweise von Deseniß & Jacobi in Hamburg geliefert wird. Er läßt eine Glocke ertönen, sobald die Lotspitze das Wasser berührt.

Als Pumpe benutzt man z. B. die Bohrlochspumpe von Deseniss & Jacobi (Fig. 448); sie besteht aus einem auf das Brunnenrohr aufgesetzten Dampfzylinder, unter welchem in der entsprechenden Tiefe im Bohrloche der Pumpzylinder angebracht ist; der Dampfkolben und der Pumpkolben sind durch das Pumpgestänge miteinander verbunden. Der Dampfverbrauch ist ein ziemlich hoher; darum ist diese Maschine nicht für Dauerbetrieb brauchbar.

Die Probierpumpe von H. Mayer & Co. in Nürnberg-Doos (Fig. 449) kann mit Hilfe ihrer drei schmiedeeisernen Tragfüße rasch und bequem über jedem Bohrloche aufgestellt werden. Sie ist mit Rücksicht auf das häufige Umstellen kräftig gebaut. Der Pumpenhebel besteht aus Schmiedeeisen und ist mit einem Kreuzkopfe versehen, in dem das Gestänge mittels einer Stellschraube leicht befestigt werden kann; es braucht also nicht auf die genaue Länge abgepaßt zu werden. Die Abmessungen der Steigerohre sind eng, damit das aufsteigende Wasser starke Strömung erhält und Sand und Schmant mitzunehmen imstande ist. Die in Fig. 450 abgebildete Pumpe ist einfacher aufzustellen.

B. Die ständige Förderung von Flüssigkeiten.

Wenn man einem Bohrloche ständig Flüssigkeiten entnehmen will, so kann dies geschehen

1. durch Schöpfbetrieb,
2. durch Pumpbetrieb und
3. durch Preßluftbetrieb.

I. Der Schöpfbetrieb.

Er erfolgt mit dem Schöpfeimer oder Schöpflöffel. Dieser ist ein langes Blechgefäß, das oben offen und unten geschlossen oder aber mit einem Ventil versehen ist (Fig. 451). Er wird am Seile in die Flüssigkeit eingelassen, dort gefüllt und wieder zu Tage gehoben. Zur Förderung beim Schöpfbetriebe soll man eine besondere Schöpftrommel benutzen, nicht aber die verwenden, welche während der Bohrarbeit zur Gestängeförderung gebraucht wurde; denn sie ist für große Lasten bei geringerer Geschwindigkeit bestimmt, während beim Schöpfbetriebe eine geringere Last mit größerer Geschwindigkeit aufzuholen ist. Die Trommel wird am besten mit einem Zahnradvorgelege und leicht ausrückbaren Triebwerke in Gang gesetzt; die Riemenförderung mit Spannrolle, wie sie bei kanadischen Bohrkränen in Gebrauch steht, ist für den Schöpfbetrieb ungeeignet; Messungen, die man auf der Grube Campina vornahm, ergaben unter sonst gleichen Umständen beim Einlassen am kanadischen Bohrkran 5 m Geschwindigkeit, dagegen beim Einlassen mit der Schöpftrommel 8—10 m Geschwindigkeit; außerdem wird der Riemen des kanadischen Bohrkranes sehr stark abgenutzt.

Um gleichzeitig aus zwei Bohrlöchern mit dem Schöpflöffel fördern zu können, benutzt man das Petroleum-Schöpfwerk (Fig. 452) von Trauzl & Co., Wien. Es wird mittels Seiltransmission angetrieben und hat zwei konische belederte Reibungsscheiben a und b, die mit Hilfe der Kupplung c nach Belieben mit der an der Transmissionsscheibe sitzenden Reibungsscheibe verbunden werden können. Die senkrechte Welle d, auf der die beiden Fördertrommeln e und f sitzen, wird durch ein Zahnradvorgelege in Gang gesetzt. Zum Bremsen ist eine Zweibackenbremse vorhanden, die durch einen Fußhebel bedient wird.

Das Schöpfverfahren hat nach Sorge folgende Vorteile:

1. Man kann von jeder Tiefe des Bohrloches — von oben, von unten, aus der Mitte — schöpfen.

2. Man kann infolgedessen das Bohrloch zu jeder Zeit reinigen, indem man den angesammelten Sand von unten wegschafft.

Fig. 452.
Petroleum-Schöpfwerk von Trauzl & Co.

3. Man kann das gegenseitige Verhältnis von Ölstand und Wasserstand im Bohrloche nach Belieben regeln, indem man je nach der besonderen Eigentümlichkeit des Bohrloches Öl von oben oder Wasser von unten schöpft; dies muß dem Zuflusse beider Flüssigkeiten entsprechend erfolgen.

4. Man braucht nicht zu befürchten, daß dem Bohrloche mehr Öl entnommen wird, als der Zufluß beträgt; denn man hört beim Einlassen genau das Aufschlagen des Schöpfeimers auf den Flüssigkeitsspiegel; ebenso aber merkt man beim Aufholen am größeren Kraft-

bedarf genau, wann der Eimer die Flüssigkeit verläßt. Will man also eine zu starke Flüssigkeitsentnahme vermeiden, so braucht man bloß darauf zu achten, daß der Flüssigkeitsspiegel nicht sinkt. Damit der Schöpflöffel leicht durch die Flüssigkeit geht, soll er an beiden Enden schwach kegelförmig gestaltet sein. Um eine möglichst gleichmäßige Flüssigkeitsentnahme zu erreichen, sollen recht oft hintereinander immer nur kleine Mengen entnommen werden, d. h. man soll mit kleinerem Löffel, aber recht oft schöpfen.

Man unterscheidet beim Ölschöpfbetriebe

1. das Schöpfen von oben,
2. das Schöpfen aus der Mitte,
3. das Schöpfen von unten.

Beim Schöpfen von oben wird das Öl nur von der Oberfläche der Flüssigkeit entnommen. Weil hier der vom Schöpflöffel zurückzulegende Weg der kürzeste ist, kann dieser öfters eingelassen und wieder aufgeholt werden; die Flüssigkeitsentnahme ist also bei diesem Verfahren am größten. Es wird angewendet

1. wenn man dem Bohrloche in einer bestimmten Zeit möglichst viel Öl entnehmen will;

2. wenn die Flüssigkeitssäule im Bohrloche möglichst erniedrigt werden soll, und

3. wenn man den Druck der Flüssigkeitssäule verringern will.

Infolge der schnellen Erniedrigung der Flüssigkeitssäule liegt die Gefahr vor, daß die Röhren durch den von außen wirkenden Flüssigkeitsdruck zerdrückt werden.

Beim Schöpfen aus der Mitte hat der Schöpflöffel schon einen wesentlich längeren Weg zurückzulegen; es kann also nicht mehr so viel Flüssigkeit entnommen werden wie beim Schöpfen von oben; ebenso kann die Flüssigkeitssäule nicht so schnell erniedrigt werden. Der aufwärtsgehende Schöpflöffel übt auf die unter ihm befindliche Flüssigkeit eine Saugwirkung aus, wodurch eine gewisse Druckverminderung entsteht.

Beim Schöpfen von unten erfolgt die Flüssigkeitsentnahme in der Nähe der Bohrlochssohle; infolgedessen ist die Flüssigkeitsentnahme und die damit zusammenhängende Erniedrigung der Flüssigkeitssäule am geringsten. Die bei der Aufwärtsbewegung des Eimers entstehende Druckverminderung ist aber hier am wirksamsten. Das Schöpfen von unten ist besonders empfehlenswert, wenn das Öl aus Sandschichten austritt; der von ihm mitgebrachte Sand sammelt sich auf der Bohrlochssohle an und wird vom Schöpflöffel zu Tage geschafft. Es wird also bei diesem Arbeitsverfahren das Bohrloch auf einfachste Weise gereinigt; deshalb ist der Schöpfbetrieb immer anzuwenden, wenn das Öl aus Sandschichten kommt, während der Pumpbetrieb häufiger angewendet wird, wenn das Öl aus porösem, aber festem Gestein kommt

Es ist empfehlenswert, mit den drei Schöpfarten zu wechseln; durch geschickte Anwendung derselben kann man das auf der Sohle angesammelte Wasser entfernen und das Bohrloch vom Schmutz reinigen, den Ölzufluß vergrößern, Wasserzuflüsse beseitigen und somit die Ausbeute eines Ölbohrloches erhöhen.

II. Der Pumpbetrieb.

Der Pumpbetrieb hat folgende Vorteile:

1. Er ist am einfachsten und billigsten, wenn er auch nicht überall und nicht so allgemein anwendbar ist wie das Löffeln.
2. Er gestattet eine sehr gleichmäßige und ständige Flüssigkeitsentnahme aus dem Bohrloche.
3. Er ist in sehr engen und krummen Bohrlöchern anwendbar.
4. Er gestattet die Entnahme und das Auffangen des den Bohrlöchern entströmenden Gases, so daß man auch dieses leicht und ohne besondere Kosten verwerten kann.

Diesen Vorteilen stehen folgende Nachteile gegenüber:

1. Sandauftrieb, starke Gasausströmungen, hohe Schwankungen des Flüssigkeitsspiegels machen den Pumpbetrieb unmöglich.
2. Die Höhe der Flüssigkeitssäule im Bohrloche kann nicht beobachtet werden; infolgedessen ist es schwer, die Flüssigkeitsentnahme dem Zuflusse anzupassen.
3. Der Pumpbetrieb kann erst eingeführt werden, wenn die erste stürmische Verlaufszeit von höherer Anfangsergiebigkeit vorüber ist.

a) Die Kolben- und Plungerpumpen.

Die Pumpen sind einfachwirkende Saug- und Druckpumpen, deren Saugrohr, Pumpenstiefel und Steigrohr aus einem zusammenhängenden Strange bestehen. Das Saugrohr und der Pumpenstiefel tauchen in die Flüssigkeit ein oder stehen dicht über dem tiefsten Wasserstande. Das Druckrohr ist über Tage mittels einer Stopfbüchse verschlossen, durch die das Gestänge hindurchgeht. Das Gestänge besteht am besten aus Mannesmannrohren; sonst verwendet man dazu auch rundes Schmiedeeisen oder Eschenholz mit Eisenbeschlag.

Die Bauart der Pumpen sei an den nachstehenden Beispielen, Öl- und Wasserpumpen, erörtert.

1. Die Ölpumpen.

Von der Tiefbohrmaschinenfabrik H. Mayer & Co. in Nürnberg-Doos werden Ölpumpen mit Ledermanschettenkolben und mit Stahlplungerkolben geliefert. Die ersteren können ganz aus Metall bestehen; doch wird auch der Pumpenstiefel aus Stahlrohr hergestellt. Der Kolben (Fig. 453) besitzt als Dichtung 4—5 Lederstulpe; darüber sitzt das Kugelventil, in dessen Korb die Kolbenstange eingeschraubt ist. Unter dem Kolben ist ein Gasventil angebracht, um die Gase anzusaugen. Das Saugventil sitzt lose auf einem inneren Ansatze am unteren Ende des Pumpenstiefels und hat einen unten angeschraubten Saugkorb; dieser sitzt in dem äußeren Saugkorbe, welcher mit dem Pumpenstiefel verschraubt ist. Das Saugventil ist ein Kugelventil, dessen Korb oben eine Gewindemuffe trägt; in diese Muffe wird der am Gasventil angebrachte Gewindezapfen eingeschraubt, wenn man das Saugventil nebst dem inneren Saugkorbe aufholen will.

Bei der Plungerpumpe (Fig. 454) bestehen der Pumpenstiefel und der Plunger aus je einem dickwandigen Stahlrohre, während die Ventilteile aus Metall verfertigt

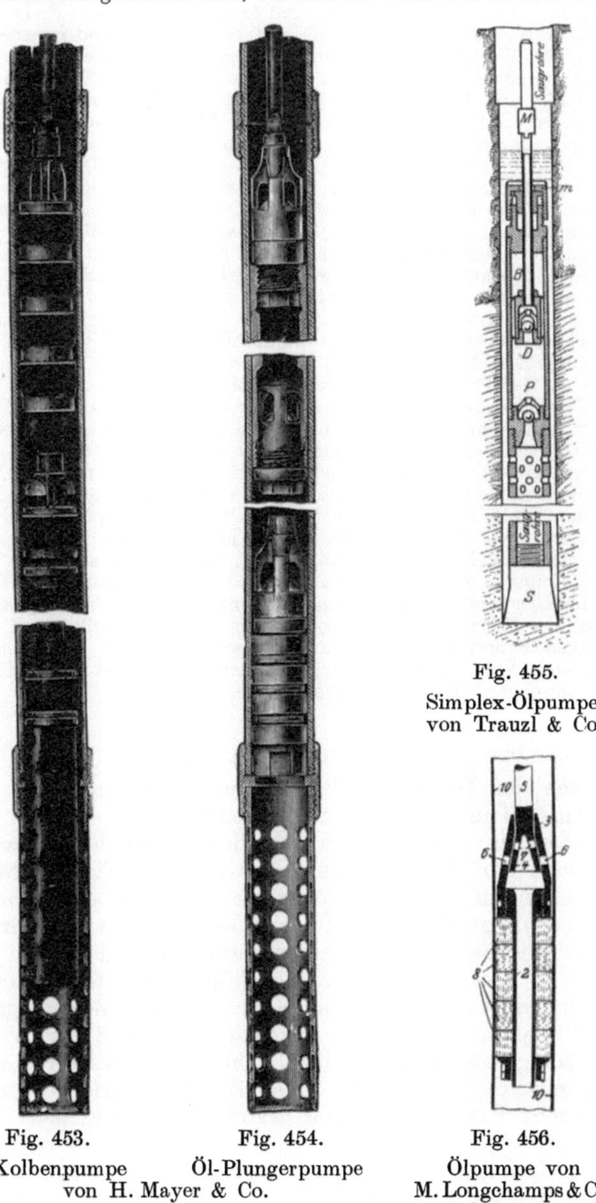

Fig. 455.
Simplex-Ölpumpe von Trauzl & Co.

Fig. 453. Öl-Kolbenpumpe

Fig. 454. Öl-Plungerpumpe

von H. Mayer & Co.

Fig. 456.
Ölpumpe von M. Longchamps & Co. (aus Glückauf 1910, Nr. 32).

sind. Der Plunger hat am oberen und unteren Ende je ein Kugelkorbventil; in das obere Ventil ist die Kolbenstange eingeschraubt. Das Saugventil besteht aus Messing und sitzt lose auf einem inneren Ansatze am unteren Ende des Pumpenstiefels. Es erhält meistens vier Manschettendichtungen und ist ebenfalls leicht ausziehbar. Das Saugrohr ist an dem Pumpenstiefel angeschraubt.

Die Simplex-Ölpumpe (Fig. 455) von Trauzl & Co. in Wien wird häufig zwischen Meißel und Hohlgestänge eingeschaltet und zusammen mit dem Bohrzeuge eingelassen. Der Meißel S soll nächst kleineren Durchmesser haben als das Bohrloch, damit er bei einer Versandung nicht verklemmt wird. Das Saugventil P und das Druckventil D sind Kugelventile. Der Pumpenstiefel ist oben mit einer Stopfbüchse versehen, durch welche das Hohlgestänge B hindurchgeht. Unten ist an dem Pumpenstiefel das siebartig durchlochte Saugrohr angeschraubt, an welches sich dann der Meißel S anschließt. Beim Pumpen wird mit dem größten Hube von 1 m gearbeitet, wobei der Meißel auf der Sohle aufstehen bleibt. Sollte die aus dem Hohlgestängewirbel austretende Flüssigkeitsmenge abnehmen, so ist dies ein Zeichen dafür, daß die Stopfbüchse der Pumpe undicht geworden ist. Man läßt dann das Gestänge so weit nach, daß die unterste Gestängemuffe M auf der Stopfbüchse aufsitzt und dreht dann; dabei greift ein Zahn dieser Muffe in einen Einschnitt m der Stopfbüchsenmutter und zieht sie wieder an. Ein Mitdrehen der Pumpe wird durch den Meißel verhindert.

Die Firma Mieczyslaw Longchamps & Co. in Boryslaw fördert aus Bohrlöchern mit einer Pumpe, deren Kolben 8 (Fig. 456) eine achsiale Durchbohrung 2 für den Durchtritt der Flüssigkeit besitzt; oben ist er mit einem Hohlkegel 3 versehen, in welchem seitliche Durchtrittsöffnungen 6 angebracht sind. Der Kolben ist mit dem Förderseile durch eine Schwerstange 5 verbunden; diese hat einen im Hohlkegel 3 sitzenden hohlkegelförmigen Kopf 4, welcher ebenfalls Durchtrittsöffnungen 7 besitzt. Der Kopf 4 ist in dem Hohlkegel 3 des Kolbens achsial verschiebbar. Bewegt sich das Seil mit dem Kolben aufwärts, so sind die Durchtrittsöffnungen gegeneinander versetzt; der Kolben saugt also Flüssigkeit an und hebt die über ihm stehende Flüssigkeit empor. Beim Abwärtsgange des Seiles sitzt die untere Stirnfläche der Schwerstange auf dem Kolben auf; die Durchtrittsöffnungen 6 und 7 stehen dann voreinander, und es kann die unter dem Kolben stehende Flüssigkeit durch den achsialen Kanal 2 und durch die genannten Durchtrittsöffnungen über den Kolben gehen.

2. Die Wasserpumpen.

Je nach der Höhe des Wasserstandes im Bohrloche kann man Saugepumpen und Tiefpumpen benutzen.

Die Saugepumpen stehen über dem Bohrloche und werden verwendet, wenn der Wasserspiegel in so geringer Tiefe steht, daß das Wasser noch durch die Saugwirkung der Pumpe herausgeschafft werden kann. Bei etwas größeren Tiefen des Wasserstandes erweitert man den oberen Teil des Bohrloches zu einem Brunnen, in dem man die Pumpe aufstellt. Je nach der Arbeitsweise können die Saugepumpen sein: Kolbenpumpen, Membranpumpen, Kreiselpumpen (Zentrifugalpumpen).

Die Tiefpumpen werden angewendet, sobald der Wasserspiegel über die Sauggrenze hinweg abfällt. Unter dem Wasserspiegel ist hier nicht der gemeint, welchen die Flüssigkeit im Bohrloche nach längerer Ruhe erreicht hat, sondern der während des Pumpens abgesenkte Wasserstand.

Die Tiefpumpen sind immer Kolben- oder Plungerpumpen; ihr wichtigster Teil ist der Arbeitszylinder, den man immer möglichst tief ins Bohrloch einsenkt; der Kolben wird von Tage aus durch ein Gestänge in hin- und hergehende Bewegung versetzt; darum nennt man diese Pumpen auch Gestänge-Tiefpumpen. Der Antrieb erfolgt bei geringen Tiefen und kleineren, nur zeitweise entnommenen Wassermengen von Hand, sonst aber maschinell.

Die Figuren 457—459 stellen verschiedene Gestängetiefpumpen des Metallwerkes Albert Gerlach in Nordhausen dar.

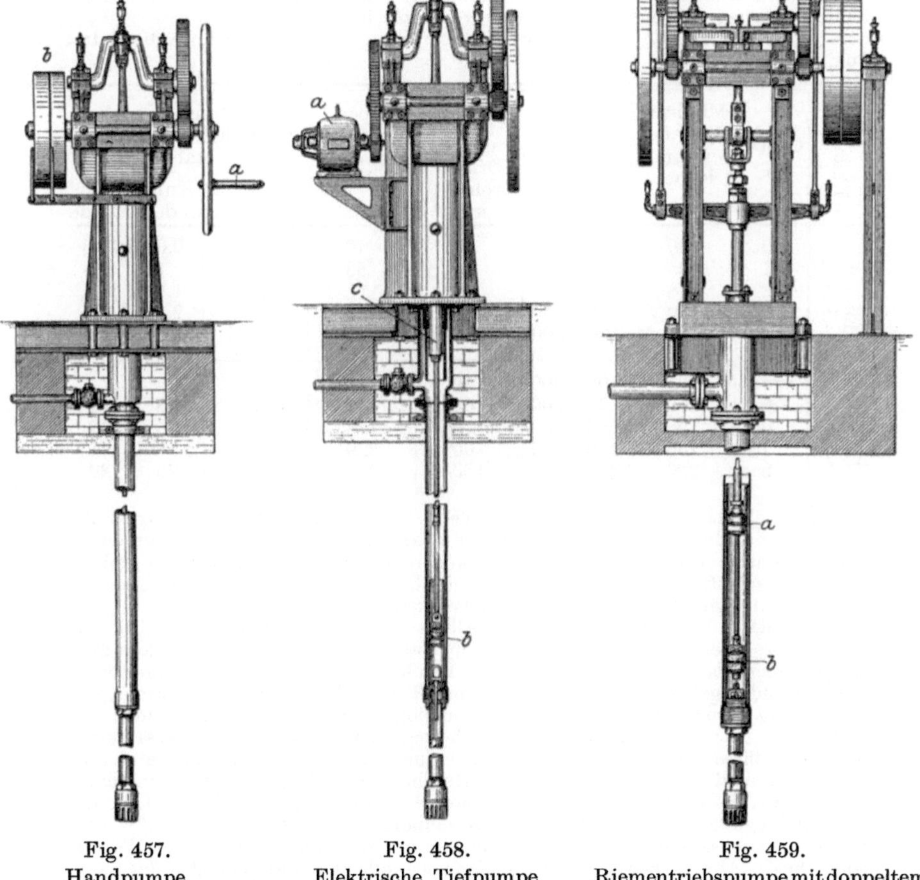

Fig. 457. Handpumpe — Fig. 458. Elektrische Tiefpumpe von Albert Gerlach. — Fig. 459. Riementriebspumpe mit doppeltem Gestänge von Albert Gerlach.

Fig. 457 ist eine einfachwirkende Handpumpe, deren Schwungrad zu diesem Zweck mit einer Kurbel a versehen ist; doch kann diese Pumpe auch maschinell angetrieben werden und hat deshalb an dem anderen Ende der Kurbelwelle zwei Riemenscheiben b, von denen eine die Leerlaufscheibe ist.

Fig. 458 ist ebenfalls eine einfachwirkende Tiefpumpe, aber mit dem Elektromotor a unmittelbar gekuppelt. Das Wasser wird durch den Tiefkolben b bis zur Tagesfläche gehoben. Von hier aus soll es nun aber noch nach einem höhergelegenen Behälter gedrückt werden; deshalb ist das Kolbengestänge an seinem oberen Ende als Plungerkolben c ausgebildet. Dieser drückt das Wasser beim Niedergange des Gestänges weiter; infolgedessen ist die Pumpe auch teilweise als doppeltwirkende zu betrachten.

Die für Riementrieb bestimmte Pumpe (Fig. 459) arbeitet mit doppeltem Gestänge und zwei Tiefkolben a und b. Kolben a sitzt an einem Hohlgestänge, durch welches das Vollgestänge des Kolbens b hindurchgeht. Die beiden Kolben machen entgegengesetzte Bewegung; wenn also Kolben b das Wasser emporhebt, kommt ihm Kolben a entgegen und nimmt das Wasser auf. Dadurch werden die Kraftwirkungen ausgeglichen und es wird stoßfreier Gang erzielt.

Die nachstehende Tabelle enthält die wichtigsten Angaben über diese drei Pumpen.

Wirkungsart	Größe Nr.	Mindeste Weite des Bohrloches mm	Zyl.-Durchm. u. Kolbenhub mm	Lichte Weite des Saug- und Druckrohres mm	Äußere Weite des Steigerohres mm	Leistung je nach Förderhöhe und Hubzahl: Liter pro Hub	Leistung je nach Förderhöhe und Hubzahl: Kubikmeter in der Stunde
Einfach-wirkend	0	80	50×200	32	70	0,35	0,6 bis 1,0
	1	95	65×200	32	83	0,60	1 „ 1,4
	2	108	75×200	40	95	0,80	1,5 „ 2,3
	3	120	90×250	50	108	1,50	2,5 „ 3,1
	4	135	100×300	50	121	2,10	3,2 „ 4,8
Doppelt-wirkend	4a	135	100×200	50	121	3	5 „ 7,5
	5	160	125×300	65	146	7	8 „ 14
	6	195	150×400	76	178	13	15 „ 28
	7	260	200×500	100	229	30	30 „ 54
	8	320	250×700	150	279	65	70 „ 120

Ähnlich der Gerlachschen Pumpe (Fig. 458) ist die in Fig. 460 dargestellte Pumpe von Klein, Schanzlin und Becker in Frankenthal. Das mit einem Führungsstücke versehene Differential-Plungergehäuse G sitzt auf dem Steigrohr S. Auch hier schafft der Plunger einen Ausgleich der Förderungsarbeit und macht so die Pumpe im gewissen Sinne doppeltwirkend.

Ebenfalls von dem Metallwerke Albert Gerlach in Nordhausen wird eine gestängelose Tiefpumpe (Fig. 461) auf den Markt gebracht. Bei ihr wirken zwei Wassersäulen als hydraulische Gestänge, welche durch zwei ineinandergesteckte Rohre a und b gebildet werden. Das innere Rohr a dient nur als Druckrohr, das äußere b als Druck- und Förderrohr. Wenn sich an der über Tage stehenden Antriebspumpe der linke Kolben abwärts bewegt, so drückt die Wassersäule des äußeren Rohres b nach unten und hebt dadurch den Differentialkolben c empor; diese Arbeit wird durch den rechten aufwärtsgehenden Kolben der Antriebsmaschine unterstützt. Das auf diese Weise angesaugte Wasser wird bei der Umkehr der Kolbenbewegung in dem äußeren Rohre emporgedrückt; diese Arbeit wird vom rechten Antriebskolben im Verein mit der im inneren Rohre a stehenden Wassersäule durch Abwärtsbewegung des Differentialkolbens c und Schließen des Saugventils d bewirkt. Die über Tage stehende Antriebspumpe hat ein zwangläufig bewegtes Steuerventil, welches beim Niedergange des linken Antriebskolbens geschlossen, bei seinem Hochgange geöffnet ist. Der Differentialkolben c und das Saugventil d sind mit Bügeln versehen, an denen sie leicht herausgezogen werden können.

Die Bohrlochspumpen werden meistens maschinell angetrieben, weil Handantrieb bei den großen Tiefen und bei Dauerbetrieb sich zu

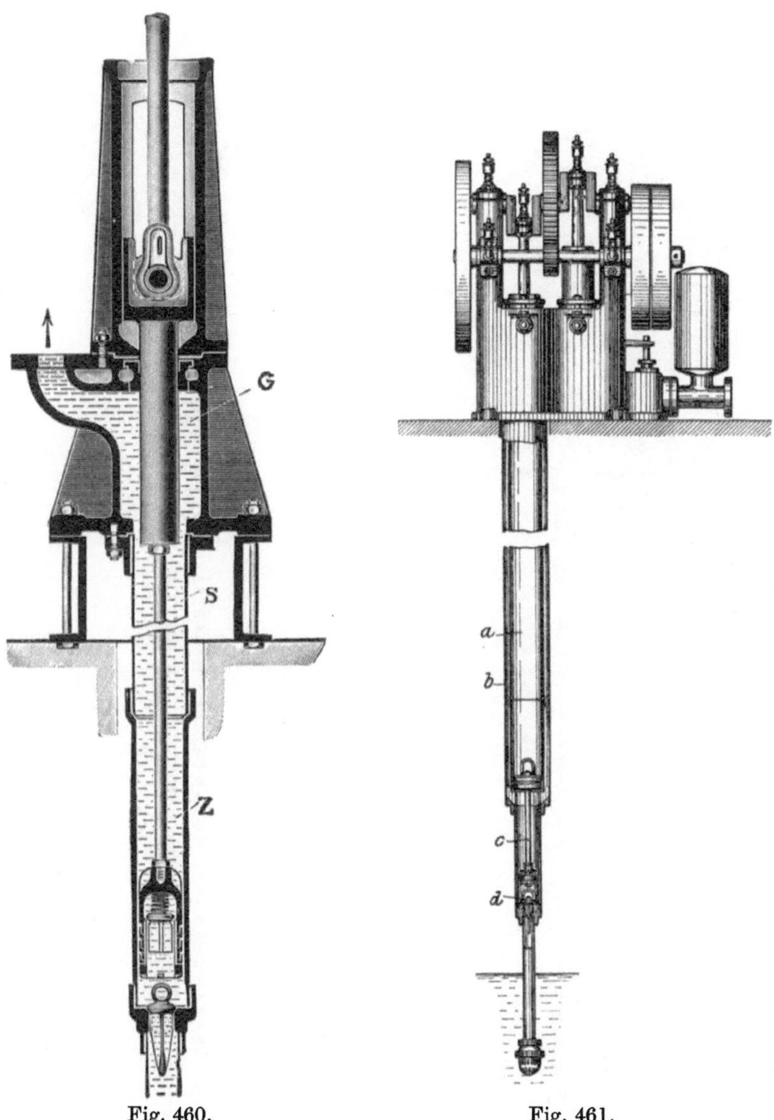

Fig. 460.
Tiefpumpe von Klein, Schanzlin & Becker.

Fig. 461.
Gestängelose Tiefpumpe von Albert Gerlach.

teuer stellen würde. Der Antrieb erfolgt durch Transmission oder direkt von einer Dampfmaschine oder einem Elektromotor aus; bei kleineren Anlagen können auch Göpel mit Pferde- oder Ochsenbetrieb benutzt werden.

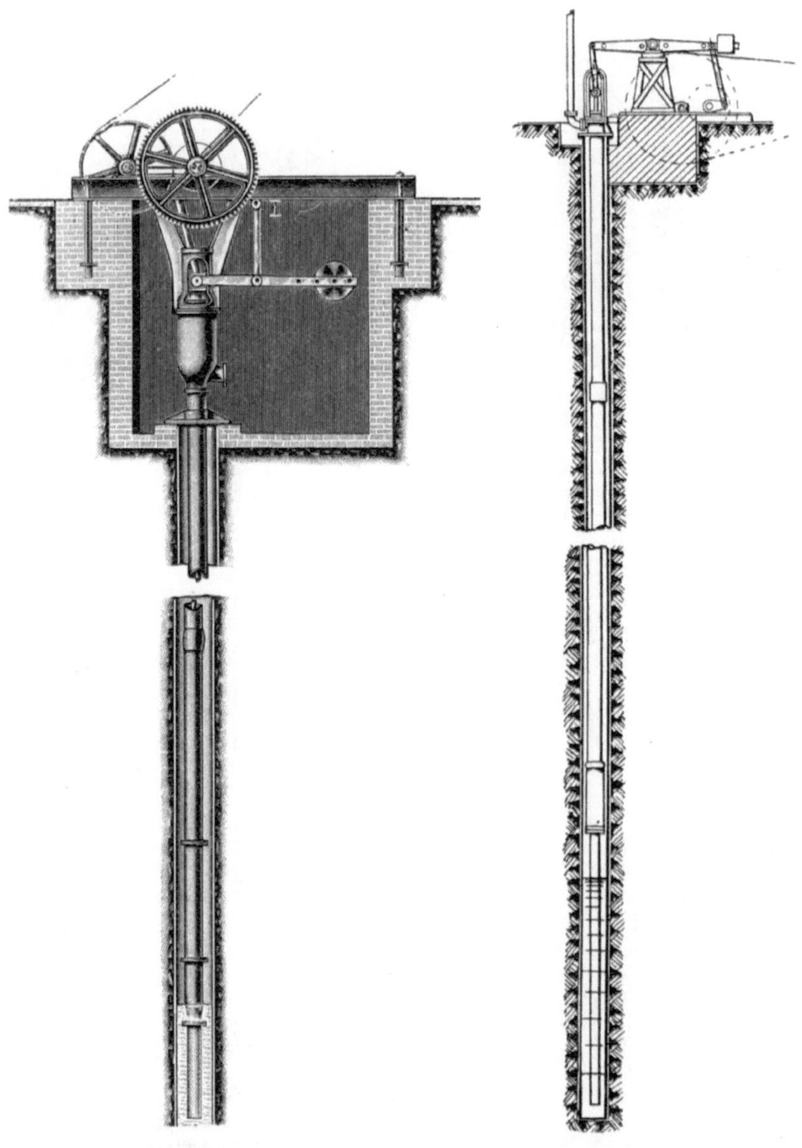

Fig. 462. Fig. 463.
Tiefpumpen mit Entlastung des Gestängegewichtes.

Das Gestängegewicht muß durch Gegengewichte ausgeglichen werden, die sich an einem Rade auf der Kurbelwelle oder an der Kreuzkopfführung (Fig. 462) befinden oder auch am Balancier angebracht sind (Fig. 463). Das erstere Verfahren hat den Vorteil der stetigen Bewegung; es treten also weniger Stöße auf. Wird aber das Gegengewicht am Balancier angebracht, so kann man es verschieben und dadurch der Gestängelast anpassen; doch ist damit der Nachteil verbunden, daß man bei jeder Umkehr der Gestängebewegung auch das Gegengewicht neu in Gang setzen muß.

Von anderen Arten der Gewichtsausgleichung seien noch erwähnt:

der Ausgleich mit Federn, der aber nur bei kleinem Hube und großer Umdrehzahl anwendbar ist;

die hydropneumatische Ausgleichung, bei der man einen Luftkompressor braucht, welcher immer auf richtigen D uck einzustellen ist;

der Ausgleich mit seitlichen Plungern, die von der Druckleitung aus unter Wasserdruck gestellt werden und weiter nichts als eine Vergrößerung des Differentialplungers sind, und

bei doppeltwirkenden Pumpen der Gewichtsausgleich durch das zweite Pumpengestänge.

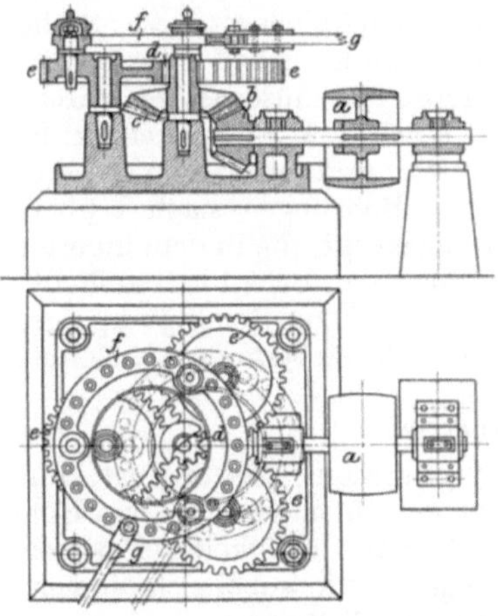

Fig. 464.
Zentral-Pumpanlage (aus Ursinus, Kalender für Tiefbohringenieure).

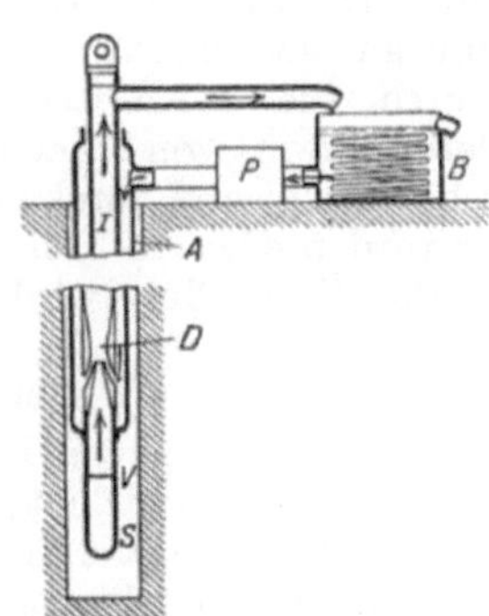

Fig. 465.
Strahlpumpe von Wolski (aus Glückauf 1910, Nr. 32).

3. Zentral-Pumpbetrieb.

Bei Ölbohrlöchern werden die Ölpumpwerke nicht immer durch eine besondere Maschine in Gang gesetzt; man benutzt vielmehr zu ihrem Antriebe häufig den Bohrschwengel. Wenn aber die Ölbohrlöcher nahe beieinander liegen, dann ist es wirtschaftlicher, alle mit einer gemeinschaftlichen Antriebsmaschine zu versehen. Hierzu kann man die in Fig. 464 abgebildete Vorrichtung benutzen. Auf der mittels Riemenübertragung und Riemenscheibe a angetriebenen Hauptwelle sitzt das

Kegelrad b und setzt vermittelst des Kegelrades c die Stirnräder d und e in Umdrehung. Auf den Rädern e ist der Ring f gelagert, der durch Verkupplung mit ihnen zu einer hin- und hergehenden Bewegung gezwungen wird; er hat an seinem Umfange Löcher zur Aufnahme der Pumpengestänge g.

b) Die Strahlpumpen.

Diese Art von Pumpen wird bei Bohrlochsbetrieben nur selten angewendet. Als Beispiel für eine solche Vorrichtung sei die Pumpe von Wolski in Lemberg beschrieben. Sie ist besonders zum Heben von Petroleum, aber auch von anderen Flüssigkeiten, aus engen Bohrlöchern bestimmt und besteht aus zwei konzentrischen Rohrleitungen I und A (Fig. 465), die oben und unten miteinander verbunden sind und bis zur Bohrlochssohle reichen. Eine von ihnen, in der Zeichnung die innere I, ist unten mit einer siebartigen Verlängerung S versehen; zwischen diesem durchlochten Teile und dem festen Rohre ist ein nach oben schlagendes Ventil V angebracht. Ferner ist die Rohrleitung I kurz über der Stelle, wo sie mit dem unteren Teile von A verbunden ist, als Strahlpumpe D ausgebildet; ihr Inneres ist nämlich an dieser Stelle düsenartig verengt; oberhalb dieser Verengung gehen durch ihre Wandung schräg nach oben und innen gerichtete düsenartige Durchbohrungen. Die Pumpe P saugt aus dem Behälter B Flüssigkeit, z. B. Petroleum an, und drückt es in die äußere Rohrleitung A, von wo dieselbe durch die genannten düsenartigen Bohrungen nach I übertritt; dadurch wird von S her Flüssigkeit angesaugt, die in dem inneren Rohre I hochsteigt und durch ein Ausgußrohr in den Behälter B abfließt. Von hier wird wieder ein Teil durch die Pumpe P zur Strahlpumpe gedrückt; der Überschuß wird zur weiteren Verarbeitung abgeleitet.

c) Der Preßluftbetrieb.

Es gibt zwei Arten von Preßluft-Schöpfwerken. Die eine ist konstruktiv nur wenig entwickelt; sie besteht aus einer Kammer mit Ein- und Auslaßorganen, welche mit der zu hebenden Flüssigkeit gefüllt ist; diese wird aus ihr durch Druckluft zu Tage geschafft, wobei sich die Ein- und Auslaßorgane entsprechend öffnen und schließen.

Die Drucklufttheber der zweiten Art sind unter dem Namen Preßluftpumpen oder Mammutpumpen bekannt. Die Einzelteile einer solchen Anlage (Fig. 466) sind

1. der Kompressor, in welchem die erforderliche Preßluft erzeugt wird,
2. ein Windkessel, in welchem die aus dem Kompressor stoßweise austretende Luft gesammelt wird, um von da aus dem Bohrloche gleichmäßig zuzufließen,
3. die Preßluftleitung und
4. das Steigerohr mit der Abflußleitung.

Das Luftrohr wird neben dem Steigerohr im Bohrloche abwärts geführt; in angemessener Tiefe ist es mit ihm mittels eines Fußstückes verbunden, durch welches die Luft in das Steigerohr hinübergeleitet wird; in diesem geht die Luft wieder empor und versetzt gleichzeitig das im Steigerohr befindliche Wasser in Aufwärtsbewegung. Die Auf-

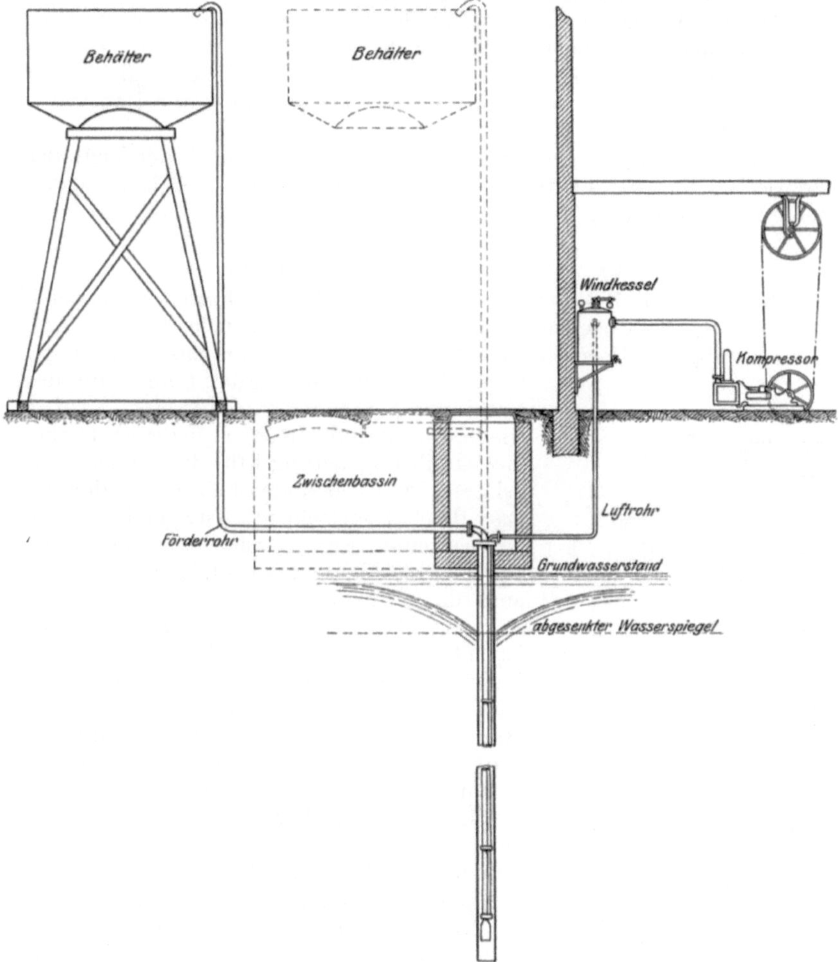

Fig. 466.
Mammutpumpe von Brechtel.

wärtsströmung des Wassers infolge der Einleitung der Preßluft läßt sich erklären

1. durch Verminderung des spezifischen Bodendruckes im Steigerohre, wodurch eine Nachströmung von der Bohrlochssohle her bewirkt wird, oder

2. dadurch, daß die Preßluft das Steigerohr in großen Blasen durchströmt, und daß die einzelnen Luftblasen ähnlich wie ein Kolben das Wasser vor sich herschieben, oder

3. dadurch, daß infolge von gleichmäßiger Vermischung von Luft und Wasser das spezifische Gewicht des letzteren herabgemindert wird. Diese Gewichtsverminderung läßt sich erfahrungsgemäß nur bis 0,5 durchführen. Es muß also die Eintauchtiefe mindestens gleich der Förderhöhe sein, d. h. der Wasserspiegel darf nie unter die Bohrlochsmitte sinken.

Zur Förderung von einem Liter Wasser sind je nach der Tiefe des Bohrloches und der lichten Weite der Steigerohre 1,5—3 Liter atmosphärische Luft nötig.

d) Die Ableitung von Erdgasen.

Um Erdöl und Erdgas aus Bohrlöchern sicher abzuleiten, namentlich aber um die Gase nicht unbenutzt entweichen zu lassen, hat Mac Garvey folgende Vorrichtung erfunden. Auf die Bohrlochsverrohrung b (Fig. 467) ist das Rohrstück f mit Hilfe des Verbindungsstückes n aufgesetzt. Auf f wiederum sitzt das Rohr r, in dessen Deckel die Abführungsleitung l für die Erdgase eingelassen ist. Aus dieser Leitung werden die aus dem Bohrloche aufsteigenden Gase mittels einer Pumpe oder einer ähnlichen Vorrichtung abgesaugt. Infolgedessen steigt auch das Öl in diesem Rohre aufwärts. Sobald die Ölsäule eine gewisse Höhe erreicht hat, öffnet sich unter ihrem Druck die Ventilklappe k, welche nach der Kammer g und der Ölabflußleitung o führt. Um jederzeit die Höhe des im Rohre r herrschenden Vakuums beobachten zu können, ist r mit der Kammer g durch die Nebenleitung s verbunden, in welche in entsprechender Höhe ein Glasrohr eingesetzt ist. Ihr unterster Sack muß immer mit Öl gefüllt bleiben, damit durch sie keine Gase entweichen können.

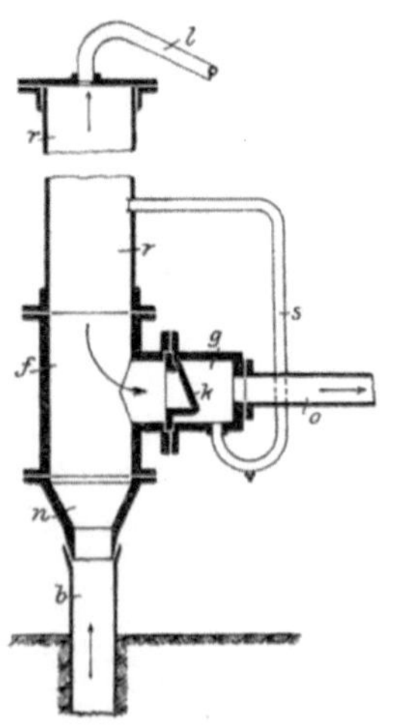

Fig. 467.
Apparat von Mac Garvey zum Ableiten von Erdgasen (aus Glückauf 1910, Nr. 5).

Außer durch einen Ventilator oder eine Pumpe können die Gase auch durch natürlichen Schornsteinzug entfernt werden. Bei derartigen Anlagen konnte, auch bei einer Gasausströmung von 25 cbm/min, in der Turmlaterne keine Spur von Gas festgestellt werden.

Sechzehnter Teil.

Die Sicherung der Bohrlöcher.

Von Diplom-Bergingenieur Arthur Gerke.

Benutzte Literatur.

Beer: Erdbohrkunde.
Tecklenburg: Handbuch der Tiefbohrkunde, Band II, III und V.
Köhler: Bergbaukunde.
Ursinus: Kalender für Tiefbohringenieure.
Rost: Tiefbohrtechnik.
Serlo: Bergbaukunde.

A. Allgemeines.

Das Durchbohren von Gebirgsschichten hat fast immer das Auftreten von Nachfall aus den oberen Partien des Bohrlochs zur Folge; dieser verdankt seine Entstehung entweder der auflösenden Tätigkeit des Wassers oder er ist auf die Beschaffenheit der Gebirgsschichten zurückzuführen, wenn diese aus rolligen, lockeren oder schwimmsandähnlichen Massen zusammengesetzt sind. Das Auftreten von Nachfall braucht sich nicht schon unmittelbar nach dem Durchbohren bemerkbar zu machen, vielmehr vergeht häufig geraume Zeit, bis infolge der Einwirkung von Luft, Wasser oder der Erschütterungen, welche der Bohrbetrieb mit sich bringt, die Massen in den Stößen ihren Halt verlieren und auf die Sohle herunterstürzen.

Diese Erscheinung macht sich im Bohrbetriebe recht unangenehm bemerkbar, indem durch den Nachfall eine Reihe von Störungen hervorgerufen werden kann, welche geeignet sind, den Fortgang der Bohrung in Frage zu stellen.

Derartige Störungen bestehen in dem Zusammengehen des Bohrlochs infolge Durchbohrens von rolligen oder Schwimmsand führenden Schichten, in Verklemmungen der Bohrapparate, hervorgerufen durch Nachfall oder durch das Quellen toniger Schichten, in Weitungen in der Umgebung der Bohrlöcher. Bei der Spülbohrung kommt hinzu das Zerstören der Bohrlochsstöße durch den aufsteigenden oder sinkenden Spülstrom, Verluste des Spülstromes in klüftigem Gebirge, Störungen des Spülstromes durch entgegengesetzt wirkende Quellen und irrige Beurteilung der durchbohrten Schichten, welche eine Folge des Hochbringens von Nachfall durch den Spülstrom ist.

Um allen diesen, die Bohrarbeit erschwerenden oder ernstlich gefährdenden Störungen von vornherein zu begegnen, erhalten die Bohrlochsstöße eine Auskleidung, die durch Verlettung, Betonierung oder Verrohrung bewirkt werden kann.

Außer zur Verhütung schädigenden Nachfalls muß das Bohrloch noch eine Auskleidung erhalten, wenn aus ihm irgend eine Flüssigkeit oder ein Gas zeitweise oder dauernd gefördert werden soll und diese Flüssigkeit Verunreinigungen oder Verdünnungen nicht verträgt. Das ist von der größten Bedeutung bei den Bohrungen auf Erdöl, Sole, Mineralwasser, Erdgas usw. Die Auskleidung erfolgt dann nur durch Betonierung oder Verrohrung.

B. Die Verlettung.

Die Verlettung wendet man zur Sicherung der Bohrlochsstöße dann an, wenn einzelne zum Nachfall neigende Schichten vorhanden sind, welche für einige Zeit absgesperrt werden sollen, vor allem in trockenen Bohrlöchern. Die Verlettung besitzt den Nachteil, daß sie unter der Einwirkung des Bohrbetriebes sich nicht lange an den Stößen hält. Sie läßt sich zur Wasserabsperrung nur dann mit Erfolg verwenden, wenn das Wasser aus Gebirgsklüften zusitzt.

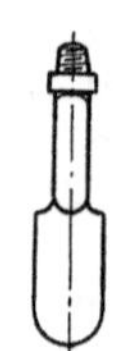

Fig. 468. Bohrkeule (aus Ursinus, Kalender für Tiefbohr-Ingenieure).

Unmittelbar nach der Durchbohrung der lockeren Schichten wird gut durchgekneteter Letten oder fetter Ton in das Bohrloch bis über die zu verlettende Schicht geworfen und mit der Bohrkeule festgestampft. Die Bohrkeule ist, wie Fig. 468 zeigt, ein zylindrischer, unten abgerundeter Körper, der am Gestänge bis vor Ort eingelassen wird. Anstelle des Einstampfens durch die Bohrkeule kann man den Ton auch mit einem Schneckenbohrer in das Bohrloch einbringen und durch Drehen desselben die Wände mit der Masse verschmieren.

Als Ersatz für Letten kann man auch Gips oder Kalk nehmen; doch empfiehlt sich diese Art des Ausbaues nur für kleine Bohrungen von geringer Tiefe und nur für kurze Zeit.

C. Die Betonierung.[1]

Die Betonierung, welche auf demselben Prinzip beruht, eignet sich mehr für einen dauernden Ausbau der Bohrlochsstöße. Außerdem bedient man sich ihrer zur Absperrung der im Bohrloche vorhandenen Tage- und Grundwasser, welche durch offene Spalten und Klüfte oder durch die Poren des Gesteins in das Bohrloch eintreten können. Von besonderer Bedeutung wird das rechtzeitige Schließen dieser Zufuhr-

[1]) Tiefbohrwesen, 1909, Nr. 9.

kanäle für Ölbohrungen, bei denen eine Verwässerung des Erdöles verhindert werden muß.

Soll die Betonierung nur zur Sicherung der Stöße erfolgen, so richtet sich die Ausführung danach, ob die zu betonierende Stelle sich hoch über der Sohle oder dicht über ihr befindet.

Im ersten Falle muß der untere Teil des Bohrloches gegen das Eindringen von Zement verschlossen werden, was mit Hilfe eines Spundes geschieht. Der Spund ist aus zwei halbzylindrischen, keilförmigen Holzbacken zusammengesetzt und an einer mit dem Hauptgestänge verbundenen Gabel befestigt, welche mittels Haken in entsprechende Ösen des Spundes eingreift. Zwischen den Holzbacken befindet sich ein Keil, der ebenfalls in einer Gabel hängt, die in eine Bohrstange endet. Über dieser ist eine Rutschschere angeordnet, welche am Löffelseil hängt und an diesem in das Bohrloch eingelassen wird. Ist nun der Spund beim Einlassen vor Ort angelangt, so wird zunächst der Keil durch mehrere Schläge mit der Rutschschere fest angetrieben, wodurch der Spund in dem Bohrloch festgeklemmt wird. Da Spund und Keil aus getrocknetem Holz bestehen, so findet außerdem nach dem Einlassen ein Aufquellen des Holzes im Wasser statt. Eine Folge davon ist, daß die Verbindung zwischen Spund und Bohrlochswand noch inniger wird. Will man den Spund noch fester eintreiben, so kann man nach dem Aufholen von Bohrgestänge und Löffelseil Ziegelsteinbrocken verschiedener Größe in das Bohrloch hineinwerfen, um etwa zwischen Spund und Bohrlochswand verbliebene Öffnungen unschädlich zu machen.

Zum Betonieren wird ein dünnflüssiger Beton mit einem Mischungsverhältnis von 1 : 1 benutzt, der in einem sich unten leicht öffnenden Löffel bis an die zu betonierende Stelle eingebracht wird. Der Beton darf keinesfalls von oben hineingeschüttet werden, da sonst infolge des verschiedenen spezifischen Gewichtes von Zement und Sand beim Herunterfallen im Wasser eine Trennung in die einzelnen Bestandteile des Betons eintreten würde.

Das Abbinden erfordert etwa 4 Wochen, worauf nach Ausbohrung des Loches und Beseitigung des Spundes die Bohrung fortgesetzt werden kann.

Will man das Bohrloch nicht durch einen Spund abschließen, so wird es bis zur brüchigen Stelle mit Sand gefüllt und darauf in der eben beschriebenen Weise der Beton eingebracht. Der Sand wird dann nach dem Erhärten des Betons und dem darauf erfolgenden Ausbohren des Loches durch Löffeln oder Spülen zutage gebracht.

Wenn die brüchige Stelle sich unmittelbar über der Sohle befindet, so fällt natürlich ein Abschluß des Bohrloches durch Spund oder Sand fort, und der Beton wird direkt auf die Sohle einige Meter hoch über der Bruchstelle eingebracht.

Hat die Betonierung außerdem die Aufgabe, die zufließenden Wasser abzusperren, so muß sie besonders sorgfältig ausgeführt werden. Es lassen sich dann zwei Verfahren benutzen, deren jedes bei sachgemäßer Anwendung zum Ziele führt.

Das erste Verfahren beruht auf dem Gedanken, den Zement womöglich direkt in die Zufuhrkanäle des Wassers einzubringen. Soll hier die Betonierung gelingen, so ist erforderlich,

1. daß der Zement so weit wie möglich in die Zufuhrkanäle eindringt und diese absperrt,
2. daß dem Zement genügend Zeit zum Abbinden gelassen wird,
3. daß der Zement mit den Bohrlochswänden eine möglichst innige Verbindung eingeht.

Eventuell müssen diese dazu besonders hergerichtet werden.

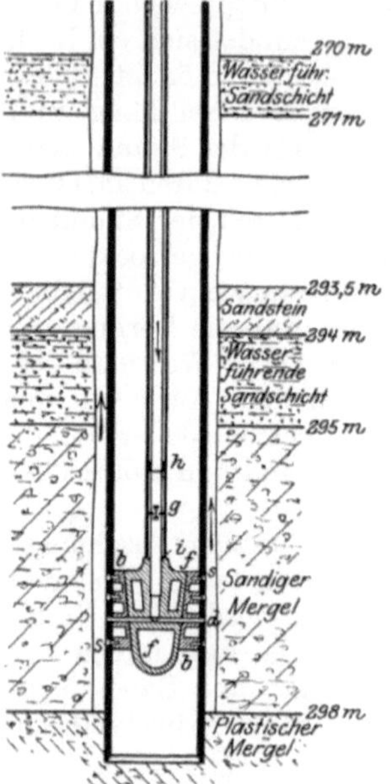

Fig. 469.
Apparat zum Einführen von Zement (aus Tiefbohrwesen 1909, S. 66).

Bei der Ausführung der Betonierung wird nun zunächst auf der Sohle eine Vorbohrung von geringer Tiefe hergestellt und in diese eine hermetisch abschließende Rohrtour von kleinerem Durchmesser als dem des Bohrloches eingeführt, welche unten schuhartig angeschärft ist.

Der Einführung des Zementes dient ein gußeiserner Körper b (Fig. 469), der durch Schrauben s mit dem Rohre verbunden ist und im Innern die Form eines abgestumpften Kegels besitzt. Auf dem äußeren Umfange des Kegels befinden sich mit getalgter Hanfschnur gefüllte Rillen zur Abdichtung des Gußkörpers gegen die Rohrwand.

Rohr und Gußkörper sind mit übereinstimmenden Löchern d versehen, welche in radialer Richtung verlaufen.

In diesen Gußkörper wird ein mit dem Hohlgestänge verbundener Stöpsel f eingesetzt, welcher 6 Löcher enthält, die in die Löcher d des Gußkörpers einmünden.

Der Beton besteht aus etwa 65 Teilen Zement und 35 Teilen Wasser und ist in dieser Mischung so dünnflüssig, daß er durch die Pumpe eingeführt werden kann. Der Beton wird in hölzernen Bottichen etwa 15 Minuten angerührt und dann durch hölzerne Rinnen dem Saugkasten der Pumpe zugeführt, worauf er in genau vorher bestimmter Menge durch die Pumpe in den Gußkörper und von hier durch die Löcher hinter die Rohre gedrückt wird.

Zur Entfernung von im Gestänge zurückgebliebenem Zement wird unmittelbar darauf so viel Spülwasser durch die Pumpe eingeführt, bis das Gestänge innen wieder sauber ist.

Nachdem der Zement etwa 4 Wochen abgebunden hat, wird versucht, den Stöpsel durch Ziehen am Gestänge zu lösen. Falls dies nicht möglich ist, wird das Gestänge, das bei h (siehe Fig. 469) Rechtsgewinde besitzt, von dem Gußkörper, der bei i mit Linksgewinde versehen ist, abgeschraubt und darauf der Gußkörper durch Fräsen zerstört. Etwa im Bohrloche verbleibende Reste werden mit der Fangkrone aufgeholt.

Bei dem zweiten Verfahren wird die Bohrlochssohle mit Zement verfüllt und die Rohrtour, deren unterstes Rohr mehrere Längsschlitze enthält, vor dem Erhärten des Betons in diesen eingesenkt. Darauf wird im Innern der Rohrtour der Beton noch einige Meter hoch eingebracht, so daß er durch die Längsschlitze in das Gebirge eindringen kann.

D. Die verschiedenen Arten der Verrohrung von Bohrlöchern.

Die Ausführung der Verrohrung hängt von der Bestimmung ab, welche das betreffende Bohrloch erfüllen soll. Handelt es sich um Schürfzwecke, so wird das Bohrloch nur eine einfache Auskleidung durch sog. Absperrungsrohre erhalten, welche möglichst billig und leicht wiederzugewinnen sein müssen. Bohrlöcher, welche dauernd gebraucht werden, oder bei denen ein Abschluß der zusitzenden Wasser erforderlich ist, werden durch sog. Isolierungsrohre verkleidet.

Die Isolierungsverrohrung unterscheidet sich von der durch Absperrungsrohre nur insoweit, als der Fuß des untersten Rohres, wenn der Wasserabschluß nicht gelungen ist, besonders abgedichtet werden muß. Wie die Abdichtung für gewöhnlich geschieht, ist bereits in dem Abschnitt Betonierung behandelt worden.

Eine andere Möglichkeit der Abdichtung besteht darin, daß der Fuß des untersten Rohres mit einem Sack trockener Erbsen umgeben wird, die durch das Aufquellen im Wasser die Abdichtung herbeiführen.

Man kann auch die Rohrtour mit Tonschlamm hintergießen oder das unterste Rohr mit einer Moosbüchse versehen, die nach dem Absenken der Rohre unter dem Druck ihres Gewichtes zusammengepreßt wird und dabei das Moos in die Spalten und Öffnungen hineindrückt.

Während man bei der Verrohrung durch Isolierungsrohre das Bohrloch von über Tage bis vor Ort mit einem Ausbau versehen muß, wenn der Zweck der Wasserabsperrung wirklich erreicht werden soll, könnte man bei Bohrungen, die Schürfzwecken dienen, die Sicherung der Bohrlochsstöße derart ausführen, daß eben nur die Bruchstelle eine Verrohrung erhält. Würde man die Verrohrung tatsächlich so vornehmen, so würde der Bohrlochsdurchmesser bald zu klein werden, da fast in jeder Bohrung nicht nur eine, sondern mehrere zum Nachfall neigende Schichten vorhanden sind, von denen jede eine engere Rohrtour erhalten müßte, welche durch die bereits eingebaute hindurchzubringen wäre. Eine derartige Verrohrung, die in der Praxis für bestimmte Zwecke Anwendung findet und gewöhnlich als verlorene Rohrtour bezeichnet wird, genügt also den Anforderungen des Betriebes nur in mangelhafter Weise.

Eine Verrohrung muß, wenn sie die Fehler des verlorenen Verrohrens vermeiden will, nicht nur eine, sondern womöglich alle auftretenden Nachfallschichten absperren können, d. h. so tief wie möglich einzubringen sein, um auf diese Weise die Verkleinerung des Bohrlochsdurchmessers, solange es irgend geht, aufzuhalten. Dieser Bedingung läßt sich durch Wahl eines großen Anfangsdurchmessers sowie durch zweckmäßig ausgesuchtes Material genügen, das, um brauchbar zu sein, mit großer Festigkeit einen dünnwandigen Querschnitt verbinden muß.

Von einer idealen Verrohrung muß man ferner verlangen, daß sie dem Fortschreiten der Bohrung unmittelbar folgen kann.

Die Erfüllung dieser Forderung hängt von der Beschaffenheit der zu durchteufenden Gebirgsschichten ab und läßt sich nur in seltenen Fällen erreichen. Immerhin soll man bestrebt sein, die Verrohrung derartig auszuführen, unter der Voraussetzung allerdings, daß der hierdurch entstehende Mehraufwand an Zeit und Kosten sich im Einklang mit dem Zweck der Bohrung befindet.

Ein Nachteil des Ausbaues durch Verrohrung gegenüber dem Ausbau durch Verlettung oder Betonierung besteht darin, daß unterhalb der Verrohrung auf alle Fälle mit geringerem Durchmesser weiter gebohrt werden muß, da sonst eine Einführung der Bohrwerkzeuge infolge der durch die Verrohrung eintretenden Verengung des Bohrloches nicht möglich wäre, und da die eingebaute Rohrtour sonst keinen Halt im Bohrloche finden würde. Den Übelstand des Ausbaues durch Verrohrung, die zunehmende Verkleinerung des Bohrlochsdurchmessers, sucht man nun dadurch zu vermeiden, daß man nach Abbohrung eines Teiles die alte Rohrtour herauszieht und das abgebohrte Stück mit einem größeren Bohrer auf den ursprünglichen Durchmesser erweitert. Darauf wird die alte Verrohrung in die Erweiterung nachgeführt.

Will man die Rohrtour nicht erst herausziehen, so muß die Erweiterung durch besonders konstruierte Erweiterungsbohrer erfolgen, welche sich durch die Rohrtour mit kleinem Durchmesser einführen lassen und erst, wenn sie an Ort und Stelle angelangt sind, ihre richtige Größe erhalten.

Die nachträgliche Erweiterung eines Bohrloches empfiehlt sich nur dann, wenn die hierdurch bedingten Zeitverluste und Unkosten den Vorteil der Erweiterung nicht illusorisch machen.

Bei dem Ausbau durch Verrohrung kann man nun je nach der Ausführung vier verschiedene Arten unterscheiden:

1. die verlorene,
2. die gültige,
3. die Teleskop-Verrohrung und
4. die gleichzeitig mitsinkende Verrohrung.

I. Die verlorene Verrohrung.

Das verlorene Verrohren findet dann Anwendung, wenn es sich darum handelt, eine Stelle des Bohrloches zu schützen, an der Schichten besonders zum Nachfall neigen. Da eine solche Verrohrung fast nie wiederzugewinnen ist, so bezeichnet man sie gewöhnlich als verlorene Verrohrung oder als verlorene Rohrtour. Die verlorene Rohrtour wird so eingebracht, daß sie etwa 2—3 m über und unter die lockeren Schichten hinausragt (siehe Fig. 470). Die Mündung der Verrohrung wird trichter-

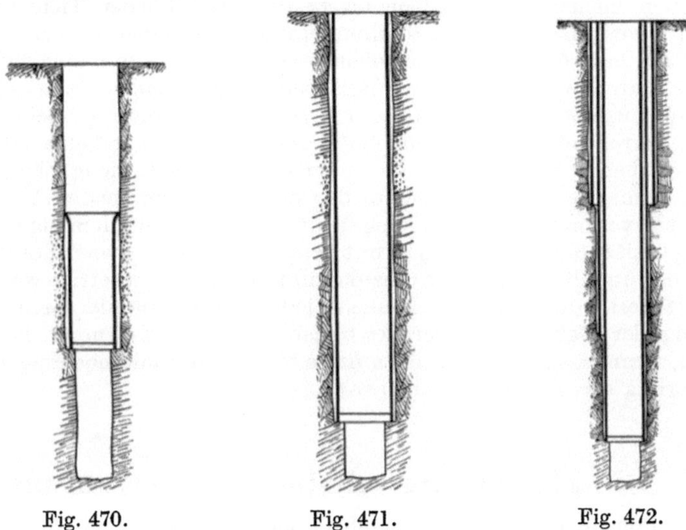

Fig. 470. Verlorene Verrohrung. Fig. 471. Gültige Verrohrung. Fig. 472. Teleskopverrohrung.

förmig gestaltet, was durch Ausbeulen des obersten Rohrstückes geschieht, um Beschädigungen durch die Bohrwerkzeuge beim Einlassen zu vermeiden. Unterhalb der Verrohrung bohrt man mit kleinerem Durchmesser weiter, wodurch ein fester Absatz des Gebirges stehen bleibt, auf dem die verlorene Rohrtour ruht. Ein Erweitern des Bohrloches unter dem Absatz verbietet sich also von selbst, da sonst die Gefahr besteht, daß die Rohrtour weiter hinabrutscht. Dieses Verfahren bietet jedoch nur dann Vorteile, wenn das Bohrloch mit großem Durchmesser begonnen ist, keine große Tiefe erforderlich ist, und ein zweites Verrohren nicht so bald nötig wird.

II. Die gültige Verrohrung.

Die zweite Art der Verrohrung durch zutage gehende Rohrtouren, auch gültige Verrohrung genannt, wird dann angewandt, wenn aus den eben besprochenen Gründen das Einbauen einer verlorenen Rohrtour nicht ratsam erscheint (Fig. 471). Hierbei wird das Bohrloch von Tage aus bis unter die brüchige Stelle verrohrt und dann mit kleinerem Durchmesser weitergebohrt.

III. Die Perspektiv- oder Teleskop-Verrohrung.

Wird bei größerer Tiefe des Bohrloches eine zweite Verrohrung erforderlich, so kann man entweder, wie bereits erwähnt, die erste Rohrtour zutage ziehen, das Bohrloch bis zu der gewöhnlichen Tiefe nachträglich erweitern und die erste Rohrtour dann verlängert wieder einbauen, oder man muß, wenn dies nicht angängig sein sollte, eine zweite, engere Rohrtour von Tage bis zur Bohrlochssohle einbauen. Eine solche Verrohrung nennt man Teleskop- oder Perspektiv-Verrohrung. Bei dieser Art der Verrohrung, welche sehr häufig zur Anwendung gelangt, stehen mitunter über 10 Rohrtouren ineinander eingeschaltet (siehe Fig. 472). Hierbei kann die eine oder andere der neu hinzukommenden Verrohrungen als verlorene Rohrtour eingebaut werden. Eine derartige Verrohrung besitzt den Nachteil, daß mit dem Einbau jeder neuen Rohrtour eine Menge überflüssiger Rohre hinzukommt, die den Bohrbetrieb wesentlich verteuert, diese Rohre können jedoch größtenteils nach Beendigung der Bohrung wieder gewonnen werden. Es empfiehlt sich deshalb, wenn irgend möglich, die gültige Verrohrung mit nachfolgender Erweiterung des Bohrloches anzuwenden.

IV. Die gleichzeitig mitsinkende Verrohrung.

Bei Bohrungen in sehr gebrächen oder Schwimmsand führenden Schichten ist man gezwungen, die Verrohrung dem Fortschreiten des Bohrloches unmittelbar folgen zu lassen, da dieses sonst infolge des Nachrutschens immer neuer Gebirgsteilchen sich nicht offen erhalten läßt. Bei der gleichzeitig mitsinkenden Verrohrung befindet sich der Rohrschuh in gleicher Höhe mit dem Bohrinstrument. Das Niedertreiben der Verrohrung geschieht entweder durch das eigene Gewicht der Rohrtour oder durch Belasten mit Gewichten oder durch besondere Preßeinrichtungen. In dem Maße, wie die Tiefe des Bohrloches zunimmt, wird die Rohrtour an der Mündung durch Aufsetzen neuer Rohre verlängert. Das Nachschieben der Rohrtour kann auch periodisch durch ein Ramminstrument geschehen, man muß dann aber stärkere Bohrrohre verwenden. Diese Verrohrung vermeidet die Fehler der anderen, läßt sich aber nur in außergewöhnlichen Fällen anwenden.

E. Material der Verrohrungen.

Das Material, aus dem die Rohre hergestellt werden, kann sehr verschiedenartig sein. Es richtet sich nach dem Zwecke der Bohrung und nach der Beschaffenheit und Zusammensetzung der durch die Bohrung erschlossenen Mineral- oder Solquellen.

Für gewöhnlich benutzt man Rohre aus Eisenblech, die bei süßem Wasser vollkommen ihren Zweck erfüllen.

Gußeiserne Rohre werden nur bei großen Bohrlöchern von über 350 mm Durchmesser angewandt, wenn Erschütterungen oder Stöße nicht zu befürchten sind.

Rohre aus verzinktem Eisenblech eignen sich für salzhaltiges Wasser.

Rohre aus Zinkblech verwendet man wohl bei Erbohrung ätzender Wasser, jedoch nicht in großen Teufen, da das Zinkblech viel zu weich ist, als daß es irgend welche Drücke aushalten könnte.

Aus Weißblech hergestellte Rohre erweisen sich praktisch für kleine Bohrlöcher und für geringe Drücke.

Kupferne Rohre sowie Messingrohre kommen nur für ätzende Wasser oder Solquellen in Frage, sind aber für gewöhnlich viel zu teuer.

Hölzerne Rohre werden nur selten angewandt infolge ihrer umständlichen Herstellung und der bedeutenden Wandstärken, welche sie erhalten müssen.

In einem Falle, zur Abschließung einer Solquelle in Bad Nauheim, hat man sogar Rohre aus Tomback angewandt.

Neuerdings hat man vorgeschlagen, Rohre aus Eisenbeton zu verwenden, die nach dem Schleuderverfahren hergestellt werden, sog. Schleuderrohre, welche besonders hohe Drücke aushalten können. Zur Anwendung im praktischen Bohrbetriebe sind sie jedoch bis jetzt nicht gelangt.

F. Abmessungen der Rohre.

Die Länge der Rohre ist verschieden. Sie beträgt im allgemeinen 2,5—5 m, übersteigt jedoch 7 m nicht, da sonst die Rohre zu lang werden, um sich im Bohrturm bequem handhaben zu lassen.

Die Nutzlänge der Rohre — darunter versteht man die gesamte Rohrlänge abzüglich der Länge des einen Gewindes — wird für gewöhnlich so gewählt, daß sich Werte wie z. B. 5,10 oder 3,40 ergeben, während man Längen von z. B. 6,353 oder 2,785 nach Möglichkeit vermeidet.

Der lichte Durchmesser der Rohre kann zwischen 40 und 1000 mm betragen.

Die Wandstärke ist von dem zu erwartenden Druck abhängig. Ist kein Wasserdruck vorhanden, so schwankt sie für Rohre von 110 bis 640 mm Durchmesser zwischen 1,5 und 5 mm.

Hat man jedoch größeren Nachfall oder Wasserdruck zu gewärtigen, so genügt die eben angegebene Wandstärke nicht, vielmehr können dann leicht Knickungen, Verbeulungen oder Brüche entstehen, die langwierige Reparaturen zur Folge haben oder gar die Existenz des Bohrloches in Frage stellen. Läßt also die Beschaffenheit des Gebirges derartige Beschädigungen vermuten, so empfiehlt es sich, diesen Gefahren von vornherein durch Anwendung dickwandiger Rohre zu begegnen.

Wie stark sind aber nun im einzelnen Falle die Wandungen der Rohre zu bemessen, damit sie den eventuell auftretenden Druck aushalten können?

Ehe an die Beantwortung dieser Frage gegangen werden kann, ist es erforderlich, sich erst einmal darüber klar zu werden, welchen Drücken im Bohrloche befindliche Rohre unterworfen sind.

Eine Betrachtung [1]) der Drücke, welche auf eine im Bohrloche befindliche Rohrtour wirken, hat zu unterscheiden zwischen dem inneren und dem äußeren Druck; bei der Untersuchung des inneren Druckes ergibt sich noch ein Unterschied aus der Bohrmethode, je nachdem es sich um eine Trocken- oder um eine Spülbohrung handelt.

Bei der Trockenbohrung haben wir gewöhnlich den Fall, daß das Wasser im Innern der Verrohrung in einer gewissen Höhe steht, die, wenn es sich nicht um absolut trockenes Gebirge handelt, vom Grundwasserspiegel abhängig ist. Bis zur Höhe des inneren Wasserspiegels herrscht dann der Druck der atmosphärischen Luft (Fig. 473).

Von hier an steht die Rohrtour unter dem Druck des im Innern befindlichen Wassers, der, da 10 m Wassersäule einen Druck von einer Atmosphäre ausüben, alle 10 m um eine Atmosphäre zunimmt. Die Größe des inneren Druckes auf der Bohrlochssohle wird uns durch die Formel

$$\mathrm{Di} = \frac{\mathrm{h} - \mathrm{hi}}{10}\ \mathrm{Atm}$$

angegeben. Darin bedeutet Di den inneren Druck des Bohrloches und hi die Entfernung des Wasserspiegels von Tage. Das Diagramm, Fig. 474, zeigt das Verhalten des Druckes bei wachsender Tiefe, wobei die bis zum inneren Wasserspiegel eintretende Zunahme des Luftdruckes als zu unbedeutend vernachlässigt ist. v stellt hierin die Linie des Druckverlaufs dar.

Der von außen auf die Rohre wirkende Wasserdruck ist von der Höhe des Grundwasserspiegels abhängig. Bezeichnet Da den äußeren Druck, hg den Grundwasserspiegel und h wieder die Gesamtteufe des Bohrloches (Fig. 473), so muß offenbar der äußere Druck auf der Bohrlochssohle sein

$$\mathrm{Da} = \frac{\mathrm{h} - \mathrm{hg}}{10}\ \mathrm{Atm}$$

[1]) S. a. „Unterlagen für die Berechnung der Wandstärken von Bohrröhren". Tiefbohrwesen 1910, Nr. 12.

Da mit zunehmender Teufe sowohl der äußere als auch der innere Druck gleichmäßig alle 10 m um eine Atmosphäre zunehmen, so folgt hieraus, daß der auf die Verrohrung wirkende Druck des Wassers sein muß

$$D = Da - Di$$

oder

$$D = \frac{h - hg}{10} - \frac{h - hi}{10}$$

oder gleich

$$\frac{hg}{10} - \frac{hi}{10}$$

d. i. gleich der Differenz zwischen Grundwasserspiegel und innerem Wasserspiegel. Im Diagramm, Fig. 475, stellt sich dieses Verhältnis folgendermaßen dar:

Darin bedeutet h die Gesamttiefe des Bohrloches, hg die Entfernung des Grundwasserspiegels von Tage, hi die Entfernung des inneren Wasserspiegels von Tage und v die Linie des Druckverlaufs. Mit sinkendem inneren Wasserspiegel wächst die Differenz und damit auch der Druck, mit steigendem nehmen Differenz und Druck ab.

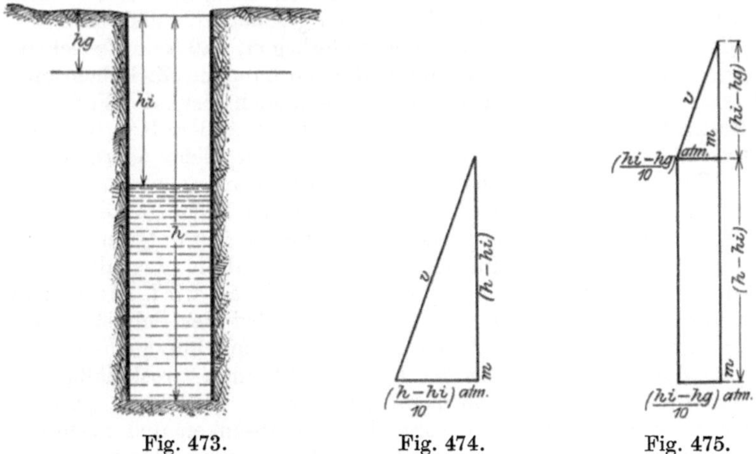

Fig. 473. Fig. 474. Fig. 475.

Ganz anders liegen die Verhältnisse bei der gewöhnlichen Spülbohrung. Hier besteht ein Unterschied zwischen äußerem und innerem Wasserspiegel nicht, infolgedessen tritt auch kein Druckunterschied auf.

Die bisherigen Betrachtungen galten nur dem Druck des Wassers. Außer diesem kann aber auch der Druck des Gebirges auf die Rohrwandungen einwirken. Der Gebirgsdruck wird zum großen Teil durch das Auftreten von Nachfall hervorgerufen. Er läßt sich jedoch rechnerisch nicht ermitteln, da sich weder die Menge noch die Höhe, aus welcher der Nachfall kommt, einwandfrei feststellen lassen.

Da eine exakte Ermittlung des auf die Rohrwandungen wirkenden äußeren Druckes nicht möglich ist, so kann eine Berechnung der Wandstärken auf streng mathematischer Grundlage nicht erfolgen. Immerhin existiert eine Näherungsformel von Lamé, die zur Berechnung der Wandstärken vielfach benutzt wird. Sie lautet nach den Ausführungen von Ingenieur A. Weinfeld-Policiori-Bucau im Pétrole roumain:

$$\frac{p}{c} = \frac{D^2 - d^2}{2 D^2},$$

worin

p den äußeren Druck in kg auf 1 qmm
c den zulässigen Druck in kg auf 1 qmm
D den äußeren Rohrdurchmesser in mm und
d den inneren Rohrdurchmesser in mm bedeutet.

Die vorstehenden Betrachtungen galten für den Fall, daß sich nur eine Rohrtour im Bohloche befindet. Wie steht es nun mit den Druckverhältnissen, wenn mehrere Rohrtouren eingebaut sind? Offenbar ändert sich in den unteren Teilen des Bohrloches nichts, da hier nur eine Rohrtour in Frage kommt. In den oberen Teilen dagegen ändert sich an den Stellen, wo die Rohrtouren ineinander geschachtelt sind, ebenfalls nichts, da entweder die Rohre so aneinanderliegen, daß kein Zwischenraum vorhanden ist, oder andernfalls der vorhandene Zwischenraum mit Wasser ausgefüllt sein kann. Ist beides jedoch nicht der Fall, was in der Praxis kaum je vorkommen dürfte, so hat die äußere Rohrtour den gesamten äußeren Wasserdruck und Gebirgsdruck allein auszuhalten, und ihre Wandstärke ist dementsprechend zu bemessen.

Bei der Spülbohrung spielt die Bemessung der Wandstärke nur insofern eine Rolle, als diese ausreichend sein muß, in den unteren Partien das bedeutende Eigengewicht der Rohre auszuhalten, das allerdings durch den Auftrieb im Wasser wesentlich verringert wird. Außerdem müssen die Rohre imstande sein, den z. B. bei der Schnellschlagbohrung mit Verkehrtspülung erzeugten Überdruck aufzunehmen.

Den äußeren Durchmesser der Rohre wählt man zweckmäßig um 8—10 mm kleiner als den Bohrlochsdurchmesser. Hierdurch erreicht man den Vorteil, daß sich die Rohre leichter absenken und eventuell später ohne große Schwierigkeiten wieder herausziehen lassen.

Was nun die Länge und den Durchmesser der einzelnen Rohrtouren anlangt, so richten sich diese naturgemäß in erster Linie nach den örtlichen Verhältnissen. Da es bei größeren Bohrungen nicht möglich ist, mit einer Verrohrung auszukommen, so muß vor dem Beginn der Bohrung zunächst festgestellt werden, mit welchem Durchmesser man beginnen und mit welchem man die vermutliche Endtiefe erreichen will. Herrscht hierüber Klarheit, so kann man daran gehen, ein Röhrenschema für die Bohrung aufzustellen, d. h. festzusetzen, wie viel Verrohrungen eingebaut werden, und welchen Durchmesser die einzelnen

Rohrtouren erhalten sollen. Es ist dies für den ungehinderten Fortgang der Bohrung sehr wichtig, da die Lieferung der Rohre meist längere Zeit erfordert, diese auch häufig erst von dem Walzwerk angefertigt werden müssen.

Für die Aufstellung eines Röhrenschemas ist in erster Linie von Bedeutung der Zweck, den die Bohrung erfüllen soll, sei es, daß es sich um eine Aufschlußbohrung handelt, dann brauchen die Rohre nur die Sicherung der Bohrlochswände zu übernehmen, sei es, daß sog. Förderbohrungen in Frage kommen, aus welchen eine Flüssigkeit dauernd gehoben werden soll. In diesem Falle ist es unumgänglich, einen bestimmten Enddurchmesser einzuhalten.

Weiter ist für die Wahl des Röhrenschemas zu berücksichtigen, ob die Bohrung in geologisch bekanntem oder unerforschtem Gebiete niedergebracht werden soll. Im ersten Falle hat man genügend Anhaltspunkte zur Aufstellung eines Schemas, im letzteren empfiehlt es sich, die Bohrung größer zu beginnen, so daß ein bis zwei Rohrtouren als Reserve dienen können für den Fall, daß man auf unerwartete Schwierigkeiten stößt.

Die Tiefe, bis zu welcher die einzelnen Rohrtouren gebracht werden können, beträgt normalerweise 100—200 m, in den günstigsten Fällen 200—450 m. Je größer der Durchmesser ist, um so größer sind die Schwierigkeiten, welche dem Absenken entgegenstehen.

Die Gesamtlängen von Rohrtouren fallen bei Teleskopverrohrungen bedeutend größer aus, da hier ein Teil der Rohre sich in einer anderen Rohrtour befindet.

Der Rohrbedarf je Meter Bohrung beträgt bei Bohrungen im Deckgebirge und Steinkohlengebirge etwa 2,5—3 m, welche, da sie gewöhnlich als Teleskopverrohrung eingebaut werden, größtenteils wiederzugewinnen sind.

G. Verbindungen der Rohre untereinander.

Je nach der Verbindung der Rohre in der Längsnaht unterscheidet man genietete, verschraubte, geschweißte oder gezogene Rohre.

Die Nietrohre werden durch Niete zusammengehalten, verschraubte Rohre durch Schrauben. Geschweißte Rohre können überlappt oder patentgeschweißt sein. Nahtlose oder gezogene Rohre sind die sogenannten Mannesmannrohre.

Von diesen 4 Bauarten verwendet man heutigentags gewöhnlich nur die Nietrohre für große und die patentgeschweißten für kleine Durchmesser.

Die Querverbindung der einzelnen Rohre erfolgt durch Niete, Schrauben oder durch Zusammenschrauben. In diesem Falle sind beide Rohre mit Gewinde versehen.

I. Nietrohre.

Die vernieteten Rohre, welche in früherer Zeit fast ausschließlich zur Anwendung gelangten, sind auch jetzt noch im Gebrauch bei Bohrungen mit sehr großem Anfangsdurchmesser als Futterrohre in den obersten Partien, wenn es weniger auf luft- und wasserdichten Abschluß als auf das Sichern der Stöße gegen Nachfall ankommt. Nietrohre besitzen gegenüber den später zu besprechenden patentgeschweißten und nahtlosen Rohren den Vorteil der größeren Billigkeit und den der Möglichkeit der Selbstanfertigung für jeden beliebig großen Durchmesser, während die ersteren bei großen Durchmessern sich entweder überhaupt nicht oder nur mit großen Kosten und Zeitverlusten anfertigen lassen.

Der Nachteil liegt in der geringen Festigkeit gegen Druck und Zug, infolgedessen sie auch kaum wiedergewonnen werden können.

Die Nietrohre werden von einigen Firmen der Tiefbohrbranche auch vorrätig auf Lager gehalten. So liefern z. B. Deseniss und Jacobi in Hamburg Rohre von mm

Durchmesser	400,	450,	500,	550,	600,	650,	700,	750,	800,	900,	1000
Wandstärke	8,	8,	10,	10,	10,	10,	10,	10,	12,	12,	12

a) Herstellung der Nietrohre.

Eisenblech.

Zur Herstellung von Nietrohren verwendet man Feinbleche, Grobbleche nur dann, wenn die Rohre für große Bohrlochsdurchmesser gebraucht werden. Feinbleche sind alle Bleche unter 4,5 mm Dicke, Grobbleche solche von 5 mm und mehr Dicke.

Die Länge eines Rohres wird zweckmäßig nicht über 2 m genommen, da für größere Längen die auf dem Bohrplatz zur Verfügung stehenden Biegevorrichtungen nicht ausreichen.

Die Breite der Bleche richtet sich nach dem Durchmesser des herzustellenden Rohres. Sie läßt sich nach folgender Formel ermitteln: Bedeutet

d den Rohrdurchmesser,

s den Spielraum zwischen der äußeren Rohrwand und der Bohrlochswandung, der etwa 8—10 mm groß zu nehmen ist,

n die Übergreifung der Bleche, welche etwa 30—50 mm genommen wird,

so muß die Breite sein

$$B = (\pi (d - 2s) + n)$$

Die Blechstärke hängt von der Bohrlochsweite, von der Länge der gesamten Verrohrung und davon ab, ob die Rohre nach Beendigung der Bohrung wieder gezogen werden sollen oder nicht. Im letzteren Falle müssen die Bleche eine größere Stärke besitzen als sonst. Die Blechstärke der benutzten Rohre schwankt zwischen 1,5 und 12 mm.

Niete.

Die Niete erhalten in der Regel keinen Kopf, weil das Vorhandensein von Nietköpfen innen im Rohre den Querschnitt beengt und außen der zum Absenken erforderlichen Glätte schadet.

Die Niete werden gespalten und von innen in die Rohre gesteckt. Fig. 476 zeigt einen eisernen Niet ohne Kopf, der an einem Ende etwas eingeschnitten oder aufgeschlitzt ist. Die Patentniete von Hasenörl (Fig. 477) bestehen aus einem zylindrischen Bolzen aus weichem Schmiedeeisen oder Kupfer. An der dem Innern des Rohres zugekehrten Seite sind sie ausgedreht bezw. vertieft.

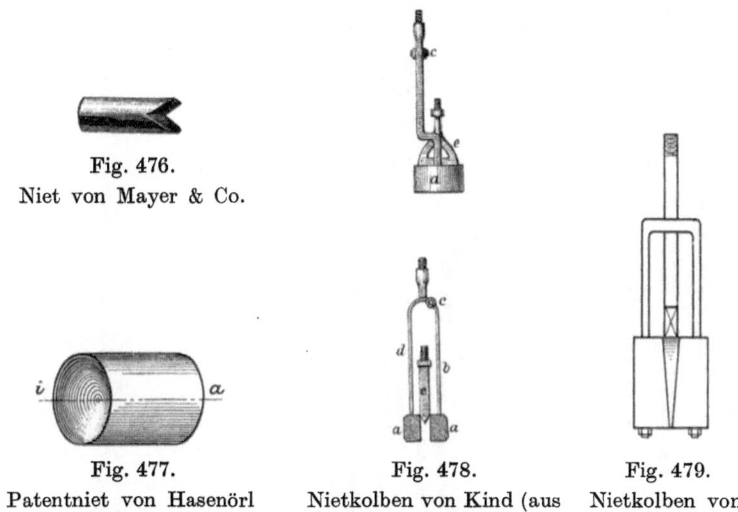

Fig. 476. Niet von Mayer & Co.

Fig. 477. Patentniet von Hasenörl (aus Tecklenburg, Handbuch der Tiefbohrkunde, Bd. II).

Fig. 478. Nietkolben von Kind (aus Tecklenburg, Handbuch der Tiefbohrkunde, Bd. V).

Fig. 479. Nietkolben von Winter.

Nietkolben.

Die Nietkolben werden beim Vernieten in das Innere des zu nietenden Rohres gebracht, um dem Niet beim Hämmern einen Widerstand zu bieten.

Der Nietkolben von Kind besitzt zwei halbzylindrische Backen a, die durch zwei Stangen b und d miteinander mit Hilfe eines Gelenkes beweglich verbunden sind und oben in eine Stange mit Gewinde enden. An diese kann eine Bohrstange angeschraubt werden (Fig. 478). Der Keil e ist ebenfalls mit einer Schraubenspindel zum Befestigen an einer Bohrstange versehen. Beim Nieten wird der Keil gesenkt, wodurch die Backen auseinandergetrieben und gegen die Rohrwandung gepreßt werden.

Von ähnlicher Beschaffenheit sind auch die früher viel verwendeten Nietkolben von Winter (Fig. 479), Cramer, Lippmann und der sog. Nietamboß.

Zwei Nietkolben neueren Datums von der Tiefbohrmaschinenfabrik Mayer & Co. und von der Tiefbohrmaschinenfabrik Deseniss & Jacobi sind in den Figuren 480 und 481 veranschaulicht.

Die Tiefbohrmaschinenfabrik Mayer & Co. fertigt außerdem noch einen sehr einfachen und zweckmäßigen, schmiedeeisernen Nietkolben mit auswechselbaren Nietbacken an (Fig. 482). Er besteht aus einer oben mit einem Griff versehenen Eisenstange, an der sich unten die auswechselbare Nietbacke befindet, die jedoch nur einen Teil des Rohrumfanges umfaßt. Durch einen einfachen Hebel, der in einem durch die Stange geführten Bolzen drehbar verlagert ist, und der sich gegen die entgegengesetzte Rohrseite preßt, kann die Nietbacke gegen die Wandung gedrückt werden.

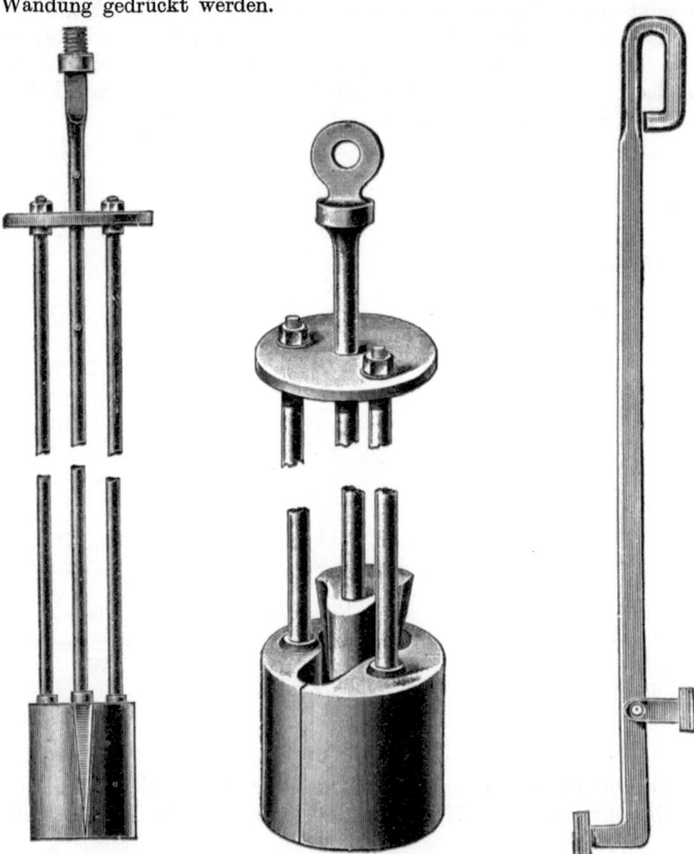

Fig. 480. Nietkolben von Mayer & Co.

Fig. 481. Nietkolben von Deseniss & Jacobi.

Fig. 482. Nietkolben mit auswechselbaren Nietbacken von Mayer & Co.

Das Biegen.

Das Biegen und Rollen der Eisenbleche geschieht gewöhnlich in kaltem Zustande; nur bei starken Blechen ist es zweckmäßig, dieses vorher ein wenig anzuwärmen. Eine einfache Biegevorrichtung kann man sich leicht selbst herstellen. An einem festen Balken oder Tisch wird eine Rundeisenstange von der Länge des Rohres so befestigt, daß ein Zwischenraum von etwa 25—30 mm bleibt. In diesen Zwischenraum wird das zu biegende Blech der Länge nach eingeführt. Man biegt nun das Blech, indem man es mit dem Rücken gegen den Balken stemmt, nach vorn um das Rundeisen gleichmäßig in der ganzen Länge nach und nach um, bis die gewünschte Krümmung erreicht ist. Dann schiebt man je einen Eisenring an beiden Enden um die gerollte Blechtafel und nietet diese sogleich.

Kind benutzte eine besondere Rollvorrichtung. Diese besteht aus zwei übereinander angeordneten Walzen mit kleinem Zwischenraum, in den das Blech geschoben wird. Das Blech wird an Häkchen an der oberen Walze befestigt und diese vermittels zweier Hebel langsam gedreht, bis beide Blechenden zwischen den Walzen übereinander gehen. Die obere Walze wird nun aus dem Lager gehoben, und dann zwei Eisenringe über das gerollte Blech geschoben, worauf dieses zum Vernieten von der Walze abgezogen werden kann.

Lochung und Vernietung.

Die Lochung der Bleche erfolgt von Hand mit Hilfe eines Dornes und eines Hammers. Man kann hierzu auch besondere Spezialmaschinen verwenden, doch wird sich ein Vorteil damit kaum erzielen lassen, da die Selbstanfertigung von Rohren auf dem Bohrplatz ja zu selten erfolgt, als daß derartige Maschinen ausgenutzt werden könnten.

Die Nietlöcher werden entweder in einer Reihe oder in zwei Reihen zickzackförmig angeordnet. Letzteres geschieht dann, wenn das Rohr größere Drücke aushalten soll.

Das Vernieten erfolgt nun in der Weise, daß, nachdem die Nietlöcher im Rohre und in der Muffe hergestellt sind, der Niet von innen mittels eines Niethalters oder von außen in das in der Rohrwand befindliche Loch eingesteckt wird. In das Innere des Rohres wird dann ein Nietkolben eingeführt, der Niet dagegen gepreßt und nun in gewöhnlicher Weise die Nietung vollzogen.

Die Vernietung mehrerer Rohre zu einer ganzen Rohrtour hat so zu geschehen, daß die Längsnähte der genieteten Rohre gegeneinander versetzt sind.

b) Einteilung der Nietrohre.

Die vernieteten Rohre lassen sich einteilen in

1. Muffenrohre,
2. Kegelrohre und
3. Doppelrohre.

1. Muffenrohre.

Bei den Muffenrohren unterscheidet man Rohre mit äußeren und Rohre mit inneren Muffen.

Die Rohre mit äußerer Muffe werden mit einem äußeren Muff von ungefähr 200 mm Länge versehen. Der Muff wird zur Hälfte mit dem unteren Rohrende vernietet und dann das neue Rohr aufgesetzt und mit der anderen Hälfte des Muffes vernietet, wobei darauf zu achten ist, daß die abgedrehten Stöße innen gut aufeinander passen. Geschieht das nicht, so kann der Bohrmeißel beim Einlassen an der vorstehenden Rohrkante hängen bleiben und die Rohre verbiegen. Ein Muffenrohr mit äußerer Muffe ist in den Fig. 483 und 484 veranschaulicht.

Die Muffenrohre mit innerer Muffe besitzen gegenüber denen mit äußerer Muffe den Vorteil, daß sie sich leichter in das Bohrloch einbringen und herausziehen lassen, da sie eine glatte Außenseite besitzen. Der Muff muß unten und oben angeschärft werden, um ein Hängenbleiben des Meißels zu verhüten (Fig. 485). Die Vernietung erfolgt in kaltem Zustande, gestaltet sich aber sehr schwierig, weshalb derartige Rohre auch nur selten gebraucht werden.

2. Kegelrohre.

Die Kegelrohre oder Keilrohre sind Rohre, die zum Zwecke der Verbindung am oberen Ende etwas aufgetrieben sind, so daß das obere Rohr in das untere hineingesteckt werden kann. Das obere Rohr ragt etwa 75—100 mm in das untere Rohr hinein, und in dieser Stellung werden die Rohre zusammengenietet (Fig. 486). Die Anfertigung derartiger Rohre gestaltet sich sehr einfach. Die Keilrohre vermeiden die Nachteile, welche den Muffenrohren anhaften. Sie lassen sich leichter in das Bohrloch einbringen und bieten auch dem Meißel beim Einlassen kein Hindernis.

Bei den Keilrohren mit gewundener Naht verläuft die Naht spiralförmig um das Rohr, und zwar so, daß die Naht des oberen Rohres die Fortsetzung der des unteren bildet.

3. Doppelrohre.

Die Doppelrohre gehören eigentlich zu den Muffenrohren. Sie unterscheiden sich von ihnen insofern, als der äußere Muff gleich der Länge des inneren Rohres genommen wird. Die Doppelrohre bestehen also aus zwei vollständigen Rohren, die so ineinander stecken, daß die Querfuge zwischen zwei äußeren Rohren die Mitte des inneren Rohres trifft. Die Doppelrohre vermeiden die Nachteile der Muffenrohre und können auch wasserdicht angefertigt werden, sind aber zu teuer, da sie zu ihrer Herstellung zu viel Blech gebrauchen.

Will man bei den Doppelrohren die Vernietung vermeiden, so wird das äußere Rohr angewärmt und in diesem Zustande über das innere Rohr gelegt. Das äußere Rohr preßt sich dann infolge der Schrumpfung beim Abkühlen fest gegen das innere Rohr.

4. Nietrohre mit Schraubenverbindung.

Außer durch Vernietung kann die Verbindung zweier Nietrohre auch durch Verschraubung bewirkt werden. Fig. 487 zeigt durch Verschraubung verbundene Nietrohre der Deutschen Tiefbohr-Aktiengesellschaft, die außen glatt sind. Anstatt der inneren Verbindung können die Rohre auch eine äußere durch Schraubenmuffen erhalten.

Nietrohre mit Schraubenverbindung werden als obere Teile einer Nietrohrtour von großem Durchmesser angewandt, wenn diese sich in einer größeren Verrohrung befindet. Sie können dann leicht wiedergewonnen werden.

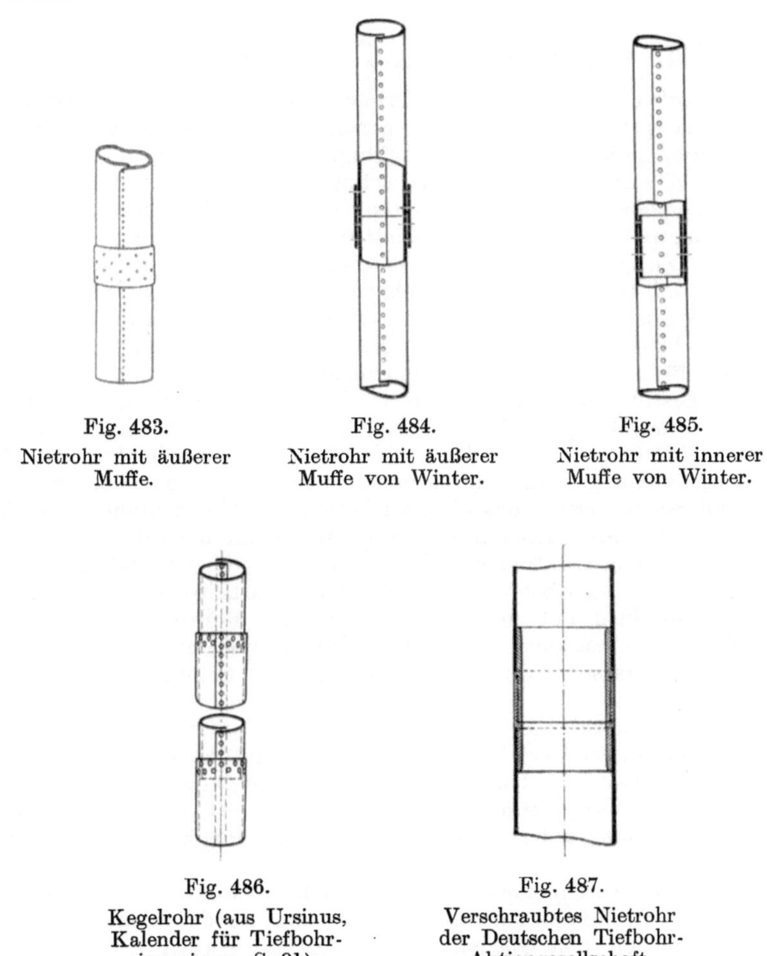

Fig. 483. Nietrohr mit äußerer Muffe.

Fig. 484. Nietrohr mit äußerer Muffe von Winter.

Fig. 485. Nietrohr mit innerer Muffe von Winter.

Fig. 486. Kegelrohr (aus Ursinus, Kalender für Tiefbohringenieure, S. 91).

Fig. 487. Verschraubtes Nietrohr der Deutschen Tiefbohr-Aktiengesellschaft.

II. Verschraubte Rohre.

An Stelle der Vernietung kann man die Rohre in der Längs- und Quernaht auch durch Schrauben miteinander verbinden. Die Schraubenbolzen werden dabei von innen eingesteckt und von außen durch flache

Muttern angezogen. Die Anwendung von Schraubenrohren erweist sich aber nicht als vorteilhaft, da die Schrauben beim Einlassen allzu leicht beschädigt werden können.

III. Geschweißte und gezogene Rohre.

Gegenüber den bisher besprochenen Niet- und Schraubenrohren besitzen die geschweißten oder gezogenen Rohre die Vorteile einfacher Verbindung, größerer Widerstandsfähigkeit gegen Zug und Druck, leichterer Wiedergewinnbarkeit und schnellerer Zusammensetzung. Die Nachteile ergeben sich aus den höheren Kosten, dem Verzicht auf Selbstanfertigung und aus der Beschränkung auf Durchmesser bis zu maximal 400 mm. Die großen Vorzüge der patentgeschweißten Rohre sowie die Tatsache, daß Rohre für jeden beliebigen Durchmesser von einer ganzen Reihe von Firmen in größeren Quantitäten ständig auf Lager gehalten werden, haben dazu geführt, daß im heutigen Bohrbetriebe fast nur noch derartige Rohre zur Anwendung gelangen.

Die geschweißten und gezogenen Rohre werden miteinander nur durch Verschraubung verbunden. Die Gewinde können zylindrisch oder konisch sein, die erstere Art der Verbindung findet aber heute nur noch selten Anwendung. Für den Transport werden die Gewinde, um Beschädigungen zu vermeiden, mit einer besonderen Umwicklung aus Holz versehen, das durch Eisendrähte zusammengehalten wird.

Für die Konstruktion der Bohrrohre sind vom Gewinde-Komitee des Vereins der Bohrtechniker Normalien ausgearbeitet worden, welche sich im einzelnen mit der Gewindeform, der Bohrrohr-Verbindung, den Normal-Dimensionen, der Beschaffenheit des Materials und der Rohre usw. befassen. Sie sind im Anhang auf S. 504—507 wiedergegeben.

Die einzelnen Rohre werden auf dem Bohrplatz zweckmäßig schon vor dem Beginn der Verrohrung zu Rohrsätzen zusammengestellt, deren Gesamtlänge etwa 15 m beträgt, also der der Bohrstangenzüge gleich ist.

Vor dem Zusammenschrauben der einzelnen Rohre zu Sätzen ist das Gewinde mit einer Drahtbürste sorgfältig zu reinigen und dann etwas zu ölen.

Wird das Abschneiden eines oder mehrer Rohre erforderlich, so bedient man sich hierzu besonderer Rohrabschneider. Einen solchen Rohrabschneider, den Gliederrohrschneider von Mayer & Co., zeigt die Fig. 488. Er wird wie eine Bohrknarre ruckweise vor- und rückwärts bewegt und dabei die Flügelmutter allmählich angezogen. Zwei andere, häufig verwandte Rohrabschneider sind in den Fig. 489 und 490 dargestellt.

Hat man keinen besonderen Rohrabschneider zur Verfügung, so wird das Rohr mit einem Meißel abgestemmt.

Der beim Abschneiden entstehende Grat ist sauber mit der Feile wegzunehmen, damit das Rohr beim Einlassen der Bohrwerkzeuge nicht Anlaß zu Störungen gibt. Das Anspitzen der Rohre hat zu erfolgen, wenn von der Verwendung eines besonderen Rohrschuhes aus irgend welchen Gründen abgesehen wird. Man stemmt hierzu einen Teil der inneren Wandung mit dem Meißel heraus und schärft das stehengebliebene Stück mit der Feile an.

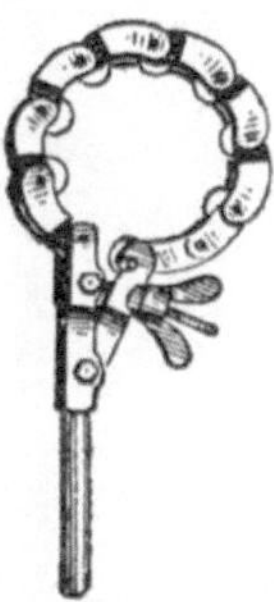

Fig. 488.
Gliederrohrschneider von Mayer & Co.

Fig. 489.
Rohrabschneider von Deseniss & Jacobi.

a) Die patentgeschweißten Rohre.

Die patentgeschweißten Rohre lassen sich einteilen in

a) Rohre ohne Muffen- oder Nippelverbindung,
b) Rohre mit Muffen- und Nippelverbindung,
c) Rohre mit Nippelverbindung.

1. Rohre ohne Muffenverbindung.

Eingezogene Rohre. Die Rohre ohne Muffenverbindung sind außen und innen glatt. Zum Zwecke der Verbindung ist der eine Teil des Rohres etwas eingezogen und mit einem Außen-

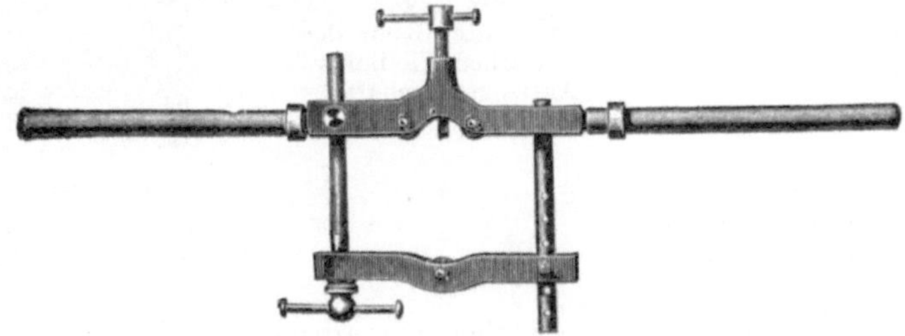

Fig. 490.
Rohrabschneider von Deseniss & Jacobi.

gewinde versehen, das in das Innengewinde des anderen Rohres hineinpaßt (Fig. 491 und 492).

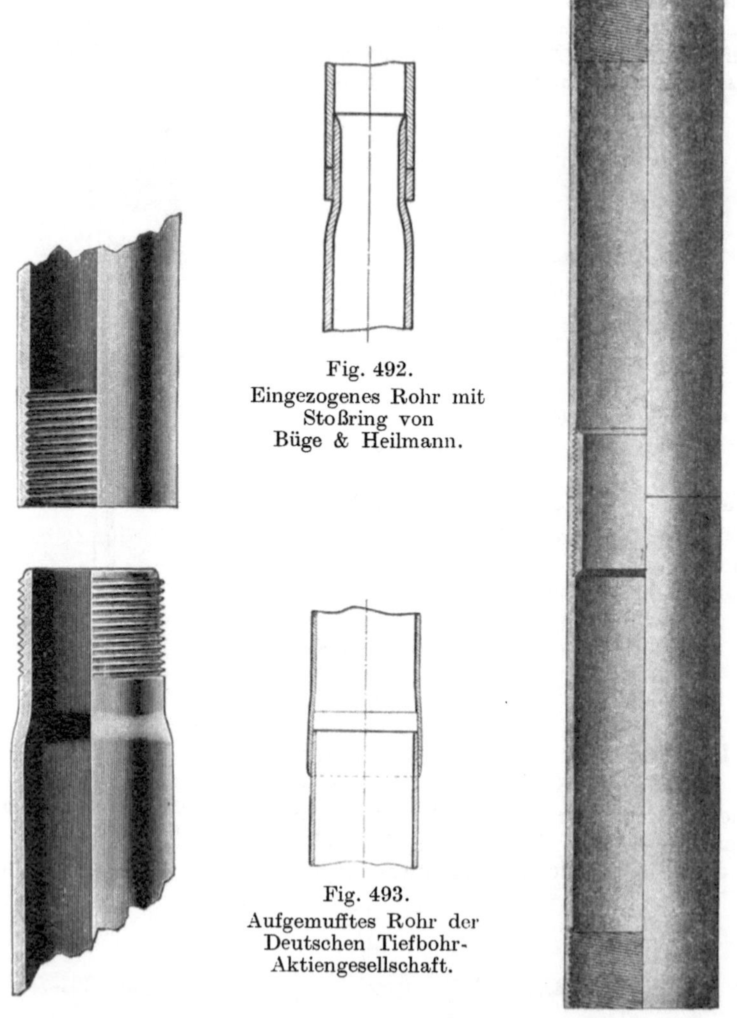

Fig. 492.
Eingezogenes Rohr mit Stoßring von Büge & Heilmann.

Fig. 493.
Aufgemufftes Rohr der Deutschen Tiefbohr-Aktiengesellschaft.

Fig. 491.
Eingezogenes Rohr von Deseniss & Jacobi.

Fig. 494.
Rohr mit Nippelverbindung von Lapp.

Die an den Verbindungsstellen eingezogenen Bohrrohre besitzen den Vorteil einer außen glatten Wand und ermöglichen außerdem eine genaue Kalibrierung der Rohre; hierdurch wird erreicht, daß die Durchmesserabstände der einzelnen Rohrtouren sehr klein genommen werden können.

Aufgemuffte Rohre. Beim Bohren auf Erdöl werden Rohre mit innen glatter Wand bevorzugt. Zur Verbindung ist dann das eine Ende des Rohres so erweitert, daß es als Muffe dient (Fig. 493). Die innen glatten Rohre besitzen den Nachteil geringerer Haltbarkeit an den Verbindungsstellen.

Treibrohre. Die Fehler der eben besprochenen Rohrtypen vermeiden die außen und innen glatten Bohrrohre, die sog. Treibrohre. Bei diesen sind die Wandstärken an der Verbindungsstelle durch Ausbezw. Einschneiden eines Gewindes so weit abgeschwächt, daß ohne Einziehung oder Aufmuffung eine Verschraubung der beiden Rohre erfolgen kann (Fig. 495). Derartige Rohre können nur mit großer Wandstärke und nur für kleinere Verrohrungen angewandt werden, da sonst die Verschraubung zu schwach wird und nicht mehr genügende Tragkraft besitzt.

2. Rohre mit Muffenverbindung.

Die Rohre mit Muffenverbindung werden heute wohl nur noch für sehr tiefe Bohrungen angewandt. Ihre Konstruktion geht aus den Figuren 496 und 497 hervor. Derartige Rohre besitzen infolge der Verwendung von Muffen starke Verbindungsstellen, lassen sich aber aus diesem Grunde nicht leicht absenken.

3. Rohre mit Nippelverbindung.

Bei den Rohren mit Nippelverbindung sind beide Rohre mit Innengewinde versehen (Fig. 494, 498 und 499). Die Verbindung erfolgt durch einen Nippel. Eine etwas anders gestaltete Verbindung zweier Rohre durch einen Nippel zeigt auch noch Fig. 500. In dieser hat der Nippel in der Mitte eine dem Bohrdurchmesser angepaßte Verstärkung erhalten.

Die Anwendung der Nippelrohre ist für größere Bohrungen nicht zu empfehlen, da die Rohre durch den Nippel im Querschnitt verengt werden und außerdem an der Verbindungsstelle leicht reißen.

b) Die nahtlosen Rohre.

Nahtlose oder sog. Mannesmannrohre werden durch Lochen und darauf erfolgendes Umformen unmittelbar aus einem Flußeisenblock hergestellt. Sie sind sehr widerstandsfähig gegen Druck, können aber bis heute nur in kleineren Durchmessern hergestellt werden. In der Verbindung unterscheiden sie sich nicht von den geschweißten Rohren. Ihre Anwendung ist im Bohrbetriebe bisher nur vereinzelt erfolgt, da sie außer im Durchmesser infolge ihrer höheren Preise auch im Kostenpunkt den geschweißten Rohren unterlegen sind.

H. Rohrstücke.

Die Rohrstücke sind Hilfsgeräte, welche zur Verbindung von Rohrtouren mit verschiedenem Durchmesser, zur Erleichterung des Einlassens oder zum Abschluß der Rohre über Tage dienen können. Sie sind in der Regel durch Verschraubung, seltener durch Vernietung mit den Rohren verbunden.

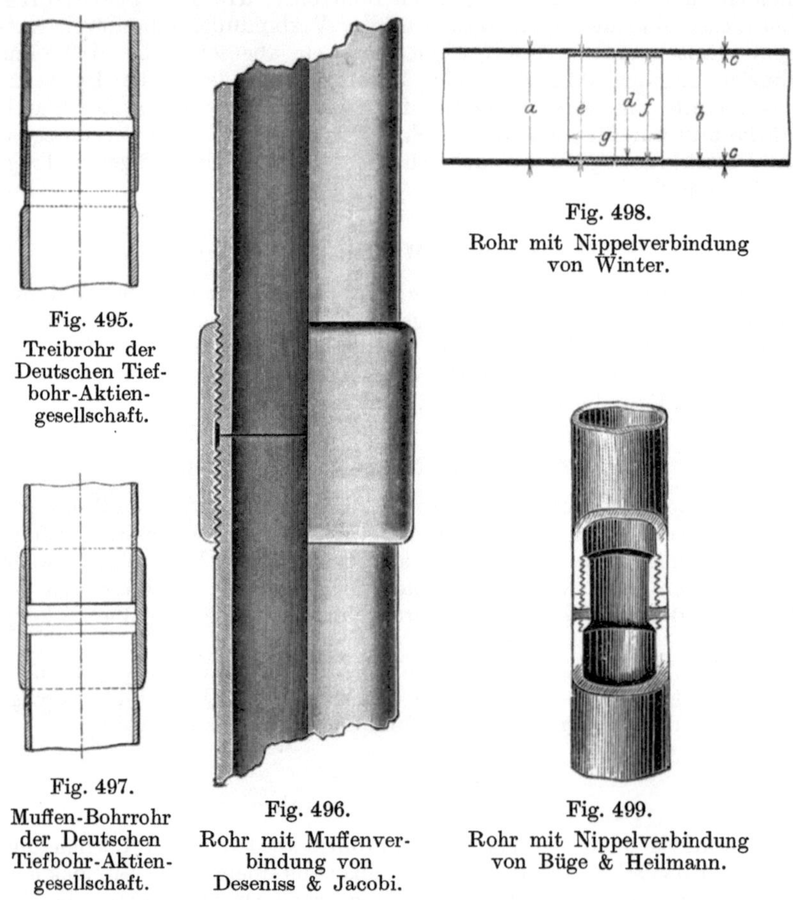

Fig. 495. Treibrohr der Deutschen Tiefbohr-Aktiengesellschaft.

Fig. 496. Rohr mit Muffenverbindung von Deseniss & Jacobi.

Fig. 497. Muffen-Bohrrohr der Deutschen Tiefbohr-Aktiengesellschaft.

Fig. 498. Rohr mit Nippelverbindung von Winter.

Fig. 499. Rohr mit Nippelverbindung von Büge & Heilmann.

Die Nippel ermöglichen die Verbindung zweier Rohre von gleichem Durchmesser. Besondere Anwendung finden sie bei den im vorigen Abschnitt besprochenen Nippelrohren.

Verjüngungsmuffe. Zur Verbindung von Rohren verschiedener Weite bedient man sich der Verjüngungsmuffen oder Reduktionsmuffen, auch Übergangsstücke genannt, welche, wie Fig. 501 und 502 zeigt, aus einer oberen Muffe zum Aufschrauben auf das größere Rohr und aus einer in diese eingeschraubten unteren Muffe bestehen. In die untere Muffe wird das kleinere Rohr mit dem männlichen Gewinde eingeschraubt.

Gewindepflöcke und Kappen. Wird aus irgend welchen Gründen die Bohrung auch nur für kurze Zeit eingestellt, so ist die zu Tage reichende Rohrtour

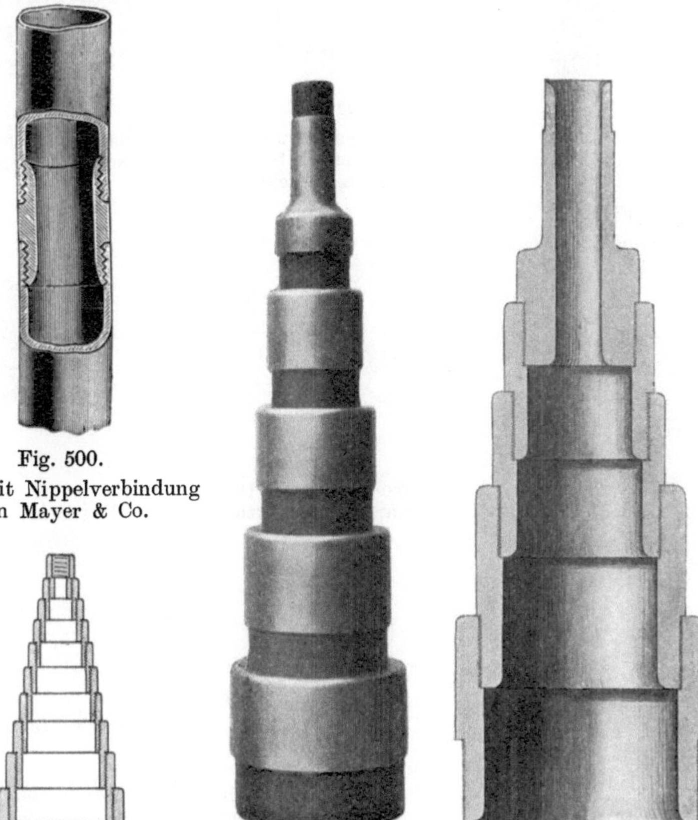

Fig. 500.
Rohr mit Nippelverbindung von Mayer & Co.

Fig. 501.
Übergangsstück von Winter.

Fig. 502 a und b.
Übergangsstücke von Heinrich Lapp.

oben mit einem Verschluß zu versehen, um das Hineinwerfen oder -fallen von Gegenständen zu verhindern, die später nur durch Fangarbeit entfernt werden können.

Der Verschluß kann entweder durch Gewindepflöcke oder Stöpsel (Fig. 503), welche in das weibliche Gewinde des Rohres eingeschraubt werden, oder durch Schutzkappen (Fig. 504) erfolgen, welche auf das männliche Gewinde des Rohres aufgeschraubt werden.

Die Gewinde-Schutzringe dienen zum Schutz des oberen Gewindeendes der Rohrtour während des Bohrens sowie als Spülauslauf bei direkter Spülung (Fig. 505 und 506).

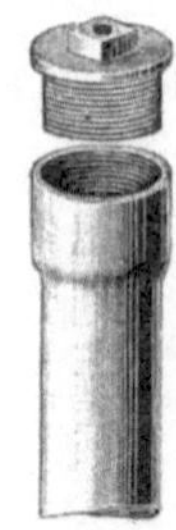

Fig. 503.
Gewindepflock von Mayer & Co.

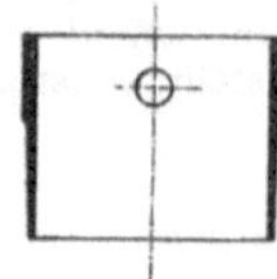

Fig. 505.
Gewindeschutzring der Deutschen Tiefbohr-Aktiengesellschaft.

Fig. 506.
Gewindeschutzring von Deseniss & Jacobi.

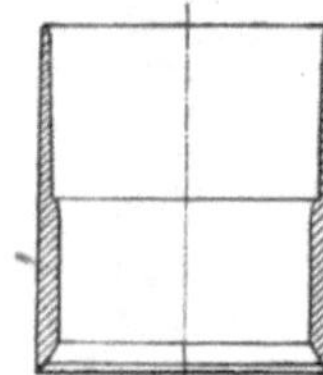

Fig. 507.
Bohrrohrschuh der Deutschen Tiefbohr-Aktiengesellschaft.

Fig. 508.
Rohrschuh von Mayer & Co.

Fig. 509.
Gezahnter Rohrschuh von Büge & Heilmann.

Fig. 504.
Gewindeschutzkappe von Mayer & Co.

Der Rohrschuh schützt das Fußende einer längeren Rohrtour gegen Zusammendrücken von außen und gegen Beschädigungen von innen durch das Anschlagen der Bohrwerkzeuge. Außerdem beseitigt er schon beim Einlassen etwaige Unebenheiten der Bohrlochswandungen. Der Rohrschuh ist ein stählerner, unten mit einer Schneide oder Zahnung versehener Ring, der auf das gewindelose, etwas angeschärfte Ende eines Rohres aufgenietet oder warm aufgezogen sein kann, aber auch — und das ist gewöhnlich der Fall — durch Innen- oder Außengewinde mit dem Bohrrohr verschraubt sein kann. Der Durchmesser ist ein wenig größer als der der Rohrtour. Einen glatten Bohrschuh oder Rohrschuh zeigt Fig. 507 und 508, einen gezahnten Rohrschuh die Fig. 509.

J. Das Einbringen der Verrohrungen.

Das Einbringen der Verrohrungen gehört mit zu den schwierigsten Arbeiten, welche im Bohrbetriebe vorkommen. Es erfordert größte Aufmerksamkeit und lange Praxis, um der dabei leicht auftretenden Störungen Herr zu werden.

Die Rohrsätze, welche, wie bereits erwähnt, zweckmäßig schon geraume Zeit vor dem Beginn der Verrohrung zusammengestellt sind, werden, wenn angängig, im Bohrturm senkrecht aufgestellt oder aufgehängt. Bei Raummangel läßt man sie, gegen Rosten geschützt, im Freien liegen, jedoch möglichst nahe an den Eingangstüren, um sie für den Gebrauch gleich zur Hand zu haben.

Bevor nun mit dem Einbringen begonnen werden kann, muß festgestellt werden, ob das Bohrloch senkrechte Richtung und vollkommene Rundung besitzt. Zu dieser Prüfung wird am Gestänge die sog. Schablone, d. h. ein Nachbohrer oder eine Zackenkrone, in den unverrohrten Teil des Bohrloches vorsichtig eingeführt und dabei genau auf etwaige Schwierigkeiten, die sich bei dem Absenken einstellen, geachtet. Ergeben sich hierbei Nachfall oder Unebenheiten in der Bohrlochswandung, so müssen diese zuvor entfernt werden, da sonst die Verrohrung sich nicht bis vor Ort einbringen läßt. Die Entfernung des Nachfalls geschieht durch Löffeln oder verstärkte Spülung, unrunde Stellen werden durch den Nachnahmebohrer oder durch die Stahlkrone beseitigt.

Das Einlassen der Rohre erfolgt satzweise, indem die einzelnen Rohrsätze miteinander entweder vernietet oder verschraubt werden. Bei dem Zusammenschrauben der Sätze ist darauf zu achten, daß das männliche Gewinde eines jeden Rohres nach unten, das weibliche nach oben gerichtet ist. Hierdurch wird die Verschraubung bedeutend leichter von statten gehen. Jedes Rohr wird vor dem Einlassen mit einer Drahtbürste gereinigt und etwas geölt, die Länge des Rohrsatzes oder des einzelnen Rohres genau gemessen und aufnotiert.

Bis zu welcher Tiefe die Rohrtour einzulassen ist, hängt davon ab, ob unter der Verrohrung mit gleichem oder mit kleinerem Durchmesser weitergebohrt werden soll.

Im ersteren Falle muß man mit dem unteren Ende so viel von der Sohle entfernt bleiben, daß der für diesen Fall besonders konstruierte Bohrer unbehindert arbeiten kann.

Im letzteren Falle bringt man die Rohrtour bis vor Ort.

Das Einbringen einer gültigen Verrohrung geschieht nun in der Weise, daß, nachdem man sich davon überzeugt hat, ob das Bohrloch überall eine gleichmäßige Rundung und Weite besitzt, der erste Rohrsatz mit dem Bohrkabel nach Aufschrauben der Hebekappe angehoben und in das Bohrloch so eingelassen wird, daß das weibliche Gewinde des Rohres nach oben gerichtet ist. Der Satz wird nun durch eine Rohrschelle über Tage abgefangen, die Hebekappe entfernt, auf den zweiten

Satz geschraubt und dieser dann mit dem Bohrkabel so auf den ersten Satz gestellt, daß das männliche Gewinde des zweiten Satzes in das weibliche des ersten hineinfaßt. Nach Anlegen einer Rohrschelle wird dann von der gesamten Mannschaft der obere Satz vorsichtig und gleichmäßig gedreht, wobei zugleich der zweite Satz mit dem Bohrkabel, dem Fortschreiten der Verschraubung folgend, nachgelassen wird. So wird Satz auf Satz zusammengefügt und eingelassen, bis die beabsichtigte Rohrlänge sich im Bohrloch befindet. Nach dem Einlassen wird das letzte Rohr so abgehauen, daß es etwa 1 m aus dem Bohrloch hinausragt, und dann durch Schellen abgefangen, um ein Nachsacken der gesamten Rohrtour zu verhindern, welches eine eventuelle Wiedergewinnung der Rohre sehr erschweren würde.

Bei Einbau mehrerer Rohrtouren ist der über Tage befindliche Zwischenraum zwischen den einzelnen Rohren mit Holzkeilen oder Hanftau abzudichten. Man will auf diese Weise ein Verschlemmen der Rohre durch Eindringen der Spülung in den Zwischenraum zwischen den einzelnen Touren verhindern, da sich verschlämmte Rohre nur schwer wiedergewinnen lassen.

Das Einbringen einer verlorenen Rohrtour kann in einem bisher unverrohrten Bohrloche geschehen oder in einem solchen, das bereits in den oberen Partien verrohrt ist. In beiden Fällen ist das Verfahren des Einbringens das gleiche. Die verlorene Rohrtour wird entsprechend der Länge der zu verrohrenden Schichten in der eben beschriebenen Weise über Tage zusammengestellt und am Gestänge in das Bohrloch eingelassen. Die Verbindung zwischen Gestänge und Rohrtour wird dabei durch eine noch zu besprechende Haltevorrichtung bewerkstelligt, welche je nach der Art der Rohre, ob genietete oder geschweißte Rohre zur Verwendung kommen, beschaffen ist. Ist die Rohrtour an Ort und Stelle angelangt, so wird die Vorrichtung von dem obersten Rohre gelöst und das Gestänge aufgeholt.

Zwecks Einbringens einer verlorenen Rohrtour aus genieteten Rohren wird die Mündung mit einem inneren Eisenringe versehen, der sich nach unten verjüngt, um ein Festhaken des Bohrwerkzeuges beim Aufholen zu vermeiden. Die Haltevorrichtung greift mit Nasen oder Haken in besondere Schlitze des oberen Rohres ein, so daß sie nach dem Einlassen leicht wieder von dem Rohre gelöst werden kann.

Das Einbringen einer verlorenen Rohrtour, welche aus patentgeschweißten oder gezogenen Rohren besteht, erfolgt ebenfalls am Gestänge. Die Verbindung zwischen Gestänge und Rohr wird hierbei durch eine Hebepulle bewerkstelligt, welche nach erfolgtem Absenken aus dem oberen Rohre herausgeschraubt wird. Bei einer so beschaffenen Haltevorrichtung muß Fanggestänge mit Linksgewinde verwandt werden, um ein Auseinanderdrehen der Rohre beim Abschrauben der Pulle zu verhüten.

I. Hilfswerkzeuge beim Einbringen der Verrohrung.

a) Rohrschlüssel.

Die Rohrschlüssel, Rohrschellen, Rohrdreher, auch Scharnierklemmen genannt, benutzt man zum Drehen der einzelnen Rohre beim Zusammenschrauben. Sie bestehen aus einem zweiarmigen Hebel und einer um das Rohr herum greifenden Backe, deren eine Hälfte beweglich ist und durch Schrauben an der anderen Hälfte befestigt wird. Die Figuren 510—512 zeigen einige der gebräuchlichsten Ausführungen von Scharnierklemmen.

Fig. 510.
Rohrdreher von Mayer & Co.

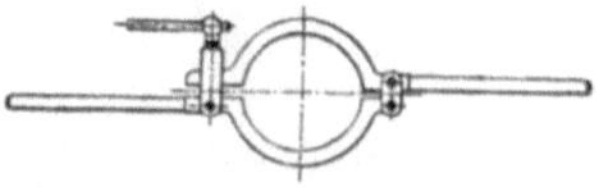

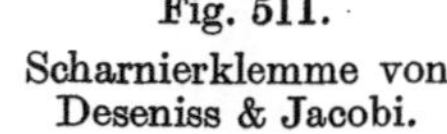

Fig. 512.
Rohrschlüssel der Deutschen Tiefbohr-Aktiengesellschaft.

Fig. 511.
Scharnierklemme von Deseniss & Jacobi.

b) Haltevorrichtungen.

Die Hebekappen oder Senkglocken dienen zum Einlassen und Aufholen der einzelnen Rohrsätze oder Rohre (Fig. 513).

Ist die Hebevorrichtung oben nur so weit geöffnet, daß ein Gestänge aufgeschraubt werden kann, so spricht man von Hebepullen (Fig. 514). Die Hebepullen werden zweckmäßig mit einer kleinen Öffnung versehen, um der Luft, welche beim Einlassen im Innern der Rohre komprimiert wird, einen Ausweg zu verschaffen.

An Stelle der eben genannten Vorrichtungen kann man auch sog. Hakenklemmen verwenden, welche aus einer mit zwei Haken versehenen Rohrschelle bestehen, die um das zu hebende oder senkende Rohr herumgelegt und durch Schrauben zusammengehalten werden. In die beiden Haken greifen zwei Ketten ein, welche oben mit einer aus der Fig. 515 ersichtlichen Querverbindung versehen sind.

Zum Einlassen und Aufziehen der Rohre kann man auch Rohreinhängewirbel oder -bügel verwenden, wie sie in den Figuren 516 und 517 dargestellt sind.

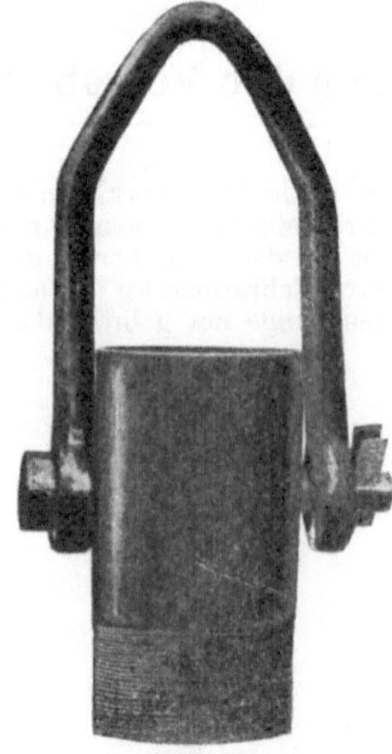

Fig. 513.
Hebekappe von Lapp.

Fig. 514.
Hebepulle der Deutschen Tiefbohr-Aktiengesellschaft.

Fig. 515.
Hakenklemme von Deseniss & Jacobi.

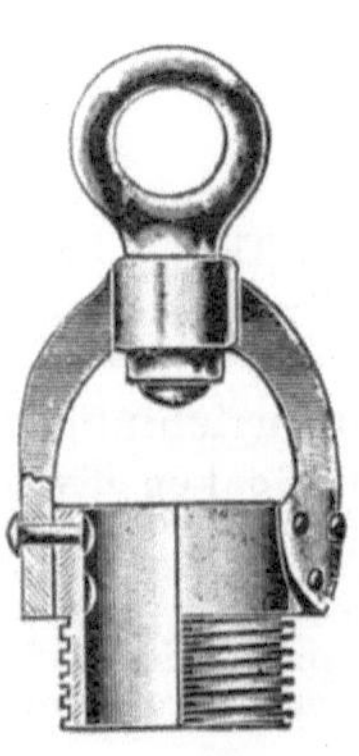

Fig. 516.
Rohreinhängewirbel von Mayer & Co.

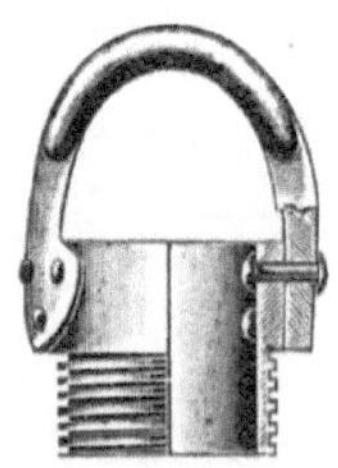

Fig. 517.
Rohreinhängebügel von Mayer & Co.

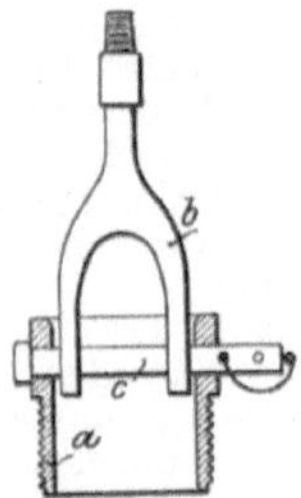

Fig. 518.
Bohrrohr-Kopfstück mit Einhängebügel der Deutschen Tiefbohr-Aktiengesellschaft.

Eine ähnliche Vorrichtung stellt die Deutsche Tiefbohr-Aktiengesellschaft her. Die Vorrichtung besteht aus dem Einhängebügel b (Fig. 518), dem Bohrrohrkopfstück und einem Bolzen c. Der Einhängebügel b wird in den am Bohrseil befestigten Gestängewirbel geschraubt und durch den Einhängebolzen c am Bohrkopfstück befestigt.

Die Röhreneinlaßgabel, welche beim Einlassen verlorener Rohrtouren gebraucht wird, besteht aus einem federnden Bügel, der an einem Schenkel ein Scharnier mit Bolzen und am anderen Schenkel ein Auflager für den Bolzen und den aus der Fig. 519 ersichtlichen kleinen vertikalen Stab besitzt. Beide Schenkel haben je einen Haken, der in zwei am oberen Rohrende eingeschlagene Löcher eingehakt wird. Der Bolzen ist mit einem Schlitz für den vertikalen Stab versehen und mit einem zutage geführten Seile verbunden. Nach Beendigung des Absenkens wird der Bolzen durch das Seil angezogen, was ein Zusammenpressen der beiden

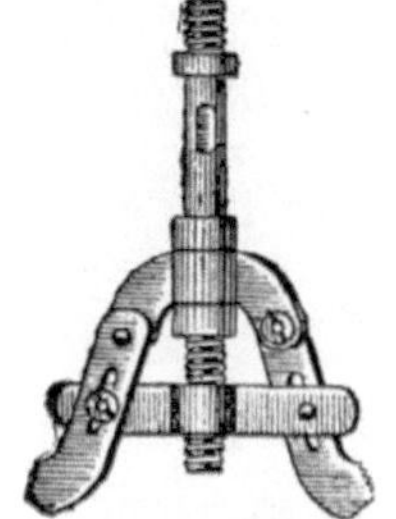

Fig. 521.
Rohrversenker von H. Mayer & Co.

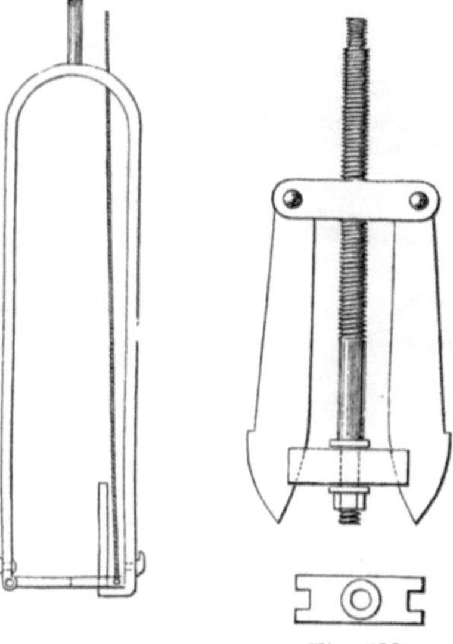

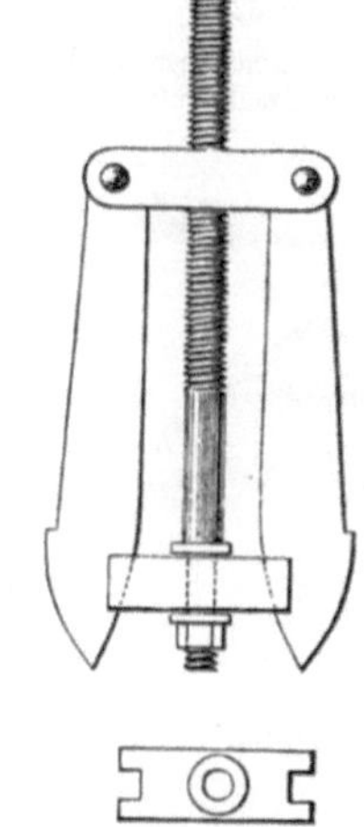

Fig. 519.
Röhreneinlaßgabel

Fig. 520.
Röhreneinlaßschraube

(aus Tecklenburg, Handbuch der Tiefbohrkunde, Bd. II).

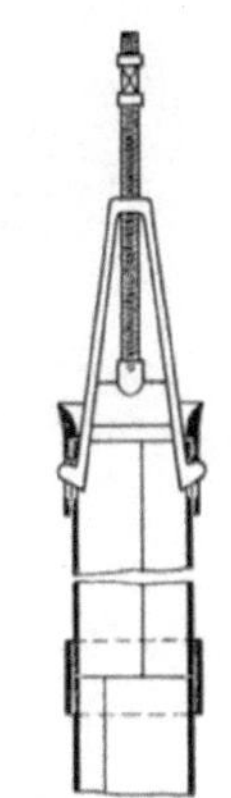

Fig. 522.
Rohreinlaßapparat von Jul. Winter.

Schenkel zur Folge hat. Dadurch werden die Haken aus den Löchern der Rohrtour ausgehakt. Die Gabel wird nun etwas gedreht, um ein nochmaliges Eingreifen der Haken zu vermeiden, und kann aufgeholt werden.

Die Röhreneinlaßschraube ist eine am Gestänge befestigte Schraubenspindel, welche zwei durch zwei Querstücke geführte Schenkel besitzt. Die Schenkel sind mit Nasen versehen, die in Einschnitte, welche oben in den zu versenkenden Rohren angebracht sind, hineinpassen (Fig. 520). Beim Drehen der Schraube in einer Richtung werden die beiden Querstücke einander genähert und dadurch die Schenkel auseinandergedrückt und zum Festhalten gebracht. Beim Drehen in entgegengesetzter Richtung erfolgt ein Lösen der Schenkel.

Auf dem gleichen Prinzip beruhen auch der Rohrversenker der Tiefbohrmaschinenfabrik Mayer & Co., Fig. 521, und der Einlaßapparat der Firma Winter, Fig. 522.

Vielfach benutzt man auch zum Einlassen den Nietkolben, der durch Antreiben des Keilstückes die Rohre festhält. Der Keil hängt dann an einem zutage geführten Seile und kann nach beendetem Absenken leicht herausgezogen werden. Damit wird auch der Nietkolben von der Rohrtour gelöst.

Fig. 523.
Hölzernes Rohrbündel von Lapp.

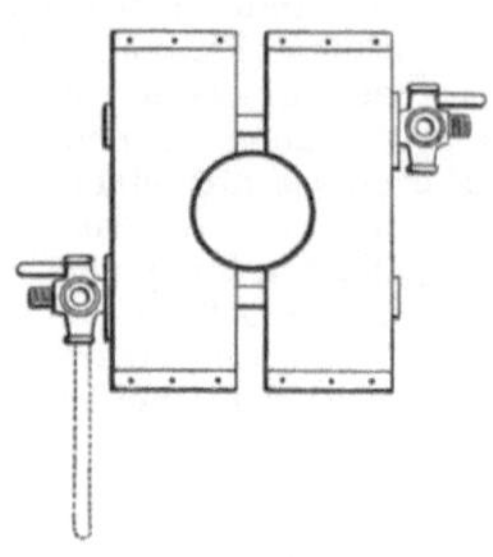

Fig. 524.
Rohrbündel der Deutschen Tiefbohr-Aktiengesellschaft.

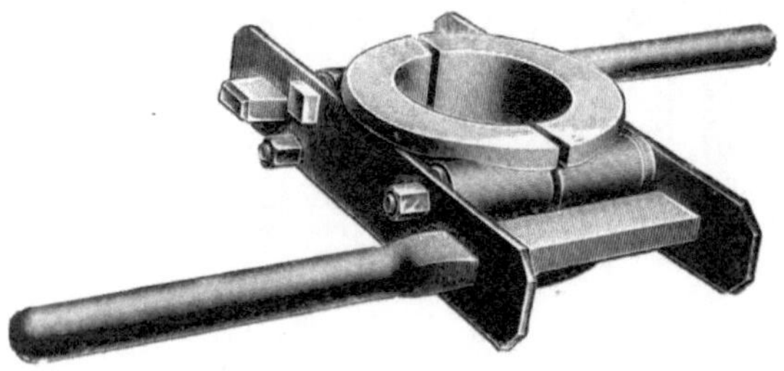

Fig. 525.
Eisernes Rohrbündel von Deseniss & Jacobi.

c) Rohrbündel.

Die Rohrbündel, Kreuzhölzer oder Rohrschellen dienen zum Abfangen und Halten der Rohre beim Ein- und Auslassen.

Das hölzerne Rohrbündel oder Holzbündel bilden zwei Holzbacken, die durch zwei starke Schrauben zusammengehalten werden. In der Mitte sind die Backen dem Rohrdurchmesser entsprechend ausgebohrt (Fig. 523).

Ein sehr praktisches Holzbündel zeigt Fig. 524, das von der Deutschen Tiefbohr-Aktiengesellschaft hergestellt wird. Die Muttern sind für alle Abmessungen gleich und mit Kurbel-Handgriff versehen. Das Anziehen der Klemmen geschieht mit Hilfe von besonderen Steckstangen, welche in die an den Muttern angebrachten Pfannen gesteckt werden.

Ein Rohrbündel aus Gußeisen zeigt Fig. 525.

Die Rohrbündel oder Bohrrohr-Abfangschellen (Fig. 526) bestehen aus einer mit zwei kurzen Hebeln zum Anfassen versehenen Bohrschelle aus Stahlguß.

II. Das Niederbringen der Rohre.

Die bei der Verrohrung auftretenden Hindernisse können sehr verschiedenartig sein. Durch Nachfall kann ein Verklemmen oder Pressen der Rohre nach einer Seite hin stattfinden, das Bohrloch kann sehr stark von der Senkrechten abweichen, und endlich kann ständiger Nachfall von rolligem Gebirge oder Schwimmsand auftreten, der ein Niederbringen ohne besondere Hilfsmittel unmöglich macht.

Fig. 526. Bohrrohrabfangschelle der Deutschen Tiefbohr-Aktiengesellschaft.

Der Hilfsmittel beim Einlassen gibt es nun eine ganze Reihe.

Klemmen sich die Rohre beim Absenken infolge von Nachfall, so werden sie zunächst mit dem Kabel etwas angehoben und mittels der vorhin erwähnten Rohrdreher oder Scharnierklemmen gedreht. Die Hebelarme der Klemmen werden dabei zweckmäßig durch aufgesteckte Gasrohre verlängert.

Tritt der gewünschte Erfolg nicht ein, so bewegt man unter gleichzeitigem Drehen die ganze Rohrtour langsam am Bohrkabel auf- und abwärts, wodurch in vielen Fällen die Verklemmung beseitigt werden kann.

Beim Bohren in Schwimmsand- oder Kiesschichten muß die Verrohrung der Bohrung unmittelbar folgen. Wenn die Rohre hier nicht von selbst sinken, so versucht man ebenfalls durch Auf- und Abwärtsbewegen unter gleichzeitigem Drehen das Absenken zu unterstützen.

Mitunter werden die Rohre auch mit Gewichten belastet, die entweder angehängt oder aufgelegt werden können. Die Gewichte können aus Sandsäcken bestehen, die an das Rohrbündel gehängt werden. Man kann aber auch an dem Rohrbündel eine kleine Bühne durch Schrauben aufhängen und diese dann mit schweren Eisenteilen belasten (Fig. 527). Diese Einrichtung ist praktischer als die Belastung mit Sandsäcken, da beim Einsinken der Rohre die Schrauben angezogen werden, wodurch verhindert wird, daß die Bühne nach Sinken eines kleinen Rohrendes schon auf dem Boden zum Aufsitzen kommt.

Bei der Verrohrung von Brunnen, wo die später zu beschreibenden Preßvorrichtungen in der Regel nicht zur Verfügung stehen, unterstützt man das Absenken der Rohre durch Stöße, welche gewöhnlich von einer Ramme ausgeübt werden.

In einfachen Fällen hilft man sich durch einen Vorschlaghammer, mit dem Schläge auf das mit einem Holzkopf versehene oberste Bohrende ausgeführt werden.

Bei größeren Verrohrungen verwendet man besondere Rammvorrichtungen, die, wie die Fig. 528 zeigt, aus einem Gewicht, dem sog. Rammbär, bestehen, das mittels einer Durchbohrung an einem im

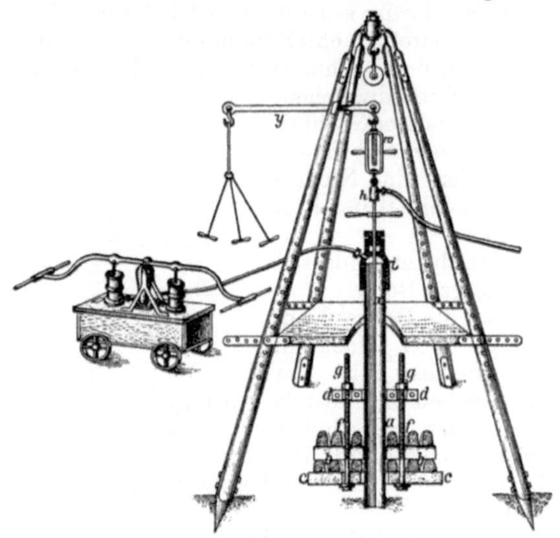

Fig. 527.
Niederpressen der Rohre durch Gewichtsbelastung (aus Tecklenburg, Handbuch der Tiefbohrkunde, Bd. II).

Rohrmund befestigten eisernen Dorn, der auch ein Gasrohr sein kann, geführt wird. Der Rammbär ist an zwei Seilen befestigt, welche über zwei an einem Dreifuß aufgehängte Seilrollen laufen. Durch Ziehen an beiden Seilen wird der Bär angehoben, beim Loslassen der Seile fällt er auf die sog. Stoßklemme, welche über dem Rohrmund befestigt ist und diesen vor Verbiegungen schützen soll.

Anstatt der Stoßklemme kann auch ein besonderes Rammkopfstück benutzt werden, das, wie Fig. 529 zeigt, zum Schutz vor Verbiegungen in das weibliche Rohrgewinde eingeschraubt wird.

Die Rammwerkzeuge der Firma Mayer & Co. (Fig. 530 und 196—198) bestehen aus dem Rammklotz, dem Gestängerohr als Führung, der Rammschelle, welche das Gestängerohr festhält, und dem schmiedeeisernen Rammflansch, der das Bohrrohr vor Beschädigungen schützt und die Schlagwirkung gleichmäßig auf die ganze Randfläche verteilt. Soll eine sehr große Schlagwirkung ausgeübt werden, so werden zwei Rammklötze übereinander angeordnet.

Die Rammeinrichtung von Büge & Heilmann ist in Fig. 531 veranschaulicht. RB ist der Rammbär, RK der Rammkopf, der bei kleineren Rohren aus Stahl, bei größeren aus Grauguß angefertigt ist. Das Heben und Senken erfolgt hier ebenfalls durch Ziehen an Seilen, die über Seilrollen an einem Dreifuß geführt sind.

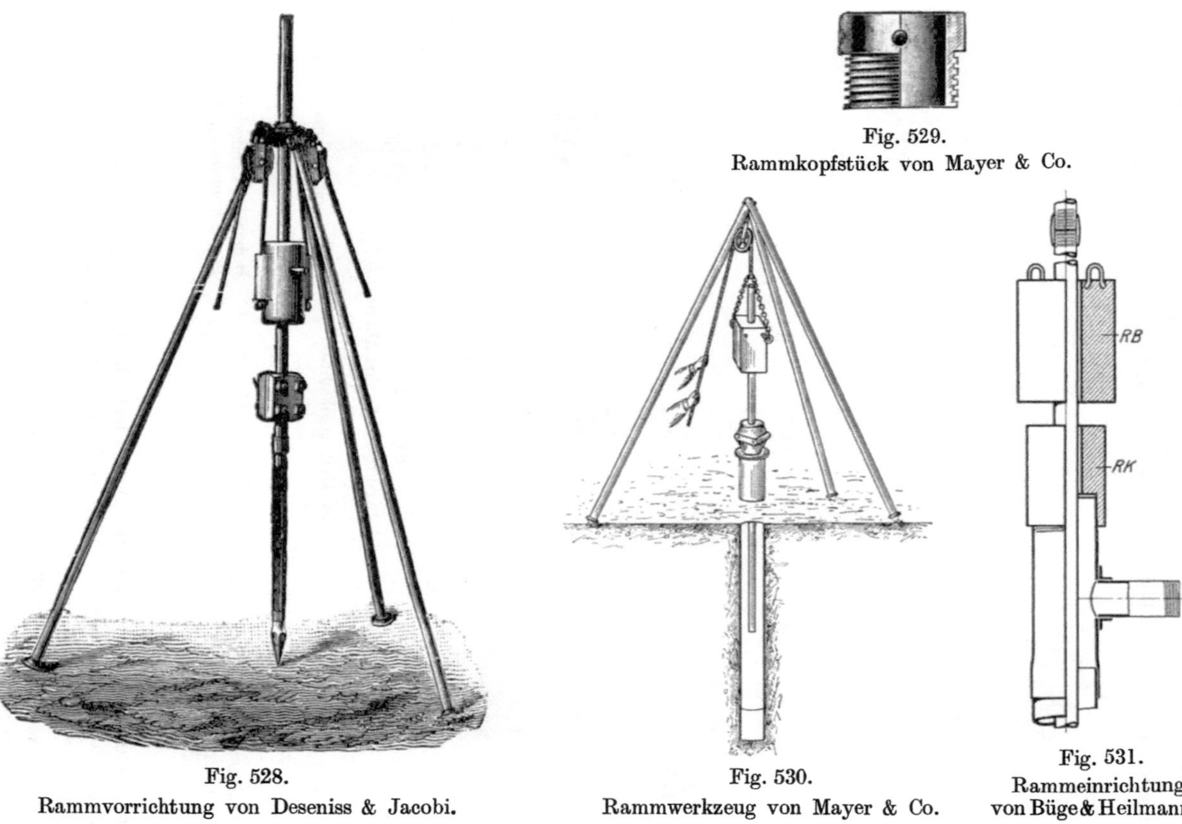

Fig. 528.
Rammvorrichtung von Deseniss & Jacobi.

Fig. 529.
Rammkopfstück von Mayer & Co.

Fig. 530.
Rammwerkzeug von Mayer & Co.

Fig. 531.
Rammeinrichtung
von Büge & Heilmann.

Bohrrohr-Preßvorrichtungen.

Lassen sich die Rohre mit den bisher erwähnten Hilfsmitteln nicht niederbringen, so bleibt nur übrig, es mit dem Niederpressen der Rohre

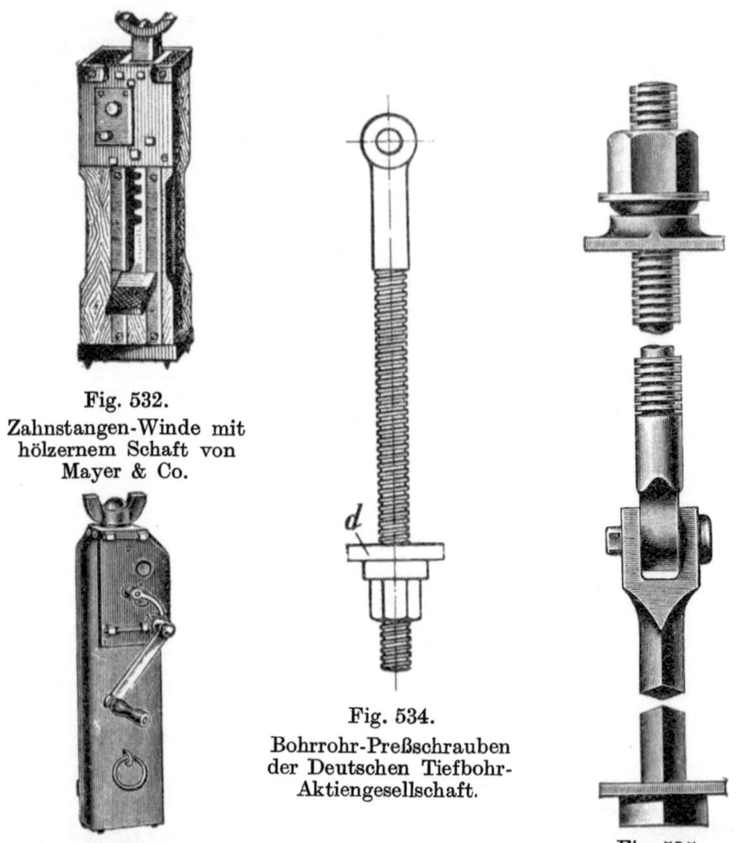

Fig. 532. Zahnstangen-Winde mit hölzernem Schaft von Mayer & Co.

Fig. 533. Zahnstangen-Winde mit eisernem Schaft von Mayer & Co.

Fig. 534. Bohrrohr-Preßschrauben der Deutschen Tiefbohr-Aktiengesellschaft.

Fig. 535. Bohrrohr-Preßschrauben von Deseniss & Jacobi.

zu versuchen. Dieses Verfahren darf jedoch nur in Sand- und Tonschichten bei Abwesenheit von Nachfall und nur bei nicht zu großen Tiefen angewandt werden.

Das Niederpressen besitzt den Nachteil, daß sich die Rohre festklemmen und nach Beendigung der Bohrung nicht wiedergezogen werden können. Wenn hierauf Wert gelegt wird, empfiehlt es sich, mit dem Pressen erst gar nicht anzufangen, sondern die Rohrtour nur, soweit es geht, herunterzubringen und dann nach einiger Zeit kleinere Rohre einzubauen.

Als einfachste Preßvorrichtung dienen die Zahnstangen- und Schrauben-Winden. Fig. 532 zeigt eine Zahnstange mit hölzernem, Fig. 533 eine solche mit eisernem Schaft. Zum Pressen sind zwei derartige Winden erforderlich, die zu beiden Seiten des mit dem Bohrrohr fest verbundenen Rohrbündels angreifen.

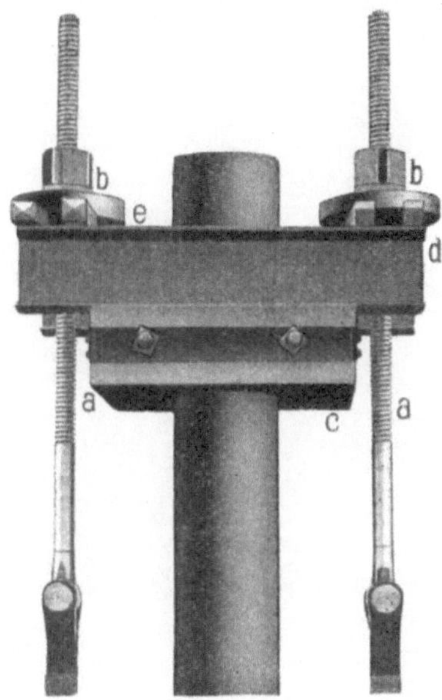

Fig. 536.
Bohrrohrpreßvorrichtung von Lapp.

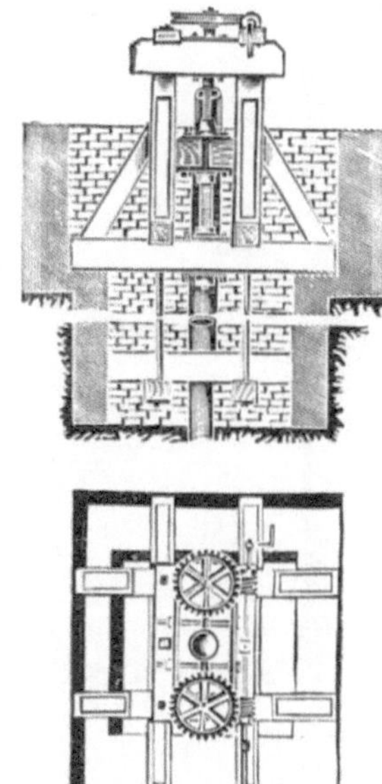

Fig. 537 a und b.
Bohrrohr-Preß- und Hebevorrichtung von H. Mayer & Co.

Die Bohrrohr - Preßschrauben sind in der Regel Flachgewindeschrauben mit besonders hohen Sechskant-Muttern und Unterlagsplatten. Sie werden mit 2 m langen Ankern im Bohrschacht verankert oder auch durch Schellen an den Bohrkran-Grundschwellen befestigt (Fig. 534 und 535).

Zum Niederpressen der Rohre wird (s. Fig. 536) ein Röhrenbündel in der gezeichneten Weise um das zu pressende Rohr gelegt. Durch Anziehen der Schrauben, welche durch einen einige Meter tiefen, im Boden liegenden Rost gehalten werden, wird nun ein Druck auf das Rohrbündel und damit auch auf die Rohrtour ausgeübt, der bei Schrauben von z. B. 65 Millimeter Durchmesser bis zu 60 000 kg betragen kann.

Fig. 537 zeigt eine Preß- und Hebevorrichtung für Bohrrohre, welche von der Tiefbohrmaschinenfabrik Mayer & Co. hergestellt wird. Sie setzt sich zusammen aus zwei schmiedeeisernen Schraubenspindeln mit Flachgewinde von 100 mm Durchmesser, die etwa 1800 mm lang sind, aus den oberen Führungsplatten und den unteren Stütz- und Führungslagern samt Befestigungsschrauben; ferner aus zwei hohen Rotguß- und zwei Graugußmuttern mit schmiedeeisernen Unterlagsplatten und gußeisernen Führungswinkeln samt Schrauben. Die Rohrbündel werden durch zwei Schrauben von 45 mm Durchmesser, ebenfalls mit Flachgewinde, zusammengehalten. Die Bewegung der Schrauben — damit ist das Niederpressen der Rohre verbunden — erfolgt durch Drehung zweier Schneckenräder, welche am Kopf der Preßschrauben befestigt sind und von einer mit zwei Schnecken und Kurbeln versehenen Vorgelegewelle aus angetrieben werden.

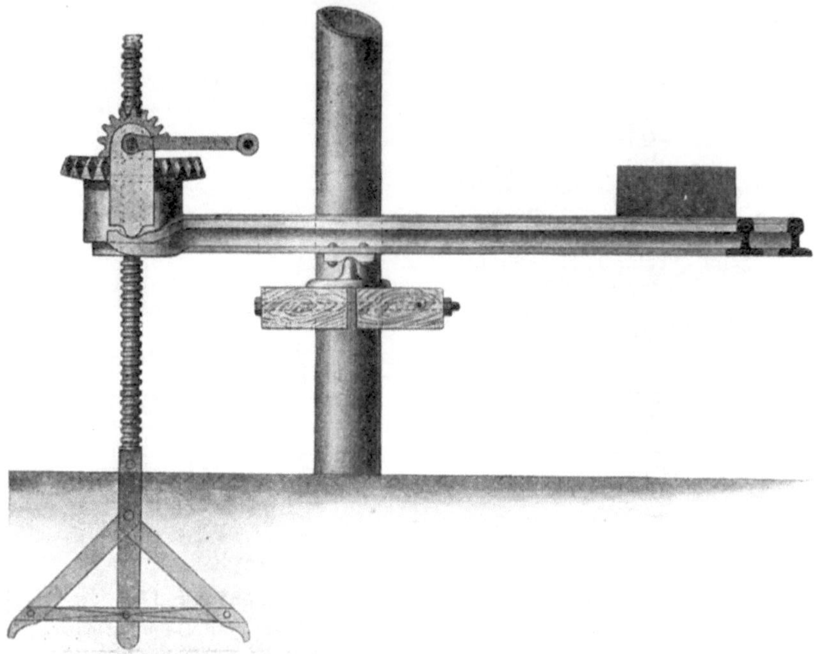

Fig. 538.
Hebelpresse von Heinrich Lapp.

Die ganze Preßeinrichtung ist auf einem Holzgestell verlagert, das mittels zweier Ankerschrauben von 40 mm Durchmesser und 3 m Länge mit schmiedeeisernen Muttern und Unterlagsplatten verankert ist.

Bei der Hebelpresse von Lapp ist die im Boden verankerte Schraubenspindel mit einer Mutter versehen, welche von einer Hülse umgeben ist und oben ein konisches Zahnrad trägt (Fig. 538). Dieses Zahnrad wird durch ein zweites kleines, mit einer Kurbel verbundenes Zahnrad gedreht, das durch eine Rippe mit der Hülse verbunden ist. An dem zu pressenden Rohre ist ein Rohrbündel angeordnet, auf dem zwei Schienen verlagert sind, die an einem Ende unter die Hülse greifen und am anderen mit Gewichten belastet sind. Durch Drehen an der Kurbel werden die Schienen und damit auch das Rohr niedergepreßt.

Die Seilpresse, welche in Fig. 539 abgebildet ist, ist einfacher gestaltet als die bisher beschriebenen Einrichtungen. Von dem um das Futterrohr a gelegten Bündel b ist ein Seil c zu den beiden fest im Fundament verankerten Rollen e und d und von hier zur Rolle f geführt, welch' letztere an einem Flaschenzuge aufgehängt ist. Durch Anziehen des Flaschenzuges wird das Rohr a niedergepreßt.

Der Preßklotz von Winter ermöglicht ein Niederpressen der Rohre mit gleichzeitiger Einleitung von Spülwasser. Er besteht aus dem eigentlichen Preßkörper, der an der Seite zwei Backen besitzt, welche mit Durchbohrungen für die Preßschrauben versehen sind (Fig. 540). Die Preßschrauben sind in einem

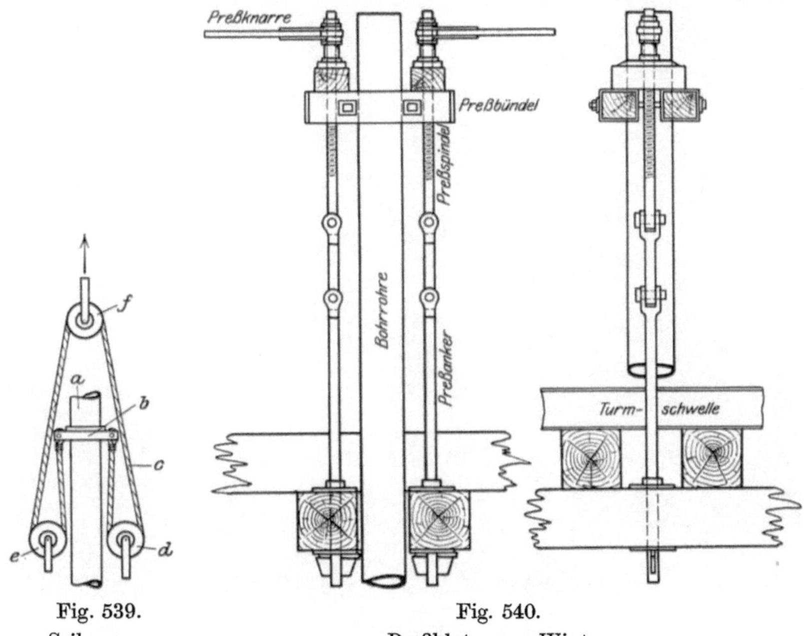

Fig. 539. Seilpresse.

Fig. 540. Preßklotz von Winter.

starken Fundament mittels Gelenken drehbar verlagert. Durch Anziehen der Preßschraubenmuttern wird das Bohrrohr niedergepreßt. Beim Aufsetzen eines neuen Rohres werden die Muttern etwas gelüftet, der Preßklotz über den Oberrand der Verrohrung gehoben und auf den Boden gelegt.

Hydraulische Preßvorrichtungen. Die bisher besprochenen Einrichtungen eigneten sich nur für ein absatzweises Niederbringen der Rohre, d. h. der Betrieb mußte so lange ruhen, bis das Absenken der Rohre beendet war. Bei Bohrungen, welche dagegen ein stetiges Nachbringen der Verrohrung erfordern, und bei welchen das Niederbringen größere Schwierigkeiten verursacht, benutzt man besondere hydraulische Preßeinrichtungen. Die Verwendung derartiger Einrichtungen gestattet die Bewegung der Rohrtour durch zeitweises Fahren auch während der Bohrarbeit, was bei Bohrungen mit unmittelbar folgender Verrohrung von großer Bedeutung werden kann.

In Fig. 541 ist eine hydraulische Rohrpreß- und Hebeeinrichtung der Deutschen Tiefbohr-Aktiengesellschaft veranschaulicht, welche aus zwei zu beiden Seiten des Rohres angeordneten Preßzylindern besteht, die im Bohrschacht fest verankert sind. Das zur Bedienung der Zylinder erforderliche Druckwasser wird in einer Preßpumpe erzeugt, deren Antrieb durch einen Exzenter von der Bohrkabelwelle aus erfolgt. Von der Pumpe gelangt das Druckwasser zu dem an der Vorderseite des Kabels angeordneten sog. Sperrstock, der durch je eine Leitung mit der Ober- bezw. Unterseite der Zylinder verbunden ist. Der Sperrstock reguliert durch Umlegen des aus der Fig. 541 ersichtlichen Hebels die Wasserführung, indem einmal die obere Leitung, ein andermal die untere Leitung mit den Zylindern in Verbindung gebracht wird. Ist die obere Leitung an die Preßpumpe angeschlossen, so werden die Kolben niedergepreßt, im entgegengesetzten Falle dagegen angehoben. Da die Kolben mit dem um die Rohre ge-

Fig. 541.
Hydraulisches Preßzeug der Deutschen Tiefbohr-Aktiengesellschaft.

legten Rohrbündel durch Schrauben fest verbunden sind, so muß beim Niederdrücken bezw. Anheben der Kolben auch die Rohrtour niedergepreßt bezw. angehoben werden.

Das durch die eine Leitung zugeführte Wasser läuft durch die andere zu einem Saugbehälter zurück. Jede Leitung dient also abwechselnd als Druck- oder Abflußleitung.

In jede der beiden Leitungen ist am Sperrstock noch ein Sicherheitsventil eingeschaltet, das mit einer einstellbaren Federbelastung versehen ist, wodurch der erforderliche Wasserdruck reguliert werden kann. Das ist deshalb von Wichtigkeit, weil durch zu starkes Anspannen die Rohrtour leicht zerrissen werden kann. Das Sicherheitsventil für die Preßvorrichtung ist für erheblich niedrigeren Druck eingerichtet als das der Hebevorrichtung, da das Pressen der Rohrtour weniger Kraft erfordert, und da ferner die nach oben gerichtete Zugbeanspruchung die einfache Fundamentierung zu sehr gefährden würde.

Die Druckflüssigkeit ist Wasser, im Winter beim Auftreten von Frost auch wohl Glyzerin oder Rohöl. Besser ist die Verwendung von Glyzerin oder Rohöl auf jeden Fall, da hierdurch gleichzeitig eine Schmierung aller Teile bewirkt wird. Der Verlust an Rohöl oder Glyzerin ist nur geringfügig, weil die Druckflüssigkeit ja einen ständigen Kreislauf zwischen Saugbehälter und Druckzylinder vollführt.

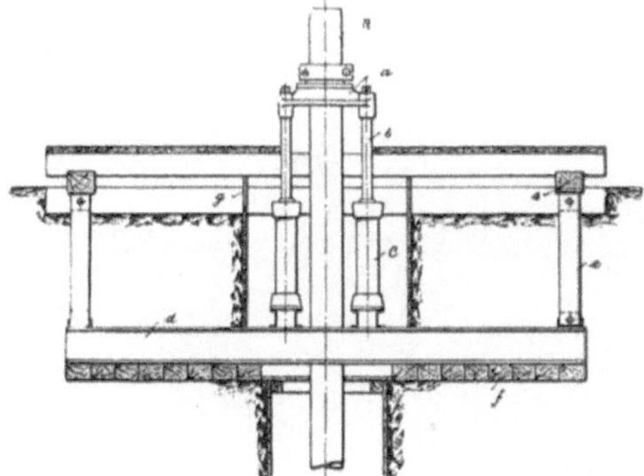

Fig. 542.
Hydraulisches Preßzeug der Deutschen Tiefbohr-Aktiengesellschaft.

Fig. 543.
Hydraulisches Preßzeug von Deseniss & Jacobi.

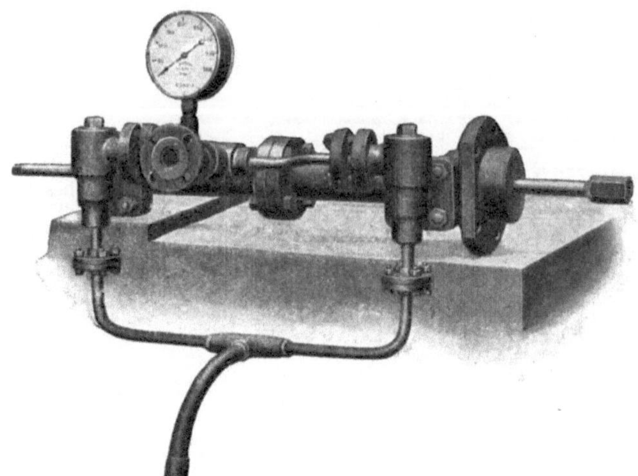

Fig. 544.
Preßpumpe von Deseniss & Jacobi.

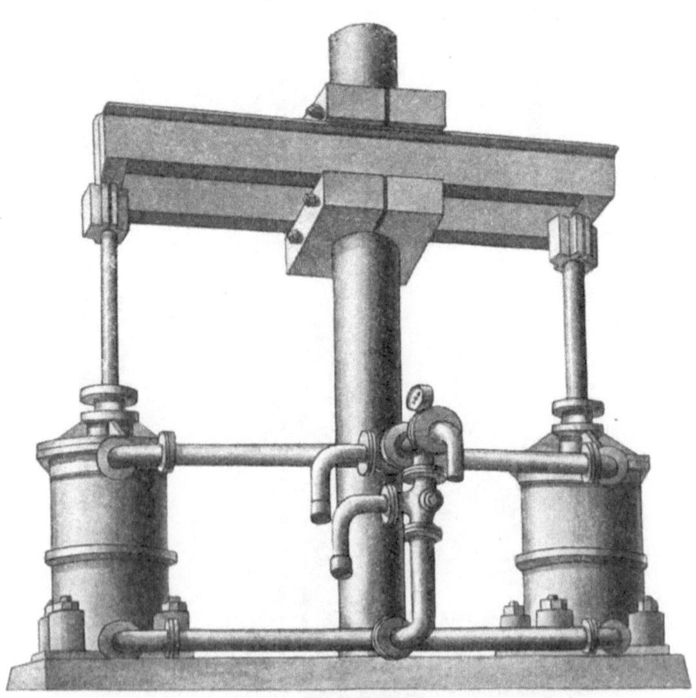

Fig. 545.
Hydraulisches Preßzeug ohne Verankerung von Heinrich Lapp.

Die Pumpenleistung beträgt 12 l in der Minute, der ausgeübte Druck bis zu 100 Atmosphären für das Ziehen und bis zu 30 Atmosphären für das Pressen.

Fig. 546.
Hydraulisches Preßzeug mit Verankerung von Heinrich Lapp.

Fig. 541 stellt eine Hebe- und Preßvorrichtung für 50 000 kg bei 100 Atmosphären vor. Die Entfernung der beiden Zylinderachsen beträgt 750 mm, der größte Hub der Preßzylinder 700 mm. Die Zylinder greifen an einem hölzernen Rohrbündel an.

Fig. 542 veranschaulicht eine derartige Einrichtung für eine Hebekraft von 100 000 kg bei 100 Atmosphären. Die Entfernung der beiden Zylinderachsen beträgt hier 1 m, so daß noch Rohre von 600 mm Durchmesser gepreßt oder gehoben werden können; der Hub ist ebenfalls 1 m. An Stelle des hölzernen Rohrbündels wird hier ein Stahlgußpreßkopf verwandt, der auch als Ring für Ziehkeile bei Röhren von 430 mm Durchmesser abwärts gebraucht wird.

Bei dem hydraulischen Hebezylinder von Deseniß & Jacobi sind 4 Hebezylinder bezw. Preßzylinder um das Bohrrohr angeordnet, die eine Hebekraft bis zu 250 000 kg entwickeln können (Fig. 543). Die Flüssigkeit erhält in einer Preßpumpe ihre Pressung, welche direkt an die Druckpumpe angeschlossen wird (Fig. 544).

Auch die Firma Lapp fertigt ein hydraulisches Preßzeug an. Fig. 545 zeigt das Lappsche Preßzeug ohne Verankerung, Figur 546 ein solches mit Verankerung.

K. Das Herausziehen von Verrohrungen.

Das Herausziehen von Verrohrungen muß erfolgen,

1. wenn das Bohrloch unterhalb der Verrohrung erweitert werden soll,
2. wenn eine verlorene Rohrtour weiter abgesenkt werden soll, und
3. wenn nach beendeter Bohrung die Rohre wiedergewonnen werden sollen.

Das Herausziehen einer Verrohrung kann auf verschiedene Art und Weise erfolgen:

1. durch das Bohrkabel,
2. „ Heben mittels Hebevorrichtungen,
3. „ Flaschenzüge,
4. „ Ziehvorrichtungen,
5. „ hydraulische Ziehvorrichtungen.

Das Herausziehen einer Verrohrung geschieht bei Rohrsträngen von weniger als 80 m Länge in der Weise, daß die Rohrtour am Kopfende mittels der Ziehvorrichtung gefaßt und nach und nach herausgezogen wird. Dabei werden, wenn die Rohre zur Erweiterung oder zum Weiterabsenken einer verlorenen Rohrtour gezogen werden, die Touren auch wieder satzweise ausgebaut, um die Arbeit des Zusammenschraubens für das spätere Einsenken zu erleichtern.

Rohrtouren von größerer Länge oder solche, die im Bohrloch festgeklemmt sind, werden zweckmäßig an ihrem unteren Ende angefaßt, um ein Abreißen eines Teiles zu vermeiden.

Sehr fest sitzende Rohrtouren werden auch wohl zugleich oben und unten angefaßt.

Der Ausbau der Rohre hat so zu geschehen, daß mit der kleinsten Rohrtour begonnen, dann die nächst größere ausgebaut wird und so fort bis zur größten, welche als letzte wiedergewonnen wird.

I. Der Ausbau von kürzeren Verrohrungen.

Der Ausbau von kürzeren Verrohrungen, welche nicht festsitzen, erfolgt durch Ziehen der Rohre mit dem Bohrkabel. Zu diesem Zweck wird in die Mündung des Rohres eine Hebekappe eingeschraubt und dann mit dem Kabel aufgeholt. An Stelle der Hebekappe kann man auch ein Rohrbündel verwenden, das durch Ketten am Kabelseil befestigt wird.

Druckbäume. Rohre, die in Bohrlöchern von geringer Tiefe eingebaut sind, können auch mit Hilfe von Druckbäumen gezogen werden (Fig. 547). Diese bestehen aus einem langen Hebel, der an dem um das Rohr gelegten Bündel befestigt wird. Unter dem Hebel ist ein Keil angebracht. Durch Niederdrücken des Hebels wird ein Zug auf das Rohr ausgeübt.

Flaschenzüge. Rohre, welche nicht sehr festsitzen, können mit Hilfe eines Flaschenzuges gezogen werden. Dieser wird im Bohrturm über den zu ziehenden Rohren aufgehängt und seine Kette mit einem Rohrbündel verbunden. Durch Ziehen an dem Flaschenzuge wird eine Zugkraft auf die Rohre ausgeübt.

Ziehvorrichtungen. Bei sehr festsitzenden Rohren verwendet man besondere Ziehvorrichtungen, welche die gleichen sind wie die für das Einbringen der Rohre benutzten Preßvorrichtungen. Da hierzu große Kräfte erforderlich sind,

Fig. 547. Druckbäume.

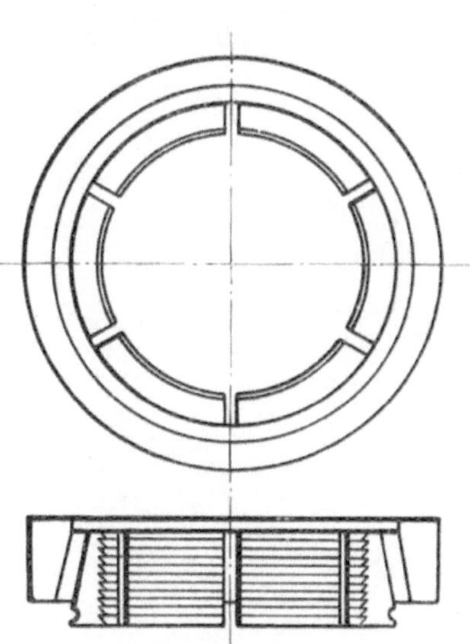

Fig. 548.
Bohrrohr-Keilklemme der Deutschen Tiefbohr-Aktiengesellschaft.

so reichen die gewöhnlichen Rohrbündel zum Festhalten der Rohre nicht aus. Man benutzt dann besondere Bohrrohr-Keilklemmen, die, wie Fig. 548 zeigt,

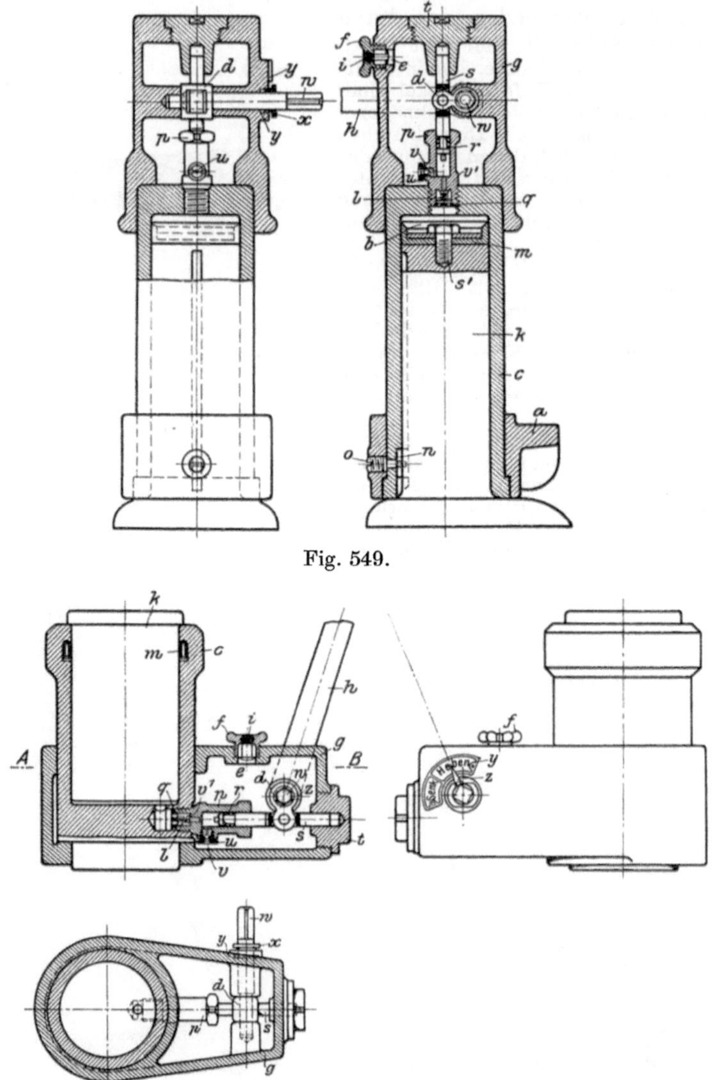

Fig. 549.

Fig. 550.
Hydraulischer Hebebock von de Fries.

konstruiert sind und oben am Bohrrohr befestigt werden. Zur Erhöhung der Reibung wird zwischen Klemme und Rohr ein Futter aus Holzkeilen gelegt, wodurch sich mit wachsender Zugkraft die Klemme um so fester gegen das Rohr preßt. Beim Anheben der Rohrtour werden die Keile sofort frei. Bei der in Fig. 573 veranschaulichten Keilklemme der Deutschen Tiefbohr-Aktiengesellschaft werden je nach dem Durchmesser der Rohre 4, 6 oder 8 Keile verwandt.

Bei besonders großen Lasten sind die hydraulischen Hebevorrichtungen im Gebrauch, von denen hier außer den im vorigen Kapitel besprochenen Einrichtungen noch eine Hebevorrichtung der Firma de Fries in Düsseldorf erwähnt sei.

Der hydraulische Hebebock von de Fries ist in den Figuren 549 und 550 veranschaulicht. In dem Zylinder c ist der Stempel k beweglich angeordnet. Die Pumpe p befindet sich in dem Wasserbehälter g und wird von dem seitlich angeordneten Hebel angetrieben; dieser dreht die mit Vierkant versehene Welle w und bewegt durch den auf dieser Welle festsitzenden Daumen den Pumpenkolben s hin und her. V stellt das Saugventil in Kugelform mit leichter Druckfeder vor, v ist das Druckventil. Beim Vorwärtsbewegen des Hebels wird Wasser angesaugt, beim Rückwärtsbewegen unter den Kolben k gedrückt und dieser damit gehoben.

Ein an dem Vierkant der Welle sitzender Zeiger gibt dem Arbeiter an, wie weit er den Hebel zum Aufpumpen zu bewegen hat.

Soll der Kolben k gesenkt werden, so wird der Hebel über die durch den Zeiger angegebene Grenze hinaus gedreht, wodurch der Pumpenkolben so weit vorgeschoben wird, daß der an seinem vorderen Ende befindliche Zapfen die Führung des Druckventiles berührt. Das Wasser kann dann durch eine am Pumpenkolben befindliche Rinne in den Wasserbehälter g zurückströmen. f ist eine Schraube, nach deren Entfernung Wasser in den Wasserbehälter eingelassen werden kann. Die Preßpumpenleistung ist 8 l in der Minute bei 157 mm Preßzylinderdurchmesser und 900 mm Hubhöhe.

II. Der Ausbau längerer Verrohrungen.

Der Ausbau längerer Verrohrungen, gültiger wie verlorener, wenn diese nicht festsitzen, erfolgt durch Ziehen mittels des Bohrkabels. Festsitzende Rohre werden am unteren Ende durch eine am Gestänge eingelassene Haltevorrichtung gefaßt, um ein Zerreißen der Rohrtour zu vermeiden. Das Ziehen erfolgt dann in der gleichen Weise wie bei den kürzeren Verrohrungen. Die zum Fassen der Rohrtour verwendeten Einrichtungen werden Rohrfänger genannt, welche entweder im Innern des Rohres oder unter dem Schuhe anfassen.

Als einfachste Vorrichtung wird hier der Nietkolben benutzt. Dieser wird in gewohnter Weise am Gestänge befestigt und eingelassen. Der Keil zum Auseinandertreiben des Kolbens wird durch eine schwere Bohrstange beschwert an einem Seile hängend mit eingelassen. Ist das Instrument an Ort und Stelle angelangt, so wird das Seil gelockert und der Keil fällt zwischen die Wangen des Kolbens, wobei das Gewicht des Belastungsgestänges den Keil fest eintreibt.

Fangbirne. Eine andere einfache Vorrichtung zum Heben der Bohrrohre stellt die hölzerne Fangbirne vor, die aus Tannenholz mit Eisenbeschlag besteht (Fig. 551). Sie wird am Gestänge niedergelassen. Wenn sie am unteren Ende der Rohrtour angelangt ist, werden Sand und Kies rings um das Instrument in das Bohrloch geworfen. Beim Heben des Gestänges klemmt sich der nachgeworfene Sand zwischen Birne und Rohrwandung und hält die Rohre fest.

Eine andere Rohrbirne, welche von der Deutschen Tiefbohr-Aktiengesellschaft hergestellt wird, zeigt Fig. 552.

Der Rohrheber (Fig. 553) besitzt zwei unten mit Haken versehene Fangarme a, b, die am oberen Ende durch einen Ring c zusammengehalten werden. Der Ring ist auf dem Gestänge d, das in eine Kugel e ausläuft, verschiebbar angeordnet. Nach Einlassen des Rohrhebers wird das Gestänge angehoben, die Kugel drückt die Fangarme auseinander und unter den Rohrschuh.

Zwei weitere einfache Rohrheber sind in den Figuren 554 und 555 dargestellt. Sie werden von der Tiefbohrmaschinenfabrik Mayer & Co. in Nürnberg hergestellt.

Fig. 551. Fangbirne von Mayer & Co.

Fig. 552. Rohrbirne der Deutschen Tiefbohraktiengesellschaft.

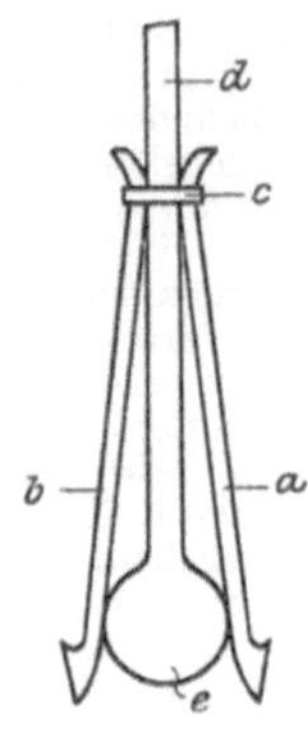

Fig. 553. Rohrheber.

Fig. 554.

Fig. 555.

Rohrheber von Mayer & Co.

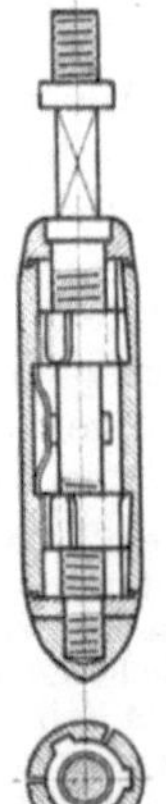

Fig. 556. Rohrfänger von Jul. Winter.

Figur 556 und 557 zeigen Rohrfänger der Firma Winter.

Der Rohrfangdorn (Fig. 558) besteht aus einem eisernen Dorn, der mit Gewinde versehen ist. Nach dem Einsenken wird der Dorn am Gestänge gedreht, das Gewinde schneidet sich in das Rohr ein und hält dieses fest.

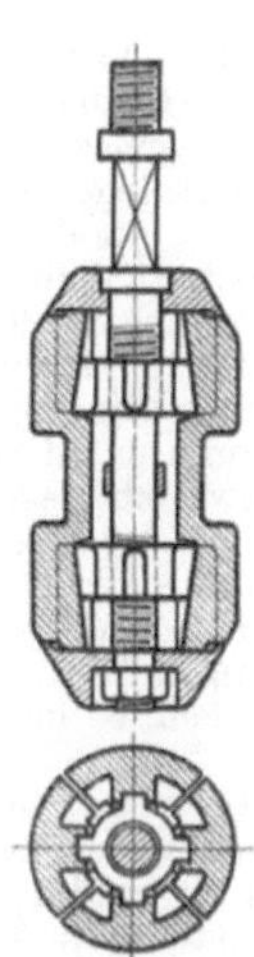

Fig. 557.
Rohrfänger
von Jul. Winter.

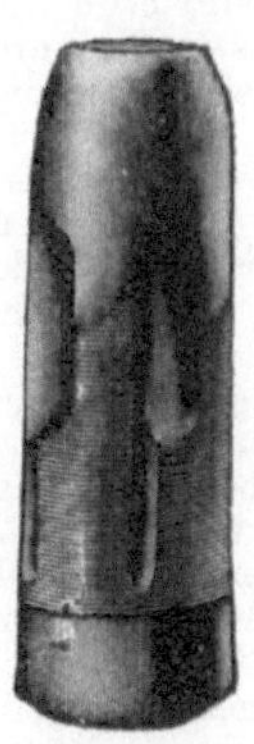

Fig. 558.
Rohrfangdorn von
Deseniss & Jacobi.

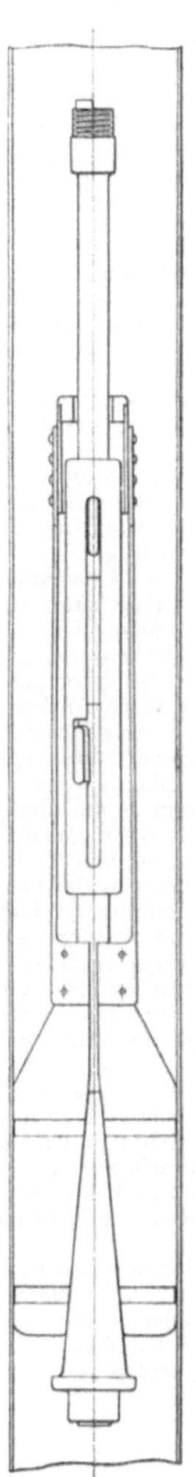

Fig. 559.
Rohrkrebs der Deutschen Tiefbohr-Aktiengesellschaft.

Fig. 560.
Rohrkrebs mit bedingter
Lösbarkeit der
Deutschen Tiefbohr-
Aktiengesellschaft.

Die Rohrkrebse dienen ebenfalls zum Fangen und Abschrauben der Rohre in beliebiger Tiefe. Sie unterscheiden sich von den bisher besprochenen Apparaten, welche ein nachträgliches Lösen des Fängers nach dem Fassen der Rohrtour nicht ermöglichen, dadurch, daß sie jederzeit lösbar sind.

Fig. 559 zeigt den Rohrkrebs der Deutschen Tiefbohr-Aktiengesellschaft. An einem eisernen Mantel sind zwei eisenarmierte Holzbacken befestigt, zwischen denen sich ein Keil befindet. Wird das Gestänge angezogen, so wird der Keil zwischen die Holzbacken gepreßt, diese werden fest gegen die Rohrwandung gedrückt, so daß die Rohrtour aufgeholt werden kann. Soll der Rohrkrebs gelöst werden, so wird der Apparat aus der gezeichneten Stellung nach rechts gedreht, wodurch ein in der Nische befindlicher zweiter Keil in den Längsschlitz der Instrumentenhülse gelangt. Die Stange, in welcher der zweite Keil befestigt ist, ist starr mit dem ersten zwischen den Holzbacken sitzenden Keile verbunden. Es ist nun möglich, den ersten Keil zu lösen, wenn auf diese Stange von oben geschlagen wird. Das Schlagen erfolgt beim Abwärtsbewegen des Gestänges durch die aus der Zeichnung ersichtliche untere Fläche der Oberstange. Durch das Schlagen wird der Keil aus den Holzbacken nach unten getrieben. Beim Anziehen des Gestänges löst die Hülse durch Anstoßen gegen den Manteloberteil die etwa noch an der Rohrwandung haftenden Holzbacken, und da die beiden Mantelschienen nach innen federn und die Backen Raum haben, so kann der Apparat durch die Rohrtour hochgezogen werden.

Den Rohrheber mit bedingter Lösbarkeit der Deutschen Tiefbohr-Aktiengesellschaft benutzt man zum inneren Fassen von zutage reichenden Rohrtouren, an welche von außen nicht heranzukommen ist, und zum Fassen von in der Tiefe abgerissenen Rohrtouren an der Rißstelle oder zum Abschrauben eines oder mehrerer Rohre. Das unten geschlitzte Mantelrohr (Fig. 560) ist mit vier Gleitbacken versehen, die durch Anziehen eines Vierkant-Keilstückes gegen die Rohrwand gepreßt werden. Das Keilstück befindet sich am unteren Ende der inneren, an das Gestänge geschraubten Spindel des Rohrhebers. Diese ist mit einer Durchbohrung für die Spülung versehen.

Der Apparat ist nur lösbar, wenn er am oberen Ende der Rohrtour angewendet wird. Das Mantelrohr erhält dann einen Flansch, der sich gegen den Rand der Rohrtour stützt. Die Trennung von Keil und Backen wird beim Leeraufholen durch Einklinken eines in der Spindel befestigten Keiles in die untere Erweiterung eines im Mantelrohr angebrachten Längsschlitzes bewirkt, infolgedessen das Instrument frei hochgezogen werden kann.

Der lösbare Rohrheber von Lapp (Fig. 561) besteht aus zwei mit Spitzen versehenen Backen, welche durch Anziehen eines konischen Schwertes gegen die Rohrwand gepreßt werden und diese festhalten. Soll der Rohrheber gelöst werden, so wird auf das Gestänge geschlagen und hierdurch das Lösen des konischen Schwertes und der Backen bewirkt.

Der Rohrheber von Deseniss & Jacobi (Fig. 562) besteht aus einer oben mit Gewinde versehenen Mantelhülse, die an den beiden Seiten in der Längsrichtung aufgeschlitzt ist. In diesen Schlitzen sind zwei Nocken beweglich angeordnet, welche beim Einlassen des Rohrhebers nach oben gedrückt werden. Am Fuße der Rohrtour angelangt, schnellen beide Nocken unter dem Drucke der Feder, die sich im unteren Teile des Rohrhebers befindet, in ihre alte Lage zurück und fassen unter den Rohrschuh.

Der Rohrkrebs von Deseniss & Jacobi ist in der folgenden Fig. 563 veranschaulicht. In der seitlich offenen, mit einem Gewinde versehenen Mantelhülse sind drei eigenartig gezahnte Klauen angeordnet, die beim Einlassen sich in der punktiert gezeichneten Stellung befinden. Beim Anheben werden sie in ihre Anfangsstellung zurückgedrückt, schneiden sich dadurch in das Rohr ein und halten dieses fest.

III. Zerschneiden von Verrohrungen.

Infolge unvorsichtiger Behandlung oder des auf die Rohre ausgeübten Gebirgsdruckes kann es vorkommen, daß die Rohre im Rohrloch zerdrückt oder zerrissen werden. Im ersteren Falle ist man gezwungen, die Rohre

Fig. 561. Lösbarer Rohrheber von H. Lapp.

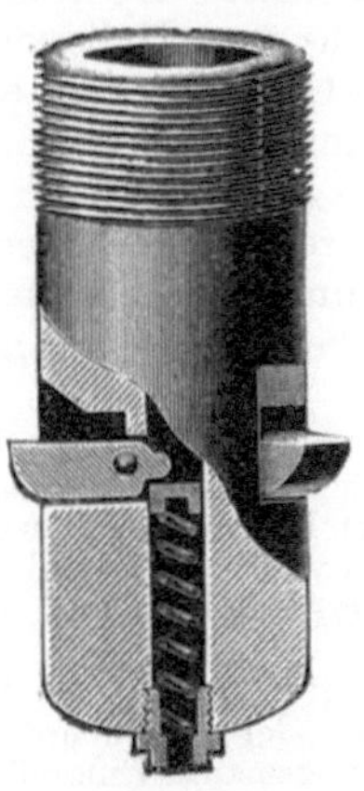

Fig. 562. Rohrheber von Deseniss & Jacobi.

Fig. 564. Rohrschneider (aus Tecklenburg, Handbuch der Tiefbohrkunde, Bd. V).

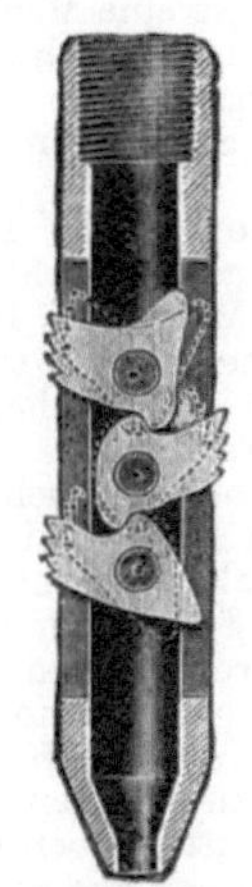

Fig. 563. Rohrkrebs von Deseniss & Jacobi.

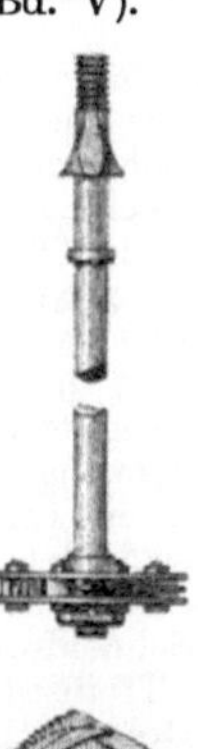

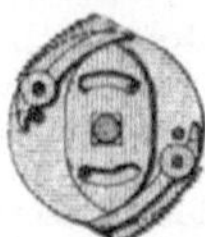

Fig. 565. Röhrensäge von Greiffenhagen, (aus Tecklenburg, Handbuch der Tiefbohrkunde, Bd. V).

an dieser Stelle zu zerschneiden und auszubauen, um sie durch neue zu ersetzen, wenn die Beseitigung der Verbeulungen durch Einführen einer Holzbirne oder dergleichen Apparate nicht gelingen sollte. Dieser Fall tritt jedoch bei der Güte des gewöhnlich angewandten Rohrmaterials nur selten ein. In der Regel wird ein Zerschneiden der Rohre nur dann erforderlich, wenn das Bohrloch aufgegeben werden soll und die Rohre so festsitzen, daß sie sich durch Zieh- und Hebevorrichtungen nicht herausholen lassen. Es wird dann am Gestänge oder an einer Rohrtour ein Schneideapparat bis zu der Stelle eingelassen, wo man die Klemmung vermutet, und nun entweder ein wagerechter oder ein senkrechter Schnitt geführt, je nachdem die Rohre weniger oder mehr festsitzen. Im ersten Falle, beim wagerechten Schneiden, sind die Rohre als solche wieder zu verwenden, im zweiten Falle besitzen sie nur noch den Materialwert.

Der Rohrschneider (Fig. 564) besteht aus einer Glocke, welche mit scharfen Klingen versehen ist. Beim Linksdrehen treten die Klingen hervor und zerschneiden allmählich das Rohr. Der Rohrschneider wird am Gestänge gedreht. Um ein Herabfallen auf die Sohle zu verhindern, ist der Rohrschneider auf der Unterseite ebenfalls mit Gestänge versehen, das auf der Bohrlochssohle aufsteht.

Die Röhrensäge von Greiffenhagen besitzt zwei Sägemesser, welche sich in einem von 2 Scheiben gebildeten Gehäuse befinden (Fig. 565). Die Sägemesser werden durch Drehen des Gestänges zum Eingreifen gebracht, indem die mit einer viereckigen Öffnung und zwei Schlitzen versehene Scheibe die Drehung mitmachen muß und die um zwei Bolzen drehbaren Sägeblätter nach außen drückt. Am allzu weiten Austritt werden die Messer durch 2 Anschlagstifte verhindert.

Die Röhrensäge Fig. 566 dient zum Zerschneiden von Rohren in der Längsrichtung. Die sehr einfache Konstruktion bedarf keiner weiteren Erläuterung.

Der Rohrschneider am Gestänge ist eine Mantelhülse, die mit Backen versehen ist, welche Schneidrollen besitzen. Der Rohrschneider wird an einer Rohrtour in das Bohrloch eingelassen. Gleichzeitig wird am Gestänge ein Keil mit eingelassen, der beim Anziehen desselben die Backen gegen die zu schneidende Rohrwand preßt (Fig. 567).

Der hydraulische Rohrschneider der Deutschen Tiefbohr-Aktiengesellschaft, der in Fig. 568 veranschaulicht ist, besteht aus einem Stahlgußkörper, in dem ein Kolben in der Vertikalen beweglich angeordnet ist. Der Kolben trägt vorn einen Stift. Die Schneidbacken sind seitlich in Führungen in radialer Richtung verschiebbar und werden in der Ruhelage durch zwei elastische Gummibänder im Innern des Stahlgußkörpers gehalten. Die Backen können verschieden ausgebildet sein, je nachdem sie zum Rohrschneiden oder zum Unterschneiden benutzt werden sollen. Im ersten Falle sind sie als Scheren zur Aufnahme der Schneidrollen, im zweiten Falle als Diamantbacken ausgebildet. Um Kolben und Treibstift herum ist noch eine Spiralfeder angeordnet.

Zum Rohrabschneiden wird das Instrument am Kernrohr und Gestänge bis zur Schneidestelle in das Bohrloch eingeführt und dann die Spülpumpe in Betrieb gesetzt. Wenn ihr Druck 4—6 Atmosphären erreicht hat, beginnt der Schneider, der gleichzeitig am Gestänge gedreht wird, zu arbeiten. Es wird nämlich durch den Druck der Wassersäule der vorhin erwähnte Kolben und damit auch der Stift heruntergedrückt, welcher die Backen aus ihrer Lage verdrängt und dadurch die Schneidrollen gegen die Rohrwandung preßt. Unter dem Einfluß von Drehung und seitlichem Druck wird nun das Rohr zerschnitten. Ist das Zerschneiden beendet, so gehen immer noch unter dem Einfluß des Wasserdruckes der Kolben und Stift herunter. Hierdurch wird ein Wasserkanal frei, und das Wasser kann ausfließen.

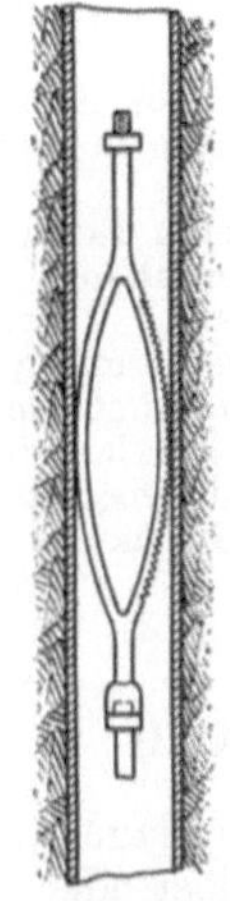

Fig. 566.
Federnde Röhrensäge

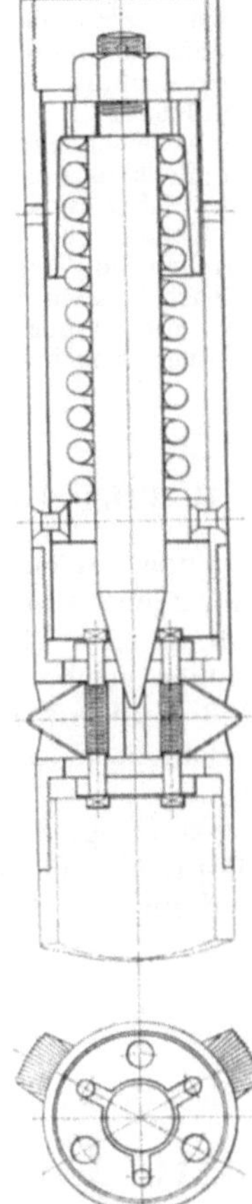

Fig. 568 a, b.
Hydraulischer Rohrschneider der Deutschen Tiefbohr-Aktiengesellschaft.

Fig. 568 c.
Hydraulischer Rohrschneider der Deutschen Tiefbohr-Aktiengesellschaft.

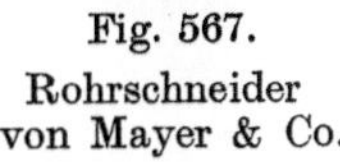

Fig. 567.
Rohrschneider von Mayer & Co.

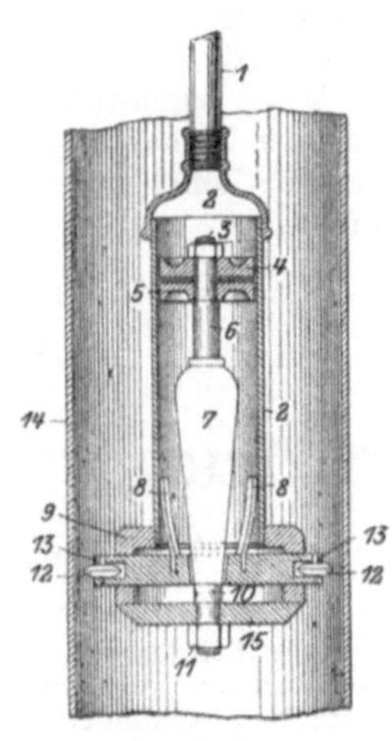

Fig. 569.
Hydraulischer Rohrschneider von Lotaschevsky (aus Tiefbohrwesen 1910. Nr. 19).

An dem über Tage eingeschalteten Manometer macht sich das Sinken des Druckes sofort bemerkbar. Die Pumpe wird dann abgestellt. Infolge des Aufhörens des Spüldruckes tritt die im Rohrschneider um den Kolben angeordnete Spiralfeder in Funktion und hebt Kolben und Stift wieder hoch. Zu gleicher Zeit werden die Backen durch die elastischen Gummibänder zurückgezogen.

Beim Aufholen, welches langsam erfolgen muß, da sonst die Backen aus dem Schneider wieder herausgedrückt werden, fließt das über dem Apparat im Gestänge befindliche Wasser durch einen anderen Kanal ab.

Der Apparat läßt sich auch zum Zerschneiden von größeren Rohrtouren verwenden, nur muß er dann größere Backenkörper eingesetzt erhalten.

Der hydraulische Rohrschneider von Lotaschevsky (Fig. 569) besteht aus dem Zylinder und dem Kolben, der in einen birnenförmigen Keil endet. Der Keil treibt beim Abwärtsgehen die Schneidhalter und damit auch die Schneidrädchen auseinander. Das Zurückziehen des Keiles nach beendigtem Schneiden wird durch Federn bewirkt, die an der Zylinderwand befestigt sind. Die Abwärtsbewegung des Kolbens erfolgt auch hier durch den Druck des Spülwassers.

L. Das Ausfüllen von Bohrlöchern.

Nach Beendigung einer Bohrung, welche auf Minerallagerstätten niedergebracht ist, die durch eindringendes Wasser aufgelöst oder sonst geschädigt werden können (wie z. B. Erdöl- und Salzlagerstätten), ist diese vor dem Verlassen auf Grund der hierüber bestehenden bergpolizeilichen Vorschriften so zu verdichten, daß das Eindringen von Wasser aus dem Deckgebirge in die gefährdeten Schichten unter allen Umständen verhütet wird.

Das Verdichten des Bohrloches erfolgt durch Verfüllen mit Letten, Ton oder Zement, die auf die Bohrlochssohle entweder geworfen oder mit dem Löffel eingebracht und dann mit Bohrkeulen fest verstampft werden.

Siebzehnter Teil.

Störungen beim Bohrbetriebe.

Von Diplom-Bergingenieur **Arthur Gerke.**

Literatur.

Beer: Erdbohrkunde.
Tecklenburg: Handbuch der Tiefbohrkunde, Band V.
Serlo: Bergbaukunde.
Rost: Tiefbohrtechnik.
Köhler: Bergbaukunde.
Ursinus: Kalender für Tiefbohringenieure.
Zeitschrift für Berg-, Hütten- und Salinenwesen, Jahrg. 1898, 1906.
Glückauf, Jahrg. 1895, 1898.

A. Allgemeines.

Die Einführung der modernen Bohrmethoden ist nicht ohne Einfluß auf das Auftreten von Störungen im Bohrbetriebe geblieben. Bei der alten, bis zur Mitte des vorigen Jahrhunderts fast ausschließlich verwendeten Methode des Bohrens am steifen Gestänge waren Brüche von Gestänge und Bohrapparat etwas Alltägliches, und es verging kaum eine Woche, in der nicht irgend eine kleine oder große Fangarbeit erforderlich wurde. Der Grund für die Häufigkeit der Unfälle lag in dem steifen Gestänge, welches die den gesamten Bohrapparat fortwährend erschütternden Stöße fast allein auszuhalten hatte.

Bei der später angewandten Freifallbohrmethode wurde nur das Bohrwerkzeug, der Meißel, auf Stoß und Schlag beansprucht; da dieser aber der am stärksten und haltbarsten gebaute Teil des gesamten Bohrapparates ist, so hatte die Einführung dieses Verfahrens eine ganz bedeutende Verringerung der Unfallhäufigkeit zur Folge.

Bei der Diamantbohrung tritt überhaupt keine Stoßbeanspruchung auf. Hier ist der Bohrfortschritt der mehr schabenden und schneidenden Wirkung des Bohrwerkzeuges zu verdanken, welche eine Folge der schnellen Drehung und der großen Härte des Schneidapparates ist.

Anders liegen die Verhältnisse bei der in neuester Zeit aufgekommenen Schnellschlag- und Seilschlagbohrung. Bei beiden wird zwar auch am steifen Gestänge gebohrt, aber da der Hub bedeutend kleiner ist als bei der alten Stoßbohrung, und da das Gestänge im Moment des Meißelschlages bereits wieder angehoben wird, so werden hier die sehr gefährlichen Stauchungen fast ganz vermieden.

Die bei der alten Bohrmethode so häufige Fangarbeit zeitigte aber, wenn auch ungewollt, eine günstige Wirkung. Sie führte schon vor langer Zeit zu so weitgehender Ausbildung von Fangwerkzeugen, daß in den letzten Jahrzehnten nennenswerte Fortschritte auf diesem Gebiete kaum zu verzeichnen sind. Eine Reihe der früher viel angewandten Fangapparate ist neuerdings ja überflüssig geworden, im allgemeinen wird aber noch heute mit den altbekannten und -bewährten Fangwerkzeugen gearbeitet.

B. Art der Störungen.

Die beim Bohrbetriebe auftretenden Störungen, deren Behebung durch die sog. Fangarbeit erfolgt, können sehr verschiedener Art sein; eine Anzahl von ihnen ist jedoch typisch für die einzelnen Bohrmethoden, so z. B. die Meißelbrüche für die Freifallbohrung, das Hineinfallen von Diamanten für die Diamantbohrung u. a. m. Die Tiefe, in welcher die Störungen auftreten, ist insofern von Einfluß, als ihre Beseitigung bei geringerer Tiefe im allgemeinen weniger Schwierigkeiten bereitet als bei großer; aber auch hier bietet die Fangarbeit dank der Vervollkommnung aller Methoden und Apparate heutigen Tages noch Aussicht auf Erfolg.

Die Störungen lassen sich nun generell in 4 große Gruppen einteilen.

Unter die erste Gruppe fallen die Störungen, welche eine Folge des Bohrens oder der Beschaffenheit des Gebirges sind, wie z. B. das Auftreten von Füchsen, Nachfall und Verklemmungen.

In die zweite Gruppe gehören die Brüche, welche bei den Bohrapparaten und am Gestänge vorkommen, als da sind: Brüche des Bohrers und des Gestänges, Reißen des Seiles u. a. m.

Die dritte Gruppe umfaßt die Störungen, welche durch das Hinunterfallen kleiner und harter Gegenstände in das Bohrloch entstehen.

Die vierte Gruppe endlich begreift die Störungen durch ein Abweichen des Bohrloches von der Senkrechten in sich.

So verschiedenartig die Störungen auch sind, ebenso mannigfaltig sind auch die Mittel zu ihrer Beseitigung. Störungen von der Art der Gruppe I, welche aus der Gebirgsbeschaffenheit resultieren, und von der Form der Gruppe IV, welche durch Abweichen des Bohrloches von der Senkrechten entstehen, lassen sich in der Mehrzahl ohne Benutzung besonderer Apparate beseitigen; die Störungen der Gruppen II und III, welche bei weitem am häufigsten vorkommen, erfordern zu ihrer Behebung eines eigenen Fanggestänges und besonderer Fanggeräte.

C. Beseitigung von Hindernissen, welche eine Folge des Bohrens oder der Gebirgsbeschaffenheit sind.

I. Füchse.

Mit dem Ausdruck „Fuchs" bezeichnet man Hervorragungen aus der Bohrlochswand, welche durch ungleichmäßiges Umsetzen des Meißels, durch plötzlichen Gesteinswechsel, durch die Nähe einer Kluft, durch das Erbohren von Konglomeratschichten mit mildem Bindemittel, durch steiles Einfallen u. a. m. entstanden sein können. Das Auftreten von Füchsen ist aus den Bestreben des Krückels, sich nach rechts oder links zu drehen, erkennbar und kann leicht zu Klemmungen und Brüchen der Bohrwerkzeuge führen.

Um den Fuchs zu beseitigen, läßt man den Meißel einige Zeit und mit besonderem Nachdruck an der unrunden Stelle arbeiten. Gelingt es auf diese Weise nicht, die Ecken zu entfernen, so muß man an Stelle des gewöhnlichen Meißels einen solchen mit Ohrenschneiden verwenden. Man wirft auch wohl größere Stücke festen Gesteins in das Bohrloch bis über die Stelle, an welcher sich der Fuchs zeigt, und zerbohrt dann zugleich mit den Gesteinsbrocken auch den Fuchs.

II. Nachfall.

Unter „Nachfall" versteht man das Herabfallen kleiner oder größerer Gebirgsstücke und Sandmassen aus den oberen Partien des Bohrloches. Der Nachfall ist eine unliebsame Begleiterscheinung, die sich beim Bohren in milden Gebirgsschichten wie Sand, Kies und dergl. fast immer einzustellen pflegt. In festem Gebirge kann Nachfall dann eintreten, wenn die Gebirgsschichten von grober Struktur sind; besonders ist dies der Fall an Stellen, wo Konglomerate und Klüfte die Bohrlochsstöße durchsetzen. Wasser spielt hier ebenfalls eine Rolle, indem es die Bohrlochswände aufweicht und mit dem starken Spülstrom mehr oder weniger große Gebirgspartikelchen mit nach unten reißt. Das Auftreten von Nachfall kann recht unangenehme Verklemmungen des Bohrapparates zur Folge haben, indem sich entweder größere oder kleinere Gesteinsbrocken zwischen Bohrer und Stoß festsetzen und das Anheben und Umsetzen dadurch verhindern, oder indem der Bohrapparat oft gänzlich verschüttet wird.

Besonders gefährlich sind beim Auftreten von zum Nachfall neigenden Schichten kürzere oder längere Stillstände im Bohrbetriebe, während deren das Bohrloch oft viele Meter zugeschlämmt wird. Bei Stillständen von voraussichtlich kurzer Dauer empfiehlt es sich daher, wenn das Bohrwerkzeug nicht aufgeholt werden soll, dieses wenigstens einige Meter anzuheben und das Gestänge entsprechend über Tage abzufangen.

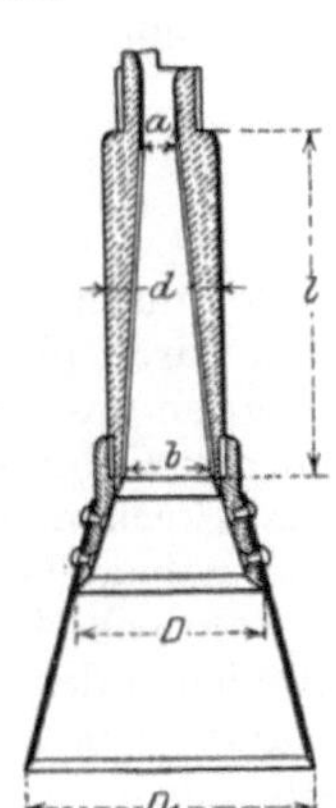

Fig. 570. Umspülrohr der Deutschen Tiefbohr-Aktiengesellschaft.

Ist der Nachfall nur geringfügig, und sind größere Weitungen in den Bohrlochsstößen, welche ein Zusammengehen des Bohrloches bewirken können, nicht zu befürchten, so kann die Bohrung fortgesetzt werden, selbst wenn kleinere zeitweilige Klemmungen auftreten sollten. Durch langsames Anheben und Senken des Gestänges lassen sich die Klemmungen häufig beseitigen. Bei größeren Hemmungen versucht man die Lösung des Bohrstückes durch von unten nach oben gerichtete Schläge zu bewirken, wobei der Schwengelschwanz stark mit Gewichten belastet wird.

Bei nicht zu großem Nachfall werden über dem Freifallapparate oder über den Kernrohren oben offene Rohre von etwas geringerem Durchmesser als dem des Bohrloches angebracht, welche die nachfallenden Stücke auffangen. Derartige Rohre nennt man Brockenfänger (siehe Diamantbohrung, S. 225).

Bei der Spülbohrung kann man auch versuchen, das festgeklemmte Bohrstück durch verstärkte Spülung frei zu bekommen. Gute Dienste leisten hierbei die sog. Umspülrohre (Fig. 570), welche am Gestänge bis zur Unfallstelle eingelassen und in den Zwischenraum zwischen Bohrlochswand und Bohrstück eingeführt werden. Darauf wird so lange mit verstärkter Spülung gearbeitet, bis es gelingt, die Verklemmung zu beseitigen.

Bei der Diamantbohrung schützt man sich gegen den Nachfall durch Verlängerung der Kernrohre bis zur Nachfallstelle, da diese nur einen geringen Spielraum zwischen Rohr und Stoß freilassen. Infolge der hierdurch eintretenden Querschnittsverengung fließt der Spülstrom schneller und drängt den Nachfall zurück.

Tritt der Nachfall in festem Gebirge auf, so ist es möglich, ihn durch Zementieren zu beseitigen. Das Bohrloch wird zu diesem Zweck bis über die Nachfallstelle mit Zement verfüllt. Nach dem Erhärten des Zements wird in dem verfüllten Teil aufs neue gebohrt.

Bei starkem Nachfall bleibt nur übrig, die Nachfallstelle gegen die anderen Teile des Bohrloches abzusperren. Dies geschieht entweder durch Nachtreiben der nächst höheren oder durch Einbauen einer neuen Verrohrung.

III. Verklemmungen.

Außer durch Nachfall können Verklemmungen des Bohrapparates eintreten durch plötzlichen Gebirgswechsel, durch offene Klüfte, durch Engerwerden des Bohrloches infolge Abnutzung der Meißelecken, durch Quellen des Gebirges (Ton) u. a. m.

Das Steckenbleiben der Schappe tritt leicht bei Bohrungen in weichem, zähem Tone ein, der während des Bohrens unter dem Einfluß des im Bohrloche befindlichen Wassers quillt und das Bohrloch verengt. Das Ausziehen der Schappe geschieht dann unter gleichzeitigem Drehen, wobei am Gestänge eine beliebige Hebevorrichtung angebracht wird (Bauschrauben, Flaschenzug, hydraulische Hebezeuge usw.). Um dem Steckenbleiben vorzubeugen, muß die Schappe häufig ausgeholt werden. Ferner empfiehlt sich in derartigen Schichten eine sofortige Verrohrung des Bohrloches.

Gelingt das Heben der Schappe nicht, so wird das Gestänge abgeschraubt und nun versucht, durch Zerschlagen derselben oder Zurückdrängen in die Stöße das Bohrloch wieder frei zu bekommen.

Bei steckengebliebenen Diamantkronen oder Stahlbohrkronen versucht man zuerst durch verstärkte Spülung unter gleichzeitigem Drehen die Ursache der Störung zu beseitigen. Verläuft dieser Versuch erfolglos, so wird das Gestänge von der Krone abgeschraubt und diese mit dem bereits auf Seite 218 besprochenen Fräser bis auf den Teil der Krone, welcher die Diamanten enthält, zerbohrt. Der letzte Teil wird mit einem stumpfen Meißel oder einer Bohrkeule in Stücke zerschlagen, die mit dem Schlammlöffel aufgeholt werden.

Verklemmungen des Meißels können eintreten, wenn ein neuer Meißel in das Bohrloch eingeführt wird und der alte bereits sehr abgenutzt war. Um dies zu vermeiden, empfiehlt es sich, beim Einlassen eines neuen Meißels zunächst einige Meter über der Sohle zu bohren und erst allmählich mit diesem bis auf die Bohrlochssohle herunterzugehen. Erfolgt trotzdem eine Verklemmung, so wird das Gestänge unter gleichzeitigem Drehen vorsichtig ab- und aufwärts bewegt, wodurch es häufig gelingt, den Meißel wieder frei zu bekommen.

Sitzt der Meißel fest, so belastet man auch hier wieder den Schwengel und sucht durch nach oben gerichtete Schläge die Lösung zu bewirken. Bei stärkeren Klemmungen ist die Anwendung dieses Verfahrens zu gefährlich, da leicht Gestängebrüche eintreten können. Wird der beabsichtigte Erfolg nicht erreicht, so kann man am Gestänge ein Röhrenbündel befestigen, unter welchem man zwei Schraubenwinden angreifen läßt, und nun versuchen, durch Anziehen der Schrauben das verklemmte Stück zu heben.

Ist der Meißel allein verklemmt, so bohrt man ihn frei mit Hilfe eines besonderen Meißels, des Freibohrers oder Spatens, dessen Schneide der Bohrlochsrundung entsprechend gebogen ist (Fig. 571).

In Fällen, wo die bisher besprochenen Verfahren nicht zum Ziele führen, kann man auch Säuren, wie z. B. Salzsäure, Schwefelsäure oder Salpetersäure, in das Bohrloch gießen, um entweder das Gestein, falls dieses von der Säure angegriffen wird, aufzulösen oder um den steckengebliebenen Meißel zu zerstören. Sind Klüfte in der Nähe, so empfiehlt es sich, die untere Partie des Bohrloches teilweise mit Ton auszustampfen, um ein Abfließen der Säure zu verhindern. Nach Ablauf einiger Stunden, während deren man von Zeit zu Zeit untersucht, ob das verklemmte Stück frei geworden ist, tritt dann häufig der gewünschte Erfolg ein.

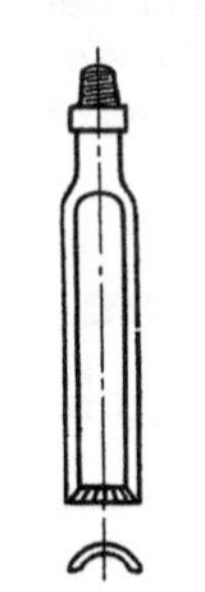

Fig. 571. Freibohrer oder Spaten (aus Ursinus, Kalender für Tiefbohringenieure.

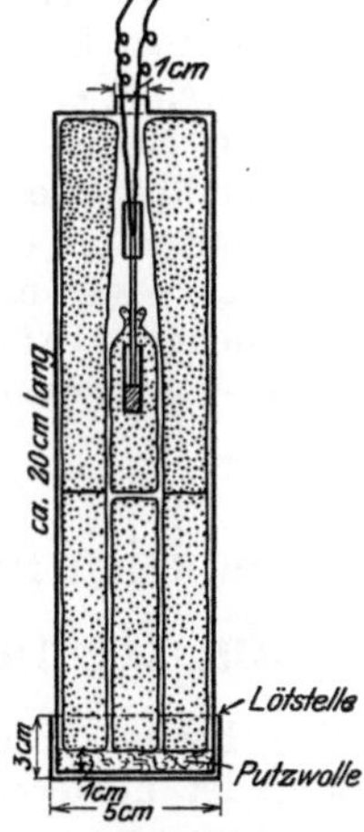

Fig. 572. Einrichtung zur Dynamitsprengung im Bohrloch (aus Zeitschrift für Berg-, Hütten- und Salinenwesen 1906, S. 672).

Wenn das alles nichts hilft, so versucht man den Meißel durch eine Dynamitsprengung zu lösen. In einem derartigen Falle[1]) wurde eine zylindrische Blechbüchse (Fig. 572) aus dünnem verzinkten Eisenblech von 5—6 cm Durchmesser und 20 cm Höhe benutzt, die oben durch einen aufgelöteten Deckel verschlossen war, der für die Leitungsdrähte mit Durchlochungen versehen war. Der untere Verschluß erfolgte durch einen Deckel mit einem etwa 3 cm übergreifenden Rande. Das Dynamit wurde von unten in die Büchse eingeführt. Zuerst wurde eine halbe Patrone, welche den Zünder enthielt, so in die Büchse eingebracht, daß

[1]) Zeitschrift für Berg-, Hütten und Salinenwesen, 1906, S. 672.

die beiden Leitungsenden aus den Durchlochungen des oberen Deckels herausragten. Nach und nach wurde die Büchse mit noch 5 Patronen gefüllt bis auf etwa 1 cm Abstand vom Boden. In den hier verbleibenden freien Raum wurde Putzwolle eingebracht. Als Zünder diente ein Spaltglühzünder mit einer 4—5 cm langen Zündschnur, an der die Sprengkapsel befestigt wurde. Die Zündvorrichtung wurde zum Schutz gegen Feuchtigkeit mit einer Wachshülle überzogen. Als Dynamit wurde Gelatine-Dynamit I benutzt. Die Zündung sollte elektrisch vermittels einer magnet-elektrischen Zündmaschine erfolgen, wobei man zur Zuleitung des Stromes isolierten Kupferdraht verwenden wollte. Die Sprengung kam jedoch nicht zur Ausführung, da infolge einer Unvorsichtigkeit das Dynamit schon vor dem Einlassen zur Explosion gelangte.

An Stelle der Sprengungen empfiehlt Köbrich, steckengebliebene Bohrstücke, die sich mit den gewöhnlichen Methoden aus dem Bohrloch nicht entfernen lassen, mit den Stahlfräser, und zwar speziell dem Ringfräser, zu entfernen. Er hat in mehreren, nahezu hoffnungslosen Fällen den Meißel durchgefräst und dadurch das Bohrloch gerettet. Die Anwendung dieses Verfahrens hat große Zeitversäumnis zur Folge und ist nur dann möglich, wenn eine Rotationseinrichtung zur Verfügung steht, was nicht immer der Fall ist. Gegenüber der Aussicht auf fast sicheren Erfolg, welche sie bietet, treten diese Nachteile jedoch eventuell völlig in den Hintergrund.

D. Beseitigung der an den Bohrapparaten und am Gestänge vorkommenden Brüche.

Wir hatten bereits im Abschnitte A gesehen, daß mit der Einführung der modernen Bohrmethoden ein Abnehmen der Häufigkeit der Gestänge- und Meißelbrüche verbunden war, da die Beanspruchung durch die unzähligen Stöße nicht mehr von dem verhältnismäßig schwachen Gestänge, sondern nur von dem kräftig konstruierten Bohrer aufzunehmen war. Die Brüche treten infolgedessen gewöhnlich am Bohrmeißel auf, da dieser den fortwährenden Stößen auch jetzt noch ausgesetzt ist. Die Meißelbrüche ereignen sich zumeist am Schaft, besonders an der Verbindungsstelle mit der Schwerstange. Gestängebrüche dagegen erfolgen an der schwächsten Stelle, d. i. an der Verbindungsstelle zweier Stangen, also am Gestängeschloß.

Bei der Diamantbohrung, wo das Gestänge nur auf Verdrehung beansprucht wird, kommt es häufig vor, daß das Gestänge schon bei kleinen Verbiegungen mit einer oder mehreren Muffen an der Verrohrung anliegt und infolge der schnellen Rotation an dieser Stelle direkt durchgeschliffen wird. Will man daher Gestängebrüche vermeiden, so muß man sorgfältig darauf achten, daß nur unbeschädigte Muffen und nur gerade Gestängestücke eingelassen werden.

Erfolgt der Bruch weit unten im Bohrloch, so wird oft, wenn dieses sehr tief ist, noch längere Zeit rotiert, ehe der Unfall bemerkt wird. Das ist nun eine sehr mißliche Sache, da in diesem Falle die zerbrochenen Gestänge- oder Kernrohrteile längere Zeit aufeinander rotieren, wodurch das zu fangende Stück gewöhnlich so beschädigt wird, daß ein Heben mit den gewöhnlichen Fangapparaten nicht mehr möglich ist. Man wird dann erst einen großen Teil des steckengebliebenen Stückes wegfräsen müssen, ehe man an ein unbeschädigtes Stück gelangt, in welchem die Fangwerkzeuge haften bleiben. Es muß daher, um derartige Unfälle zu vermeiden, sorgfältig auf ein regelmäßiges Sinken des Gestänges Obacht gegeben werden. Häufig läßt sich auch aus dem veränderten Ton, der bei der Drehung der Diamantkrone erzeugt wird, auf das Auftreten einer Störung schließen.

Bei derartigen Brüchen ist es Aufgabe des Bohrmeisters, zuvor genau festzustellen, wo und in welcher Lage sich das abgebrochene Stück im Bohrloche befindet; ferner, welche Gebirgsschichten und welche Verrohrungen an dieser Stelle vorhanden sind. Dann wird ausgeholt, nachdem am Gestänge in der Höhe der Abfangstelle die augenblickliche Tiefe des Bohrloches markiert ist. Bei dem Ausholen wird mit einem Meßband genau die Länge des aus dem Bohrloch herauskommenden Gestänges gemessen. Durch Subtraktion der erhaltenen Zahl von der Gesamttiefe läßt sich dann sofort feststellen, an welcher Stelle des Bohrloches sich das abgebrochene Stück befindet.

Fig. 573. Abdruckbüchse (aus Tecklenburg, Handbuch der Tiefbohrkunde, Bd. V).

Fig. 574. Abdruckbüchse von Mayer & Co.

Kennt man die Lage des gebrochenen Stückes nicht, so empfiehlt es sich, bevor man zur eigentlichen Fangarbeit schreitet, zuerst einen Versuch mit der sog. Abdruckbüchse zu machen (Fig. 573 und 574). Diese besteht aus einer unten offenen hohlen Büchse von dem Durchmesser des Bohrloches, welche auf der Unterseite mit Ton, Wachs oder Pech ausgefüllt ist. Die Büchse wird am Gestänge bis zur Unfallstelle eingelassen, wo das stehengebliebene Stück einen Eindruck in der Füllmasse der Büchse hervorruft, von dem nach dem Aufholen leicht ein Gipsabdruck genommen werden kann. Man erhält so häufig ein genaues Bild der Unfallstelle und kann auch nachweisen, ob im Bohrloch Nachfall vorhanden ist, der auf dem abgebrochenen Stück lagert. Ist dies der Fall, so muß, bevor mit dem Fangen begonnen wird, der Nachfall beseitigt werden, was durch Löffeln oder verstärkte Spülung geschehen kann.

Wenn das Bohrloch von Nachfall frei ist, wird mit der eigentlichen Fangarbeit begonnen. Hierzu verwendet man ein besonderes Fanggestänge, eventuell auch eine Rohrtour, und besondere Fangwerkzeuge. Das Fangwerkzeug wird nun am Gestänge bis zur Unfallstelle in das Bohrloch eingelassen. Bevor es hier ankommt, wird das Gestänge am Bohrlochsschwengel aufgehängt und ausbalanciert, um bei dem Fangen nicht den Druck der ganzen Gestängelast auf den Fänger wirken zu lassen, wodurch eine leichtere Handhabung erreicht und ferner eine Beschädigung des Fängers verhindert wird. Das letztere ist von Bedeutung bei den später zu besprechenden Gewindefängern, bei denen die Gewinde leicht zum Ausbrechen kommen.

Ist der Fänger an der Unfallstelle angelangt, was leicht zu konstatieren ist, da das abgebrochene Stück dem Weitereinlassen Widerstand entgegensetzt, so wird die Höhenlage wieder am Gestänge markiert. Bei Anwendung von Gewindefängern wird außerdem am Gestänge noch eine Anzahl Striche angegeben, welche einen Abstand gleich dem der einzelnen Gewindegänge voneinander besitzen. Auf diese Weise läßt sich leicht kontrollieren, ob der Fänger faßt, und wie weit er sich auf das gebrochene Stück aufschraubt.

Man versucht nun den eigentlichen Fänger je nach seiner Beschaffenheit in vorsichtiger Weise entweder unter den Bund zu schieben oder ihn auf den Gegenstand zu schrauben. Merkt man, daß der Fänger hält, so wird vorsichtig ausgeholt und das gefangene Stück von dem Fänger gelöst.

I. Fanggestänge[1]).

Zur Fangarbeit bedient man sich zweckmäßig besonders konstruierter Fanggestänge, die konisches oder zylindrisches Gewinde besitzen, massiv oder hohl sein können. Konisches Gewinde gibt man dem Gestänge dann, wenn dieses nur zum Ziehen und Drehen nach einer Richtung gebraucht werden soll. Das Gewinde wird als Linksgewinde ausgeführt, da die im Bohrloch sitzenden Gegenstände fast immer Rechtsgewinde haben. Ein derartiges Fanggestänge besitzt eine nur beschränkte Anwendbarkeit, da es in der Mehrzahl der Fälle erforderlich ist, das Gestänge nach beiden Richtungen drehen zu können. Man nimmt deshalb besser ein Fanggestänge mit zylindrischem Gewinde und gesicherten Verschlüssen.

Die Fanggestänge können als Massiv- oder Hohlgestänge ausgeführt werden. Im letzteren Falle werden zur Fabrikation nahtlose Stahlrohre benutzt.

Gegenüber dem Massivgestänge besitzt das Hohlgestänge die Vorteile des geringeren Gewichtes und der größeren Widerstandsfähigkeit gegen Verdrehung, dagegen den Nachteil einer geringeren Zugfestigkeit

[1]) Siehe Petroleum, 1910, Nr. 19.

und der höheren Anschaffungskosten. Bei Fangarbeiten mit Spülung ist allein ein Hohlgestänge am Platze.

Das erste brauchbare Fanggestänge ist von der Firma Fauck hergestellt und benutzt worden.

Bei diesem besitzt, wie aus Fig. 575 ersichtlich, nur eine Stange ein männliches Gewinde, das in das Gewinde einer Überwurfmutter eingreift, die auf dem anderen Gestänge befestigt ist. Ein derartiges Fanggestänge kann sich leicht lösen, da jede der Verbindungen nur ein Gewinde besitzt.

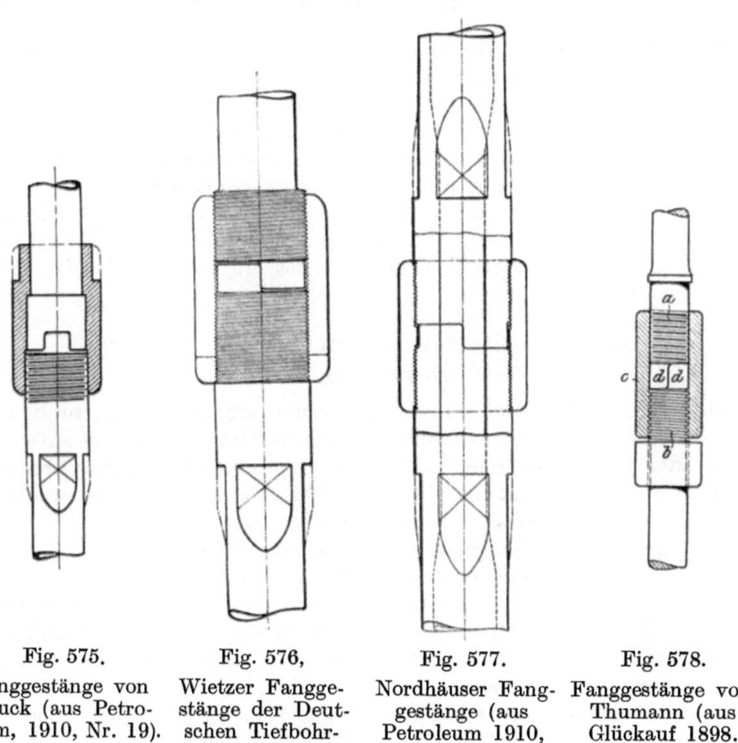

Fig. 575. Fanggestänge von Fauck (aus Petroleum, 1910, Nr. 19).

Fig. 576, Wietzer Fanggestänge der Deutschen Tiefbohr-Aktiengesellschaft.

Fig. 577. Nordhäuser Fanggestänge (aus Petroleum 1910, Nr. 19).

Fig. 578. Fanggestänge von Thumann (aus Glückauf 1898. S. 390).

Das sog. Wietzer Fanggestänge ist in Fig. 576 veranschaulicht. Es besitzt beiderseits Rechtsgewinde, und die Muffe wird hier fest gegen einen auf den Gegenzapfen geschraubten Bund angezogen, wodurch die Widerstandsfähigkeit gegen Lösung noch erhöht wird. Ein Nachteil dieses Gestänges liegt darin, daß das Gewinde nach erfolgter Abnützung nicht nachgeschnitten werden kann.

Fig. 577 zeigt das Fanggestänge der Deutschen Tiefbohr-Aktiengesellschaft. Die eine Stange besitzt Rechts-, die andere Linksgewinde. Sie werden durch Muffen mit Rechts- und Linksgewinde zusammengeschraubt, wobei die zur Hälfte ausgeschnittenen Stangenenden ineinander greifen und so das Gestänge vor der Lösung schützen. Zum Linksdrehen werden die Stangen mit dem Rechtsgewinde nach oben eingebaut; soll nach rechts gedreht werden, so wird das Linksgewinde nach unten angebracht. Den Linksfängern wird Rechtsgewinde, den Rechtsfängern Linksgewinde gegeben.

Thumann verwendet ein Fanggestänge mit Differentialgewinde. Fig. 578 zeigt ein derartiges Gestänge, bei dem beide Enden a und b die gleiche Drehrichtung und Stärke besitzen, die Ganghöhe aber eine verschiedene ist. Beim Zusammenschrauben vermittels der Muffe c werden die beiden Gewindeenden einander genähert und zusammengepreßt. Die beiden Klauen d gewähren hierbei dem Gestänge einen festen Halt.

II. Fänger.

So verschiedenartig die Unfälle sind, so zahlreich sind auch die Fangwerkzeuge zu ihrer Behebung. Bei Brüchen, die dicht über einem Bunde vorkommen, wird man versuchen, den Bund zu fassen und hierauf das gebrochene Stück zutage zu heben. Die Fänger sind dann meist so eingerichtet, daß der Bund beim Fassen auf Haken oder Federn zu sitzen kommt, auf denen er während des Ausholens ruht.

Bei Brüchen unter einem Bunde verwendet man Fangwerkzeuge mit scharfer Schneide oder Widerhaken, welche, da ein Fassen und Halten der glatten Stange nicht möglich ist, auf oder in das Gestänge geschraubt werden.

a) Fanggeräte zur Beseitigung von Brüchen dicht über einem Bunde.

Der Glückshaken besteht aus einer starken, mit Bund und Schraubenspindel versehenen Eisenstange, welche unten einen entweder rechts oder links gebogenen und vorn zugeschärften Haken besitzt. Die Krümmung des Hakens wird dem Bohrlochsumfang entsprechend gewählt, um das Gestänge, welches sich an die Bohrlochswand anzulegen pflegt, auch sicher fassen zu können. Der Glückshaken dient außer zum Heben auch zum Abschrauben, Festhalten und Geraderichten von im Bohrloch befindlichen Gegenständen. Im letzteren Falle muß er so eingerichtet sein, daß er auch leicht wieder gelöst werden kann. Die Figuren 579—582 zeigen einige der heute gebräuchlichsten Ausführungen von Glückshaken.

Der Glückshaken mit Scharnier (Fig. 583), der bei den Bohrungen in Ölheim vielfach Verwendung fand, ermöglicht die Einführung eines Hakens von größerem als dem Bohrlochsdurchmesser. Man benutzt ihn zum Fangen von seitlich gebogenen Bohrstücken, welche sich unterhalb der Verrohrung an einer weiteren Stelle des Gebirges befinden.

Der Geißfuß ist eine eigenartig gekrümmte Stange, welche zwei dreieckige Vorsprünge besitzt (Fig. 584). Der Geißfuß wird am Gestänge so in das Bohrloch eingeführt, daß die Vorsprünge sich an der einen Bohrlochswand befinden, während die scharfe Spitze an der entgegengesetzten Seite herabgleitet. Bei langsamem und vorsichtigem Niedergange schiebt sich das abgebrochene Stück durch die beiden Vorsprünge hindurch und setzt sich mit dem Wulst auf diese auf, worauf es hochgehoben werden kann.

Die Klappenfänger oder Klappenbüchsen sind an einer Gabel mit Gewinde befestigte Hohlzylinder, in denen unten zwei durch

Scharniere bewegliche Klappen angeordnet sind, welche in der Mitte eine Öffnung zum Durchlassen des Gestänges besitzen (Fig. 585 und 586). Beim Niedergange der Büchse werden die Klappen durch das Gestänge

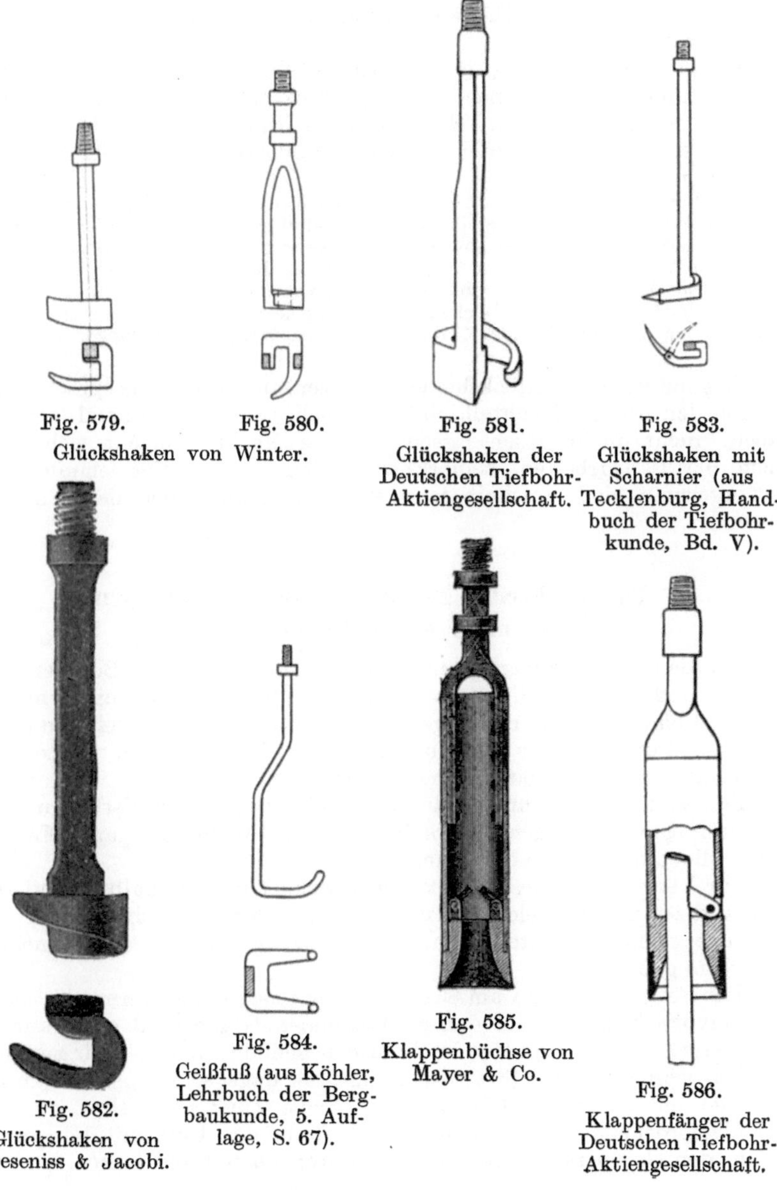

Fig. 579. Fig. 580. Glückshaken von Winter.

Fig. 581. Glückshaken der Deutschen Tiefbohr-Aktiengesellschaft.

Fig. 583. Glückshaken mit Scharnier (aus Tecklenburg, Handbuch der Tiefbohrkunde, Bd. V).

Fig. 582. Glückshaken von Deseniss & Jacobi.

Fig. 584. Geißfuß (aus Köhler, Lehrbuch der Bergbaukunde, 5. Auflage, S. 67).

Fig. 585. Klappenbüchse von Mayer & Co.

Fig. 586. Klappenfänger der Deutschen Tiefbohr-Aktiengesellschaft.

in die Höhe gehoben, beim Aufholen fassen sie unten den Bund und halten diesen fest, so daß das abgebrochene Stück zutage gehoben werden kann.

Die Krone (Fig. 587) dient zum Fangen größerer Stücke im Innern von Verrohrungen. Die Stücke werden durch eine unten angebrachte Klappe festgehalten.

Die Kronenklappe (Fig. 588) ist ein Klappenfänger, bei dem die Klappe durch eine Feder nach innen gedrückt wird. Zu ihrer Führung dient ein Ansatz mit Stift. Hat der Bund beim Einlassen die Klappe passiert, so drückt die Feder diese unter den Wulst, und die Klappe hält ihn fest.

Ähnlich wirken die Federbüchsen, auch Federfallen oder Federfangbüchsen genannt, welche an Stelle der Klappe drei oder vier an die Büchse angenietete Federn besitzen. Diese sind nach oben gerichtet. Beim Einlassen gleiten sie an dem Wulst hinunter, beim Aufholen fassen sie dagegen unter den Gestängebund. Große Lasten kann man mit ihnen jedoch nicht heben (Fig. 589 und 590).

Bei der Kluppe ist die Büchse in Fortfall gekommen. Statt ihrer sind vier Federn oben zusammengenietet, die unten hakenartige Vorsprünge besitzen (Fig. 591).

Gegenüber dem Glückshaken besitzen die zuletzt besprochenen Fänger den großen Nachteil, daß sie sich, wenn sie einmal gefaßt haben, nicht mehr lösen lassen. Dieser Nachteil macht sich vor allem bei Fangarbeiten bemerkbar, welche durch Verklemmungen hervorgerufen sind, weshalb man sie in solchen Fällen lieber nicht anwendet.

b) Fangwerkzeuge zur Beseitigung von Brüchen unter einem Bunde.

Mit den bisher behandelten Fanggeräten ließen sich Bohrgeräte, bei denen der Bruch dicht unter einem Bunde auftrat, nicht mehr heben. Denn, wenn man das gebrochene Stück an dem weiter unten sitzenden Bunde in der eben beschriebenen Weise fangen wollte, so würde man mit dem weit darüber befindlichen Stangenende in oder an die Bohrwand stoßen und dadurch Klemmungen oder Verbiegungen des zu fangenden Gegenstandes hervorrufen, welche die ganze Fangarbeit illusorisch machen würden.

Zur Vermeidung dieses Übelstandes wendet man deshalb besondere Fangwerkzeuge an, welche imstande sein müssen, auch ein glattes Gestänge sicher zu halten, d. h. Fangwerkzeuge, welche eine Schneidvorrichtung besitzen.

Der Fänger wird nun am Gestänge eingelassen und vermittels der Schneidvorrichtung so auf den zu fangenden Gegenstand geschraubt, daß dieser, wenn er sich lose im Bohrloch befindet, unmittelbar zutage gehoben werden kann. Sitzt das Fangstück dagegen fest, so schraubt man, da ein derartiger Fänger keine große Zugkraft besitzt, zuerst das abgebrochene Stück ab und fängt dann den Rest mit Fängern, welche den Gegenstand durch Fassen unter einen Bund halten.

Der Krätzer oder Fuchsschwanz besteht aus einer mit Gewinde versehenen Rundeisenstange, die in eine Spirale mit Spitze ausläuft. Innen besitzt die Spirale eine verstählte Schneide, welche sich beim Einlassen in das gebrochene Stück einschneidet. Fig. 592 zeigt einen Krätzer in der heute üblichen Ausführung. Er eignet sich besonders zum Fangen von gebrochenem Holzgestänge.

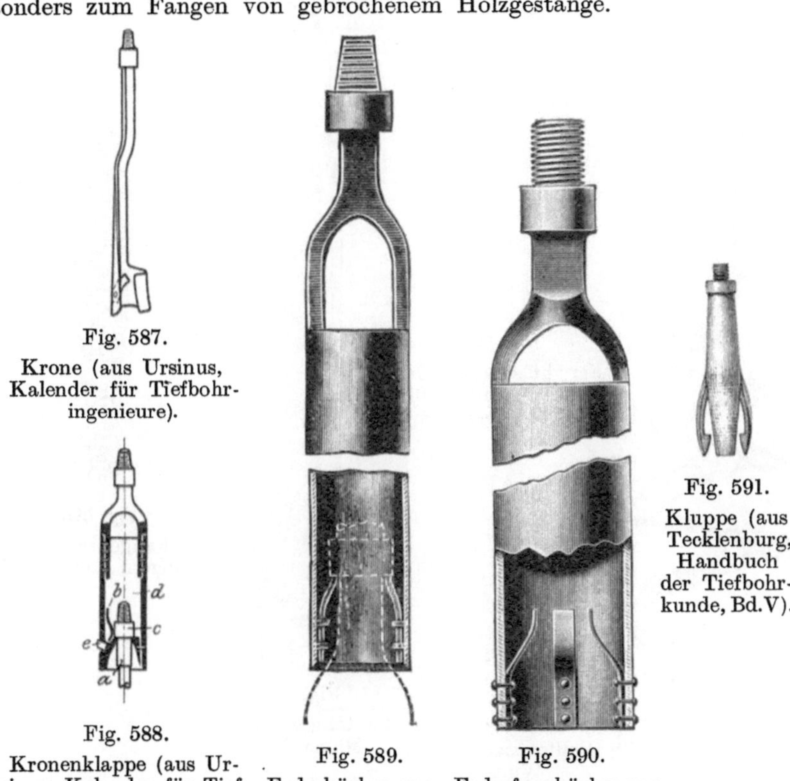

Fig. 587. Krone (aus Ursinus, Kalender für Tiefbohringenieure).

Fig. 588. Kronenklappe (aus Ursinus, Kalender für Tiefbohringenieure.)

Fig. 589. Federbüchse von Mayer & Co.

Fig. 590. Federfangbüchse von Deseniss & Jacobi.

Fig. 591. Kluppe (aus Tecklenburg, Handbuch der Tiefbohrkunde, Bd.V).

Lose im Bohrloch stehende Stangen hebt man mit der Fanghülse (Fig. 593), welche aus zwei federnden Armen besteht, die innen mit vielen Zähnen besetzt sind. Zum Fangen wird sie über das abgebrochene Stück geführt, das sie mit Hilfe der kleinen Zähne festhält. Für weite Bohrungen versieht man die Fanghülse noch mit einem Erweiterungsstück.

Die Fallfangschere oder der Wolfsrachen dient zum Fangen von Gestänge, Gestängebunden, Freifällen, Schwerstangen usw. Der untere Fußring steht durch eine Gabel mit dem Gestänge in Verbindung. Im Innern des durch Gabel und Ring gebildeten Raumes befindet sich eine Schere mit zwei gezahnten Fangarmen, die oben durch einen auf dem Gestänge verschiebbaren Ring zusammengehalten werden. Die beiden Fangarme sind in Nuten des Fußringes geführt. Der Ring ist in seinem Hub oben durch einen Ansatz begrenzt (Fig. 594 und 595). Soll mit dem Apparat gefangen werden, so wird der verschiebbare Ring

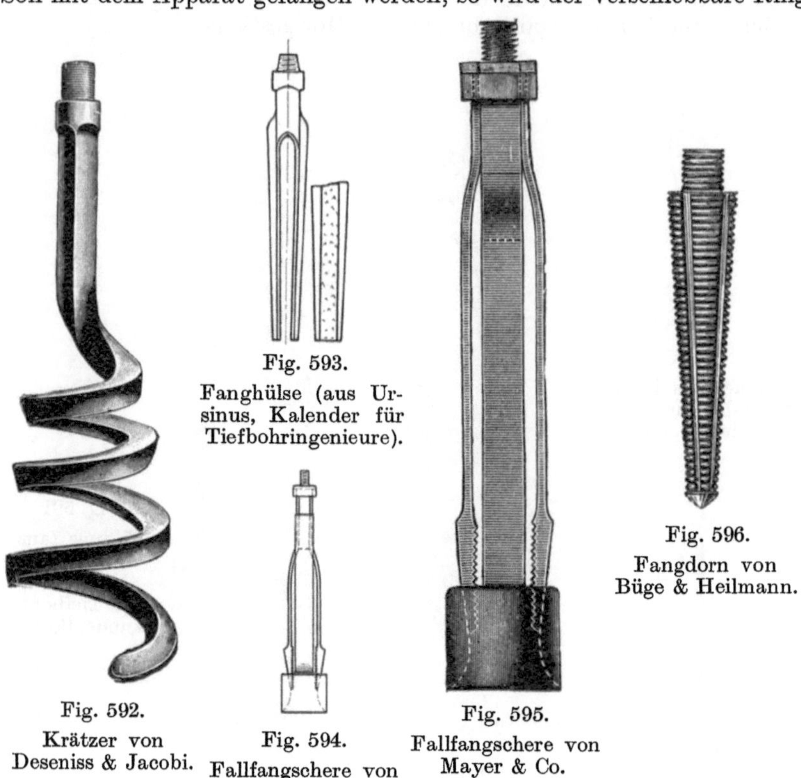

Fig. 592. Krätzer von Deseniss & Jacobi.

Fig. 593. Fanghülse (aus Ursinus, Kalender für Tiefbohringenieure).

Fig. 594. Fallfangschere von Winter.

Fig. 595. Fallfangschere von Mayer & Co.

Fig. 596. Fangdorn von Büge & Heilmann.

bis unter den Ansatz hochgezogen und zwischen die Fangbacken ein Holzstäbchen gesteckt. Beim Einlassen schiebt sich nun der unten angeschärfte Fußring über das zu fangende Stück und drückt hierdurch das Holzstäbchen heraus. Die Fangarme fallen herunter, nähern sich dabei einander und greifen mit ihren Zähnen in das Gestänge ein. Beim Anheben preßt der mit dem Gestänge verbundene Fußring die in Nuten geführten Fangarme mehr und mehr zusammen, infolgedessen sich diese immer tiefer in das gefangene Stück einschneiden.

Der Fangdorn oder Spitzfänger ist eine mit Rechts- oder Linksgewinde versehene starke Schraube, welche in das zu fangende Hohlgestänge eingeschraubt wird. Die Schraube besitzt Längsnuten, um die bei dem Einschrauben erzeugten Späne aufzunehmen (Fig. 596—598).

Einen anders gestalteten Spitzfänger der Deutschen Tiefbohr-Aktiengesellschaft zeigt Fig. 599. Zur leichteren Einführung in das Fangstück ist er mit einer Muffe und einem Mantelrohr versehen.

Fig. 597.
Fangdorn von Deseniss & Jacobi.

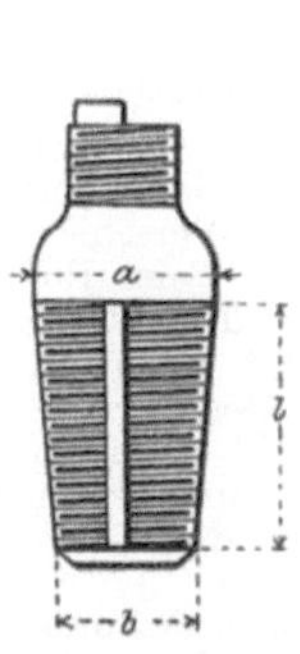

Fig. 598.
Fangdorn der Deutschen Tiefbohr-Aktiengesellschaft.

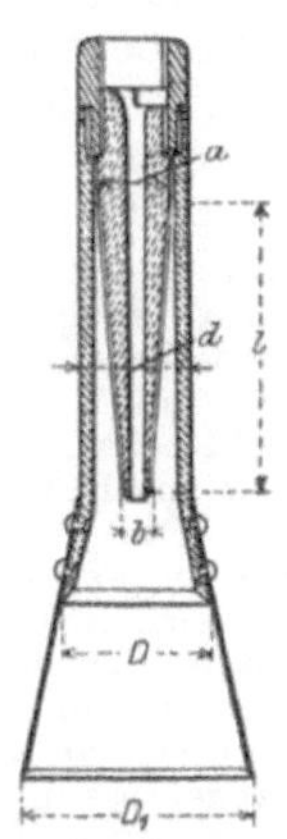

Fig. 599.
Spitzfänger mit Muffe der Deutschen Tiefbohr-Aktiengesellschaft.

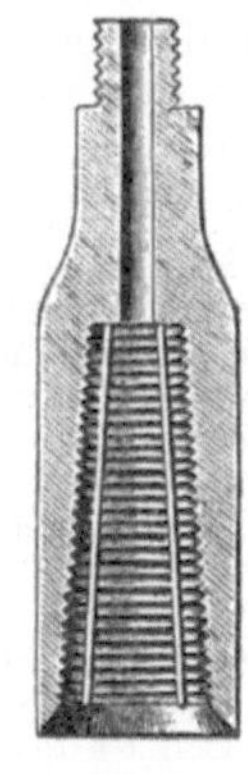

Fig. 600.
Fangtute von Büge & Heilmann.

Fig. 601.
Fangglocke von Deseniss & Jacobi.

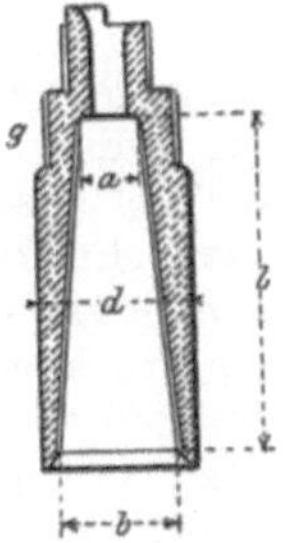

Fig. 602.
Glockenfänger der Deutschen Tiefbohr-Aktiengesellschaft.

Fig. 603.
Drillbohrer (aus Ursinus, Kalender für Tiefbohringenieure).

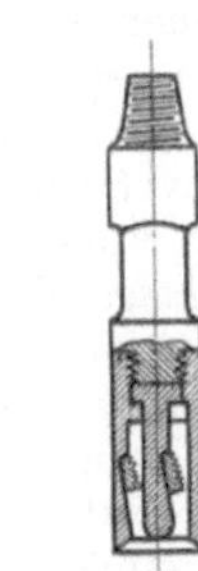

Fig. 604.
Drillbohrfänger (aus Ursinus, Kalender für Tiefbohringenieure).

Die Trompete, Fangtute, Fangglocke, auch Schraubenfänger genannt, besteht aus einer kegelförmigen Glocke, welche innen mit scharfem Gewinde und Längsnuten zur Aufnahme der Späne versehen ist. Sie wird auf das Gestänge aufgeschraubt (Fig. 600—602).

Füllt das stehengebliebene Stück das Bohrloch ganz aus, so wird mit dem Drillbohrer (Fig. 603) ein Loch in den Kopf des Fangstückes gebohrt und in dieses dann der Drillbohrfänger (Fig. 604) mit seinen scharfen Gewindezähnen eingeschraubt.

Die Exzenterkrone besteht aus einer Fangglocke und dem gezahnten Exzenter, welcher mit dem Gestänge durch eine Gabel verbunden ist. Im Innern der Glocke befinden sich eine Feder, welche zum Vorschieben des Exzenters dient, und zwei halbzylindrische Ansätze (Fig. 605). Beim Einlassen schiebt sich die Krone über das Fangstück, beim Aufholen wird der Exzenter gegen den zu fangenden Gegenstand gepreßt und hält diesen fest. Man benutzt die Exzenterkrone zum Fangen besonders schwerer und glatter Gegenstände.

Der sog. Universalfänger von Deseniß & Jacobi (Fig. 606) besteht aus einer Glocke, in der sich eine mit scharfem inneren Gewinde versehene starke Feder befindet. Diese unterstützt die unten in der Glocke angebrachte Fangtute beim Einschneiden des Gewindes in das Gestänge.

Den Fanghund benutzt man zum Fangen des unteren Teiles von Rutschscheren, wenn der obere abgebrochen ist. Seine Konstruktion ist aus der Fig. 607 ersichtlich.

E. Reißen des Seiles.

Seile, welche im Bohrbetriebe außer zur Förderung nur noch beim Seilbohren und Löffeln Verwendung finden, und deren Fangen mit zu den unangenehmsten Aufgaben der Tiefbohrtechnik gehört, werden heutigentags kaum je noch zu fangen sein. Tritt jedoch der Fall ein, und reißt das Seil unmittelbar über dem Bohr- oder Löffelapparat, so wird es aufgewunden und das Fangstück mit dem Glückshaken oder Löffelhaken gefangen.

Schwieriger gestaltet sich das Fangen, wenn das Seil an einer höheren Stelle reißt, da es dann gewöhnlich in das Bohrloch zurückfällt und sich hier in einen unentwirrbaren Knäuel zusammenballt, der leicht Verstopfungen herbeiführt. Gelingt es nicht, das Seil mit dem Seilfänger zu fassen, so muß man es mit einem besonderen Werkzeug zerschneiden und dann versuchen, die einzelnen Stücke zu fangen. Hierbei muß man jedoch die Vorsicht beachten, das Seil so hoch wie möglich zu fassen, um ein neues Zusammenballen zu vermeiden.

Der Löffelhaken oder Fanghaken (Fig. 608) ist eine oben mit Gewinde versehene Eisenstange, welche unten hakenförmig gekrümmt ist. Man benutzt ihn zum Fangen des Schlammlöffels, wenn das Seil unmittelbar über diesem abgerissen ist, indem man ihn vorsichtig am Gestänge einläßt und dann versucht, den Haken in den Bügel des Löffels einzuschieben.

Der Seilfänger ermöglicht das Fangen von Seilen, welche an höheren Stellen gerissen sind. Er besteht aus einer mit Zähnen versehenen Eisenstange, welche häufig noch einen Glückshaken besitzt, der seitlich um das Seil geschoben wird. Der Seilfänger wird vorsichtig in das Seil hineingeführt und hier einige Male herumgedreht, bis sich das Seil in dem Haken verfangen hat (Fig. 609 und 610).

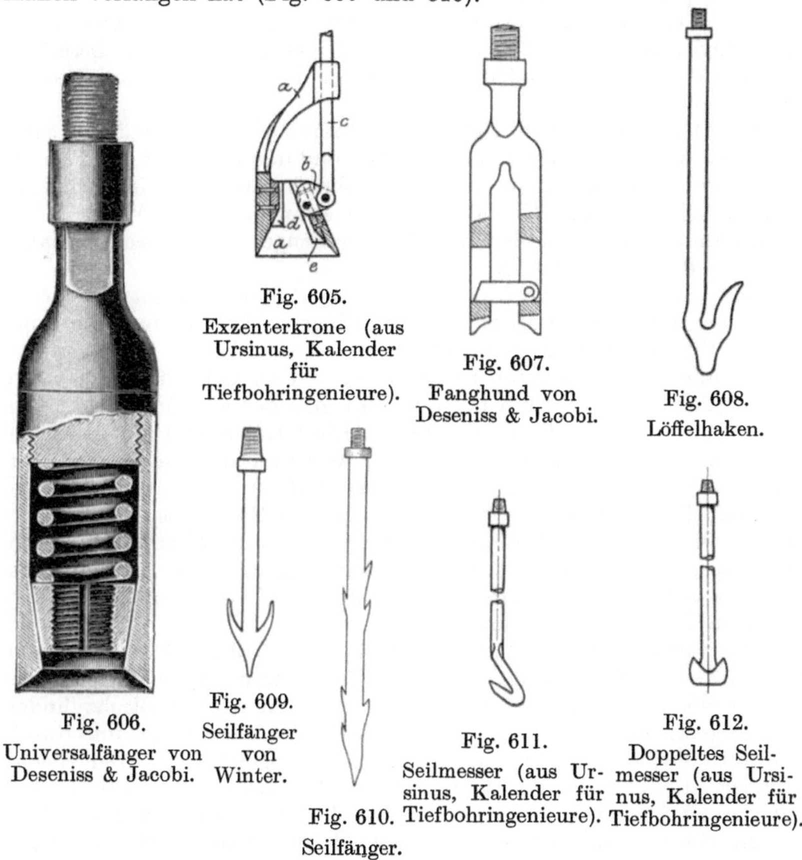

Fig. 605. Exzenterkrone (aus Ursinus, Kalender für Tiefbohringenieure).

Fig. 606. Universalfänger von Deseniss & Jacobi.

Fig. 607. Fanghund von Deseniss & Jacobi.

Fig. 608. Löffelhaken.

Fig. 609. Seilfänger von Winter.

Fig. 610. Seilfänger.

Fig. 611. Seilmesser (aus Ursinus, Kalender für Tiefbohringenieure).

Fig. 612. Doppeltes Seilmesser (aus Ursinus, Kalender für Tiefbohringenieure).

Wird ein Zerschneiden des Seiles erforderlich, so verwendet man ein Seilmesser, das in der einfachsten Form aus einer Stange mit hakenförmig gekrümmtem Messer besteht (Fig. 611). Bei dem doppelten Seilmesser sind zu beiden Seiten der Stange Messer angeordnet (Fig. 612).

F. Hinunterfallen kleiner harter Gegenstände.

Schrauben, Schraubenmuttern, Keile, Bolzen und andere Gegenstände, welche über Tage häufig gebraucht werden, fallen leicht in das Bohrloch hinunter, wo sie zu Beschädigungen des Meißels führen können.

Um die durch sie hervorgerufenen Störungen zu vermeiden, muß das Bohrloch bei Pausen oder Reparaturarbeiten stets oben durch eine Gewindekappe verschlossen werden.

Besonders häufig ist bei der Diamantbohrung das Ausfallen einzelner Diamanten aus der Bohrkrone, die sofort aus dem Bohrloch beseitigt werden müssen, wenn nicht die anderen Diamanten ganz zerstört werden sollen.

Beim Hineinfallen von Schrauben und dergleichen Gegenständen wird Ton, Sand usw. in das Bohrloch geworfen und dann gelöffelt. Der harte Gegenstand gerät in den so erzeugten Bohrschmant und wird mit dem Löffel zutage gehoben. Gelingt seine Entfernung auf diese Weise nicht, so wird am Gestänge ein hierfür geeigneter Fänger eingelassen und dann versucht, das Fangstück zu ergreifen.

Beim Ausbrechen von Diamanten versucht man zunächst, den Stein durch verstärkte Spülung zutage zu bringen. In diesem Falle muß man die Spülung über Tage durch ein Sieb laufen lassen, um den etwa hochkommenden Diamanten sofort auffangen zu können. Bringt die Spülung den Stein nicht mit hoch, so läßt man den sog. Spitzbohrer ein und stellt mit ihm in der Sohle eine trichterförmige Vertiefung her, in welche der Diamant hineingerät. Beim Abbohren des Kernes liegt der Diamant dann unschädlich in der Mitte und kann nachher mit dem Kern ungefährdet zutage gehoben werden. An Stelle des Spitzbohrers kann man auch eine Abdruckbüchse, welche mit Wachs oder Pech gefüllt ist, einlassen und hierin den Stein fangen. Wenn alle Versuche erfolglos verlaufen, so bleibt nur übrig, den Diamanten mit einem stumpfen Meißel zu zerbohren.

Die Spinne oder Spinnenbüchse (Fig. 613), welche man zum Fangen kleiner Eisenstücke benutzt, wenn diese ungefähr in der Mitte des Bohrloches liegen, ist ein oben und unten offener Blechzylinder von etwas kleinerem Durchmesser, als der des Bohrloches ist, und durch eine mit Gewinde versehene Gabel am Gestänge befestigt. Der Blechzylinder ist unten am Rand mit dünnen biegsamen Blechstreifen besetzt, welche ähnlich wie Spinnenbeine der Mitte zu gekrümmt sind. Ist die Spinne vor Ort angelangt, so drückt man sie nieder, wobei sich die Blechstreifen nach unten biegen und sich unter den zu hebenden Gegenstand schieben.

Der Eisenfänger von Zobel gestattet auch das Heben von schweren Fangstücken. Er besteht, wie Fig. 614 zeigt, aus vier Armen, von denen zwei mittels zweier um einen Bolzen drehbar angeordneter Zwischenstücke gelenkig sind. Die vier Zangen enden oben in ein mit Innengewinde versehenes Gestell, in welches eine mit dem Gestänge verbundene Schraubenspindel hineinpaßt. Beim Drehen des Gestänges in einer Richtung senkt sich die Spindel und öffnet die Arme; beim Drehen in entgegengesetzter Richtung findet ein Schließen der Arme statt.

Den Eisenfänger von Zobel kann man auch zum Losreißen von Kernen benutzen. Die Stange wird dann unten mit wagerechten Platten, sog. Schuhen, versehen, welche dem Umfang des Kernes entsprechend kreisförmig ausgeschnitten und angeschärft sind, um leicht in den Kern eindringen zu können.

Zum Heben von Eisen- und Stahlstücken lassen sich auch mit Erfolg Elektromagneten benutzen. In einem Bohrloch bei Ostroppa, in dem man vergeblich versucht hatte, auf der Sohle liegende Stahlbruchstücke zu entfernen, fand ein Stahlmagnet von 1,5 m Länge und 70 mm Durchmesser zum Heben Anwendung. Der Stahlmagnet, der mit einer Lage Gummibanddraht bewickelt war, wurde durch den Strom einer kleinen, von der Lokomobile angetriebenen Dynamomaschine erregt. Die Regulierung des Stromes erfolgte durch einen Wasserwiderstand derart, daß derselbe immer auf einer Intensität von 30 Ampere erhalten wurde. Der Magnet wurde an einem Seil, welches die Stromzuführung enthielt, eingelassen, und vor Ort angelangt, wurde der Strom eingeschaltet. Es gelang gleich beim ersten Versuch, die Stahlstücke zu heben.

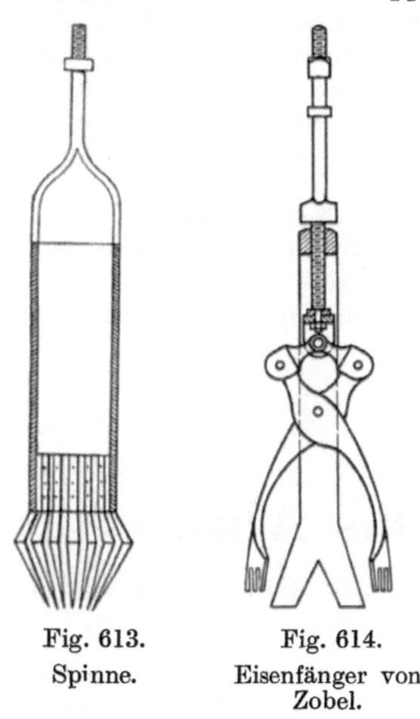

Fig. 613. Spinne.

Fig. 614. Eisenfänger von Zobel.

G. Das Schiefwerden von Bohrlöchern.

Das Schiefwerden von Bohrlöchern tritt leicht dann ein, wenn plötzlich steil einfallende Schichten erbohrt werden, da der Bohrer das Bestreben hat, sich immer senkrecht zu den Schichten einzustellen. Bei milden Gebirgsschichten, welche härtere Gesteinsstücke enthalten, beim Auftreten von Klüften, bei der Bildung von Füchsen kann ebenfalls ein Abweichen des Bohrloches von der Senkrechten erfolgen. Dieses Schiefwerden des Bohrloches hat, abgesehen von dem Fall, wo die Bohrung zum Zwecke des späteren Gefrierens niedergebracht wird, größere Störungen nicht zur Folge, wenn die Ablenkung allmählich erfolgt. Bei scharfen Knicken können dagegen leicht Klemmungen des Bohrers eintreten. Man merkt die Abweichung, wenn diese nicht mittels des Ablotverfahrens festgestellt wird, aus dem schwierigen Umsetzen des Meißels, aus den Hemmungen beim Einlassen des Gestänges sowie aus der großen Abnutzung der Bohrwerkzeuge. In solchem Falle bleibt nur übrig, das Bohrloch bis über die Knickstelle mit Zement zu verfüllen und aufs neue zu bohren.

H. Das Torpedieren von Bohrlöchern.

Das Torpedieren von Bohrlöchern wird bei Ölbohrungen sowie zum Beseitigen von Baumstämmen, Steinen und anderen Hindernissen in Bohrlöchern benützt. Beim Bohren nach Öl kommt es häufig vor, daß der ölführende Sand auf der Bohrlochssohle sehr hart und fest ist und infolgedessen das Öl nur in kleinen Quantitäten abgibt. Das Gebirge wird dann, um eine größere Ergiebigkeit der Quelle zu erzielen, durch eine Explosion aufgebrochen. Man nennt dies das Torpedieren des Bohrloches.

Die Beseitigung von Hindernissen durch Sprengung ist bereits bei den Störungen, welche durch Verklemmungen hervorgerufen werden, abgehandelt. Im übrigen ist das Torpedieren weiter unten in einem besonderen Kapitel besprochen.

Achtzehnter Teil.

Das Abloten von Bohrlöchern.

Von Diplom-Bergingenieur **Arthur Gerke**.

Literatur:

Köbrich: Ein neuer Apparat zur Ermittelung des Streichens der Gebirgsschichten. Zeitschrift für das Berg-, Hütten- und Salinenwesen, 1888, S. 256.
Tecklenburg: Handbuch der Tiefbohrkunde, Band III.
Heise - Herbst: Lehrbuch der Bergbaukunde. Band I.
Köhler: Bergbaukunde.
Freise: Stratameter und Bohrlochsneigungsmesser.
Erlinghagen: Die Feststellung des Fallens und Streichens von Tiefbohrlöchern durch Messung. Glückauf, 1907, S. 697.
Gerke: Neuerungen im Tiefbohrwesen. Zeitschrift des Oberschlesischen Berg- und Hüttenmännischen Vereins, 1908, S. 371.

A. Bestimmung des Streichens und Fallens.

Unter einem Stratameter versteht man einen Apparat, der es ermöglicht, die Richtung des Streichens und Fallens einer Gebirgsschicht zu messen. Vorbedingung für die Ausführung einer derartigen Messung ist

1. daß die Gebirgsschicht an sich genügend kompakt ist, um das Messen zu gestatten, und

2. daß ein Bohrverfahren angewendet wird, welches genaue Proben liefert.

Die erste Bedingung beschränkt den Gebrauch derartiger Apparate meist auf Schichten der älteren geologischen Perioden, d. i. auf die Gesteine der Trias, des Perms, Karbons usw. Für die Erfüllung der zweiten Bedingung kommt als Bohrmethode ernstlich nur die Diamantbohrung in Frage, welche das einzige Bohrverfahren ist, das Proben, die sog. Kerne, in der ursprünglichen Beschaffenheit der Schichten zutage fördert. Die Erbohrung von Kernen ermöglicht nun aber eine genaue Untersuchung des Gesteins, aus dem das Gebirge besteht, die Feststellung etwaiger Fossilien, ja sogar in vielen Fällen, in denen die Kerne ein bestimmtes Einfallen zeigen, die Richtung dieses Einfallens mit Hilfe besonderer Apparate, der Stratameter, zu bestimmen.

Ist die Einfallsrichtung bekannt, so kann man sich, besonders, wenn Messungen auch aus benachbarten Bohrungen vorliegen, leicht ein meist zutreffendes Bild von den tektonischen Verhältnissen des erschlossenen Gebietes machen, was für den Schürfer, aber auch für den praktischen Bergmann, der z. B. vor der Frage des Schachtabteufens steht, von der größten Bedeutung ist.

Es leuchtet ein, daß der große Vorteil der Diamantbohrung, die Erbohrung von einwandsfreien, in ihrer ursprünglichen Beschaffenheit sich befindenden Kernen, schon bald nach dem Aufkommen dieser Bohrmethode zur Konstruktion von Apparaten führte, welche ein Mittel an die Hand geben wollten, die Richtung des Streichens und Fallens zu bestimmen.

Schon vor der Einführung der Diamantbohrung versuchte man auf anderem Wege das Streichen und Fallen des durch Bohrungen erschlossenen Mineralhorizontes zu ermitteln. Man half sich dabei so, daß drei verschiedene Bohrungen, die nicht in gerader Linie liegen durften, niedergebracht wurden. Die Bohrlochsmündungen wurden dann auf eine Ebene reduziert und auf rechnerischem Wege das Streichen der Leitschicht, welche in allen drei Bohrungen in bestimmter Teufe aufgeschlossen wurde, ermittelt. Dieses Verfahren ergab nur dann brauchbare Resultate, wenn keine Störungen vorhanden waren, d. h. wenn die Leitschicht auch wirklich jedesmal angefahren wurde. Abgesehen von diesem schwerwiegenden Nachteile ließ sich das Verfahren häufig auch deshalb nicht anwenden, weil das Niederbringen von drei Bohrungen immerhin eine recht kostspielige Sache ist und großen Zeitaufwand erfordert.

Der erste wirkliche, wenn auch sehr einfach gehaltene Apparat rührt von Kind her, der ihn schon vor der Einführung des Diamantbohrens anwandte. Es wurde zunächst mit einem Stoßkernbohrer ein Kern von 30—50 cm Länge hergestellt und dieser dann mit einem besonderen Kernbrecher unter Vermeidung jedweder Drehung im Gestänge zutage gehoben. Durch Anbringung zweier, in gemeinsamer Ebene liegenden Zeigerarme wurde nun versucht, den Kern so zu orientieren, wie er im Bohrloch vor dem Abbrechen gestanden hatte. Das Verfahren ist in einer ganzen Anzahl von Bohrungen zur Anwendung gelangt.

Während die beiden eben kurz gestreiften Verfahren nur höchst primitive und unzuverlässige Resultate ergaben, bedeuten selbst die schon bald nach der Einführung des Diamantbohrens auftauchenden Konstruktionen gegenüber den alten Methoden einen großen Fortschritt. Hierzu kam im Laufe der letzten beiden Jahrzehnte noch eine große Anzahl der verschiedenartigsten Konstruktionen hinzu, so daß man heute ganz allgemein 4 Gruppen von Stratametern unterscheiden kann, welche auf folgenden Grundgedanken beruhen:

1. Messung der Drehung des mit dem Meßapparat starr verbundenen Gestänges über Tage.

2. Bestimmung der Einfallrichtung des Kernes durch eine mit ihm fest verbundene Magnetnadel.

3. Festlegung der Kernstellung durch eine lösbar mit dem Kern verbundene Magnetnadel.

4. Orientierung des Kernrohres mit festgeklemmtem Kern.

Da die vier Gruppen fast sämtlich mehrere, voneinander verschiedene Konstruktionen enthalten, deren eingehende Besprechung hier zu weit führen würde, so sollen nur die markantesten und auch wirklich im Gebrauch gewesenen Apparate behandelt werden.

I. Messung der Drehung des mit dem Gestänge starr verbundenen Apparates.

Auf diesem Grundgedanken beruht das Verfahren von Kind, welches bereits im Vorstehenden kurz angegeben wurde.

Verbessert wurde es von dem Bohringenieur Lubisch, der den Kern nun nicht mit einer Stoßkernbohrvorrichtung erbohrte, sondern hierzu eine Diamantbohrkrone ohne Federring benutzte. Nach Abbohrung eines etwa 30 cm langen Kernes wurde eine mit einem innen federnden Zahn versehene Bohrkrone eingeführt und an dem Kern ein vertikaler Strich angebracht. Das Gestänge wurde nun ausgeholt und darauf eine Krone mit Kernhebering eingelassen. Bei dem Aufholen wurde die Drehung des Gestänges sorgfältig gemessen. Da die Richtung des Striches am Kern beim Einlassen der mit dem Zahn ausgerüsteten Krone vorher über Tage genau festgelegt war, so ließ sich nach dem Heben des Kernes die Richtung des Einfallens bestimmen.

Das Stratameter von Küppers. Eine neuere Konstruktion, welche von denselben Gesichtspunkten ausgeht, rührt von dem Markscheider Küppers in Hamm her, der mit seinem Apparat vor wenigen Jahren in verschiedenen Bohrungen Versuche anstellte.

Die Wirkung des Apparates beruht auf der Festlegung und Übertragung einer über Tage in ihrer Streichrichtung bekannten Linie auf den Kern, solange dieser noch mit dem Gebirge in fester Verbindung steht. Fig. 615—617 geben eine Ansicht von dem Apparat, der aus einer eisernen Schelle und einem mit diesem drehbar verbundenen Lineal aus schwachem Bandeisen besteht. Die Schelle ist aufklappbar und wird durch eine Schraube mit Mutter zusammengehalten. Ihren Durchmesser wählt man zweckmäßig so groß, daß die Schelle selbst noch um die Gestängemuffe gelegt werden kann. Zur Feinstellung der Schelle auf jeden gewünschten Durchmesser sind noch 3 Stellschrauben in der in Fig. 615 angegebenen Weise angebracht.

Die Drehung des Lineals erfolgt in der Wagerechten der Schelle vermittels eines halbkreisförmigen Eisenstückes, das in einem Scharnier beweglich angeordnet ist. Zur Feststellung des Lineals dient eine Schraube, die beim Anziehen den Halbkreis und damit auch das Lineal genügend festklemmt (siehe Fig. 615).

Zur Messung mit dem Stratameter sind 2 Apparate erforderlich; das Messen findet über Tage statt.

Nach Abbohrung von etwa 50 cm wird mit der Messung begonnen. Zuvor wird das Gestänge so weit angehoben, daß der in der Krone sitzende Federring den Kern eben faßt, so daß das Gestänge frei ausschwingen kann. Diese Maßnahme hat den Zweck, den von der Bohrung her im Gestänge befindlichen Drall zu beseitigen, der sonst die Veranlassung von Meßfehlern sein würde.

Zur Übertragung der im Bohrturm vorher festgelegten Linie auf den Kern werden von der obersten Bühne 2 Lote so herabgehängt, daß die durch die beiden Lote gelegte Ebene der bekannten Linie parallel verläuft. Die Lote läßt man zweckmäßig in mit Öl gefüllte Gefäße eintauchen, um ihre Beruhigung zu beschleunigen.

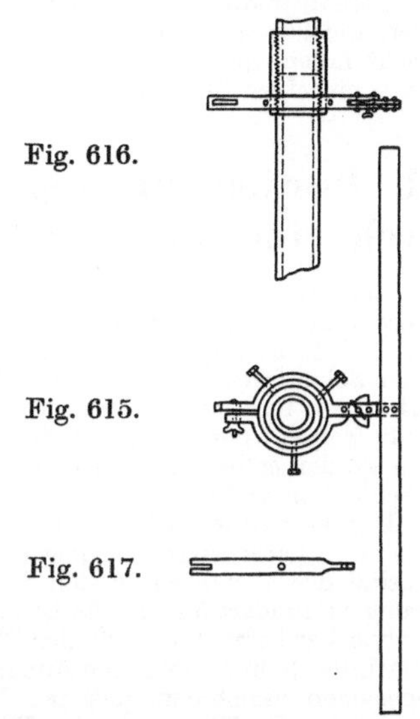

Stratameter von Küppers (aus Zeitschrift des Oberschlesischen Berg- und Hüttenmännischen Vereins, 1908, S. 371).

Nach Beendigung dieser Vorbereitungen wird die erste Schelle unmittelbar über dem Spülkasten am Gestänge befestigt und ihr Lineal genau parallel zur Lotebene eingestellt und festgeklemmt. Darauf wird der Kern durch Anheben des Gestänges abgerissen, der erste Teil des Gestänges ausgeholt und vor dem Abschrauben die 2. Schelle an der über dem Spülkasten abgefangenen Muffe des noch im Bohrloch befindlichen Gestänges befestigt und vermittels der beiden Lote, die nun über die Vorderseite der oben im Turm sich befindenden ersten Schelle hinabgehängt werden, genau parallel zu dieser eingestellt. Bei der Befestigung der Schellen ist sorgfältig darauf zu achten, daß dem Beobachter stets die Vorderseite des Lineals zugekehrt bleibt, da im entgegengesetzten Falle sofort ein Meßfehler von 180^{0} entsteht.

Nach dem Abschrauben des Gestänges und der ersten Schelle wird weiter ausgeholt und nun die erste Schelle unten befestigt, während die zweite sich oben im Turm befindet. Das geht so fort, bis das Gestänge ganz zu Tage gekommen ist.

Vor dem Herausnehmen des Kernes aus dem Kernrohr wird die durch die Schellen gegebene Linie auf die Unterseite des Kernes übertragen und diese Linie verläuft nun genau parallel zu der vorher bekannten Linie. Die wahre Einfallsrichtung der Schichten des Kernes läßt sich dann aus der an dem Kern vorhandenen Schichtung und der bekannten Linie bestimmen.

Dem Verfahren von Küppers haften ebenso wie dem von Kind und Lubisch schwerwiegende Nachteile an, die seine Brauchbarkeit als zweifelhaft erscheinen lassen. Einmal ist es fraglich und auch gar nicht festzustellen, ob bei Beginn der Messung der Bohrkern auch wirklich noch in Verbindung mit dem Gebirge steht und nicht, wie es vielfach vorkommt, bereits abgebrochen ist. Vor allem aber ist es unmöglich, den Kern in der ursprünglichen Stellung, die er im Bohrloch eingenommen hat, zutage zu heben, da das Gestänge infolge der durch die Rotation bewirkten elastischen Verdrehungen und Reibungen an den Bohrlochswandungen bei dem Aufholen in den unteren Teilen Bewegungen ausführt, welche von dem über Tage befindlichen Beobachter gar nicht kontrolliert werden können. Der Fehler, welcher sich bei der Übertragung der Schellen ergibt, dürfte weniger ins Gewicht fallen, insofern als wahrscheinlich eine gewisse Ausgleichung der Fehler bei den einzelnen Beobachtungen untereinander erfolgt.

II. Bestimmung der Einfallrichtung des Kernes durch eine mit ihm fest verbundene Magnetnadel.

Die Frage der Bestimmung des Streichens versuchte der Amerikaner Vivian zu lösen, indem er vorschlug, zuerst mit kleinem Durchmesser ein nicht sehr tiefes Bohrloch herzustellen und dann einen Kompaß mit Arretiervorrichtung auf der Sohle festzuklemmen. Die Kompaßnadel sollte darauf durch ein Gewicht arretiert und nun mit der ursprünglichen Krone weitergebohrt und ein Kern hergestellt werden, der dann mit dem im Innern befindlichen Kompaß zutage gehoben werden sollte. Über Tage ließe sich dann in einfacher Weise das Einfallen der Schichten bestimmen.

Das Verfahren ist in der Praxis nicht zur Anwendung gelangt. Wenn auch der dem Apparat zugrunde liegende Gedanke als brauchbar zu bezeichnen ist, so besitzt das Verfahren an sich doch eine Reihe großer Nachteile, die seine Einführung verhindert haben. Es ist nicht möglich, den Apparat für tiefe Bohrungen betriebssicher herzustellen, da der Wasserdruck des Spülstromes ihn bald zertrümmern würde. Schützt man den Apparat dagegen durch Einkapseln, so wird er solche Dimensionen annehmen, daß bei den zur Verfügung stehenden kleinen Durchmessern eine Einführung in das Bohrloch nicht mehr möglich ist. Ein weiterer Nachteil liegt in der Aufstellung des Kompasses, die bei geringen Abweichungen des Zapfenbohrloches von der Senkrechten unausführbar wird. Endlich ist die Arretierung des Kompasses eine sehr zweischneidige Sache, da keine Garantie vorhanden ist, daß sie nicht schon beim Einlassen erfolgt.

III. Festlegung der Kernstellung durch eine lösbar mit dem Kern verbundene Magnetnadel.

Der Apparat von Köbrich besteht aus dem Kompaß, der Rutschschere, dem Meißel und der Schwerstange (Fig. 618, 619). Der Meißel enthält nahe der Schneide an einem Ende eine Lücke. Über der Rutschschere befindet sich in einem unmagnetischen Gehäuse aus Rotguß der Kompaß, dessen Magnetnadel nach bestimmter Zeit arretiert werden kann. Der Apparat wird so zusammengesetzt, daß die Meißelschneide parallel zur Nord-Südlinie des Kompasses verläuft, und die Lücke sich am nördlichen Ende befindet. Die Bohrlochssohle wird nun zuerst geebnet, dann nach Einlassen des Apparates mit dem Meißel ein Schlag auf die Sohle ausgeführt und nun so lange gewartet, bis der Kompaß durch eine Spindeluhr arretiert ist. Darauf wird der Apparat wieder ausgeholt, ein Kern gebohrt und dieser zutage gehoben. Aus der auf dem Kern angegebenen Kerbe läßt sich dann die Meridianlinie und damit auch die Einfallrichtung leicht bestimmen.

Der Köbrichsche Apparat ist den vorher besprochenen gegenüber unter der Voraussetzung, daß die Magnetnadel nicht durch eisenhaltiges Gebirge oder durch das Eisen der Rohre abgelenkt wird, zuverlässiger, einfacher und besser gegen

Beschädigungen geschützt. In schlecht kernfähigem oder eisenreichem Gebirge wird er dagegen wie alle mit Magnetnadel arbeitenden Apparate versagen. Als weiterer Nachteil ist der große Zeitverlust zu erwähnen, der durch das mehrfache Einlassen und Ausholen entsteht.

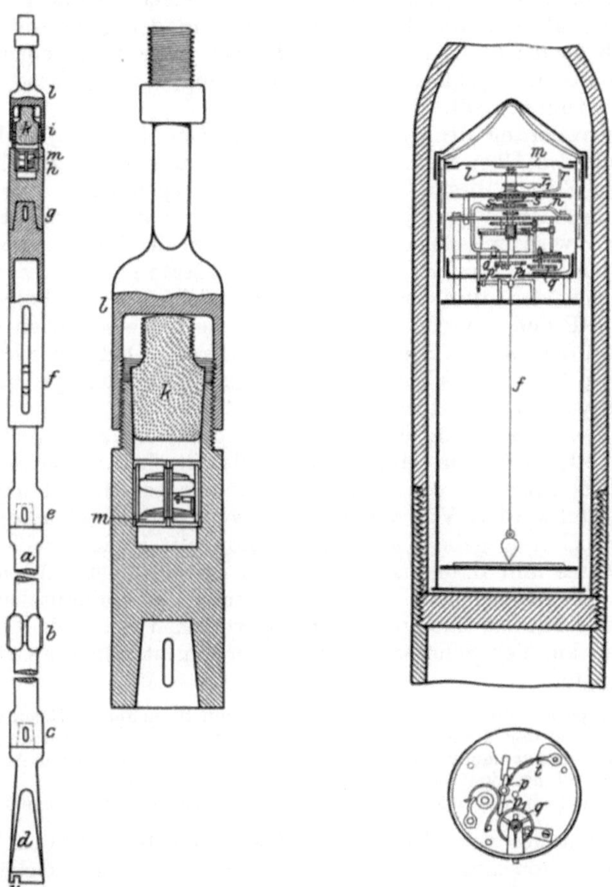

Fig. 618. Fig. 619.
Stratameter von Köbrich (aus Zeitschrift für Berg-. Hütten- und Salinenwesen, 1888, S. 256).

Fig. 620.
Stratameter von Gothan (aus Glückauf, 1907, Nr. 23).

IV. Orientierung des Kernrohres mit festgeklemmtem Kern.

Bei dem Stratameter von Gothan (Fig. 620) befinden sich in einem unmagnetischen Rohre zu oberst eine Magnetnadel und ein Uhrwerk mit Arretiervorrichtung, welche in Verbindung miteinander stehen. Unten sind eine Scheibe und ein mit dem Uhrwerk in Verbindung stehendes Lot angeordnet. Der ganze Apparat ist in einem äußeren, unmagnetischen Rohre untergebracht, das einen etwas geringeren Durchmesser als den der Rohrtour besitzt, in der gemessen werden soll. Nach oben ist das Rohr gegen das Gestänge durch einen eingeschliffenen Stopfen gesperrt, der das Eindringen von Wasser in den Apparat verhüten soll.

Der Arretierung des Kompasses dient eine Feder n, welche im oberen Teile des Uhrwerkes befestigt ist und unten den zur Führung verwandten Stift o besitzt. Letzterer faßt gegen einen Ansatz des Hebels p, dessen Ende p_1 er in einigem Abstande von der Unruhe q hält. Der Zeiger r wird nun auf eine bestimmte Zahl des Zifferblattes eingestellt. Wenn diese erreicht ist, springt der Ansatz s in eine korrespondierende Lücke des mit r verbundenen Stellrädchens s_1; die Folge davon ist, daß die Feder n und damit auch r in die Höhe schnellen und die Nadel gegen den Steg m drücken und arretieren. Dadurch wird o von dem Hebel p befreit, das Hebelende p_1 gegen die Unruhe gedrängt und so das Uhrwerk zum Stillstand gebracht.

Nach der Arretierung der Nadel wird der Kern abgebrochen und zutage geholt, worauf in üblicher Weise das Streichen abgelesen wird.

Mit dem Apparat von Gothan kann zur selben Zeit das Bohrloch abgelotet werden. Von dem Uhrwerk wird nämlich gleichzeitig ein kleiner Haspel freigegeben, an dem das Lot mittels eines Seidenfadens hängt. Dieses fällt dann nach unten auf eine unten im Apparat angeordnete Stanniolscheibe, welche mit einem Gummihäutchen überspannt und mit einer Kompaßeiteinlung versehen ist. Die durch das Herabfallen auf der Scheibe erzeugte Marke gibt nun die Größe der Ablenkung an.

Der Apparat von Gothan liefert nur dann ein brauchbares Resultat, wenn der Kern zur Zeit der Messung noch mit dem Gebirge in fester Verbindung stand, was sich nicht immer nachweisen läßt. Die Anwendung einer Uhr zur Arretierung der Magnetnadel ist nicht einwandsfrei, da bei geringen Störungen (z. B. durch Temperaturunterschiede) leicht ein Versagen des Uhrwerkes die Folge sein kann.

Stratameter von Meine. Das Messingrohr b ist mit dem unteren Teile a bei s verschraubt und enthält unten in einem Gehäuse die Kompaßnadel, welche von dem Ringe g umgeben ist. (Fig. 621). Der Ring g steht in Verbindung mit dem Stift h, der oben mit einer Platte k versehen ist. Im unteren Teile befindet sich noch der Hebel f, der durch den Ring g niedergedrückt werden kann. h steht durch die Platte k mit dem kegelförmigen Ansatz des Stiftes h′ in Verbindung; n ist eine Metallkugel, o sind die Ausflußöffnungen für die Spülung.

Nach Abbohren eines Kernes von etwa 50 cm wird die Bohrung eingestellt und eine Bleikugel in das Gestänge eingeworfen. Wenn diese unten angelangt ist, so hindert sie das Spülwasser am Durchgang; infolgedessen steigt der Druck, bis er genügt, um den in einer Stopfbüchse geführten Stift h′ herunterzudrücken. Beim Abwärtsgange

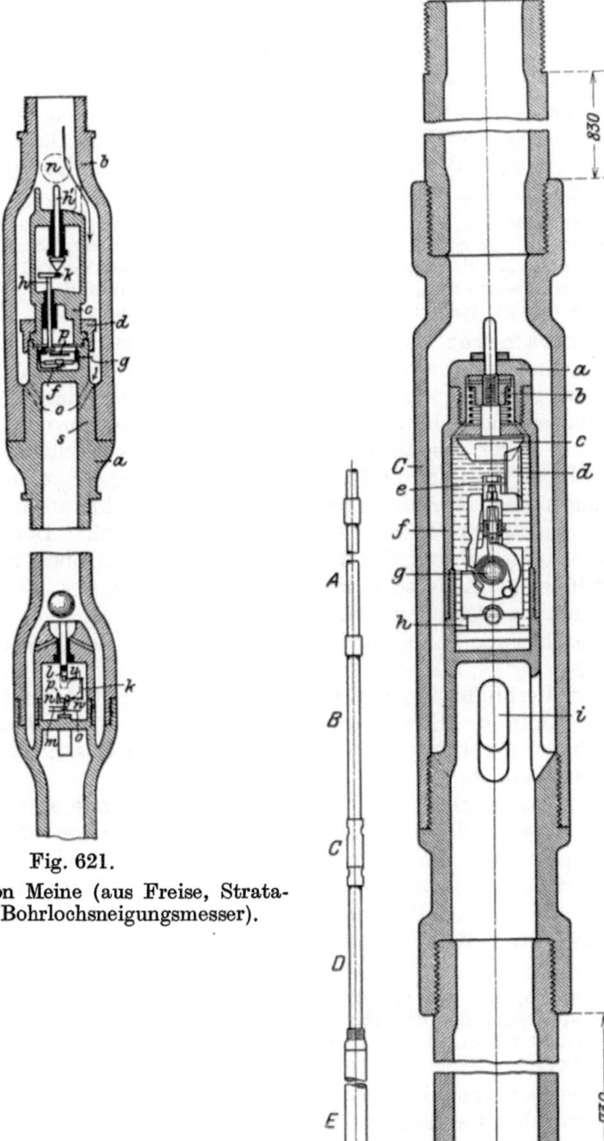

Fig. 621.
Stratameter von Meine (aus Freise, Stratameter und Bohrlochsneigungsmesser).

Fig. 622.
Stratameter von Thumann.

von h′ wird k zur Seite geschoben und hierdurch der Stift h gedreht, der seinerseits den Ring g dreht und damit den kürzeren Arm des Hebels f niederdrückt. f hebt die Kompaßnadel an und preßt sie gegen die Platte p. Durch den Niedergang der Kugel n wird der Spülkanal freigegeben, der Druck fällt wieder auf den früheren Stand, was oben am Manometer der Pumpe abzulesen ist. Nun wird der Kern aufgeholt und in üblicher Weise die Nord-Südrichtung des Kompasses auf den Kern übertragen.

Was über die Brauchbarkeit des Gothanschen Apparates gesagt ist, gilt, abgesehen von den Störungen, welche aus dem Uhrwerk resultieren, auch von dem von Meine. Gegenüber ersterem besitzt dieser jedoch den Vorteil, daß die Bohrung nicht an eine bestimmte, kurze Zeit gebunden ist, sondern, da die Arretierung von Tage aus erfolgt, beliebig lange fortgesetzt werden kann.

Stratameter von Thumann. Die Konstruktion des Apparates von Thumann ist aus Fig. 622 ersichtlich. In den Stratameter-Unterteil A ist ein Kompaßapparat eingesetzt, welcher durch eine Schraube festgehalten wird. Beim Aufziehen des Apparates durch einen Schlüssel wird eine Feder gespannt, welche die Arretiervorrichtung in Funktion setzt. Über den Kompaß ist eine Verschlußkapsel geschraubt, welche im Innern einen Arretierkegel trägt, der durch eine an der Federspannmutter befestigte Spiralfeder hochgehalten wird. Der Arretierkegel endigt in einen durch die Verschlußmutter nach oben ragenden Stift, der mit einer Lederscheibe zur Verhinderung des Eindringens von Bohrschmant versehen ist.

Durch einen Schlag auf den Stift läßt sich die Arretiervorrichtung betätigen.

Zur Verhinderung des Eindringens von Spülwasser füllt man den inneren Raum des Stratameters mit Petroleum, wobei darauf zu achten ist, daß der Arretierhebel nach einwärts gerichtet ist, und die Magnetnadel frei spielt.

Der Stratameter wird durch Messinggestänge mit dem anderen Gestänge verbunden und in das Bohrloch eingelassen. Nach Abbohren des Kernes läßt man einen Schlagbolzen im Innern des Gestänges herunterfallen, der nach einiger Zeit unten anlangt und durch den Schlag die Kompaßnadel arretiert; hierauf wird das Gestänge aufgeholt und die Feststellung des Streichens in üblicher Weise bewirkt.

Der Apparat besitzt gegenüber dem Meineschen mehrere Vorzüge, die in dem Schutz gegen das Eindringen von Spülwasser und der einfacheren Konstruktion liegen, im übrigen gilt auch hier das über die Apparate von Gothan und Meine Gesagte.

Stratameter der Deutschen Tiefbohr-Aktiengesellschaft. In der mit dem Gestänge verbundenen Hülse a (Fig. 623 a—h) sind nach innen vorspringende Ansätze b und c vorhanden, von denen die ersteren die innere Hülse d beim Bohren mitnehmen; diese ist auf der Außenseite mit entsprechenden Vorsprüngen e versehen und wird mit dem unteren Ende auf das Kernrohr geschraubt. a und d sind in axialer Richtung ineinander verschiebbar, wobei d an dem Herausgleiten durch einen mit Gewinde versehenen Ring k und durch einen zweiten Ring l verhindert wird (Fig. 623 a).

Die Feder g preßt den beweglichen Kolben f gegen den Boden des Kompaßgehäuses h.

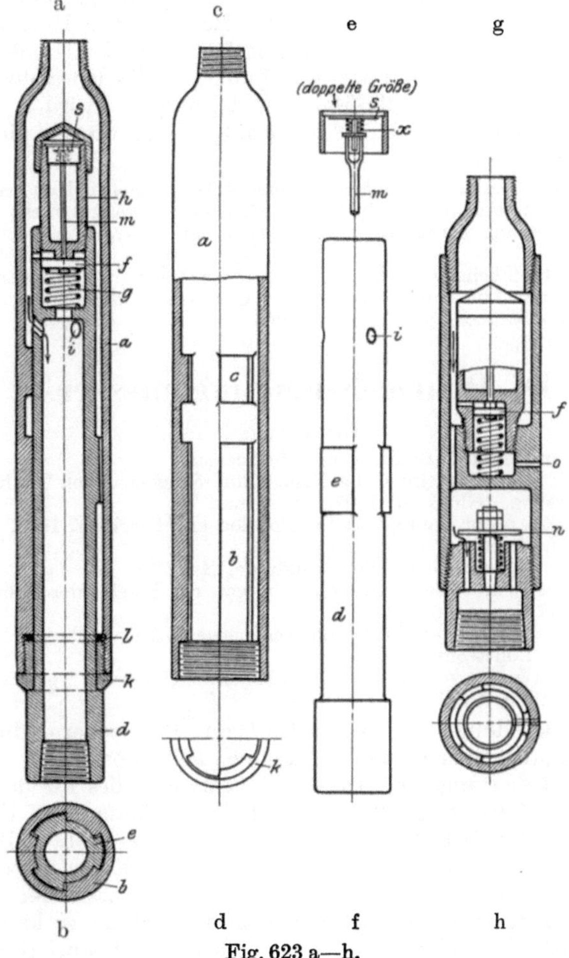

Fig. 623 a—h.
Stratameter der Deutschen Tiefbohr-Aktiengesellschaft.

a ruht während des Bohrens auf dem unteren verdickten Ende von d und dichtet dabei die Hülsen gegeneinander ab. i sind die Löcher für das Spülwasser, welches aus ihnen in das Innere der Hülse d und dann in das Kernrohr eintritt.

Nach Beendigung des Bohrens wird unter gleichzeitigem Arbeiten der Spülpumpe das Gestänge so hoch gezogen, daß i vermittels der Ansätze c geschlossen wird; infolgedessen steigt der Druck über dem Kolben f und preßt diesen abwärts. Hierdurch wird vermittels der Kolbenstange m, auf welche sich die Feder x stützt, die Magnetnadel s freigegeben, so daß sie einspielen kann. Bei weiterem Hochziehen des Gestänges werden die Löcher i wieder freigegeben, der Druck sinkt infolgedessen, und es tritt die Feder g in Funktion, die den Kolben f hochdrückt, wodurch zugleich die Magnetnadel arretiert wird.

Die Feststellung des Streichens erfolgt dann wie bei den vorher beschriebenen Apparaten.

Der Apparat besitzt gegenüber der zuletzt besprochenen Konstruktion den Vorzug, daß die Nadel, da sie an der Rotation des Gestänges nicht teilnimmt, schneller zur Messung bereit ist, und ein fehlerhaftes Arretieren nicht erfolgen kann.

Der hauptsächlichste Nachteil aller Stratameter-Konstruktionen, die Ungewißheit über den Zusammenhang des Kernes mit dem Gebirge im Augenblick der Messung, bleibt aber auch hier bestehen.

D. Bohrlochsneigungsmesser.

Literatur:

Freise: Stratameter und Bohrlochsneigungsmesser.
Erlinghagen: Die Feststellung des Fallens und Streichens von Tiefbohrlöchern durch Messung. Glückauf, 1907, Nr. 23 und 24.
Hausmann: Ein neuer Lotapparat für Bohrlöcher. Glückauf, 1908, S. 231 u. f.
Köhler: Bergbaukunde.
Heise-Herbst: Lehrbuch der Bergbaukunde, Band I.
Thumann: Lotapparate für Bohrlöcher. Organ des Vereins der Bohrtechniker, 1909, Nr. 17.
Zaeringer: Das Gefrierverfahren und seine neueste Entwicklung. Organ des Vereins der Bohrtechniker 1910, Nr. 21.
Fauck: Konstatierung von Kohle in Bohrlöchern. Organ des Vereins der Bohrtechniker, 1910, Nr. 23.

Die Feststellung des Verlaufes von Bohrlöchern durch sog. Bohrlochsneigungsmesser ist eine Aufgabe, deren Lösung für die Praxis von großer Bedeutung ist. In erster Linie gilt dies für das Gefrierverfahren, wo die richtige Bestimmung des Verlaufs eines Bohrloches in technischer und wirtschaftlicher Hinsicht von der größten Bedeutung werden kann. Weichen nämlich die Gefrierbohrlöcher allzusehr von der Senkrechten ab, so ist eine Schwächung der Frostmauer die Folge, und kommt man dann beim Abteufen an diese Stelle, so kann ein Ersaufen des Schachtes eintreten. Aber auch aus anderen Gründen empfiehlt sich häufig eine Ablotung des Bohrloches, wenn z. B. das Bohrloch als Vorbohrung für das Schachtabteufen im Salzgebirge niedergebracht wird, und die Gefahr besteht, daß beim Abweichen eine Verbindung zwischen den Tagewässern und der Salzlagerstätte hergestellt wird.

Man kann nun die heute bestehenden Lotverfahren in drei Gruppen einteilen.

Bei dem Verfahren der ersten Gruppe wird die Neigung aus der Abweichung eines eingehängten Lotes von der Vertikalen durch Zeichnung oder Rechnung bestimmt.

Die zweite Gruppe umfaßt die Verfahren, welche den Stand von Flüssigkeiten in einem Gefäß aufzeichnen.

Die Verfahren der dritten Gruppe endlich notieren den Stand frei schwebender oder pendelnder Lotkörper.

I. Lotverfahren.

In diese Gruppe gehört das Verfahren der Entreprise générale de fonçage de puits, études et travaux de mines. Über dem Bohrlochsmittelpunkt befindet sich eine Trommel, an der ein Kupferdraht mit einem schweren Lote hängt, welches in das Bohrloch eingelassen und hierbei durch Federn genau zentrisch geführt wird. In einem auf den Bohrlochskopf aufgeschraubten Rahmen bewegen sich rechtwinklig zu einander 2 mit mm-Teilung versehene Schieber, deren Nullpunkt in den Schnittpunkt der beiden Schieber fällt und zugleich den Mittelpunkt des Bohrloches bildet. Die Schiebereinstellung erfolgt so, daß der Kupferdraht frei einspielen kann. Bei der Trommel wird der Umfang zweckmäßig so groß gewählt, daß eine Windung gleich 1 m ist, wodurch man es in der Hand hat, beim Einlassen des Lotes durch Zählen der Trommelumdrehungen in einfacher Weise die Teufe zu ermitteln, in der sich das Lot in einem gegebenen Augenblicke befindet.

Die Abweichung des Bohrloches von der Senkrechten wird nun, wie folgt, bestimmt:

Man mißt von Zeit zu Zeit die Abweichung des Kupferdrahtes von dem Nullpunkt und kann hieraus, da außerdem die Teufe sowie die Entfernung des Lotaufhängepunktes von dem Mundloch des Bohrlochkopfes bekannt ist, die Abweichung nach folgender Rechnung ermitteln:

In Fig. 624 bedeutet a die Abweichung des Drahtes am Mundloch des Bohrlochs von dem Mittelpunkt, h die Höhe des Lotaufhängepunktes über dem Bohrlochskopf, t die Teufe des Bohrloches; dann läßt sich die Abweichung x bei der Teufe t nach dem II. Strahlensatz „Werden die Strahlen eines Büschels von Parallelen geschnitten, so verhalten sich die Abschnitte auf den Parallelen wie die Längen der zugehörigen Strahlen" aus der Proportion ermitteln:

$$\frac{x}{a} = \frac{t + h}{h} \text{ oder es muß sein}$$

$$x = \frac{a \,.\, (t + h)}{h}.$$

Das Verfahren hat, abgesehen von den Ungenauigkeiten, die sich aus dem Ablesen, der Knickung oder dem Durchgang des Lotes ergeben, noch den schwerwiegenden Nachteil, daß es nur dann einwandsfreie Resultate liefert, wenn das Bohrloch immer nach derselben Richtung abweicht. Verändert das Bohrloch

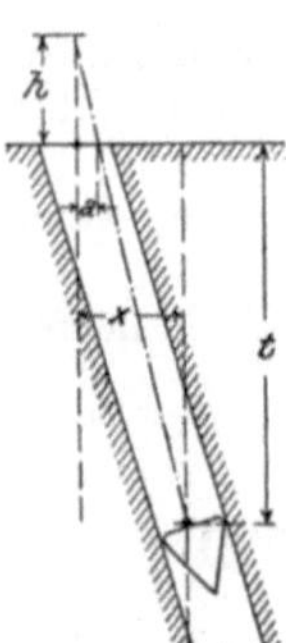

Fig. 624.
Schema des Lotverfahrens der Entreprise générale (aus Glückauf, 1907, Nr. 23).

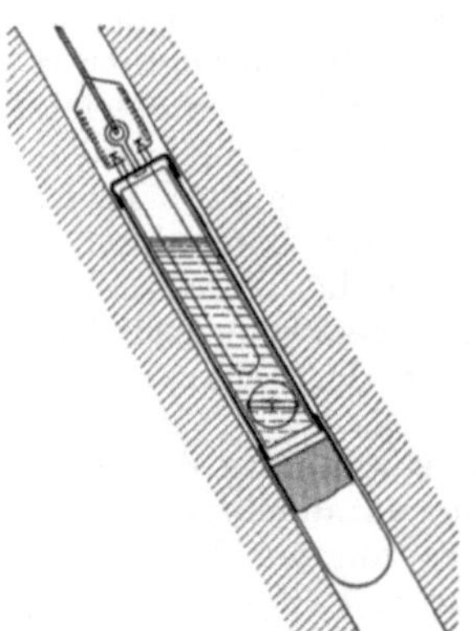

Fig. 625.
Apparat zur Ermittlung der Bohrlochsneigung durch Einstellen einer Flüssigkeit (aus Organ des Vereins der Bohrtechniker, 1910, Nr. 23).

Fig. 626.
Bohrlochsneigungsmesser von Hausmann (aus Glückauf, 1908, S. 231).

häufiger seine Richtung durch Einbiegen in eine andere, so legt sich der Draht an eine Wandung des Bohrloches an und wird immer die gleiche Ablenkung anzeigen, die neue dagegen nicht angeben. Ein derartiges Abweichen aus der Richtung kann aber bei Bohrungen in diluvialen Schichten, in denen das Gefrieren gewöhnlich erforderlich wird, sehr leicht erfolgen, z. B. beim Auftreffen auf Findlinge. Wie zu wiederholten Malen festgestellt wurde, bildet eine mehrmalige Ablenkung eines derartigen Bohrloches durchaus keine ungewöhnliche Erscheinung.

II. Einstellen einer Flüssigkeit in einem Gefäß.

Bei diesen Apparaten wird in einem Gefäße eine färbende oder ätzende Flüssigkeit in das Bohrloch eingelassen, und nach Beruhigung der Flüssigkeit ätzt diese in die Gefäßwand eine Marke ein, welche den durch die Neigung des Bohrloches bedingten neuen Flüssigkeitsspiegel anzeigt.

Der Ablenkungswinkel läßt sich nun aus dem Dreieck bestimmen, dessen drei Seiten gebildet werden aus der Entfernung der Marke von dem Flüssigkeitshorizonte, aus der Verbindungslinie zwischen Marke und Horizont und aus der lichten Weite des Gefäßes.

Der erste auf diesem Prinzip beruhende Apparat wurde bereits im Jahre 1873 von dem Kreisgerichtsrat Nolten angegeben, erwies sich jedoch als unbrauchbar, da infolge der Schwankungen beim Ein- und Auslassen nicht ein scharfer Strich, sondern eine breite Zone eingeätzt wurde.

Auf demselben Prinzip beruht ein Apparat, der neuerdings in Südafrika vielfach zur Anwendung gelangt ist. In eine längere, gut schließende Hülse, welche an einem Kabel hängend eingelassen wird, ist eine Glasröhre einmontiert (Fig. 625). Das Kabel enthält 2 voneinander isolierte Leitungsdrähte, welche mit einer Stromquelle über Tage in Verbindung stehen. Die Kabelenden sind bis in die Glasröhre isoliert geführt und bilden hier eine Art von Glühlampenbügel. Unten in der Hülse ist ein kleiner Kompaß in einer geneigten Aufhängevorrichtung untergebracht, welche die erforderlichen Bewegungen zuläßt. Die Röhre wird zu $^4/_5$ mit Paraffin gefüllt und bis zur Meßstelle eingelassen. Wird nun der Stromkreis geschlossen, so kommt das Paraffin zum Schmelzen und stellt in dünnflüssigem Zustande sich genau in die horizontale Ebene ein. Zugleich stellt sich auch die Magnetnadel in die Nord-Südrichtung ein. Schaltet man dann den Strom aus, so erstarrt das Paraffin in seiner der Neigung entsprechenden Horizontallage und arretiert auch die Kompaßnadel. Auf diese Weise läßt sich über Tage genau die Größe und Richtung der Abweichung angeben.

Der Apparat liefert genaue Resultate und gibt auch absolut sicher die Richtung der Abweichung an. Er läßt sich auch, was ihn um so brauchbarer erscheinen läßt, infolge des geringen erforderlichen Durchmessers in tiefen und kleinen Bohrlöchern anwenden. Als Nachteil ist zu erwähnen, daß man immer nur eine Messung ausführen kann und dann jedesmal ausholen muß, und daß der Apparat in magnetisch beeinflußten Bohrlöchern versagen wird.

Der Apparat von Hausmann gehört ebenfalls zur Gruppe II. Er besteht aus dem Lotzylinder und den Führungsfedern (Fig. 626—628).

In dem aus Metall hergestellten Lotzylinder befinden sich die Lotvorrichtung, die Registriervorrichtung und der Anschluß an die elektrische Leitung. Die Lotvorrichtung (Fig. 626) besteht aus einer Glühlampe mit einem parabolischen Spiegel als Reflektor, einer Glas-

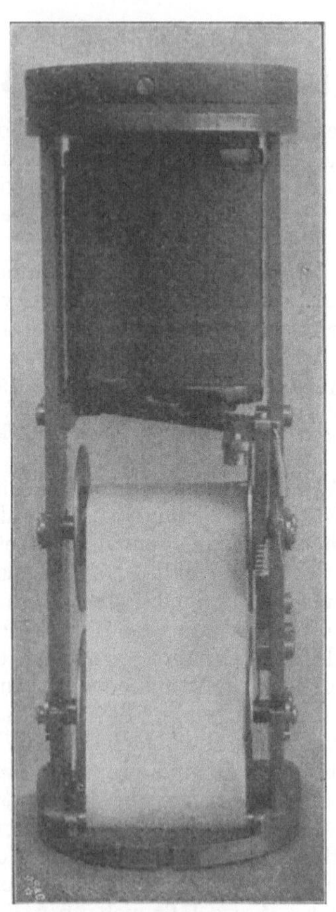

Fig. 627.

Fig. 628.

Bohrlochsneigungsmesser von Hausmann (aus Glückauf, 1908, S. 231).

platte mit auf derselben schwingender Magnetnadel, einer darüber befindlichen, mit Glasboden versehenen Dosenlibelle, auf deren Deckel eine zweite Magnetnadel schwingt, und aus darüber befindlichen Ringen mit Linsen. Die Dosenlibelle sowie das ganze Gestell sind mit Korrektionsschrauben versehen.

Die Registriervorrichtung besteht aus 2 übereinander angebrachten Filmtrommeln mit lichtempfindlichem Band und aus einem Solenoid, dessen Anker vermittels seiner Kralle in ein Zahnrad der oberen Film-

Fig. 629.
Bohrlochsneigungsmesser von Hausmann (aus Glückauf, 1908, S. 231).

trommel eingreift. Beim Schließen des Stromkreises wird die obere Rolle um einen Zahn weitergedreht, beim Öffnen schnappt die Kralle in den nächsten Zahn ein.

Glühlampe und Solenoid sind durch Leitungsdrähte mit drei konzentrischen Messingringen im Deckel des Registrierapparates verbunden. Das Kabel, welches in den oberen Teil des Zylindermantels eingeführt ist, endet in drei isolierten, federnden Stiften, welche auf den Ringen des Registrierapparates gleiten und hierdurch die Verbindung zwischen Lampe bezw. Solenoid und Kabel herstellen. Der Stromschalter zum Schließen, Unterbrechen, Regulieren usw. ist in Fig. 629 dargestellt. Als Stromquelle wird ein Akkumulator benutzt.

Der Apparat wird zur Messung an einem Gestänge aus steifen Gliedern mit Kreuzgelenken, welche ihn ständig in einer bestimmten Richtung halten, in das Bohrloch eingelassen. Beim Einlassen wird über dem Bohrloch ein Führungsbock aufgestellt, der das Gestänge am

Drehen verhindert und beim Aufsetzen eines neuen Gestängeteiles das im Bohrloch befindliche Stück festhält.

Schaltet man, nachdem der Apparat an der Meßstelle angelangt ist, den Strom ein, so erfolgt ein Aufleuchten der Glühlampe und dadurch ein Fixieren des Libellenstandes auf dem lichtempfindlichen Film. Beim Unterbrechen des Stromes wird der Film durch die vorhin beschriebene Vorrichtung um eine Zahnbreite weiter gedreht, und der Apparat ist zu einer weiteren Aufnahme gebrauchsfertig. Gleichzeitig mit der Libellenblase werden die Richtlinien der beiden, unter bestimmtem Winkel zueinander stehenden Magnetnadeln aufgenommen, welche, wenn Eisenmassen nicht in der Nähe sind, die Libellenaufnahme orientieren; im anderen Falle erfolgt die Orientierung durch das Gestänge mit Kreuzgelenken.

Zur Bestimmung der Abweichung des Bohrloches kann man Polarkoordinaten oder rechtwinklige Koordinaten anwenden. Für beide Fälle hat der Erfinder einfache Ableseapparate konstruiert.

Die Genauigkeit der Aufnahme ist sehr groß. Man kann Abweichungen bis zu 0,1—0,01 % feststellen.

Der Apparat von Hausmann liefert genaue Resultate, bestimmt mit großer Sicherheit magnetisch gestörte Gebiete und gestattet bei guter Zentrierung eine schnelle, beliebig oft zu wiederholende Ausführung der Messung. Sein Nachteil liegt wohl in der Kompliziertheit der ganzen Einrichtung und in der Verwendung der Magnetnadeln und der leicht Störungen ausgesetzten Elektrizität.

III. Ermittelung der Bohrlochsneigung durch pendelnd aufgehängte Lotkörper.

Während bei den bisher besprochenen Apparaten entweder die Abweichung eines Lotes oder der Stand einer Flüssigkeit zum Messen der Bohrlochsneigung benutzt wurde, dient hierzu bei denen der Gruppe III ein Pendel.

Als ältester Apparat ist hier der von Gothan zu erwähnen, welcher bereits bei den Stratametern beschrieben ist. Die mit ihm erzielten Resultate waren jedoch infolge der Kompaßbeeinflussung durch den Magnetismus der Bohrrohre und der Erde so ungenau, daß der Gothansche Apparat heutigen Tages zu Messungen kaum noch benutzt werden dürfte.

Ein sehr brauchbarer Apparat zu wiederholten Messungen rührt von Erlinghagen her; der Apparat ist in einer älteren und einer neueren Konstruktion vorhanden.

Bei der älteren Ausführung wurde ein Seil im Bohrloch verankert und an diesem der Meßapparat, der in dem Seil durch schlitzförmige Ausbildung des ihn umgebenden Rohres zur Verhinderung der Drehung beim Einlassen geführt war, hinabgelassen. Der Meßapparat bestand aus einem kardanisch aufgehängten Pendel, das die Abweichungen von der Senkrechten bei Ausschalten eines elektrischen Stromes auf einem Papier aufzeichnete. Eine besondere Vorrichtung war noch angebracht, welche die Größe der Drehung beim Einlassen auf einem Diagramm vermerkte.

Der Apparat bewährte sich jedoch nur in Bohrlöchern, welche gleichmäßig in einem Streichen abwichen, und da sich mit ihm nicht einwandsfrei feststellen ließ, ob das Bohrloch vom Streichen abgewichen war, oder ob sich der Apparat beim Einlassen gedreht hatte, so gab der Erfinder diese Konstruktion bald wieder auf.

Bei seinem neuen Apparat geht Erlinghagen von dem Gedanken aus, daß die Drehung des Meßapparates beim Einlassen unter allen Umständen verhindert werden muß, wenn die Messung einen Erfolg haben soll. Da dies beim Einlassen am Seil nicht möglich ist, und die Drehung sich auch nicht genau aufzeichnen läßt, so ist Erlinghagen von der Seilverankerung im Bohrloch völlig abgekommen. Er geht vielmehr von der Beobachtung aus, daß dickwandige Rohre von kurzer Länge eine solche Widerstandsfähigkeit gegen Torsion besitzen, daß selbst die Reibung an den Bohrlochswänden beim Einlassen diesen Widerstand nicht zu überwinden vermag. Hierauf fußend verwendet Erlinghagen 2 starkwandige, teleskopartig ineinandergesteckte Rohre zur Führung, die gegeneinander zwangläufig durch Nut und Feder so geführt sind, daß die innersten Rohre im Bohrloch, ohne sie zu verdrehen, herausgeschoben werden können, wenn das äußere fest in seiner Lage gehalten wird. Dieses Festhalten der beiden Rohre in der zusammengeschobenen Stellung geschieht durch 2 kräftige Elektromagneten. Die Anwendung von Elektromagneten ermöglicht ferner, daß unmittelbar nach der ersten eine zweite Messung ausgeführt werden kann, indem dazu durch Ausschalten des Stromes des einen Magneten der Meßapparat mitsamt dem Führungsrohr aus dem ersten Rohre herausgeschoben wird.

Erlinghagens Apparat besteht aus der Zentriervorrichtung, der Feststellvorrichtung und dem eigentlichen Meßapparat.

Die Zentriervorrichtung setzt sich aus drei in Gelenken verlagerten Stahlrollen zusammen, welche durch eine starke Spiralfeder gleichmäßig nach außen gedrückt werden (Fig. 630). Der Apparat besitzt nun insgesamt drei derartige Zentriervorrichtungen, deren eine sich am oberen Magneten befindet, während die beiden anderen den Meßapparat und den unteren Magneten zentrieren.

Zum Feststellen wird ein Bohrlochsmagnet benutzt, der aus einem T-förmigen Gestell aus Bronze besteht, zwischen dessen Schenkeln sich auf jeder Seite ein U-Eisen befindet. Dieses umgibt eine Magnetspule; die Schenkel des Magneten sind entsprechend dem inneren Bohrlochsdurchmesser abgeschrägt.

In einem Gestell aus drei Stahlringen, welches im Innern ein Uhrwerk enthält, ist der eigentliche Meßapparat untergebracht. Dieser besteht aus mehreren Rollen zur Aufnahme des Papiers und aus dem gleich zu besprechenden Pendel (Fig. 631). Auf die obere Rolle dieses Meßapparates ist ein Papierstreifen aufgewickelt, der über eine Walze und eine Platte zur zweiten Rolle geführt ist. Auf diese wickelt er sich beim Drehen der ersten Rolle auf. Die zweite erhält ihre Bewegung von dem Uhrwerk, aber nicht direkt, sondern durch eine Drahtschnur. Bei stärkerem Widerstande gleitet diese Schnur auf dem Antriebsrädchen; hierdurch wird die bei dem Aufrollen des Papieres auftretende gleichmäßige Beschleunigung, welche aus der beim Aufrollen des Papiers zunehmenden

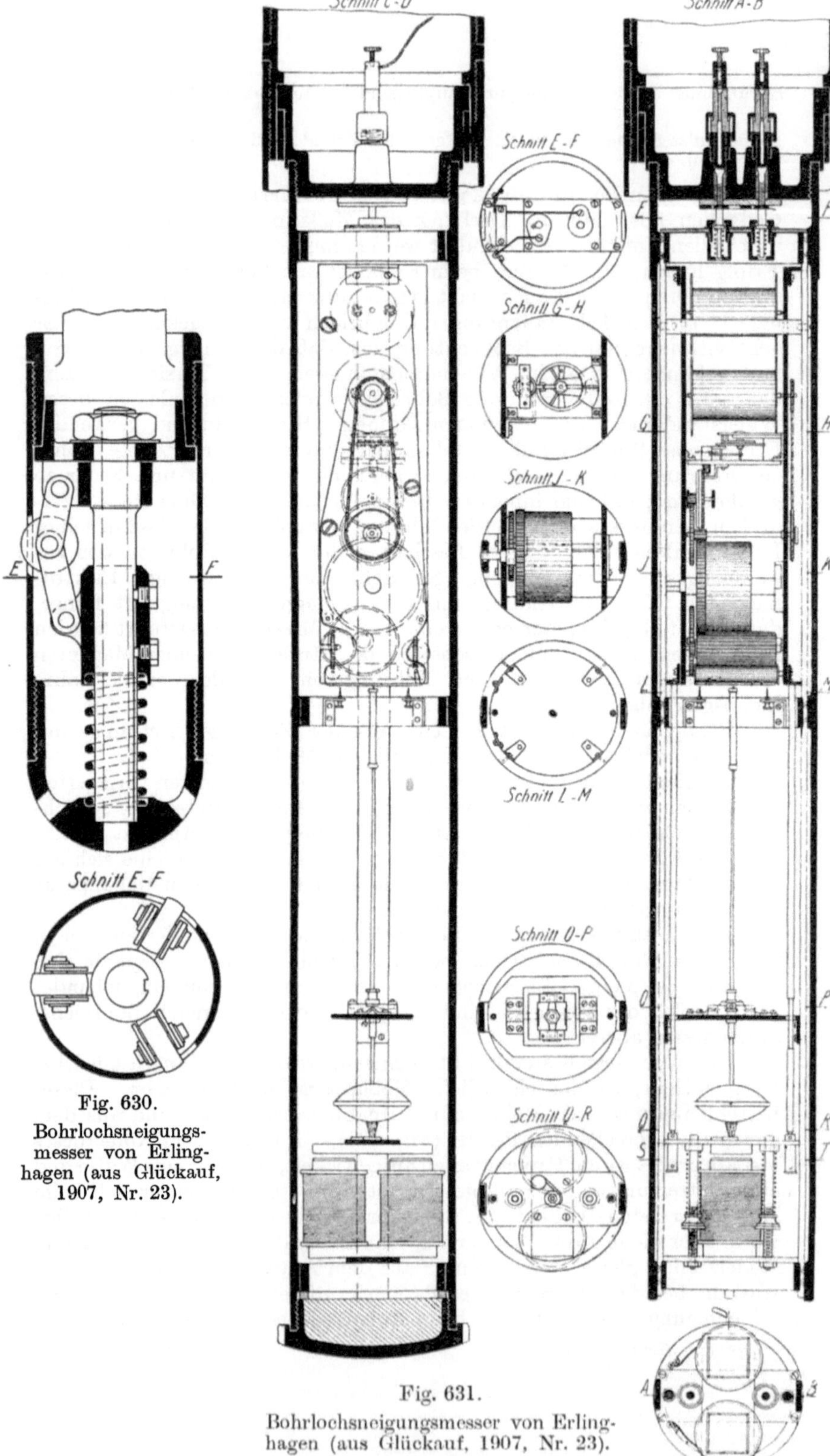

Fig. 630.
Bohrlochsneigungsmesser von Erlinghagen (aus Glückauf, 1907, Nr. 23).

Fig. 631.
Bohrlochsneigungsmesser von Erlinghagen (aus Glückauf, 1907, Nr. 23).

Umfangsgeschwindigkeit resultiert, vernichtet. Zur Messung dient ein kardanisch in Schneiden gelagertes Pendel, das beim Abweichen von der Senkrechten nach unten und oben ausschlägt und dabei vermittels der feinen Spitze in dem über die Platte geführten Papierstreifen ein Zeichen hervorruft. Da das Pendel für gewöhnlich zu lange schwingt, ehe der Einfluß der Erschütterung aufhört, so ist unter dem Gewicht ein Haarpinsel angebracht, welcher eine Beruhigung des Pendels in etwa $^3/_4$ Min bewirkt.

Um den Meßapparat zu betätigen, benutzt man den unteren Hufeisenmagneten, der ein in Längsschienen geführtes Eisenstück anzieht. Dieses ist durch Zugstangen mit dem Uhrwerk verbunden. Beim Einschalten des Magneten, der übrigens nur einen geringen Widerstand zu überwinden braucht, da besondere Federn das Gewicht des Uhrwerks tragen, werden die beiden Rollen in Bewegung versetzt und hierdurch der Papierstreifen der Pendelspitze genähert. Gleichzeitig mit der Markierung des Pendels in dem Papierstreifen dringen 4 innerhalb des mittleren Ringes angeordnete Spitzen, welche auf dem Umfang eines zum Schutzrohre des Apparates konzentrischen Kreises liegen, in das Papier ein und geben so den jeweiligen Mittelpunkt an.

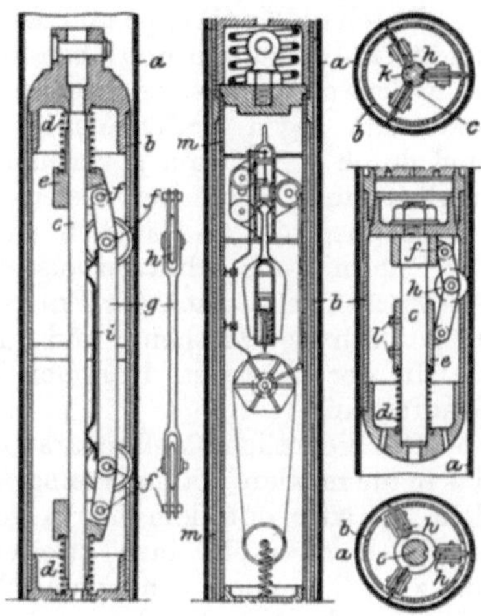

Fig. 632.
Bohrlochsneigungsmesser von Gebhardt (aus Organ des Vereins der Bohrtechniker, 1910, Nr. 21).

An zwei Seilen hängend, wird nun der ganze Apparat in das Bohrloch eingelassen. In den Seilen sind die Zuführungsdrähte für die Magneten enthalten. Soll gemessen werden, so wird zunächst der Stromkreis, in welchem der Elektromagnet der Klemmvorrichtung eingeschaltet ist, unterbrochen, wodurch sich die Teleskoprohre auseinanderziehen. Hat sich nun das Pendel, der Rohrneigung folgend, eingestellt, so wird der untere Magnet eingeschaltet welcher, wie bereits erwähnt, den Meßapparat in Funktion setzt. Nach beendigter Messung wird das obere Rohr auf das untere geschoben, worauf der Apparat für eine neue Messung gebrauchsfertig ist.

Mit dem Apparat von Erlinghagen sind, wie der Erfinder angibt, in der Praxis verschiedentlich Versuche angestellt worden, welche sehr zufriedenstellende Resultate gezeitigt haben. Der Apparat von Erlinghagen besitzt ohne Zweifel eine Reihe wertvoller Vorzüge, welche außer in der Möglichkeit, die Messung so oft als möglich zu wiederholen und zu beliebiger Zeit vornehmen zu können, in der Genauigkeit der mit ihm erzielten Ergebnisse liegen. Man kann ihn deshalb als wirklich brauchbaren Apparat bezeichnen, dem auch noch für die Zukunft häufige Benutzung sicher ist. Ob die Anwendung der Elektrizität nicht den Apparat leicht Störungen aussetzt, wie von verschiedener Seite behauptet wird, möge dahingestellt bleiben.

Der Apparat von Gebhardt. Bei diesem Apparat wird durch ein kardanisch aufgehängtes Pendel, das im Gegensatz zu dem Apparat von Erlinghagen durch ein Uhrwerk betätigt wird, auf einem Papierstreifen in Abständen von 5 zu 5 m ein Eindruck markiert.

Das Rohr b (Fig. 632) enthält eine Kopfkappe, eine Fußkappe sowie 2 Zwischenböden, wodurch drei Kammern gebildet werden. In der obersten und untersten sind Gradführungen angebracht, in der mittelsten befindet sich der Meßapparat.

Durch die Kopfkappe und den obersten Zwischenboden ist ein Bolzen c gesteckt, der unten und oben von je einer Schraubenfeder d umgeben ist, welche sich einerseits gegen die Kopfkappe bezw. den Zwischenboden, anderseits gegen Muffen e mit Scharnierösen legt. Die Scharnierösen sind durch 3 Schienen g verbunden, welche mittels der Gelenke f beweglich sind. Zwischen Gelenke f und Schienen g sind schneidenförmig ausgebildete Rädchen eingeschaltet, welche unter dem Druck der Federn d aus Schlitzen austreten und in die Rohrwand eindringen. Am Zurücktreten nach der Entspannung der Federn d werden die Rädchen durch die zwischen d und g liegenden Federn i verhindert.

In der untersten Kammer befindet sich eine ähnlich wirkende Gradführung.

Der eigentliche Meßapparat ist in einem Gehäuse m untergebracht, das in die mittlere Kammer eingesetzt ist. Er besteht aus dem Uhrwerk, dem Zylinder mit dem hierin geführten Kolben, der Loteinrichtung, welche eine durch einen zweiten Kolben geführte Lotnadel besitzt, aus zwei Trommeln und dem über diese gelegten Bande aus Papier oder Metall. Von dem Uhrwerk angetrieben, schnappt ein Hebel in bestimmten Zeitabschnitten nach unten und wird dann wieder angehoben. Dieser Hebel bewegt sich in einer zu der Zeichnungsebene senkrecht stehenden Ebene und ist mit einer an der Innenwand des Gehäuses gerade geführten Nadel und außerdem mit dem über dem Kolben angebrachten Hammer verbunden. Die Loteinrichtung ist an dem ersten Kolben kardanisch aufgehängt. Die zwischen Zylinderboden und Kolbenunterseite befindliche Feder drückt den Kolben gegen Ansätze auf der Innenseite des Zylinders und hält ihn für gewöhnlich in der obersten Lage.

Über dem Bande befindet sich die Spitze der Nadel; die Nadelspitze schleift auf dem Bande und zeichnet hier eine Null-Linie auf. Durch ein Schalträdchen und das Gestänge wird die Trommel in bestimmten Zeitabständen weitergedreht.

Beim Einlassen am Gestänge oder Seil wird die Stellung des Apparates nach einer bestimmten Orientierungsrichtung ermittelt. Während des Tiefersinkens des Apparates schaltet das Räderwerk der Uhr in bestimmten Zeitabständen den Hebel ein, der die mit einer Dreikantspitze versehene Nadel in das Band eindrückt und zur selben Zeit den Hammer zum Aufschlagen auf den ersten Kolben bringt. Hierdurch wird die am Lot befestigte Nadel heruntergedrückt, und es entsteht auf dem Bande eine Markierung; aus dem Unterschiede zwischen der Markierung der zwei Nadeln läßt sich dann in bekannter Weise die Abweichung von der Senkrechten ermitteln. Ist die Messung beendet, so wird der Hebel durch die Feder in seine alte Stellung zurückgehoben, die Trommel wird durch das Uhrwerk um $^1/_6$ ihres Umfanges weitergedreht, und der Apparat ist nun, wenn man geraume Zeit wartet, bis das Pendel sich beruhigt hat, zu einer zweiten Messung gebrauchsfertig. Zur Beruhigung des Lotes sind etwa 40 Sekunden erforderlich.

Aus der Lage der alle 5 m erfolgenden Markierungen zum Nullpunkt eines Koordinatensystems läßt sich fortlaufend die Abweichung von der Senkrechten feststellen.

Wie der Apparat von Erlinghagen besitzt auch der von Gebhardt den Vorzug, die Messung häufig wiederholen zu können, wenn es auch dem Messenden nicht freisteht, an welchem Punkte er seine Messung vornehmen will. Auch dieser Apparat, der nach Angabe von Direktor Zäringer im Organ des Vereins der Bohrtechniker, 1910, Nr. 21, noch bis 700 m Teufe vorzüglich arbeitete und hinsichtlich der Richtung Fehler von nur wenigen Zentimetern ergab, ist als brauchbare, Aussichten für die Zukunft bietende Konstruktion zu bezeichnen. Beide Apparate dürften wohl, was die Leistungsfähigkeit anlangt, auf gleicher Stufe stehen.

Der Neigungsmesser der Deutschen Solvay-Werke-Akt.-Ges. in Borth. DRP. Nr. 210 981 und Nr. 212 703. Auch dieser Apparat gehört zu den Pendelapparaten. Von dem von Erlinghagen und Gebhard unterscheidet er sich vor allem durch seine Klemmvorrichtung, welche die teleskopartigen Rohre, die auch hier vorhanden sind, durch Klemmbackenpaare unter Wasserdruck einzeln gegen die Bohrlochswandung preßt, sie dort festhält und gleichzeitig zur Bohrlochsachse parallel stellt.

Der Apparat, welcher in den teleskopartigen Rohren 1 und 2 untergebracht ist, ist an Metallschläuchen 4 und 5 aufgehängt, die mit den Rohren 1 bezw. 2 verbunden sind (Fig. 633 und 634). Beim Abwärtsgange preßt der aus der Figur ersichtliche Kolben 6 durch den verjüngten Ansatz 7 Backen 9 gegen die Bohrlochswandung; stehen die Backen nicht mehr unter Druck, so verhindern die Federn 8 ihren Rückgang. Dasselbe geschieht gleichzeitig mit den Backen 13, welche unter dem Druck von Kolben 11 und Ansatz 12 herausgepreßt werden.

Unterhalb der Backen 13 ist die Scheibe 14 mit den Hülsen 15 und 16 zur Aufnahme der Registriervorrichtung angeordnet. Querstück 24, das längs der Schiene 25 des Rohres 1 gleitet, ist zur Führung angebracht, um ein Verdrehen des Innenrohres 2 gegen das Außenrohr zu verhindern, Ist Rohr 2 heruntergelassen, so treten 2 oder 4 konische Ansätze in entsprechende Aushöhlungen an der unteren Fläche der Führung 24 hinein und halten diese so in ihrer Lage.

Die Meßvorrichtung besteht aus dem Uhrwerk 18, das einen Papierstreifen einmal fortlaufend und dann auch von Zeit zu Zeit abwärts gegen die Markierstifte 21 bewegt. Es werden dadurch Marken auf dem Papier angegeben, welche zur Orientierung des Lotes dienen. Die

Markierstifte 21 sind an einem ringförmigen Gliede 20 angeordnet. Ein kardanisch aufgehängtes Lot, welches mit seinem unteren Ende in ein Gefäß mit Öl hineinragt, besitzt oben eine Spitze. Im Gegensatz zu dem Apparat von Erlinghagen wird hier der Papierstreifen gegen das Lot bewegt, wodurch die Abweichung von der Senkrechten markiert wird. Infolge des Vorhandenseins der beiden Markierstifte wird gleichzeitig auf dem Papier der Mittelpunkt angegeben.

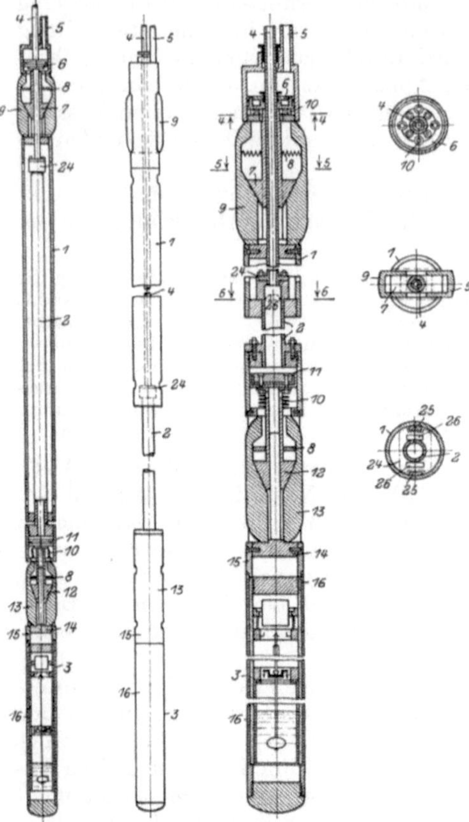

Fig. 633.
Bohrlochneigungsmesser der Deutschen Solvay-Werke A.-R. (aus Tiefbohrwesen, 1909, Nr. 17).

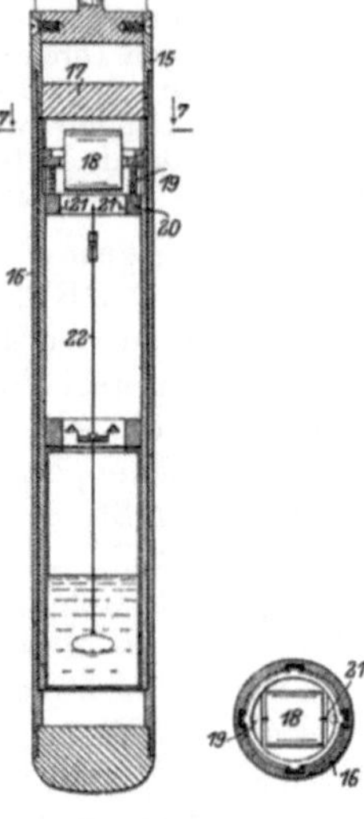

Fig. 634.
Bohrlochsneigungsmesser der Deutschen Solvay-Werke A.-G. (aus Tiefbohrwesen, 1909, Nr. 20).

Die Vorrichtung arbeitet nun folgendermaßen: Nach dem Einlassen des Apparates werden die Backen 9 und 13 durch den Wasserdruck auseinandergetrieben, infolgedessen der Apparat an der Bohrlochswandung festgeklemmt wird. Das Uhrwerk bewegt nun den Papierstreifen gegen die Lotspitze, und gleichzeitig markieren die Stifte 21 den augenblicklichen Mittelpunkt, worauf die Messung beendet wird. Es wird nun zunächst der Druck auf die Backen 13 aufgehoben, was das Herabfallen des Rohres 2 zur Folge hat. In der neuen Lage angelangt, werden zur zweiten Messung zunächst die Backen 13 und, nachdem Rohr 1 herabgelassen ist, auch die Backen 9 festgeklemmt. Die zweite Messung kann nun erfolgen. Der Abstand zwischen den einzelnen Messungen wird für gewöhnlich zu 3 oder 5 m genommen.

Der Apparat der Deutschen Solvaywerke teilt die Vorzüge aller Pendelapparate. Wie er sich in der Praxis bewähren wird, ob sich aus der Anwendung vom Wasserdruck zum Festklemmen keine Schwierigkeiten ergeben werden, ist noch abzuwarten.

Der Apparat von Thumann. Thumann nimmt die Messungen an besonderen Knickpunkten einer gebrochenen Linie vor, welche er im voraus im Bohrloch festgelegt hat. Zur Herstellung der gebrochenen Linie benutzt er die sog. Lenkrohre, worunter ein Gestänge aus geraden Rohren zu verstehen ist, dessen einzelne Teile durch Kreuzgelenke zwar beweglich, aber nicht drehbar miteinander verbunden sind (Fig. 635). Jedes dieser Lenkrohre enthält einen sog. Lottopf, in dem der eigentliche Lotapparat untergebracht ist. Dieser besteht aus 2 an einem Faden aufgehängten Loten; der Faden ist an einer Traverse befestigt, welche ihrerseits von einer oben am Lottopf angebrachten zangenartigen Vorrichtung mit einem festen und einem beweglichen Schenkel getragen wird. Zwischen Stellschrauben, welche sich an der Basis der Zange befinden, ist ein Justierstück mit 2 feinen Löchern angebracht, durch welche der Lotfaden geführt ist. Man kann so die Lotspitzen genau über den Schnittpunkt der Koordinatenachsen einstellen. Letztere sind auf eine Stanniolscheibe mit Korkunterlage aufgedruckt.

Bei vertikaler Stellung befinden sich die Drehbolzen sämtlicher Kreuzgelenke in 2 sich kreuzenden Ebenen.

Wird nach dem Einlassen auf den beweglichen Hebel ein Druck ausgeübt, so wird die Lotschnur freigegeben, und die Lote fallen auf die Markierscheibe. Zur Erzeugung dieses Druckes läßt man einen Körper von geeigneter Form durch ein Führungsrohr f laufen, in welches der bewegliche Hebel mit seinem unteren Ende hineinragt. Passiert der hineingeworfene Körper den Hebel, so drückt er ihn zur Seite, was das Freiwerden der Lotschnur zur Folge hat.

Man führt die Führungsrohre für gewöhnlich nur dort aus, wo der niedersinkende Körper den Hebel passiert. Es erhalten die Rohre dann einen trichterförmigen Abschluß, um den fallenden Körper in das nächste Führungsrohr überzuleiten.

Anstatt durch Fallenlassen eines Körpers kann man die Hebel auch durch einen Draht verbinden und gleichzeitig von oben zum Auslösen bringen.

Sind nun die Lote auf irgendeine Weise zum Fallen gebracht, so markieren sie die Größe der Abweichung auf der Stanniolscheibe. Die Anwendung zweier Lote gewährleistet zugleich eine Kontrolle darüber, ob die Lote in dem Augenblick des Fallens auch ruhig hingen. War dies nicht der Fall, so müssen sich ungleich weit von dem Koordinatenschnittpunkt entfernte Punkte ergeben.

Als Verbindungsgestänge zwischen den einzelnen Lottöpfen verwendet man sog. Richtgestänge, das am Ende mit Zahn und Ausschnitt versehen und durch Überwurfmuttern unverdrehbar miteinander verbunden ist.

Der Thumannsche Apparat ermöglicht eine beliebig große Anzahl von gleichzeitigen Messungen, gestattet jedoch im Gegensatz zu den anderen Pendel-

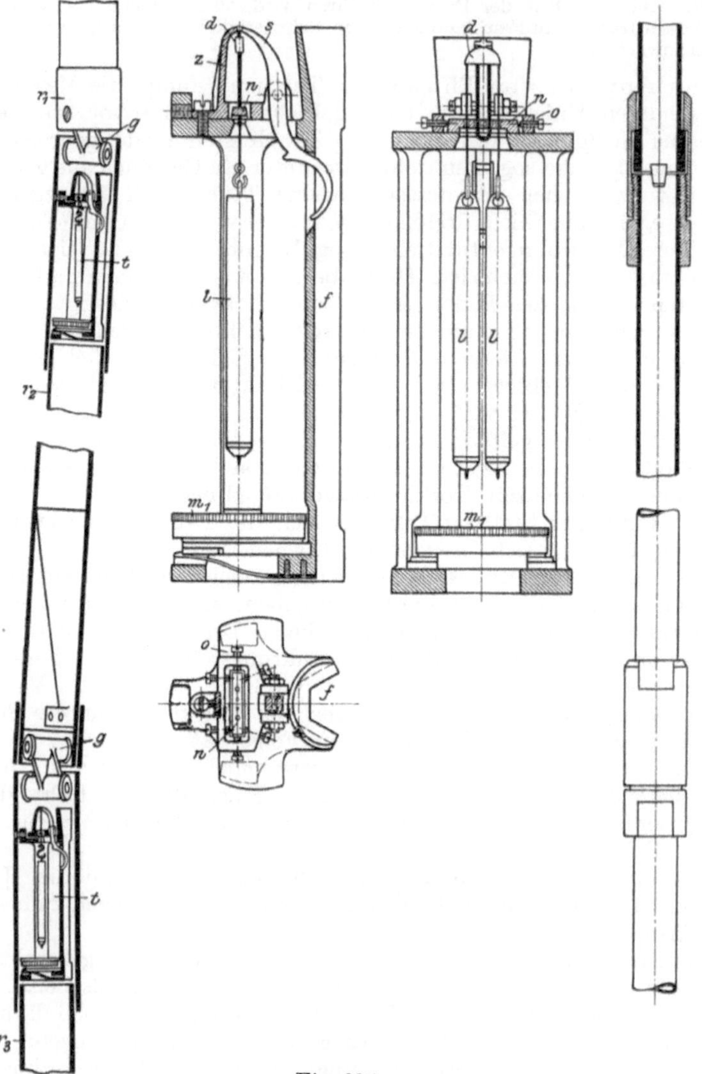

Fig. 635.
Bohrlochsneigungsmesser von Thumann
(aus Organ des Vereins der Bohrtechniker, 1909, Nr. 17).

apparaten nicht, die Messung beliebig auszuführen. Er liefert ebenfalls gute Resultate und ermöglicht auch eine kontrollierbare Bestimmung der Richtung der Abweichung. Nicht sehr betriebssicher erscheint die Gestaltung der Lotaufhängung und -Auslösung.

IV. Schlußbetrachtung.

Vergleicht man die einzelnen Gruppen von Apparaten auf ihre Anwendbarkeit, so kommt man zu folgendem Ergebnis:

Das Lotverfahren liefert nur bei Bohrlöchern geringer Tiefe, die ständig in gleicher Richtung abweichen, gute Resultate. Es ist sehr einfach, aber auch einer Reihe von Fehlern ausgesetzt, welche sich bei der Beobachtung, wenn diese nicht ganz sorgfältig ausgeführt wird, leicht ergeben.

Demgegenüber erscheinen die Verfahren, welche auf der Aufnahme des Standes einer Flüssigkeit beruhen, als viel sicherer, sofern die Messung nicht in einem magnetischen Bohrloch vorgenommen wird. In diesem Falle dürften sowohl der südafrikanische Apparat als auch der von Professor Hausmann absolut einwandsfreie Resultate zeitigen. Der letzte Apparat wird bei Anwendung des Führungsgestänges auch im magnetisch gestörten Gebiete zu gebrauchen sein.

Am besten dürften sich wohl die Apparate der III. Gruppe bewähren, welche ebenso wie der Apparat von Hausmann sämtlich die Ausführung einer großen Anzahl von Messungen gestatten, ohne daß der Apparat aufgeholt zu werden braucht, und auch in der Brauchbarkeit der Resultate ebenso zuverlässig sind wie der Apparat von Hausmann. Untereinander dürften die hier besprochenen 4 Pendelapparate annähernd gleichwertig sein, indem zwar ein jeder den einen oder anderen geringen Nachteil besitzt, diese aber nicht so ins Gewicht fallen, daß sie den einen weniger brauchbar als den anderen erscheinen lassen.

Neunzehnter Teil.

Stratigraphen.

Von Diplom-Bergingenieur **Arthur Gerke.**

Literatur.

Mitteilungen aus dem Markscheidewesen. 1905, Heft 7.

von Schweinitz: Wie erlangt man zuverlässige Bohrergebnisse? Zeitschrift des Oberschlesischen Berg- und Hüttenmännischen Vereins. 1911. S. 222.

Eine fortlaufende graphische Darstellung des Bohrfortschrittes nach Maß und Zeit gibt dem Bohrunternehmer wie Auftraggeber am schnellsten und einfachsten Auskunft über Leistung, Stillstände bei der Bohrung, kurz über den ganzen Bohrbetrieb. Früher war man gezwungen, wenn aus irgendwelchen Gründen eine derartige Aufzeichnung erforderlich wurde, einen oder mehrere Personen mit der ununterbrochenen Beobachtung der Bohrung zu betrauen, ein Verfahren, das einmal kostspielig und dann auch nicht immer einwandsfrei war.

Fig. 636.
Stratigraph von Lapp.

Diese Übelstände führten in neuester Zeit zur Konstruktion von Apparaten, den sog. Stratigraphen, welche außer der Registrierung des Bohrfortschrittes eine genaue Kontrolle des Bohrpersonals sowie der Härte der durchbohrten Schichten gewährleisten. Außerdem ermöglichen die Aufzeichnungen der Stratigraphen eine eventuelle Rechtfertigung des Bohrunternehmers gegenüber dem Auftraggeber.

Alle Konstruktionen, welche zurzeit bekannt sind, beruhen auf folgendem Prinzip:

Ein Papierstreifen wird an einem Schreibstift vorbeigeführt, der durch eine Vorrichtung in einer gewissen Zeit eine bestimmte Bewegung rechtwinklig zur Bewegung des Papiers vollführt, welch' letztere von dem Sinken des Gestänges abhängig ist. Je schneller nun das Sinken erfolgt, desto steiler muß die durch die Bewegung des Schreibstiftes auf dem Papier erhaltene Kurve ausfallen. Je langsamer es sinkt, desto mehr verflacht sich die Kurve und nähert sich der Wagerechten. Bei Stillständen muß, da die Bewegung des Papiers aufhört, die Kurve in einen wagerechten Strich auslaufen. Die beiden hier zu besprechenden Konstruktionen werden von der Firma Heinrich Lapp und der Deutschen Tiefbohr-Aktiengesellschaft gebaut.

Der Stratigraph von Lapp ist in der Fig. 636 veranschaulicht. Von der Gestänge-Nachlaß- und Ausgleichvorrichtung der Seiltrommelwelle wird durch eine Kette in entsprechender Übersetzung ein Kettenrad angetrieben, welches sich mit einer Trommel zur Aufnahme des Papieres auf gleicher Achse befindet. Das Papier ist auf einer zweiten Trommel aufgewickelt und wird durch Drehen der ersten Trommel von der zweiten auf diese aufgewickelt. Die Papierrolle ist mit einer Maßeinteilung von 5 zu 5 cm in der Länge versehen, wobei die einzelnen Meter besonders hervorgehoben sind. In der Querrichtung ist die Zeit aufgetragen, und zwar sind die Minuten durch schwache, die 10 Minuten durch starke Striche angegeben.

Die Schreibvorrichtung besteht aus der Schreibfeder, welche in einem Scharnier beweglich an einer Doppelzahnstange befestigt ist. Doppelzahnstange und Schreibfeder werden von einem Uhrwerk unter Vermittelung eines mit Zahnsegmenten versehenen Rades so angetrieben, daß die Feder in einer Stunde die Papierbreite durchmißt. Hat die Feder diesen Weg zurückgelegt, so tritt das zweite Zahnsegment des Triebrades in Funktion und greift in die andere Seite der Doppelzahnstange ein, wodurch die Feder zurückgezogen wird. Hierbei wird wieder in einer Stunde die Papierbreite durchmessen. Es entsteht so auf dem Papier ein fortlaufender Strich. Die Bewegung der Papierrolle, welche durch die auf der Seiltrommelwelle befestigte Nachlaßvorrichtung mit dem Gestänge in Verbindung steht, hängt von dem Bohrfortschritt ab. Bei schnellem Fortschritt dreht sich demzufolge die Rolle schnell, bei langsamem mit entsprechend geringerer Geschwindigkeit.

Auf dem Deckel des Apparates ist zur ständigen Beobachtung der Aufzeichnungen eine Glasscheibe angebracht.

Beim Rückwärtsdrehen der Trommel würde der Schreibstift auf der Papierrolle eine zusammenhängende Eintragung nicht mehr machen. Da das Rückwärtsdrehen häufiger, vor allem beim Aufholen des Gestänges vorkommt, so ist, um eine Bewegung des Papiers zu verhindern, der Antriebsmechanismus der Papierrolle mit einer Vorrichtung versehen, welche in diesem Falle ein selbsttätiges Ausschalten der Trommel bewirkt. Diese bleibt stehen, infolgedessen führt die Schreibfeder einen geraden Querstrich auf dem Papiere aus.

Wie bereits im Vorstehenden erwähnt ist, erfolgt die Aufzeichnung der Feder in Kurvenform, aus deren Verlauf man die relative Härte des Gesteins leicht ermitteln und Schlüsse auf die Art der durchbohrten Schichten ziehen kann.

Bei Stillständen im Bohrbetriebe steht die Seiltrommel und damit auch die Vorrichtung zum Auf- und Abwickeln des Gestänges still. Ein solcher Stillstand muß sich, da das Uhrwerk weiter läuft, durch einen wagerechten Strich auf dem Papier kenntlich machen

Der Stratigraph der Deutschen Tiefbohr-Aktiengesellschaft, der von dem Markscheider Ernst Jahr in Breslau erfunden wurde, ist in den Fig. 637 a—d und zur Darstellung gelangt. Von einem Ansatz des die Bohrspindel umfassenden Ringes e ausgehend, läuft

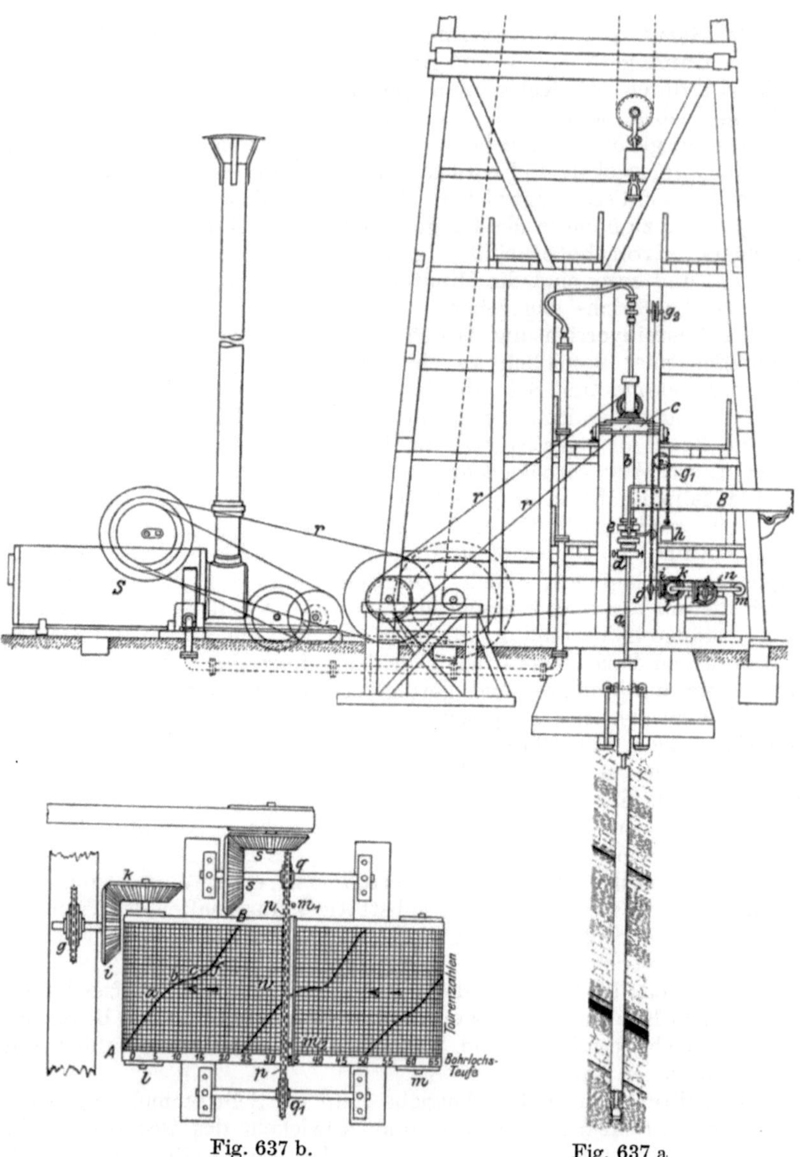

Fig. 637 b. Fig. 637 a.

Stratigraph der Deutschen Tiefbohr-Aktiengesellschaft.

über die Rädchen g g_1 eine Kette, welche durch das Gewicht h stets in gespanntem Zustande erhalten wird. Die Kette ist durch die Verbindung mit dem Ringe e gezwungen, die Abwärtsbewegung des Gestänges mitzumachen, und zwar mit der gleichen Geschwindigkeit wie das Gestänge selbst.

Die Bewegung der Kette hat eine Drehung des Rädchens g zur Folge, auf dessen Achse das Kegelrad i sitzt. i greift in das Kegelrad k ein, das seinerseits die Walzen l und m dreht, über welche ein Papierstreifen n (s. Fig. 637 a und 637 d) gespannt ist. Der Papierstreifen ist mit einer Millimetereinteilung versehen und zur Aufnahme des Diagramms bestimmt. Die Schnelligkeit der Papierbewegung, d. h. das Verhältnis seines Vorrückens zu dem Niedergange des Gestänges, wird durch die Übersetzung zwischen i und k bedingt, welche je nach den Umständen verschieden zu wählen ist gewöhnlich wie 1:6.

Zur Bewegung des Schreibstiftes ist eine endlose Kette p senkrecht zur Bewegungsrichtung des Papiers gespannt, welche über die Rädchen q und q' läuft. Von dem mit dem Rädchen q auf gleicher Welle sitzenden Kegelrade s erhält die Kette ihre Bewegung; s greift seinerseits in ein zweites Kegelrad s, dem durch direkten Antrieb von der Antriebswelle des Rotationsapparates eine Geschwindigkeit erteilt wird, welche im bestimmten Verhältnis zur Umdrehungszahl der Bohrspindel steht. Die Kette p ist mit 2 Schreibstiften m und m_1 besetzt, die sich in einer Entfernung, welche gleich der Papierbreite ist, voneinander befinden.

Während des Ganges der Bohrung wird nun durch die gleichzeitige Bewegung von Schreibstift und Papierstreifen auf dem Papier eine Kurve aufgezeichnet, deren Ordinaten die Umdrehungszahl der Bohrspindel angeben, während die Abszissen die jeweilige Bohrtiefe anzeigen, d. h. um wie viel das Gestänge gesunken ist. Die Kurve setzt sich, bedingt durch die eigenartige Konstruktion des Apparates, aus lauter einzelnen Stücken zusammen, deren Aus- bezw. Eintrittspunkt auf dem Papier genau senkrecht übereinander liegen. Die Ordinaten werden daher jedesmal um eine volle Papierbreite gegeneinander verschoben, was aber völlig nebensächlich ist, da der absolute Wert der Ordinaten nicht in Frage kommt. Je schneller bezw. langsamer das Gestänge sinkt, desto mehr nähert sich die Kurve der Abszissenachse bezw. entfernt sie sich von ihr. Da nun aber das Sinken des Gestänges, d. h. der Bohrfortschritt außer von der Umdrehungszahl der Krone von der jeweiligen Härte des Gebirges abhängt, so gibt die Kurve, da die Umdrehungszahl der Krone für gewöhnlich dieselbe bleibt, zugleich ein genaues Bild des durchbohrten Gebirges, indem sie mit Sicherheit das Antreffen einer neuen Gebirgsschicht anzeigt.

Aus der etwaigen Richtungsänderung der Kurve lassen sich aber auch Schlüsse auf das Einfallen der Schichten ziehen. Erfolgt die Ablenkung der Kurve ziemlich unvermittelt, so liegen die Schichten ganz oder nahezu horizontal, da die Krone mit ihrer ganzen Oberfläche auf einmal in die neue Gebirgsschicht eindringt. Steiles Einfallen hat eine nur allmähliche Ablenkung zur Folge, da die Krone sich während des Überganges zum Teil noch in der alten, zum Teil bereits in der neuen Schicht befindet. Ein derartiger Fall ist in Fig. 637c veranschaulicht. a d c f ist ein steil einfallendes Flöz, das vom Schieferton überlagert wird. A B in Fig. 637 b ist das Diagramm, welches während des Bohrens an dieser Übergangsstelle erhalten wurde. Der Einfallwinkel α läßt sich dann leicht aus dem Dreieck a b d ermitteln. Es ist nämlich

$$\operatorname{tg} \alpha = \frac{a\,b}{b\,d}.$$

In dieser Gleichung bedeutet a b den aus dem Diagramm ermittelten Teufenunterschied und b d den Bohrlochsdurchmesser. Die wirkliche

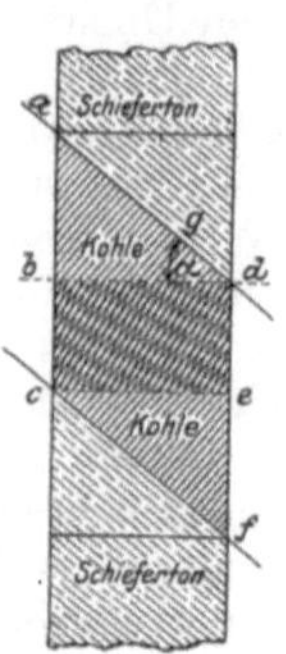

Fig. 637 c.
Stratigraph der Deutschen Tiefbohr-Aktiengesellschaft.

Fig. 637 d.
Stratigraph von Jahr.

Mächtigkeit c g des durchbohrten Flözes ergibt sich aus der Multiplikation der in der Senkrechten durchquerten Länge a c mit dem Kosinus des Einfallswinkels α, d. h.

$$c\,g = a\,c \cdot \cos \alpha$$

a c ist gleich der Summe a b + dem geradlinig steil verlaufenden Teil der Linie, welcher der Bohrung in der Kohle allein entspricht. Der Apparat von Jahr hat nach den Angaben von Schweinitz auf einer ganzen Anzahl von tiefen Bohrungen, z. B. bei dem 1 209,50 m tiefen Bohrloch im Mückenwinkel bei Waldenburg sowie bei dem tiefsten Bohrloch der Welt, Czuchow II in Betrieb gestanden, und sich dort zur vollsten Zufriedenheit bewährt.

Zwanzigster Teil.

Temperaturmessungen in Bohrlöchern.

Von Diplom-Bergingenieur **Arthur Gerke.**

Literatur.

Zeitschrift für das Berg-, Hütten- und Salinenwesen im Preußischen Staate, 1872, S. 200, und, 1889, S. 171.

Tecklenburg: Handbuch der Tiefbohrkunde.

Michael und Quitzow: Über die Temperaturmessungen im Tiefbohrloch Czuchow in Oberschlesien. Zeitschrift des Oberschlesischen Berg- und Hüttenmännischen Vereins, 1910.

Michael und Quitzow: Die Temperaturmessungen im Tiefbohrloch Czuchow in Oberschlesien. Jahrbuch der Königlich Preußischen Geologischen Landesanstalt für 1910, Teil II, Heft 1.

Die Bestimmung der Erdtemperatur in größeren Teufen ist eine Aufgabe, deren Lösung von hohem wissenschaftlichen Interesse ist. Fast jedesmal werden darum, wenn eine besonders tiefe Bohrung im Betriebe ist, in dieser eine oder mehrere Messungen vorgenommen, aus deren Ergebnis sich Schlüsse auf die im Innern der Erde vorhandene Temperatur ziehen lassen. Auf derartigen Messungen beruht auch die Theorie, welche annimmt, daß das Innere der Erde sich in feurigflüssigem Zustande befindet. Aus derartigen Messungen wird ferner die geothermische Tiefenstufe bestimmt, d. i. diejenige Zahl, welche angibt, um wieviel Meter man an einem Ort in die Erde eindringen muß, damit die Gesteinstemperatur um 1° C zunimmt. Die geothermische Tiefenstufe kann nun von sehr verschiedener Größe sein. So beträgt sie z. B. nach den neuesten Messungen, die von dem bekannten Geologen Professor Michael in dem tiefsten Bohrloch der Welt, in Czuchow, vor kurzem angestellt sind, 31,8 m für Oberschlesien. In den sehr tiefen Kupferbergwerken am Lake Superior in den Vereinigten Staaten von Nordamerika wurde sie zu etwa 63—70 m bestimmt.

Die Messung selbst bereitet wegen der zahlreich dabei auftretenden Fehlerquellen große Schwierigkeiten. Die vorkommenden Fehler sind teils auf die Bohrapparate und die Beschaffenheit des Bohrlochs, teils auf die Meßinstrumente zurückzuführen.

Was den Zeitpunkt anlangt, in welchem am besten gemessen wird, so darf die Messung erst nach längerem Ruhen der Bohrarbeit erfolgen, wenn die hierbei erzeugte Arbeitswärme ihren Einfluß verloren hat.

Einen großen Übelstand bringt das Auftreten von Wasser im Bohrloch mit sich. Da nämlich die Wasserschichten bei verschiedenen Temperaturen eine verschiedene Dichtigkeit besitzen, so sind sie bestrebt, einen Ausgleich unter sich herzustellen; die Folge davon ist, daß die Temperatur auf der Sohle einen zu niedrigen Wert besitzt, während in den oberen Schichten zu hohe Werte erhalten werden. Der Ausgleich wird um so intensiver vor sich gehen, je größer der Bohrlochsdurchmesser ist.

Man hat nun verschiedene Mittel zur Beseitigung der durch das Wasser entstehenden Fehlerquellen vorgeschlagen.

So empfiehlt Thumann, die Spülflüssigkeit anzuwärmen und auf die vermutete Bohrlochstemperatur zu bringen. Dieses Verfahren dürfte wohl kaum Vorteile mit sich bringen, da, wenn man berücksichtigt, daß z. B. in Czuchow Temperaturunterschiede von rund 60^0 beobachtet sind, stets eine verschiedene Temperatur in den verschiedenen Tiefen herrschen muß, wodurch zugleich Unterschiede in der Wasserdichtigkeit bedingt sind. Das gesamte Wasser etwa auf die gleiche Temperatur zu bringen, dürfte auch nicht angängig sein, da ja nicht die direkte Temperatur des Gesteins, sondern immer die des Wassers gemessen wird.

Bei den Messungen in Sperenberg wurde diese Schwierigkeit dadurch beseitigt, daß der ganze Apparat in besonders konstruierten Eisenrohren eingesenkt wurde, in denen eine Wassersäule von 4—5 m Höhe abgeschlossen war. Es wurde in diesem Falle tatsächlich ein Unterschied von etwa 2^0 R festgestellt gegenüber den Messungen ohne Schutzrohr.

In Schladebach hat man zur Unterbindung der Wasserzirkulation das Bohrloch mit fettem Tonschlamm gefüllt und die Messung erst nach einiger Zeit vorgenommen, als man annehmen durfte, daß ein Ausgleich zwischen der Gesteinstemperatur und der des Schlammes eingetreten war. Dieses Verfahren dürfte, wenn man die hierfür erforderlichen Kosten und Zeit nicht zu scheuen hat, wohl die besten Resultate liefern.

Bei engeren Bohrlöchern tritt der schädigende Einfluß der Wasserzirkulation ziemlich in den Hintergrund, da infolge der durch die Enge bedingten größeren Reibung der Ausgleich so ziemlich aufgehoben wird.

Weiter sind von Einfluß auf die Ermittlung der Tiefenstufe die Beschaffenheit der durchbohrten Gebirgsschichten, ihr Wärmeleitungsvermögen sowie eine etwa mögliche chemische Wärmeentwicklung.

Außer durch Wasserströmungen usw. erfolgt eine Beeinträchtigung der Genauigkeit der Messung noch durch gute Wärmeleiter, von denen in jedem Bohrloch für gewöhnlich mehrere vorhanden zu sein pflegen. Derartige gute Wärmeleiter sind z. B. die Eisenmassen der Verrohrungen und des Bohrgestänges. Zur Beseitigung dieser Fehler ist vorgeschlagen, die Messung nur im unverrohrten Gebirge vorzunehmen und an Stelle des Gestänges etwa einen dünnen Metalldraht zum Einlassen der Meßinstrumente zu benutzen. Leider geht das aber nicht überall, da sich ein Bohrloch, wenn es nicht verrohrt ist, in solcher Tiefe nicht offen halten lassen wird. Außerdem werden bei Anwesenheit dieser Wärmeleiter zwar, was die absolute Höhe der Zahlen anlangt, ungenaue Werte erhalten; die relative Zunahme, die für gewöhnlich bei der Beurteilung allein von Interesse ist, ist jedoch hiervon unabhängig.

Thermometer.

Die Ausbildung der Thermometer, welche bei Temperaturmessungen in Bohrlöchern Anwendung finden, ist im einzelnen verschieden; im allgemeinen beruhen sie jedoch sämtlich auf folgendem Grundgedanken. Ein Gefäß wird mit Quecksilber so weit gefüllt, daß unter Zugrundelegung der im Bohrloch vermutlich anzutreffenden Wärme dort ein Ausfließen von Quecksilber aus dem Instrument stattfinden muß. Aus der Menge des ausgeflossenen Quecksilbers lassen sich dann Schlüsse auf die Temperatur ziehen.

Bei der Füllung des Quecksilbers in das Thermometer ist sorgfältig darauf zu achten, daß nicht etwa Luftblasen oder Wasser in das Gefäß oder die hierzu benutzte Flasche geraten, da durch diese die Genauigkeit der Messung in Frage gestellt wird.

Die Zeit, welche erforderlich ist, damit sich das Thermometer nach dem Einlassen auf die jeweilig vorhandene Temperatur einstellt, dürfte mit etwa 9 Stunden anzunehmen sein. Professor Michael und Dr. Quitzow haben bei der Bohrung in Czuchow beim ersten Versuch die Thermometer 9 Stunden, beim zweiten Versuch sogar 83 Stunden vor Ort gelassen. Nennenswerte Unterschiede ergaben sich aus der verschiedenen Beobachtungszeit jedoch nicht, so daß 9 Stunden völlig genügen, um den Thermometern die Temperatur der Umgebung mitzuteilen.

Ist die Messung beendet, und wird das Thermometer zutage geholt, so zieht sich infolge der beim Aufholen eintretenden Abkühlung das Quecksilber wieder zusammen. Zur Ablesung der Temperatur über Tage wird nun das Quecksilber so weit erwärmt, daß es in dem Steigrohre bis zur Ausflußöffnung emporsteigt. Die Temperatur, welche das Quecksilber in diesem Augenblick besitzt, ist identisch mit der Bohrlochstemperatur.

Die Ermittlung der Temperatur ist nun bei den einzelnen Thermometern sehr verschieden. Bei den Maximumthermometern wird sie direkt von der Skala abgelesen. Bei den Überlaufthermometern (wie Dunker, Thumann usw.) werden das Geo-Thermometer und gleichzeitig das Normalthermometer an einem Faden in ein Wasserbad gehängt, das über einer kleinen Spiritusflamme langsam unter ständigem Umrühren erwärmt wird. Hat der infolge der Erwärmung sich wieder ausdehnende Quecksilberfaden die Ausflußöffnung erreicht, so wird die Temperatur von dem Normalthermometer abgelesen.

Was die Genauigkeit der Messungen anlangt, so ist folgendes zu bemerken. Infolge seiner Kohäsion bleibt das aus dem Ausflußröhrchen austretende Quecksilber so lange als Tropfen haften, bis bei wachsender Größe des Tropfens die Schwerkraft die Kohäsion überwiegt. Dies wird um so eher eintreten, je geringer die Haftfläche, je glatter der Rand der Ausflußöffnung und je größer die Endfläche des Glaskörpers geneigt ist. Hieraus resultieren für die Genauigkeit der Ablesung Schwierigkeiten, da der Tropfen im Moment der Ablesung wohl nur in den seltensten Fällen zum Abfallen bereit ist oder der Quecksilberfaden gerade die Ausflußöffnung erreicht haben wird. Da diese Schwierigkeiten nicht zu beseitigen sind, so muß man sich für einen bestimmten Zustand entscheiden, welcher der Temperaturermittelung zugrunde gelegt wird. Nach den Versuchen von Michael und Quitzow geben die Zahlen die brauchbarsten Werte, welche bei dem Moment des Austritts des Tropfens notiert werden.

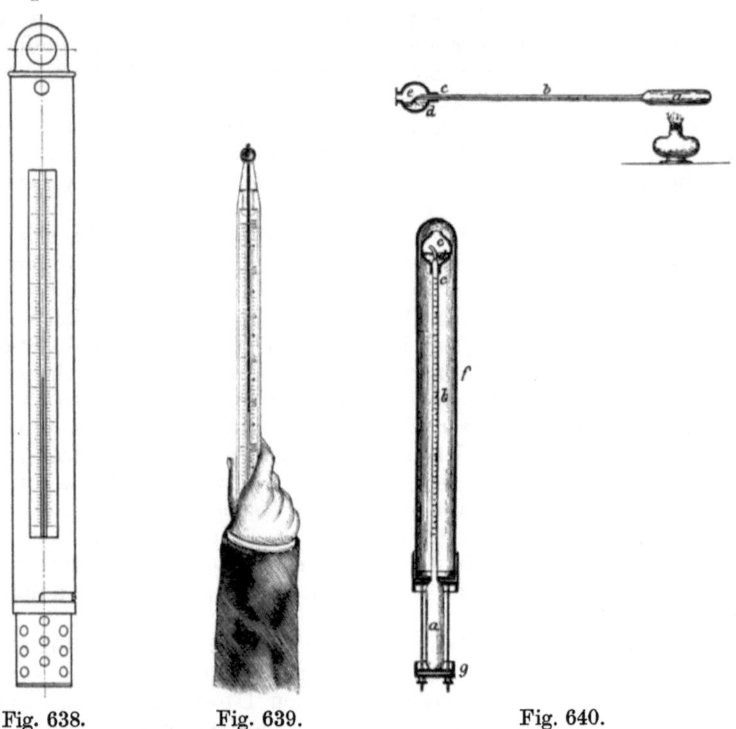

Fig. 638. Maximum und Minimumthermometer von R. Fuess.

Fig. 639. Handhabung des Maximum und Minimumthermometers von R. Fuess.

Fig. 640. Erdwärmemesser von Magnus (aus Tecklenburg, Handbuch der Tiefbohrkunde).

Das Maximum- und Minimumthermometer wird zur Messung der Erdtemperatur benutzt. Die älteren derartigen Apparate waren nur in geringerer Tiefe brauchbar, da das Instrument beim Aufholen allzusehr Erschütterungen ausgesetzt ist, welche die die Höchstlage der Temperatur anzeigenden Glasstäbchen verschieben.

Bei den Messungen in Czuchow kamen Maximum-Thermometer der Firma R. Fuess in Steglitz bei Berlin zur Anwendung. Diese sind Quecksilber-Thermometer, welche nur in horizontaler Lage gebraucht werden können. In die Kugel des Thermometers ist ein Glasstift eingeschmolzen, welcher bis in die Kapillarröhre reicht und hier eine ringförmige Verengung bildet. Steigt die Temperatur, so dringt das Quecksilber durch diese Verengung aus dem Gefäße in die Kapillarröhre, bei Sinken der Temperatur kann es jedoch ohne Anwendung von Gewalt nicht zurückfließen (Fig. 638). An dieser Stelle zerreißt dann der Quecksilberfaden und bleibt in derselben Länge liegen, welche er im Höhepunkt der Temperatur hatte. Das äußere Ende des Fadens gibt also das Maximum der Temperatur an.

Um das Thermometer nach Beendigung der Messung wieder gebrauchsfähig zu machen, wird es am Kapselende angefaßt in der Weise, wie Fig. 639 es zeigt, und einige Male kräftig im Kreise so herumgeschwungen, daß die Kugel nach unten gerichtet ist. Dies wird so lange fortgesetzt, bis der Quecksilberfaden nicht mehr zurückgeht. Unter dem Einfluß der Körper- oder Zimmerwärme gelingt häufig die Einstellung nur schwer. Es empfiehlt sich dann, das Thermometergefäß vor der Einstellung mit Wasser, Alkohol oder Äther zu betropfen, wodurch die Temperatur künstlich erniedrigt wird.

Der Erdwärmemesser von Magnus (Fig. 640) besteht aus dem Quecksilbergefäß a, dem mit einer Graduierung versehenen Ausflußröhrchen b und der seitlich gebogenen Spitze c, über welche das offene Glashütchen e gestülpt ist. Dieses ist bei d mit Quecksilber gefüllt. f ist eine Glashaube zum Schutze des Apparates gegen das Eindringen von Wasser, welche am unteren Ende mit dem Quecksilber durch die Verankerung g verbunden

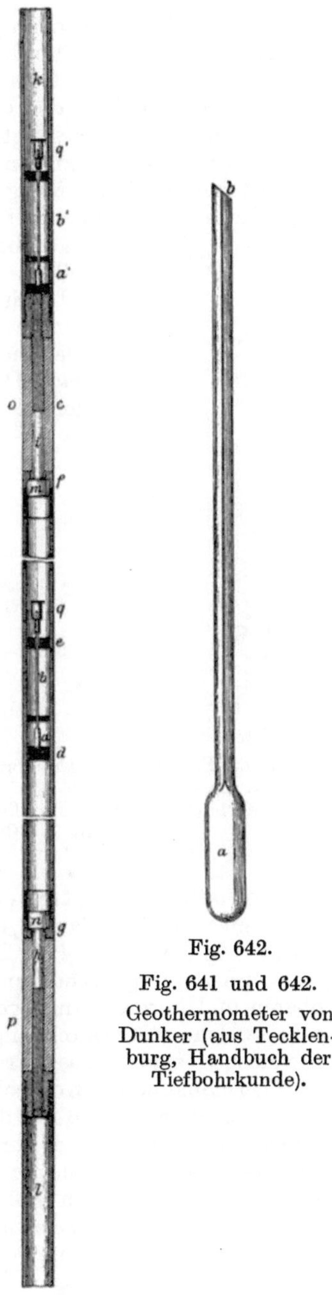

Fig. 641.

Fig. 642.

Fig. 641 und 642. Geothermometer von Dunker (aus Tecklenburg, Handbuch der Tiefbohrkunde).

ist. b ist mit einer Einteilung versehen, welche mit dem Nullpunkt oben beginnt, und deren Maximum sich unten befindet.

Zur Füllung wird das Quecksilbergefäß a in horizontaler Lage erwärmt, wodurch ein Teil des Quecksilbers bei c ausfließt. Bei dem darauf folgenden Erkalten saugt sich die Ausflußröhre mit Quecksilber voll; das Instrument ist dann, nachdem es wieder in die vertikale Lage gebracht ist, zum Einlassen fertig. Beim Einlassen wird der ganze Apparat in einem Blechrohr untergebracht, das mittels Gestänges oder Seiles in das Bohrloch eingeführt wird. An der Meßstelle angelangt, erwärmt sich das Quecksilber und tritt zum Teil aus dem Röhrchen aus. Beim Aufholen kühlt es sich ab und zieht sich zusammen, infolgedessen fehlen eine Anzahl Grade. Diese werden dann der Temperatur der Luft oder der eines kühlen Wasserbades zugerechnet.

Fig. 643.
Stahlhülle für Bohrlochsmessungen

Fig. 644.
Dunkersches Geothermometer

(aus Jahrbuch der Kgl. Preußischen Geol. Landesanstalt, 1910).

Fig. 645.
Thermometerflasche von Thumann.

Das Geothermometer von Dunker benutzt ein Glasgefäß a, welches in ein etwa 25 cm langes, unter 60° oben abgeschliffenes Röhrchen b ausläuft (Fig. 641 und 642). Das Thermometer ist in dem etwa 5 m langen Rohre c untergebracht und durch das Korkplättchen e zentriert. Am oberen und unteren Ende von c sind Verschlußstücke f und g angebracht, welche mit Durchgangsöffnungen für die Kolbenstangen h und i versehen sind. Das darüber befindliche Rohr k, welches ein zweites Thermometer zur Kontrolle enthält, endet oben in eine Rutschschere. Unter dem Rohr c ist das Rohr l befestigt, welches auf der Bohrlochssohle aufsteht und nur dazu dient, das Thermometer in die gewünschte Entfernung von der Sohle zu bringen.

Ist das Instrument im Bohrloch an der Meßstelle angelangt, so schiebt sich die Rutschschere und unter dem Gewicht der Rohre k und c der ganze Apparat um die Länge der Kolbenstangen h und i zusammen. An dem völligen Ineinanderschieben werden die Rohre durch plastischen Ton verhindert, der den Raum bei o und p umkleidet. Unter dem Druck der Rohre wird der Ton in die Bohrlochswand gepreßt und schließt das untere Thermometer wasserdicht ab. Die Bestimmung der Temperatur erfolgt dann in der üblichen Weise.

Bei den Messungen in Czuchow waren die Dunkerschen Geothermometer in Stahlhülsen, wie sie bereits Köbrich angegeben hat, untergebracht (Fig. 643 und 644). Diese bestehen aus der Stahlkapsel a, der Größe des Bohrgestänges entsprechend von verschiedenem Durch-

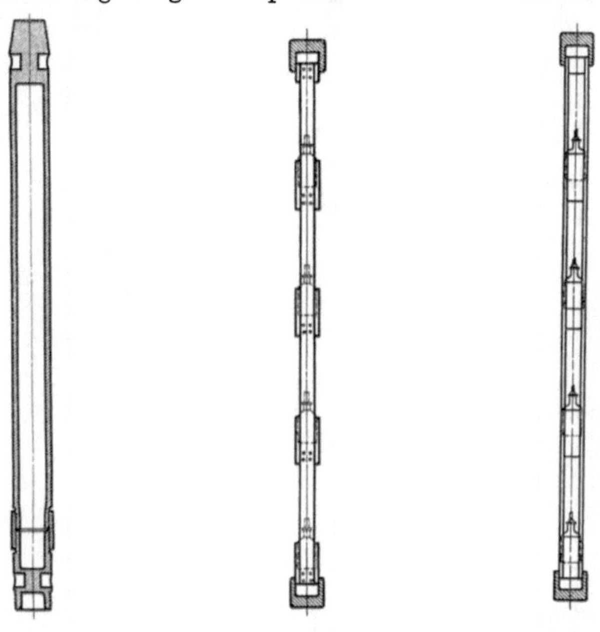

Fig. 646. Stahlhülsen des Thumannschen Geothermometers.

Fig. 647. Geothermometer von Thumann.

Fig. 648. Unterbringung der Geothermometer von Thumann in Stahlhülsen.

messer, in deren hohlem Raum die Thermometer sich befinden. a ist oben durch einen eingeschliffenen Stahlstöpsel b verschlossen, welcher sich durch die Schraubenmutter c fest in die Kapsel einpressen läßt und dadurch den im Bohrloch vorhandenen Wasserdruck aushalten kann. Die beiden Enden der Hülse besitzen Gewinde zum Anschluß an das Bohrgestänge.

Bei dem Geothermometer, System Thumann, wird eine Thermometerflasche in der aus Fig. 645 ersichtlichen Form benutzt. Diese besitzt oben ein Ausflußröhrchen, dessen Mündung unter 60° abgeschliffen ist. Die Thermometerflasche ist in einem starken eisernen Zylinder untergebracht (siehe Fig. 646—648). Der Zylinder besteht aus einem Ober- und Unterteil, die durch eine Muffe mit Rechts- und Linksgewinde miteinander verbunden sind. Beim Zusammenschrauben des Zylinders braucht, nachdem zuvor die beiden Zylinderteile vermittels zweier durch die beiden Durchbohrungen gesteckter Stahlstäbe festgehalten sind, infolgedessen mit dem Schlüssel nur an der Muffe gedreht zu werden.

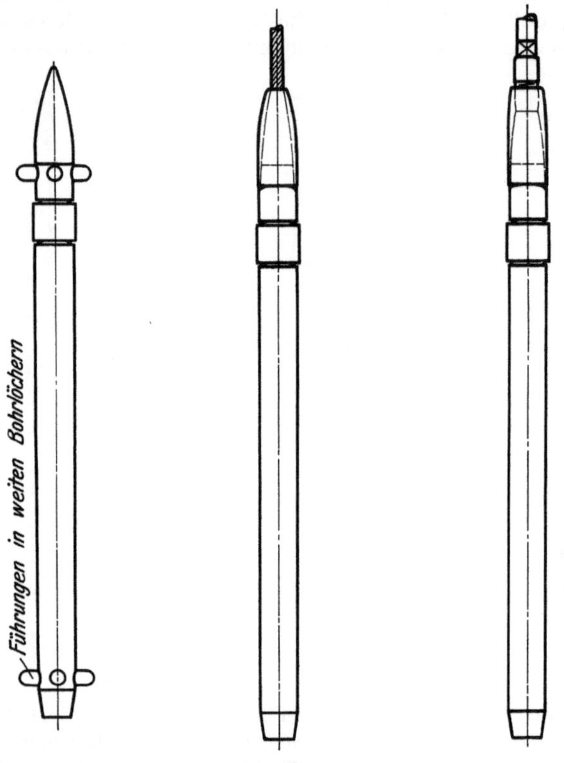

Fig. 649. Stahlhülse zum Einwerfen in das Bohrloch von Thumann.

Fig. 650. Stahlhülse zum Einlassen am Seil von Thumann.

Fig. 651. Stahlhülse von Thumann zum Einlassen am Gestänge.

Die äußere Gestaltung der Hülsen ist nun verschieden je nach der Art und Weise, in welcher die Hülsen in das Bohrloch eingeführt werden sollen.

Soll das Thermometer mitsamt der Hülse einfach hineingeworfen werden, so wird eine Hülse in Form der Fig. 649 benutzt. Beschädigungen können beim Einwerfen nicht eintreten, da der Zylinder das Bohrloch fast ganz ausfüllt und deshalb in der Spülflüssigkeit nur allmählich untersinkt. Angewandt wird dieses Verfahren nur bei der

Diamantbohrung Das Heben findet dann nach dem Abbohren des Kernes statt, auf dem das Thermometer ruhend mit zutage aufgeholt wird.

Wird das Thermometer am Seil eingeführt, so benutzt Thumann eine Hülse, wie Fig. 650 sie zeigt.

Bei dem Einlassen am Gestänge, welches sehr viel Zeit erfordert, werden die Hülsen in bestimmten Abständen (in Czuchow z. B. alle 30 m) zwischen das Gestänge geschraubt. Das Thermometer-Schutzrohr ist dann, wie Fig. 651 zeigt, konstruiert.

Einundzwanzigster Teil.

Einrichtungen zum Horizontal-, Geneigt- und Vertikalbohren unter und über Tage.

Von Berg-Ingenieur Dr.-Ing. **Leo Herwegen**, Frankfurt a. M.

Bei der Bearbeitung benutzte Literatur.

Köhler: Lehrbuch der Bergbaukunde.
Demanet: Der Steinkohlenbergbau.
Heise - Herbst: Lehrbuch der Bergbaukunde, Band 1.
Handbuch der Ingenieurwissenschaften, Band 4, Abt. 2.
Futers: The mechanical Engineering of collieries.
Beer: Erdbohrkunde.
Tecklenburg: Handbuch der Tiefbohrkunde.
Österreichische Zeitschrift für Berg- und Hüttenwesen 1889.
Glückauf 1902, S. 1045 und 1909, S. 618.
Bergbau, 21. Jahrgang, Nr. 47.
Kohle und Erz 1910, Nr. 7.
Preußische Zeitschrift für Berg-, Hütten- und Salinenwesen.
Deutsche Reichspatente Nr. 186 342 und 207 248.

Während sich die bisherigen Teile dieses Bandes mit der Aufgabe beschäftigen, vertikal nach unten gerichtete Bohrlöcher herzustellen, und ihnen bei weitem auch die größere Bedeutung gegenüber den nun folgenden Arbeiten des Horizontal-, Geneigt- und Aufwärtsbohrens zuzumessen ist, so ist es dennoch nicht gerechtfertigt, diesen Abschnitt in der sonst üblichen knappen Weise zu behandeln. Wenn auch die nun zu behandelnden Bohrarbeiten meistens nur von lokaler Wichtigkeit sind, so gewinnen sie an gewissen Orten doch eine solche Bedeutung, daß von ihrem Gelingen vielfach die Existenzfrage der Grube abhängt.

A. Bohrapparate, die zu verschiedenen Zwecken des Horizontal- und Geneigtbohrens verwandt werden.

Der Zweck derjenigen unterirdischen Bohrarbeiten, die nicht der Herstellung von Sprengbohrlöchern dienen, ist der, teils Aufschluß-arbeiten zu erleichtern, teils Entwässerungs- und Entgasungs-arbeiten zu unterstützen. Es liegt nun schon in der Natur der Sache, daß solche Bohrarbeiten unter Tage nicht so leicht auszuführen sind wie über Tage. Einerseits fällt die Energie des freifallenden Bohrers von selbst fort, andererseits haben Maschinen mit schlagendem Werkzeuge den großen Nachteil, daß dieselben bei größeren Bohrlochslängen infolge der gewaltigen bewegten Massen der Bohrgestänge, wie auch wegen der großen Reibungsflächen, und damit verbunden der großen Energieverluste, zu größeren Bohrungen nicht verwandt werden können. Hieraus folgt also, daß zu drehendem Bohren übergegangen werden mußte. Aber auch hier ist die Grenze der Verwendungsmöglichkeit bald erreicht, da mit einfachen drehenden Bohrern nur mildes Gestein durchbohrt werden kann. Allerdings hat da die Diamantbohrung nachgeholfen; Diamantbohrungen sind aber sofort mit bedeutend höheren Unkosten gegenüber den anderen einfachen Methoden verbunden.

Aus Vorhergehendem läßt sich also leicht erklären, daß die stoßenden Bohrmaschinen zum Horizontal-, Vertikal- und Geneigtbohren aus den meisten Kulturstaaten verschwunden sind und hier die drehenden, speziell die Diamantbohrmaschinen die bei weitem größte Verbreitung gefunden haben. Aber trotzdem sollen einige ältere Systeme stoßender Bohrmaschinen noch aufgeführt werden, da sie bei Schürfarbeiten in härterem Gestein in unkultivierten Gegenden gute Dienste leisten können, wo nämlich schlechte Transportwege, Mangel an mechanischer Energie und in erster Linie auch ein nur geringer Kostenaufwand maßgebende Faktoren sind.

I. Stoßend wirkende Maschinen.

a) Maschinen zu Horizontalbohrungen.

Zu Horizontalbohrungen zwecks Aufsuchung nutzbarer Mineralien, verworfener Gänge und dgl. bediente man sich früher beim sächsischen Bergbau zweier einfacher Maschinen, deren Herstellung wohl überall mit Leichtigkeit erfolgen kann, und deren Leistung der einfachen Konstruktion entsprechend doch recht befriedigend war.

Fig. 652 a, b zeigen eine Vorrichtung, bei der eine horizontale Ramme f mit seitlich befestigten Rollen g auf einer quer verspreizten, etwas schräg nach hinten liegenden Bühne verwandt wurde. Die Ramme trägt in einem Bohrkopfe p den Bohrer b und wird durch Gewichte r vermittels der über Rollen q geleiteten Zugketten nach vorne gezogen. Die Bohrarbeiter ziehen an den Handhaben n die Ramme rückwärts; durch den Zug der Gewichte schnellt dieselbe dann wieder nach vorne vor. Je schwerer die Ramme ist, desto stärker ist der Schlag auf die Bohrlochssohle. Ein Handkrückel o dient zum Umsetzen des Bohrers.

Die Bohrvorrichtung von Degoussée zeigt Fig. 653. Zwei einfache Querspreizen c und i, von denen die nach vorne liegende mit einer Gleitrolle, die hintere mit einer runden Aussparung versehen ist, tragen die eigentliche Bohrstange k. Dieselbe hat an ihrem hinteren Ende einen Bohrwirbel, bestehend aus einer einfachen Rolle mit Zughaken. Über die Rolle ist ein Seil geführt, dessen oberes

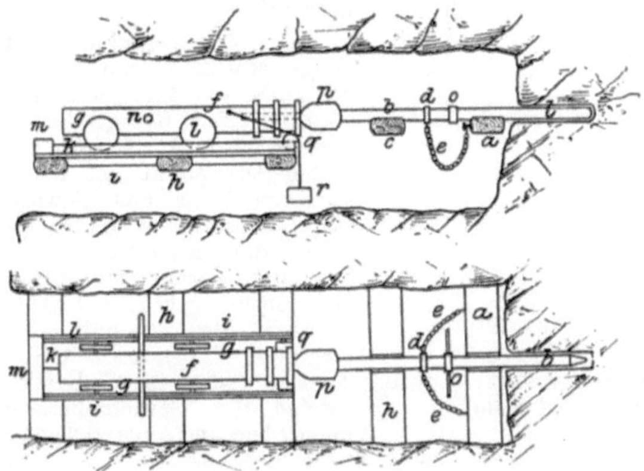

Fig. 652 a, b.
Sächsische Bohrvorrichtung zur Herstellung von horizontal verlaufenden Bohrlöchern (Beer, Erdbohrkunde).

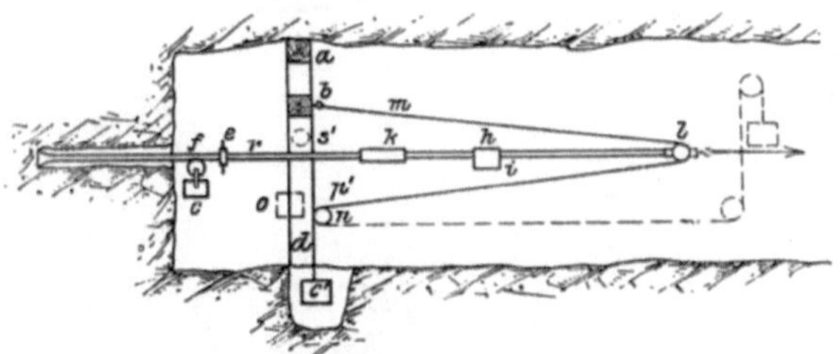

Fig. 653.
Bohrvorrichtung von Dégoussé (Beer, Erdbohrkunde).

Ende an der im Türstocke a eingelassenen Spreize b befestigt ist, während das untere Ende über eine Rolle n führt und mit einem Gewichte c' belastet wird. Infolge des Gewichtszuges wird nach erfolgtem Zurückziehen des Bohrers am Widder l in Richtung des Pfeiles der Bohrer in entgegengesetzter Richtung nach vorne vorgestoßen und dadurch ein heftiger Schlag auf die Bohrlochssohle ausgeübt. Das Seil kann auch in der punktiert gezeichneten Lage geführt werden. Das Umsetzen des Bohrers geschieht auch bei dieser Maschine mit Hilfe eines Krückels e von Hand aus.

b) Maschinen zu Vertikal- und Geneigtbohrungen.

Beim Vertikal- und Geneigtbohren treten besondere Schwierigkeiten auf, die darin bestehen, daß Gewicht des Bohrgestänges auszugleichen und für eine geeignete Vorschubvorrichtung des Bohrers zu sorgen. Bei den einfachsten Maschinen dieser Art hat man sich zu diesem Zwecke eines Hebels mit Gewichtsbelastung bedient.

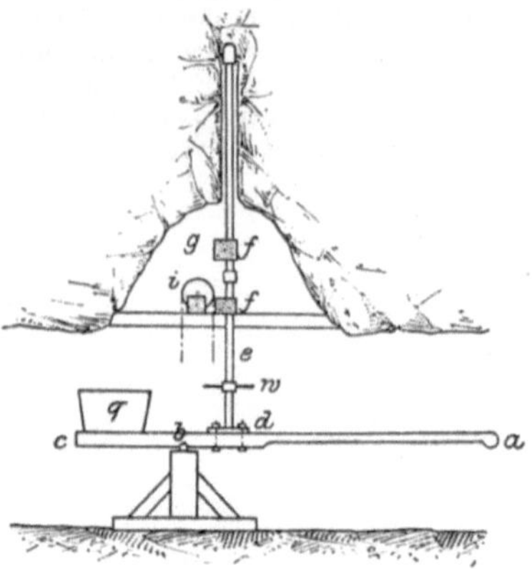

Fig. 654.
Bohrvorrichtung zum Aufwärtsbohren (Beer, Erdbohrkunde).

Fig. 654 veranschaulicht eine derartige Maschine zum Aufwärtsbohren, die auch aus dem sächsichen Bergbaue stammt. Das Bohrgestänge e ruht auf dem zweiarmigen Hebel c b a, der bei b seinen Drehpunkt hat und auf seinem kürzeren Arme das Gewicht q trägt. Durch letzteres wird der linke Teil des Hebels dauernd nach unten gezogen und hierdurch der Bohrer auf die Sohle des Bohrloches gebracht. Durch Niederdrücken des rechten, bei weitem längeren Hebelarmes und plötzliches Loslassen desselben schnellt der Bohrer infolge der Gewichtsbelastung wieder nach oben und schlägt gegen das Gestein.

Fig. 655.
Bohrvorrichtung zum Aufwärtsbohren von Hanstädt (Beer, Erdbohrkunde).

Eine andere Maschine, jedoch ähnlicher Bauart, ist die von Hanstädt (Fig. 655). Hierbei sind zwei Hebel vorgesehen, der obere i k l lediglich zur Gewichtsausgleichung, während der untere E als Treibfäustel ausgebildet ist.

II. Drehend wirkende Maschinen.

Bei den vorigen stoßend wirkenden Maschinen, die zum Aufwärts- und Geneigtbohren bestimmt waren, ist bereits auf die Gestängeausgleichung und Mittel zur Überbrückung dieser Schwierigkeit hingewiesen worden. An die Maschinen der nun folgenden Gruppe, solche mit drehendem Bohrwerkzeuge, tritt außerdem die Forderung heran, in geeigneter Weise einen der Härte des Gesteins entsprechenden Druck auf die Bohr-

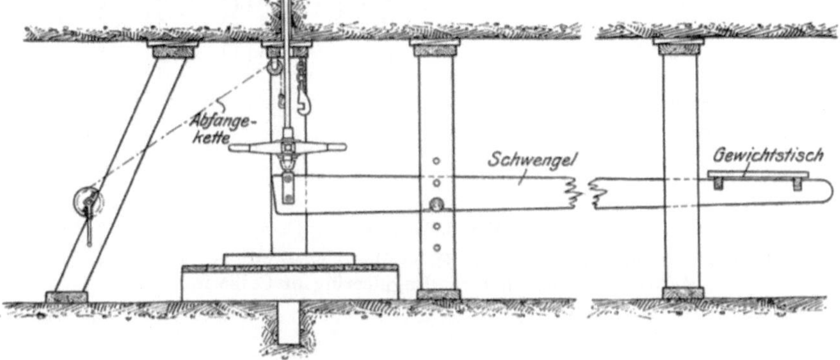

Fig. 656 a.

lochssohle auszuüben. Diesen beiden wesentlichen Anforderungen ist man bei den drehenden Bohrmaschinen in zweifacher Weise gerecht geworden: einerseits in ähnlicher Weise wie bei den stoßend wirkenden Maschinen durch Verwendung von Hebeln mit Gewichtsbelastung, bei anderen Apparaten dagegen durch Übertragung der Axialdrücke einer Schraubenspindel auf eine geeignet ausgebildete Mutter. Diese beiden wesentlich voneinander verschiedenen Konstruktionen sollen die Untereinteilung der drehenden Bohrmaschinen bestimmen.

a) Maschinen mit Gewichtsbelastung.

Eine derartige Maschine, die in England wegen ihrer geringen Herstellungskosten und leichten Transportfähigkeit weite Verbreitung gefunden hat, zeigen Figuren 656 a—e. Das Bohrgestänge, dessen einzelne Teile 180 cm lang sind, wird durch ein einfaches Drehkreuz in rotierende Bewegung gebracht. Die Gewichtsausgleichung des Bohrgestänges und die Ausübung eines genügend starken Druckes auf die Bohrlochssohle vermittelt der lange zweiarmige Hebel, der an seinem einen Ende zum Auflegen von Gewichtsstücken tischartig ausgebildet ist. Der Hebel selbst ist mit zwei Zapfen ausgerüstet, die in dem Stützrahmen in passende Aussparungen eingelegt werden. In dem Maße nun, in dem das Bohrgestänge entsprechend der Bohrlochstiefe nach oben vorgeschoben werden muß, wird der Drehpunkt des Hebels in dem Stützrahmen weiter

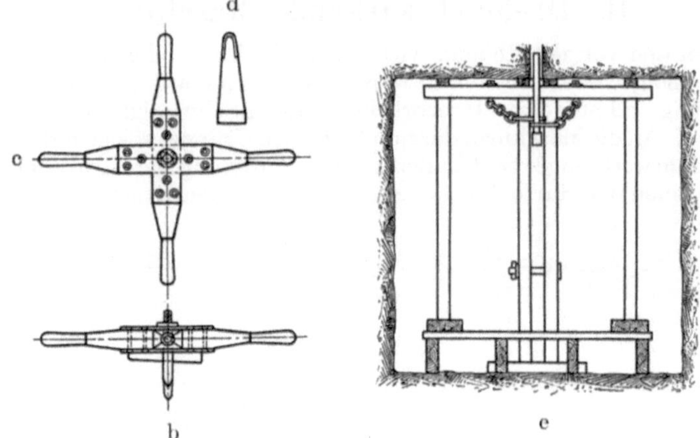

Fig. 656 a—e.
Englische Bohrvorrichtung zur Herstellung horizontaler Bohrlöcher (Futers, The mechanical Engineering of Collieries).

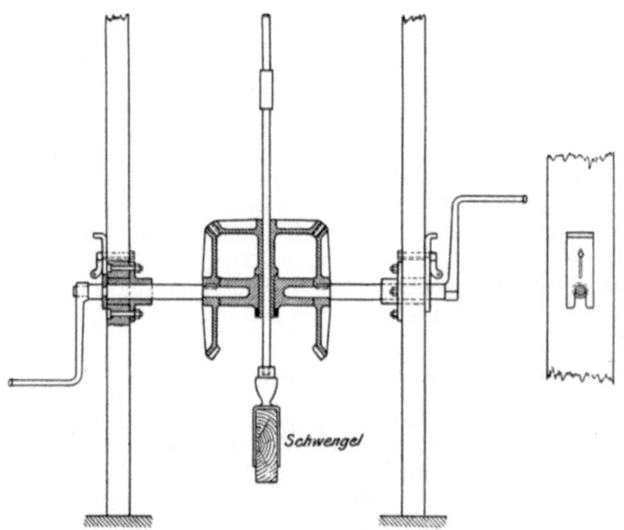

Fig. 657.
Neuere Antriebsvorrichtung einer englischen Bohrvorrichtung zur Herstellung horizontaler Bohrlöcher (Futers, The mechanical Engineering of Collieris).

nach oben hin verlegt, bis die höchste Stelle erreicht ist und ein neues Zwischenstück im Gestänge eingeschaltet werden muß. Hierbei wird das Gestänge durch Haken, die an Ketten befestigt sind und dem jeweiligen Zwecke entsprechend nachgelassen werden können, abgefangen.

Zur Erzielung einer größeren Bohrleistung ist später eine andere Antriebsvorrichtung vorgesehen worden, die in Fig. 657 wiedergegeben ist. Hierbei bewegt sich das unterste Bohrgestänge mit einer eingehobelten

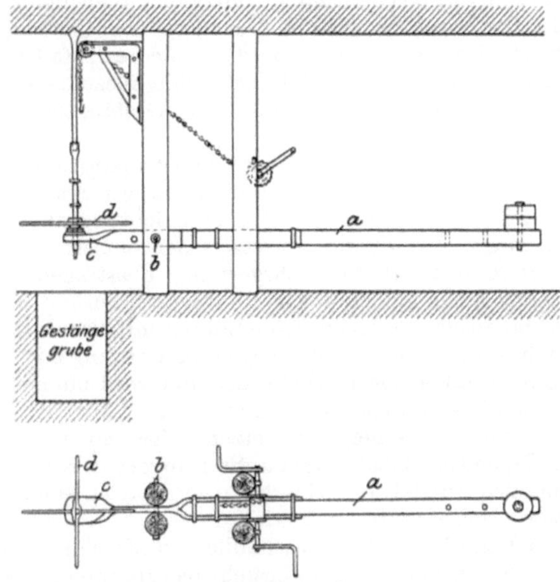

Fig. 658 a, b.
Bohreinrichtung auf Zeche „Deutscher Kaiser" bei Hamborn.
(Glückauf 1902, Seite 1046.)

Nut in einer entsprechend ausgebildeten Feder des die rotierende Bewegung übertragenden horizontal angeordneten Kegelrades. Der Antrieb kann auch durch Aufsetzen zweier Riemenscheiben auf die beiden Achsen maschinell erfolgen.

Eine ganz ähnliche wie die zuerst beschriebene englische Bohreinrichtung ist auf Zeche „Deutscher Kaiser", Hamborn, mit sehr gutem Erfolge verwandt worden (Fig. 658 a, b). Die Anordnung geht aus den Figuren deutlich genug hervor, so daß sich eine nähere Beschreibung erübrigt. Zu erwähnen ist nur noch, daß die gleiche Einrichtung auch zum Abwärtsbohren benutzt werden kann.

Unter die Gruppe der Maschinen mit Gewichtsausgleichung gehört ferner die weitverbreitete Crälius-Maschine. Dieser Maschine bedient man sich in Schweden bereits seit 1887. Infolge ihrer einfachen soliden

Bauart, ihres geringen Gewichtes und, gegenüber anderen Diamantbohrmaschinen, ihrer geringen Anschaffungskosten hat dieselbe ziemlich in allen Kulturstaaten große Verbreitung gefunden und wird nun auch von zahlreichen deutschen Firmen gebaut. Es soll nun an dieser Stelle zur Hauptsache nur eine allgemeine Prinziperklärung gegeben werden, da die konstruktiven Ausführungsformen zu zahlreich sind, um alle gleichmäßig behandelt werden zu können.

Die eigentliche Bohrmaschine zerfällt im wesentlichen in zwei Teile, den eigentlichen Bohrmechanismus, umfassend diejenigen Teile, die die rotierende Bewegung auf das Bohrgestänge zu übertragen haben, und den Vorschubmechanismus, dem die Aufgaben zufallen, einerseits den erforderlichen Druck auf die Bohrlochssohle auszuüben, dann aber auch beim Vertikal- und Geneigtbohren das Gestängegewicht auszugleichen.

Der Bohrmechanismus ist stets derart konstruiert, daß eine Hauptantriebswelle, die in zwei möglichst breiten Lagern ruht, um ruhigen Gang und geringe Abweichung aus der Bohrrichtung zu sichern, ein Rädergetriebe trägt, das durch Umsetzen der einzelnen Räder verschiedene Tourenzahlen auf das Bohrgestänge übertragen kann. Auf den beiden freiliegenden Enden der Treibwelle werden mit Nutenkeilen Schwungräder befestigt, an denen beim Bohren mit Handbetrieb Drehkurbeln angeschraubt werden; soll dagegen die Bohrung mit Maschinenbetrieb erfolgen, so fallen die Kurbeln fort und wird nunmehr eins der Schwungräder als Riemenscheibe benutzt. Auch läßt sich neben der Riemenscheibe eine Leerscheibe aufsetzen oder gar nach Abnahme des Schwungrades und bei Benutzung eines Stellringes eine Klauenkupplung anbringen, um den Antrieb der Maschine vermittelst einer biegsamen Welle und eines Bohrmotors zu bewirken.

Bei der in Fig. 659, 660 veranschaulichten Maschine von Lange, Lorcke & Co., Brieg, Bez. Breslau, besteht das Hauptgetriebe aus zwei Schneckenrädern 2 und 3. von denen Nr. 3 auf Kugellagern läuft. Die Gewindeabmessungen stehen bei denselben im Verhältnis 2 : 3, so daß bei Bohrungen mit Handbetrieb 60 Umdrehungen auf das Bohrgestänge übertragen werden, unter der Annahme, daß die Welle 40 Umdrehungen pro Minute macht, nach Vertauschen der Schneckenräder und bei maschinellem Antrieb das Bohrgestänge dagegen 160, die Welle 240 Touren pro Minute ausführt. Eine größere Schnelligkeit als 160 Touren pro Minute soll nach Betriebserfahrungen nicht zu empfehlen sein.

Bei den Maschinen der Firma Reez & Co. finden wir statt der Schneckenräder Kegelradgetriebe.

Die Übertragung der rotierenden Bewegung auf das hohle Bohrgestänge erfolgt indirekt, indem dieselbe zunächst auf ein Bohrrohr A vom größerem Durchmesser, siehe Fig. 659, übertragen wird und das eigentliche durch das Bohrrohr hindurchgehende Bohrgestänge B durch eine Kupplung und Stellschrauben 5 mitgenommen wird.

Der Vorschubmechanismus besteht bei allen Konstruktionen aus zwei Teilen, dem eigentlichen Vorschubrohr und einem Gewichtshebel, dessen Druckwirkung entweder durch Kettenzug oder Zahnrad und Zahnstange auf das Druckrohr übertragen wird. Bei den Ausführungsformen der Crälius-Maschine der Firma Lange, Lorcke & Co. ist beispielsweise das Druckrohr D, welches in geeigneter Weise mit dem Bohr-

Fig. 659.
Kleindiamant-Bohrmaschine, System Crälius.

rohr verbunden ist, mit zwei einander gegenübergestellten Zahnstangen ausgerüstet. In die eine Zahnstange greift ein kleines mit dem Gewichtshebel 4 fest verbundenes Zahnrad ein, während auf die andere Zahnstange Doppelsperrklinken 7 einwirken, die mit Hilfe der Zugstange S gelüftet werden können. Je nachdem nun der Gewichtshebel nach der einen oder der anderen Seite umgelegt wird, übt derselbe auf die Druckstange A entweder einen Druck nach unten oder nach oben hin aus.

Mit dem Umlegen des Hebels werden gleichzeitig die Sperrknaggen 7 gewechselt, so daß im ersten Falle ein Ausweichen des Gestänges nach

Fig. 660. Crälius-Kleindiamantbohrmaschine, zum Gebrauch fertig montiert.

oben, im zweiten Falle ein solches nach unten hin verhindert wird. Der Zweck dieser sinnreich erdachten Vorrichtung ist folgender: Auf die Bohrkrone muß je nach der Härte des Gesteins ein bestimmter Druck ausgeübt werden. Derselbe möge beispielsweise 200—250 kg betragen. Man wird dann das Laufgewicht bei Beginn der Bohrung so einstellen, daß es diesen Druck auf das noch kurze Bohrgestänge ausübt. Je tiefer das Bohrloch wird, desto größer ist das Gewicht des Gestänges und damit verbunden sein Druck auf die Bohrlochssohle. Es muß mithin während der Bohrarbeit eine Entlastung des Gestänges vorgenommen werden, was durch Verschieben des Laufgewichtes nach innen hin erreicht wird. Nehme ich nun an, das Gewicht des laufenden Meters Gestänge betrüge 3 kg, so würde bei einer erreichten Tiefe von 75 m durch das Gestänge allein ein Druck von 225 kg ausgeübt werden. Bei noch größeren Tiefen muß also ein Teil des Gesamtgewichtes ausgeglichen werden, was durch Umlegen des Gewichtshebels und allmähliches Verschieben des Laufgewichtes nach außen hin geschieht.

Das Bohrgestänge besteht meistenteils aus 1,5 m langen Rohren von 33 mm äußerem und 25 mm innerem Durchmesser. An dessen einem Ende ist das Kernrohr mit Bohrkrone befestigt, während das obere Ende durch einen Wasserwirbel und Schlauch mit einer Handpumpe verbunden ist. Die Spülpumpe soll wenigstens 5 Liter Wasser pro Minute liefern, da ihr nicht nur die Spülarbeit, sondern auch die Kühlung der Bohrkrone zufällt.

Der Bohrvorgang bei der Crälius-Maschine ist folgender: Man schiebt durch das Druckrohr D und das Bohrrohr A das erste Bohrgestänge hindurch, befestigt sodann das Kernrohr mit Bohrkrone sowie den Wasserwirbel und stellt dann die Maschine in die vorgeschriebene Bohrrichtung ein. Beim Anbohren ist nunmehr eine kurze Zeit hindurch der Gewichtshebel durch Anheben mit der Hand und langsames Nachlassen zu entlasten, um nicht sofort mit dem vollen Drucke zu arbeiten. Nachdem allmählich der Gewichtshebel zur tiefsten Lage hinabgesunken ist, wird er wieder mit der Hand aufgehoben, indem man mittels der mit dem Hebel 4 (Fig. 659) angebrachten Feder s die Sperrknagge zurückzieht, den Hebel aufhebt und die Sperrknagge wieder freigibt. Ist das mit der zweiseitigen Zahnstange versehene Vorschubrohr A in seine tiefste Lage hinabgesunken, so wird das Bohrrohr durch Lösen der Schraube 5 freigegeben; sodann hebt man das Vorschubrohr wieder mittels des Hebels 4 durch Umlegen der Sperrklinke zu seiner höchsten Stelle auf und verbindet es wieder mit dem Bohrrohr durch Anziehen der Schraube 5, so daß die Bohrung von neuem beginnen kann.

Sollen die Bohrrohre aus dem Bohrloche zwecks Kernziehung oder wegen sonstiger Störung aufgezogen werden, so genügt im Anfange nach Lösen der Schraube 5 das einfache Hochheben bzw. Zurückziehen des Gestänges mit der Hand, im weiteren Verfolg nach Abnahme des Laufgewichtes 4, indem man jeweilig die Doppelsperrklinke nach oben oder unten umlegt, und weiterhin, wenn das Gestänge schon zu schwer geworden ist, schraubt man das Bohrgestänge an einer Gewindeverbindung zwischen Maschine und Bohrloch auseinander; das Vorderstück der Maschine wird nunmehr durch Lösen einer Schraube geöffnet, damit die Bohrrohre freien Durchgang erhalten und die ganze Rohrtour außerhalb der Maschine aufgeholt werden kann. Zum leichteren Aufziehen der Rohre mittels eines Kabels bedient man sich bei vertikal abwärts gerichteten Bohrungen einer Fußklemme und eines Rohrhebers, der gleiche Vorgang, wie er in der allgemeinen Tiefbohrkunde beschrieben worden ist.

Hat man aus dem Bohrloch Bohrkerne aufgeholt und ist das durchteufte Gebirge sehr hart oder klüftig, konglomeratartig, so ist es unbedingt nötig, daß die etwa auf der Bohrlochssohle zurückgebliebenen losen Kernstückchen zertrümmert werden. Dies geschieht dadurch, daß man an Stelle der Bohrkrone einen Kreuzmeißel niederläßt und unter Anwendung von Wasserspülung durch einige Schläge durch Handbetrieb oder durch Auf- und Abbewegung des Gestänges mittels der Drehwirbel und Seilflaschen die Kernstückchen zertrümmert. Blieben diese Kernstückchen in dem Bohrloche zurück, so würde bei Wiedereinführung der Diamantkrone und Beginn der Bohrung die Bohrkrone einer sehr raschen und vorzeitigen Abnützung und Zertrümmerung der Diamanten ausgesetzt sein.

Soll die Bohrarbeit maschinell erfolgen, so lassen sich die verschiedensten Motoren verwerten. In der Praxis sind in gleicher Weise sowohl elektrische, mit Druckluft betriebene, wie auch Gasmotoren verwandt worden. Die Motoren müssen 2—3 Pferdestärken liefern können.

Für Horizontal- und Geneigtbohrungen ist noch eine Einrichtung zu erwähnen, die eine bequeme Führung der Bohrgestänge sichert. Bei Anwendung derselben, Fig. 661, wird der Gewichtshebel von der Maschine entfernt und das auf kleinen Schlitten ruhende Gestänge dadurch vorgeschoben, daß über große Seilscheiben geführte Zugseile mit Gewichten beschwert sind und durch das erzeugte Drehmoment der hinterste Schlitten, der mit den Seilscheiben in geeigneter Weise verbunden ist, vorgeschoben wird. Bei schräg abwärts gerichteten Bohrlöchern können die Zugseile umgelegt werden, um hierdurch eine eventuell erforderliche Gestängeausgleichung zu erzielen.

Über die Leistung der Crälius-Maschine läßt sich natürlich nur weniges sagen, da die Verhältnisse und Umstände, unter denen die Bohrungen ausgeführt werden, zu verschiedenartig sind. Allgemein kann man jedoch annehmen, daß bei normalen Bohrungen, also ohne besondere Schwierigkeiten,

a) bei Maschinenbetrieb in 24 Stunden bei 36 mm Bohrlochsdurchmesser

in hartem Granit wenigstens 6 m,
in hartem kristallinischen Kalk oder Magnesit 10 m,

b) bei Handbetrieb und guten fleißigen Arbeitskräften immer noch $2/3$ obiger Leistung erreicht werden können.

b) Maschinen mit anderweitiger Gestängegewichtsausgleichung als mit Gewichtshebeln.

Bohrmaschine auf Schmidtmannsschacht bei Aschersleben (Fig. 662).

Fig. 661.
Vorrichtung zum Führen des Bohrgestänges bei Anwendung der Crälius-Maschine.

In einem gußeisernen Rahmen a ist das Kegelradgetriebe d—e verlagert. Durch die verlängerte Nabe des Rades e ist die Schraubenspindel g geführt. Letztere ist ihrer ganzen Länge nach mit einer Nut versehen, in welcher sich ein in dem Rade e befindlicher Stift führt. Die fortschreitende Bewegung der Bohrspindel vermittelt die Mutter h, welche geteilt ausgeführt ist. Die Bedienung der Maschine erfolgt von zwei Mann. Die Leistung war eine sehr befriedigende.

Kleindiamantbohrmaschine Sullivan.

Die Maschinen der Sullivan Co. haben wohl auf amerikanischem Boden die gleiche Verbreitung gefunden wie die Crälius-Maschine auf dem europäischen Kontinente. Das Charakteristische dieser Maschine liegt zur Hauptsache in dem Vorschub- bzw. Druckmechanismus. Die Bohrstange der Crälius-Maschine ist hierbei durch eine Bohrspindel ersetzt, die mit einer Längsnut versehen ist, in welche ein konisches Rädergetriebe eingreift; dadurch wird die rotierende Bewegung hervorgerufen. Zur Erzielung der fortschreitenden Bewegung ist ein Differentialgetriebe in Verbindung mit einer Friktionskupplung vorgesehen. Dasselbe besteht aus einem Zahnrade h, Fig. 663, welches oberhalb der Führungshülse sitzt und gleich dem Kegelrade r in der Nut der Bohrspindel eingefedert ist. In dieses Zahnrad h greift ein Friktionsrad i ein, welches durch eine ausrückbare Reibungskupplung mit der Nebenrolle m in direkter Verbindung steht. Auf dem unteren Ende der letzteren sitzt ein fest aufgekeiltes Zahnrad, welches wiederum in ein kleineres, mit innerem Muttergewinde auf der Bohrspindel sitzendes Zahnrad, eingreift. Durch diese Kombination von Rädern wird eine Differential- und Friktionsbewegung der Bohrspindel erzeugt, welche den Druck auf die Bohrlochsohle selbsttätig regelt und verhindert, daß beim plötzlichen Übergang von milderem zu hartem Gestein die Bohrkrone stoßweise angegriffen wird.

Diese kleinen Diamantbohrmaschinen der Sullivan Machinery Company werden sowohl für Handbetrieb, wie auch für Preßluft- oder Dampfantrieb gebaut. Bei letzteren ist direkt mit der Bohrmaschine ein Zylinder q verbunden, Fig. 663, dessen Kraft durch Pleuelstangen und Kurbel auf das Triebrad r übertragen wird. Zum besseren Massenausgleich ist ein Schwungrad s vorgesehen. Mit diesen maschinell angetriebenen Maschinen sind sogar Bohrlöcher bis zu 200 m gebohrt worden, obwohl die Firma nur 100 m garantiert.

B. Maschinen zur Herstellung von Überhauen.

Die großen Gefahren, mit denen die Herstellung von Fahrüberhauen, Bremsbergen und Wetterdurchhieben im Steinkohlenbergbau ganz besonders verbunden ist, hatten zuerst auf den Gedanken geführt, Maschinen zu konstruieren, die es ermöglichen, zwei Teilsohlen gefahrlos und schnell durch größere Bohrlöcher zu verbinden, um somit bei den weiteren Arbeiten vor den schlagenden Wettern durch den günstig er-

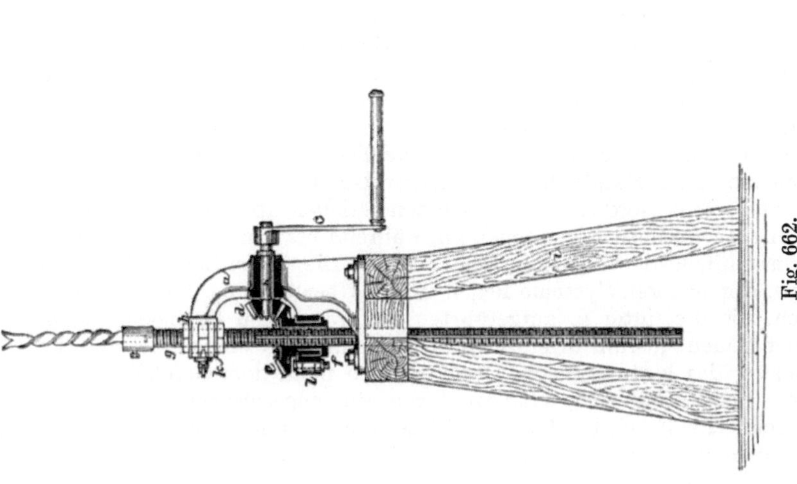

Fig. 662.
Bohrmaschine auf Schmidtmannschacht bei Aschersleben (Köhler, Bergbaukunde).

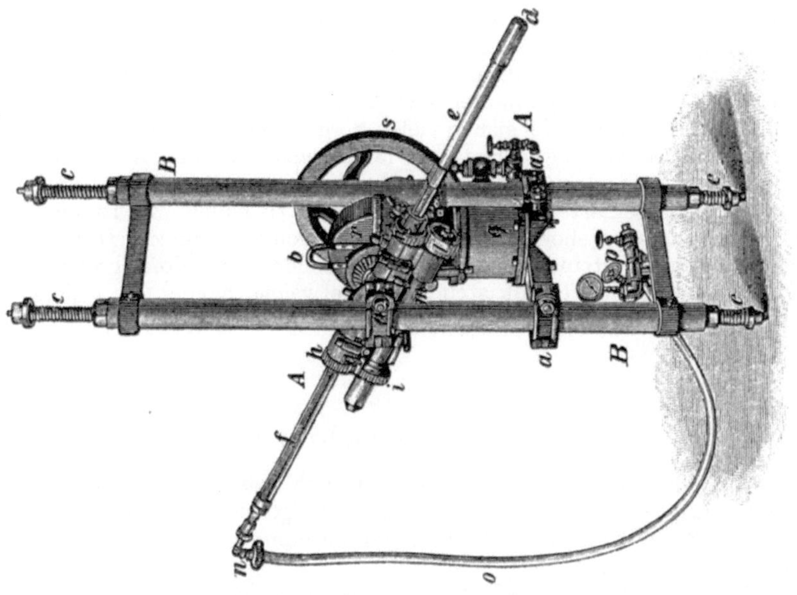

Fig. 663.
Diamantbohrmaschine von Sullivan mit Preßluftantrieb.

zielten Wetterzug gesichert zu sein. Bis in den letzten Jahren wurden derartige Überhaumaschinen, unter dem Namen Kohlenbohrmaschinen bekannt, lediglich zur Erzielung des angeführten Zweckes gebaut. Neuerdings ist man dagegen auch dazu übergegangen, die Idee weiter auszunützen und zur Erzielung anderer Zwecke zu verwenden. Der große Mangel an Arbeitskräften, der sich in vielen Bergbaubezirken unangenehm bemerkbar macht, verlangt Ersatz für Menschenarbeit, und in diesem Bestreben ging man dazu über, auch Maschinen zur Herstellung von Überhauen in mittelhartem und hartem Gebirge zu bauen. Es ist nun ohne weiteres zu verstehen, daß diejenigen Maschinen, die zur Durchörterung härteren Gesteins verwandt werden sollen, bei weitem größere Anforderungen an die Technik stellen als die weiche Kohle; sie sollen aus diesem Grunde auch getrennt behandelt werden.

I. Kohlenbohrmaschinen.

Die Kohlenbohrmaschinen sind sämtlich als drehende Bohrmaschinen ausgebildet, was eine natürliche Folge der relativ milden Beschaffenheit der Kohle ist. Der Bau der Maschine ist bedingt durch folgende Anforderungen:

1. Vorrichtung zur Erteilung der drehenden Bewegung.

2. Einrichtung zur Erzielung einer fortschreitenden Bewegung des Bohrgestänges und damit verbunden Erzielung eines der Härte der Kohle entsprechenden Druckes auf die Sohle des Bohrloches.

3. Vorrichtung zum schnellen Zurückziehen desjenigen Organs, welches dem Bohrgestänge und der Krone die drehende und fortschreitende Bewegung erteilt, zwecks Einsetzens neuer Bohrstangen.

4. Vorrichtung zum Abfangen des Gestänges beim Wechsel.

5. Geeignete Aufstellvorrichtung, um in allen Richtungen das Bohrloch ansetzen zu können.

Diese Anforderungen stimmen ziemlich mit denjenigen überein, die an eine gute Handbohrmaschine zur Herstellung von Sprengbohrlöchern gestellt werden; die Maschinen weichen aber in ihrer neueren Ausführung wesentlich von jenen ab, während bei den älteren die Handbohrmaschinen als Vorbild gedient haben. Die wesentlichen Verbesserungen der neueren Systeme liegen in der Überwindung der Schwierigkeiten, die die unter 2. aufgeführten Anforderungen bedingen, indem bei den neuen Ausführungsformen die Regelung des Vorschubes und die Erzielung des bestgeeigneten Druckes nicht mehr dem Gefühle des Arbeiters überlassen wird, sondern durch ein eingeschaltetes elastisches Aggregat erzielt wird. Hiernach lassen sich dann die Kohlenbohrmaschinen in zwei Gruppen teilen:

a) Maschinen, bei welchen der Vorschub des Bohrgestänges und die Erzielung des Druckes der Bohrkrone auf die Bohrlochssohle zwangsläufig oder wenigstens angenähert zwangsläufig ist:

b) Maschinen, bei denen der Vorschub des Bohrgestänges und die Erzielung des Druckes durch ein elastisches Zwischenaggregat automatisch folgend der Härte des Gesteins erzielt wird.

a) Bohrmaschinen ohne elastisches Zwischenaggregat.

Der Bohrapparat von Wegge - Pelzer (Fig. 664) ist der einfachste und älteste Apparat dieser Gattung und wegen seiner technischen Unvollkommenheiten ganz aus Gebrauch gekommen. Das Vorschuborgan ist eine einfache Schraubenspindel, die ihre drehende und fortschreitende Bewegung durch ein Kegelradgetriebe mit Kurbelantrieb erhält. Jeder Umdrehung der Kurbel entspricht naturgemäß auch eine Fortschreiten der Spindel um eine Gewindehöhe. Ein Anpassen des Vorschubes und Regeln des Druckes auf die Kohle entsprechend ihrer Härte ist also ausgeschlossen. Der Rückzug der Spindel muß durch Rückwärtskurbeln erfolgen, was zweifellos einen erheblichen Einfluß auf die Gesamtleistung ausübt. Das Gestänge wird beim Einsetzen eines neuen Zwischenstückes durch eine einfache Gabel abgefangen. Die Bohrkrone besteht aus einem Gußstahlzylinder K, dessen obere Peripherie ausgezahnt ist. Um den sich bildenden Bohrkern zu zersprengen, befindet sich im Zentrum des Gußstahlzylinders ein Schlangenbohrer C, der in einen mit Schneidbacken versehenen Konus P eingesetzt ist.

Der Bohrapparat von Hußmann (Fig. 665) sucht die Nachteile des vorigen dadurch zu beseitigen, daß die Vorrichtungen zur Erzielung der drehenden Bewegung sowie der fortschreitenden voneinander getrennt worden sind. Die drehende Bewegung erfolgt durch Schneckenrad und Schnecke. Eine hohle Schraubenspindel r ist durch das Schneckenrad durchgeführt und wird durch einen Keil, der mit demselben fest verbunden ist, in einer Nut der Spindel dagegen frei gleiten kann, in drehende Bewegung versetzt. Oberhalb des Querriegels befindet sich eine Mutter m. Dieselbe läßt sich mit Hilfe einfacher Flügelschrauben mit dem Querriegel q fest verbinden. Ist dies geschehen, so erfolgt neben der drehenden Bewegung der Spindel auch eine fortschreitende. Ist der Druck der Bohrkrone gegen die Kohle zu stark, so braucht die Mutter m nur gelöst zu werden. Dieselbe dreht sich sodann mitsamt der Spindel. Zwecks Verwendung längerer Bohrstangen ist die Spindel hohl, und werden die Bohrstangen durch die Spindel hindurchgeschoben. Die Befestigung geschieht mit Hilfe eines Splintes s, der in die Bohrung des mit der Spindel fest verbundenen Bundes b und die in Zwischenräumen angeordneten Bohrungen des Bohrgestänges eingelassen wird. Ist die Spindel abgelaufen, so fängt man das Gestänge mit Hilfe der Stellschraube t ab, löst den Splint s und dreht die Spindel zurück; sodann läßt man den Splint in die folgende Bohrung des Gestänges ein oder schraubt ein neues Zwischenstück an das Ende des Bohrgestänges an.

Der Bohrer des Apparates besteht aus einer vierarmigen Krone k, deren oberer Rand mit Meißeln g besetzt ist. Innerhalb der Krone befindet sich wieder ein Spiralbohrer f zum Zersprengen des Bohrkernes.

Überhaubohrmaschine Westfalia. Bei dieser Maschine wird die drehende Bewegung auf den Bohrer ebenfalls durch eine Schraubenspindel vermittelt (Fig. 666a). In derselben befindet sich eine Keilnut, in welche eine mit einem Kegelrade fest verbundene Nutenfeder eingreift. Zur Erzielung der fortschreitenden Bewegung dient eine Schraubenmutter, welche durch einen Riegel festgehalten wird. Wird der Druck auf die Bohrlochssohle zu groß, so braucht der Riegel nur geöffnet zu werden, und die Mutter dreht sich mitsamt der Spindel. Zwecks Einsetzens eines neuen Zwischenstückes fängt man das Bohrgestänge mit Hilfe der in der Figur wiedergegebenen Gabel ab, löst den Riegel und schraubt die Mutter mit der Hand nach oben, wobei die Spindel niedergeht.

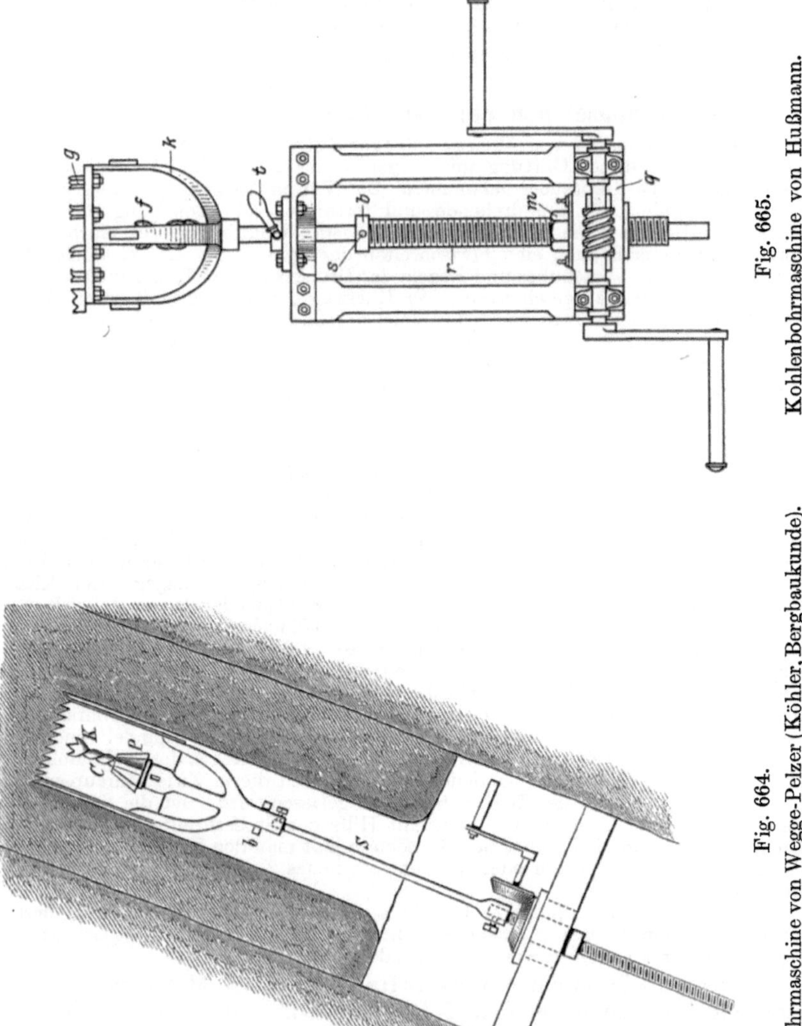

Fig. 664. Kohlenbohrmaschine von Wegge-Pelzer (Köhler, Bergbaukunde).

Fig. 665. Kohlenbohrmaschine von Hußmann.

Bei der Herstellung von Überhauen bohrt man erst mit einem Spiralbohrer (Fig. 666a) vor und bedient sich nachher der Erweiterungsbohrer (Fig. 666 b, c). Mit dieser Maschine lassen sich Überhaue von 100—480 mm Durchmesser und bis zu einer Länge von 30 m herstellen.

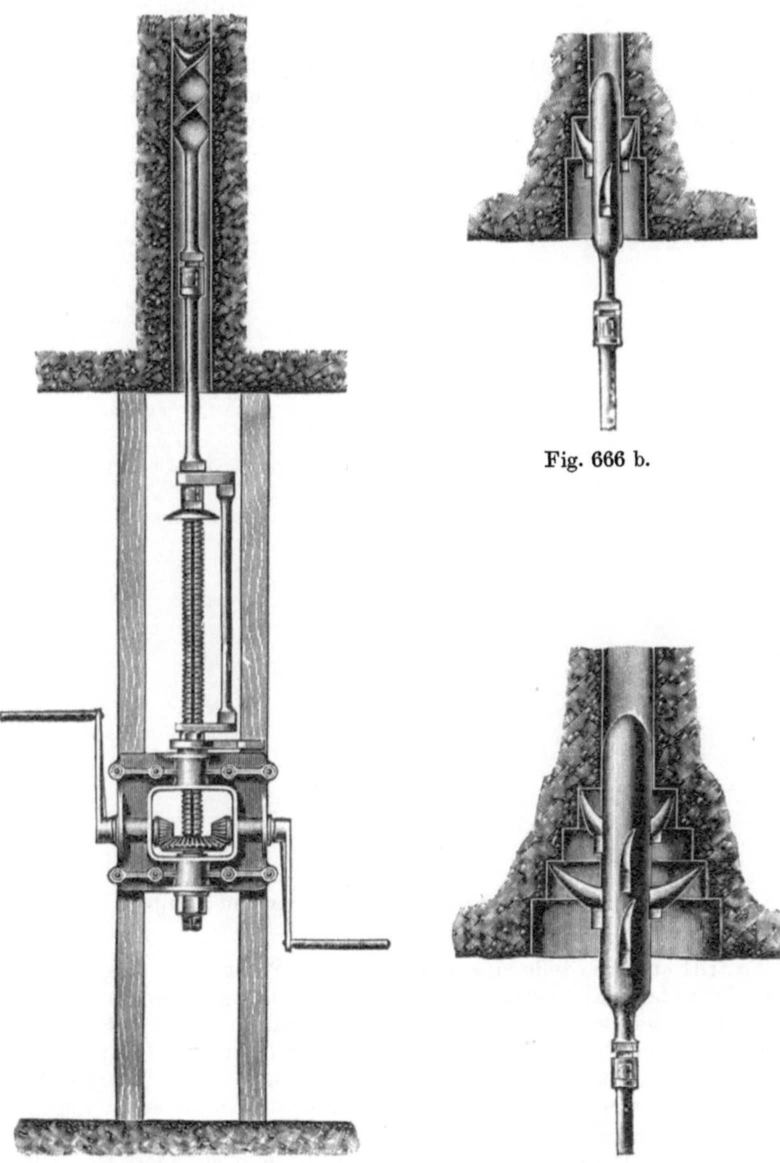

Fig. 666 b.

Fig. 666 a.
Überhaubohrmaschine „Westfalia“.

Fig. 666 c.
Erweiterungsbohrer zur Überhaubohrmaschine „Westfalia“.

b) Bohrmaschinen mit elastischem Zwischenaggregat.

Bohrapparat von Gildemeister & Kamp (Fig. 667 a—c.) Der erste Vorteil, der die Apparate dieser zweiten Gruppe auszeichnet, ist der Wegfall einer Schraubenspindel, die stets mehr oder weniger starkem Verschleiß ausgesetzt ist. Bei dem Bohrapparate von Gildemeister &

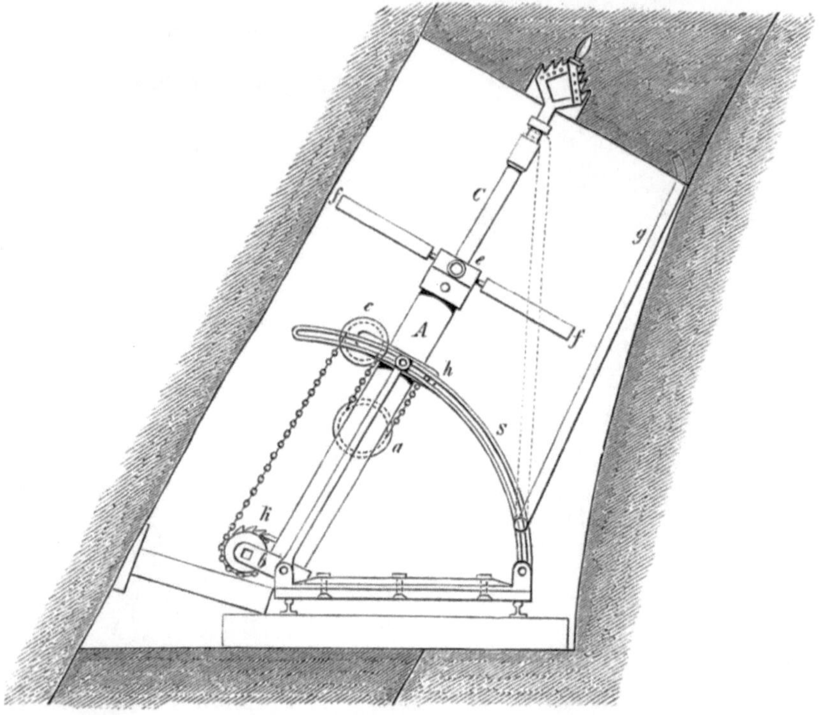

Fig. 667 a.
Überhaubohrmaschine von Gildemeister und Kamp.

Kamp tritt an ihre Stelle eine einfache runde Stange mit eingehobelter Nut. Dieselbe wird in einfachster Weise durch zwei Handeln f, die in die Nuß e eingesteckt werden, gedreht. Die Nuß ist mit einer Feder versehen, die in die Nut der Stange eingreift und wird in dem Hauptrohre A geführt. Sie dient gleichzeitig als Verbindungsstück von Bohrgestänge und der Führungsstange C. Zur Erzielung des Vorschubes ist folgende Einrichtung getroffen. In dem Hauptrohre A (Fig. 667 b) befindet sich eine Büchse B, in deren unterem Ende die Rolle a verlagert ist. Diese Rolle ist durch Schlitze im Hauptrohre beweglich und kann durch Auf- bzw. Abwickeln der Kette bei K gehoben oder gesenkt werden. In der Büchse B befindet sich eine starke Spiralfeder, auf welcher ein Kolben aufliegt. Auf letzterem steht die genutete Stange C auf. Windet man also die Kette bei K mit Hilfe eines langen Schraubenschlüssels auf, so preßt man die Feder gegen den Kolben l, und dieser vermittelt den Druck auf die Stange C und somit auf die Bohrlochssohle. Ein Zurückgleiten der Büchse B wird durch das bei K befindliche Sperrad mit Sperrklinke verhindert. Hat sich nun im Verlaufe der Bohrarbeit die Feder durch

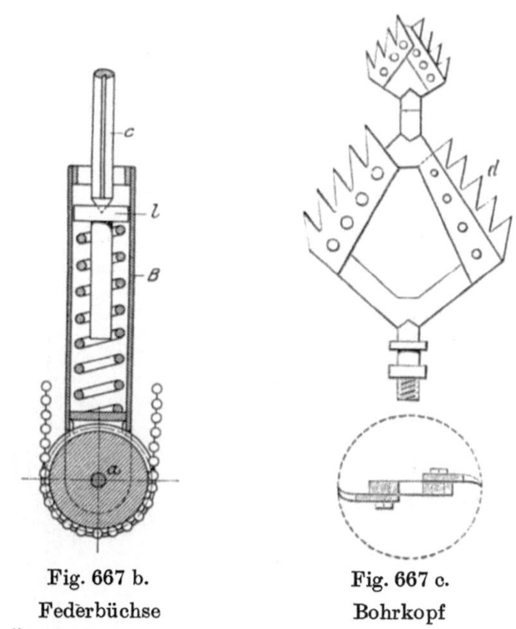

Fig. 667 b. Federbüchse

Fig. 667 c. Bohrkopf

zur Überhaubohrmaschine von Gildemeister und Kamp.

Aufrücken des Bohrgestänges entspannt, so muß die Büchse von neuem durch Aufwickeln der Kette gehoben werden. Beim Einschalten einer neuen Bohrstange fängt man das Bohrgestänge mit Hilfe der Gabel g ab, legt die Sperrklinke zurück und läßt die Federbüchse durch Abwickeln der Kette sinken. Sodann löst man die Nuß e; die Stange sinkt infolge ihrer Schwere nach unten und ein neues Zwischenstück kann eingeschaltet werden.

Die Ausgestaltung des Bohrkopfes geht aus Fig. 667 c ohne weiteres hervor.

Die ganze Maschine ist um Zapfen, die auf der Grundplatte verlagert sind, drehbar. Dadurch wird ein bequemes Aufstellen der Maschine bei Bohrungen in verschiedenen Neigungsrichtungen erzielt. Die oberen mit Gewinden versehenen Zapfen bewegen sich in der Führungsschiene s und werden mit Schraubenmuttern fest damit verbunden, wodurch eine bestimmt einzuhaltende Richtung gesichert wird.

Bohrapparat von Rosenkranz (Fig. 668). Dieser unterscheidet sich vom vorigen durch folgende Abänderungen. An Stelle der genuteten Stange C ist eine mit T-förmigem Querschnitte in Anwendung gekommen. Ferner ist der Kolben l mit einer besonderen Führungsstange f versehen, die in der Hülse h gleitet. Hierdurch wird eine seitliche Beanspruchung verhütet.

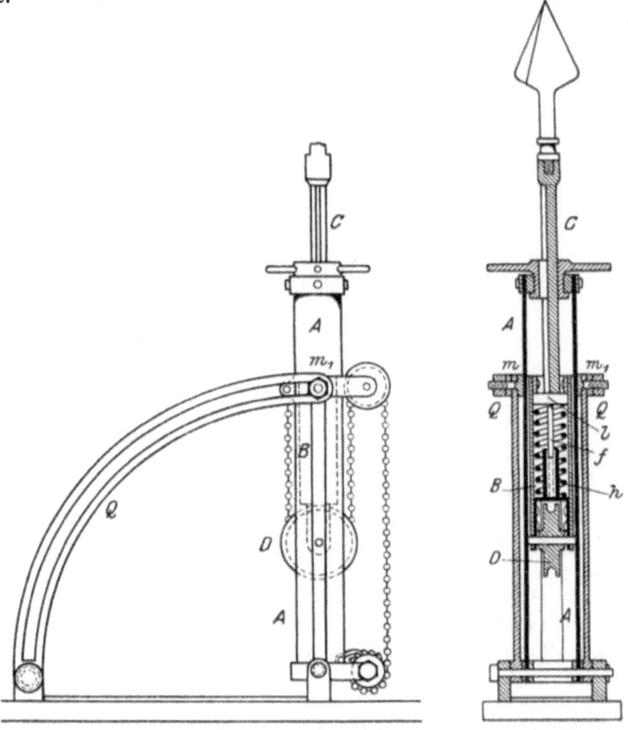

Fig. 668.
Überhaubohrmaschine von Rosenkranz.

Bohrapparat von Munscheid (Fig. 669). Die Bohrstange s wird mit der Büchse b durch Einstecken von Splinten fest verbunden, wozu in kleinen Abständen in der Bohrstange Bohrungen vorgesehen sind. Mit der Büchse b sind die Bohrknarren k durch Nut und Feder fest verbunden, wodurch die drehende Bewegung auf die Bohrstange s übertragen wird. Zum Vorschube ist über die Stange s eine Büchse h übergeschoben, die sich mit ihrem unteren Ende l in einer zweiten Büchse f teleskopisch bewegen läßt. Innerhalb der Büchsen l und f ist eine starke Spiralfeder eingesetzt, die durch Ineinanderschieben der Büchsen gespannt wird. Letzteres geschieht mit Hilfe zweier an der Führungsplatte i befestigter Zahnstangen z, in die Ritzel r eingreifen. Die Ritzel

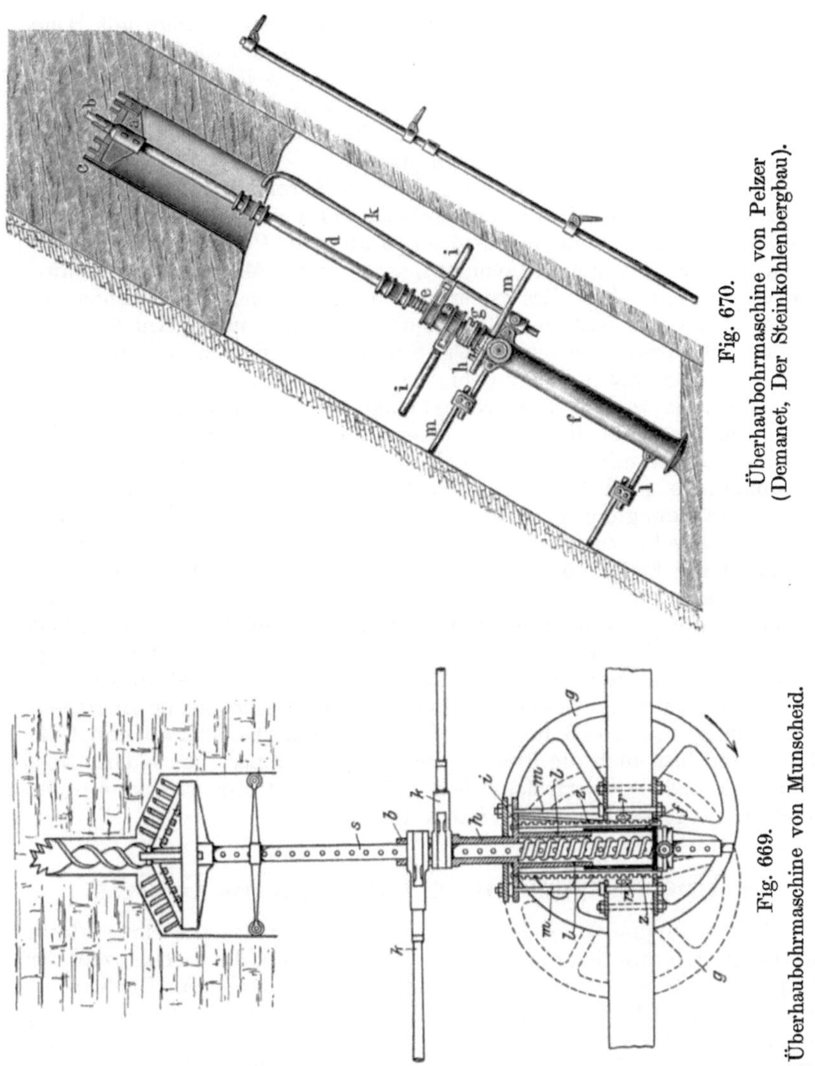

Fig. 670. Überhaubohrmaschine von Pelzer (Demanet, Der Steinkohlenbergbau).

Fig. 669. Überhaubohrmaschine von Munscheid.

sitzen auf einer Welle mit den Handrädern g, die mit Sperrädern, in der Figur nicht sichtbar, versehen sind. Durch Drehen der Räder in Richtung des Pfeiles wird die Büchse l nach unten geschoben und dadurch die Feder gespannt. Zur besseren Führung der Büchse h—l ist die Führungsplatte i vorgesehen, welche die Führungsstangen m umschließt. Hat sich die Feder im Laufe der Bohrarbeit entspannt, so muß die Büchse von neuem nach unten gezogen werden. Soll ein neues Zwischenstück eingeschaltet werden, so fängt man das Bohrgestänge mit Hilfe einer Gabel ab, löst den Splint, der die Büchse b und die Stange s verbindet und kann nunmehr die Stange s ohne weiteres zurückziehen.

Der Bohrkopf ist kronenartig ausgebildet. Auf vier radial laufenden Stangen sind auswechselbare Schneiden eingesetzt. Oberhalb befindet sich ein Spiralbohrer zum Vorbohren.

Bohrapparat von Pelzer (Fig. 670). Während bei den bisherigen Bohrapparaten dieser Gruppe ein Spannen der Vorschubfeder von Hand erforderlich war, ist dies bei dem Apparate von Pelzer in Fortfall gekommen; auch dieser Arbeitsvorgang wird von der Maschine selbst automatisch geregelt. Um dies zu erreichen, ist folgende Einrichtung getroffen: Eine mit Nut versehene Spindel e wird durch Knarren i in drehende Bewegung versetzt. Die Spindel bewegt sich sodann durch eine zweiteilige Schraubenmutter, welche auf einer Büchse aufruht. Diese Büchse ist in dem Hauptrohre f eingelassen und geführt. Unterhalb der Büchse liegt um die Spindel eine Spiralfeder. Ist nun die Mutter geschlossen und mit Hilfe einer Flügelschraube mit der Büchse fest verbunden, so wird bei der Bohrarbeit die Spindel auch eine fortschreitende Bewegung erhalten. Wird der Druck des Bohrkopfes auf die Bohrlochssohle zu stark, so drückt die Mutter die Büchse nach unten und preßt die Feder allmählich stark zusammen. Ist die Pressung so weit vorgeschritten, daß die Mutter auf dem Hauptrohre f aufliegt, also ein weiteres Spannen der Feder nicht mehr möglich ist, so braucht die zweiteilige Mutter nur gelüftet zu werden und der Vorschub erfolgt unabhängig von der drehenden Bewegung der Spindel infolge des Spannungsausgleiches der Feder. Beim Einsetzen eines neuen Zwischenstückes fängt man das Bohrgestänge mit Hilfe einer Gabel k ab, öffnet die Mutter und löst auch die Flügelschraube. Die Spindel hat sodann freie Bahn und läßt sich zurückziehen. Das Hauptrohr wird durch die Spreizen m gegen die Stöße fest verstrebt.

II. Überhaumaschinen für härteres Gestein.

Die Bedingungen, welche an eine Überhaumaschine für härteres Gestein gestellt werden müssen, sind die nämlichen, die bereits unter der Gruppe der Kohlenbohrmaschinen aufgezählt worden sind. Der wesentliche Unterschied in der Bauart der Maschinen dieser zweiten Abteilung von denen der ersteren liegt in der bedeutend kräftigeren Bauart; der Druck auf den Bohrkopf muß naturgemäß ein bedeutend größerer sein, und die Regulierung desselben muß möglichst automatisch erfolgen. Durch die geringste Mehrbeanspruchung des Bohrgestänges würden bei den hohen Knickbeanspruchungen leicht Brüche auftreten. Auf der anderen Seite brächten aber auch in Anbetracht des Bestrebens, die Maschine möglichst leicht und einfach zu bauen, zu große Gewichte stärker profilierter Bohrstangen eine nutzbringende Anwendung infolge zu vieler Arbeitskräfte in Frage. Die Bohrkrone muß selbstverständlich der Härte des Gebirges entsprechend gebaut werden.

Apparat von Wunderle (Fig. 671a—c). Diese Maschine ist bereits seit einer Reihe von Jahren mit gutem Erfolge angewandt worden. Gleichsam die Seele der Maschine bildet die innere 2 m lange hohle Bohrstange r. Dieselbe besitzt an ihrem unteren Ende 8 Klauen v, welche in entsprechende Vertiefungen der Spindel a eingreifen und hier durch die Verbindung von Bohrstange und Spindel herstellen. Unterhalb der Klauen v ist der Wasserwirbel h aufgeschraubt, der mit der Spülleitung verbunden ist. Um ein Drehen desselben infolge der Reibung zu verhindern, ist er mit einem Gewichte Q (Fig. 671 b) beschwert, so daß der Schlauch stets ruhig hängt. Am oberen Ende ist in die Bohrstange ein Gewinde eingedreht, welches zur Aufnahme der Druckplatte D und der Stellmutter s, ferner zum Aufschrauben der Führungsstange g dient. Die Führungsstange g ist gleichfalls hohl und mit zwei diametralen Nuten versehen, in welche die Bohrratschen o eingelassen werden. Führungsstange und Bohrratschen dienen zur Erzeugung der drehenden Bewegung. Die hohle 1,5 m lange Schraubenspindel a ist in der Mutter M, welche in den Querbalken L fest verlagert ist, geführt. An ihrem oberen Ende trägt sie einen konischen Ansatz k, der in die Schraubenbüchse t eingreift. Die Büchse t ist um k frei drehbar und findet auf der Ringfläche i ein festes Widerlager. In der Büchse liegt die starke Kegel-

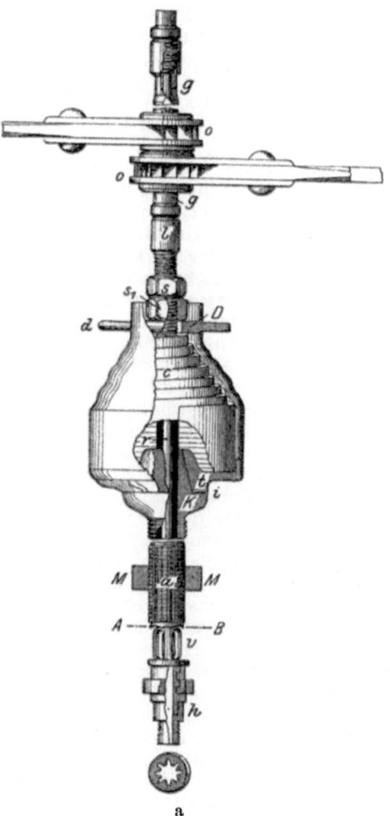

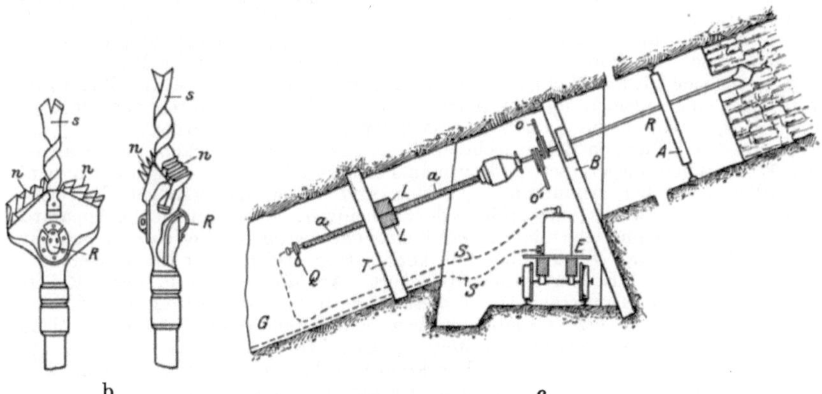

Fig. 671 a—c.
Überhaubohrmaschine von Wunderle (Österreichische Zeitschrift für Berg- und Hüttenwesen 1889, Taf. X).

feder c mit rechteckigem Querschnitte. Dieselbe wird durch die Druckplatte D, welche ihre Führung durch in Schlitzen der Büchse t geführte Stangen d erhält, in normaler Spannung gehalten. Die Muttern s und s_1 dienen also lediglich zur Regulierung der Federspannung, indem bei Erschlaffung der Feder c mit Hilfe der Schraube s_1 die Druckplatte D nach unten geschoben werden kann. Die Mutter s dient nur als Gegenmutter, um ein Lockern von s_1 zu vermeiden.

Der Arbeitsvorgang der Maschine ist folgender: Die Feder c drückt die Platte D nach oben und zieht dadurch die Klauenkupplungen v der Bohrstange r in die entsprechenden Vertiefungen der Spindel a hinein. Hierdurch sind Spindel und Bohrstange fest verbunden, und es folgt die Bohrstange beim Drehen an den Knarren g der von der Mutter M an die Spindel a erteilten fortschreitenden Bewegung. Das Maß des Fortschreitens ist von der Gewindehöhe der Spindel a abhängig. Ist nun der Widerstand im Gestein geringer als der Druck, welchen die Schraube auszuüben vermag, so wird nach jeder vollen Umdrehung derselben die Lochtiefe um die Schraubenganghöhe zunehmen; wird Druck und Widerstand gleich oder letzterer größer als ersterer, so wird hingegen die von der Schraube übertragene Arbeit dazu verwandt, die Spiralfeder c über die anfängliche, ihr durch die Muttern s und s_1 gegebene Normalspannung weiter zu spannen, und dadurch die Feder durch die Druckplatte D zusammengeschoben. Dies hat zur Folge, daß gleichzeitig die Bohrstange r nach unten geschoben wird. Von diesem Augenblicke an ist die Schraube a ganz aus dem Arbeitsvorgange ausgeschaltet; eine Vorwärtsbewegung seitens der Spindel a und Mutter M findet also nicht mehr statt. Der Bohrer steht nunmehr einzig unter dem direkten Drucke der Feder c, während die Schraube a ruht. Erst wenn eine Entspannung der Feder c bis ungefähr zur Normalspannung erfolgt ist, treten die Klauen v in ihre Kulisse ein; die Kupplung wird also von neuem in Funktion treten können. Ist die Schraube a ganz nach vorne vorgeschoben, so muß das Bohrgestänge abgefangen, die Spindel zurückgezogen werden und das Einsetzen eines neuen Zwischenstückes kann erfolgen.

Die Aufstellung der Maschine und die Ausführungsform des Bohrkopfes sind aus den Fig. 671 b, c ersichtlich.

Aufbruchmaschine der Ruhrthaler Maschinenfabrik H. Schwarz (Fig. 672a bis c). Da selbst die sonst äußerst widerstandsfähigen Kegelfedern mit rechteckigem Querschnitte nicht mehr genügten, um bei hartem Gestein einen genügenden Druckausgleich zu bieten, und die starre Druckerzielung mittels Schraubenspindel bei der wechselnden Beschaffenheit des Gesteins versagte, hat die Ruhrthaler Maschinenfabrik einen Apparat ersonnen, bei dem der Vorschub der Bohrkrone und der Druckausgleich auf hydraulischem Wege erfolgt. In dem gußeisernen Gehäuse e (Fig. 672) ist die Schnecke d verlagert, die in das Schneckenrad c eingreift und das Bohrgestänge in Rotation versetzt. Der Antrieb erfolgt mittels Elektromotors. Die Führungsstange f ist mit einer Nut versehen, die in einer entsprechenden Vertiefung des Kegelrades c spielt. Auf ihrem unteren Ende ist ein Plunger g befestigt, der sich in dem Kolben h bewegt und in der Stopfbüchse d geführt wird. Mit Hilfe einer kleinen hydraulischen Presse wird Wasser unter den Plunger eingepreßt, wodurch die Bohrkrone fest gegen das Gestein gedrückt wird.

Bei den bisherigen Bohrmaschinen dieser Art war der Bohrkopf mit schabenden Werkzeugen ausgerüstet, und zwar in Form von Meißeln. Wegen der außerordentlich schnellen Abnutzung derselben und wegen der häufigen Betriebsunterbrechungen zwecks Auswechselns der Schneidwerkzeuge ist zu diesem Apparate eine besonders sinnreiche Bohrkrone konstruiert worden, die den genannten Übelständen abhelfen soll. In dem Bohrkopfe a (Fig. 672 b, c) ist eine größere Anzahl Stahlrollen auf Bolzen drehbar verlagert. Auf der Peripherie dieser Rollen sind scharfe Zacken eingefräst. Durch diese sonderbare Ausgestaltung der Schneidwerkzeuge wird nun erzielt, daß dieselben beim Umlauf des Bohrkopfes nicht schleifen, sondern sich auf dem Gestein abrollen, wobei ihre Zacken sich infolge des hydraulischen Vorschubes des Bohrkopfes in das Gestein einschneiden. Die zwischen diesen Eindrücken entstehenden Gesteinsspitzen brechen bei dem weiteren Umlaufe der Bohrscheibe ab. Man kann mittels des Bohrers demnach unter Verwendung geeigneten Druckes Gestein von beliebiger Härte abbohren, ohne daß an den Bohrrollen eine nennenswerte Abnutzung auftritt. Der in der Mitte entstehende Kern wird durch eine Fräsrolle weggearbeitet.

Aufbruchmaschine der Maschinenbauanstalt Humboldt (Fig. 673). Diese Maschine ist speziell dazu bestimmt, die Rollöcher bei dem Braunkohlentagebau herzustellen. Ein einfacher vertikal stehender Zylinder 2 überträgt die drehende

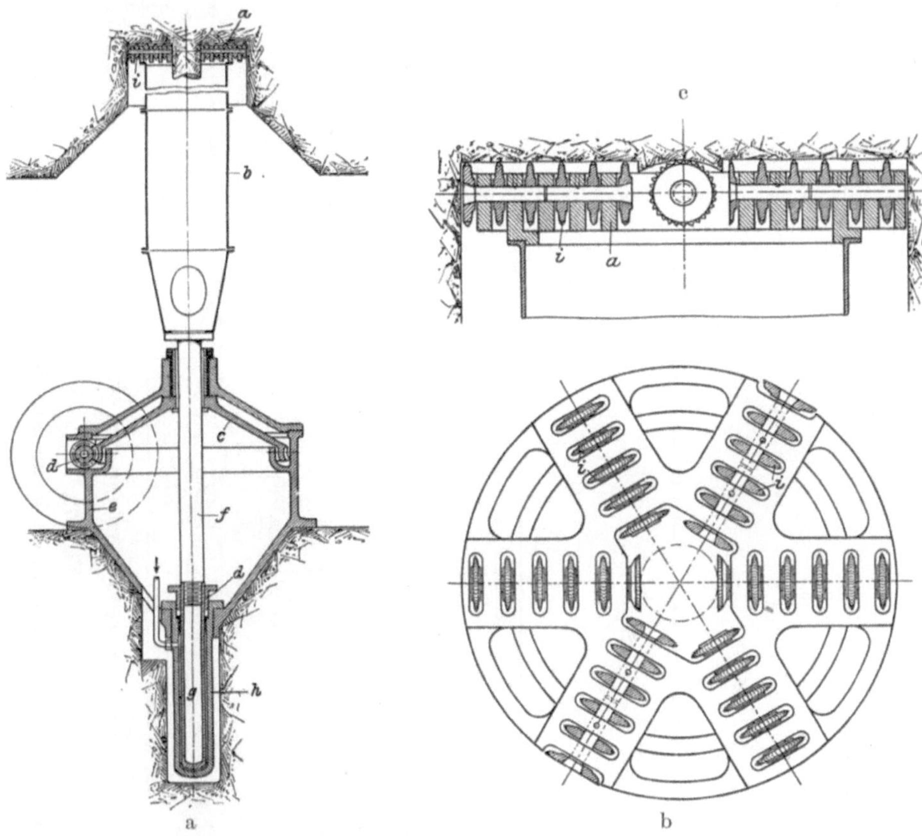

Fig. 672 a—c.
Aufbruchmaschine der Ruhrtaler Maschinenfabrik H. Schwarz.

Bewegung auf das Bohrgestänge 3. Zu diesem Zwecke wird er durch ein Kegelradgetriebe 10, das durch eine Klauenkupplung ausgeschaltet werden kann, von einem Elektromotor 13 angetrieben. Der Zylinder ist zur Verminderung von Reibungsverlusten auf Kugeln gelagert. Das Bohrgestänge ist an seinem unteren Ende mit einem in den Zylinder passenden Kolben 16 versehen und trägt an seinem oberen Ende die Bohrkrone 1, deren Durchmesser 600—800 mm beträgt. Die Mitnahme des Bohrgestänges seitens des Bohrzylinders erfolgt durch zwei Keile, die in die Nut 17 eingreifen. Die Aufwärtsbewegung des Bohrgestänges geschieht durch Preßöl von 10—15 Atm., welches durch eine Pumpe unter dem Kolben in den Zylinder eingepreßt wird.

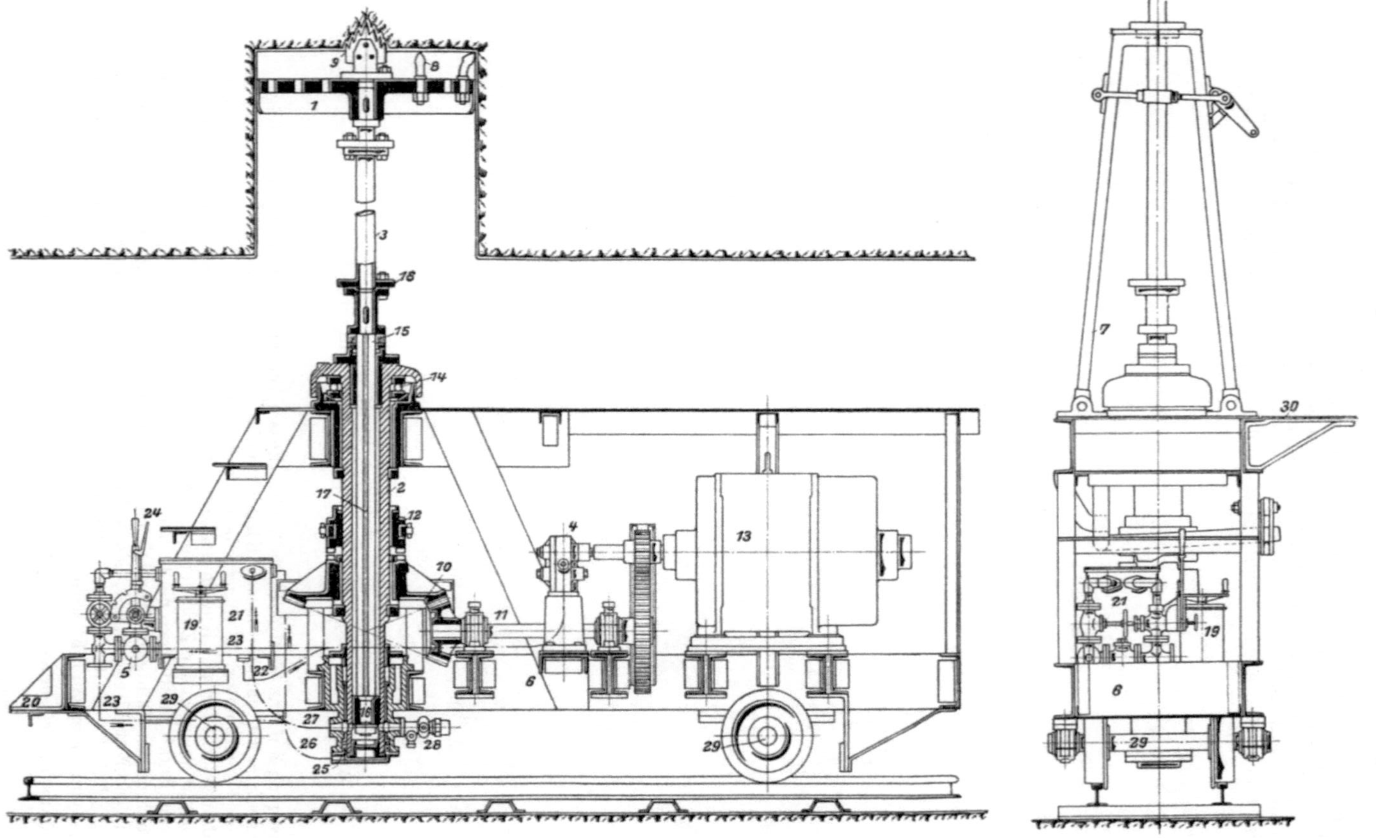

Fig. 673.

Aufbruch-Bohrmaschine von Humboldt (aus: Der Bergbau auf der linken Seite des Niederrheins. Berlin, Kgl. Geol. Landesanstalt).

Die Länge der einzelnen Bohrstangen ist der Zylinderhöhe entsprechend gleich einem Meter. Dieselben werden miteinander durch Flanschen verbunden; diese Verbindung ist deshalb gewählt, um beim Einsetzen eines neuen Gestänges den oberen Teil mit Bohrkopf auf einer Gabel, die auseinandergeklappt werden kann, auf den Flächen der Flanschen abzufangen. Diese Maschine ist auf dem Gruhlwerke bei Kierberg in Benutzung.

C. Sicherheitsvorrichtungen beim Bohrbetriebe zum Verhüten von plötzlichen Gas- und Wasserdurchbrüchen.

Eingangs des Abschnittes über Horizontal- und Geneigtbohren sind bereits die verschiedenen Zwecke angeführt worden, für welche die im ersten Abschnitte beschriebenen Maschinen benutzt werden. Handelt es sich lediglich darum, Standwässer oder Gase anzubohren, sei es nun, um die Gewißheit zu erhalten, ob solche überhaupt vorhanden sind, oder sei es, um eine planmäßige Entwässerung oder Entgasung vorzunehmen, so sind manchmal besondere Vorkehrungen zu treffen, um durch plötzliche Gas- oder Wasserdurchbrüche Menschenleben nicht zu gefährden, wie auch die Grube selbst wegen zu großer Gefahr auf längere Zeit schließen zu müssen. Bevor nun auf die diesbezüglichen Einrichtungen im einzelnen eingegangen werden soll, soll die Frage beantwortet werden, wann derartige Sicherheitsmaßregeln getroffen werden müssen, und wann die nötigen Apparate bereit zu halten sind. Es sind hierbei an erster Stelle rein geognostische wie hydrologische Verhältnisse zu berücksichtigen.

Die atmosphärischen Niederschläge dringen in den Erdboden ein und treten teils wieder dort, wo sie durch wasserundurchlässige Schichten aufgehalten werden, als Schicht-, Überfall- oder Spaltquellen auf, teils verlieren sie sich weiter in das Erdinnere und ergänzen dort das durch die Erdwärme verdunstete oder durch chemische Vorgänge aufgebrauchte Grundwasser. Wie tief sich die Grundwasser nach unten hin verlieren, hängt einerseits von der petrographischen Beschaffenheit des Gesteins, andererseits von dessen tektonischem Aufbaue ab. Was die petrographische Beschaffenheit des Gesteins angeht, so ist für uns die Wasserdurchlässigkeit maßgebend. Die Gesteine lassen sich hiernach in drei Gruppen teilen, nämlich in

1. vollständig wasserundurchlässige Gesteine,
2. wasserdurchlässige Gesteine und
3. Gesteine, die eine gewisse Menge Wasser absorbieren, aber kein solches weiter durchsickern lassen.

Tabelle über das Wasseraufnahmevermögen von Gesteinen nach Ermittelungen der technischen Versuchsanstalten zu Berlin.

Nr.	Gestein	Spez. Gew.	Wasseraufnahme-vermögen in %	Bemerkungen
1	Granit	2,66	0,62	nicht durchlässig
2	Syenit	3,06	0,47	
3	Diabas	2,99	0,40	
4	Grünstein	2,77	0,36	
5	Porphyr	2,58	0,71	
6	Melaphyr	2,69	0,47	
7	Phonolit	2,47	0,72	
8	Basalt	2,21	0,40	
9	Quarzit	2,49	0,56	
10	Dolomit	2,60	0,40	
11	Grauwacke	2,57	0,76	
12	Kieselschiefer	2,46	0,97	wenig durchlässig
13	Tonschiefer	2,72	0,82	
14	Kohlensandstein	2,45	1,68	
15	Kalkstein	2,35	2,12	durchlässig
16	Muschelkalk	2,38	2,17	
17	Sandstein	2,08	6,30	

Die unter Gruppe 1 fallenden Gesteine werden gleichsam die Sohle für die Grundwasser bilden, während die unter Gruppe 2 gehörigen Gesteine so viel Wasser aufnehmen, bis ihre Poren bis zum Grundwasserspiegel hin gefüllt sind. Handelt es sich darum, derartige Schichten festen Gebirges zu durchbohren, so werden unter normalen Verhältnissen keine Schutzvorrichtungen zur Verhütung von Wasserdurchbrüchen erforderlich sein; denn das Wasser wird, nachdem die Schicht angebohrt ist, infolge der erheblichen Fließwiderstände und der relativ kleinen Oberfläche des Bohrloches — relativ klein im Vergleich zu Schächten oder Strecken — nur in kleinen Mengen austreten. Anders dagegen ist es, wenn die wasserdurchlässigen Schichten aus verschiedenartigen Sanden aufgebaut sind. Hierbei sind unter allen Umständen Vorsichtsmaßregeln zu treffen, da die feinen Sande von dem Wasser mitgerissen werden und so zu Schlammausbrüchen führen.

Ein großer Teil der atmosphärischen Niederschläge dringt jedoch durch rissige und klüftige Schichten in größere Tiefen ein und staut sich, sobald es von undurchlässigem Gestein ganz umgeben ist. Hat man es also mit wasserundurchlässigem, aber stark klüftigem Gestein zu tun, so ist äußerste Vorsicht am Platze, da die in den Spalten angehäuften Wassermengen unter hohem Drucke stehen und mit großer Gewalt durchbrechen.

In gleichem Maße gefährlich wie die in Spalten vorhandenen Standwasser sind solche, welche sich in alten verlassenen Grubenbauen angesammelt haben. In früheren Jahrhunderten verfolgten die Bergleute die Lagerstätten dem Einfallen nach. Nahmen die Grubenwasser aber mit zunehmender Tiefe überhand, so daß man ihnen mit den damaligen Pumpwerken nicht mehr gewachsen war, so verließ man den Bau und setzte an einer benachbarten Stelle einen neuen Schacht an. Die so verlassenen Gruben haben sich inzwischen mit Wasser gefüllt und bieten dem heutigen Bergbau dadurch große Gefahrenquellen, als beim Annähern an einen solchen das trennende Mittel plötzlich bricht und die Wassermassen sich in die Grube ergießen. Schon manches Bergwerk ist dieser Ursache zum Opfer gefallen. Um einer derartigen Gefahr zu entgehen, dienen auch die Sicherheitsbohrungen, die es erlauben, die Wasser in gefahrloser Weise abzuzapfen.

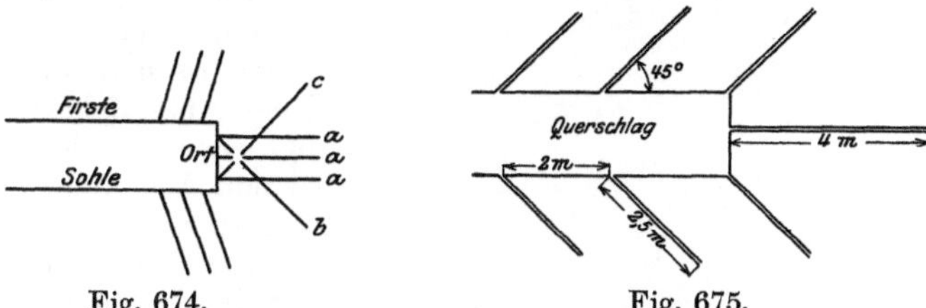

Fig. 674. Fig. 675.

Anordnung von Vorbohrlöchern zwecks Anbohren etwa vorhandener Wassersäcke (aus Glückauf 1909, Seite 618).

Speziell im Steinkohlenbergbau ist es eine neue Hauptpflicht der Betriebsleitung, plötzliche Gasausbrüche zu vermeiden. Nach der Arnouldschen Theorie sind in porösen Partien gasreicher Kohle manchmal Gase unter so hoher Spannung enthalten, daß beim Heranrücken der Grubenbaue die Gasspannung die Gesteinsspannung des noch anstehenden Zwischenmittels übertrifft und die Zwischenmittel dem Drucke der expandierenden Gase weichen müssen. Der sich hierbei in gewaltiger Menge entwickelnde Kohlenstaub in inniger Vermischung mit den Gasen führt zu den gefährlichsten Explosionen und den damit häufig verbundenen Grubenbränden. Um sie zu verhüten, dient eine planmäßige Entgasung der unverritzten Flözteile. Beim langsamen Vorrücken des Abbaues wird die Entgasung in den meisten Fällen selbsttätig erfolgen, da die Gase durch die zahlreich freigelegten Klüfte und Schlechten des Gebirges langsam entweichen können. Bei dem heute aber sehr verbreiteten Schnellbetriebe muß dieser Entgasung noch durch geeignete Vorbohrung nachgeholfen werden und dies bei sehr stark gasreicher Kohle auch durch Zuhilfenahme von Sicherheitsvorrichtungen.

Ist über die Lage der Wassersäcke wie über ihre Verbreitung und Ausdehnung nichts Genaueres bekannt, so wird es erforderlich sein, mehrere Untersuchungsbohrlöcher nach verschiedenen Richtungen hin zu bohren. Eine bewährte Anordnung solcher Vorbohrlöcher geht aus Fig. 674 u. 675 hervor (Glückauf 1909, S. 618). Es ist hierbei folgendermaßen zu verfahren:

1. vor dem Orte die Bohrlöcher a parallel mit der Streckenachse und 4 Fuß voneinander, das Bohrloch b bei der Firste schräg nieder, das Bohrloch c bei der Sohle schräg aufwärts,

2. an der Firste selbst schräg aufwärts,
3. an der Sohle selbst schräg abwärts,
4. an den Kohlenstößen in der Richtung des Einfallens zu bohren.

Die Tiefe der Bohrlöcher ist stets so zu wählen, daß dieselben nach erfolgter Tagesleistung im Auffahren der Strecken noch 1,5—2 m im festen Gestein, in der Kohle dagegen 4—5 m vorauf sind. Der Durchmesser des Bohrers muß möglichst gering gewählt werden.

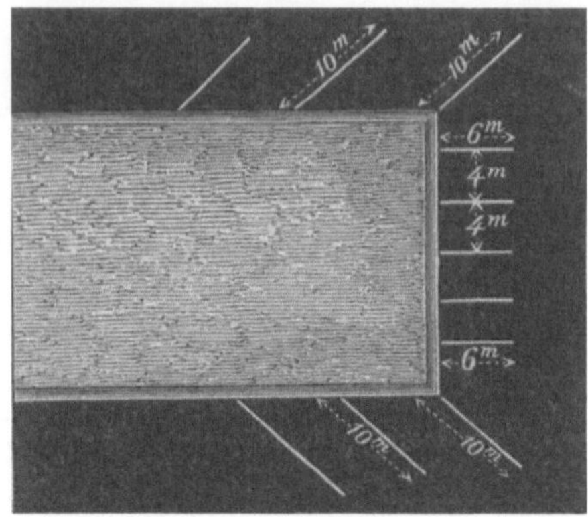

Fig. 676.
Anordnung der Bohrlöcher zwecks Entgasung der Kohle (aus Demanet, Der Steinkohlenbergbau).

Handelt es sich um die Erschließung von Standwassern in Kohlenbergwerken, so kann von einer systematischen Vorbohrung in den Abbaufeldern selbst abgesehen werden, wenn bei den Aus- und Vorrichtungsarbeiten etwa vorhandene Standwasser abgezapft worden sind.

Für Vorbohrungen zwecks Entgasung der Kohle gibt. Fig. 676 ein geeignetes Schema wieder.

Bei sämtlichen Vorbohrungen dieser Art ist für die Sicherheit der Arbeiter die größte Sorge zu tragen. Widerstandsfähiger Ausbau, freie Wege zur event. Flucht und gute Beleuchtung der Rettungswege sind stets unbedingt erforderlich.

Die bei den Vorbohrungen auf Gas oder Wasser verwandten Sicherheitsapparate bestehen neuerdings nur noch aus Zwischenaggregaten, die einen dichten Abschluß des Bohrloches ermöglichen, um die Gase oder Wasser gefahrlos abzapfen zu können. Zur Bohrarbeit selbst können bei solchen Vorrichtungen beliebige Bohrmaschinen verwandt werden. Nur bei der alten Harzer Vorbohrmaschine von Friedrich sind Bohrmaschine und Sicherheitsaggregat eng miteinander verbunden.

Bohrmaschine von Friedrich (Fig. 677 a, b). Eine Büchse b wird mit ihrem vorderen Ende wasserdicht in das Gestein eingelassen und gegen dasselbe zur Verhütung eines Herausschleuderns fest verstrebt. In die Büchse ist nach unten ein Rohrstutzen r mit Ventil eingelassen, der ein Ablassen der Wasser gestattet. Nach hinten ist die Büchse mit einem durchbohrten Deckel abgeschlossen, durch welchen die Bohrstange a hindurchgeht. Innerhalb der Büchse hat die Stange einen konischen Zapfen, welcher durch den hydrostatischen Druck des erbohrten Wassers in einen ebenso geformten, in den Deckel eingeschliffenen Sitz gedrängt wird und dadurch dem Wasser den Ausgang nach hinten versperrt. Eine derartige Abdichtung der Bohrlöcher mit Hilfe konischer Zapfen ist sehr wirksam und gegenüber Stopfbüchsen bedeutend billiger, erschwert dagegen erheblich das Einsetzen neuer Bohrer, da zu diesem Zwecke der Deckel jedesmal abgeschraubt werden muß. Der eigentliche Bohrmechanismus besteht aus einem zweiarmigen Hebel d, der bei f seinen Drehpunkt hat und auf der rechten Seite durch einen Gewichtskasten h beschwert ist. Mit diesem Hebel ist ein nach oben gerichteter Balken g fest verbunden, der an seinem oberen Ende mit einer Gabel versehen ist, die wiederum in die Zwischenräume der auf dem hinteren Ende der Bohrstange auf-

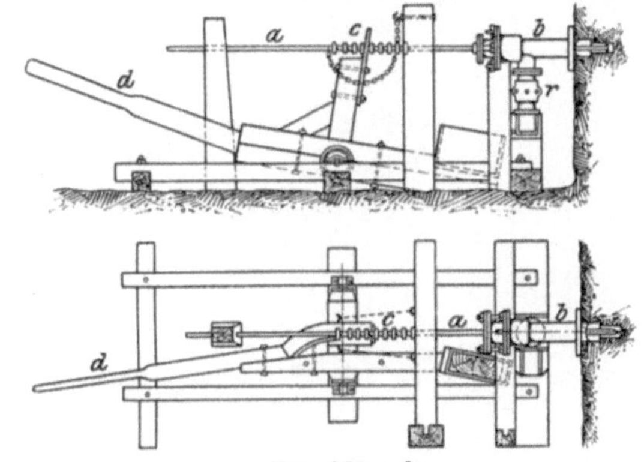

Fig. 677 a, b.
Bohrmaschine von Friedrich.

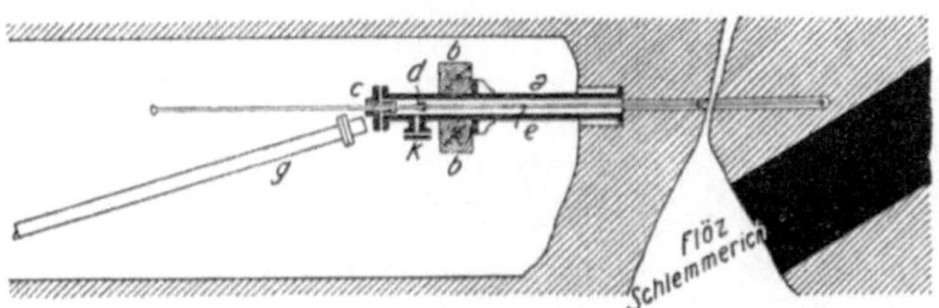

Fig. 678.

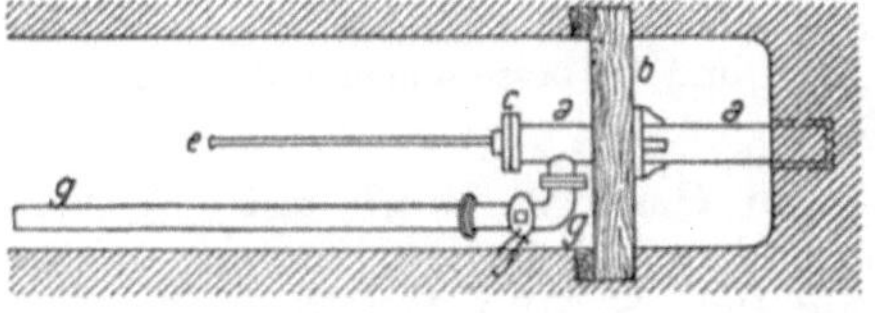

Fig. 679.
Sicherheitsbohrvorrichtung aus dem Wurmrevier bei Aachen (Glückauf 1909, S. 619).

gestauchten Wulste c eingreift. Der Hebel d wird bei der Bohrarbeit an seinem hinteren Ende niedergedrückt, losgelassen und fällt dann durch das Gewicht h in seine alte Lage zurück, wobei der Stoß durch die Gabel auf den Bohrer übertragen wird.

Die ganze Bohrvorrichtung läßt sich wohl überall mit geringen Mitteln herstellen, kann jedoch hinsichtlich der Leistung nicht mit mechanischen Bohrvorrichtungen in Wettbewerb treten.

Sicherheitsbohrvorrichtung im Wurmrevier bei Aachen. Diese in genanntem Bergreviere benutzte Sicherheitsbohrvorrichtung ist ihrer Konstruktion nach ziemlich gleichartig mit der vorher beschriebenen von Friedrich, nur daß die eigentliche Bohrarbeit bei dieser neuen Ein-

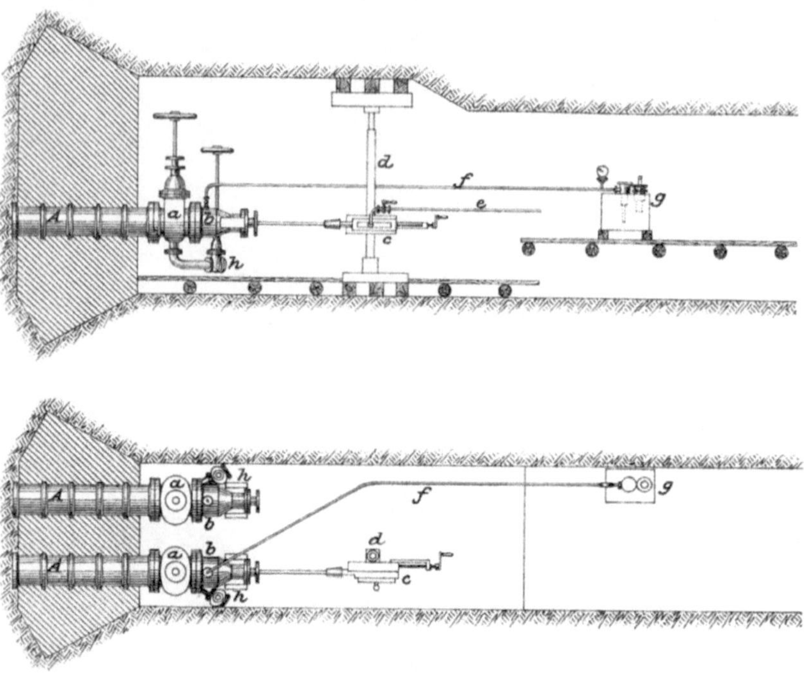

Fig. 680 a, b.
Sicherheitsbohrvorrichtung zum Anzapfen alter Grubenbaue (aus Versuche und Verbesserungen i. J. 1892).

richtung sowohl von Hand wie auch unter Verwendung von Bohrmaschinen geschehen kann, also eine eigens vorgesehene Bohrvorrichtung fortfällt. (Glückauf 1909, S. 619.) Das Rohr aa wird, wie Fig. 678, 679 es zeigen, auf eine gewisse Länge in das Gestein eingelassen und mit Zement gegen dasselbe abgedichtet. Um ein Herausschleudern des Rohres zu vermeiden, ist ein mit dem Rohre fest verbundener Kranz vorgesehen, welcher gegen zwei in die Stöße eingebühnte Spreizen bb anliegt. Abdichtungs- und Abflußvorrichtungen sind die nämlichen wie die bei der Maschine von Friedrich.

Die nun folgenden Sicherheitsbohrvorrichtungen unterscheiden sich von den vorherigen im wesentlichen durch die Art der Dichtung zwischen Sicherheitsvorrichtung und Bohrer; dieselbe geschieht nunmehr mit Hilfe von Stopfbüchsen.

Figur 680 a, b veranschaulicht eine Vorrichtung, die speziell zum Anbohren von alten Bauen, Sumpfquerschlägen und dergleichen geeignet ist. In einen starken doppeltkeilförmigen Damm aus Klinkern ist das Rohr A eingelassen, welches mit Ringen versehen ist, die als Widerlager

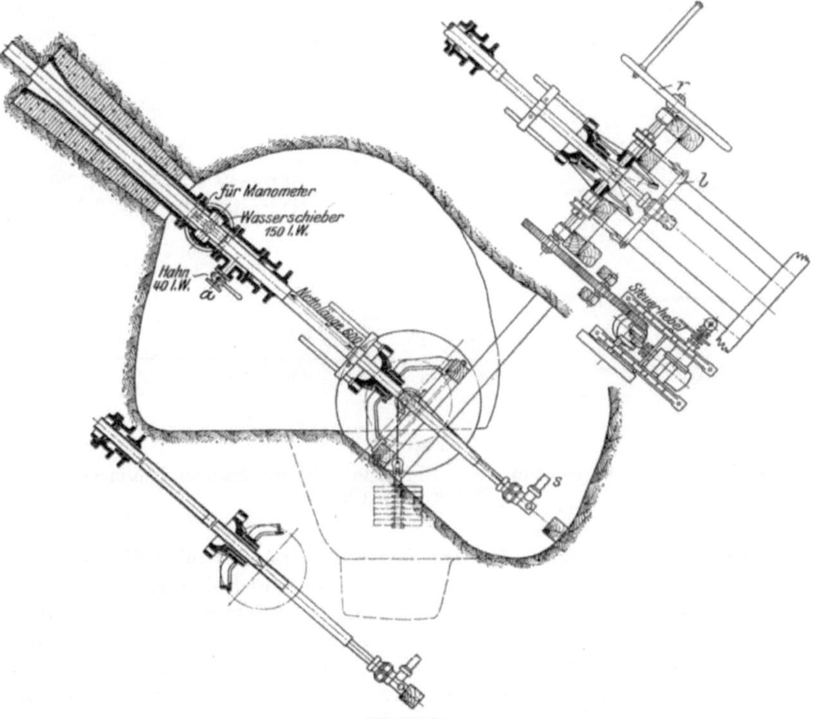

Fig. 681.
Sicherheitsbohrvorrichtung zum Anzapfen alter Grubenbaue von Feodor Siegel (aus Glückauf 1899, Tafel 5).

gegen das Mauerwerk dienen. Dieses Rohr ist vorn mit einer Stopfbüchse abgeschlossen, durch welche der Bohrer der stoßenden Bohrmaschine c hindurchgeht. Die Abdichtung des Bohrers innerhalb der Büchse geschieht in der Weise, daß eine Kautschukliderung durch Druckwasser aus der Leitung f fest gegen die Bohrstange gedrückt wird. Der große Schieber a dient zum Schließen der Röhre A beim Wechseln der Bohrer. Der Bohrer muß zu diesem Zwecke so weit zurückgezogen werden, daß seine Schneide sich in dem Raume b zwischen Schieber a und Stopfbüchse befindet. Sodann wird der Schieber a geschlossen, die Stopfbüchse gelöst, und der Bohrer kann nunmehr vollends herausgezogen werden. Ein zweites Ventil h dient zum Ablassen des Spülwassers während des Bohrbetriebes wie zum Abzapfen der erbohrten Wassersäcke. Ein Herausschleudern des Bohrers ist durch die Verbindung mit der fest verspreizten Bohrmaschine nicht möglich.

Eigentümlich ist die Bohrvorrichtung, welche von Feodor Siegel, Schönebeck, ersonnen ist (Fig. 681). Die drehende Bewegung, betätigt

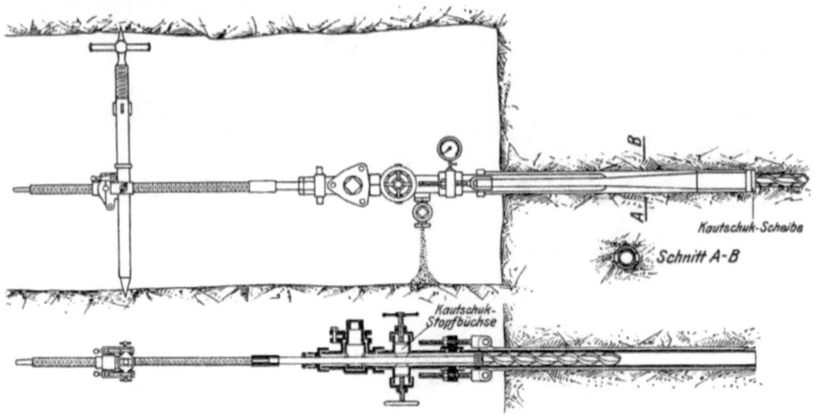

Fig. 682.
Sicherheitsbohrvorrichtung von Burnside (The mechanical Engineering of Collieris by Futers).

entweder von Hand aus mit Hilfe des Kurbelrades r oder direkt durch Motorantrieb, wird durch ein Kegelradgetriebe und Führungsstifte, die in einem Schellenband auf- und abwärts gleiten können, auf das mit dem Schellenbande fest verbundene Bohrgestänge übertragen. Der erforderliche Druck der Bohrkrone gegen das Gestein, und damit gleichzeitig verbunden der Vorschub des Gestänges, geschieht mit Hilfe einer am unteren Ende des Bohrgestänges befestigten Traverse l und von Gewichten; diese hängen an über Rollen laufenden Ketten und ziehen die Traverse nach oben. Zur Wasserspülung dient ein unten am Bohrgestänge mit Drehkopf s angeschlossener Schlauch.

Allen bisherigen Einrichtungen haftet der Nachteil an, daß der wasserdichte Abschluß des Ventilrohres an das Gestein mit zeitraubenden Arbeiten verbunden ist, sei es durch Zementieren, Herstellung eines Mauerwiderlagers, Betonpfropfens und dergl. Dieser Übelstand fällt bei der Einrichtung von Burnside (Fig. 682) fort. (The mechanical Engineering of Collieries by Futers, Bd. 1, S. 26.) Zu diesem Zwecke wird in ein Vorbohrloch von größerem Durchmesser eine Metallbüchse eingelassen, die aus 4 Keilstücken zusammengefügt ist. Zwei derselben sind mit Zugspindeln versehen, welche mit Hilfe von Schraubenmuttern, die gegen einen festen Flansch anliegen, vorgezogen werden können. Gegen die Vorderseite dieses Flansches liegen die beiden losen Keilstücke an, so daß bei dem Rückwärtszug der Zugkeile die losen nach vorne geschoben werden. Diese drücken hierbei auf einen Metallring, der wiederum den Druck auf eine Kautschukscheibe überträgt, die durch diesen Vorgang fest gegen das Gestein angedrückt wird und somit einen wasserdichten Abschluß sichert. Die Fortsetzung des Druckflansches bildet eine Röhre, welche mit einem Manometer, Abschlußhahn, zweiteiliger Stopfbüchse, Absperrschieber und Führungsbüchse ausgerüstet ist. Die zweiteilige Stopfbüchse dichtet eine Kolbenstange gegen den hinteren Teil des Rohres während des Bohrbetriebes ab, während die hintere Führungsbüchse gelüftet bleiben kann. Diese Anordnung ist wegen des starken Verschleißes des Dichtungsmaterials, welches im vorliegenden Falle Kautschuk ist, gewählt; ein Anziehen der Druckspindeln mit Hilfe der Handräder erlaubt ein bequemes Andrücken des Dichtungsmaterials. Beim Auswechseln der Bohrer oder Einsetzen neuer Bohrgestänge zieht man die hintere Führungsbüchse fest an, löst die zweiteilige Stopfbüchse und zieht den Bohrer bis hinter den Absperrschieber zurück. Sodann schließt man den letzteren und kann den Bohrer gefahrlos herausziehen. Diese Einrichtung soll sich in Amerika gut bewährt haben und einen flotten Betrieb erlauben.

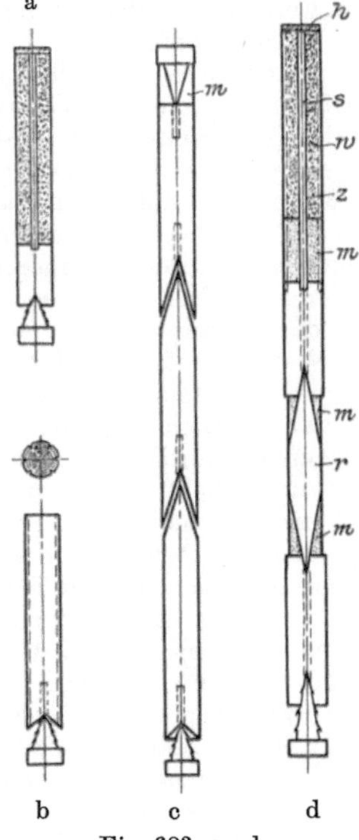

Fig. 683 a—d.
Vorrichtung zum Abdichten von Bohrlöchern (Glückauf 1902, S. 1045).

D. Hilfseinrichtungen.

Bei den sämtlichen Horizontal- und Geneigtbohrungen sind im Laufe der Zeit verschiedene Hilfseinrichtungen angewandt worden, die an dieser Stelle auch noch kurz besprochen werden sollen.

Die wichtigsten dieser Einrichtungen erstrecken sich auf einen wasserdichten Verschluß der Bohrlöcher für den Fall, daß sich unvorhergesehene Wasserdurchbrüche während des Bohrbetriebes einstellen, oder wenn eigens zum Zwecke der Entwässerung oder Entgasung hergestellte Bohrlöcher abgedichtet werden sollen. Die in der Praxis bewährten Methoden finden wir im Glückauf 1902, S. 1045 zusammengestellt.

Sollen nur geringe Wasserzuflüsse abgedämmt werden, so bedient man sich sogenannter Zementpatronen. Dieselbe bestehen (Fig. 683 a,) aus einem Zylinder aus vollkommen trockenem guten Pitchpineholz, über welchem die in Wachspapier oder Darm eingehüllte Zementmasse, bestehend aus gleichen Teilen Zement und feinem Ziegelsteinschrot befestigt ist. Um die 50—60 cm lange Patrone vor vorzeitiger Beschädigung beim Einbringen in das Bohrloch zu schützen, ist in der Mitte der Patrone ein Holzstäbchen und auf demselben ein Hütchen angebracht. Unter den Holzzylinder wird ein mit Widerhaken versehener Rundkeil geschoben, die Patrone vorsichtig auf dem Gestänge in das Bohrloch geführt und sodann festgekeilt. Durch das Eintreiben des Keiles bricht das Holzstäbchen in der Patrone entzwei, die Umhüllung platzt, die Betonmasse mischt sich mit dem Wasser in dem Bohrloch und wird durch den auseinandergetriebenen Holzzylinder festgepreßt. Man läßt das Gestänge so lange unter der Patrone, bis der Zement etwas abgebunden hat.

Nachdem in gleicher Weise mehrere Zementpatronen eingebracht sind, werden unter denselben noch einfache Keile aus trockenen Pitchpineholz eingestampft.

Ist der Wasserzufluß in dem Bohrloch sehr stark, so wird derselbe zunächst dadurch vermindert, daß mehrere einfache Holzkeile, welche an den Außenseiten mit Auskehlungen versehen sind (siehe Fig. 683b), eingestampft werden. Die ersten derartigen Holzkeile sind etwa 20 bis 30 cm, die folgenden bis zu 50 cm lang. Damit die Holzpfropfen sich nicht in zwei Hälften teilen, sondern durch den eisernen Rundkeil gleichmäßig auseinandergepreßt werden, sind sie an mehreren Stellen eingerissen. Die trockenen Holzzylinder quellen infolge des Keilens und der Wasseraufnahme an den Bohrlochswandungen fest und sperren das Wasser, welches anfangs durch die Auskehlungen an den ersten Pfropfen in stets geringer werdender Stärke austreten konnte, so weit ab, daß das Dichtungsstück (Fig. 683 c), eingebracht werden kann. Dies hat eine Gesamtlänge von ungefähr 1,5 m; der obere Rundkeil ist mit Moos umwickelt, welches sich an die Bohrlochswandungen pressen soll, und die drei ineinander greifenden Holzkeile werden durch die beiden Eisenkeile in- bzw. auseinander getrieben. Bei außerordentlich starken Wasserzuflüssen müssen mehrere dieser Dichtungsstücke eingestampft werden, ehe man den eigentlichen Dichtungspfropfen einführen kann, dessen Einrichtung und Wirkungsweise ohne weitere Erklärung aus Figur 683d zu erkennen ist. Zur Sicherheit werden unter diesem Dichtungspfropfen noch eine oder mehrere Zementpatronen nach Fig. 683a sowie Holzpfropfen festgestampft.

Nach den beschriebenen Methoden hat man auf Zeche Deutscher Kaiser Bohrlöcher mit Wasserzuflüssen bis zu 1000—1200 Liter pro Minute vollkommen sicher abgedichtet.

Andere Hilfseinrichtungen zielen darauf hin, die Abweichung des Bohrloches von der eigentlichen Richtung, die bei Horizontal- und Geneigtbohrungen durch die Durchbiegung des Gestänges hervorgerufen wird, zu beseitigen. Als wirksamstes Mittel hierzu ist allerdings vollständige Verkleidung des Bohrloches zu nennen. Bei den meisten Schürfbohrungen in hartem Gestein fällt dies jedoch wegen der unnütz hohen Kosten fort. Man ist daher dazu übergegangen, das Bohrgestänge oder Kernrohr nur auf eine gewiße Länge am äußersten Ende mit einem

Führungsrohr zu umgeben, das derart mit dem Gestänge verbunden wird, daß dasselbe lediglich die fortschreitende, nicht aber die drehende Bewegung mitmacht. Figuren 684 a, b zeigen eine derartige Einrich-

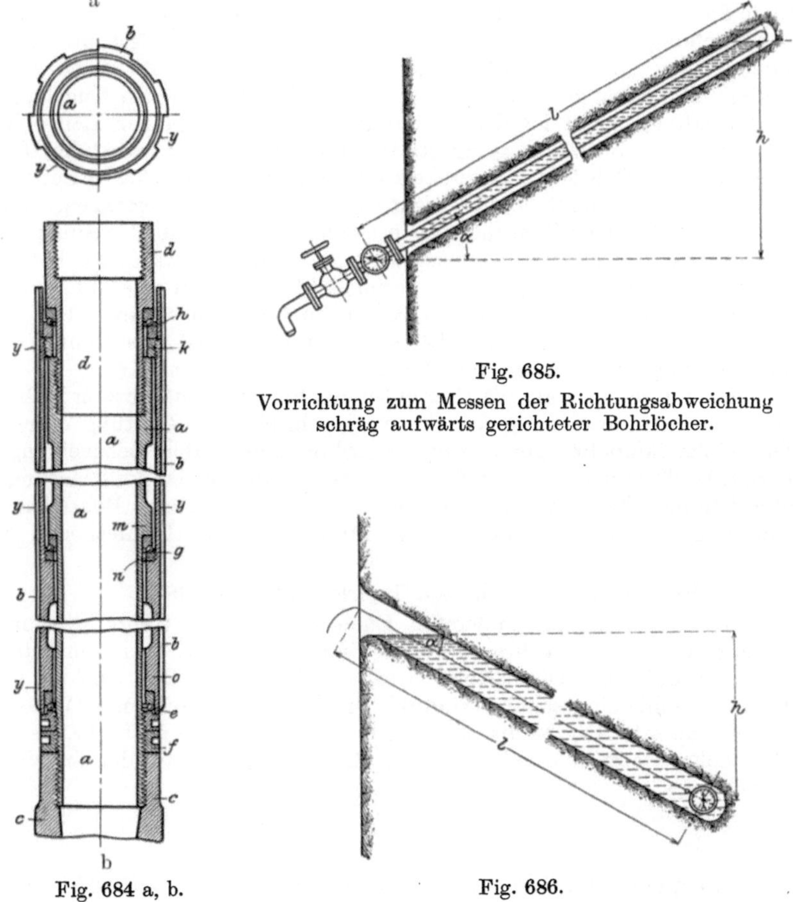

Fig. 685.
Vorrichtung zum Messen der Richtungsabweichung schräg aufwärts gerichteter Bohrlöcher.

Fig. 684 a, b.
Führungsrohr der „Allgemeinen Schürfgesellschaft m. b. H. zu Düsseldorf.

Fig. 686.
Vorrichtung zum Messen der Richtungsabweichung schräg abwärts gerichteter Bohrlöcher.

tung, die der Allgemeinen Schürfgesellschaft m. b. H. zu Düsseldorf patentiert ist. Hierbei ist ein Kernrohr a an seiner Außenfläche in gewissen Abständen mit ringförmigen Wulstansätzen m versehen. Das dasselbe umgebende Führungsrohr b ist dagegen mit nach innen zeigenden Bundansätzen n ausgerüstet. Zwischen diesen Ansätzen m und n sind Kugellager g eingeschaltet, die dazu dienen, ein leichtes Drehen des Kernrohres a im Führungsrohre b zu bewirken. Zur vorderen Führung des Kernrohres a ist zwischen dem letzten Bund o des Führungsrohres b und einem Gegenring f gleichfalls ein Kugellager e eingebaut. Vor dem Gegenring f ist die Bohrkrone c an dem Kernrohr a befestigt. Am hinteren Ende des Führungsrohres ist ein Stoßring k eingeschraubt, welcher eine Verschiebung des Kernrohres im Führungsrohre verhindert und eine Vorwärtsbewegung des Führungsrohres ermöglicht. Zwischen dem Verbindungsgestänge d und dem Stoßring k ist abermals ein Kugellager eingeschaltet; somit ist das Kernrohr a auf seiner ganzen Länge im Frühungsrohre b drehbar gelagert. Während des Bohrens wird die Umdrehung vom Bohrgestänge mittels des Verbindungsstückes d auf das Kernrohr a und durch letzteres auf die Bohrkrone c übertragen. Das äußere Schutz- oder Führungsrohr b macht die drehende Bewegung des Kernrohres a nicht mit, sondern wird stetig nur vorwärts geschoben. Da das Rohr b nur um ein ganz geringes kleiner ist als die Bohrkrone, so wird eine genaue Führung der Krone im Bohrloch bewirkt. Um der Spülung einen ungehinderten Rückweg zu bieten, ist das Rohr b an seinem äußeren Umfange mit Längsnuten y versehen.

Endlich sei noch auf die Einrichtungen hingewiesen, die zum Messen der Bohrlochsabweichung aus der vorgeschriebenen Richtung dienen. Die bei Vertikalbohrungen in Anwendung kommenden Bohrlochsneigungsmesser sind bereits auf S. 426ff beschrieben. Zum Messen der Richtungsabweichungen bei schräg aufwärts oder abwärts gerichteten Bohrlöchern sind folgende der Gewerkschaft Burbach patentierte Methoden zu empfehlen.

a) Bei aufwärts gerichteten Bohrlöchern (Fig. 685).

Eine einfache, am äußersten Ende geschlossene Röhre wird mit Wasser gefüllt und an ihrem unteren Ende mit einem Maximum-Manometer verbunden. Diese Röhre wird sodann in das Bohrloch bis zur Bohrlochssohle eingeschoben und die Druckhöhe h in Millimeter Wassersäule gemessen. Ergibt die Messung h mm und ist die flache Länge des Bohrloches l mm, so erhalten wir den Richtungswinkel aus der einfachen Beziehung:

$$\sin . \alpha = \frac{h}{l}$$

Soll nun h einen bestimmten Wert erhalten, so ist der auf Grund der Messung und Rechnung gefundene Wert mit dem geforderten Werte einfach zu vergleichen. Im allgemeinen wird der gemessene Winkel infolge der Gestängedurchbiegung kleiner sein als der verlangte.

b) Bei abwärts gerichteten Bohrlöchern (Fig. 686).

Das Bohrloch wird ganz mit Wasser gefüllt und das Maximum-Manometer an einer Schnur in das Bohrloch eingelassen. Den Winkel bestimmt man in der gleichen Weise wie vorhin.

Zweiundzwanzigster Teil.

Nichtfündige Bohrlöcher.

Von Diplom-Bergingenieur **Hans Bansen.**

Bei der Bearbeitung benutzte Literatur.

Tecklenburg: Die Ausnützung nichtfündiger Bohrlöcher zu Mineralquellen. Österreichische Zeitschrift für Berg- und Hüttenwesen 1906, Nr. 46, 47.

Tecklenburg: Über Gewinnung elektrischer Energie aus Tiefbohrlöchern. Berg- und Hüttenmännische Rundschau, IV. Jahrg., Nr. 3.

Die Verwendung der natürlichen Hilfsquellen in den Vereinigten Staaten Nordamerikas und die zukünftigen Quellen der Kraft. Der Bergbau, XXIII. Jahrg. (1910), Nr. 20.

Das Torpedieren von Bohrlöchern. Tiefbohrwesen 1910, Nr. 14.

Dr. A. M. Das „Torpedieren" von Ölquellen in den Vereinigten Staaten. Deutsche Bergwerkszeitung 1910, Nr. 194.

A. Das Torpedieren.

Wenn man mit einer Bohrung das gesuchte Mineral nicht gefunden hat, so wird das Bohrloch meistens aufgegeben. Man zieht dann die Röhren, um hiervon so viel zu retten, als möglich ist, und läßt das Bohrloch zu Bruche gehen. Handelt es sich um Bohrungen auf Öl oder Wasser, so kann man zunächst noch einen Versuch mit dem Torpedieren machen, d. h. man erweitert das Bohrloch an einer bestimmten Stelle mittels Sprengung, oder man reißt dadurch im Gebirge Klüfte auf, auf denen die Flüssigkeit dem Bohrloche zuströmen kann. Durch dieses Verfahren sind schon sehr häufig Bohrlöcher ergiebig gemacht worden, die scheinbar kein Öl angetroffen hatten, oder man hat die Ergiebigkeit von Ölquellen, die im Versiegen begriffen waren, auf lange Zeit wieder gesichert. Das Torpedieren ist ferner verwendbar, um Hindernisse zu beseitigen, die sich dem Bohrbetriebe entgegenstellen, wie z. B. im Gebirge eingeschlossene Baumstämme, Wurzeln, Gesteinsblöcke, abgebrochene Meißel und dergleichen.

Als Sprengstoff verwendet man Nitroglyzerin; doch kommen auch andere Sprengstoffe zur Anwendung wie Pulver- und Wetter-Dynamite (Grisoutite); diese letzteren werden namentlich benutzt, wenn zu befürchten steht, daß im Bohrloche explosible Gase vorhanden sind, die bei der Sprengung entzündet werden und zu Bohrlochsbränden Veranlassung geben können.

Das Torpedieren wurde zum erstenmal von dem amerikanischen Obersten E. Roberts am 2. Januar 1865 in der Bohrung Ladieswell bei Titusville versucht; der hierbei verwendete Torpedo war eine mit Schießpulver gefüllte Zinnbüchse. In den folgenden Jahren erzielte man mit dem Torpedieren von Ölbohrungen derartig gute Erfolge, daß dieses Verfahren von da ab regelmäßig angewendet wird. Der fast durchweg gebrauchte Sprengstoff ist das Nitroglyzerin; es wird auf den amerikanischen Bohrungen an Ort und Stelle hergestellt, weil bei den schlechten Zufahrtstraßen der Transport zu gefährlich wäre. Man verfertigt es aus 1700 Teilen Salpetersäure, die man mit 124 Teilen Glyzerin mischt. Die Mischung erfolgt in einem großen Gefäß, das wie ein Butterfaß aussieht und zur Beobachtung der Temperatur oben mit zwei Thermometern versehen ist. Zuerst wird die Säure hineingegossen, und dann setzt man das Glyzerin unter stetigem Umrühren immer nur in kleinen Mengen zu, damit die Temperatur nicht zu hoch steigt; aus demselben Grunde wird das Mischgefäß in Eis gepackt oder in kaltes Wasser gesetzt. Die Temperatur darf niemals über 32° C steigen. Dieses Mischgefäß steht über einem Tank mit Wasser, in den man das fertige Nitroglyzerin durch ein Bodenventil laufen läßt, um es zu waschen, d. h. um die überflüssige Säure zu entfernen.

Aus diesem Tank kommt das Sprengöl in ein zweites Waschgefäß, durch welches ein Strom von kaltem Wasser geht, der alle noch darin befindlichen Unreinigkeiten entfernt. Den fertigen Sprengstoff füllt man sehr vorsichtig in Zehnliterkannen, die in besonderen Magazinen aufbewahrt oder sofort zum Bohrloche übergeführt werden; diese Überführung erfolgt mit äußerster Vorsicht in guten Federwagen, die in Fächer eingeteilt sind; jede Kanne steht in einem besonderen gut ausgepolsterten Fache.

Zum Torpedieren braucht man 100—200 l Sprengöl. Dieses wird am Bohrloche in Büchsen von 2—3 m Länge und 9—12 cm Durchmesser umgefüllt. Je nach der Größe kann eine solche Büchse bis zu 20 l Öl aufnehmen. Sie hat an ihrem Oberrande einen Bügel, mit dem man sie an einem Haken des Förderseils anhängt. Die Büchse wird mit Wasser gefüllt und so weit in das Bohrloch eingelassen, daß sie mit dem Oberrande der Verrohrung in gleicher Höhe steht; darauf wird das Nitroglyzerin vorsichtig eingefüllt; weil es das spezifische Gewicht 1,6 hat und in Wasser unlöslich ist, wird das in der Büchse befindliche Wasser von ihm verdrängt. Die so gefüllte Büchse wird am Seile in das Bohrloch eingelassen; sobald sie auf der Bohrlochssohle aufsteht, läßt man das Seil etwas nach, so daß sich der Haken vom Bügel löst und wieder hochgezogen werden kann. In derselben Weise läßt man noch so viel andere Schießbüchsen nach, bis die gewünschte Sprengladung beisammen ist. Ein Überladen schadet nichts, weil die Bohrlochswandungen nur am Explosionsherde angegriffen werden; die Ladung muß im Gegenteil so kräftig sein, daß aller Schmutz, namentlich aber alles im Bohrloche stehende Wasser und Öl aus ihm ausgetrieben werden; denn sonst laufen sie wieder zurück und hindern das Öl am Ausfließen aus dem Gebirge. Soll nicht unmittelbar über der Sohle, sondern weiter oben im Bohrloch gesprengt werden, dann befestigt man unter der unteren Büchse so viele Bohrstangen, auch Anker genannt, daß die Sprengladung an der gewünschten Stelle steht. Das Besetzen des Bohrloches mit der Sprengladung ist eine äußerst gefährliche Arbeit und muß mit großer Umsicht vorgenommen werden; denn während des Einlassens der Torpedos kann zufällig das Öl ins Fließen kommen und die Büchsen herausschleudern, die dann über Tage explodieren. Tritt ein solcher Fall ein, dann muß der Schießer genau aufpassen, wann eine Büchse oben ankommt, um sie aus dem Ölregen herauszuholen.

Es ist gut, wenn über den Torpedos ein Wasserbesatz von 100 m Höhe vorhanden ist.

Die Zündung des Sprengstoffes erfolgte früher mit einem Schlaggewichte, das man im Bohrloche hinunterfallen ließ; es schlug auf einen Schlagbolzen auf, der aus dem obersten Torpedo hervorragte. Jetzt benutzt man allgemein zur Entzündung einen Schwärmer (Rakete) (Fig. 687). Es ist eine Büchse von 1 m Länge und 40 mm Durchmesser, die am unteren Ende zugespitzt ist. Der Boden dieser Torpedorakete ist mit einer Schicht Nitroglyzerin bedeckt, in die eine mit einem Zündhütchen versehene wasserdichte Zündschnur hineinragt; diese Zündhülse wird, nachdem sie mit dem Zündmittel besetzt worden ist, mit Erde und Lehm gefüllt und nach Entzündung der Zündschnur in das Bohrloch fallen gelassen. Die Zündschnur muß so lang sein, daß die Explosion erst dann erfolgt, wenn die Rakete unten angekommen ist.

Wenn man andere Sprengstoffe als Nitroglyzerin benutzt, so müssen sie wasserdicht eingekapselt werden. Dabei ist darauf Rücksicht zu nehmen, daß diese Einkapselung wasserdicht ist; denn in den großen Bohrlochstiefen steht das Wasser unter hohem Atmosphärendruck und kann infolgedessen durch die kleinsten Öffnungen zum Sprengstoffe gelangen und ihn verderben.

Diese Kapseln dürfen nicht gelötet werden, weil selbst bei den größten Vorsichtsmaßregeln nur zu leicht während dieser Arbeit eine Explosion erfolgen kann; dies ist tatsächlich auch schon wiederholt der Fall gewesen. Andererseits ist aber zu berücksichtigen, daß gerade die Verlötung einen vollkommen wasserdichten Verschluß gewährleistet.

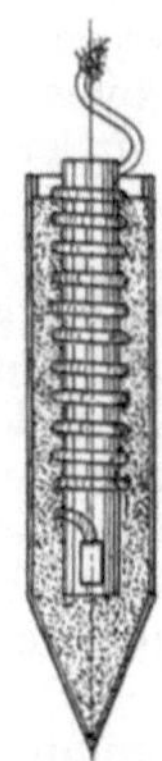

Fig. 687.
Rakete (aus Ursinus, Kalender für Tiefbohringenieure).

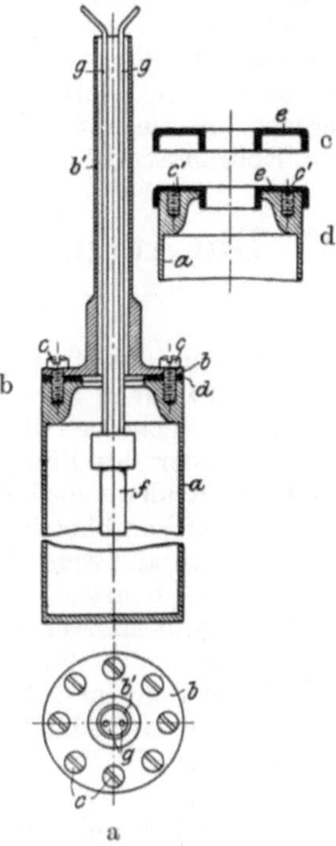

Fig. 688 a—d.
Torpedo-Sprengpatrone von Deseniss & Jacobi.

Indessen kann eine Sprengkapsel bei einiger Aufmerksamkeit auch ohne Lötung vollkommen dichtschließend gemacht werden. Dies ist z. B. der Fall bei der Sprengkapsel von Desenіß und Jakobi in Hamburg. Bei ihr wird der Verschluß durch einen aufgeschraubten Deckel nebst Dichtungsring bewirkt. Die Patronenhülse a (Fig. 688 a—d) wird zwecks Füllung mit einer ringförmigen Schutzkappe e versehen. Der Zweck dieser Schutzkappe ist, zu verhüten, daß beim Füllen Sprengstoff in die Schraubenlöcher c^1 kommt. Nach erfolgter Füllung wird in dem Sprengstoffe mit einem Holzpflocke eine Vertiefung von der Größe des Zündhütchens f hergestellt; darauf nimmt man die Schutzkappe ab, setzt den Dichtungsring d und den Deckel b auf, welchen man mit den Schrauben c fest anzieht. Der Deckel hat eine nach oben reichende rohrartige Verlängerung b^1, durch welche die Leitungsdrähte g bis zum Zündhütchen hindurchgehen. Vor Aufsetzen des Deckels ist das Zündhütchen mit den Drähten verbunden worden; desgleichen wurde der Verlängerungsansatz b^1 mit einer geeigneten Dichtungsmasse, z. B. Schwefel, ausgegossen. Die Zündung erfolgt von Tage aus; am besten benutzt man einen Glühzünder, weil man bei dieser Art von Zündung mit Hilfe eines Trocken-Elementes und eines Leitungsprüfers feststellen kann, ob die Leitung in Ordnung ist. Vor jeder Sprengung muß die Sprengkapsel geschlossen und einem der Bohrlochstiefe entsprechenden Wasserdruck ausgesetzt werden, um sie auf ihre Dichtheit zu prüfen; dasselbe muß auch mit dem Rohransatz b^1 des Deckels geschehen.

B. Die Ausnützung nichtfündiger Bohrlöcher zu Mineralquellen.

Während das Torpedieren hauptsächlich bei Ölbohrungen angewendet wird, ist es in vielen Fällen möglich gewesen, aus einem Bohrloche mit einfacheren Hilfsmitteln Wasser zu gewinnen. Es sind nämlich durch andauerndes Pumpen schon häufig intermittierende Quellen zu ständig laufenden gemacht worden; ebenso ist es auch schon gelungen, durch solche Pumpbetriebe Bohrlöcher überhaupt erst zur Hergabe des Wassers zu veranlassen. Deshalb machte Tecklenburg den Vorschlag nichtfündige Bohrlöcher nicht aufzugeben, sondern durch Ansaugen von Quellen in anderer Weise nutzbar zu machen. Solche Quellen sind oft wertvoller als die gesuchte, aber nicht gefundene Lagerstätte. Das Wasser steht im Gestein unter großem Druck und ist hoch erwärmt; in diesem Zustande bleibt es oft „Weltenjahre“ im Gebirge und nimmt aus ihm Gase und Mineralstoffe auf. Das Ansaugen dieser Quellen kann erfolgen

1. mit Hilfe einer gewöhnlichen Bohrlochspumpe;
2. mit der Schlammbüchse, die man durch Hanf-, Leder- oder Gummiringe oder durch Manschetten gegen die Futterrohre abdichtet und dann so schnell wie möglich von der Unterkante des Rohrstranges bis über die Bohrlochsmündung zieht; dieses Verfahren muß mehrmals wiederholt werden;
3. mit Hilfe von Mammutpumpen.

Bei diesem Ansaugen von Mineralquellen aus dem Gebirge muß vor allem das in den oberen Partieen des Bohrloches stehende kältere Wasser vollständig entfernt werden; denn es hält wie ein Pfropfen die in den tieferen Regionen vorhandenen warmen Wasser zurück. Deshalb muß auch bei dem Ansaugen der Zutritt der kälteren Tagewasser durch Verrohrung gehindert werden.

Im Kalkgebirge kann man den Quellenläufen auch mit Salzsäure Luft machen.

Wenn zu erwarten steht, daß die angesaugten Wasser keinen natürlichen Abfluß aus dem Bohrloche haben werden, dann teuft man einen

Schacht bis zum Grundwasserspiegel ab und stellt in diesen eine Saug- und Druckpumpe.

Der Durchmesser des Bohrloches soll von oben bis unten gleichmäßig sein; diese Vorschrift gilt insbesondere, wenn die Mineralquellen mit der Schlammbüchse angesaugt werden. In den meisten Fällen genügt ein Durchmesser von 8—12 cm. Man kann auch aus demselben Bohrloche verschieden zusammengesetzte Quellen getrennt voneinander heben, indem man mehrere Rohrstränge ineinander schiebt, zwischen denen für die aufsteigenden Quellen Zwischenräume verbleiben.

Für eine Trinkquelle genügt schon eine Ergiebigkeit von $\frac{1}{4}$ bis $\frac{1}{2}$ l/Sek., während eine Badequelle 10—20 l/Sek. liefern muß. Intermittierende Quellen können durch Pumpen zu Dauerquellen gemacht werden.

C. Gewinnung elektrischer Energie aus Tiefbohrlöchern.

Auch über die Gewinnung elektrischer Energie aus Tiefbohrlöchern hat Tecklenburg interessante Angaben und Vorschläge gemacht. Er ging dabei von den bekannten Erscheinungen aus

1. daß alle Bohrröhren magnetisch sind, und zwar manchmal so stark, daß große Schlüssel oben an ihnen hängen bleiben;

2. daß Elektrizität entsteht, wenn man Elektroden in verschieden erwärmte oder verschieden konzentrierte Lösungen eintaucht und durch einen Leitungsdraht verbindet;

3. daß wir im Erdkörper elektrische Ströme haben, die wohl im wesentlichen von der atmosphärischen Elektrizität abhängen.

Zum Nachweis, daß es möglich sei, aus Bohrlöchern elektrische Energie zu gewinnen, machte Tecklenburg in verschiedenen Bohrlöchern, die stundenweit von elektrischen Erdleitungen entfernt waren, Versuche, die tatsächlich ergaben, daß man um so größere Elektrizitätsmengen erhält, je tiefer die Bohrlöcher sind. Allerdings handelte es sich dabei nur um Bohrlöcher von höchstens 56 m Tiefe. Auf Grund seiner Versuche schlägt nun Tecklenburg vor, in ein Bohrloch von 1000 m Tiefe einen hohlen Kupferzylinder von 20 und mehr Meter Länge einzusenken, den man durch gut isolierten Kupferdraht mit einem ebensolchen Kupferzylinder verbindet, der über Tage in der Nähe des Bohrloches in feuchtes Erdreich eingegraben wird. In den Verbindungsdraht schaltet man die nötigen Meßinstrumente ein; findet man, daß der zur Verfügung stehende Strom stark genug ist, dann verwendet man ihn zum Laden von Akkumulatoren.

Bei weiteren Versuchen dürfte es sich auch empfehlen, Körper von verschiedenen Metallen zu nehmen, z. B. Zink und Kupfer, wobei aber wie bei einem galvanischen Element sehr leicht Ströme entstehen können, die durch die Verschiedenartigkeit der Metalle bedingt sind, während es sich doch hier darum handelt, die Erdelektrizität aufzufangen.

Dreiundzwanzigster Teil.

Die Wahl der Bohrverfahren.

Von Diplom-Bergingenieur **Hans Bansen.**

Bei der Bearbeitung benutzte Literatur.

Freifall und Raky. Organ des Vereins der Bohrtechniker 1904, Nr. 13.

Der gegenwärtige Stand der Tiefbohrtechnik für Schurfzwecke. Organ des Vereins der Bohrtechniker 1904, Nr. 11, 12.

A. Pois: Die Wahl der Bohrsysteme unter Berücksichtigung ihres Anwendungsgebietes, ihrer Leistungsfähigkeit und ihrer Anschaffungskosten. Der Bergbau XXII, Nr. 29, 30, 31, 33.

A. Pois: Welchem Bohrsystem ist der Vorzug zu geben? Tiefbohrwesen 1909, Nr. 15, 16, 17.

Welches ist die sicherste und einwandfreiste Methode des Kohlennachweises in Bohrlöchern? Tiefbohrwesen 1910, Nr. 6.

C. Flecken: Konstatierung von Kohle aus Bohrlöchern. Tiefbohrwesen 1910, Nr. 20.

Handbohrung wird bei Tiefen bis 100 m, höchstens bis 150 m und bei kleinem Lochdurchmesser angewendet.

Bei großem Bohrlochsdurchmesser, auch wenn die Tiefen nur gering sind, ferner immer bei mehr als 100 m Bohrlochstiefe soll die Arbeit nur maschinell betrieben werden.

Über die Verwendbarkeit der verschiedenen wichtigsten Bohrverfahren gibt die nachstehende Zusammenstellung (S. 501 und 502) Auskunft.

Als Ergänzung zu diesen Tabellen sei noch das Folgende angeführt.

Das kanadische Bohrverfahren und das pennsylvanische Seilbohren kommen für Schurfzwecke nicht in Betracht.

Die Spülung. In trockenen Gegenden fehlt es häufig an dem zum Spülbohren nötigen Wasser. Wenn dieses nicht gerade von weit her beschafft werden muß, so sollte man die hohen Kosten der Herbeischaffung nicht scheuen; denn sie werden durch die großen Vorteile der Wasserspülung ausgeglichen.

Bei Schlagbohrung mit Verkehrtspülung erreicht man im aufsteigenden Strome Spülgeschwindigkeiten von 200—400 m/min, hat also die Bohrproben in kurzer Zeit oben, während dies bei Diamantbohrung in tiefen Bohrlöchern 1—1½ Stunden dauert. Jedoch braucht man bei der Verkehrtspülung einen bedeutenden Spüldruck (10—15 Atm. und mehr), dem die Bohrlochswände nicht in allen Fällen gewachsen sind; dies gilt zum Beispiel von vielen jüngeren Kalksteinen.

Bei Dickspülung sind Bohrproben nicht gut zu erhalten; ferner muß man auch auf rechtzeitiges Nachlassen achten.

Beim hydraulischen Schlagbohren sind Verkehrtspülung und Kerngewinnung ausgeschlossen. Außerdem fehlt die direkte Fühlung mit der Sohle.

Handbohrung.

Bohrverfahren	Spül-bohren	Trocken-bohren	Gebirge	Loch-durchmesser mm	Lochtiefe m	Tagesleistungen m	Kosten der Einrichtung K	Kosten der Rohre K
Drehbohrung [1])		/	nicht zu hart	180—65	bis 100	1—5	800—3500	600—2800
Stoßbohrung am steifen Gestänge		/	"	"	"	"	"	"
Drehbohrung	/		mild	180—50	bis 150 } in günst. Fällen b. 300 m	5—10 } auch bis 20 m	1000—4300	600—3500
Stoßbohrung am steifen Gestänge	/		"	"	"	"	"	"
Freifall		/ [2])	mittelhart bis sehr hart	von 350 abwärts	bis 200	0,5—3	2000—10 000	1200—10 000
	/		"	"	"	2—5	"	"
Schnellschlag	/		jedes	220—65	bis 300	5—15	7000—13 000 dazu bei Motor-Antrieb u. -Förderung 8000—12 000 [3])	1000—7500
Drehbohrung mit Diamantkrone, Zahnkrone oder Spitzbohrer [4])	/		kompakt, nicht klüftig, nicht vermengt, nicht weich, gleichmäßig	100—40	bis 50—100	2—8	3500 ohne Diamanten	nur selten gebraucht

[1]) Hierher gehören auch Handbohr-Einrichtungen (Fig. 309) für Expeditionen, Durchmesser 25—55 mm; Preis: 300—700 K.
[2]) Namentlich für Gegenden mit Wassermangel.
[3]) 8—10 PS für Kran und Pumpe; 15—18 PS für Kran, Pumpe und Förderung.
[4]) Event. Motor: 2—3 PS.

Maschinenbohrung

Bohrverfahren	Spülbohren	Trockenbohren	Gebirge	Lochdurchmesser mm	Lochtiefe m	Tagesleistungen m	Kosten der Anlagen in K	Kosten der Verrohrung K
Kanadisches Bohrverfahren		/ [1])	mild [2])	600—110	bis 1300	1—8 je nach Lochdurchmesser, Tiefe, Gebirge	25 000—40 000	16 000—65 000
Pennsylvanisches Seilbohren		/	mild, flach gelagert	300—110	bis über 600	20—25 ohne Verrohrung	etwa wie beim kanad. Bohrverfahren	
Freifall		/ [3])	mittelhart bis sehr hart	1000—80	800—900	0,5—8	15 000—40 000	9000—35 000 bei größtem Durchmesser bis 80 000
	/		„	„	„	2—12 (auch höher)	dgl.	
Rotationsbohrung mit Diamantkrone oder Zahnkrone	/		kompakt, nicht klüftig, nicht vermengt, nicht weich, gleichmäßig	220—50	über 1500 [4])	15—20 im Durchschnitt	28 000, für Tiefen bis 1500 m einschl. Hohlgestänge, ohne Diamanten [5])	
Schnellschlag [6])	/		alle Gebirgsarten	650—64	bis 1400	5—20	30 000—65 000	20 000—50 000

[1]) Für Gegenden mit gänzlichem oder zeitweisem Wassermangel.
[2]) Diluvium, Jungtertiär.
[3]) Bei Wassermangel.
[4]) Schon 2240 m erbohrt.
[5]) Diamanten 35 000—45 000 K.
[6]) Kraftbedarf 20—50 PS.

Leistungen. Die Schnellschlagverfahren von Fauck und Trauzl haben geringere Tagesleistungen als das von Raky, weil man bei ihnen nur Gestängewechselstücke von höchstens $2\frac{1}{2}$ m Länge benutzen kann. Bei Raky dagegen ist es möglich, mit einfachen (5 m) und doppelten (10 m) Gestängelängen zu bohren, weil hier der Spülkopf sehr hoch verlagert werden kann. Dasselbe ist bei allen Seilschlagbohrverfahren der Fall.

Für Meißelbohrung, gleichgültig ob Schnellschlag- oder Freifallbohrung, sind im allgemeinen 1200—1400 m die Grenze. Die hydraulische Stoßbohrung wird hier möglicherweise Wandel schaffen, ist aber noch nicht weit genug entwickelt. Vorläufig ist die Diamantbohrung noch das einzige Mittel, um allergrößte Tiefen zu erreichen.

Fundesfeststellung. Wenn man beim stoßenden Bohren auch noch in Tiefen von 1200—1400 m, also bei den größten hiermit erreichbaren Bohrtiefen, Kerne gewinnen will, so muß man Universal-Apparate haben, die außer der Freifallbohrung auch Schnellschlagbetrieb gestatten. Man kann dann dort, wo keine Mineralien zu erwarten sind, ruhig mit Freifall-Spül- oder -Trockenbohrung arbeiten und verwendet den Schnellschlag erst, wenn es sich um Kerngewinnung handelt.

Namentlich bei Bohrungen in überseeischen Ländern wird man mit Rücksicht auf den Wasserverbrauch und auf den Mangel an zuverlässigem Personal in vielen Fällen ganz oder teilweise vom Diamantbohren Abstand nehmen. Man bedient sich dann beim Meißelbohren in möglichst umfangreichem Maße der Verkehrtspülung; man erhält dadurch größere Gesteinsproben als bei normaler Spülung und kann an ihnen die Natur des Gebirges besser beurteilen; zudem kommen die Bohrproben in wesentlich kürzerer Zeit heraus als bei gewöhnlicher Spülung. Reicht dieses Bohrverfahren zur Beurteilung des Gebirges nicht aus, so bohrt man an den Stellen, wo man Kerne gewinnen will, mit einer Krone, die wesentlich geringeren Durchmesser als das Bohrloch hat, begnügt sich also mit geringerer Kernstärke. Darauf wird das Loch mit dem Meißel wieder auf den vollen Durchmesser nachgeschlagen.

Erweiterung. Zur Erweiterung eines Bohrloches ist der Exzentermeißel besonders gut geeignet, weil seine Erweiterungsschneide nur 100—150 mm über der Vorschneide steht. Die Gesteinsproben kommen fast unvermischt zu Tage, was bei Flügelbohrern nicht der Fall ist, weil diese wesentlich höher angebracht sind und also leicht in einer anderen Schicht bohren können als der Meißel.

Anhang.

Von Diplom-Bergingenieur **Arthur Gerke.**

Bohrrohr-Normalien.

Ausgearbeitet vom Gewinde-Komitee des Vereins der Bohrtechniker[1]).

A. Gewindeform.

Das Gewinde ist konisch. Die Konizität beträgt 1 : 40 im Radius (1 : 20 im Durchmesser), auf je 40 mm Länge nimmt der Radius um je einen, der Durchmesser des Gewindes um je zwei Millimeter ab.

Die Gangzahl auf einen Zoll englisch beträgt bei den 10zölligen Röhren 8, bei den 3zölligen 11, bei allen anderen 10. Die Form ist die der normalen Whitworth-Gewinde der gleichen Gangzahl. Das Normalgewinde ist linksgängig.

B. Bohrrohr-Verbindung.

Als Haupt- und Grunddimension jedes Bohrrohres gilt der Durchmesser des Symmetriekreises des Rohres (Mittelkreis, Symmetrielinie). Diese Symmetrielinie der Rohrwand ist zugleich Symmetrielinie des Gewindes. Die Wandstärke des Rohres wird zur Hälfte von außen, zur Hälfte von innen an die Symmetrielinie angelegt. Verändert sich also die Wandstärke, so verändert sich damit auch der Innen- und Außen-Durchmesser des Rohres, die Symmetrielinie bleibt aber unverändert.

Die Gewinde- und Rohr-Symmetrielinie fällt aber ferner auch zusammen mit der Symmetrielinie der Bohrrohrverbindung.

Als Normalbohrrohre gelten die direkt ineinander geschraubten, bei welchen demzufolge die Verstärkung an der Verbindungsstelle halb nach innen und halb nach außen verteilt ist.

Für Ausführung mit separaten Muffen (Muffenrohren) oder separaten Nippeln (Nippelröhren) werden die Rohrenden beiderseits mit äußeren respektive inneren Gewinden versehen, alle sonstigen Ausführungsvorschriften bleiben unverändert.

C. Normal-Dimensionen.

Es wurde nachfolgende Normalskala aufgestellt, deren Rohre, in ungefährer Übereinstimmung mit dem Rohraußendurchmesser in Zoll, mit den Nummern 3—10 bezeichnet sind.

---

[1]) Laut Beschluß der XIV. internationalen Wanderversammlung zu Frankfurt a. M. des Vereins der Bohringenieure und Bohrtechniker vom 7. September 1900 wurden diese Normalien als präsumtive Normalien des Vereins einstimmig angenommen. (Siehe „Organ des Vereins der Bohrtechniker“ vom 1. Januar 1901, ferner: Rost, Tiefbohrtechnik).

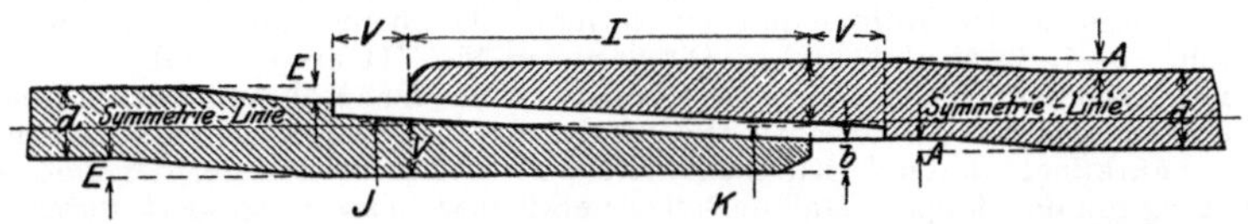

	Normal-Skala								Abweichende Dimensionen der Übergangs-Skala.		
Nummer	10	9	8	7	6	5	4	3	VII	VI	V
Mittelkreis-Durchmesser . . . . mm	260	224	194	166,5	141,5	117	94	72,5	185,5	154,5	123
Gewinde.											
Gangzahl p. 1 Zoll engl.	8	10	10	10	10	10	10	11	10	10	10
Gewindetiefe in mm	2	1,6	1,6	1,6	1,6	1,6	1,6	1,4	1,6	1,6	1,6
Anfangs-Außendurchmesser K des männlichen Gewindes (an dem eingezogenen Rohrende) in mm	260,0	223,6	194,1	166,6	141,6	117,35	94,35	72,65	185,6	154,6	123,35
Anfangs-Innendurchmesser J des weiblichen Gewindes (an dem aufgemufften Rohrende) in mm	260,0	224,4	193,9	166,4	141,4	116,65	93,65	72,35	185,4	154,4	122,65
Eingriffslänge I (in Übereinstimmung mit vorstehenden Durchmesser) in mm	80	80	60	60	60	50	50	50	60	60	50
Gewindelänge in mm	95	92,5	70	70	70	60	60	60	70	70	60
Normalverbindung (nach obiger Abbild).											
Bei der zugleich (Minimal-)Normalwand d in mm	7,0	6,0	5,0	4,5	4,5	4,0	4,0	3,5	5,5	4,5	4,0
Außendurchmesser des Rohres in mm	267	230	199	171	146	121	98	76	191	159	127
Lichtweite des Rohres in mm	253	218	189	162	137	113	90	69	180	150	119
Außendurchmesser d. Verbindung in mm	270	232,5	201	172,5	147,5	122,75	99,75	77,45	193,4	160,5	128,75
Lichtweite der Verbindung in mm	250	215,5	187	160,5	135,5	111,25	88,25	67,55	177,6	148,5	117,25
Daraus ergibt sich: Maß der Aufweitung A bis Einziehung E in mm	1,5	1,25	1	0,75	0,75	0,875	0,875	0,725	1,20	0,75	0,875
Tragende Wandstärke V in der Verbindung in mm	5	4,45	3,45	2,95	2,95	2,7	2,7	2,4	3,9	2,95	2,82
Dicke der Schneide b in mm	3	2,45	1,95	1,45	1,45	1,45	1,45	1,15	2,40	1,45	1,45
Kleinster Material-Querschnitt in qmm	4005,5	3110,2	2064,3	1514,7	1283,1						
Für Muffen-Bohrrohre.											
Länge der Muffen in mm	190	184	140	140	140	120	120	120	140	140	140
Muffendurchmesser in mm	275	237	206	177	152	127	103	80	197	165	133

Außerdem ist noch eine Übergangsskala aufgestellt, welche in den mit 3, 4 9 und 10 bezeichneten Rohren mit der Normalskala übereinstimmt, während die vier Rohre 5—8 durch drei andere Dimensionen V—VII ersetzt sind.

Bei größeren Wandstärken vergrößert sich der Rohraußendurchmesser und verkleinert sich die Rohrlichtweite um das einfache Maß der vorgenommenen Wandverstärkung, während sich Lichtweite und Außendurchmesser der Normalverbindung um das doppelte Maß derselben verkleinert bezw. vergrößert, unter der gewöhnlich zutreffenden Voraussetzung, daß die tragende Wandstärke V auf größtmöglicher Höhe bleiben soll. Bei besonders starkwandigen Rohren und dort, wo es speziell auf Außendruck ankommt, kann mit Rücksicht auf die Intervalle und die Egalität der Rohre Aufweitung und Einziehung auf Kosten der tragenden Wand entsprechend verringert werden.

Ausführungs-Vorschriften.

Beschaffenheit des Materiales:

Für patentgeschweißte eiserne Rohre ist eine Zerreißfestigkeit des Materiales von nicht unter 32 kg pro Quadratmillimeter festgesetzt. Die Schweißnaht muß vollständig verläßlich sein und das Rohr demgemäß dem gleichen Innendruck, welchem gleich starke Siederohre für Dampfkessel pflichtgemäß unterworfen werden müssen (nicht unter 30 Atmosphären), standhalten. Stumpfgeschweißte Rohre sind als Bohrrohre unzulässig.

Für nahtlose Stahlrohre beträgt die zulässige Festigkeitsgrenze 50 kg pro Quadratmillimeter nach unten, 60 kg nach oben, bei 20 % bezw. 15 % Dehnung (Markendistanz 200 mm).

Beschaffenheit der Rohre, Rohrdimensionen:

Die Rohre müssen frei von Rissen, Blasen und anhaftenden Schlacken sein. Sie müssen vollständig gerade ausgerichtet und möglichst gleichmäßig in der Wandstärke sein. Die mittlere Wandstärke darf bis zu 10 %, im Maximum aber 0,5 mm größer, nicht aber kleiner sein als das vorgeschriebene Maß. — An verschiedenen Stellen des Rohrumfanges dürfen die Wandstärken um nicht mehr als 5 % kleiner und auch nicht mehr als 15 % größer sein als die vorgeschriebene Wandstärke, und es sind diese Maße als Toleranzgrenze anzusehen.

Die Rohre müssen möglichst kreisrund sein. Die Außen- und Innendurchmesser, an verschiedenen Stellen gemessen, dürfen im Maximum eine 1 proz. Abweichung vom vorgeschriebenen bezw. sich ergebenden Maße aufweisen.

Rohr-Verbindungen:

An den Verbindungsstellen sind die Rohrenden im warmen Zustande in genaue, kreisrunde Form und exakt auf die vorgeschriebenen Durchmesser zu bringen. Zur Kontrolle derselben, ebenso der anzufertigenden Rohrmuffen oder Nippels, sind genau abgedrehte Stahlkaliber von wenigstens der Länge des zu kontrollierenden Rohrdurchmessers zu verwenden, und zwar je zwei Kaliber, ein Maximum- und ein Minimumkaliber. Der Durchmesser dieser ist um ½ % größer bezw. kleiner als das aus der Konstruktion sich ergebende Außenmaß bezw. Lichtmaß der Rohrverbindung, mit der Beschränkung, daß diese Toleranz nicht unter das Maß eines halben Millimeters sinkt. Die Kontrolle erfolgt in der Art, daß jede Bohrrohrverbindung, folglich die ganze Rohrtour, durch das betreffende Maximumkaliber hindurchgehen muß, das zugehörige Minimumkaliber jedoch nicht darüber geschoben werden kann. Ebenso muß das Minimumkaliber für die lichte Weite der Rohrverbindung glatt durch dieselbe (folglich auch durch das ganze Bohrrohr) passieren, während das betreffende Maximumkaliber nicht durch die

Verbindungsverengung durchsteckbar sein darf. Die Ausmuffung, ganz besonders aber die Einziehung hat ganz schlank, ohne jeden Ansatz zu erfolgen. Die nach innen vorstehenden Rohrkanten sind außerdem schräg nach einwärts zu brechen.

Gewinde (sämtlich linksgängig):

Die Gewinde sind genau zentrisch zu schneiden, so daß die Gewindeachse mit der Rohrachse zusammenfällt und sich beim Zusammenschrauben ein ganz gerader Rohrstrang ergibt.

Das Profil des Gewindes ist identisch mit jenem des gleichgängigen Whitworth-Gewindes, welches genau nach Kaliber im vorgeschriebenen Konus 1 : 40 zu schneiden ist. Auf je 40 mm Länge verringert sich also der Radius um 1 mm. Der vorgeschriebene Grund- bezw. Anfangsdurchmesser des Gewindes ist genau einzuhalten.

Die Gewinde dürfen weder zu tief noch zu seicht geschnitten werden. Es ist zu beachten, daß bei den kleineren Rohren Nummer 5, 4, 3, und V die Gewinde schon innerhalb des Eingriffes (auf je 12 mm Länge) auszulaufen beginnen, um die tragende Wandstärke zu vergrößern. Die richtige Länge des Eingriffes ist durch Aufschrauben des Kalibers zu kontrollieren. Hierbei ist eine Toleranz von nicht über 10 % der vorgeschriebenen Eingriffslänge zulässig. Die Kontrolle geschieht derart, daß das Kaliber mit der Hand sich auf 1—2 Ganghöhen auf die vorgeschriebene Länge aufschrauben lassen muß. Die letzten 1—2 Gänge sind mit Hebel, ohne Anwendung übermäßiger Gewalt, zusammenzuschrauben.

Emballage:

Für den Versand müssen die Rohrgewinde durch zweckmäßig konstruierte Schutzmuffen vor jeder Beschädigung geschützt werden.

Sachregister.

(Die Zahlen geben die Seiten an.)

Universitäts-Buchdruckerei von Gustav Schade (Otto Francke)
in Berlin und Fürstenwalde (Spree).